食品蛋白质科学与技术

李述刚　邱　宁　耿　放　主编

U0287576

科学出版社

北京

内 容 简 介

本书主要介绍了氨基酸与蛋白质的结构、分类、功能，蛋白质分离纯化和分析的基本原理、研究方法和技术，典型食品蛋白质的功能与应用特性。本书共分十一章，分别为绪论、氨基酸基础、蛋白质基础、食品蛋白质纯化与制备技术、食品蛋白质理化分析技术、食品蛋白质结构分析技术、食品蛋白质组学技术、动物源食品蛋白质、植物源蛋白质、微生物源食品蛋白质、食品生物活性蛋白质与活性肽。

本书可作为食品科学与工程、生物工程、营养学以及生物化学等专业的食品蛋白质课程教材，也可作为从事食品工业、营养研究以及蛋白质化学研究等专业人员的参考书。

图书在版编目（CIP）数据

食品蛋白质科学与技术 / 李述刚，邱宁，耿放主编. —北京：科学出版社，2019.7（2022.1 重印）

ISBN 978-7-03-061666-1

Ⅰ. ①食… Ⅱ. ①李… ②邱… ③耿 Ⅲ. ①食品蛋白—研究 Ⅳ. ①TS201.2

中国版本图书馆 CIP 数据核字（2019）第 117510 号

责任编辑：冯 铂 刘 琳 / 责任校对：彭 映
责任印制：罗 科 / 封面设计：墨创文化

科 学 出 版 社 出版

北京东黄城根北街 16 号
邮政编码：100717
http://www.sciencep.com

成都锦瑞印刷有限责任公司印刷

科学出版社发行 各地新华书店经销

*

2019 年 7 月第 一 版　开本：787×1092 1/16
2022 年 1 月第二次印刷　印张：23 1/4
字数：560 000

定价：76.00 元

（如有印装质量问题，我社负责调换）

编审人员

主　　编　李述刚（湖北工业大学）

　　　　　邱　宁（华中农业大学）

　　　　　耿　放（成都大学）

副 主 编　易华西（中国海洋大学）

　　　　　黄　群（福建农林大学）

　　　　　高志明（湖北工业大学）

　　　　　李学鹏（渤海大学）

　　　　　孙术国（中国林业科技大学）

编　　者（按姓氏拼音排序）

　　　　　褚　上（湖北工业大学）

　　　　　单媛媛（西北农林科技大学）

　　　　　韩　雪（哈尔滨工业大学）

　　　　　韩玲钰（湖北工业大学）

　　　　　胡　冰（湖北工业大学）

　　　　　梁宏闪（华中农业大学）

　　　　　刘纯友（广西科技大学）

　　　　　孙为正（华南理工大学）

　　　　　王金秋（成都大学）

　　　　　王　萍（塔里木大学）

　　　　　胥　伟（武汉轻工大学）

　　　　　禹　晓（郑州轻工业学院）

　　　　　张　婷（吉林大学）

　　　　　张晓维（天津科技大学）

　　　　　周　彬（湖北工业大学）

主　　审　马美湖（华中农业大学）

前　言

本书从生物科学与食品工程角度出发，系统地描述了蛋白质的结构与功能、组成与营养以及蛋白质加工与食品品质的关系，把蛋白质研究方法、检测手段、理论研究成果以及蛋白质加工技术有机地融合在一起。在编写过程中，反映了蛋白质研究领域最新进展和研究技术，力求为广大读者提供一本较系统的食品蛋白质化学教材。本书主要介绍氨基酸与蛋白质的结构、分类、功能，蛋白质分离纯化和分析的基本原理、研究方法和技术，典型食品蛋白质的功能与应用特性。本书共分 11 章，主要有绪论、氨基酸、蛋白质基础、食品蛋白质纯化与制备技术、食品蛋白质理化分析技术、蛋白质结构分析技术、食品蛋白质组学技术、动物源食品蛋白质、植物源食品蛋白质、微生物源食品蛋白质和食品生物活性蛋白质与活性肽等。

本书在参考文献中仅列出了所参阅资料的主要部分，更多的资料没能一一列举，在此谨向原作者表示感谢！在资料收集、整理方面得到湖北工业大学庄虎、李志豪、王炜清和王康平等研究生同学的帮助，在此表示感谢。

本书可作为食品科学与工程、生物工程、营养学以及生物化学等专业的食品蛋白质课程教材，也可作为从事食品工业、营养研究以及蛋白质化学研究等专业人员的参考书。

本书的出版，得到了湖北省教育厅"2016 年食品科学与工程——荆楚卓越农林人才协同育人计划"项目和湖北工业大学教学改革课题"基于新工科与工程教育认证背景下的食品科学与工程专业人才培养方案优化及课程群建设研究"以及国家重点研发计划"方便营养型蛋制品绿色加工关键技术研究及开发"等项目的支持。

承蒙华中农业大学马美湖教授审阅全书并提出宝贵的修改意见，在此致以衷心的感谢。

由于编者的水平有限和时间仓促，书中错漏及不足之处在所难免，敬请广大读者批评指正。

编　者
2019.03

目　　录

第1章 绪 论

1.1 蛋白质的概念及其分类

1.1.1 概念

蛋白质是一类重要的生物大分子，其英文为 Protein，源自希腊文"πρστο"，为"最原初的""第一重要的"意思。有些学者曾根据 Protein 的原意翻译为"朊"，但因蛋白质一词沿用已久，"朊"未被广泛采用。蛋白质在人体中担负着各种各样的功能，各种生命功能、生命现象、生命活动都和蛋白质有关，没有蛋白质就没有生命。蛋白质是与生命以及各种形式的生命活动紧密联系在一起的一种复杂的有机化合物，机体中每一个细胞和所有重要组成部分都含有蛋白质。

蛋白质是由一系列氨基酸通过肽键结合而成的高分子化合物，主要组成元素是 C、H、O、N。美国将蛋白质定义为"本质上由氨基酸以肽链连接的一系列复杂有机化合物中的任何一个，包含 C、H、O、N，通常还有 S；广泛存在于动植物体内；蛋白质是所有细胞原生质的主要组成，为生命所必需"。在我国，全国科学技术名词审定委员会将蛋白质定义为"生物体中广泛存在的一类生物大分子，由核酸编码的 α-氨基酸之间通过 α-氨基和 α-羧基形成的肽键连接而成的肽链，并经翻译后加工而生成的具有特定立体结构的、有活性的大分子"。

1.1.2 分类

蛋白质的种类繁多，分布广泛，所担负的任务也各不相同。因此，为了对蛋白质有一个全面和系统的认识，就须有一个分类系统，以蛋白质的化学组成、空间结构及其性质为依据，对数量庞大的蛋白质进行分类。目前，蛋白质的分类方法主要有：根据溶解特性分类、根据化学组成分类、根据结构形状分类、根据生理功能分类、根据氨基酸组成和营养特性分类等。

1. 根据蛋白质的溶解性分类

谷物中的蛋白质是人类最早发现和研究的一类蛋白质。在早期的研究中，根据谷物蛋白质溶解特性的不同，通过不同的溶剂，按顺序使用蒸馏水、稀盐、乙醇、稀碱依次从谷物中分离得到了四个类型的蛋白质组分：清蛋白、球蛋白、醇溶蛋白和谷蛋白（图 1-1）。

清蛋白（albumins）又称白蛋白，可溶于水、稀酸、稀碱和稀中性盐溶液，在 50%饱和度以上的$(NH_4)_2SO_4$溶液中开始析出，盐或其他变性试剂可使清蛋白变性并凝集，等电点为 4.4～4.5，含甘氨酸很少（如血清蛋白几乎不含、乳清蛋白含 0.4%、卵白蛋白含 1.9%）。

清蛋白的分布很广,在血液、淋巴、肌肉蛋白、乳以及植物种子中,特别是豆类和谷类种子中,都含有大量的清蛋白。如小麦籽中的麦清蛋白、血液中的血清蛋白和鸡蛋清中的卵白蛋白等都属于清蛋白。目前,研究比较详细的清蛋白主要有卵白蛋白、乳清蛋白和血清蛋白等。

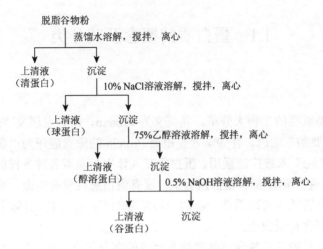

图 1-1 谷物蛋白质的分离

球蛋白(globulins)又可分为优球蛋白(euglobulins)和拟球蛋白(pseudoglobulins)。优球蛋白不溶于水,溶于稀酸、稀碱和稀盐溶液,可在 50%饱和度的$(NH_4)_2SO_4$溶液中析出,等电点为 5.5~6.5。拟球蛋白溶于水,其他性质与优球蛋白相同,如血球蛋白、植物种子球蛋白。球蛋白是一类重要的蛋白质,广泛分布于动植物体内,并具有重要的生物功能。大豆种子中的大豆球蛋白、血液中的血清球蛋白、肌肉中的肌球蛋白以及免疫球蛋白都属于这一类。目前,不少球蛋白已制成结晶,有许多球蛋白的结构和功能已经得到了系统和详细的研究,如肌红蛋白、溶菌酶、β-乳球蛋白、免疫球蛋白、血纤维蛋白原,以及血浆、淋巴中的其他球蛋白等。

醇溶蛋白(prolamines)含有大量的谷氨酸、脯氨酸、谷氨酰胺和天冬酰胺以及少量的精蛋氨酸,易溶解于低脂肪族醇类的水溶液中,特别是乙醇水溶液,不溶于水和无水乙醇。这类蛋白存在于禾本科植物的种子中,如玉米醇溶蛋白、小麦醇溶蛋白。

谷蛋白(glutelins)多存在于谷物(如小麦、玉米)中,不溶于水、中性盐溶液,溶于稀酸、稀碱溶液。加热凝固,是非均一的蛋白质,是多种相似蛋白质的混合物,特点是谷氨酸含量高。谷蛋白存在于植物种子中,有代表性的是米谷蛋白和麦谷蛋白。

硬蛋白(scleroproteins)不溶于水、盐溶液、稀酸溶液和稀碱溶液,很难被蛋白酶水解,主要包括角蛋白、胶原蛋白和丝心蛋白等。硬蛋白主要存在于动物组织的中层和外层细胞组织中,如皮肤、头发、角、蹄、爪、羽毛、韧带、腱等部位,起支持和保护作用。硬蛋白一般具有较为特殊的组成或结构,如角蛋白含有大量的半胱氨酸,可形成丰富的二硫键,从而保证其分子结构的不溶性和物理特性;而胶原蛋白含有其特有的羟脯氨酸,且高级结构为特殊的三股螺旋结构,特殊的组成和结构使其具有特殊的理化特性和功能。

2. 根据蛋白质的化学组成分类

按照化学组成的不同，可将蛋白质分为简单蛋白质（单纯蛋白质）和结合蛋白质（复合蛋白质）两大类。

1）简单蛋白质

简单蛋白质（simple protein）是仅由氨基酸组成的多肽链。按照理化性质，特别是溶解性、稳定性等方面的差别，可以把简单蛋白质分为清蛋白、球蛋白、醇溶蛋白、谷蛋白、硬蛋白等。这种分类方法早已开始使用，成为食品加工或进行食品源蛋白质分离时的主要依据。大部分植物源食用蛋白质是由球蛋白、清蛋白、谷蛋白、醇溶蛋白所组成。这些简单蛋白的分离及特性在 1.1.2 节第 1 点已有介绍。

2）结合蛋白质

结合蛋白质（conjugated protein）除含有氨基酸组成的多肽链以外，还含有非氨基酸成分，这些非氨基酸成分或为辅基（prosthetic group）；或为配基（ligand），如核酸、脂肪、糖、色素等；或为翻译后修饰结构，如糖链、磷酸根基团等。按照非蛋白部分（或辅基）的不同，结合蛋白质可分为糖蛋白、磷蛋白、核蛋白、脂蛋白、色蛋白和金属蛋白等（表 1-1）。

表 1-1　结合蛋白的分类与代表性蛋白质

种类	非蛋白成分	代表
糖蛋白	寡糖链	种类多，高度糖基化的糖蛋白，如蛋清卵黏蛋白
磷蛋白	磷酸根	酪蛋白、卵黄磷蛋白
脂蛋白	脂质	卵黄低密度脂蛋白、高密度脂蛋白
色蛋白	血红素、叶绿素、类胡萝卜素、核黄素	血红蛋白、肌红蛋白、细胞色素、核黄素结合蛋白等
核蛋白	核酸	细胞核组蛋白、精蛋白等
金属蛋白	Fe、Cu、Zn、Mg	铁蛋白（Fe）、血蓝蛋白（Cu）等

（1）糖蛋白（glycoproteins）广泛存在于生物体中，据推测约占蛋白质总数量的一半。一般情况下，糖链部分占比较少，但也有少部分糖蛋白的糖基化程度高、糖链长，如禽蛋蛋清中的卵黏蛋白，糖链部分超过了蛋白质部分。糖蛋白的糖基化修饰往往存在一定的随机性，发生修饰的位点和其上连接的糖链具有较大的变化范围，糖基化修饰的这种可变性，丰富了糖蛋白的结构和功能，增强了蛋白质的多样性和适应性。

（2）食品源磷蛋白（phosphoproteins）主要来自乳和禽蛋中，如酪蛋白和卵黄磷蛋白。磷酸化发生在丝氨酸或苏氨酸上，共价结合一个磷酸根基团，因磷酸基团的存在，磷蛋白分子表面具有较多的负电荷，等电点一般为低酸性。

（3）脂蛋白（lipoproteins）是一类由富含甘油三酯的疏水性内核和由蛋白质、磷脂等组成的外壳构成的蛋白质-脂质复合体。脂蛋白对动物体内脂质的装载、储存、运输和代谢起着重要作用。食品源脂蛋白主要来自畜禽血液、蛋黄、动物内脏、某些动植物的线粒体等。

（4）色蛋白（chromoproteins）是由简单蛋白与色素相结合而成的，广泛存在于生物体中，如血红蛋白、肌红蛋白、核黄素结合蛋白等，以及一些分子中具有铁卟啉辅基的酶类，如细胞色素氧化酶、过氧化氢酶、过氧化物酶等。

（5）金属蛋白（metalloproteins）是由蛋白质与金属元素相结合而成的，广泛存在于酶、激素及其他蛋白质中。金属在辅基中一般呈特殊的色调，所以一些金属蛋白也属于色蛋白。如铁蛋白、乙醇脱氢酶、黄嘌呤氧化酶、含 Zn 和 Cu 的超氧化物歧化酶等。

（6）核蛋白（nucleoproteins）是由核酸与蛋白质组成的复合物。核蛋白存在于细胞核中，无论是原核细胞还是真核细胞，均含有核蛋白。核蛋白是染色体的主要成分。对于病毒和噬菌体来说，其整体可以被看作是一个核蛋白。主要的核蛋白包括组蛋白（histones）和精蛋白（protamines）。组蛋白是染色体的结构蛋白，含有丰富的精氨酸和赖氨酸，所以是一类碱性蛋白质，其溶于水、稀酸，但不溶于稀氨水，也不溶于 NH_4Cl、$NaCl$ 和 $MgSO_4$ 的饱和溶液。组蛋白大多数存在于体细胞的细胞核中，在基因表达和调控中起重要作用。分子生物学研究发现，组蛋白的乙酰化和甲基化修饰在其执行功能的过程中发挥着重要作用。精蛋白存在于成熟的精子细胞核中，是天然蛋白质中较简单的一类，相对分子质量为 5kDa 左右。精蛋白溶于水和稀酸溶液，不溶于稀氨水。精蛋白的氨基酸种类较少，碱性氨基酸的含量较多（占 80%以上），特别是精氨酸含量最高，等电点为 12.0～12.4，是一种碱性蛋白，但缺少色氨酸和酪氨酸。精蛋白因其碱性特性，与核酸形成核酸-精蛋白复合物。精蛋白具有一定的抗菌性，可作为一种天然的食品防腐剂。

3. 根据蛋白质的分子形状分类

按照蛋白质在三维空间中的结构和分子形状，可分为球状蛋白质（globular proteins）和纤维状蛋白质（fibrous proteins）两大类。

球状蛋白质分子比较对称，接近球形或椭球形。大多数蛋白质属于球蛋白质，如血红蛋白、肌红蛋白、大多数酶类、免疫球蛋白等。在天然的球状蛋白质中，多肽链盘绕成紧密的球状结构，内部几乎无空穴可容纳水分子，小球的直径为数纳米到数十纳米（图 1-2）。球蛋白在折叠的过程中，其氨基酸残基上的非极性疏水基团在疏水作用诱导下，几乎全部折叠于球体内部，而极性亲水基团一般都位于球体表面，与水结合即"水合作用"，是球蛋白较易溶于水的原因。球状蛋白在较为剧烈的环境条件或溶液条件下发生变性，分子高级结构被破坏，发生去折叠，肽链伸展转变为线状结构，并进一步相互聚集，成为不溶于水溶液的"变性蛋白"。

图 1-2　几种常见球蛋白的形状（从左到右）：免疫球蛋白 G（IgG）、血红蛋白、胰岛素（激素）、腺苷酸激酶和谷氨酰胺合成酶（酶）

纤维状蛋白质的分子对称性差，呈细棒状或纤维状。溶解性质差异较大，大多数不溶于水，如胶原蛋白、角蛋白等；有些则溶于水，如肌球蛋白、血纤维蛋白原等。根据对纤维状蛋白质结构的研究，基于肽链构象的不同，可将其分成三个类别：α-螺旋型（如角蛋白）、折叠片层型（如丝心蛋白）和三股螺旋型（如胶原蛋白）。纤维状蛋白质在生物的体内和体表主要起支架和保护作用，故又称之为结构蛋白。胶原蛋白、角蛋白和丝心蛋白是纤维状蛋白质的最典型代表。

胶原蛋白是最为典型和重要的一类纤维蛋白，其广泛存在于各种动物体中，占机体总蛋白的 25%～30%，是皮肤、软骨、动静脉管壁及结缔组织的主要成分。胶原蛋白中，甘氨酸、丙氨酸、脯氨酸、羟脯氨酸含量较高。其中羟脯氨酸是胶原蛋白特有的一种氨基酸，含量为胶原蛋白的 10%～12%。胶原的基本结构是由分子质量约为 300kDa 的原胶原蛋白（tropocollagen）分子所组成的。原胶原蛋白分子直径为 1.5nm，长 280～300nm，由三条多肽链组成，每一条多肽链约含有 1000 个氨基酸残基。每条多肽链呈左手螺旋，三条多肽链相互绞合成右手大螺旋，称为三股螺旋或超螺旋（superhelix）。在此螺旋中，链之间靠氢键联系，氢键垂直于纤维轴。原胶原蛋白分子能聚合成胶原纤维（图 1-3）。

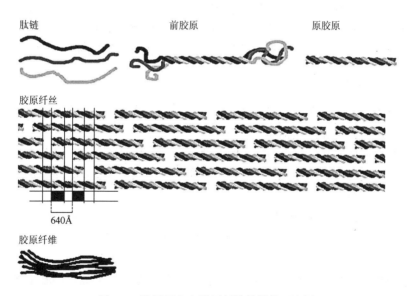

图 1-3　胶原蛋白和胶原纤维的结构示意图

其他常见的纤维蛋白还有 α-角蛋白、肌球蛋白、纤维蛋白原等，其共同特点是具有 α-螺旋结构，故又称 α-螺旋型。在所有的脊椎动物中都发现了 α-角蛋白，它们形成毛发、角质层、角、指甲、爪和蹄等组织和结构。α-角蛋白的显著特征是含有大量的半胱氨酸，从而形成大量的二硫键，因此难溶解且对热稳定，同时也赋予较强的强度和刚性。

β-角蛋白仅在爬行动物和鸟类中被发现，分布于爬行动物的鳞片、爪、壳，以及鸟类的羽毛、喙等组织和部位中。β-角蛋白的主要结构为 β-折叠片，经堆叠和捻合，并通过折叠片之间的二硫键稳定和强化，最终形成爬行动物和鸟类的角质。

丝心蛋白主要由节肢动物产生，如蜘蛛丝、蚕茧等。丝心蛋白由反平行 β-折叠结构构成。其一级结构主要由循环氨基酸序列组成：甘氨酸—丝氨酸—甘氨酸—丙氨酸—甘氨酸—丙氨酸。高甘氨酸含量使折叠片可以紧密堆积，这些结构特点使纤维丝具有一定的刚性结构和较强的韧性。

4. 根据蛋白质的生理功能分类

根据蛋白质在生物体生命活动过程中所起的作用不同，可将蛋白质分为多种类别。

养料和原料类蛋白质：即储藏蛋白质，如卵白蛋白、酪蛋白、醇溶蛋白等，作为生长或发育时使用的营养成分。

结构类蛋白质：如胶原蛋白、肌纤维蛋白、角蛋白等，构成生物体组织结构的基础单元。

催化类蛋白质：如蛋白酶、脂肪酶等，能催化生物体内的一切化学反应。

转运类蛋白质：输送营养成分或特定物质，如脊椎动物的血红蛋白、无脊椎动物的血蓝蛋白等，在呼吸过程中起着运输氧气的作用。

保护类蛋白质：如免疫球蛋白、凝血酶、血纤维蛋白原等，高等动物主要通过免疫球蛋白与外来物抗原结合的方式，清除入侵物对机体的潜在危害。

调节类蛋白质：对生物体内的新陈代谢起着调节作用，如胰岛素、受体、阻抑物等。

运动类蛋白质：如肌动蛋白和肌球蛋白质等，为肌肉的收缩提供动力。

5. 根据蛋白质的营养分类

营养学上根据蛋白质所含的氨基酸种类及其相对含量，将食物蛋白质分为：完全蛋白质、半完全蛋白质和不完全蛋白质。

完全蛋白质：是一类优质蛋白质，所含的必需氨基酸种类齐全，数量充足，相对含量和比例适当，不但可以维持人体健康，还可促进人体生长发育；奶、蛋、鱼、肉中的蛋白质都属于完全蛋白质。

半完全蛋白质：所含氨基酸虽然种类齐全，但其中某些氨基酸的数量不能满足人体所需；可以维持生命，但不能促进生长发育；例如，小麦中的麦胶蛋白便是半完全蛋白质，赖氨酸含量很少。

不完全蛋白质：不能提供人体所需的全部必需氨基酸，单纯靠它们既不能促进生长发育，也不能维持生命；如胶原蛋白便是不完全蛋白质。

1.2 食品蛋白质及其特性

理论上，所有由生物产生的蛋白质都可作为食品蛋白质而加以利用。然而实际上，食品蛋白质具有一些共同的特性：安全无毒、易于消化、氨基酸组成符合人体需求，且在食品体系中发挥一定的功能特性或具有一定的健康保健功能。经过人类漫长的选择和驯化，目前，食品蛋白质主要来源于少数动植物，如谷物、豆类、乳、畜禽、水产、禽蛋等。

动物源食品蛋白质主要来自陆地动物和水生动物的肌肉组织（肉类）、卵（蛋）和一些哺乳动物的分泌物（乳）。这些蛋白质氨基酸组成平衡且符合人体需求，多为完全蛋白质，对人体的营养价值较高，是膳食中优质蛋白质的主要供给来源。

植物源蛋白质主要为谷物和豆类种子中的蛋白质，这些蛋白质本来是作为储藏蛋白用于种子发芽所需，其氨基酸组成往往不能满足人体需求，多为不完全蛋白质。在植物源蛋白质中，豆类蛋白质的营养效价往往高于谷物蛋白质。

食品中的蛋白质通过提供必需氨基酸，为人体生命的维持和生长发育提供物质基础。同时，由于蛋白质化学结构的多样性，其还为各类食品的形貌提供结构基础，赋予食品多种多样的质地，决定了食品的口感。此外，在贮藏和加工过程中，蛋白质参与各种生理过程和化学反应，改变食品的色泽和香气。因此，蛋白质在食品中扮演着多重、极为重要的角色。

由于来源、结构和组成的多样性，食品蛋白质的性质也多种多样，其物理特性、化学特性、功能特性、营养特性、生物活性等差异较大，这些在随后的各章节中有详细介绍或阐述，此处仅做概括性介绍。

1.2.1　食品蛋白质的营养特性

食品蛋白质的首要作用是为人体提供维持生命所需的成分，因此，其氨基酸组成是食品蛋白质营养特性最重要的方面。目前，基于食品蛋白质中氨基酸的相对百分比和消化吸收率，已经建立了多种食品蛋白质的评价体系，包括生物价（biological value，BV）、蛋白质净利用率（net protein utilization，NPU）、氨基酸评分（amino acids score，AAS）和蛋白质消化率校正的氨基酸评分（protein digestibility corrected amino acids score，PDCAAS）。PDCAAS 是联合国粮农组织（FAO）和世界卫生组织（WHO）联合专家评估小组在 1989 年提出的蛋白质质量评估方法，其以儿童的必需氨基酸需求量为基准，将食物中可被消化利用的必需氨基酸含量与之相比较，满分为 1，即 100%。PDCAAS 目前被美国食品和药物管理局（FDA）和 FAO、WHO 等权威组织采纳为"确定蛋白质质量的首选最佳方法"。

1.2.2　食品蛋白质的功能特性

蛋白质作为食品中大量存在的一类生物大分子，对食品的状态和性质具有重要影响。食品蛋白质与多糖、水一起影响着食品的质地，通过与这些成分之间的各种作用，蛋白质分子与它们一起产生特殊的组装、排列而导致食品质地的产生。食品蛋白质的功能性质（functional property）即指除营养价值外的那些对食品品质具有重要影响的物理和化学性质，包括其在食品体系中产生的增稠作用、胶凝作用、乳化作用、发泡作用、组织化作用、水结合、风味物质的结合与保留等诸多方面。其中，食品蛋白质的凝胶特性、乳化特性和起泡特性是目前研究较多的功能特性。

随着食品工业的发展和消费需求的多样性和个性化，食品蛋白质的功能特性并不能充分满足食品加工过程的需要。因此，通过可行的技术手段提高食品蛋白质的功能特性是食品化学领域的研究热点。其基本原理为：通过化学或生物技术等，改变食品蛋白质的结构，进而影响其功能特性。目前常见的方法包括：对食品蛋白质的氨基酸序列进行改变；对蛋白质肽链进行的酶水解和交联；针对氨基酸残基的侧链进行修饰，如磷酸化、糖基化、共价交联、氧化等。

1.2.3　食品蛋白质在贮藏和加工中的变化

作为具有复杂化学组成和结构构象的生物大分子物质，食品蛋白质在食物贮藏或食品加工过程中，需要经历各种环境条件变化，进而对其营养特性和功能特性产生重要影响。在贮藏和加工过程中，所经受的处理过程可能导致食品蛋白质产生有利或不利的变化或反应。其中，最为典型的反应为美拉德反应，它是广泛存在于食品热加工过程中一系列复杂反应的统称，其起始于羰基化合物（还原糖类）和氨基化合物（氨基酸和蛋白质）间的反应，经过复杂的历程最终生成棕色的含氮聚合物（类黑精）并产生丰富的风味物质。美拉德反应在感官质量、营养学、毒理学等诸多方面均能对蛋白质产生不同的影响，因此是食品科研工作者最为关注的重点和热点之一。

从化学、物理学、营养学和毒理学的角度，系统研究和了解贮藏和加工过程中食品蛋白质经历的变化及其分子机制，有利于全面掌握蛋白质在食品体系中的行为，以确定不同食品加工处理过程中的关键技术问题，从而更好地保持或提升食品的营养品质和感官品质。

1.3　食品蛋白质的研究、开发和利用

基于蛋白质对食品的重要性，及其性质和变化上的多样性和复杂性，引起了国内外科学家的广泛兴趣和高度重视。食品蛋白质作为食品化学的重要分支，对其进行的科研超过了其他任何一种食品成分。

食品科学作为一门应用型交叉学科，其相关原理与技术往往来自或借鉴于更基础的学科，如生物学、化学和物理学。对于食品蛋白质的研究、开发和利用也是如此。针对蛋白质的早期研究来自生物化学家，对于待研究的目标蛋白质，面临的首要问题是如何获得足够的蛋白质纯品以用于研究。因此，早期的研究工作集中于蛋白质的分离纯化方法，如从血液、蛋清等各种生物样品中分离获得纯的蛋白质。目前，尽管科研工作者可以从生物公司购买越来越多的各类蛋白质纯品，但高昂的价格使得多数科研工作者仍致力于在实验室中纯化获得目标蛋白质。因此，蛋白质的分离纯化仍然是相关研究领域的一个重点。

在获得蛋白质纯品之后，对蛋白质结构和理化特性的表征是生物化学家们关注的重点。蛋白质的一级结构决定其高级结构和性质，因此，对蛋白质氨基酸序列的研究是重中之重。当前，越来越多的基因组被测序，使得获得蛋白质氨基酸序列成为非常简单的事情。但对蛋白质高级结构的研究，仍然困难重重。在早期，著名化学家莱纳斯·鲍林基于氢键

规则,成功建立了预测蛋白质二级结构的方法。随后,科学家们又基于"蛋白质折叠是由疏水相互作用所主导的"这一发现,建立了蛋白质高级结构的预测和研究方法。这些对蛋白质二级结构和高级结构的预测方法在后续的研究中不断被完善和优化,其准确度不断提高。此外,与基于序列分析的自下而上的研究策略不同,利用 X 射线衍射、核磁共振等技术直接对蛋白质的完整结构进行解析,是另一种研究蛋白质结构的思路。现在,已经有足够多的蛋白质高级结构被精确解析,蛋白质结构数据库(PDB)中已存有 5 万多个原子分辨率级别的蛋白质三维结构数据信息。

基于上述生物化学领域的蛋白质研究技术和方法,食品蛋白质的研究技术和方法也日益完善,并促进了对食品蛋白质的工业化加工和利用。食品蛋白质的工业化生产和应用源于对榨油后的饼粕的综合利用,因此大豆蛋白质成为最早实现工业化加工和应用的食品蛋白质之一。1958 年美国实现了大豆分离蛋白(SPI)的规模化制备,并将其应用于食品、化工、生化研究等领域。目前,食品蛋白质加工业已经具有一定规模,从生产厂商数量上看,大豆蛋白仍占据首位,其相关产品种类日益丰富,主要包括豆奶粉类、脱脂豆粉、大豆浓缩蛋白、大豆分离蛋白、大豆组织化蛋白,以及一些大豆蛋白的水解产品等。其他得到开发和应用的食品蛋白质主要包括蛋清蛋白质(溶菌酶、卵白蛋白、卵转铁蛋白)、蛋黄蛋白质(卵黄免疫球蛋白、卵黄高磷蛋白)、牛奶蛋白质(乳清蛋白、酪蛋白)、肉类蛋白质、坚果蛋白质等。此外,食品蛋白质的应用也越来越多元化,如肉制品、糕点、焙烤食品、饮料食品、婴儿食品、蔬菜食品等。

除了在传统食品工业中的应用,食品蛋白质还可作为主要成分生产再制食品或模拟食品,以迎合素食主义者或特殊消费者(如对特定食品过敏者)的需求。相关产品如大豆蛋白牛肉、大豆蛋白火鸡肉、植物蛋白鸡脯/炸排、素火腿、素香肠、素鸡肉、仿肉汉堡等。

目前,在世界范围内,食品蛋白质的加工和利用,已形成以大豆蛋白、花生蛋白等油料源蛋白质的开发为中心,其他植物蛋白质、动物蛋白质、蛋/乳蛋白质资源开发共同发展,新型食品蛋白质(微生物蛋白质、昆虫蛋白质)研究与开发为新热点的总体格局。

随着世界人口的持续增长和环境压力的持续增大,在世界范围内,粮食安全问题仍然是人类面临的最重要的基本生存问题之一。当前,世界粮食产量增长速度低于人口增长速度,食物供应不平衡成为人类无法回避的严重问题。根据 FAO 2015 年统计报告,受政治动荡等影响,世界范围内的营养不良发生率近年来呈现上升趋势,特别是在非洲国家;然而,肥胖发生率却持续上升(图 1-4),当前面临的营养与健康问题日益严峻。在造成营养不良的因素中,蛋白质摄入不足,与儿童发育、疾病抵抗、身体素质等密切相关,更是成为核心问题之一,蛋白质缺乏的影响更为广泛、更为严重。此外,在新兴国家,随着经济的发展,人们对蛋白质的摄入需求日益增强,如何满足越来越多的蛋白质消费需求,是当前和今后面临的一个难题。基于食品蛋白质的总体供给不足、地区和人群供给不平衡、消费和摄入缺乏科学指导等诸多问题,在世界范围内,食品蛋白质呈现总体不充裕、结构性严重短缺的局面,成为影响人类健康和发展的重要问题之一。解决这一问题,需要进一步发展农业种植,提供更多的供给,也需要加强食物在世界范围内的均衡调配,还需要宣传和普及营养健康知识。这些措施均建立在对食品蛋白质充分研究和了解的基础之上。因此，继续大力支持食品蛋白质的基础科学研究和技术产品开发，将为上述问题的解决提供新的思路和技术保障。

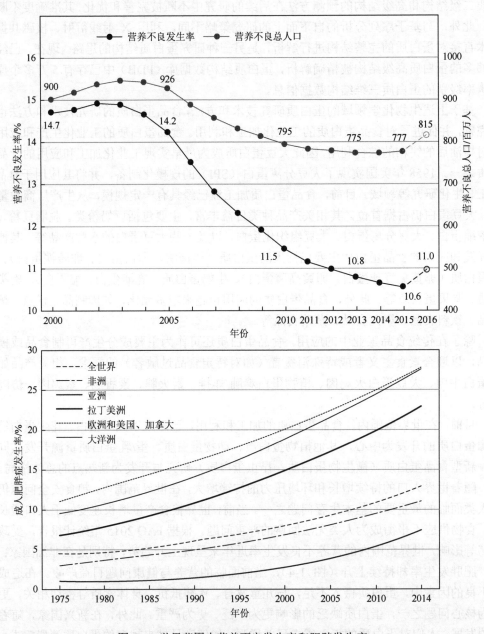

图1-4 世界范围内营养不良发生率和肥胖发生率

在我国，由于文化、饮食习惯和食品资源的原因，自古至今，蛋白质的来源以大米、小麦、玉米、薯类等食物为主，以大豆等豆类为辅，动物源蛋白质来源匮乏。近年来，随着我国经济的快速发展，绝大多数的人民早已摆脱食物匮乏，但又面临着食物过度丰富、摄入过多，营养不均衡的问题。其中，热量摄入过多而蛋白质摄入比例偏少是主要问题之一。因此，在当前阶段，为国民提供充足的优质蛋白质是食品工业需要努力实现的重要战略目标。鉴于我国人多地少的总体局面，解决优质蛋白质供给需以土地和粮食为"纲"、以节约资源为总体要求。基于此，我国食品蛋白质的研究和发展方向应以植物蛋白直接加工利用和提高动物蛋白转化效率为重点，首先解决优质蛋白质的供应问题。同时，应积极开展食品蛋白质的结构、营养特性、功能特性等的研究，为科学指导居民膳食、推进食品蛋白质精深加工、拓展食品蛋白质应用领域等提供理论和技术保障。

参 考 文 献

陈复生，郭兴凤，2012. 蛋白质化学与工艺[M]. 郑州：郑州大学出版社.

管斌，林洪，王广策，2005. 食品蛋白质化学[M]. 北京：化学工业出版社.

莫重文，2007. 蛋白质化学与工艺学[M]. 北京：化学工业出版社.

谢笔钧，2004. 食品化学[M]. 2 版. 北京：科学出版社.

张艳贞，宣劲松，2013. 蛋白质科学——理论、技术与应用[M]. 北京：北京大学出版社.

赵新淮，徐红华，姜毓君，2007. 食品蛋白质——结构、性质与功能[M]. 北京：科学出版社.

Henchion M, Hayes M, Mullen A M, et al., 2017. Future protein supply and demand: strategies and factors influencing a sustainable equilibrium[J]. Foods, 6 (7): 53-73.

第 2 章　氨基酸基础

2.1　氨基酸的结构与分类

氨基酸是羧酸碳原子上的氢原子被氨基取代后的化合物,氨基酸分子中含有氨基和羧基两种官能团。与羟基酸类似，氨基酸可按照氨基连在碳链上的不同位置而分为 α-、β-、γ-等几种不同类型，经蛋白质水解后得到的氨基酸都是 α-氨基酸，且仅有二十几种，它们是构成蛋白质的基本单位。氨基酸在人体内通过代谢可以发挥以下作用：①合成组织蛋白质；②变成酸、激素、抗体、肌酸等含 NH_3 物质；③转变为碳水化合物和脂肪；④氧化成 CO_2 和水及尿素，产生能量。

2.1.1　氨基酸的结构

氨基酸（amino acid）是构建细胞、修复组织的基础材料，被人体用于制造抗体蛋白以对抗细菌和病毒的侵染，或制造血红蛋白以传送氧气，或制造酶和激素以维持、调节新陈代谢。氨基酸是制造精卵细胞的主体物质，是合成神经介质不可缺少的前提物质，能够为机体和大脑活动提供能源，是一切生物的生命之源。

氨基酸通过肽键连接形成多肽链。多肽链两端分别有一个游离的氨基和游离的羧基，前者称为氨基末端或 N 末端（amino terminal），后者称为羧基末端或 C 末端（carboxyl terminal）。由氨基酸通过肽键相连组成的化合物称为肽，一般由 10 个以下氨基酸残基组成的肽称为多肽（polypeptide）。蛋白质实际上就是多肽，习惯上把分子质量超过 10000Da 的多肽称为蛋白质；分子质量低于 10000Da、能透过半透膜、不被三氯乙酸沉淀的称为多肽。在肽分子中的氨基酸称为氨基酸残基。蛋白质分子在酸、碱或酶的作用下发生水解，最终变成各种不同的氨基酸。目前在自然界已发现的天然氨基酸有 300 多种，但存在于生物体内由基因编码的用于合成蛋白质的氨基酸只有 20 种。

从蛋白质水解产物中分离出的 20 种氨基酸，除脯氨酸外，可视作为羧酸（$R—CH_2—COOH$）α-碳原子上的 1 个氢原子被 1 个氨基取代后的产物，因而与羧基相邻的 α-碳原子（$C\alpha$）上都有氨基，故称为 α-氨基酸，它们有共同的结构通式：

$$\text{侧链基团 } R—\underset{\underset{\text{氨基}}{NH_2}}{\overset{\overset{H}{|}}{C\alpha}}—\underset{\text{羧基}}{\overset{\overset{O}{\|}}{C}}—OH$$

除甘氨酸外，与 Cα 连接的 4 个原子或基团是不同的，故 Cα 是不对称碳原子，因而具有旋光性。α-氨基酸有 L-型和 D-型两种构型，互为对映体。组成蛋白质的氨基酸多是 L-型氨基酸，D-型氨基酸只存在于某些抗生素和植物的个别生物碱中。L-型和 D-型氨基酸的异构体具有相同的熔点、溶解度等物理性质和相同的化学性质，但其旋光方向相反。常见的 20 种重要的氨基酸的名称及结构式见表 2-1。

氨基酸的构型也可以用 R-S 构型方法表示，天然存在的氨基酸大多为 S 型。用 R-S 构型表示法可以标出每个手性碳原子的构型，但比较复杂而且不便于记忆，通常仍沿用 D-L 构型表示法。

表 2-1 常见氨基酸的名称、符号、分子量及结构式

名称	简写符号	单字母符号	分子量	结构式
丙氨酸（alanine）	Ala	A	89.1	$H_3C-CH-COO^-$ | $^+NH_3$
精氨酸（arginine）	Arg	R	174.2	$NH_2-C(=^+NH_2)-NHCH_2CH_2CH_2CHCOO^-$ | NH_2
天冬酰胺（asparagine）	Asn	N	132.2	$NH_2-C(=O)-CH_2CHCOO^-$ | $^+NH_3$
天冬氨酸（aspartic acid）	Asp	D	133.1	$HOOCCH_2CHCOO^-$ | $^+NH_3$
半胱氨酸（cysteine）	Cys	C	121.1	$HSCH_2-CHCOO^-$ | $^+NH_3$
谷氨酰胺（glutamine）	Gln	Q	146.1	$NH_2-C(=O)-CH_2CH_2CHCOO^-$ | $^+NH_3$
谷氨酸（glutamic acid）	Glu	E	147.1	$HOOCCH_2CH_2CHCOO^-$ | $^+NH_3$
甘氨酸（glycine）	Gly	G	75.1	H_2C-COO^- | $^+NH_3$
组氨酸（histidine）	His	H	155.2	$CH_2CH-COO^-$ | NH_3 (咪唑环)
异亮氨酸（isoleucine）	Ile	I	132.2	$CH_3CH_2CH-CHCOO^-$ | | CH_3 $^+NH_3$

名称	简写符号	单字母符号	分子量	结构式
亮氨酸（leucine）	Leu	L	131.2	$(CH_3)_2CHCH_2$—$CHCOO^-$　$\overset{+}{N}H_3$
赖氨酸（lysine）	Lys	K	146.2	$\overset{+}{N}H_3CH_2CH_2CH_2CH_2CHCOO^-$　$\overset{+}{N}H_2$
甲硫氨酸（methionine）	Met	M	149.2	$CH_3SCH_2CH_2$—$CHCOO^-$　$\overset{+}{N}H_3$
苯丙氨酸（phenylalanine）	Phe	F	165.2	CH_2—$CHCOO^-$　$\overset{+}{N}H_3$
脯氨酸（proline）	Pro	P	115.1	COO^-
丝氨酸（serine）	Ser	S	105.1	$HOCH_2$—$CHCOO^-$　$\overset{+}{N}H_3$
苏氨酸（threonine）	Thr	T	119.1	CH_3CH—$CHCOO^-$　OH　$\overset{+}{N}H_3$
色氨酸（tryptophan）	Trp	W	204.2	CH_2CH—COO^-　$\overset{+}{N}H_3$
酪氨酸（tyrosine）	Tyr	Y	181.2	OH—　CH_2CH—COO^-　$\overset{+}{N}H_3$
缬氨酸（valine）	Val	V	117.1	$(CH_3)_2CH$—$CHCOO^-$　$\overset{+}{N}H_3$

　　表 2-1 中由基因编码的氨基酸称为编码氨基酸，在蛋白质分子中还有非编码氨基酸，是在蛋白质生物合成后经乙酰化、磷酸化、羟化或甲基化等修饰形成的。在 20 种编码氨基酸中有 3 种氨基酸是最有个性的，一是脯氨酸，属于亚氨基酸，它的氨基和其他氨基酸的羧基形成的酰胺键有明显特点，较易变成顺式的肽键；二是甘氨酸，它是唯一在碳原子上只有两个氢原子、没有侧链的氨基酸，它既不能和其他残基的侧链相互作用，也不产生任何位阻现象，进而在蛋白质的立体结构形成中有特定作用；三是半胱氨酸，它的特性不仅表现在其侧链有一定的大小和具有高度的化学反应活性，还在于两个半胱氨酸能形成稳定的带有二硫键的胱氨酸，二硫键不仅可以在肽链内，也可以在肽链间存在，而且，同样的一对二硫键还能具有不同的空间取向。

有 8 种氨基酸被称为必需氨基酸，包括缬氨酸、异亮氨酸、亮氨酸、苯丙氨酸、甲硫氨酸、色氨酸、苏氨酸、赖氨酸。营养学实践证明，缺少这 8 种氨基酸就会导致蛋白质代谢失衡，引起疾病，因此它们是维持生命的必需物质。另外，通常儿童无法制造足够发育所需的组氨酸及精氨酸，因此对儿童来说组氨酸与精氨酸也是必需氨基酸。人们可以从不同的食物内获得必需氨基酸，但不能从某一种食物内获得所有的必需氨基酸，因此食物的多样化是非常重要的。

还有几种氨基酸也是蛋白质的组成成分，但含量少，并且是在蛋白质合成后形成的。例如，羟脯氨酸是脯氨酸经过羟化反应生成的，在明胶中含量较多（占 14%），一般蛋白质中含量较少；羟赖氨酸由赖氨酸经过羟化反应生成，是动物组织蛋白成分之一；胱氨酸（cystine）是两个半胱氨酸氧化后生成的，在毛、发、角、蹄中含量丰富。

2.1.2　氨基酸的分类

1. 根据氨基和羧基的相对位置分类

根据氨基酸中氨基和羧基在分子中相对位置的不同，氨基酸可分为 α-、β-、γ- 等氨基酸。

羧酸分子里的 α 氢原子被氨基取代的生成物叫 α-氨基酸；羧酸分子里的 β 氢原子被氨基取代的生成物叫 β-氨基酸；羧酸分子里的 γ 氢原子被氨基取代的生成物叫 γ-氨基酸。结构如下：

$$R-\underset{\underset{NH_2}{|}}{CH}-\overset{\overset{O}{||}}{C}-OH \qquad R-\underset{\underset{NH_2}{|}}{CH}CH_2-\overset{\overset{O}{||}}{C}-OH$$

　　　　　　α-氨基酸　　　　　　　　　　β-氨基酸

2. 根据氨基酸中烃基结构分类

根据氨基酸中烃基结构的不同，氨基酸可分为脂肪族氨基酸、芳香族氨基酸和杂环氨基酸。苯丙氨酸和酪氨酸分子中含有芳香环，属于芳香族氨基酸；脯氨酸、组氨酸和色氨酸分子中含有杂环，属于杂环氨基酸；其余都是脂肪族氨基酸，如丙氨酸、亮氨酸等。有些氨基酸的 R 基团上还含有其他官能团，如—OH、—SH、—SCH$_3$、—COOH、—NH$_2$ 等。

1）根据侧链极性不同分类

（1）具有非极性或疏水性侧链的氨基酸。这类氨基酸通常处于蛋白质分子内部，包括含有脂肪族侧链的丙氨酸、亮氨酸、异亮氨酸、甲硫氨酸、脯氨酸、缬氨酸和芳香族侧链的苯丙氨酸、色氨酸、酪氨酸。它们在水中的溶解度较极性氨基酸小，其疏水程度随着脂肪族侧链长度的增加而增大。

（2）带有极性、无电荷（亲水的）侧链的氨基酸。这类氨基酸侧链中含有羟基、巯基、酰胺基等极性基团，但它们在生理条件下却不带电荷，具有一定的亲水性，往往分布在蛋白质分子表面，包括丝氨酸、苏氨酸、酪氨酸、半胱氨酸、天冬氨酸、甘氨酸。含有中性、极性基团（极性基团处在疏水氨基酸和带电荷的氨基酸之间）能够与适合的分子如水形成氢键。丝氨酸、苏氨酸和酪氨酸的极性与它们所含的羟基有关，天冬酰胺、谷氨酰胺的极性同其酰胺基有关。而半胱氨酸则因含有巯基，所以属于极性氨基酸，甘氨酸有时也属于此类氨基酸。其中半胱氨酸和酪氨酸是这一类中具有最大极性基团的氨基酸，因为在 pH 接近中性时，巯基和酚基可以产生部分电离。在蛋白质中，半胱氨酸通常以氧化态的形式存在，即胱氨酸，当两个半胱氨酸分子的巯基氧化时便形成一个二硫交联键，生成胱氨酸。天冬酰胺和谷氨酰胺在有酸或碱存在下容易水解并生成天冬氨酸和谷氨酸，这类氨基酸往往分布在蛋白质分子表面。

（3）带正电荷侧链的碱性氨基酸（pH 接近中性时）。这类氨基酸侧链中常常带有易接受质子的基团（如胍基、氨基、咪唑基等），因此它们在中性和酸性溶液中带正电荷，包括赖氨酸、精氨酸和组氨酸，它们分别具有 $\varepsilon\text{-NH}_2$、胍基和咪唑基（碱性）。这些基团的存在是使它们带有电荷的原因，组氨酸的咪唑基在 pH 为 7 时，有 10% 被质子化，而 pH 为 6 时有 50% 被质子化。

（4）带负电荷侧链的氨基酸（pH 接近中性时）。这类氨基酸侧链中带有给出质子的羧基（酸性），因此它们在中性或碱性溶液中带负电荷，包括天冬氨酸和谷氨酸。

2）根据分子结构分类

（1）中性氨基酸：含有 1 个氨基和 1 个羧基。如甘氨酸、丙氨酸、缬氨酸、亮氨酸、异亮氨酸等。

（2）酸性氨基酸：含有 1 个氨基，2 个羧基。如天冬氨酸、谷氨酸。

（3）碱性氨基酸：含有 2 个氨基，1 个羧基。如精氨酸、赖氨酸、组氨酸。

（4）含羟氨基酸：含有 1 个氨基，1 个羧基，1 个羟基。如丝氨酸、苏氨酸。

（5）含硫氨基酸：含有 1 个氨基，1 个羧基，1 个巯基。如半胱氨酸、甲硫氨酸。

（6）含环氨基酸：含有 1 个氨基，1 个羧基，1 个环状结构。如苯丙氨酸、色氨酸、组氨酸、脯氨酸、酪氨酸。

3）非蛋白质氨基酸

除蛋白质的 20 种普通氨基酸及少数稀有氨基酸外，还发现有 150 多种氨基酸存在于各种细胞及组织中，呈游离状态或者结合状态，但并不存在于蛋白质中，所以称为非蛋白质氨基酸。它们大多是基本氨基酸的衍生物，也存在 $\alpha\text{-}$、$\beta\text{-}$、$\gamma\text{-}$ 等不同类型。

某些非蛋白质氨基酸呈 D 构型，如细菌细胞壁中存在的 $D\text{-}$谷氨酸和 $D\text{-}$丙氨酸；有些非蛋白氨基酸在代谢上作为重要的前体或中间产物，例如，$\beta\text{-}$丙氨酸是维生素泛酸的前体，瓜氨酸及鸟氨酸是合成精氨酸的前体，$\gamma\text{-}$氨基丁酸是神经传导的化学物质；有些非蛋白氨基酸，如高丝氨酸及刀豆氨酸，在氮素运转及储藏上具有一定作用。

有些非蛋白氨基酸对动物和微生物有一定的生理活性，有些具有极特殊的结构，如刀豆氨酸、黎豆氨酸及 $\beta\text{-}$氰丙氨酸对其他生物是有毒的。现在一般认为非蛋白氨基酸主要是生物体的次生代谢物质，生物体生长的时间越长，富集的次生代谢物质就越多，代谢物质的结构就越复杂，对其他生物的生理活性也就越强。例如，中草药的主要药效成分多为植物次生代谢物。

$$NH_2—CH_2—CH_2—CH_2—\underset{\underset{NH_3^+}{|}}{CH}—COO^-$$

鸟氨酸

$$NH_2—\underset{\underset{O}{\|}}{C}—\underset{\underset{H}{|}}{N}—CH_2—CH_2—CH_2—\underset{\underset{NH_3^+}{|}}{CH}—COO^-$$

瓜氨酸

2.1.3　氨基酸的命名

氨基酸可采用系统命名法命名，将氨基作为取代基，如：丙氨酸命名为一氨基丙酸、半胱氨酸命名为 α-氨基-β-巯基丙酸、甘氨酸命名为 α-氨基乙酸等。但天然氨基酸更常用的是根据其来源和特性所得的俗名，例如，甘氨酸是因具有甜味而得名，天冬氨酸最初是从天门冬的幼菌中发现的。每种氨基酸都有国际通用符号，通常由其英文名称的前三个字母组成，如 Gly 表示甘氨酸、Ala 表示丙氨酸。

2.2　氨基酸的理化特性及制备

2.2.1　氨基酸的物理性质

氨基酸的物理特征包括溶解度、熔点、比施光度、味感等，详见表 2-2。

表 2-2　氨基酸的物理性质

名称	溶解度(25℃)/(g/L)	熔点/℃	比旋光度	呈味阈值/(mg/100mL)	味感 L 型	味感 D 型
丙氨酸（Ala）	167.2	279	+14.7	60	甜	强甜
精氨酸（Arg）	855.6	238	+26.9	10	微苦	弱甜
天冬酰胺（Asn）	28.5	236	—	100	弱苦酸	—
天冬氨酸（Asp）	5.0	269～271	+34.3	3	酸（弱鲜）	—
胱氨酸（Gys）	0.05	175～178	−214.4	—	—	—
谷氨酰胺（Gln）	7.2	185～186	—	250	弱鲜甜	—
谷氨酸（Glu）	8.5	247	+31.2	30（5）	鲜（酸）	—
甘氨酸（Gly）	249.9	290	0	110	甜	甜
组氨酸（His）	41.9	277	−39.0	20	苦	甜
异亮氨酸（Ile）	34.5	283～284	+40.6	90	苦	甜
亮氨酸（Leu）	21.7	337	+15.1	380	苦	强甜
赖氨酸（Lys）	739.0	224	+25.9	50	苦	弱甜
甲硫氨酸（Met）	56.2	283	+21.2	30	苦	甜

续表

名称	溶解度(25℃)/(g/L)	熔点/℃	比旋光度	呈味阈值/(mg/100mL)	味感	
					L 型	D 型
苯丙氨酸（Phe）	27.6	283	−35.1	150	微苦	强甜
脯氨酸（Pro）	1 620.0	220～222	−52.6	300	甜	—
丝氨酸（Ser）	422.0	228	+14.5	150	微甜	强甜
苏氨酸（Thr）	13.2	253	−28.5	260	微甜	弱甜
色氨酸（Trp）	13.6	282	−31.5	90	苦	强甜
酪氨酸（Tyr）	0.4	344	−8.6	—	微苦	强甜
缬氨酸（Val）	58.1	293	+28.8	150	苦	强甜

1. 旋光性

除甘氨酸外，天然氨基酸由于其 α-碳原子为不对称碳原子，都具有光学活性，即可使偏振光振动面向右（顺时针方向）或向左（逆时针方向）旋转，右旋常用"＋"表示，左旋常用"−"表示。氨基酸的旋光符号和大小取决于 R 基的性质，同时还与溶液的 pH 有关。与其他旋光物质一样，比旋光度是氨基酸的一个重要物理常数（表 2-2），是鉴别各种氨基酸的依据之一。L-型和 D-型氨基酸旋光方向相反，等量 D-型和 L-型氨基酸的混合物没有旋光性，称为消旋物。通过有机合成方法合成氨基酸时，得到的氨基酸为 DL-消旋物。发酵方法得到的氨基酸是 L-型的。

2. 溶解性和熔点

天然氨基酸固体为白色结晶，熔点一般都很高，常在 200℃以上，可达 250℃左右。

α-氨基酸都能溶解在强酸或强碱中，除酪氨酸不易溶于水外，均可溶于水。由于 α-氨基酸呈内盐形式，故几乎不溶于非极性溶剂。脯氨酸和羟脯氨酸可溶于乙醇、乙醚中，通常乙醇可以将氨基酸从水溶液中析出。不同氨基酸具有不同的结晶形状，可以利用结晶性状鉴别各种氨基酸。

3. 味感

一些氨基酸本身具有特殊的香气，如苯丙氨酸具有玫瑰花香气，丝氨酸、苏氨酸具有酒香气，亮氨酸具有肉香味，丙氨酸具有花香气等。天然蛋白质中的氨基酸都属 L-型，L-型氨基酸及其盐大多具有甜味或苦味，少数几种具有鲜味或酸味。一般把谷氨酸、天冬氨酸、苯丙氨酸、丙氨酸、甘氨酸和酪氨酸这 6 种能呈现出特殊鲜味的氨基酸称为呈味氨基酸。其中 L-谷氨酸钠盐是味精的主要成分，是天然氨基酸中鲜味最强的物质，其次为天冬氨酸及其钠盐。

4. 紫外吸收

常见的氨基酸在 400～780nm 的可见光区域内均无吸收，由于均具有羧基，所以在紫外光区的短波长 210nm 附近所有的氨基酸均有吸收。另外，酪氨酸、色氨酸和苯丙氨酸由于具有芳香环，分别在 278nm、279nm 和 259nm 处有较强的吸收，摩尔吸光系数 ε 分别为 1400mol/(L·cm)、5600mol/(L·cm)、200mol/(L·cm)，故可利用此性质对这三种氨基酸进行分析测定。结合后的酪氨酸、色氨酸残基等同样在 280nm 附近有最大的吸收，故紫外分光光度法可以用于蛋白质的定量分析。

酪氨酸、色氨酸和苯丙氨酸可以受激发而产生荧光，激发后可以在 304nm、348nm 和 282nm 分别测定它们的荧光强度，而其他的氨基酸则不能产生荧光。

2.2.2　氨基酸的化学性质

1. 氨基酸的两性性质

依据 Bronsted-Lowry 的酸碱定义，酸是质子的供体，碱是质子的受体，所以从化学结构上看，氨基酸既是酸又是碱。一个氨基酸分子，在酸性溶液中呈正离子状态，在碱性溶液中则呈负离子状态，这样可以找到一个适当的 pH，此时氨基酸分子呈兼性状态（等离子状态），该 pH 就为等离子点。在等离子点时，如果没有其他因素干扰，氨基酸分子在直流电场中不向任何方向移动，这时的 pH 可称作氨基酸分子的等电点（pI）。等电点是氨基酸的一个特征常数，在等电点时，氨基酸在电场中不向两极移动，并且绝大多数处于兼性离子状态，少数可以解离成阴离子和阳离子，但解离成的阴、阳离子数目相同。

$$CH_3CH(NH_3)+COOH \xrightarrow{K_1} CH_3CH(NH_3)+COO^- \xrightarrow{K_2} CH_3CH(NH_2)COO^-$$

酸性范围：pH<pI　　　　　　pH = pI = 5.7　　　　　　碱性范围：pH>pI
　　　Ala$^+$　　　　　　　　Ala$^\pm$　　　　　　　　　Ala$^-$

以丙氨酸为例，不同酸碱条件下氨基酸带电情况如下。

Ala$^+$ 如果是一个弱酸，其酸性强弱可以用解离常数 K_a 或 pK_a 来衡量，则可推导出：

$$K_1 = \frac{[\text{Ala}^\pm][\text{H}^+]}{[\text{Ala}^+]}, K_2 = \frac{[\text{Ala}^-][\text{H}^+]}{[\text{Ala}^\pm]}$$

又因为 $K_1K_2 = [\text{H}^+]^2([\text{Ala}^-]/[\text{Ala}^+])$，在等电点时，得到 $[\text{Ala}^-] = [\text{Ala}^+]$，则 $[\text{H}^+]^2 = K_1K_2$。即丙氨酸的等电点为 $pI = pH = (pK_1 + pK_2)/2$。

由以上讨论可知，等电点可以根据各个基团的解离常数的方程式来计算。显然，正离子浓度和负离子浓度相等时的值就是等电点。由此很容易推导出，对酸性氨基酸和中性氨基酸，其等电点计算公式为 $pI = pH = (pK_1 + pK_2)/2$；对碱性氨基酸，其等电点计算公式为 $pI = pH = (pK_2 + pK_3)/2$。各种氨基酸的解离常数和等电点见表 2-3。

表 2-3　氨基酸的解离常数和等电点

氨基酸名称	pK_1（—COO$^-$）	pK_2（NH$_3^+$或其他）	pK_3	pI
Gly	2.34	9.60	—	5.97
Ala	2.34	9.69	—	6.02

续表

氨基酸名称	pK_1（—COO⁻）	pK_2（NH₃⁺或其他）	pK_3	pI
Val	2.32	9.62	—	5.97
Leu	2.36	9.60	—	5.98
Ile	2.36	9.68	—	6.02
Ser	2.21	9.15	—	5.68
Pro	1.99	10.60	—	6.30
Phe	1.83	9.13	—	5.48
Trp	2.38	9.39	—	5.89
Met	2.28	9.21	—	5.74
Thr	2.63	9.00	—	6.53
Tyr	2.20	9.11	10.00（—OH）	5.66
Cys	1.96	8.33（—NH₃⁺）	10.28（—SH）	5.02
Asn	2.09	9.82（—NH₃⁺）	3.86（—COOH）	2.77
Glu	2.19	9.67（—NH₃⁺）	4.25（—COOH）	3.22
His	1.82	9.17（—NH₃⁺）	6.00（咪唑基）	7.59
Arg	2.17	9.04（—NH₃⁺）	12.48（胍基）	10.76
Lys	2.18	8.95（—NH₃⁺）	10.53	9.74

当用电泳法分离氨基酸时，在碱性溶液中（pH＞pI），氨基酸带负电荷，因此向正极移动；在酸性溶液中（pH＜pI），氨基酸带正电荷，因此向负极移动。在一定 pH 范围内，氨基酸溶液 pH 离等电点越远，该氨基酸所携带的净电荷越大，其移动速率就越快。当溶液 pH＝pI 时，溶液中该氨基酸以偶极离子形式存在，而呈现静止状态。

测定 K_1 和 K_2 可以根据氨基酸的滴定曲线来推算。与一般弱酸的滴定曲线相似，滴定中段是一个缓冲区，例如，在甘氨酸的滴定曲线中（图 2-1），[Gly⁺]被滴定至 1/2 时的 pH ＝ 2.34，这相当于—COOH 的解离常数。[Gly±]被滴定至 1/2 时的 pH 为 9.6，这相当于一个 NH₃⁺的解离常数。甘氨酸只有 2 个解离基团，pK_1 和 pK_2 相距较远，即—COOH 实际上已解离完毕，—NH₃才开始解离，因此滴定曲线明显地表现为两端 S 形态。

如果氨基酸有 3 个以上的解离基团，情况就比较复杂，如组氨酸等。可以用试探法选择一定的 pK，先做出各个基团的理论滴定曲线，然后将它们叠加起来，叠加线如果与实际滴定曲线吻合，说明所选择的 pK 能代表各基团的解离常数，否则再重新选择。用这种方法可求出天冬氨酸的 pK_1 ＝ 2.10（α-羧基）、pK_2 ＝ 3.86（β-羧基）、pK_3 ＝ 9.82（氨基）。由于 pK_1 和 pK_2 相差不大，这两个基团的解离曲线叠加程度高，几乎分辨不出两个 S 形曲线。

在蛋白质的肽链中，因为受到所处部位的化学结构以及空间微观环境的影响，氨基酸侧链解离基团的解离常数与游离氨基酸不同。蛋白质分子中有许多可解离基团，

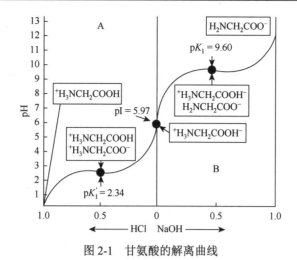

图 2-1　甘氨酸的解离曲线

测定它们的解离常数相当复杂，一般是先设计一定的模型，然后根据滴定曲线进行推算。

解离基团的解离常数（pK_a）也受溶剂介电常数的影响，当溶剂介电常数降低时，羧基的 pK_a 增大，而氨基的 pK_a 变化不大。例如，以二氧六环—水体系作为不同介电常数的溶剂系统时，模型化合物苯甲酸及咪唑的 pK_a 分别由 4.1 和 6.8（介电常数 $D = 7.6$）变为 9.4 和 6.4（$D = 12.0$）。

另外，解离基团的附近如果有电荷存在，也会影响其 pK_a 值，以甘氨酸和丙酸为例比较，甘氨酸 pK_a 为 2.35，丙酸 pK_a 为 4.87，前者羧基解离大于后者（高出 300 倍），这是由附近 NH_3 对质子的斥力所引起的。蛋白质分子中存在很多带电荷的基团，它们相互之间必然有着复杂的影响。如果解离基团与其他基团形成氢键结合，pK_a 也会发生变化。当酸式的氨基酸形成氢键时，质子的释放受到抑制，pK_a 增大；共轭碱的氨基酸作为氢键的受体时，其接受质子的能力降低，pK_a 减小。

2. 氨基酸侧链的亲水性和疏水性

α-氨基酸由于其羧基及氨基的解离形成离子型化合物，对偶极水分子有相当的亲和性，表现出在水中有一定的溶解度。当它们结合成肽链，其亲水性或疏水性取决于它们的侧链基团。总的说来，除解离基团外，天冬酰胺的侧链酰胺基、丝氨酸和苏氨酸上的羟基也都是亲水性基团。另外，丙氨酸、缬氨酸、亮氨酸、异亮氨酸、甲硫氨酸、脯氨酸、苯丙氨酸和色氨酸等的侧链基团都属于疏水性基团。

蛋白质在水中的溶解度、与脂肪的作用等功能性质同氨基酸侧链的极性基团和非极性（疏水）基团数量及其分布状况有关。蛋白质的疏水性也由其组成氨基酸的疏水性决定，所以氨基酸的疏水性是一个重要的性质指标。

氨基酸的疏水性可以定义为将 1mol 的氨基酸从水溶液中转移到乙醇溶液中时所产生的自由能变化。在忽略活度系数变化的情况下，此时体系的自由能变化为

$$\Delta G^{\theta} = -RT\ln\frac{S_{乙醇}}{S_{水}} \tag{2-1}$$

式中，R 代表气体常数；T 代表绝对温度；$S_{乙醇}$、$S_{水}$ 分别表示氨基酸在乙醇和水中的溶解度，mol/L。

氨基酸分子中有多个基团，则 ΔG^{θ} 应该是氨基酸中多个基团的加和函数，即有 $\Delta G^{\theta} = \Delta G^{\theta'}$。将氨基酸分子分为两个部分，一部分是甘氨酰基，另一部分是侧链（R），并设定甘氨酸的侧链（此时 R = H 的 ΔG 为零），则有

$$\Delta G^{\theta} = \Delta G^{\theta}_{(侧链)} + \Delta G^{\theta}_{(甘氨酸)}$$

苄基　　　　甘氨酸基

如此就可以得到任何一种氨基酸的侧链残基的疏水性：

$$\Delta G^{\theta}_{(侧链)} = \Delta G^{\theta} - \Delta G^{\theta}_{(甘氨酸)} \tag{2-2}$$

通过测定各种氨基酸在两种介质中的溶解度，可以确定各个氨基酸侧链的疏水性大小（Tanford 法，见表 2-4），这是目前食品化学中比较常用的一种方法。在测定结果中，具有较大的正值意味着氨基酸的侧链是疏水的，在蛋白质结构中该残基倾向于分布在分子内部；而具有较大的负值意味着氨基酸侧链在蛋白质结构中倾向于分布在分子表面。对于赖氨酸，由于含有多个亚甲基，所以可以优先选择环境，从而具有正的疏水性数值。这些数据也可以用来预测氨基酸在疏水性载体上的吸附行为，吸附系数与疏水性程度成正比。

表 2-4　氨基酸侧链的疏水性（25℃，Tanford 法）

氨基酸	$\Delta G^{\theta}_{(侧链)}$/(kJ/mol)	氨基酸	$\Delta G^{\theta}_{(侧链)}$/(kJ/mol)
Ala	2.09	Leu	9.61
Arg	3.1	Lys	6.25
Asn	0	Met	5.43
Cys	4.18	Pro	10.87
Gln	−0.42	Ser	−1.25
Glu	2.09	Thr	1.67
Gly	0	Trp	14.21
His	2.09	Tyr	9.61
Ile	12.54	Val	6.27
Asp	2.09	Phe	10.45

利用 Tanford 法所得到的氨基酸疏水性数据不能完全应用于蛋白质结构的解释，衡量氨基酸疏水性大小还有其他方法可以采用。有人建议根据氨基酸在蛋白质结构中的空间分布统计学数据作为其疏水性大小的衡量尺度，与位于蛋白质表面的氨基酸数目相比，在蛋白质结构内的氨基酸残基越大，氨基酸的疏水性越强（Chothia 法）。还有人建议根据氨基

酸在蛋白质中微环境的疏水性作为氨基酸疏水性的另一衡量尺度，而氨基酸微环境的疏水性是考虑在蛋白质三维结构中邻近的氨基酸的疏水性总和（Ponnuswamy 法，见表 2-5），其原理与 Tanford 法不同，但两种方法所得结果相近。表 2-5 是用蛋白质内部残基比例、微环境疏水性两种方法所得到的结果。

表 2-5　氨基酸疏水性表示方法

氨基酸	蛋白质内部残基比例/%	微环境疏水性	氨基酸	蛋白质内部残基比例/%	微环境疏水性
Ala	0.38	12.28	Leu	0.45	14.10
Arg	0.01	11.49	Lys	0.03	10.80
Asn	0.12	11.00	Met	0.40	14.33
Asp	0.15	10.97	Phe	0.50	13.43
Cys	0.50	14.93	Pro	0.18	11.19
Gln	0.18	11.28	Ser	0.22	11.26
Giu	0.07	11.19	Thr	0.23	11.65
Gly	0.36	12.01	Trp	0.27	12.95
His	0.17	12.84	Tyr	0.15	13.29
Ile	0.60	14.77	Val	0.54	15.07

α-氨基酸与水合茚三酮一起在水溶液中加热，可发生反应生成紫色化合物（茚三酮与脯氨酸和羟脯氨酸反应生成黄色化合物）。该反应先是氨基酸被氧化分解生成醛，放出 NH_3 和 CO_2，水合茚三酮则生成还原型茚三酮。还原型茚三酮与 NH_3、1 分子水合茚三酮缩合生成紫色化合物，反应机制见图 2-2。

总反应方程式为

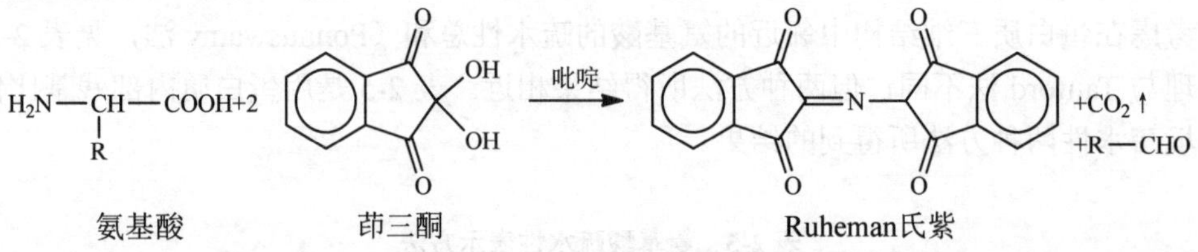

图 2-2 α-氨基酸与茚三酮的反应

此反应为 α-氨基酸所特有的反应，十分灵敏，几微克氨基酸就能显色。根据反应所生成的紫色深浅，在 570nm 比色测定氨基酸含量。利用纸色谱法、离子交换法和电泳法分离测定氨基酸时，常用茚三酮作显色剂。此反应对多肽和蛋白质也能显色，但肽段越大，灵敏度越差。

3. 氨基的反应

1）与亚硝酸的反应

在常温下亚硝酸可以与氨基酸的游离氨基起反应，定量地放出 N_2（其反应方程如下），氨基酸被氧化成羟酸。含亚氨基的脯氨酸则不能与亚硝酸反应。

$$R-\underset{NH_2}{CH}-COOH+HONO \longrightarrow R-\underset{OH}{CH}-COOH+N_2\uparrow+H_2O$$

由于反应所放出的 N_2，一半来自氨基酸分子上的 α-氨基，一半来自亚硝酸，故在固定条件下测定反应所释放的 N_2 体积，即可计算出氨基的含量，是定量测定氨基酸的方法之一。此法较精确，反应很快，室温下 10min 内可完成，是分析和实验中的常用方法。

2）与甲醛等的反应

在中性 pH 和常温条件下，甲醛能很快与氨基酸上的氨基结合，使氨基酸的解离平衡向 H^+ 解离方向移动，促进—NH_3 上的质子释放出来，从而使溶液酸性增强，这样就可用 NaOH 标准溶液来滴定。每释放出 1 个质子，就相当于有 1 个—NH_3，这就是甲醛滴定法间接定量测定氨基酸的原理。此法不够精确，但简便快速，不仅用于快速测定氨基酸含量，也常用来测定蛋白质水解程度。甲醛反应还可用于生物组织的固定和保存。

氨基酸还可以与其他醛类化合物反应生成希夫碱（Schiff base）类化合物。希夫碱与非酶褐变反应有关，是美拉德反应的中间产物。

3）与 2,4-二硝基氟苯等的反应

在弱碱溶液中，氨基酸的氨基很容易与 2,4 二硝基氟苯（FDNB）作用，生成 2,4-二硝基氟苯氨基酸（DNP-氨基酸）。氨基与三硝基苯磺酸（TNBS）的反应也是相似的反应机制。

该反应可用于对肽的 N 端氨基酸进行分析。而氨基酸的氨基与荧光胺、邻苯二甲醛等反应生成的产物也具有荧光性质，可用于分析氨基酸、蛋白质等中的氨基含量。

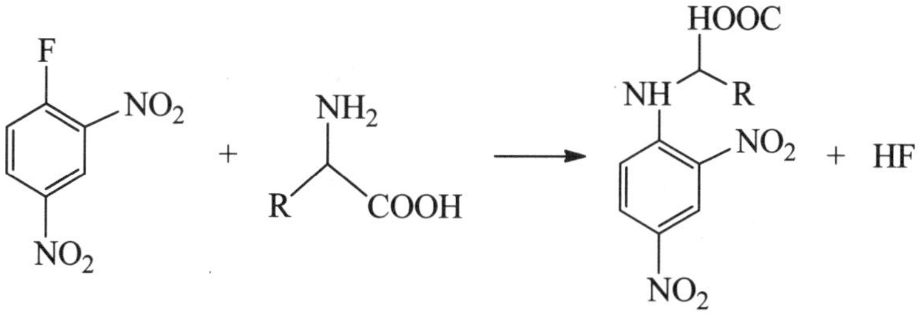

4）酰基化反应

例如，氨基可与苄氧基甲酰氯在弱碱性条件下反应，生成氨基衍生物。

在合成肽的过程中可利用此反应保护氨基酸的氨基，有利于肽合成反应的定向发生。

另外，氨基很容易与酰基化试剂作用。例如，苯甲氧基甲酰氯就是多肽合成中保护氨基的重要试剂。

4. 羧基的反应

氨基酸羧基的反应由于有很高的活化能，一般不发生，常见的有酯化反应和脱羧反应等。

（1）酯化反应：所有的氨基酸在无水乙醇中通入干燥 HCl，然后加热回流，可生成氨基酸酯。各种氨基酸酯的物理化学性质不同，可用减压分馏法分离。

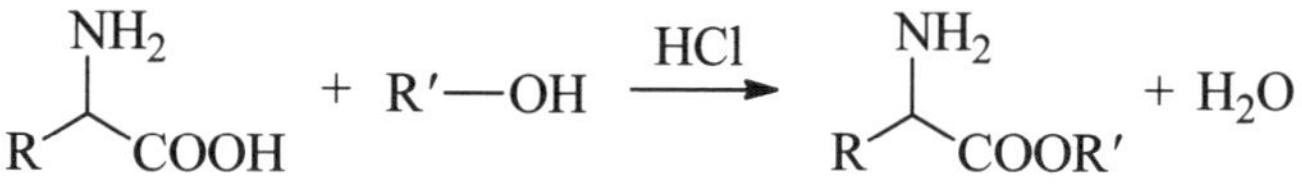

（2）还原反应：在 $LiBH_4$ 作催化剂的条件下，氨基酸可加 H，被还原生成氨基伯醇类化合物。

（3）脱羧反应：在特定的脱羧酶作用下，氨基酸脱羧生成伯胺并放出 CO_2。例如，大肠杆菌含有 L-谷氨酸脱羧酶能够使氨基酸脱羧。

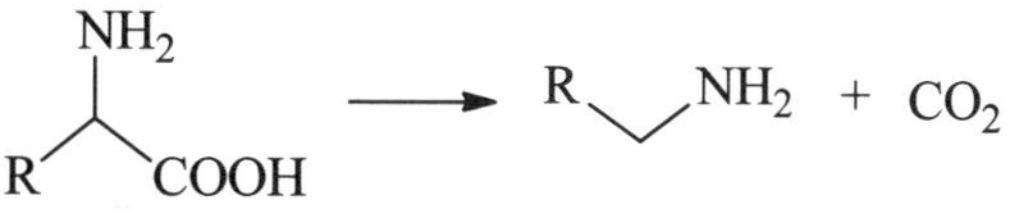

在氨基酸发酵生产中，根据上述反应原理，用瓦勃氏呼吸仪测定放出的 CO_2 量，进而可估计出氨基酸发酵生成产量。

5. 侧链基团的反应

1）氨基酸侧链基团的化学反应

α-氨基酸的侧链 R 基的反应很多。R 基上含有酚基时可还原 Folin-酚试剂，生成钼蓝和钨蓝，在分析工作中可用于蛋白质的定量分析。又如 R 基上含有—SH 基时，在氧化剂存在下可生成二硫键，在还原剂存在下二硫键也可被还原，重新变为—SH 基。

$$—SH + —SH \longrightarrow —S—S—$$

氨基酸侧链基团参与的反应一般用于个别氨基酸的鉴定或蛋白质分子上侧链基团的修饰。有些颜色反应可用于特定氨基酸或含有该氨基酸的肽的检测。特殊侧链基团参与的反应及用途见表 2-6。

对侧链基团修饰进行归纳，有很多实用的化学反应。例如：碘乙酸或碘乙酰胺可使巯基烷基化；在适当条件下，顺丁烯二酸酐主要作用于氨基；2, 4, 6-三硝基苯磺酸也与氨基专一性作用，并在 345nm 处有特征吸收；1, 2-环己二酮则能对精氨酸的胍基进行选择性修饰；二硫键可被巯基试剂如二硫苏糖醇（DTT）还原为巯基；若蛋白质中没有巯基，2-溴甲-4-硝基苯酚专一性地与色氨酸的吲哚侧链作用；N-溴代琥珀酰亚胺虽也可与吲哚环反应，但半胱氨酸、甲硫氨酸、组氨酸及赖氨酸侧链也同时会被衍生化或氧化；对于酪氨酸残基的测定有四硝基甲烷的硝化法和碘化法等，前者在酚羟基邻位有强吸收，后者则应用 I_2-KI 使酚基碘化，进行 I^{125} 放射性核素标记时常用此法。

表 2-6　特殊侧链基团参与的反应及用途

基团	化学反应	用途及重要性
苯环	黄色反应：与 HNO_3 作用产生黄色物质	蛋白质定性试验，鉴定苯丙氨酸和酪氨酸
酚基	Millon 反应：与 HNO_3、$Hg(NO_3)_2$ 和 HNO_3 反应呈红色；Folin 反应：酚基可还原磷钼酸、磷钨酸成蓝色物质	鉴定酪氨酸，蛋白质定性定量测定
吲哚基	乙醛酸反应：与乙醛酸或二甲基氨甲醛反应，生成紫红色化合物，还原磷钼酸、磷钨酸成钼蓝色	鉴定色氨酸，蛋白质定性试验
胍基	坂口反应（Sakaguchi 反应）：在碱性溶液中胍基与含有 α-萘酚及 $NaClO_3$ 的物质反应生成红色物质	精氨酸的测定
咪唑基	Pauly 反应：与重氮盐化合物结合生成棕红色物质	组氨酸及酪氨酸的测定
巯基	亚硝基亚铁氰酸钠反应：在稀氨溶液中与亚硝基亚铁氰酸钠反应生成红色物质	半胱氨酸及胱氨酸的测定
羟基	与乙酸或磷酸作用生成酯类	保护丝氨酸及苏氨酸的羟基，用于蛋白质合成

2）与金属离子反应

氨基酸可与一些金属离子反应生成络合物。例如，氨基酸可以与 Zn^{2+}、Ca^{2+}、Ba^{2+} 等作用生成难溶于水的络合物。

2.2.3　氨基酸的制备与分析分离

1. 氨基酸的制备

制备氨基酸有以下 4 种途径。

（1）有机合成法：合成产物为外消旋氨基酸，因此需进一步拆分出 *L*-型及 *D*-型氨基酸。合成法广泛用于甲硫氨酸和甘氨酸的生产，有时也在用这种方法生产苯丙氨酸及色氨酸。

（2）提取法：从蛋白质水解液中分离提取氨基酸，这适合于中小规模的生产。提取法多用于胱氨酸、酪氨酸以及羟脯氨酸的制备，精氨酸和组氨酸传统上虽也采用提取法分离，但近年来已逐渐被发酵法所取代。

（3）酶催化反应生产氨基酸：酶法多用于天冬氨酸、丙氨酸、色氨酸及赖氨酸的生产。

（4）发酵法：可用于大规模生产，是一种极具潜力和实际应用价值的方法。谷氨酸、赖氨酸、丙氨酸、脯氨酸、苏氨酸、亮氨酸、缬氨酸、瓜氨酸、鸟氨酸等都成功地实现了发酵生产，发酵液中的积蓄量高达 5%以上。其他氨基酸，如色氨酸、苯丙氨酸等的发酵生产正处于研究中。不同的氨基酸通常只采用一种或两种途径进行生产。

2. 氨基酸的分析分离

所有氨基酸的分离纯化技术都是建立在不同氨基酸之间物理性质（大小）和化学性质（电荷）的差别基础上的，用于分离、纯化氨基酸的技术主要有电泳法和色谱法。

1）电泳法

带电颗粒在电场作用下，向着与其极性相反的电极移动，称为电泳（electrophoresis，EP）；利用带电粒子在电场中移动速度的不同而达到分离目的的技术称为电泳技术。在确定的条件下，带电粒子在单位电场强度下，单位时间内移动的距离（即迁移率）为常数，也是该带电粒子的物化特征性常数。不同氨基酸因所带电荷不同，或所带电荷相同但荷质比不同，在同一电场中电泳，经一定时间后，由于移动距离不同而相互分离，分开后的距离与外加电场的电压和电泳时间成正比（图 2-3）。

2）纸色谱法

纸色谱法（filter paper chromatography）主要是根据被分析样品在两种互不相溶的溶剂系统中的分配系数不同而使之分离，相当于一个连续的反相液—液抽提过程。它可以把只有几微克的氨基酸从混合液中分离出来并加以鉴定，既可作微量分离，又可作定性分析和定量测定。

纸色谱是把一种溶剂固定在固体的支持物（固定相）上，由于滤纸纤维对水有较强的亲和力，一般能吸附其自身质量 22%的水，其中，6%的水以氢键与纤维素牢固结合，这些水即称为固定相。被水饱和的有机相（如正丁醇—乙醚—水系统）为流动相。当流动相从含有氨基酸样品的滤纸上流过时，氨基酸就在固定相与流动相之间连续进行分配。由于各种氨基酸在两相中分配系数不同，所以其在纸上的移动速率也不同。一般，侧链为非极性基团的氨基酸（Leu、Ile、Phe、Trp、Val、Met 等）在流动相中溶解度较大，因此移动速率较快；而侧链为极性基团的氨基酸（Ser、Thr、Glu、Asp、His、Lys、Arg 等）在流动相中溶解度较小，在固定相中溶解度较大，移动速率相对较慢。

具体操作时，先将样品点在滤纸一端距纸边 2～3cm，称为原点。然后，将点有样品的一端浸入某一有机溶剂系统中，由于纸纤维内存在的毛细管作用，溶剂从纸的一端流向另一端。当流动相达到一定位置后，各种氨基酸由于移动速率不同，而分别集中在滤纸的不同部位。滤纸烘干，用茚三酮溶液喷雾并加热显溶剂前沿色后，可以得到清晰的色谱图谱，并确定氨基酸的位置（图 2-4）。溶质（被检测物）在纸上移动的速率可用 Rf 表示，即在一定条件下被分离物在纸上移动的距离（b）与溶剂所移动的距离（a）之比。由于各种

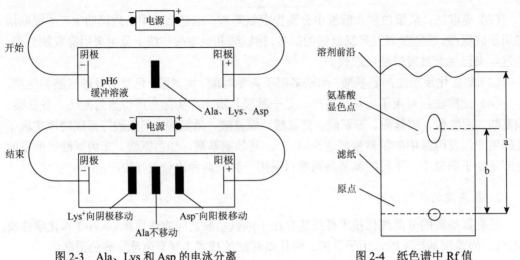

图 2-3　Ala、Lys 和 Asp 的电泳分离　　　　　图 2-4　纸色谱中 Rf 值

溶质在一定温度、溶剂等条件下都有其特定的值，故可根据 Rf 值作定性鉴定，通常用标准样品做对照。

鉴定一种或数种氨基酸、检查其纯度以及研究简单混合物的成分时，单向纸色谱法很简便，但如果是多种氨基酸的混合物或是蛋白质水解液，由于有些氨基酸在某一溶剂系统中 Rf 值很接近或相同，仅用单向纸色谱法不能分开，因此可采用双向纸色谱法。即将样品点在一个方形滤纸的角上，先用一种溶剂系统沿滤纸的一个方向进行展层，待干后，将滤纸转动 90°，再用另一种溶剂系统进行第二方向展层，干燥，显色后就可以得到双向色谱图谱（图 2-5）。

纸色谱图谱的斑点大小和颜色深浅与样品中的氨基酸含量成正比。定量分析时，可把色谱图谱上的氨基酸斑点剪下，用一定溶剂（1%硫酸铜乙醇溶液）洗脱，在 520nm 波长测定吸光度，从标准曲线上可求出其含量，误差在 10%左右。

3）薄层色谱法

薄层色谱法（thin-layer chromatography）是以吸附作用为主的分配色谱方法之一，具有快速、微量、操作简便、分辨率高、可使用多种吸附剂的特点。所以可以利用不同氨基酸在某一吸附剂上吸附力的不同，达到分离的目的。具体是把纤维素、硅胶、Al_2O_3 等试剂涂布在玻璃板上制成薄层，然后将被分析样品滴加到薄层上，用适当溶剂展开使各组成相分离，最后进行定性、定量分析。

4）离子交换柱色谱法

离子交换树脂是一种不溶于水、有机溶剂和酸碱的高分子材料，它带有阴离子或阳离子基团，这些基团能与周围溶液中的其他离子或离子化合物进行交换，而树脂本身的物理性质不发生改变。利用这种原理进行分离和测定的方法，就称为离子交换法。由于离子交换过程是在色谱柱中进行，故又称为离子交换柱色谱法（ion-exchange column chromatography），即在色谱柱内装一定量的树脂，使待分离的物质经过色谱柱，连续发生交换作用而达到分离的目的。

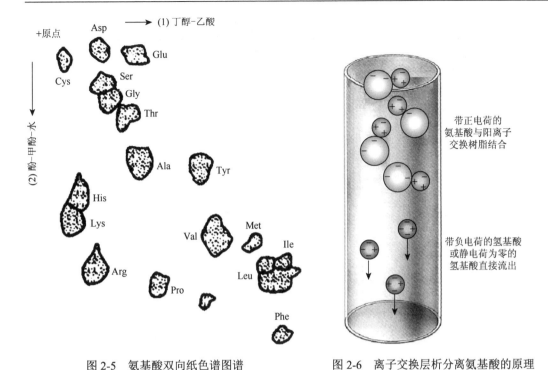

图 2-5　氨基酸双向纸色谱图谱　　　图 2-6　离子交换层析分离氨基酸的原理

　　强酸性阳离子交换树脂和强碱性阴离子交换树脂可用于分离氨基酸（图 2-6）。离子交换法常用的强酸离子交换剂和强碱离子交换剂是以苯乙烯为单体、以乙烯苯为交联剂共聚而成的聚合体。树脂上的 H^+ 和 OH^- 未被其他离子置换时，一般称该树脂为 H 型或 OH 型树脂；当 H^+ 被置换为 Na^+、OH^- 被置换为 Cl^- 时，则称为 Na 型或 Cl 型树脂。阳离子交换树脂上的 H^+（Na^+）可与溶液中的阳离子，如阳离子型的氨基酸发生交换，并使之结合在树脂上，其反应式为：树脂 $-SO_3^- Na^+$（或树脂 $-SO_3^-$，H^+）$+ RCH（NH_3^+）COOH \rightarrow$ 树脂 $-SO_3^- [RCH_3（NH_3^+）COOH]^+ + Na^+$（或 H^+）。

　　同样，阴离于交换树脂上的 OH^-（或 Cl^-）可与溶液中的阴离子型氨基酸发生交换，并使之结合在树脂上，其反应为：树脂-NR-$3OH$（或树脂-NR-$3Cl^-$）$+ RCH（NH_2）COO^- \rightarrow$ 树脂-NR-$3[RCH（NH_3^+）COO^-] + OH^-$（或 Cl^-）。

　　由于离子交换反应一般是可逆的，符合质量作用定律，因此可以用酸或碱反复处理使用过的树脂，使之再生。氨基酸在树脂上结合的牢固程度，即氨基酸与树脂间的亲和力，主要取决于它们之间的静电引力，其次是氨基酸侧链与树脂基质聚苯乙烯之间的疏水作用。在 pH 为 3 时，氨基酸与阳离子交换树脂之间的静电吸引力大小顺序为碱性氨基酸（R^{2+}）>中性氨基酸（R^+）>酸性氨基酸（R^0）。因此，氨基酸被洗脱的顺序大体上依次为酸性氨基酸、中性氨基酸、碱性氨基酸。为了将氨基酸从树脂上洗脱下来，需要降低它们之间的亲和力，有效的方法是逐步提高洗脱剂的 pH 和盐浓度（离子强度），使各种氨基酸以不同的速率被洗脱下来。全自动氨基酸分析仪的工作原理就利用了离子交换。氨基酸现行相关标准见表 2-7。

表 2-7　氨基酸现行相关标准

序号	编号	名称
1	JY/T 019—1996	氨基酸分析方法通则
2	GB 5009.124—2016	食品中氨基酸的测定
3	GB 5009.235—2016	食品中氨基酸态氮的测定
4	GB/T 32687—2016	氨基酸产品分类导则
5	GB/T 8314—2013	茶游离氨基酸总量的测定
6	GB/T 14924.10—2008	实验动物配合饲料氨基酸的测定
7	GB/T 18246—2000	饲料中氨基酸的测定
8	NY1429—2010	含氨基酸水溶肥料
9	NY/T 1975—2010	水溶肥料游离氨基酸含量的测定
10	NY/T 2694—2015	饲料添加剂氨基酸锰及蛋白锰络（螯）合强度的测定
11	NY/T 2794—2015	花生仁中氨基酸含量测定 近红外法
12	NY/T 3001—2016	花生仁中氨基酸含量测定 毛细管电泳法
13	QB/T 4356—2012	黄酒中游离氨基酸的测定 高效液相色谱法
14	农业部 1782 号公告-12—2012	转基因生物及其产品食用安全检测蛋白质氨基酸序列飞行时间质谱分析方法
16	GB/T 8967—2007	谷氨酸钠（味精）
15	GB/T 32689—2016	发酵法氨基酸良好生产规范

参 考 文 献

陈宁，2007. 氨基酸工艺学[M]. 北京：中国轻工业出版社.

陈韬声，1989. 氨基酸及核酸类物质发酵生产技术[M]. 北京：化学工业出版社.

江波，杨瑞金，钟芳，等，2013. 食品化学[M]. 北京：中国轻工业出版社.

张克旭，1998. 氨基酸发酵工艺学[M]. 北京：中国轻工业出版社.

张伟国，钱和，1997. 氨基酸生产技术及其应用[M]. 北京：中国轻工业出版社.

赵新淮，徐红华，姜毓君，2009. 食品蛋白质——结构、性质与功能[M]. 北京：科学出版社.

第3章 蛋白质基础

3.1 蛋白质的结构

蛋白质是构成生物体的主要成分，是与各种形式的生命活动紧密相连的物质。生物体内的蛋白质种类繁多，性质与功能各异，而这些功能的产生源自其结构的复杂性。任何一种蛋白质分子，在其天然状态下都具有独特而稳定的构象。一般来说蛋白质分子是由一条或多条氨基酸首尾相连而成的肽链构成，肽链是具有完整生物功能蛋白质的最小单位。它在三维空间经过特有的走向和排布形成各自特有的空间结构或称三维结构，这种三维结构通常被称为蛋白质的分子构象。为了研究方便，将蛋白质分子结构分为不同的组织层次：一级结构、二级结构、三级结构和四级结构。其中，一级结构又称为蛋白质基本的化学结构；二级结构、三级结构和四级结构统称为蛋白质的空间结构或构象。

3.1.1 蛋白质的一级结构

蛋白质的一级结构是指蛋白质多肽链中氨基酸的排列顺序，包括二硫键的位置。蛋白质多肽链内氨基酸之间通过肽键连接，即一个 α-氨基酸的羧基与另一个 α-氨基酸的氨基脱水缩合形成酰胺键而连接，此酰胺键也叫作肽键（图3-1）。多个氨基酸通过肽键的方式连

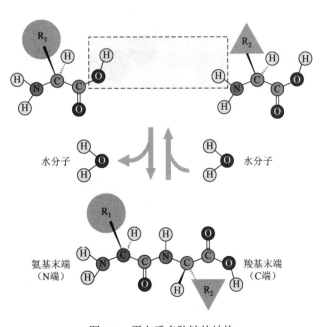

图 3-1　蛋白质多肽链的结构

接而成的线形长链，称为肽链或多肽链（图 3-1），多肽链的两端是不同的，含有游离 α-氨基的一端称为氨基末端或 N 端，含有游离 α-羧基的一端称为羧基末端或 C 端。在多肽链中，N—Cα—C—N—Cα—C—…组成其主链骨架，而 R 基则成为侧链，正是这些侧链基团的排列方式以及相互作用会对蛋白质的空间结构、理化性质和生理生化功能产生重要影响。

　　图 3-2 为胰岛素的一级结构，它由 A、B 两条肽链组成，其中 A 链由 21 个氨基酸按特定的排列顺序组成，B 链则是由 30 个氨基酸组成，两条链之间通过两个二硫键连接，A 链内含有一个链内二硫键。

图 3-2　胰岛素的一级结构

　　二硫键（—S—S—）又称二硫桥或硫-硫桥，是由两个半胱氨酸的巯基通过氧化脱氢而形成的键（图 3-3）。不同的肽链和同一条肽链的不同部分可通过二硫键相连，对稳

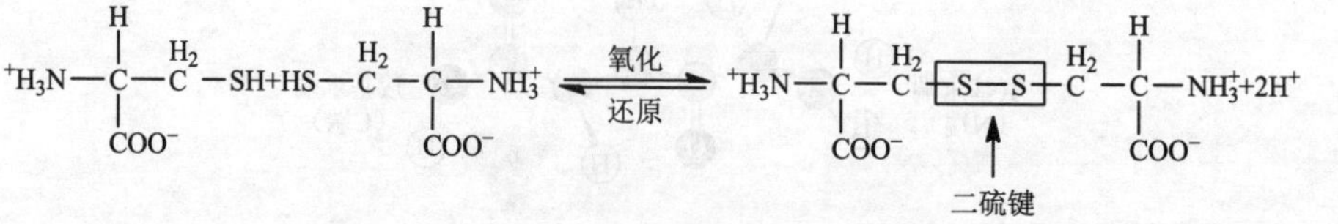

图 3-3　两个半胱氨酸残基之间形成二硫键

定蛋白质构象具有非常重要的作用。二硫键虽然在线性氨基酸序列中不相邻，但在空间上是并列的（图 3-2）。

所有多肽链的主链骨架都是 N—Cα—C 的重复单位，多肽链的内部均由单键连接，但多肽链并不可以任意旋转折叠，因为肽键的酰胺氮和羧基氧之间会发生共振相互作用，致使肽键本身具有部分双键性质。肽键的键长介于 C—N 单键长度（0.145nm）和 C＝N 双键长度（0.127nm）之间，约为 0.133nm。由于肽键具有双键性质，往往会形成相对刚性的肽平面（图 3-4），在肽平面中氨基的 H 与羧基的 O 通常呈反式结构。由此看来，多肽主链是由多个刚性的肽平面组成的长链，每个肽平面之间的连接点是 α-C 原子（图 3-4）。理论上由 α-C 原子连接的两个单键即 Cα—N 和 Cα—C 能发生自由旋转，允许相邻肽平面有不同的角度（即二面角 Φ 角和 ψ 角）。但实际上这种旋转是受到空间位阻限制的，即在空间上大分子内部的非共价原子或原子团之间存在最小接触距离。

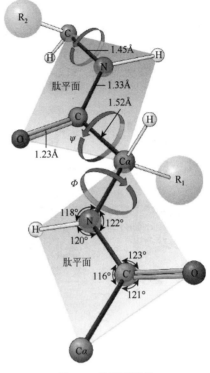

图 3-4 肽平面结构

3.1.2 蛋白质的二级结构

蛋白质的二级结构是指多肽主链局部的空间构象，是多肽链主链骨架中的若干肽段各自沿着某个轴盘旋或折叠，以氢键维持形成的具有规律的构象或结构。在蛋白质多肽链折叠并包埋疏水性基团的同时，部分多肽主链也无可避免地被带入到分子的内核，此时主链上大量亲水性 C＝O 和 N—H 的存在对结构的稳定性不利，不过这两个基团之间可以形成氢键。当多肽链折叠时，在空间上靠近的链内基团之间或者在空间上靠近的链间基团之间形成氢键，从而减少了这两个基团的亲水性，保证了多肽链折叠构象的稳定性。常见的蛋白质二级结构元件有 α-螺旋、β-折叠、β-转角和无规则卷曲等。

1. α-螺旋

α-螺旋（α-helix）是蛋白质中最常见、含量最丰富的二级结构，在 α-螺旋中，氨基酸自身排列成有规则的螺旋构象（图 3-5）。每个肽键的羧基氧与远在第四个氨基酸氨基上的 H 形成氢键，氢键的走向几乎平行于螺旋的轴。在 α-螺旋中，每一圈螺旋包含 3.6 个氨基酸残基，每一圈螺旋相当于向上平移 0.54nm，每个氨基酸残基沿着螺旋旋转 100°，向上平移 0.15nm。氨基酸侧链（R 基）均位于螺旋体的外侧（图 3-5）。R 侧链的形状、尺寸、电荷均对 α-螺旋的形成与稳定具有较大影响。若在肽链上连续存在含极性基团的氨基酸残基如 Asp、Glu、Lys 等，会导致螺旋结构不稳定，但是这些基团若是分散存在则

不影响 α-螺旋结构的稳定性。此外，由于脯氨酸是亚氨基酸，不能形成氢键，所以脯氨酸出现可以中断 α-螺旋结构。Gly 由于没有侧链，导致形成 α-螺旋所需的二面角出现的概率较小，因此它也是 α-螺旋结构的破坏者。Asn、Tyr 和 Leu 由于侧链较大，其位阻效应也妨碍 α-螺旋结构的形成。

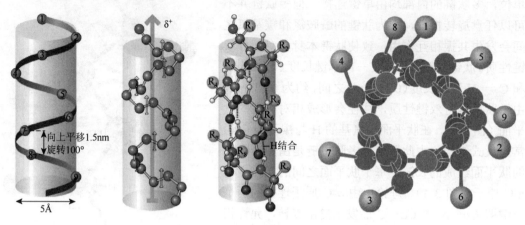

图 3-5　多肽链折叠成 α-螺旋

2. β-折叠

β-折叠（β-sheet）又称 β-折叠片、β-结构、β-构象，是指由两条或两条以上几乎完全伸展的肽链平行排列，通过链间氢键交联而形成的规则结构。在 β-折叠中，α-碳原子（α-C）总是处于折叠线上，氨基酸侧链垂直于折叠片平面，交替分布于片状平面的上面或下面，以降低 R 基团的空间位阻效应。β-折叠结构中，几乎所有肽键都参与链间氢键的交联，氢键与链的长轴接近垂直（图 3-6）。β-折叠有两种类型：平行 β-折叠和反平行 β-折叠。平行式即所有肽链或肽段的排列方向是相同的，都是从氨基端到羧基端；反平行式即相邻两条肽链的方向相反，换言之，肽链排列时，氨基端到羧基端的方向一正一反。这两种 β-折叠结构如图 3-7 所示。

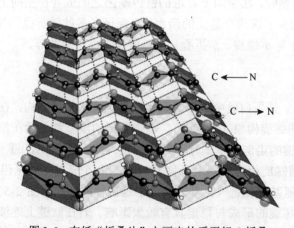

图 3-6　在纸"折叠片"上画出的反平行 β-折叠

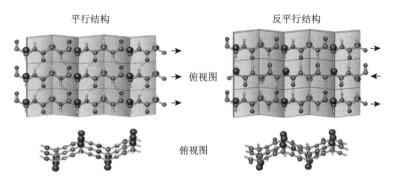

平行结构　　　　　　　　　　　反平行结构

俯视图

俯视图

图 3-7　平行式与反平行式折叠结构

β-折叠在纤维蛋白中主要以平行式折叠结构存在，而在球状蛋白中两种折叠结构近乎同等地广泛存在。对于纤维蛋白而言，β-折叠的形成是依靠不同肽链之间的氢键；而在球蛋白中，β-折叠的形成则是同时依靠不同肽链间和同一肽链的不同部位间的氢键。

3. β-转角

自然界的蛋白质大多数属于球状蛋白质，因此其中的多肽链必须具备弯曲、回折和重新定向的能力，以构成紧实球状的蛋白结构。这种蛋白质分子中肽链出现的 180°回折被称为 β-转角。β-转角又称 β-回折、β-弯曲、挥回折结构或 U 形转折等，它是一种非重复性结构，由 4 个连续的氨基酸残基组成。第一个残基的 C ═ O 与第四个残基的 N—H 通过氢键键合形成一个紧密的环，使得 β-转角结构较为稳定。如图 3-8 所示，β-转角可使蛋白质肽链方向倒转，β-转角存在两种主要类型，二者之间的差别在于中央肽键旋转了 180°。

在 β-转角结构中通常有甘氨酸和脯氨酸存在，因为甘氨酸缺少侧链，使其具有较小的空间位阻，相比于其他氨基酸更容易弯曲，也能很好地调整其他残基的空间位阻，是立体化学上最合适的氨基酸。而脯氨酸则由于具有环状结构和 φ 角，这在一定程度上促进了 β-转角的形成。

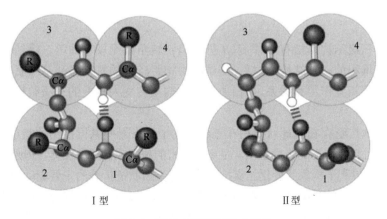

Ⅰ型　　　　　　　　　　　　　Ⅱ型

图 3-8　两种主要类型的 β-转角

4. 无规卷曲

在蛋白质分子中，除上述几种具有规则构象的二级结构外，还存在一些没有规律的肽段构象，其结构比较松散，与 α-螺旋、β-折叠、β-转角比较起来没有确定规律，但是对于一些蛋白质分子无规卷曲特定构象是不能被破坏的，否则会影响整体分子构象和活性。无规卷曲（randon coil）或卷曲（coil）泛指那些不能被归入明确的二级结构如折叠片或螺旋的多肽区段。但无规卷曲有明确而稳定的结构，且受侧链相互作用的影响很大。这类有序的非重复性结构经常构成酶活性部位和其他蛋白质特异的功能部位。如钙结合蛋白中结合钙离子的E—F手结构的中央环。

5. 超二级结构

在蛋白质分子中，特别是在球状蛋白质分子中，多肽链内顺序上相互邻近的二级结构常常在空间折叠上靠近，彼此相互作用，形成规则的二级结构组合或二级结构串，在多种蛋白质中充当三级结构的结构构件，称为超二级结构（super-secondary structure）。目前发现的超二级结构有三种基本形式（图 3-9）：α 螺旋组合（αα）；β 折叠组合（ββ）和 α 螺旋 β 折叠组合（βαβ），其中以 βαβ 组合最为常见。它们可直接作为三级结构的组成单位，是蛋白质构象中二级结构与三级结构之间的一个层次，故称超二级结构。

螺旋—环—螺旋　　　折叠—螺旋—折叠　　　发夹　　　希腊钥匙

图 3-9　蛋白质中几种超二级结构

3.1.3 蛋白质的三级结构

蛋白质的三级结构是指有 α-螺旋、β-折叠和 β-转角或无规卷曲等二级结构原件进一步折叠成为紧密堆积的三维结构，包括一级结构中相距较远的氨基酸残基和肽段侧链在三维空间中彼此间的相互作用和关系。蛋白质从线性构型转变为折叠的三级结构是一个相当复杂的过程。

在生物体内广泛存在的球状蛋白在三级结构上具有一些共同的结构特征，如含有多种二级结构原件且具有明显的折叠层次，呈现出紧密的球状或椭球状实体，但是其活性部位结构却较为松散，以利于构象的变化。支持水溶性球蛋白肽链折叠的主要驱动力是疏水作用，此外静电荷基团之间的盐键以及疏水侧链基团之间的多级弱的范德华力也在起作用。在蛋白质的多肽主链上存在部分疏水性侧链基团，在水环境中，这些侧链基团避开水而相互聚集，导致整个分子在二级结构或结构域的基础上进一步折叠、盘绕，形成一个紧密的球状结构。

图 3-10 是肌红蛋白的三级结构。肌红蛋白是一条具有 153 个氨基酸残基的肽链,含有 1 个血红素分子。

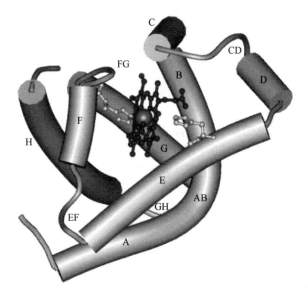

图 3-10　肌红蛋白的三级结构

3.1.4　蛋白质的四级结构

蛋白质的四级结构可定义为一些特定三级结构的肽链通过非共价键形成大分子时的组合方式,是指含有一条以上多肽链的蛋白质的空间排列,如血红蛋白(图 3-11)。蛋白质的四级结构是三级结构的亚单位通过非共价键缔合的结果,这些亚单位可能是相同的也可能是不同的,其排列方式是对称或不对称的。

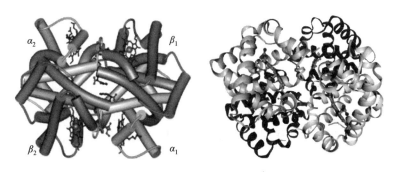

图 3-11　血红蛋白四级结构示意图

某些生理上重要的蛋白质是以二聚体、三聚体、四聚体等多聚体形式存在的。任何四级结构的蛋白质均是由蛋白质亚基(或称亚单位)构成。比如,血红蛋白是由 4 条多肽链组成,其中每条多肽链与肌红蛋白中的单个多肽链有非常相似的三维结构,不过,每条多肽链的氨基酸序列与肌红蛋白多肽链的氨基酸序列相比有 83%的残基不同。血红蛋白是由两种不同的多肽链构成的, 即两条 α 链 (每条 α 链含 141 个氨基酸残基) 和两条 β 链 (每条 β 链含 146 个氨基酸残基)。它们紧紧地叠集在一起, 排列成四面体阵列形成总体上球形的分子, 其间由多级非共价键相互作用维系在一起。其中, α 亚基和 β 亚基之间的结合力非常强, 两个亚基之间的界面涉及 19 个残基, 界面间疏水作用较为突出, 并存在许多氢键和几个盐桥。

3.2　蛋白质的理化性质

蛋白质是由氨基酸组成的高分子化合物。其理化性质一部分与氨基酸相似, 如两性解离、等电点、呈色反应、成盐反应等; 但也有一部分理化性质不同于氨基酸, 如高相对分子质量、胶体性质、沉降、沉淀、变性、变构等。其主要理化性质叙述如下。

3.2.1　蛋白质分子的大小和形状

1. 蛋白质的相对分子质量

不同蛋白质的相对分子质量分布较宽, 低至数千, 高达数千万, 但大多数蛋白质的相对分子质量分布在 $10^4 \sim 10^8$ 数量级范围内。表 3-1 列出了几种蛋白质的相对分子质量。

表 3-1　蛋白质的分子量

蛋白质	分子量	蛋白质	相对分子量
细胞色素 C（马心）	13000	过氧化氢酶（牛肝）	240000
乳球蛋白（牛）	36750	乳酸脱氢酶（心脏）	150000
肌红蛋白（马）	16000	乙醇脱氢酶（酵母菌）	141000
血红蛋白（马）	68000	淀粉酶	215000
血清白蛋白（马）	70000	黄嘌呤氧化酶	275000
胰岛素（单体）	6000	磷酸果糖激酶（酵母菌）	770000

2. 蛋白质分子的形状

大多数蛋白质分子近似球形或椭球形, 如肌红蛋白、血红蛋白、胰岛素、牛血清白蛋白、溶菌酶等; 少数蛋白质分子呈纤维状或细棒状, 如血纤维蛋白、胶原蛋白、丝蛋白、角蛋白等。

3.2.2　胶体性质

蛋白质是高分子化合物, 蛋白质颗粒直径为 $1 \sim 100nm$, 蛋白质分子在溶液中具有布朗运动、丁达尔效应、电泳现象和不能透过半透膜等胶体溶液特性。蛋白质分子与水分子之间的水化作用以及蛋白质分子间的静电相互作用使得蛋白质在水中可以形成稳定的胶体溶液。

大多数极性基团（如—NH$_2$、—COOH 和—OH 等）分布在蛋白质分子表面，在与水分子接触时能和水分子间形成氢键，使水分子在蛋白分子的周围形成水化层。因此，蛋白质溶液具有亲水胶体的性质且这种亲水胶体溶液相对比较稳定。其稳定因素除了上述水化层之外，由于蛋白质是两亲离子，在特定 pH 条件的溶液中，蛋白质颗粒表面带有相同的电荷，并和它周围电荷相反的离子构成稳定的双电层。而具有相同电荷的蛋白质颗粒之间相互排斥，可以阻止其相互聚集，从而增强蛋白质溶液的稳定性。

3.2.3　沉淀作用

由于水化层的存在，蛋白质在一般情况下是一种稳定的胶体溶液。如果条件改变，如向蛋白质溶液中加入某种电解质，以破坏其颗粒表面的水化层，或调解溶液的 pH，蛋白质颗粒会因失去电荷，使得蛋白质分子相互结合形成分子聚集体而从溶液中沉淀析出。这种由于受到某些因素的影响，使蛋白质从溶液中析出的现象，称为蛋白质的沉淀作用。沉淀蛋白质的方法很多，主要可以分为可逆沉淀作用和不可逆沉淀作用。

1. 可逆沉淀作用

1）等电点沉淀作用

在等电点时，蛋白质分子以两性离子形式存在，其分子净电荷为零（即正负电荷相等），此时蛋白质分子颗粒在溶液中没有相同电荷的相互排斥，分子相互之间的疏水作用最强，其颗粒极易碰撞、凝聚形成较大的分子聚集体，而最终形成沉淀。所以蛋白质在等电点时，其溶解度最小，最易形成沉淀物。且等电点时，蛋白质物理性质如黏度、膨胀性、渗透压等都变小，从而有利于悬浮液的过滤。等电点沉淀对蛋白质分子的破坏作用主要取决于酸碱的强度，浓度较低时引发的沉淀作用是可逆的，而高浓度酸碱引起的沉淀作用则是不可逆的。一般采用低浓度酸碱调节溶液 pH 以实现等电点沉淀。

2）盐析沉淀作用

无机盐可通过静电屏蔽和干扰疏水相互作用影响蛋白质分子间的相互作用。在蛋白质水溶液中，加入少量的中性盐，如 Na$_2$SO$_4$、NaCl 等，会增加蛋白质分子表面的电荷，增强蛋白质分子间的静电斥力，从而使蛋白质在水溶液中的溶解度增大，这种现象称为盐溶（salting in）。但若向蛋白质溶液中加入大量的中性盐，如(NH$_4$)$_2$SO$_4$，以破坏蛋白质的胶体性质，从而使蛋白质从水溶液中沉淀析出，这种作用称为盐析（salting out）。当溶液的 pH 等于蛋白质的等电点时盐析效果最好。若采用透析的方法除去盐类，蛋白质可重新溶解于原来的溶剂中，这种沉淀作用称为可逆的沉淀作用。

这是因为蛋白质在水中的溶解度取决于蛋白质分子上解离基团及其周围水分子的数目与蛋白质的水合程度。故而在蛋白质溶液中加入中性盐后会压缩双电层使电位降低，在布朗运动的相互碰撞下，蛋白质分子结合成聚集物而沉淀析出，其原理如图 3-12 所示。因此，控制水合程度也就是控制蛋白质的溶解度，最常用的方法是加入无机盐，常用的无机盐是(NH$_4$)$_2$SO$_4$。因为(NH$_4$)$_2$SO$_4$ 在水中稳定、溶解度大，且是最温和的试剂，提纯时即使(NH$_4$)$_2$SO$_4$ 的浓度很高，也不会引起蛋白质生物活性的丧失。

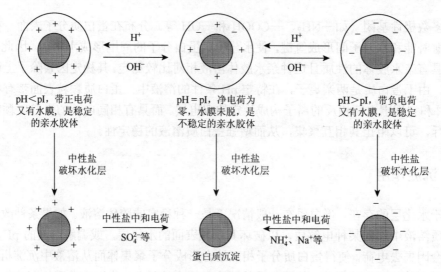

图 3-12　盐析机制示意图

一般而言，二价离子（Ca^{2+}、Mg^{2+}、SO_4^{2-}）比一价离子的盐析作用强一些。不同种类的离子对蛋白质的盐析能力的强弱顺序称为感胶离子序：$Ba^{2+}>Li^+>Na^+>K^+$；$C_6H_5O_7^{3-}>SO_4^{2-}>CH_3COO^->Cl^->NO_3^->I^-$。

不同的蛋白质分子，由于其分子表面极性基团的种类、数目及结构不同，其水化层厚度不同，从溶液中析出蛋白质所需要的盐浓度不同。向含有多种蛋白质的溶液中加入不同浓度的盐类，使不同种类的蛋白质依次从溶液中沉淀出来的方法，称为分级盐析。

2. 不可逆沉淀作用

1）有机溶剂的沉淀作用

利用蛋白质在有机溶剂中的溶解度不同，可分离不同的蛋白质。通常向蛋白质溶液中加入一定量亲水性有机溶剂（如乙醇、甲醇或丙酮等），由于其亲水性大于蛋白质分子，可竞争性与大量水分子缔合，破坏蛋白质分子表面的水化层。随后蛋白质颗粒即处于不规则的扩散过程，颗粒间相互碰撞，在分子间作用力（范德华力）的影响下逐步形成大颗粒，溶液先发生浑浊，然后出现絮状物，最终沉淀析出。但是不同种类的蛋白质，由于其水化层厚度的不同，需要不同浓度的有机溶剂，才能使蛋白质发生沉淀。利用有机溶剂沉淀蛋白质，其分离效率通常比盐析法高，此法使用合理时提纯效果好。但用有机溶剂沉淀蛋白质易造成蛋白质变性，是一种不可逆沉淀，通常还要在低温条件下进行。但若有机溶剂与蛋白质作用时间较短，蛋白质的变性程度较小，可以认为是可逆沉淀。

2）重金属盐类和生物碱试剂的沉淀作用

（1）重金属盐类：在碱性溶液中，重金属盐类可与蛋白质结合成不溶性重金属—蛋白质复合物而沉淀析出。如 Ag^+、Cu^{2+}等。

（2）生物碱：在酸性溶液中，生物碱可与蛋白质结合生成复合物而沉淀析出。此类生物碱试剂包括苦味酸、单宁酸、鞣酸、黄血酸等。

3）加热变性沉淀

在正常状态下，蛋白质分子中的亲水基团处于蛋白质分子表面，而疏水基团则被包埋在内部形成疏水的内核。但是当经过一定的热处理条件下，蛋白质内部的疏水基团暴露出来，导致蛋白质分子间的疏水相互作用增强，互相聚集成更大的聚集体而沉淀析出。

3.3　蛋白质的功能性质

蛋白质的功能性质是指食品体系在加工、贮藏、制备和消费过程中蛋白质对食品产生需要特征的物理化学性质。如蛋白质的胶凝作用、溶解性、界面特性、组织形成性等在食品中起着至关重要的作用。蛋白质的功能性质大多数影响着食品的感官品质，如质地、风味、色泽和外观等；同时也能对食品及其组分在制备、加工、储存和销售过程中的物理特性起主要作用。表 3-2 和表 3-3 分别列出了各种食品蛋白质在不同食品中的功能作用和不同食品对蛋白质功能特性的要求。

决定蛋白质功能特性的因素包括蛋白质本身的性质、所处体系的性质以及蛋白质分子间和分子内的相互作用。根据蛋白质所具有的功能特性，可以将食品蛋白质的功能性质分为三大类：①水合性质，取决于蛋白质同水分子之间的相互作用，包括水的吸附与保留、湿润性、膨胀性、黏合、分散性、溶解性等；②与蛋白质分子之间相互作用有关的性质，如沉淀、胶凝作用、组织化、面团的形成等；③蛋白质的界面性质，涉及蛋白质在两相之间所产生的作用，主要有蛋白质的起泡和乳化特性。根据蛋白质在食品感官质量方面所具有的一些作用，还可划分出第四种性质——感官性质，涉及蛋白质在食品体系中所具有的混浊度、色泽、风味结合、咀嚼性、爽滑感等。

表 3-2　蛋白质在食品中的功能性质（谢笔钧，2004）

功能	作用机制	食品	蛋白质类型
溶解性	亲水性	饮料	乳清蛋白
黏度	持水性，流体动力学的大小和形状	汤，调味汁甜食	明胶
持水性	氢键，离子水合	肉，香肠，蛋糕，面包	肌肉蛋白，鸡蛋蛋白
胶凝作用	水的结合和不流动性，网络的形成	肉，凝胶，蛋糕，焙烤食品和奶酪	肌肉蛋白，鸡蛋蛋白，牛奶蛋白
黏结-黏合	疏水作用，离子键和氢键	肉，香肠，面条，焙烤食品	肌肉蛋白，鸡蛋蛋白，乳清蛋白
弹性	疏水键，二硫键	肉和面包	肌肉蛋白，谷物蛋白
乳化	界面吸附和膜的形成	香肠，大红肠，汤，蛋糕，甜食	肌肉蛋白，鸡蛋蛋白，乳清蛋白
泡沫	界面吸附和膜的形成	冰激凌，蛋糕，甜食	鸡蛋蛋白，乳清蛋白
脂肪和风味的结合	疏水键，截留	低脂肪焙烤食品，油炸面圈	牛奶蛋白，鸡蛋蛋白，谷物蛋白

表 3-3　各种食品对蛋白质功能特性的要求（莫重文，2007）

食品	功能性质
饮料	不同 pH 时的溶解性，热稳定性，黏度
汤、调味料	黏度，乳化作用，持水性
面团焙烤产品（面包、蛋糕等）	成型和形成黏弹性膜，内聚力，热变性和胶凝作用，乳化作用，吸水作用，发泡，褐变
乳制品（干酪、冰激凌、甜点等）	乳化作用，对脂肪的保留，黏度，发泡，胶凝作用，凝结作用
鸡蛋	发泡，胶凝作用
肉制品（香肠等）	乳化作用，胶凝作用，内聚力，对水和脂肪的吸收和保持
肉代用品（组织化植物蛋白）	对水和脂肪的吸收和保持，不溶性，硬度，咀嚼性，内聚力，热变性
食品涂膜	内聚力，黏合
糖果制品（牛乳巧克力等）	分散性，乳化作用

蛋白质的功能性质是由许多相关因素共同作用产生的结果，蛋白质分子本身的大小、形状、氨基酸组成与顺序、净电荷和电荷分布、空间构象、疏水性和亲水性之比、分子内和分子间的相互作用、分子柔性和刚性，以及外部因素如 pH、温度、离子强度与食品中其他成分（糖类、肽类、盐等）相互作用的影响等均会导致蛋白质结构的改变，进而改变蛋白质的功能性质，且这些性质并非是相互独立、完全不同的，其间存在相互联系。例如，蛋白质的胶凝作用不仅涉及蛋白质分子之间的相互作用（形成空间三维网络结构），同时又涉及蛋白质分子同水分子之间的作用（水的保留）；而黏度、溶解度均同时涉及蛋白质分子之间的作用和蛋白质分子与水分子之间的作用。

3.3.1　水合性质

食品是一个多组分的复杂体系，而水是食品体系不可或缺的组分。食品中各成分的物理化学性质和流变学性质，不仅受到体系中水的影响，而且受到水分活度的影响，且大多数蛋白质的构象在很大程度上与蛋白质分子和水之间的相互作用有关。此外，不同来源的浓缩蛋白或分离蛋白在应用于食品中时均涉及蛋白质的水合过程。蛋白质的吸水、水保留能力，不仅能影响食品的黏度和其他性质，而且能影响食品质构和产品数量（与生产成本直接相关）。故而，研究蛋白质的水合和复水性质，在食品加工中具有较强的实际意义和经济价值。

蛋白质分子中的极性/非极性基团，通过偶极-偶极（dipole-dipole）、电荷偶极（charge dipole）和诱导偶极（induced dipole）与水分子相互作用。一般而言，在相对温度（RH）为 90%的条件下，每克蛋白质可以结合 0.3～0.5g 水（主要是非冷冻水和单层水）。约有 0.3g/g 蛋白质的水与蛋白质结合得比较牢固，还有 0.3g/g 蛋白质的水与蛋白质结合得较为松散。由于组成蛋白质的氨基酸不同，所以不同蛋白质的水结合能力不同（表 3-4）。不同氨基酸残基的水结合能力见表 3-5。带电荷的氨基酸残基与水分子结合能力较强，如每分子 Lys、Arg、Glu、Asp 残基可以结合 6 分子水，极性氨基酸残基如 Ser、Thr、Gln 和 Asn 可以结合 2 分子水；非极性氨基酸残基可以结合 1 分子水。通常，非极性氨基酸残基和部分极性氨基酸残基埋藏在蛋白质分子内部，因此，蛋白质分子表面氨基酸残基的组成决定了其水合能力的强弱，极性氨基酸、离子化的氨基酸残基数目越多，水合能力越强。对于一些单体蛋白质，其水合能力可以利用经验公式，根据蛋白质的氨基酸组成情况进行计算，计算结果与实验结果能很好符合。而对于某些由多亚基组成的蛋白质，计算值一般大于实验值。

$$水结合能力(g\ 水/g\ 蛋白质) = f_C + 0.4f_P + 0.2f_N \tag{3-1}$$

式中，f_C、f_P、f_N 分别代表蛋白质分子中离子化氨基酸残基、极性氨基酸残基、非极性氨基酸残基所占的百分数。从各个系数可以看出离子化氨基酸残基对蛋白质的水合能力贡献最大，而非极性氨基酸残基的影响最小。

表 3-4　不同蛋白质的水合能力　　　　（单位：g 水/g 蛋白质）

蛋白质		水吸附能力
纯蛋白（RH = 90%）	糖核酸酶	0.53
	溶菌酶	0.34
	肌红蛋白	0.44
	乳球蛋白	0.54
	胰凝乳酶原	0.23
	血清蛋白	0.33
	血红蛋白	0.62
	胶原蛋白	0.45
	干酪素	0.40
	卵白蛋白	0.30
商品蛋白产品（RH = 95%）	乳清蛋白浓缩物	0.45～0.52
	干酪素钠	0.38～0.92
	大豆蛋白	0.33

表 3-5　氨基酸残基的水结合能力　　　　（单位：mol 水/mol 残基）

氨基酸残基		水结合能力	氨基酸残基		水结合能力
极性残基	Asn	2	离子化残基	Asp	6
	Gln	2		Glu	7
	Pro	3		Tyr	7
	Ser、Thr	2		Arg	3
	Trp	2		His	4
	Asp（非解离）	2		Lys	4
	Glu（非解离）	2	疏水性残基	Ala	1
	Try	3		Gly	1
	Arg（非解离）	4		Phe	0
	Lys（非解离）	4		Val、Ile、Leu、Met	1

注：根据核磁共振测定的氨基酸残基结合的非冻结水。

影响蛋白质水合作用的因素有蛋白质形状、表面积大小、蛋白质粒子表面极性基团的数目以及是否具有多孔的微观结构。此外，环境因素如蛋白质浓度、pH、温度、离子强度、其他成分的存在等均能影响蛋白质—蛋白质之间和蛋白质—水之间的相互作用。例如蛋白质总的水吸附量与蛋白质浓度成正比，而在等电点时蛋白质表现出最小的水合作用，这是由于在等电点时蛋白质间的相互作用达到最大，蛋白质与水的相互作用最小。动物被屠宰后，在僵直期内肌肉组织的持水力最差，原因在于肌肉的 pH 从 6.5 降至 5.0 左右（接近等电点），此时肉的嫩度下降，品质不佳。而当 pH 偏离等电点时，由于静电荷和排斥力的增加使得蛋白质膨胀并结合更多的水。

此外，温度变化会影响蛋白质的氢键作用和离子基团结合水的能力，进而影响蛋白质的水合作用。在 0~40℃或 50℃时，水合作用与温度之间成正比，而温度进一步升高会导致蛋白质高级结构的破坏，进而发生变性聚集。结合水的含量虽然受温度影响不大，但氢键结合水和表面结合水一般随温度的升高而下降。另外，结构致密和难溶的蛋白质经加热处理时可能会导致分子内部疏水基团暴露而改变其水合特性。某些蛋白质经热处理后会形成不可逆凝胶，所形成的三维网状结构产生的毛细管作用力会提高蛋白质的吸水能力，一般变性蛋白的水合能力比天然蛋白高 10%左右。

蛋白质体系中的离子种类和离子浓度也会影响蛋白质的水合能力，这是由于盐类和氨基酸侧链基团与水之间的竞争性结合导致的结果。在低盐浓度（<0.2mol/L）时，离子与蛋白质荷电基团相互作用而降低相邻分子的相反电荷间的静电吸引，有利于蛋白质水化并提高溶解度，称为盐溶效应。而在高盐浓度时蛋白质的水合能力被盐降低，甚至可能引起蛋白质脱水，从而降低其溶解度，称为盐析效应。

蛋白质水合能力对各类食品尤其是肉制品和面团等的质地有极其重要的作用。蛋白质的其他功能性质如胶凝、乳化作用也与其水合能力相关。在食品加工中，蛋白质的水合作用通常以持水力（water holding capacity）或保水力（water retention capacity）来衡量。持水力是指蛋白质将水截留（或保留）在其组织中的能力，被截留的水包括吸附水、物理截留水和流体动力学水。蛋白质的持水力与其水合能力有关，可影响食品的嫩度、多汁性和柔软性，对食品品质具有重要意义。

3.3.2　溶解性

蛋白质的溶解度（solubility）是蛋白质与溶剂相互作用达到平衡的热力学表现。但是蛋白质作为有机大分子化合物，其在水中以分散态（胶体态）存在，并不是真正化学意义上的溶解态，所以蛋白质在水中形成的是胶体分散系而不是溶液，只不过习惯上将蛋白质分散系称为溶液。因此，蛋白质在水中无严格意义上的溶解度，只是将蛋白质在水中的分散量或分散水平相应地称为蛋白质的溶解度。

蛋白质的溶解度可以通过蛋白质、氮在水中的分散量进行相应的定义，所以可以采用的表示方法众多。蛋白质溶解度的常用表示方法为蛋白质分散指数（protein dispersibility index，PDI）、氮溶解指数（nitrogen solubility index，NSI）、水可溶性氮（water soluble nitrogen，WSN），其中 PDI 和 NSI 指数已是美国油脂化学家协会采纳的法定评价方法，各自的计算公式如下：

$$PDI(\%) = \frac{水分散蛋白}{总蛋白} \times 100\%, \quad NSI(\%) = \frac{水溶解氮}{总氮} \times 100\%,$$

$$WSN(\%) = \frac{可溶性氮的质量}{样品的质量} \times 100\%$$

蛋白质的许多功能特性都与其溶解度有关，特别是增稠、乳化、起泡和胶凝作用，不溶性蛋白在食品中的应用非常有限。蛋白质溶解性与其氨基酸组成有关，氨基酸残基的平均疏水性和电荷分布是影响蛋白质溶解性的两个重要因素。平均疏水性越低、净电荷越多，蛋白质的溶解性越高。从根本上讲，溶解性与蛋白质分子表面的氨基酸组成有关，而与全部氨基酸组成关系不密切。蛋白质表面的疏水和亲水特性是影响其溶解性的重要因素。

此外，蛋白质的溶解度受加工中多种因素诸如 pH、离子强度、温度、溶剂类型等的影响。大多数食品蛋白质的溶解度-pH 关系曲线呈 U 形，在高于或低于等电点的 pH 时，蛋白质所带的净电荷为负电荷或正电荷，这些电荷有利于蛋白质的溶解，故蛋白质的溶解度在等电点时通常是最低的，偏离等电点时其溶解度增大。虽然蛋白质的溶解度在等电点时是最低的，但不同蛋白质的具体情况还是有显著差异。常见的食品蛋白质中，如酪蛋白、大豆蛋白在等电点时几乎不溶，但乳清蛋白、卵黄高磷蛋白、牛血清白蛋白在等电点时仍具有良好的溶解性，主要是由于这些蛋白质粒子表面的亲水基团数量远高于疏水基团数量。由于大多数蛋白质在 pH 8~9 的碱性条件下具有较高的溶解度，因此常在此范围内从植物资源中提取蛋白质，随后在 pH 4.5~4.8 处采用等电点沉淀法从提取液中回收蛋白质。

盐类对蛋白质溶解性的影响有盐溶和盐析两种方式。蛋白质发生盐溶或盐析时，蛋白质溶解度与盐类离子强度 μ 的数学关系为

在低盐浓度时：

$$S = S_0 + K_s\mu^{\frac{1}{2}} \tag{3-1}$$

在高盐浓度时：

$$\lg S = \lg S_0 - K_s\mu \text{ 或 } \lg(S/S_0) = \beta - K_s c_s \tag{3-2}$$

式中：S 和 S_0 分别为蛋白质在盐溶液和水中的溶解度；μ 为离子强度；c_s 为盐的物质的量浓度；β 为常数；K_s 为盐析常数（该常数不仅取决于蛋白质种类，而且更依赖于盐的性质和浓度，不同种类的盐产生的盐析作用随其水合能和空间位阻的增大而增加。对于盐析类盐 K_s 是正值，对于盐溶类盐 K_s 是负值）。

当体系离子强度相同时，各种离子对蛋白质溶解度的影响遵从感胶离子序（Hofmeister 序列），阴离子提高蛋白质溶解度的排列顺序为 $SO_4^{2-} < F^- < CH_3COO^- < Cl^- < Br^- < NO_3^- < I^- < ClO_4^- < SCN^-$，阳离子降低蛋白质溶解度的顺序为 $NH_4^+ < K^+ < Na^+ < Li^+ < Mg^{2+} < Ca^{2+}$。多价阴离子对蛋白质溶解度的影响比一价阴离子更显著，而二价阳离子则比一价阳离子的影响弱。

加入能与水互溶的有机溶剂如丙酮、乙醇等可降低水的介电常数，从而提高蛋白质分子内和分子间的静电作用力（排斥和吸引），导致蛋白质分子结构的展开，有利于肽链基团的暴露和在分子间形成氢键，并使分子之间的异种电荷产生静电吸引。这些分子间的极

性相互作用导致蛋白质在有机溶剂—水体系中的溶解度降低甚至沉淀。

热处理是食品加工过程中最为常见的加工手段，大多数蛋白质在加热时溶解度明显地呈不可逆降低。即使是用于蛋白质提取、纯化的较温和加工过程，也会产生一定程度的不溶性。

3.3.3 黏度

蛋白质体系的黏度（viscosity）和稠度是流体食品如饮料、汤汁和调味汁等的主要功能性质，影响着食品品质和可接受性，对于蛋白质食品的输送、混合、传热等加工过程具有实际意义。流体的黏度反映它对流动的阻力，用黏度系数 μ 表示。蛋白质溶液的黏度是蛋白质在食品加工中增稠能力的指标。

$$\tau = \mu \times \gamma = \mu \times \frac{v}{d} \tag{3-3}$$

式中，τ 为液体流动时的剪切力；γ 为液体流动时的剪切速率；v 为板块的运动速率；d 为两个板块间的距离。

牛顿流体（理想流体）具有固定的 μ，即 μ 不随剪切力或剪切速率的变化而变化。但是对于一些大分子物质构成的分散体系（包括溶液、乳状液、悬浮液、凝胶等）则不符合牛顿流体的特性，其黏度系数随剪切速率的增加而降低，这种特性称为假塑性（pseudoplastic）或剪切稀释（sheer thinning）。其原因可解释为：①蛋白质朝着运动方向逐渐取向一致，使摩擦阻力减小；②蛋白质的水合环境在运动方向产生形变（如果蛋白质是高度水合和分散的）；③氢键和其他弱键的断裂使蛋白质的聚集体、网状结构发生解离，使得沿流动方向的分子或颗粒的表观直径变小。

在溶液流动过程中，弱键的断裂是缓慢发生的，以致蛋白质流体在达到平衡前其表观黏度随时间增加而降低；剪切停止时，可能（或者不能）重新形成聚集体或网络结构。这依赖于蛋白质分子松弛至无规则取向的速率。若能重新形成聚集体，则黏度系数的降低是可逆的，该体系是触变的（thixotropic）。例如乳清蛋白浓缩物和大豆分离蛋白等球状蛋白质的分散体系就是触变的。而纤维状蛋白质溶液，如明胶和肌动球蛋白通常保持其取向，不能很快地恢复至原有的黏度。

影响蛋白质流体黏度特性的主要因素是被分散的分子或颗粒的表观直径，而表观直径取决于下述参数：蛋白质分子固有的特性（相对分子质量、尺寸、形状、体积、结构、电荷和对称性等）和易变性程度（环境因素如 pH、离子强度和温度等）；蛋白质—溶剂的相互作用影响溶胀、溶解度和分子周围的流体动力学水合作用范围以及水合状态下分子的柔顺性；蛋白质—蛋白质相互作用决定了聚集体的大小，对于高浓度蛋白质溶液，蛋白质—蛋白质相互作用是主要因素。

黏度和溶解度之间不存在简单的相关关系。将不溶的热变性蛋白质分散于水溶液中并不显示高黏度。吸水性差和溶胀度小的易溶性蛋白质（乳清蛋白）同样不能在水溶液中形成高黏度的分散体系。而具有较大起始吸水能力的蛋白质如大豆蛋白和酪蛋白酸钠则可在水中形成高黏度的分散体系。所以蛋白质的吸水性和黏度之间存在一定的正相关。

3.3.4　蛋白质的胶凝与组织化

1. 胶凝作用

首先必须把蛋白质的胶凝与蛋白质溶液分散程度的降低，即缔合、聚集、聚合、沉淀、絮凝和凝结等区别开来，虽然几者均属于蛋白质分子在不同水平上的聚集变化，但存在一定的区别。蛋白质的缔合（association）是指在亚基或分子水平上发生的变化；而聚合（polymerzation）或聚集（aggregation）一般指有较大复合物形成；沉淀（precipitation）是指由于蛋白质溶解性部分或完全丧失而引起的聚集反应；絮凝（flocculation）是指不发生蛋白质变性的无序聚集反应，通常是由于链间的静电排斥受到抑制而发生的一种现象；凝结（coagulation）是指发生变性的无序聚集反应和蛋白质—蛋白质相互作用大于蛋白质—溶剂相互作用所引起的聚集反应；凝结反应可以形成粗糙的凝块。而胶凝（gelation）则是指变性蛋白质发生聚集并形成有序的蛋白质网络结构的过程。凝胶在食品加工中具有极其重要的作用，例如对肉类食品不仅可以形成半固态的黏弹性质地，同时还具有稳定脂肪、黏结等作用，对于豆腐、腐竹、酸乳等蛋白质食品的生产更为重要，是此类食品形成的基础。

蛋白质凝胶的网状结构是蛋白质—蛋白质之间的相互作用、蛋白质—水之间的相互作用以及邻近肽链之间的吸引力和排斥力这三类作用达到平衡时导致的结果。静电吸引力、蛋白质—蛋白质作用（包括氢键、疏水相互作用、二硫键等）有利于蛋白质肽链的靠近，而静电排斥力、蛋白质—水作用有利于蛋白质肽链的分离。

在多数情况下，热处理是蛋白质形成凝胶的必需条件（因为要使蛋白质变性，肽链伸展），蛋白质变性可以使分子内部疏水基团暴露，有利于形成网状结构；在形成蛋白质凝胶时，加入少量的酸或钙离子可以提高胶凝速度和凝胶强度。有些蛋白质只需要加入钙盐或通过适当的酶解，或加入碱使溶液碱化后再调溶液 pH 至等电点也可以形成凝胶；钙离子的作用就是形成所谓的"盐桥"（salt bridge）。

蛋白质的胶凝过程一般可分为两步：①蛋白质分子构象的改变或部分伸展，即发生蛋白质的变性；②单个变性的蛋白质分子逐步聚集，有序地形成可以容纳水等物质的网状结构（图 3-13）。

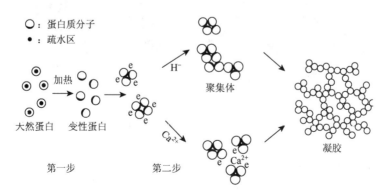

图 3-13　大豆蛋白胶凝过程示意图

根据凝胶形成的途径，一般将凝胶分为热致凝胶（如卵白蛋白凝胶的形成）和非热致凝胶（如通过调节 pH、添加二价金属离子或是部分水解蛋白质而形成凝胶）两类。也可根据蛋白质形成凝胶后对热的稳定性情况将凝胶分为热可逆凝胶（如明胶，此类凝胶在重新加热时再次形成溶液，冷却后又恢复凝胶状态）、非热可逆凝胶（如卵白蛋白，凝胶状态一旦形成，加热处理也不再发生变化）两类。热可逆凝胶主要是通过蛋白质分子间的氢键形成而保持稳定；而非热可逆凝胶大多涉及分子间二硫键的形成，由于二硫键一旦形成就不易发生断裂，加热不会对其产生破坏作用。也可以根据蛋白质聚集的有序程度将凝胶分为透明凝胶和不透明凝胶。蛋白质聚集的有序程度受 pH、离子强度等外界因素的影响很大，同种蛋白质在不同条件下可能形成透明或不透明凝胶（如卵白蛋白，在远离等电点的 pH 和低离子强度条件下形成透明凝胶）。

蛋白质所形成的凝胶结构存在两种不同的结构方式（图 3-14）。一种是肽链的有序串形聚集排列方式，所形成的凝胶是透明或半透明的，如血清蛋白、溶菌酶、大豆球蛋白等。另一种是肽链的自由聚集排列方式，含有大量非极性氨基酸残基的蛋白质在变性时产生疏水性聚集，这些不溶性聚集体随机缔合，形成的凝胶是不透明的；由于聚集和网状结构的形成速度高于变性速度，这类蛋白质在加热时容易凝结成凝胶网状结构，如肌浆球蛋白在高离子强度下形成的凝胶，乳清蛋白、β-乳球蛋白所形成的凝胶均属此类。对大多数蛋白质凝胶而言，两种不同的结构方式是共存的，并且受胶凝条件，如蛋白质浓度、pH、离子种类、离子强度、加热温度、加热时间等的影响。

由于凝胶在整体结构上是一种有序的空间网络结构，能够高度水合，每克蛋白质可截留高达 10g 以上的水，其他成分也能同时被保留在网状结构中，且均不易被物理作用挤压出来，所以对食品品质的保持、食品品质稳定性具有重要的作用。凝胶对水的截留可能与网状结构中的微毛细孔结构有关，也可能与蛋白质肽链上—C＝O 和—NH 基团的极化有关，这些因素会提高对水的截留能力。

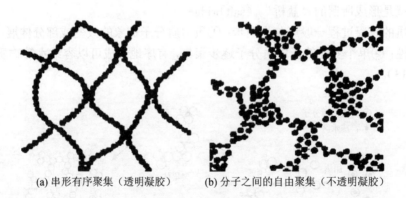

(a) 串形有序聚集（透明凝胶）　　(b) 分子之间的自由聚集（不透明凝胶）

图 3-14　蛋白质凝胶网状结构示意图

虽然许多胶凝作用是由蛋白质溶液产生的，但是不溶、难溶的蛋白质的水溶液或蛋白质的盐水分散液也可以形成凝胶。因此，蛋白质的溶解性不是蛋白质胶凝作用必需的条件，只是有助于蛋白质的胶凝作用。

胶凝作用是一些蛋白质食品非常重要的功能性质,在许多食品的制备中起着重要作用,如乳制品、凝胶、肉糜、鱼肉制品等。蛋白质的胶凝作用不仅可以用来形成固体弹性凝胶、提高食品的吸水性、增稠、黏着脂肪,对食品组分的界面性质也有一定帮助。胶凝作用是蛋白质最为重要的功能作用之一,也是食品加工过程中经常需要考虑的问题之一。

2. 组织化

蛋白质是许多食品质地或结构的构成基础,如畜禽肌肉和鱼肌肉的肌原纤维是生物组织中的典型例子,另外在香肠、干酪等中也是如此。但是自然界中的某些蛋白质并不具备相应的组织结构和咀嚼性能,例如可溶性植物蛋白或乳蛋白。因此,这些蛋白质在用于食品加工时存在一定局限。但是,目前有一些加工处理手段可使其形成具有咀嚼性能和良好持水性能的薄膜或纤维状产品,且在水合或加热处理中仍能保持良好的性能,这就是蛋白质的组织化(texturization)处理。经过组织化处理的蛋白质可作为肉的代用品或替代物用于食品加工。另外,组织化处理还可用于对一些动物蛋白进行重组织化(retexturization),如对牛肉或禽肉的重整再加工处理。蛋白质的组织化已成为蛋白质配料加工的一个重要形式,组织化蛋白在食品加工中的利用已非常普遍。常见的蛋白质组织化方法主要包括热凝固和薄膜形成、热塑性挤压、纤维形成。

1)热凝固和薄膜形成

浓缩的大豆蛋白溶液在平滑的热金属表面发生热凝结,产生薄而水化的蛋白质膜;豆乳在 95℃下保持几小时,溶液表面水分蒸发和蛋白质的热凝结,在溶液表面形成一层薄的蛋白质-脂类膜,这层蛋白膜就是一种组织化蛋白。中国传统的豆制品腐竹就是采用上述方法加工而成的。所形成的水合蛋白膜具有稳定结构,加热处理不会发生改变,具有正常的咀嚼性能。若将蛋白质溶液(如玉米醇溶蛋白溶液)均匀涂布在光滑物体表面,溶剂挥发后,蛋白质分子通过相互作用形成均匀的薄膜,这就是所谓的蛋白膜。由于形成的蛋白膜具有一定的机械强度和对水和 O_2 等气体的屏障作用,在食品包装领域具有一定的应用前景。

2)热塑性挤压

植物蛋白通过热塑性挤压,可得到干燥的纤维多孔状颗粒或小块,复水后具有咀嚼性能和良好的质地。热塑性挤压的基本原理是含有蛋白质的混合物依靠单螺杆挤压机或双螺杆挤压机的作用,在高压(10~20MPa)下的剪切力和高温作用下(在 20~150s 内混合料温度升高至 150~200℃)转变为黏稠状态,然后迅速地通过模孔进入常压环境,在物料中的水分迅速蒸发以后,蛋白质等物料就形成了高度膨胀、干燥的多孔结构,即所谓的组织化蛋白(俗称膨化蛋白),所得到的产品在 60℃可以吸收 2~4 倍的水,变为纤维状海绵和具有咀嚼性能的弹性结构,并在杀菌条件下是稳定的,可用作肉丸、汉堡包等的肉糜,可作为肉的替代物、填充物。

3)纤维形成

大豆蛋白和乳蛋白溶液都可喷丝而组织化,类似人造纺织纤维,蛋白质的这种功能特性称为蛋白质的纤维形成作用。利用该特性可将植物蛋白或乳蛋白溶液经喷丝、缔合、成型和调味等步骤制成各种风味的人造肉。一般在 pH>10 的条件下，制备高浓度的蛋白质溶液（10%~40%），经脱气、澄清（防止喷丝时发生纤维断裂）等处理后，最后蛋白质溶液在高压下通过一块含有 1000 目/cm² 以上小孔（直径为 50~150μm）的模板，此时伸展的蛋白质沿流出方向定向排列，以平行方式延长并有序排列，从喷头出来的液体进入酸性 NaCl 溶液时，在等电点和盐析效应的共同作用下使蛋白质发生凝结，并且蛋白质分子通过氢键、离子键和二硫键等相互作用形成水合蛋白纤维；然后通过滚筒取出。滚筒转动速度应与纤维拉直、多肽链的定位以及紧密结合相匹配，以便形成更多的分子间的键，这种局部结晶作用可增加纤维的机械阻力和咀嚼性，并降低其持水容量。再将纤维置于滚筒之间压延和加热使之除去一部分水，以提高黏着力和韧性。加热前添加黏合剂如明胶、卵清、谷蛋白或胶凝多糖，或其他食品添加剂如增香剂或脂类。凝结和调味后的蛋白丝经切割、成型、压缩等工序可形成与火腿、畜禽或鱼肌肉相似的人造肉制品。

3.3.5　面团的形成

　　小麦、大麦、黑麦等具有一个相同的特性，即其胚乳中的面筋蛋白在有水存在时，通过混合、揉捏等步骤可以形成强内聚力和黏弹性的面团，其中小麦粉的面团形成能力最强。小麦粉中的面筋蛋白在形成面团后，其他成分如淀粉、糖和极性脂类、非极性脂类以及可溶性蛋白均有利于面筋蛋白形成三维网状结构。

　　面团的特性与面筋蛋白的性质直接相关。首先，面筋蛋白的可解离氨基酸含量低，导致面筋蛋白质不溶于中性水溶液；其次，其含有大量的谷氨酰胺和羟基氨基酸，易形成分子间氢键，赋予面筋较强的吸水能力和黏聚性质；另外，面筋中含有许多非极性氨基酸（约 30%），有利于蛋白质分子和脂类的疏水相互作用，使之产生聚集；最后，蛋白质含有的—SH 基可形成二硫键，有利于蛋白质分子在面团中的紧密连接以增强韧性。

　　若面团揉捏强度不足会导致面筋蛋白的三维网络结构不能很好形成，进而导致面团强度不足；但若揉捏过度会导致面筋蛋白中的部分二硫键断裂，造成面团强度下降。面团在焙烤时，面筋蛋白所释放出的水可以被糊化的淀粉吸收，但面筋蛋白仍能保持近一半的水。面筋蛋白在面粉中已经呈伸展状态，在面团揉捏过程中得到充分伸展，在焙烤时不会进一步伸展。

3.3.6　界面性质

　　蛋白质的界面性质（surface property）是指蛋白质在极性不同的两相之间所产生的作用，主要包括蛋白质的起泡、乳化等性质。食品是典型的由多组分、多尺度、多相构成的复杂体系，由于溶解性和热力学稳定性的影响，油脂和大分子物质可能会以颗粒的形式分散或聚集，如焙烤食品、乳、奶油、沙拉酱、香肠、蛋糕、冰激凌等乳化、起泡类产品，油脂或气泡悬浮在连续相的水溶液介质中，对于这样的体系，除非有两亲物质存在，否则是不稳定的。蛋白质是两亲性分子，可以自发地迁移到气/水界面或油/水界面。蛋白质在界面上的吉布斯自由能相比于其在体相水中是较低的，所以体相水中的蛋白质能自发地向界面迁移，达到平衡后，蛋白质在界面上的浓度总是高于体相水。然而，蛋白质作为一类天然大分子化合物，不同于小分子表面活性剂，能够在界面上形成高黏弹性的薄膜，以抵抗外界机械作用的冲击，其界面体系比由低相对分子质量的表面活性剂形成的界面更稳定。故此，蛋白质这种优良的功能特性在食品加工中得到广泛应用。

蛋白质的界面性质不仅受到蛋白质自身性质如氨基酸组成、结构、立体构象、极性和非极性残基的分布与比例、二硫键的数目与交联情况、分子尺寸、形状和柔顺性等的影响，还与外界因素甚至加工条件有关。凡是可以影响蛋白质构象、亲水性和疏水性的环境因素，诸如 pH、温度、离子强度和盐的种类、蛋白质浓度、界面组成、糖类、小分子表面活性剂以及形成界面的加工方式等都对蛋白质的表面活性具有显著影响。虽然所有的蛋白质都具有两亲性，但是其表面活性却有巨大差异。如一些疏水性氨基酸残基含量超多（40%）的植物蛋白（如大豆蛋白）的表面活性反而不如疏水性残基数少（30%）的清蛋白（如卵清蛋白和牛血清白蛋白）。此外，大多数蛋白质平均疏水性是处在一个较窄的范围内，不会造成各种蛋白质界面性质的显著差别，所以在讨论其界面性质时需综合考虑多方面的因素。

蛋白质作为理想的表面活性剂必须具备三种属性：①快速吸附至界面的能力；②到达界面后能迅速伸展并取向；③一旦到达界面即与邻近分子相互作用形成具有强内聚力和黏弹性的薄膜，对热和机械力具有较强的耐受能力。

蛋白质具有优异界面性质的关键在于其必须能自发且快速地吸附至界面，这取决于表面疏水氨基酸残基的分布状况及蛋白质的吸附吉布斯自由能。分子表面无疏水氨基酸残基或未形成较连续的疏水区域的情况下，蛋白质的吸附吉布斯自由能为正。换言之，蛋白质在水中的吉布斯自由能低于界面或非极性相，则蛋白质在界面不吸附或吸附能力较差。随着蛋白质表面疏水小区的增多，蛋白质自发吸附至界面的可能性随之增加。只有当蛋白质表面的疏水小区数目达到足以提供疏水—界面相互作用所需的能量时才能使蛋白质牢固地吸附在界面上，并形成隔离的疏水小区，只有这样才能促进蛋白质吸附并形成稳定的泡沫或乳状液（图 3-15）。

蛋白质由于其复杂的构象特征，导致其在界面的吸附相当复杂，很难明确地将蛋白质分子划分成亲水和疏水两部分。蛋白质分子在界面吸附时具有三种典型的构型：列车形、环形和尾形（图 3-16）。蛋白质可以一种或多种构型同时在界面上存在。这与多肽链的溶液行为和蛋白质的构象有关，一般列车形是多肽链直接与界面接触形成的；多肽链段悬浮在水相时呈环形；肽链的 N 端和 C 端位于水相时呈尾形。其中列车形在界面上出现的概率较大，且与界面结合较强并呈现出较低的表面张力。

蛋白质在界面上的吸附会带来蛋白质分子构象的变化，通常分子会在界面伸展，即界面变性。但并不是所有蛋白质分子在界面吸附时都会发生变性，如酪蛋白，尤其是 β-酪

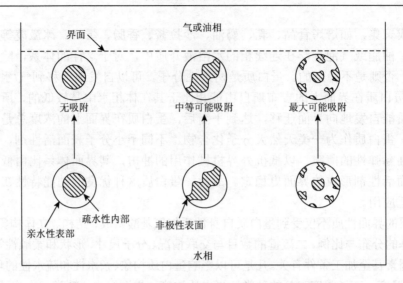

图 3-15 蛋白质分子表面疏水区域对吸附特性的影响

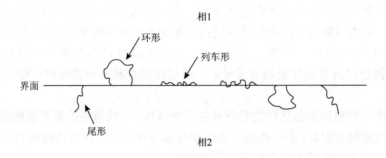

图 3-16 界面上柔顺性多肽链的各种构型

蛋白，吸附前后蛋白质结构几乎无变化。不同蛋白质由于结构差异，其界面性质也有很大差异，即使分子中疏水与亲水氨基酸残基比例类似，这种差异依然存在。此外，蛋白质分子柔性的不同，影响其在界面的伸展速率和程度。蛋白质在界面处的构象变化和定位速率，决定其在界面的吸附速率，同时，有利于降低表面张力。界面处蛋白分子的结构变化，很大程度上取决于自身的分子柔性，分子柔性高有利于降低界面张力，具有较好的表面特性。

竞争吸附食品体系中通常含有几种蛋白质，在界面处存在着竞争吸附。影响蛋白质界面竞争吸附的因素有电荷-电荷、结构柔性-刚性、疏水性-亲水性等。蛋白质结构不同，遵循的竞争吸附规律不同，如果界面吸附前后蛋白质分子结构相类似，则遵循热力学竞争吸附规律，如果界面吸附前后蛋白质分子结构变化较大，则遵循动力学竞争吸附规律，这取决于蛋白质分子到达界面的速率和吸附后在界面所占的面积。

蛋白质形成泡沫和乳状液的机制十分相似，但从能量观点考虑，这些界面相互作用是有差别的，且对蛋白质结构的要求不同，具有优良乳化特性的蛋白质不一定是良好的起泡剂。下面分别讨论蛋白质的乳化性和起泡性。

1. 乳化性质

食品乳化体系分为不相容的两个液态相，常见的液态相为水相与油相。由于这两相的极性不同，在界面上界面张力相当大，所以，乳化体系在热力学上为不稳定的分散系，需通过表面活性物质（乳化剂）的作用来降低界面张力，以达到增加分散系稳定性的目的。许多食品体系如牛奶、蛋黄酱、乳脂、乳饮料等均属于乳胶体，蛋白质成分在稳定这些胶体体系中起着至关重要的作用。蛋白质由于分子中具有亲水、亲油的基团或区域，所以可以在乳化体系的形成中发挥乳化剂的作用，但是在实际食品中的情况要复杂得多。

在天然食品的脂肪球中，磷脂、不溶性脂蛋白和可溶性蛋白的连续吸附层所构成的"膜"稳定着脂肪球。蛋白质通常在稳定这些乳浊体系时起重要作用，它在分散的油滴和连续水相的界面上吸附，并具有能阻止油滴聚结的物理和流变学性质（稠度、黏度、柔顺性和刚性）。可溶性蛋白质在乳化特性中最重要的属性是具有向油/水界面扩散并在界面吸附的能力，一旦蛋白质分子的一部分与界面接触，则其疏水性氨基酸残基向非水相排列，降低体系的自由能，其余部分发生伸展并自发地吸附在界面上。蛋白质在界面的吸附若达到较大面积时可伸展为单分子层（1~2nm 厚，1mg/m²）。一般认为蛋白质的疏水性越大，界面上吸附的蛋白质浓度越大，则界面张力越小，乳液也就更稳定。而球蛋白由于具有很稳定的结构和很强的表面亲水性，因此不是很好的乳化剂，如血清蛋白、乳清蛋白。酪蛋白由于其结构特点（无规卷曲），以及肽链上高度亲水区域和高度疏水区域是隔开的，所以具有良好的乳化特性。

影响蛋白质乳化稳定性的因素主要有以下几个方面。

（1）吉布斯-马朗戈尼（Gibbs-Marangoni）效应。吉布斯-马朗戈尼效应是决定乳化稳定性的关键因素。随着两个液滴的靠近，其间的液膜变至最薄时，液膜中能被液滴获取的表面活性剂分子数目变得最少，界面张力变得最大，导致界面张力梯度的产生。在液滴表面形成的这个界面张力梯度，使得乳化剂分子携带液体向界面张力大的方向移动，液流会驱使液滴相互离开，提供液滴的自我稳定机制，这种作用取决于液膜的吉布斯弹性，被称为吉布斯-马朗戈尼效应。由于蛋白质不可能把界面张力降低到很低的程度，因此不会造成非常强烈的吉布斯-马朗戈尼效应。同时，从热力学的角度看乳化体系是不稳定体系，在一个水包油乳化体系中，脂肪球之间的相互作用必然会产生失稳问题，所以乳化体系失稳产生的最终结果就是油、水两相的完全分离。这种失稳结果主要包括聚结（coalescence）、絮凝（flocculation）和分层（creaming）。聚结是指脂肪球之间的膜发生破裂，导致大粒径脂肪球形成的过程；絮凝指的是脂肪球之间絮聚但不破裂膜的过程；分层是指脂肪球由于密度低于连续相而导致的上浮。粒子絮凝会极大地促进上浮，上浮的结果又反过来促进絮凝速率。聚结发生的前提是粒子紧紧靠在一起，即在粒子絮凝状态下或在上浮的脂肪层中，产生较大的粒径分布，并加快上浮速率，促进分层。蛋白质是两性物质，能在脂肪表面形成具有黏弹性的膜，其乳化稳定性取决于界面吸附特性，受蛋白质分子结构特性的影响。

（2）液滴粒径。乳化体系中液滴的粒径大小直接影响其稳定性，一般来说，液滴粒径越小体系稳定性越好。当液滴粒经超过 5μm 时，可快速聚结，其速率与蛋白质吸附层厚度和溶液黏度无关。液滴粒径可以通过提高蛋白质浓度和增加乳化时的能量密度来改变，对 β-酪蛋白而言，乳化体系的最小平均液滴粒径为 $0.3\sim0.4\mu m$，一般商业制备的乳化体系的平均液滴粒径为 $1\sim10\mu m$。

（3）表面吸附量。蛋白质在油/水界面的吸附量越大，吸附蛋白层越厚，聚结速度越慢，有利于乳化体系的稳定。在高压均质条件下，蛋白质在油滴表面的吸附量可以表示为

$$\Gamma(t) = k \times C \times d\left(1 + \frac{x}{d}\right)^3 \times t \tag{3-4}$$

式中，k 为常数；C 为蛋白质浓度；x 为吸附蛋白的粒径；d 为油滴直径；t 为吸附时间。从式中可以看出，蛋白质浓度越高、吸附蛋白的粒径越大，则吸附量越大。不同蛋白质在油/水界面上的展开程度不同，当蛋白质几乎完全展开并形成一个伸展的多肽层时其吸附量约为 $1mg/m^2$，许多溶解度高的蛋白质可以达到的稳定值约为 $3mg/m^2$，聚集的蛋白质在乳化过程中被优先吸附，能产生更高的表面吸附量。

（4）溶解性。蛋白质的溶解性和乳化性之间并没有明显的相关性，一般来讲，不溶解的蛋白质不具备良好的乳化性，蛋白质 100%的溶解性也不是优良乳化特性所必需的，但是，一定的溶解性是保证蛋白质形成稳定乳化体系所必需的前提条件，一般这一范围是 25%~80%的蛋白质溶解性，在这一范围内蛋白质溶解性和乳化性之间也无明确的相关性。然而，蛋白质溶解性能的改善，将可能有利于提高蛋白质的乳化性能，例如，肉糜中有 NaCl 存在时（0.5~1mol/L 的 NaCl），可提高蛋白质的乳化容量，此时 NaCl 的作用是对蛋白质产生了盐溶作用。不过一旦乳液形成，不溶蛋白在膜上的吸附对脂肪球的稳定性将产生促进作用。

（5）表面疏水性。蛋白质的乳化性能与其表面疏水性之间有着较弱的正相关性，而与平均疏水性无相关性。这是因为蛋白质在油/水界面的变性程度，远小于气/水界面分子的展开程度，油/水界面的界面自由能远低于气/水界面，过低的界面自由能可能不足以克服活化能使蛋白质完全伸展。对某些蛋白质而言，这种相关性并不显著，例如，β-乳球蛋白和 α-乳白蛋白的乳化性，与表面疏水性并没有很强的相关性，这种差异可能与不同蛋白质的分子柔性不同有关。

（6）热变性。加热通常会降低吸附于界面上的蛋白质膜的黏度和刚性，从而导致乳液的稳定性下降。热处理可使 β-乳球蛋白分子内的巯基暴露，并与相邻分子间的巯基形成二硫键，在界面上发生有限聚集。但若加热使蛋白质产生胶凝作用则可提高其黏度和刚性，从而使乳状液保持稳定。如肌原纤维蛋白的胶凝作用有利于灌肠等食品的乳浊液稳定性，可提高产品的保水性和脂肪的保持性，还可增强各成分间的黏结性。同时，如果控制蛋白质的热变性程度，可以改善其乳化特性，这可能是由于热处理后的蛋白质有更好的表面疏水性和分子柔性。但是，如果热处理导致蛋白质聚集或不溶，则会削弱其乳化性能。

（7）pH。某些蛋白质在等电点时能微溶，因而能降低其乳化能力，不能稳定油滴的表面电荷（排斥）。另外，在等电点或一定离子强度条件下，由于蛋白质以高黏弹性的紧密结构形式存在，可防止蛋白质伸展或在界面吸附，不利于乳状液的形成，但可以稳定已

吸附的蛋白膜，抑制表面形变或解吸，后者有利于乳状液的稳定。因为界面蛋白膜的形变或解吸均发生在乳状液失去稳定作用之前，同时在蛋白质等电点时脂类和蛋白质的疏水相互作用增强。然而，有些蛋白质如明胶、血清蛋白和乳清蛋白在等电点时具有最令人满意的乳化性质，而有些蛋白质（大豆蛋白、花生蛋白、酪蛋白和肌原纤维蛋白）在非等电点时乳化效果更佳。因为此时氨基酸侧链的解离，产生有利于乳液稳定的静电斥力，避免了液滴的聚集，同时还因为此时的条件有利于蛋白质的溶解和提高蛋白质对水的结合能力，进而提高了蛋白膜的稳定性。蛋白质混合物形成乳化体系时，由于各种蛋白质成分的性质不同，所以在不同的 pH 条件下各成分的吸附量不同，如表 3-6 所示的乳清分离蛋白在脂肪球表面的相对吸附情况。

表 3-6　不同 pH 时脂肪球表面乳清分离蛋白的相对吸附情况

乳清蛋白浓缩物	pH			
	3	5	7	9
α-乳白蛋白	48.3	24.4	11.0	9.9
β-乳球蛋白	12.9	16.1	46.1	61.1
酪蛋白＋免疫球蛋白（轻链）	31.8	33.0	27.9	18.6
免疫球蛋白（重链）	2.3	7.0	3.4	1.5
血清蛋白	1.0	10.6	2.7	1.1
转铁蛋白＋乳铁蛋白	3.7	8.4	8.9	7.4

蛋白质的乳化性质也是蛋白质重要的功能性质之一，蛋白质与脂类的相互作用有利于食品体系中脂类的分散及乳液的稳定，但是也可能产生不利影响，特别是从富含脂肪的原料中提取蛋白质时会因乳液的形成而影响蛋白质的提取和提纯，这些在具体的加工生产中必须注意。

2. 发泡性质

食品泡沫通常是指气泡在连续的液相或含可溶性表面活性剂的半固相中形成的分散体系。泡沫的基本单位是液膜所包围的气泡，气泡直径从 1μm 到几厘米，典型的食品例子就是冰激凌、啤酒、搅打奶油、蛋奶酥等。蛋白质在泡沫中的作用就是吸附在气/液界面，降低界面张力，同时对所形成的吸附膜产生必要的流变学特性和稳定作用，蛋白质吸附以增加膜的强度、黏度和弹性来对抗外来不利作用等。具有良好起泡性能的蛋白质应有以下特性：①快速在气/液界面吸附；②在气/液界面快速发生构象变化，分子重排，快速降低表面张力；③通过分子相互作用形成黏性膜。前两项特性是具有良好起泡性的关键，最后一项特性则是具有良好泡沫稳定性的重要条件。

1) 泡沫的稳定性

形成泡沫通常采用三种方法：①让气体经过多孔分散器通入蛋白质溶液中，从而产生相应的气泡；②在大量气体存在下，机械搅拌或振荡蛋白质溶液而产生气泡；③在高压下将气体溶于溶液，突然将压力解除后，气体因为膨胀而形成泡沫。乳液和泡沫之间的主要区别在于分散相是气体，并且在泡沫体系中气体所占的体积分数，比乳液中脂肪所占的体积分数变化范围更大，泡沫中气体体积与连续相的体积比甚至可达 100:1，所以泡沫有很大的界面面积，其至可以达到 $1m^2/mL$；同时界面张力也远大于乳化分散系，因此泡沫往往不稳定，非常容易破裂。在泡沫形成过程中，蛋白质首先向气/液界面迅速扩散并吸附，进入界面层后再进行分子结构重排，蛋白质的扩散过程是一个决定因素。

液体通过上述三种途径产生泡沫后，需考虑泡沫的稳定性问题。泡沫的稳定性取决于膜和薄层的排水速率，薄层的扩张和局部变薄是造成泡沫不稳定的主要原因，具体影响如下。

随着膜孔洞的形成，泡沫随之破裂，膜表面疏水蛋白质颗粒的存在可能通过两种机制导致膜破裂：①疏水颗粒大于薄层厚度并具有较高的刚性，不能伸展，由于凸起曲面的形成导致拉普拉斯压力（laplace pressure）增加，最终失去与颗粒的接触形成空洞；②疏水颗粒能够在膜表面伸展，随着排水现象的发生，膜发生流动，从颗粒处移走，导致膜变薄，最终破裂。

奥氏熟化（ostwald ripening）或者称不均衡性是导致泡沫破裂的另一个原因。由于泡沫大小不一，气体在小气泡中的压力大于在大气泡中的压力，所以气体通过连续相从小气泡向大气泡转移，造成泡沫总面积缩小；从热力学上看，这是降低表面自由能的自发过程。但当连续相黏度较大、气体溶解度较小及扩散速度慢时则泡沫稳定性相应的提高。

2）蛋白质的内禀性质与发泡性能

众所周知，许多蛋白质如卵清蛋白、血清蛋白、明胶、酪蛋白、谷蛋白、大豆蛋白等均具有较好的起泡性。不同蛋白质起泡性的差异，主要来自其内禀性质（表 3-7）。与蛋白质起泡特性相关的内禀性质如下。

（1）蛋白质分子的柔性。蛋白质分子的柔性可以间接通过膜的黏弹性表达。蛋白质膜的黏弹性反映吸附于界面处蛋白质多肽链从"列车状"到"环状"构象的变化速率。一般来说，蛋白质分子柔性越差则蛋白膜的黏弹性越高。球蛋白在界面处变形速率缓慢，柔性差，则蛋白膜的弹性模量高。当薄层扩张时，由于黏滞性的作用会带动界面下液体的运动，降低界面张力，增加膜厚度，进而提高泡沫稳定性。故而认为，多肽链的柔性对提高起泡性至关重要，但却不利于泡沫稳定性。界面处蛋白质分子适宜的刚性和柔性构象，才能产生良好的起泡性和泡沫稳定性。

（2）薄层的剪切黏度。薄层的剪切黏度可通过屈服应力表达，其黏度值远高于液相黏度。薄层处蛋白质分子的刚性与屈服应力呈正相关，虽然膜蛋白的刚性影响吉布斯-马朗戈尼效应，但有助于阻止薄层的排水，提高稳定性。膜蛋白的流变学性质取决于蛋白质分子间的相互作用，当形成连续的黏性网状结构时泡沫最稳定。如溶菌酶在气/液界面的剪切黏度为 1000（mN·s）/m，表明可以形成黏性很高的薄层，具有良好的泡沫稳定性。

（3）蛋白质的疏水性。蛋白质分子的疏水性可以表达为表面疏水性和平均疏水性。蛋白质的起泡性与平均疏水性呈正相关，而与表面疏水性无相关性（图 3-17），可能是因为蛋白质分子一旦吸附于界面便随即展开，内部疏水基暴露使得表面张力降低。因此，蛋白质分子的平均疏水性高，则具备较好的起泡性能。

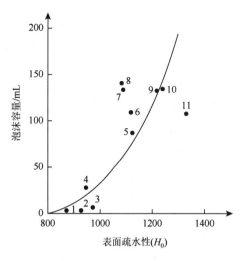

图 3-17　蛋白质起泡性与疏水性之间的关系

（4）蛋白质浓度。蛋白质浓度影响泡沫的某些特性。蛋白质浓度越高则泡沫越牢固。蛋白质浓度增加至 10%，泡沫稳定性的增加超过泡沫体积的增大。气泡能力一般随蛋白质浓度的提高而增加，并在某一浓度达到最高点。初始液相中的蛋白质质量分数在 2%～8%（搅打法）时即可达到最大膨胀度，并产生适宜的液相黏度和吸附膜厚度；但当蛋白质浓度超过 10% 时，溶液黏度过大，影响蛋白质的起泡能力，导致气泡变小，泡沫变硬。这与高黏度时气泡在蛋白质溶液中的分散困难有关。

表 3-7　影响蛋白质起泡性的蛋白质内禀性质

内禀性质	作用
溶解度	快速扩散至气/液界面
疏水性	极性区与疏水区的相对独立分布，有利于降低界面张力
肽链的柔韧性	有利于蛋白质分子在界面上的伸展，变形
肽链间的相互作用	有利于蛋白质分子间的相互作用，形成稳定的吸附膜
基团的解离	有利于气泡间的排斥，但是高电荷密度不利于蛋白质在膜上的吸附
极性基团	对水的结合、蛋白质分子间的相互作用有利于吸附膜的稳定性

　　具有良好起泡性能的蛋白质所具备的条件是蛋白质分子能够快速地扩散到气/液界面，易于在界面吸附、伸展和重排，并且通过分子间的作用形成黏弹性的吸附膜。β-酪蛋白由于具有疏松的自由卷曲结构，就是一个有如此性质的蛋白质；相比之下溶菌酶则不同，它是一个紧密缠绕的球蛋白，同时具有分子内的多个二硫键，起泡性能差。
　　起泡能力较好的蛋白质，其泡沫稳定性一般很差，而起泡能力较差的蛋白质，其泡沫稳定性却较好，原因是蛋白质的起泡能力和泡沫稳定性由两类不同的分子性质决定。起泡能力取决于蛋白质分子的快速扩散、对界面张力的降低、疏水基团的分布等性质，主要由蛋白质的溶解性、疏水性、肽链的柔韧性决定。泡沫稳定性主要由蛋白质溶液的流变学性质决定，如吸附膜中蛋白质的水合、蛋白质的浓度、膜的厚度、适当的蛋白质分子间的相互作用。所以同时具有较好起泡能力、泡沫稳定性的蛋白质，是在两方面性质间的平衡结果。

3）环境因素

蛋白质的起泡能力除了受自身结构特性的影响之外，诸多的环境因素也可改变其起泡性能和泡沫稳定性。环境因素对蛋白质起泡性能的影响主要包括以下几方面。

（1）盐类。盐类不仅影响蛋白质的溶解、黏度、伸展和解聚，也能影响其起泡性能，这取决于盐的种类和蛋白质在盐溶液中的溶解度。例如，NaCl 可以提高大多数球蛋白的起泡性能，但降低泡沫稳定性，而 $0.02\sim0.4mol/L$ 的 Ca^{2+} 能与蛋白质的羧基形成盐桥进而提高泡沫稳定性。

（2）糖类。糖类通常会抑制蛋白质的泡沫膨胀，但可提高蛋白质溶液的黏度，进而提高泡沫稳定性。因而，一般糖的加入应在搅打起泡后，此时蛋白质已经过吸附、伸展形成稳定的膜，可以增加泡沫薄层液体的黏度，提高泡沫稳定性。卵清中的糖蛋白由于能吸附和保持薄层中的水分，所以有助于泡沫体积的稳定。

（3）乙醇。少量的乙醇可以改善几种蛋白质的泡沫稳定性，其影响程度为明胶＞β-酪蛋白＞β-乳球蛋白＞溶菌酶，最佳添加浓度为 $0.2\%\sim0.3\%$，乙醇浓度过高会导致泡沫稳定性逐渐降低。

（4）脂类。蛋白质溶液被低浓度脂类污染时会严重损害蛋白质的起泡性能，特别是极性脂类可在气/水界面吸附，干扰蛋白质在界面的吸附，影响已吸附蛋白质间的相互作用，从而影响蛋白质的泡沫稳定性。

（5）机械处理。形成泡沫需要强度和时间适中的搅拌，使蛋白质伸展以较好地吸附于界面；但过度搅拌会使蛋白质产生絮凝而降低膨胀度和泡沫稳定性，因为絮凝后的蛋白质不能适当地吸附在界面上。

（6）热处理。热处理一般不利于泡沫的形成，因为加热使气体膨胀，黏度降低，进而导致气泡破裂。但对某些结构紧密的蛋白质进行适当热处理对其起泡是有利的，例如，大豆蛋白、乳清蛋白。因为预先的热处理可使蛋白质分子伸展，有利于其在气/液界面上的吸附。若加热会导致蛋白质发生胶凝作用则会大大提高泡沫的稳定性。

（7）pH。在接近等电点时，由于此时蛋白质间的斥力较小，有利于蛋白质间的相互作用和蛋白质在膜上的吸附，从而形成黏稠的吸附膜，进而提高蛋白质的起泡能力和泡沫稳定性。即使蛋白质在等电点时不溶解，只有很少的蛋白质参与泡沫形成，所形成的泡沫数量较少，但是泡沫依然具有良好的稳定性，因为虽然不溶部分蛋白质对泡沫的形成无贡献，但却可以增加蛋白膜的黏度，从而提高泡沫稳定性。在等电点之外蛋白质的起泡能力通常较好，但是其稳定性一般不佳（表 3-8）。

表 3-8　影响蛋白质泡沫稳定性的因素

提高泡沫稳定性的因素	破坏泡沫稳定性的因素
蛋白质浓度和膜厚度	不均衡性
膜的机械强度和表面黏弹性	机械解荡

续表

提高泡沫稳定性的因素	破坏泡沫稳定性的因素
吉布斯-马朗戈尼效应	毛细压力
膜表面净电荷	排水
蛋白质的分子结构	膜的渗透性

3.3.7 蛋白质—风味物质相互作用

食品中存在的醛、酮、酸、酚和氧化脂肪的分解产物，可以产生豆腥味、哈败味等异味，这些物质可与蛋白质或其他物质产生结合，在加工过程中或食入时会释放出来，或被食用者所察觉，从而影响食品品质。例如，大豆蛋白质制品的豆腥味和青草味归因于己醛的存在。因此一些蛋白质原料需要经过脱臭处理，以提高其感官品质。但是蛋白质与风味物质结合又有其可利用之处，例如，可以使组织化的植物蛋白产生肉的香味，或是利用其保证食品在加工储藏过程中保持原有的风味。

蛋白质与风味物质的结合包括物理结合和化学结合。物理结合中涉及的作用力主要是范德华力等，为可逆结合，作用能为 20kJ/mol。化学结合中涉及的作用力有氢键、共价键、静电作用力等，作用能为 40kJ/mol 以上，通常为不可逆结合。例如，极性化合物醇类与蛋白质的作用就是通过氢键，而蛋白质分子中的疏水性氨基酸残基则在低分子的挥发性物质结合中起主要作用，醛、酮化合物以不可逆的方式结合在氨基上（尤其是相对分子质量较大的醛、酮）。

现在认为，在蛋白质的结构中具有一些相同但又相互独立的结合位点，这些位点可通过与风味化合物（F）产生作用而导致风味化合物被结合：

$$\text{protein} + n\text{F} \Longleftrightarrow \text{protein-F}$$

而斯卡查德（Scatchard）模型就是据此来描述蛋白质与风味物质的结合：

$$\frac{V}{[L]} = K(n - V) \tag{3-6}$$

式中，V 为蛋白质与风味化合物结合达到平衡时被结合的风味化合物的量，mol/mol 蛋白质；$[L]$ 为游离的风味化合物的量，mol/L；K 是结合的平衡常数，L/mol；n 是 1mol 蛋白质中对风味化合物所具有的总结合位点数。应用斯卡查德方程，可以计算蛋白质与风味物质结合时的平衡常数以及蛋白质结合位点数。

蛋白质与风味化合物的结合也受环境因素的影响，例如，水可以提高蛋白质对极性挥发物质的结合，但对非极性化合物的结合几乎没有影响。在干燥的蛋白质成分中，挥发性化合物的扩散是有限度的，稍微提高水的活性就能增加极性挥发物的迁移并提高其获得结合位点的能力。在水合作用较强的介质中，极性和非极性挥发物的残基结合挥发物的有效性受到诸多因素影响。如高浓度的盐可减弱蛋白质的疏水相互作用，导致蛋白质伸展，可提高其与羰基化合物的结合；酪蛋白在中性或碱性 pH 时比在酸性条件下结合更多的羧基、醇、羰基化合物等，这与氨基非离子化和 pH 引起的蛋白质构象变化有关。此外，蛋白质的水解处理（尤其是高度水解）一般可降低其与风味物质结合的能力，这与水解破坏蛋白质的一级结构，从而破坏蛋白质的结合位点有关。蛋白质的热变性产生分子的伸展，通常可增强风味化合物的结合能力。脂类物质的存在，可以促进蛋白质对各种羰基挥发物质的结合与保留。但在蛋白质的真空冷冻干燥时，由于真空的原因，可使最初结合挥发物质的50%被释放出来。温度对风味物质的结合影响较小，因为结合过程是熵驱动而不是焓驱动。

3.3.8 蛋白质与其他物质的结合

蛋白质除可以与水分、脂类、挥发性物质结合外，还可以与金属离子、色素、染料等物质结合，也可与某些具有诱变性和其他生物活性的物质结合。这种结合可产生解毒作用，也可使毒性增强，有时也会导致营养价值降低。从有利的角度看，蛋白质与某些金属离子的结合可促进矿物质如 Ca、Fe、Zn 等的吸收，与色素的结合便于对蛋白质进行定量分析。

参 考 文 献

陈复生，郭兴凤，2012. 蛋白质化学与工艺[M]. 郑州：郑州大学出版社.

陈海华，孙庆杰，2016. 食品化学[M]. 北京：化学工业出版社.

管斌，林洪，王广策，2005. 食品蛋白化学[M]. 北京：化学工业出版社.

黄泽元，迟玉杰，2017. 食品化学[M]. 北京：中国轻工业出版社.

阚建全，2016. 食品化学[M]. 3 版. 北京：中国农业大学出版社.

李红，2015. 食品化学[M]. 北京：中国纺织出版社.

刘洪国，孙德军，郝京诚，2016. 新编胶体与界面化学[M]. 北京：化学工业出版社.

莫重文，2007. 蛋白质化学与工艺学[M]. 北京：化学工业出版社.

王璋，许时婴，江波，等，2003. 食品化学[M]. 3 版. 北京：中国轻工业出版社.

吴大成，朱谱新，王罗新，等，2005. 表面、界面和胶体——原理及应用[M]. 北京：化学工业出版社.

夏延斌，王燕，2015. 食品化学[M]. 2 版. 北京：中国农业出版社.

谢笔钧，2004. 食品化学[M]. 2 版. 北京：科学出版社.

谢明勇，2011. 食品化学 [M]. 北京：化学工业出版社.

张艳贞，宣劲松，2013. 蛋白质科学——理论、技术与应用[M]. 北京：北京大学出版社.

赵新淮，徐红华，姜毓君，2009. 食品蛋白质——结构、性质与功能[M]. 北京：科学出版社.

第4章 食品蛋白质纯化与制备技术

在科学研究工作中,研究蛋白质的首要步骤是将目的蛋白从复杂的大分子混合物中分离纯化出来,得到高纯度具有生物学活性的目的物。因此,高效的分离纯化技术和手段是蛋白质研究的重要基础和关键之一。

蛋白质分离纯化的总体目标是设法在高效率、高得率的条件下获得高纯度、高活性和完整的目的蛋白。研究目的不同,蛋白质分离纯化的要求和方法就不同。如研究蛋白质分子结构、组成和某些物化性质时,需要纯的、均一的甚至是晶体的蛋白质样品;而研究活性蛋白质的生物功能时,需要样品保持它的天然构象,尽量避免失活问题。由于蛋白质结构的特殊性(构象复杂、不稳定、易失活等),许多用于小分子分离的技术不能直接用来分离蛋白质,这就有必要有针对性地加强蛋白质分离纯化的基础理论和应用研究。

蛋白质在组织或细胞中一般都以复杂的混合物形式存在,每种类型的细胞组织中都含有多种蛋白质,蛋白质的分离纯化是蛋白质化学研究的基本内容之一。到目前为止,还没有一种或一套现成的方法,能把任何一种蛋白质从复杂的混合体系中分离纯化出来。但对于任何一种蛋白质,都有可能选择适当的纯化方法来获得高纯度的活性蛋白。因此,选择科学合理的纯化方法对于分离纯化目的蛋白非常重要。

分离纯化方法的选择和确定要根据不同蛋白质样品的性质和具体的研究目的来决定。常用于初步提取和浓缩蛋白的方法主要有吸附法、超滤法、沉淀法(如盐析、有机溶剂沉淀、等电点沉淀和选择性沉淀等)、透析法等。在要求高分辨率的条件下,通常采用色谱法(如凝胶过滤、离子交换、亲和色谱等)和电泳法(如等电聚焦、双向电泳、毛细管电泳和免疫电泳等)。总体上看,蛋白质分离技术原理主要是基于蛋白质在溶解性、分子量大小、带电荷性或亲和特异性等方面的差异。本章介绍的几种分离技术,有的已应用于食品或食品配料的商业化生产,有的只适用于实验室纯化食品蛋白质,或供进一步研究之用。蛋白质的分离纯化技术在食品蛋白质中的具体应用,在本书的其他章节中有体现,也可以参考相关文献。

4.1 沉淀分离技术

沉淀分离技术是通过加入某种试剂或改变溶液条件,使蛋白质分子凝聚以无定形固体形式从溶液中沉降析出的分离纯化技术。沉淀分离是改变溶液中溶质与溶剂的平衡关系,使溶质的溶解度降低进而析出的过程,具有浓缩与分离的双重效果。沉淀法的优点是设备简单、操作方便、成本低、浓度越高沉淀收率越高。其缺点是沉淀物可能含有多种物质,或含有大量的盐类或包裹着溶剂。沉淀法是比较传统的分离纯化蛋白质的方法,目前仍然在实验室内广泛使用。沉淀法分离纯化蛋白质的特点包括:①在蛋白质纯化初期,可以迅速减少样品体积，起到浓缩的作用，便于后续的纯化，降低纯化成本；②可以尽快将目的蛋白与杂质分开，提高目的蛋白的稳定性；③目的蛋白的收率比较高。由于沉淀法对提高蛋白质纯度的幅度比较有限，该法通常只用于蛋白质的初步纯化。

比较常用的沉淀方法有：盐析法、有机溶剂沉淀法、等电点沉淀法、聚乙二醇沉淀法等。选择沉淀方法时，需要考虑沉淀剂对目的蛋白稳定性的影响、沉淀剂的成本、操作难易程度、沉淀剂的去除及残留、目的蛋白的纯度要求及收率要求等。

4.1.1　盐析法

在高浓度中性盐存在的情况下，蛋白质分子在水溶液中的溶解度降低并沉淀析出的现象称为盐析。不同蛋白质盐析时所需的盐的浓度不同，因此调节盐的浓度，可以使混合蛋白质溶液中的蛋白质分段析出，达到分离纯化的目的。盐析法具有成本低、不需特别的设备、操作简单安全、应用广泛、不容易引起蛋白质变性等优点。但盐析法由于共沉作用，不是一个高分辨的方法，一般用于蛋白质分离的粗提纯阶段。

1. 基本原理

蛋白质在水中的溶解度取决于蛋白质分子上解离基团周围的水分子数目，即蛋白质的水合程度。在蛋白质溶液中加入中性盐后，高浓度的中性盐溶液中存在大量带电荷的盐离子，它们能中和蛋白质分子的表面电荷，使蛋白质分子间的静电排斥作用减弱甚至消失而能相互靠拢，聚集起来；中性盐的亲水性比蛋白质大，它会抢夺本来与蛋白质结合的自由水，使蛋白质表面的水化层被破坏，导致蛋白质分子之间的相互作用增大而发生凝聚，从而沉淀析出。其原理如图 4-1 所示。

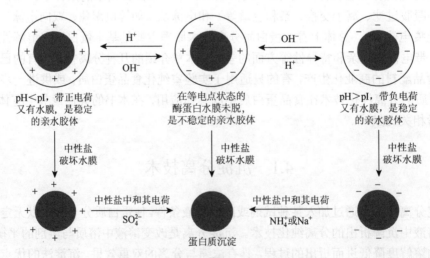

图 4-1　盐析机理示意图（汪少芸，2014）

盐析过程中，蛋白质的溶解度与盐离子强度之间有着密切的关系，它们的关系为指数关系，如下式：

$$\lg(S / S_0) = -K_s I$$

式中，S 表示蛋白质在离子强度为 I 的溶液中的溶解度，g/L；S_0 表示蛋白质在纯水中（即 $I = 0$）的溶解度，g/L；K_s 为盐析常数；I 为溶液中的离子强度，$I = \frac{1}{2}\sum MZ^2$，其中 M 表示溶液中各种离子成分的物质的量浓度，Z 为离子的价数。

当浓度、pH 一定时，S_0 为常数，上式中令 $\beta = \lg S_0$，则上式变为 $\lg S = \beta - K_s I$。β 常数主要取决于蛋白质的性质，也与温度和 pH 有关。盐析常数 K_s 主要取决于盐的性质，与离子的价数、平均半径有关。

含有多种蛋白质的混合液，可采用分段盐析的方法进行分离纯化：①K_s 分段盐析，即在一定的 pH 和温度下，改变盐浓度（即离子强度）达到沉淀的目的；②β 分段盐析，即在一定的盐浓度（离子强度）下，改变溶液的 pH 及温度，达到沉淀的目的。在多数情况下，尤其是生产中，常用第①种方法，使目的物或杂蛋白析出。这样做使得被盐析物质的溶解度迅速下降，容易产生共沉现象，故分辨率不高，所以第①种方法多用于蛋白质的粗提。在蛋白质的进一步分离纯化时常用第②种方法，因为第②种方法被盐析物质的溶解度变化缓慢且变化幅度小，分辨率较好。

2. 盐析用盐的选择

盐析用盐选择原则：①盐析作用要强。一般来说多价阴离子的盐析作用强；②盐析用盐必须要有足够大的溶解度，且溶解度受温度的影响应尽可能小。这样便于获得高浓度盐溶液，有利于操作，尤其是在较低温度下操作，不致造成盐结晶析出，影响盐析结果；③盐析用盐在生物学上是惰性的，不致影响蛋白质等生物大分子的活性，最好不引入给分离或测定带来麻烦的杂质；④来源丰富、经济。

在盐析法中常用到的中性盐有 $(NH_4)_2SO_4$、Na_2SO_4、$MgSO_4$、Na_3PO_4、K_3PO_4、$NaCl$ 等。其中，以 $(NH_4)_2SO_4$、Na_2SO_4 应用最广。$(NH_4)_2SO_4$ 具有盐析作用强、溶解度大且受温度影响小、一般不会使蛋白质变性、价廉易得、分段分离效果较好等优点，其缺点是缓冲能力较小并常随着溶液 pH 的变化而变化；此外，由于 $(NH_4)_2SO_4$ 含 N，残留在沉淀物或溶液中都会影响到蛋白质的定量分析，尤其是采用凯氏定氮法和双缩脲法进行测定时。Na_2SO_4 由于不含 N，不影响蛋白质的定量测定，但其缺点是低于 40℃ 就不容易溶解，只适用于热稳定性较好的蛋白质沉淀过程，应用远不如 $(NH_4)_2SO_4$ 广泛。磷酸盐也常用于蛋白质的盐析，虽然磷酸盐的盐析效果比硫酸盐好，且具有缓冲能力强的优点，但由于其溶解度低、容易与其他金属离子产生沉淀、价格较昂贵等缺点，所以应用也不如 $(NH_4)_2SO_4$ 广泛。

3. 影响盐析效果的因素

（1）蛋白质浓度。在相同的盐析条件下，蛋白质浓度越高，越容易沉淀，中性盐的极限沉淀浓度也越低，但其他蛋白质的共沉作用也越强，从而使分辨率降低；相反，蛋白质浓度低时，中性盐的极限沉淀浓度增大，共沉作用小，分辨率较高，但用盐量大，蛋白质的回收率低。因此，盐析时要根据实际条件选择适当的蛋白质浓度，一般控制在 2%～3% 为宜。

（2）中性盐的离子强度和离子类型。各种阴离子对蛋白质的沉淀效果顺序为：柠檬酸盐＞磷酸盐＞硫酸盐＞乙酸盐≈氯化物＞硝酸盐。金属离子，如 Mn^{2+}、Fe^{2+}、Ca^{2+}、Mg^{2+} 等也可以沉淀蛋白质，这些离子沉淀蛋白质所需的浓度比上述阴离子要低得多，同时易于通过离子交换吸附或螯合剂除去。

（3）溶液中的 pH 以及温度。蛋白质作为两性电解质，将 pH 调至蛋白质等电点处通常有较好的盐析效果。在低盐浓度下，蛋白质溶解度随温度的升高而升高；但在高盐浓度下，蛋白质的溶解度随温度的升高而降低；且高温容易导致蛋白质变性。因此，盐析一般在室温下进行，一些温度敏感型的蛋白质最好在低温下进行。

4. 盐析操作

下面以应用最广的 $(NH_4)_2SO_4$ 盐析法为例介绍盐析的操作过程。

盐析时，溶液的 $(NH_4)_2SO_4$ 饱和度调整方法有以下两种。

（1）饱和 $(NH_4)_2SO_4$ 溶液加入法。在实验室和小规模生产中溶液体积不大时，或 $(NH_4)_2SO_4$ 浓度不需太高时，可采用这种方式。这种方法可避免盐浓度的局部提高，避免敏感的蛋白质失活，但是会使处理的溶液体积变大。事先配置好饱和 $(NH_4)_2SO_4$ 溶液，按下式计算出需要加入饱和溶液的体积：

$$V = V_0(S_2 - S_1)/(1 - S_2) \tag{4-1}$$

式中，V 为需加入的饱和 $(NH_4)_2SO_4$ 溶液体积，L；V_0 为溶液的原始体积，L；S_1 和 S_2 分别为初始和最终 $(NH_4)_2SO_4$ 溶液的饱和度，%。

（2）固体 $(NH_4)_2SO_4$ 加入法。在工业生产溶液体积较大时，或 $(NH_4)_2SO_4$ 浓度需要达到较高饱和度时，可采用这种方法。该方法不会改变溶液体积，但是容易造成局部浓度的瞬时提高而导致局部的蛋白质失活。因此，在加入时速度不能太快，应分批加入，并充分温和地搅拌，使其完全溶解。为达到所需的饱和度，应加入固体 $(NH_4)_2SO_4$ 的量可按下式计算：

$$X = \frac{G(S_2 - S_1)}{1 - AS_2} \tag{4-2}$$

式中，X 为 1L 溶液所需加入的固体 $(NH_4)_2SO_4$ 的量，g；S_1 和 S_2 分别为初始和最终 $(NH_4)_2SO_4$ 溶液的饱和度，%；G 为经验常数，0℃时为 515，20℃时为 513；A 为常数，0℃时为 0.27，20℃时为 0.29。

4.1.2　有机溶剂沉淀法

有机溶剂沉淀法是向蛋白质水溶液中加入一定量的亲水性有机溶剂，降低蛋白质的溶解度使其沉淀析出的分离方法。

1. 基本原理

在等电点附近，蛋白质主要以偶极离子形式存在。此时加入有机溶剂后，会降低水溶液的介电常数，偶极离子间的静电引力增强，从而使蛋白质分子聚集而沉淀。水溶性有机溶剂的亲水性强，破坏蛋白质表面的水化层，使得蛋白质溶解度降低而沉淀析出。脱水作用较静电作用占据更主要的地位。此外，有机溶剂有可能破坏蛋白质的氢键等，使蛋白质构象发生变化，使原来在分子内部的疏水基团暴露于分子表面，形成疏水层，从而使蛋白质沉淀析出。

有机溶剂沉淀法的优点是分辨率高于盐析法，容易离心分离或过滤分离，不含有过高的无机盐，有机溶剂容易除去或回收。其缺点是容易使蛋白质变性，需在低温下进行。

2. 有机溶剂的选择

有机溶剂的选择原则：①介电常数小，沉淀作用强；②对蛋白质变性作用小；③毒性小，挥发性适中；④能与水无限混溶。

常用有机溶剂有乙醇、丙酮和甲醇等。其中乙醇是最常用的沉淀剂，因为它具有沉淀作用强、沸点适中、无毒等优点。丙酮的介电常数小于乙醇，故沉淀的能力较强，但其具有沸点较低、挥发损失大、有毒性等缺点，使得它的应用不及乙醇广泛。甲醇的沉淀作用与乙醇相当，对蛋白质的变性作用比乙醇和丙酮小，但由于甲醇也有毒性，所以应用也不及乙醇广泛。

3. 影响有机溶剂沉淀的因素

（1）温度。有机溶剂与水混合时，会释放出大量的热量，使溶液的温度显著升高，从而增加有机溶剂对蛋白质的变性作用。另外，温度还会影响有机溶剂对蛋白质的沉淀能力，一般温度越低沉淀越完全。因此，在整个沉淀蛋白质及分离沉淀的过程中，可在盐水冰浴中进行，以保持低温（4℃）操作，将预先冷却过的有机溶剂缓慢加到冷却了的蛋白质溶液中，同时不断搅拌，以避免局部有机溶剂浓度过高或升温过大而造成蛋白质失活。

（2）pH。用有机溶剂沉淀蛋白质时，如果溶液 pH 处于蛋白质等电点，则蛋白质的溶解度最低。可利用各种蛋白质的等电点不同，调节溶液的 pH，使它们得到分离。

（3）蛋白质浓度。蛋白质浓度较低时，将增加有机溶剂的使用量，降低蛋白质回收率，但蛋白质共沉作用小，分离效果好；反之，蛋白质浓度较高时，可增加共沉作用，降低分辨率，但减少了有机溶剂用量，提高了回收率。一般控制蛋白质浓度在 0.5%～2%为宜。

（4）离子强度。中性盐的加入能促进蛋白质在有机溶剂中的溶解，并能防止蛋白质变性。但过高的离子强度却会使蛋白质过度析出，不利于分级分离。一般采用 0.05mol/L 以下的稀盐溶液。

（5）多价阳离子。蛋白质能与多价阳离子（如 Ca^{2+}、Zn^{2+}）结合形成复合物，这种复合物在有机溶剂中往往使蛋白质溶解度降低，可显著减少有机溶剂的用量。

4. 有机溶剂沉淀操作

有机溶剂沉淀蛋白质时，需加入的有机溶剂体积，可由下式计算得到：

$$V = V_0 \times \frac{S_2 - S_1}{S_0 - S_2} \qquad (4-3)$$

式中：V 为加入的有机溶剂体积，L；V_0 为蛋白质样品的起始体积，L；S_0 为加入的有机溶剂浓度，%；S_1 和 S_2 分别为蛋白质样品中起始和最终的有机溶剂浓度，%。

4.1.3　等电点沉淀法

蛋白质分子表面存在带正电荷和负电荷的基团，是两性电解质。在等电点时，蛋白质分子的正、负电荷相等，净电荷为零，分子间不再发生静电排斥，而是产生静电引力，蛋白质的溶解度最低，从而被沉淀出来。利用此原理，将蛋白质样品溶液的 pH 调节至其等电点，大大降低其溶解度，从而沉淀得到目的蛋白，再将沉淀溶解于适当的缓冲液中，用于随后的纯化。利用不同蛋白质具有不同的等电点，也可以采用该法，依次改变溶液的 pH，分级沉淀以除去杂蛋白，从而获得目的蛋白，这比较适合于沉淀过程中容易发生变性失活的目的蛋白。一些常见酶和蛋白质的等电点见表 4-1。但值得注意的是，此方法比较难以掌握，而且某一蛋白质的等电点在什么区间内变化以及 pH 变化速率可以调节到什么程度，必须由实验来确定。另外，即使在等电点，蛋白质分子聚集形成絮状沉淀仍需较长时间。由于等电点沉淀效果较差，而且易造成蛋白质变性，导致该方法难以单一使用。溶液中的盐类影响蛋白质的等电点，影响作用因蛋白质的种类不同而有所不同，但一般较小。如酪蛋白在离子强度为 0.1 时，等电点迁移至 4.06。调节 pH 所需的无机酸价格低，操作也比较方便。但是，对低 pH 敏感的目的蛋白，应避免使用此法。

表 4-1　常见蛋白质和酶的等电点

蛋白质/酶	等电点	蛋白质/酶	等电点	蛋白质/酶	等电点
胃蛋白酶	1.0	β-乳球蛋白	5.2	肌红蛋白	7.0
卵清蛋白	4.6	γ-球蛋白	6.6	胰凝乳蛋白酶	9.5
血清蛋白	4.9	血红蛋白	6.3	溶菌酶	11.0

4.1.4　水溶性非离子型聚合物沉淀法

许多分子量高的非离子聚合物，如聚乙二醇（PEG）、右旋糖酐硫酸钠、葡聚糖等，都可以沉淀蛋白质。其沉淀的机理是由于非离子聚合物与蛋白质分子争夺水分子，水分子在蛋白质以及聚合物之间发生重新分配，导致蛋白质脱水而沉淀；非离子聚合物在溶液中形成了网状结构，与溶液中的蛋白质分子发生空间排斥作用，使蛋白质被聚集而引起沉淀。此种方法的优点在于操作条件温和，不易引起蛋白质的变性；用不同的浓度可沉淀不同的组分，分段分离的选择性较好；沉淀后的多聚物易于去除和回收。

PEG 无毒，不可燃，操作条件温和、简便，沉淀比较完全，而且对蛋白质有一定的保护作用，因此应用最广。该方法受到蛋白质的分子量和浓度、溶液的 pH、温度以及 PEG 的平均分子量等因素的影响：蛋白质的分子量越大，蛋白质沉淀所需的 PEG 浓度越小；蛋白质浓度越高，越易于沉淀，但是蛋白质浓度也不能太高，一般要小于 10mg/mL；pH

越接近蛋白质的等电点，所需 PEG 浓度也越低；在 30℃ 以下一般都可以使用此法，只是操作时需要考虑到目的蛋白对温度的敏感性；PEG 的分子量越高，沉淀蛋白质所需的浓度越低，但是 PEG 分子量超过 200000 时，由于黏性太大而不易操作，因此一般使用的分子量为 2000～6000。

4.1.5　选择性沉淀法

选择性沉淀法是根据不同蛋白质在不同条件下有不同的稳定性，利用特定条件如改变温度、pH 或加入有机溶剂，使目标成分变性，导致其性质改变（如溶解度下降）而得以分离的技术。

（1）利用对热的稳定性不同。加热使杂蛋白变性产生沉淀，将样品溶液升温至 45～65℃，保温一定时间，使杂蛋白形成最大限度的沉淀，同时，目的蛋白的活性损失最少。由于不少蛋白酶在此温度范围内比较稳定，为了避免样品中发生酶解而造成目的蛋白的活性损失，操作前可适当加入蛋白酶抑制剂。

（2）选择性的酸碱变性。很多蛋白质在 pH 5.0 或以下时被沉淀，只有少数蛋白质在中性或碱性条件下形成沉淀。如果目的蛋白在此 pH 范围内能够保持稳定，就可以通过调节 pH 来除去杂蛋白。该方法尤其适用于初步纯化原核生物中表达的重组蛋白质，因为很多细菌蛋白质的等电点在 5 左右，通过调节 pH 至其等电点，可以先除去这部分蛋白质。调节 pH 时，常用乙酸、柠檬酸或碳酸钠，也可采用高氯酸、三氯酸等强酸。加入 10%三氯乙酸可以沉淀大部分的蛋白质，20%的三氯乙酸可以沉淀分子量低于 20000 的蛋白质，操作时需在冰水浴中进行。

（3）利用表面活性剂或有机溶剂引起变性。杂蛋白在有机溶剂（丙酮或乙醇）作用下，能够形成沉淀，一般可在 20～30℃加入有机溶剂，以促进变性，然后冷却到-20℃，保持 1h 以上，尽可能完全沉淀杂蛋白，从而获得目的蛋白。这种方法比较适合于沉淀过程中易发生变性的目的蛋白。

4.2　色谱分离技术

色谱分离技术是利用多组分混合物中各组分之间的理化性质差别以及固定相对组分的不同作用，使得不同组分在固定相和流动相中被反复多次地分配，在固定相上集中形成特有的区段（色谱），经过洗脱后得到分离的技术。色谱分离具有以下基本特点：分离效率高、应用范围广、选择性强、设备简单、操作条件温和；缺点是处理量小、操作周期长，因此主要用于实验室，工业生产上应用较少。

色谱分离技术按照分离过程的原理不同可分为：吸附色谱、凝胶过滤色谱、离子交换色谱、亲和色谱、分配色谱、聚焦色谱。吸附色谱是当混合物随流动相通过固定相时，由于固定相对混合物中各组分的吸附能力不同，从而使混合物得以分离；凝胶色谱是以凝胶为固定相，根据各物质的分子大小和形状不同而对混合物进行分离；离子交换色谱是基于离子交换树脂上可电离的离子与流动相具有相同电荷的溶质进行可逆交换，由于混合物中不同溶质对交换剂具有不同的亲和力而将它们分离；亲和色谱是利用偶联亲和配基的亲和吸附介质为固定相吸附目标产物，使目标产物得到分离纯化的液相层析方法；分配色谱的固定相和流动相都是液体，其原理是根据混合物中各物质在两液相中的分配系数不同而分离；聚焦色谱是两性电解质混合物随流动相流经具有 pH 梯度的固定相时，各组分在相应的等电点上聚集而得以分离，通常作为两性电解质等电点测定的分析手段。在蛋白质分离纯化中应用较多的是凝胶过滤色谱、离子交换色谱和亲和色谱。

4.2.1　凝胶色谱

凝胶色谱是利用具有多孔网状结构的凝胶颗粒的分子筛作用，根据被分离样品中各组分分子量大小的差异进行洗脱分离的一项技术。通常将流动相为水溶液的称为凝胶过滤色谱（gel filtration chromatography，GFC），流动相为有机溶剂的称为凝胶渗透色谱（gel permeation chromatography，GPC），后来将这两种统称为尺寸排阻色谱（size exclusion chromatography，SEC）。凝胶色谱技术是蛋白质研究领域内一种高效的分离纯化手段，具有操作方便、洗脱条件温和、凝胶不用再生、重复性好、样品不易变性以及回收率高等优点。缺点是分离速度较慢。该技术主要用于蛋白质的浓缩纯化、分子量及其分布范围测定、样品脱盐以及更换蛋白质缓冲液等。

1. 基本原理

凝胶是一种具有三维多孔网状结构的珠状颗粒物，具有一定的膨胀度、孔径和交联度。凝胶对不同分子量的物质的排阻和扩散作用的程度不同，大分子物质排阻于颗粒之外先流出，小分子可以进入凝胶内部网孔最后流出，显示了凝胶良好的分子筛效应。凝胶色谱原理见图 4-2。

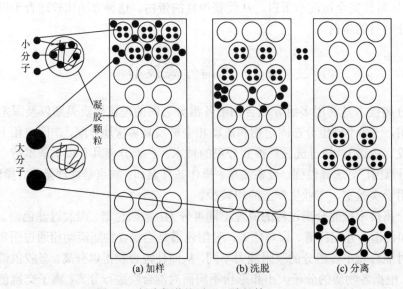

图 4-2　凝胶色谱的原理（陆健等，2005）

采用凝胶色谱技术分离纯化蛋白质时，主要是根据蛋白质样品分子量大小差异这一物理特性。某一种蛋白质从凝胶柱内完全被洗脱出来时所需洗脱液的体积可通过下式计算：

$$V_e = V_0 + K_d V_i \qquad (4\text{-}4)$$

式中，V_e 为洗脱体积；V_0 为柱内颗粒间的体积；V_i 为凝胶微孔内的孔体积；K_d 为分配系数，即蛋白组分在流动相和固定相之间的分配关系，其值为 0～1。对于完全排阻的大分子蛋白，由于其不进入凝胶内部，只能在颗粒间隙中流动，故其洗脱体积 $V_e = V_0$，$K_d = 0$；而对于完全渗透的小分子蛋白，由于它可在整个凝胶柱内流动，故其洗脱体积 $V_e = V_0 + V_i$，$K_d = 1$；分子量介于两者之间的蛋白质，它们的洗脱体积也介于两者之间，$0 < K_d < 1$；但是当蛋白质在凝胶柱内有吸附时，$K_d > 1$；当凝胶床有裂缝而发生洗脱短路时，$K_d < 0$。

2. 凝胶介质的性质和种类

凝胶介质的最基本要求是不能与原料组分发生除排阻外的任何其他相互作用，如电荷作用、化学作用等。理想的凝胶介质具有高物理强度及化学稳定性，能够耐受高温高压和强酸强碱，具有高化学惰性，内孔径分布范围窄，珠粒状颗粒大小均一度高，具有三维多孔网状的分子筛结构特性，能使各种不同分子量的蛋白质分子得以分离。目前，常用的凝胶介质有葡聚糖凝胶、琼脂糖凝胶、聚丙烯酰胺凝胶等。

1）葡聚糖凝胶

葡聚糖凝胶商品种类主要有 Sephadex 和 Sephacryl 两种。Sephadex 是由葡聚糖和 3-氯-1,2-环氧丙烷（交联剂）以醚键交联形成的具有三维多孔网状结构的高聚物，其交联度由交联剂的百分比决定。凝胶的型号是根据吸水量而定的，如 Sephadex G-75 表示该凝胶在吸水膨胀时每克干胶能吸水 7.5mL，型号数字是吸水量的 10 倍。G 反映凝胶的吸水量、排阻极限及分离范围。如 Sephadex G-10 的网孔结构紧密、孔径小、吸水率低、排阻极限小，只能分离分子量较小的物质；而 Sephadex G-200 的网孔孔径大、吸水率高，可分离分子量较大的物质。

在 Sephadex G-25 和 G-50 中分别加入亲脂性的羟丙基基团，形成烷基化葡聚糖凝胶：Sephadex LH 型。它是一种同时具备吸附性和分子筛功能的独特凝胶介质，主要型号有 Sephadex LH-20 和 LH-60，适用于有机溶剂洗脱，分离脂溶性蛋白，具有高处理量（可达 300mg 样品/mL 凝胶），可分离结构非常相近的分子，而且分离效果好。Sephadex 不溶水，但有较强的亲水性，能迅速在水和电解质溶液中吸水膨胀，而且在碱性环境中比较稳定，所以用适当浓度的碱液（一般为 0.2mol/L）可除去吸附在凝胶上的污染物。各种不同型号的 Sephadex 的性能见表 4-2。

Sephacryl 是由葡聚糖和亚甲基双丙烯酰胺交联而成的新型葡聚糖凝胶，其分离范围比 Sephadex 大，适合于分离分子量较大的蛋白质或糖蛋白，且理化稳定性高，在各种溶剂中不易分解，耐高温高压，也可在较高的流速下实现较好的分辨率。

表 4-2　葡聚糖凝胶（Sephadex）的种类及性质

| 凝胶规格 | | 吸水量/(mL/g 干凝胶) | 膨胀体积/(mL/g 干凝胶) | 最小溶胀时间/h | | 分离范围/Da |
型号	干粒直径/μm			20℃	100℃	
G-10	40～120	1.0±0.1	2～3	3	1	～700
G-15	40～120	1.5±0.2	2.5～3.5	3	1	～1500
G-25	粗粒 100～300	2.5±0.2	4～6	3	1	1000～5000
	中粒 50～150					
	细粒 20～80					
	极细 10～40					
G-50	粗粒 100～300	5.0±0.3	9～11	3	1	1500～30000
	中粒 50～150					
	细粒 20～80					
	极细 10～40					
G-75	40～120	7.5±0.5	12～15	24	3	3000～70000
	极细 10～40					
G-100	40～120	10±0.1	15～20	72	5	4000～150000
	极细 10～40					
G-150	40～120	15±1.5	20～30			5000～400000
	极细 10～40		18～20			
G-200	40～120	20±2.0	30～40			5000～800000
	极细 10～40		20～25			

2）琼脂糖凝胶

琼脂糖凝胶来源于一种海藻多糖琼脂，是一种天然凝胶。琼脂糖在 100℃时呈液态，当温度下降至 45℃以下时，多糖链之间相互连接成线性双链单环状，继续降温，即凝聚成琼脂糖凝胶。琼脂糖凝胶不是共价交联，而是以糖链间的氢键交联成网状结构，键能比较弱。与葡聚糖凝胶不同，琼脂糖凝胶的孔隙度是通过琼脂糖浓度来决定的。琼脂糖凝胶的化学稳定性不如葡聚糖凝胶，在干燥状态下易破裂，必须在溶胀状态保存，除丙酮、乙醇外，琼脂糖凝胶遇脱水剂、冷冻剂和一些有机溶剂即被破坏。因此，琼脂糖凝胶适宜的操作条件是 pH 为 4.5～9，温度为 0～40℃。因此不能进行高温高压消毒，只能进行化学灭菌处理，将其悬浮存放于含防腐剂的水溶液中。

琼脂糖凝胶是一种大孔凝胶，没有带电基团，对蛋白质的非特异性吸附作用明显小于葡聚糖凝胶，排阻极限很大，分离范围很广，适合于分离分子量在 400kDa 以上的大分子蛋白，但分辨率较低。分离范围随凝胶浓度的上升而下降，颗粒强度却随凝胶浓度的上升而提高。常见的琼脂糖凝胶有 Sepharose、Bio-Gel A 和 Gelarose 等。Sepharose 在强碱条件下与 2,3-二溴丙醇或环氧氯丙烷进行交联形成 CL 型交联琼脂糖，分离特性基本没有改变，但抗热抗压性都有所提高，可以在更广泛的 pH 范围内使用，其稳定工作的 pH 范围为 3.0～13.0。琼脂糖凝胶种类及性质见表 4-3。

表 4-3　琼脂糖凝胶种类及性质

型号	琼脂糖浓度/%	分离范围/kDa
Sepharose 6B	6	10～4000
Sepharose 4B	4	60～20000
Sepharose 2B	2	70～40000
Bio-Gel A-0.5m	10	10～500
Bio-Gel A-1.5m	8	10～1500
Bio-Gel A-5m	6	10～5000
Bio-Gel A-15m	4	40～15000
Bio-Gel A-50m	2	100～50000
Bio-Gel A-150m	1	1000～150000

3）聚丙烯酰胺凝胶

聚丙烯酰胺凝胶是一种人工合成的凝胶，由单体丙烯酰胺和交联剂亚甲基双丙烯酰胺交联聚合而成。商品名为生物凝胶-P（Bio-Gel P），干粉呈颗粒状，在溶剂中能自动吸水溶胀成凝胶。通过改变丙烯酰胺的浓度，可获得不同交联度的产物。Bio-Gel P 编号大体上能反映分离界限，如 Bio-Gel P-300，P 后面的数字乘以 1000 相当于其排阻极限，P 后面的数字越大，可分离的分子量范围也越大。聚丙烯酰胺的化学性质不活泼，但是在极端 pH 下酰胺键会被水解，产生具有离子交换性质的羧基，因此 pH 应尽量控制在 2～10。聚丙烯酰胺凝胶在水溶液、一般有机溶剂和盐溶液中都比较稳定。该类凝胶适合于测定蛋白质的分子量。表 4-4 列举的各型聚丙烯酰胺凝胶都是亲水性的，在水和缓冲溶液中很容易膨胀。

表 4-4　聚丙烯酰胺凝胶的种类及性质

型号	吸水量/(mL/g 干凝胶)	膨胀体积/(mL/g 干凝胶)	分离范围/Da	最少溶胀时间/h	
				20℃	100℃
Bio-Gel P-2	1.5	3.0	100～1800	4	2
Bio-Gel P-4	2.4	4.8	800～4000	4	2
Bio-Gel P-6	3.7	7.4	1000～6000	4	2
Bio-Gel P-10	4.5	9.0	1500～20000	4	2
Bio-Gel P-30	5.7	11.4	2500～40000	12	3
Bio-Gel P-60	7.2	14.4	10000～60000	12	3
Bio-Gel P-100	7.5	15.0	5000～100000	24	5
Bio-Gel P-150	9.2	18.4	15000～150000	24	5
Bio-Gel P-200	14.7	29.4	30000～200000	48	5
Bio-Gel P-300	18.0	36.0	60000～400000	48	5

4）疏水性凝胶

常用的疏水性凝胶为聚甲基丙烯酸酯凝胶或以二乙烯苯为交联剂的聚苯乙烯凝胶（如

Styrogel、Bio-Beads-S），具有较大的网孔结构，机械强度高。商品 Styrogel 有 11 种型号，混悬于二乙苯中供应，可用于分离分子量为 1.6~40000kDa 的大分子。商品 Bio-Beads-S 有 3 种型号，分离范围为分子量小于 2700Da 的蛋白质，以干凝胶供应。这类凝胶专用于水不溶性蛋白质的分离，使用有机溶剂洗脱，适用于蛋白质分子量测定和分级分离。

5）交联丙烯基葡聚糖凝胶

交联丙烯基葡聚糖凝胶（Sephacryl S-X00）是由亚甲基双丙烯酰胺交联的丙烯基葡聚糖，该凝胶质地硬、强度大、较 Sephadex 耐压，主要型号有 Sephacryl S-100、S-200、S-300、S-400、S-500 等，型号越大，孔径越大，分离分子量的范围也越大，pH 稳定范围为 2~11。

6）多孔硅胶和多孔玻璃珠

多孔硅胶和多孔玻璃珠是将硅胶或玻璃珠制成具有一定直径的多孔网状结构的球状颗粒，优点是机械强度高、理化稳定性高、耐热耐压以及使用寿命长等。多孔硅胶分离范围一般为 100~5000000Da。使用多孔玻璃珠作填料易破碎，在填装时不宜过于紧密，柱效也相对较低，其分子量分离范围一般为 3~9000000Da。在分离纯化蛋白质中，多孔硅胶和多孔玻璃珠作为凝胶介质最大的缺点是亲水性不强，由于表面具有离子性，对蛋白质尤其是碱性蛋白质有非特异性吸附，而且可供连接的化学活性基团也少。因此，不能在强碱性环境中使用，一般操作 pH 要低于 8.5，可通过表面处理或选择合适的洗脱液来消除和降低其吸附性。

3. 凝胶介质的选择

不同类型的凝胶有不同的排阻极限和分子量分离范围，应从分离目的和需要纯化的蛋白质分子量大小来选择合适的凝胶介质。

（1）分离目的。按照组别分离和分级分离的不同要求，在进行组别分离时要选择能将大分子完全排阻而小分子完全渗透的凝胶，常选用排阻极限较小的凝胶类型，以获得理想的分离效果。例如，在蛋白质脱盐时，可选用排阻极限较小的 Sephadex G-25。分级分离时一方面要保证样品的分子量分布在所选凝胶的分级范围之内，如果分离范围过小，一些组分不能得到分离；另一方面，凝胶的分级范围不能过大，否则会降低分辨率，影响分离效果。

（2）分离范围。在分离纯化已知分子量的蛋白质时，选用分级范围较窄的凝胶可获得较好的分离效果，而且应尽量使所选凝胶分级范围的中间值接近于目的蛋白的分子量。以 Sephadex 为例，Sephadex G-50 可用于分离分子量为 1500~30000Da 的球蛋白，而 Sephadex G-75 的分离分子量范围为 3000~70000Da，所以如果要分离分子量为 10000Da 和 20000Da 的蛋白质，两种凝胶均可使用，但由于 Sephadex G-50 的分离范围较窄，其分辨率也较高。

（3）分辨率。凝胶颗粒的大小直接关系到蛋白质样品的分离效果。一般来说，颗粒直径越小，分离效果越好，但流速缓慢，所需分离时间长；较大直径的凝胶颗粒虽然可提高流速，但会使区带发生扩散，易产生平而宽的洗脱峰，所以要按具体情况来选择凝胶类型和型号。如果样品中各个组分的分子量差别较大，则可以选用大粒径的凝胶，实现快速分离的目的；如果组分分子量差别较小，则要使用小粒径的凝胶以提高分辨率。

在一些特殊条件下进行分离（如强酸、强碱或有机溶剂等）时，则要慎重选择适宜类型的凝胶。

4. 凝胶色谱操作

1）凝胶的预处理

市售凝胶一般呈干粉颗粒状（如 Sephadex）或水悬浮状（如 Sepharose CL）。一些不宜在脱水干燥状态下保存的凝胶（如琼脂糖凝胶），应存放在含防腐剂的水溶液中，这些凝胶在使用前不需要进行溶胀处理。另外，多孔硅胶和多孔玻璃珠也不需要溶胀处理。而干粉颗粒状凝胶必须经过充分溶胀后才能使用，如果溶胀不充分，装柱后凝胶会继续溶胀，造成填充层不均匀，影响分离效果。加热溶胀是常用的凝胶预处理方法，即把所称量的凝胶干粉溶在洗脱液中逐渐加热至接近沸腾。这种方法可大大缩短溶胀时间，而且可起到溶胀、除气和杀菌的三重效果。在凝胶溶胀过程中要不断缓慢搅拌，但不能剧烈搅拌，因为这样容易引起凝胶颗粒的破碎，最终使细小颗粒堵塞凝胶柱而影响流速和分离效果。此外，还应尽量避免在酸或碱中进行加热溶胀，以防破坏凝胶的网孔结构。待充分溶胀后，倾去上层混悬液，除去细小颗粒，如此反复多次，直至上层澄清为止。

2）色谱柱的选择

在选择色谱柱时，从外观、质地结构和色谱性能来讲，所选色谱柱要透明光滑、内径一致、耐压防腐，并有良好的物理化学抗性和稳定性。一般的色谱柱材料多为玻璃或有机玻璃，在使用钢柱时，特别要注意防腐蚀。另外，色谱柱下端要有采集器和过滤网，柱底板要求耐压、不容易堵塞且死体积小。如果死体积过大，被分离组分可能会重新混合，导致洗脱峰出现拖尾现象，降低分辨率。

色谱柱的长度和内径主要取决于加样体积的多少和对分辨率的要求。色谱柱的长度对分辨率的影响较大，长柱的分辨率要比短柱的高，但过长会引起柱内不均一、流速过慢，柱长度一般不超过 100cm。同时，也要有适当的柱内径，内径过粗蛋白样品会产生较为严重的横向扩散现象；内径过细，靠近柱内壁的流速会大于中心的流速，产生"器壁效应"，影响分离速度和效果。通常使用的柱长度为 25～70cm，内径为 4～16mm，高径比（H/D）一般为（25∶1）～（100∶1）。用于组别分离的凝胶柱，其 H/D 可相对低一些；进行分级分离时 H/D 可为（30∶1）～（100∶1）；而脱盐柱由于对分辨率的要求较低，一般用短柱，H/D 大多为（5∶1）～（25∶1）。如果要分离的蛋白质分子量相差较大，可选用 H/D=（15∶1）～（50∶1）的柱子，且柱体积要大于 4～15 倍的样品体积；如要分离的蛋白质分子量差异较小，则选用 H/D=（20∶1）～（100∶1）的细柱，且柱体积要大于 25～100 倍的样品体积。在纯化蛋白质时，为了得到较好的分辨率，柱子的 H/D 应为（20∶1）～（40∶1）。

此外，选择色谱柱时还应考虑凝胶颗粒的大小。如填装小颗粒凝胶，适合使用较大直径的色谱柱；用粗颗粒填装时，则用较小直径的色谱柱。

3）装柱

装柱时，为避免胶粒直接冲击支持物，空柱中应留 1/5 的水或溶剂，将溶胀好的一定体积的凝胶制成含 75%凝胶和 25%洗脱液的匀浆。开始进胶后，应打开柱底端阀门并保持一定流速，流速太快会造成凝胶板结，对分离不利。进胶过程必须连续、均匀，不要中断，并在不断搅拌下让胶均匀沉降，使胶不发生分层和胶面倾斜。此外，柱要始终保持垂直。装柱后，用平衡液充分洗脱，使凝胶柱达到平衡。

4）样品和缓冲液的准备

蛋白质样品用一定体积的洗脱缓冲液溶解为一定浓度的进样液。所制得样品的溶解性和稳定性要好，保证在洗脱过程中不发生变性和沉淀。对于分析性的蛋白质样品，在进样之前一定要确定其浓度，而且浓度尽可能要低一些。对于一些特殊实验，如利用凝胶过滤色谱进行蛋白质复性研究，其浓度可提高（有些可达 80mg/mL），制备性的样品浓度也可稍高。此外，所得样品的黏度不能过大，否则会使色谱区带和流动相不稳定，产生歪曲洗脱峰，样品黏度与洗脱液黏度之比应小于 1：5。如果样品黏度很高，则可以通过增加洗脱液的黏度来弥补，如添加蔗糖或葡聚糖，但这需要低流速以维持窄的峰宽和较低的压力。

凝胶色谱的分离是根据样品分子量的差异，而不依赖于改变流动相的组成，因此用单一缓冲液或含盐缓冲液作为洗脱液即可对一些确定无吸附作用的蛋白质样品进行洗脱，甚至可直接用去离子水进行洗脱。缓冲液制备主要考虑两方面因素：样品的溶解性、稳定性；样品与凝胶介质可能会发生的吸附。所使用的缓冲液一定要保证蛋白质样品在其中不能变性或沉淀，pH 应选在样品较稳定、溶解性良好的范围之内。为了防止凝胶可能对带电荷蛋白质产生吸附作用，在缓冲液中要含有一定离子强度的盐（一般使用 NaCl），对蛋白质起稳定和保护作用。

样品和缓冲液在进柱之前，均需经过离心或滤膜过滤，防止杂质进入柱内，堵塞柱子而影响分离效果和柱子的使用寿命。滤膜的选择要根据样品分子量的大小和流动相的组成而定，使用较多的为 0.45μm 孔径的滤膜，水溶液洗脱时用水相滤膜过滤；有机溶剂作流动相时用有机滤膜过滤。

5）加样和洗脱

一般分级分离时加样体积为柱床体积的 1%～5%，当加样体积高于 5%时会影响分离效果，而低于 1%时不能提高分辨率。在进行组别分离时由于样品分子量差异较大，所以加样体积可增大至柱床体积的 10%～25%。此外，制备性的凝胶柱一般柱床体积较大，所以加样体积也较大。

加样时应特别注意不能干扰凝胶床表面，而且柱内的缓冲液在任何时候都不能低于凝胶床表面，否则会影响分离效果或需要重新装柱。手动加样具体方法如下：填装好的凝胶柱经平衡后，用胶头滴管吸去床上层部分多余洗脱液，待洗脱液下降至近床表面 2～3mm时，关闭柱出口；用胶头滴管或加样器吸取一定体积的样品溶液，贴柱内壁旋转缓缓加入，以防加样过快导致凝胶床表面受损；加样完毕后，打开柱出口，让样品液缓慢渗入凝胶床内；当样品液面恰与凝胶床表面持平时，按前面同样方法小心加入几毫升洗脱液冲洗内壁，并使洗脱液高出凝胶床表面 2～3cm，待恒流洗脱。

为了防止柱床体积变化，造成流速降低及重复性下降，整个洗脱过程中始终保持一定的操作压，且不超限是很必要的。流速不宜过快且要稳定。洗脱液的成分也不应改变，以防止凝胶颗粒的胀缩引起柱床体积变化或流速改变。

6）凝胶的再生及保存

凝胶过滤时，凝胶本身无变化，一般用洗脱液继续平衡即可达到清洗目的。但在多次反复使用后，由于柱床体积变小、流速降低、杂质或微生物污染等原因，会影响分离效果，此时必须进行柱的再生处理。被脂肪污染的凝胶柱再生处理可用 0.2mol/L NaOH（除 Sepharose）或非离子表面活性去垢剂。一些结合在凝胶上的很难去除的蛋白质，可通过加入 2%的蛋白酶液，进行清洗。

凝胶的保存一般有干法、湿法和半缩法三种。

（1）干法。一般是用浓度逐渐升高的乙醇分步处理洗净的凝胶，使其脱水收缩，再抽滤除去乙醇，用 60～80℃暖风吹干。可长时间在室温下保存。

（2）湿法。用过的凝胶洗净后悬浮于蒸馏水或缓冲液中，加入一定量的防腐剂在低温（4℃）环境中做短期保存（6 个月以内）。常用的防腐剂有 0.02%的叠氮化钠、0.02%的三氯叔丁醇等。

（3）半缩法。以上两种方法的过渡法，即用 60%～70%的乙醇使凝胶部分脱水收缩，然后密封在低温（4℃）条件下保存。

5. 应用

凝胶色谱在蛋白质研究中主要应用于以下几个方面。

（1）浓缩及脱盐。利用凝胶颗粒的吸水性，对含量较低的高分子蛋白质溶液进行浓缩。缓冲液交换，大小分子分离。此时的蛋白质和杂质的分离大小差异大，对系统和操作参数要求低。

（2）蛋白质分离纯化。使用凝胶过滤色谱分离蛋白质最理想的情况是全排阻蛋白质而允许杂质渗入凝胶内部；或反之。通常情况下蛋白质分子量相差两个数量级，需要使用适当的凝胶才能有效分离。

（3）分子量测定。应保证蛋白质结构的完整性，对球形蛋白质分子量的测定比较准确，对分离条件要求高。

（4）复性研究。依据蛋白质在复性过程中空间结构的变化，不同时间在固定相和流动相之间的分配不同。

4.2.2　离子交换色谱

离子交换色谱（ion exchange chromatography，IEC）是利用混合液中的离子与固定相中具有相同电荷离子的交换作用而进行分离的技术。

1. 基本原理

离子交换色谱分离蛋白质分子的基础是待分离物质在特定条件下与离子交换剂带相反电荷因而能够与之竞争结合，而不同的蛋白质分子在此条件下所带电荷的种类、数量及电荷的分布不同，表现出与离子交换剂的结合强度差异，按结合力由弱到强的顺序被洗脱下来从而得以分离。

　　pH 决定了蛋白质和离子交换剂的稳定性以及带电荷情况，因而是决定蛋白质是否发生吸附的最重要参数。当溶液的 pH 到达某特定值时，蛋白质所带正负电荷数相等，净电荷为零，此时的 pH 即为蛋白质的等电点（pI）。当 pH<pI 时蛋白质带净的正电荷，而当 pH>pI 时蛋白质带净的负电荷。此外，溶液中的其他离子与蛋白质竞争结合到离子交换剂上，因而离子种类和离子强度也极大地影响蛋白质的吸附和洗脱。无机离子与交换剂的结合能力与离子所带电荷成正比，与该离子形成的水合离子半径成反比。即离子的价态越高，结合力越强，价态相同时，原子序数越高，结合力越强。因此，可以通过改变溶液的 pH 和离子强度来影响它们与离子交换剂的结合强度，从而达到分离目标蛋白质的目的。

　　离子交换色谱的原理和一般步骤如图 4-3 所示。①上样阶段，此时离子交换剂与平衡离子结合；②吸附阶段，混合样品中的分子与离子交换剂结合；③开始解吸阶段，杂质分子与离子交换剂之间结合较弱而先被洗脱，目的分子仍处于吸附状态；④完全解吸阶段，目的分子被洗脱；⑤再生阶段，用起始缓冲液重新平衡色谱柱，以备下次使用。

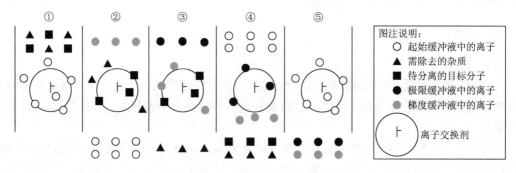

图 4-3　离子交换色谱原理（辛秀兰，2008）

2. 离子交换剂的性质和类型

　　离子交换剂由水不溶性基质和共价结合在基质上的带电功能基团组成，带电功能基团上还结合有可移动的与功能基团带相反电荷的反离子（又称平衡离子）。反离子可被带同种电荷的其他离子取代而发生可逆的离子交换，此过程中基质的性质不发生改变。

　　基质是一类水不溶性化合物，常见的有：①树脂，包括疏水性的聚苯乙烯树脂和部分疏水性的聚异丁烯酸及聚丙烯酸树脂；②天然的或人工合成的亲水性大孔型聚合物，如纤维素、葡聚糖、琼脂糖、聚丙烯酰胺等；③各类人工合成的具有一定硬度、适合于高压色谱的亲水性大孔型聚合物；④人工合成的颗粒很小的无孔型聚合物。

　　带电功能基团决定了离子交换剂的基本性质，功能基团的类型决定了离子交换剂的类型和强弱，它们的总量和有效数量决定了离子交换剂的总交换容量和有效交换容量。功能基团分为酸性基团和碱性基团两类，其中带酸性功能基团的离子交换剂在工作 pH 范围内解离出质子而带有负电荷，能够结合溶液中带正电荷的离子（阳离子），因此被称为阳离子交换剂；而带碱性功能基团的离子交换剂在工作 pH 范围内结合质子而带有正电荷，能够结合溶液中带负电荷的离子（阴离子），因此被称为阴离子交换剂。根据功能基团的解离性质，离子交换剂还可分为强型离子交换剂和弱型离子交换剂，强弱并不是指蛋白质与交换剂结合的牢固程度，而是取决于带电功能基团的 pKa 值。

表 4-5 列出了比较常用的离子交换功能基团的名称和种类。强酸型交换剂中最常用的是磺基，弱酸型最常用的是羧基，强碱型最常用的是季氨基，弱碱型最常用的是氨基。除了磷酸基，其他功能基团一般都只带单个正电荷或负电荷。

表 4-5　常见的离子交换功能基团

类型	名称	英文符号	功能基团
阴离子交换剂	二乙基氨乙基	DEAE	$-OCH_2CH_2N^+H(C_2H_5)_2$
	季氨基乙基	QAE	$-OCH_2CH_2N^+(C_2H_5)_2CH_2CH(OH)CH_3$
	季氨基	Q	$-OCH_2N^+(CH_3)_3$
	三乙基氨乙基	TEAE	$-OCH_2CH_2N^+(C_2H_5)_3$
	氨乙基	AE	$-OCH_2CH_2NH_3^+$
阳离子交换剂	羧甲基	CM	$-OCH_2COO^-$
	磺丙基	SP	$-OCH_2CH_2CH_2SO_3^-$
	磺甲基	S	$-OCH_2SO_3^-$
	磷酸基	P	$-OPO_3H_2$

1）离子交换剂的性质

（1）粒度

粒度是指离子交换剂基质颗粒的大小，用基质颗粒的直径来表示。用于生化分离的离子交换剂的颗粒直径一般都为 $3\sim300\mu m$，其中直径大于 $150\mu m$ 的被认为是大颗粒，而直径小于 $30\mu m$ 的是细颗粒。基质颗粒大小直接关系到分离效果，颗粒越小，色谱柱的理论塔板数就越大，分离效果越好，但是同时交换容量会变小，而色谱分离时背景压力会增大，限制了流速的提高，因此细颗粒的介质通常适用于分析型分离；相反，基质颗粒越大，柱效率会下降，但是离子交换剂的交换容量会提高，背景压力会减小，因此大颗粒介质适合于实验室小规模分离及大规模工业化分离。值得注意的是，除了颗粒大小，基质颗粒的均匀程度对分离效果的影响也很大，颗粒直径越均一，分离效果越好。

（2）交联度和网孔结构

离子交换剂的基质是通过交联剂将线性大分子交联形成的网孔状颗粒。不同的离子交换剂使用不同的交联剂，如聚苯乙烯树脂使用二乙烯苯作为交联剂、葡聚糖和纤维素交换剂使用环氧氯丙烷作为交联剂、琼脂糖交换剂使用二溴丙醇作为交联剂。交联度用交联剂在基质中所占的百分比来表示，不同离子交换剂的交联度相差很大，如离子交换树脂的交联度通常为 $2\%\sim20\%$。交联度的大小影响着离子交换剂的很多特性，包括机械强度、膨胀度、网孔大小、交换容量等。

离子交换剂的交联度决定着网孔大小，显然，交联度越高，网孔的孔径越小；而交联度越低，网孔孔径越大。但琼脂糖交换剂是个例外，这种介质所形成的网孔结构是由琼脂糖的胶束构成的，其孔径仅与琼脂糖的浓度有关，交联剂的用量对孔径影响不大。

由于离子交换分离中常用的介质具有网孔状结构，进行离子交换色谱时往往具有分子筛和离子交换双重功效。分子直径小于介质孔径的蛋白质分子能够进入介质颗粒内部，并与颗粒内部的功能基团发生结合，而分子直径大于介质孔径的蛋白质被排阻在颗粒外，只能与颗粒表面的功能基团结合，此时交换容量会受到很大影响。显然，颗粒孔径的均匀程度也会影响到分离效果。

（3）电荷密度

电荷密度是指基质颗粒上单位表面积的取代基（功能集团）的数量，它决定着离子交换剂的交换容量、膨胀度等性质。对小分子进行离子交换时，这些离子与功能基团间按物质的量 1∶1 结合，交换剂上功能基团密度越大，则工作能力越强，单位数量的交换剂能够结合更多的离子，因此高电荷密度的离子交换剂具有优势。但是在对蛋白质进行离子交换色谱时，情况并不相同。在决定交换容量方面，交联度比电荷密度重要得多。由于蛋白质是大分子，如果基质颗粒孔径太小以致蛋白质分子不能进入颗粒网孔，即使颗粒表面电荷密度很大，交换容量也不会高。并且，由于蛋白质分子带电荷数量往往较多，与交换剂上功能基团结合时，物质的量的比并不是 1∶1，而是多点结合。过高的电荷密度会导致蛋白质在离子交换剂上结合过于牢固而难以洗脱，易造成蛋白质变性，回收率下降。因此，蛋白质离子交换所用介质的电荷密度往往较低。

（4）膨胀度

膨胀度又称吸水值，是指干态的离子交换剂在水溶液中吸水后造成体积膨胀的程度，通常用每克干胶吸水膨胀后的体积（mL）表示。影响离子交换剂膨胀度的因素包括以下几个。

①基质种类。一般来说，具有亲水性基质的离子交换剂的膨胀度要大大高于具有疏水性基质的离子交换剂，前者膨胀度可以达到 60mL/g 干胶，而后者有时在溶液中体积变化非常小。

②交联度。无论是哪一类离子交换剂，其膨胀度都随着交联度的增加而下降。

③带电基团的强弱。功能基团带同种电荷时因相互排斥而扩展了凝胶颗粒的体积。强酸型和强碱型离子交换剂由于带电荷数量多于相应的弱酸型和弱碱型离子交换剂，其膨胀度相应的也比后者高。

④溶液的离子强度和 pH。对于某种特定的离子交换剂，膨胀度不是常数，其数值受到溶液离子强度和 pH 的影响，特别是交联度较小的交换剂，其结构强度不如交联度较大的交换剂，其膨胀度更易受上述因素影响。pH 对膨胀度产生影响是因为 pH 的变化导致离子交换剂带电状态的改变，从而使存在于交换剂中的静电斥力的大小发生变化。应当指出，让离子交换剂在具有一定离子强度的缓冲液中充分膨胀，可以使颗粒网孔增大并保持孔径稳定，这对于交换剂的交换容量和分离效果都是有帮助的。正因如此，离子交换剂使用前要进行预溶胀。

（5）交换容量

交换容量是指离子交换剂能够结合溶液中可交换离子的能力，通常分为总交换容量和有效交换容量。

　　总交换容量又称总离子容量,用每克干介质或每毫升湿胶包含的带电功能基团的数量表示,其数值大小取决于离子交换剂的取代程度,也就是电荷密度。总交换容量可以通过酸碱滴定的方法测定,也就是利用交换剂上的酸性或碱性基团同已知浓度的酸碱发生反应,利用物质的量关系算出交换剂上功能基团的数量。也可使离子交换剂和某种小的离子之间发生完全交换,然后通过测定该离子的含量算出总交换容量,此方法的依据是小的离子与交换剂上功能基团的结合满足 1:1 的物质的量之比。总交换容量是离子交换剂的基础参数,并且对于一种特定的交换剂其数值是恒定的。

　　总交换容量并不反映交换剂对蛋白质的结合情况,这是因为交换剂所能结合某蛋白质的数量与该蛋白质的分子大小、交换剂的网孔结构及所选择的实验条件等多种因素有关。例如,每毫升 DEAE-Sephadex A-50 能够结合 250mg 血红蛋白,而相同条件下,DEAE-Sephadex A-25 由于交联度大,网孔孔径小,每毫升只能结合 70mg 血红蛋白。因此,人们提出了有效交换容量的概念,表示为蛋白结合容量,是指每克干介质或每毫升湿胶在一定实验条件下吸附某种蛋白质的实际容量。由于有效容量是一个变值,如 pH 和离子强度,它们会影响蛋白质及离子交换剂的电荷和静电力的强弱,显然会对有效容量产生影响。一般情况下,同一种交换剂对于分子量小的蛋白质,有效交换容量较大,而对于分子量大的蛋白质,有效交换容量较小;对于同一种蛋白质,离子交换剂的交联度越小,有效交换容量越大,而交联度越大,有效交换容量越小。

　　2)离子交换剂的类型

　　离子交换剂依据其基质成分来分类,最为常见的包括离子交换树脂、离子交换纤维素、离子交换葡聚糖和离子交换琼脂糖等。

　　(1)离子交换树脂

　　树脂是一类通过化学方法合成的具有特殊网状结构的不溶性高分子化合物,网状结构的形成往往通过单体聚合时加入一定比例的交联剂来实现。树脂本身又分为很多种类,最常见的包括聚苯乙烯树脂、聚异丁烯酸树脂、聚丙烯酸树脂、酚醛树脂等。再通过化学方法在树脂骨架上引入功能基团就得到离子交换树脂。

　　由于孔径过小,蛋白质分子无法进入颗粒内部造成有效交换容量太小,并且电荷密度太高,会使蛋白质结合过于牢固而不易洗脱。尽管离子交换树脂在脱盐、小分子的氨基酸及短肽的分离中有着非常广泛的应用,但通常不用于蛋白质的色谱。不过也有例外,如聚丙烯酸树脂被发现很适合分离小分子量的碱性蛋白质,并且分辨率很高,另外在高效液相介质中也常有以树脂为骨架的离子交换剂。

　　(2)离子交换纤维素

　　纤维素离子交换剂的特点是表面积大,开放性的骨架允许大分子自由通过,同时对大分子的交换容量较大。纤维素的亲水性结构使其表面结合着 4 倍于自身重量的结合水,形成的交换剂与蛋白质之间结合时离子键以外的作用力(如疏水相互作用等)很低,这使得色谱分离时洗脱很方便,并且蛋白质活性的回收率高。

　　离子交换纤维素存在纤维状和微粒状两种不同的物理形态。纤维状的交换剂是将纤维素直接衍生化,连接上功能基团而形成的。纤维素分子是由葡萄糖通过 β-(1-4)-糖苷键连接形成的大分子,天然状态下相邻的多糖链之间形成数量巨大的氢键,从而在这些区域形成微晶结构，微晶区域周围又散布着非晶型（无定形）区域。微粒状的交换剂是将纤维素进行部分酸水解，除去了大部分非晶型区域后经衍生化形成的，这样的处理使交换剂的外水空间增大，结构也更为牢固，并且电荷分布更均匀。

（3）离子交换葡聚糖

离子交换葡聚糖是以两种交联葡聚糖凝胶 Sephadex G-25 和 G-50 为基质，连接上四种不同的功能基团后形成的离子交换剂。这类交换剂的型号中分别用字母 A 和 C 代表阴离子交换剂和阳离子交换剂，用数字 25 或 50 代表其基质是 Sephadex G-25 或 G-50。

Sephadex 具有亲水性和很低的非特异性吸附的性质，因而很适合作为离子交换剂的基质，并且由于这种基质具有分子筛效应，使得这类交换剂在分离蛋白质时同时具有离子交换作用和分子筛效应。葡聚糖离子交换剂在交换容量方面要明显高于纤维素离子交换剂。

（4）离子交换琼脂糖

这是一类在交联琼脂糖凝胶的基础上连上功能基团形成的离子交换剂，这类凝胶比葡聚糖凝胶更显多孔结构，由于其孔径稍大，对分子质量在 10^6Da 以内的球状蛋白质表现出很好的交换容量。琼脂糖离子交换剂的多糖链排列成束，不同程度的交联使得束状结构进一步强化，因此该介质表现牢固，体积（膨胀度）随离子强度或 pH 的变化改变很小。离子交换琼脂糖常用的有 Sepharose 系列和 Bio-Gel A 系列。

3. 离子交换剂的选择

选择离子交换介质首先要考虑目的分子的大小。因为目的分子的大小会影响其接近介质上的带电功能基团，因此也会影响介质对该目的分子的动力载量，从而影响其分离。不过，在选择离子交换介质时，只要目的分子的大小在介质凝胶骨架的排阻极限以下，便无须顾虑介质对原料分离产生凝胶过滤效应，因为静电作用才是离子交换层析的作用原理，只有不带电荷的分子才会在离子交换色谱中按凝胶过滤的原理分离。所以在原料中含有大分子时，宜选用多孔性好、排阻范围广的凝胶骨架介质进行分离。

其次是对介质上带电功能基团的选择。需要了解在什么样的 pH 范围内目的分子会结合至离子交换基团上。如果不考虑目的分子 pH 的耐受性，可以通过调节流动相的 pH 而随意选择目的分子的带电性，从而随意选择阳离子交换基团或阴离子交换基团。然而在实际应用中，必须考虑目的分子的 pH 稳定性。许多大分子的活性 pH 范围较狭窄，容易变性或失活，这时选择离子交换介质会受到原料稳定性的限制。例如，一个蛋白质在 pH 为 6～9 时稳定，其 pI 为 6.3，则在 pH 为 6.3 以下时，该蛋白质带正电，可与阳离子交换基团结合，但在此条件下该蛋白质不稳定，因此只能在 pH 为 6.3～9 中选一个值令蛋白质带负电荷，与阴离子交换基团结合，所以此时应选择阴离子交换基团。

再次要考虑交换功能基团的强弱。如果目的分子很稳定，应首先选择强交换介质。强交换介质的动力载量不会随 pH 的不同而改变，离子交换过程遵循最基本的吸附原理，简单易控。使用强离子交换树脂允许较大吸附 pH 及离子强度选择范围，目的分子吸附后只需提高缓冲盐浓度即可洗脱，同时具有对目的分子的浓缩效应。而弱离子交换介质 pH 适用范围较小，在 pH 小于 6 时，弱阳离子交换介质会失去电荷，而在 pH 大于 9 时，弱阴离子交换介质会失去电荷。所以，一般情况下，在分离等电点 pH 为 6～9 的目的分子，尤其是当目的分子不稳定，需要较温和的层析条件时，才会选用弱交换介质。

4. 离子交换色谱操作

1）离子交换剂的准备

离子交换剂的预溶胀和清洗、装柱以及用起始缓冲液平衡色谱柱，直至流出液在 pH 和离子强度方面与起始缓冲液一致。

各种不同的离子交换剂在使用前所需进行的预处理是不同的。预装柱使用前不需预处理，可直接用起始缓冲液平衡后即可加样。

基于琼脂糖的 Sepharose 系列和 Bio-Gel A 系列离子交换剂，以及 DEAE-Sephacel 交换剂是以液态湿胶形式出售的，一般也无须预处理，使用前倾去上清液，按湿胶：缓冲液（体积比）为 3∶1 的比例添加起始缓冲液，搅匀后即可装柱。基于 Sephadex 的离子交换剂以固态干胶形式出售，使用前需进行溶胀。溶胀是介质颗粒吸水膨胀的过程，膨胀度与基质种类、交联度、带电基团种类、溶液的 pH 和离子强度等有关。溶胀过程通常应将交换剂放置在起始缓冲液中进行，完全溶胀在常温下需 1～2d，在沸水浴中需 2h 左右，在高温下溶胀还能起到脱气的作用。在溶胀过程中应避免强烈搅拌，如用磁力搅拌器搅拌可能导致凝胶颗粒破裂。另外，对干胶进行溶胀时不能使用蒸馏水，因为在溶液离子强度很低的情况下，交换剂内部功能基团之间的静电斥力会变得很大，容易将凝胶颗粒胀破。

基于纤维素的离子交换剂也是以干态形式出售的，使用前需要进行溶胀。纤维素的微晶结构是不会被静电斥力破坏的，故可以用蒸馏水进行溶胀，加热能加快此过程。离子交换纤维素在加工制造过程中会产生一些细颗粒，它们的存在会影响流速特性，应当将其除去。具体方法是将纤维素在水中搅匀后进行自然沉降，一段时间后将上清液中的漂浮物除去，然后加入一定体积的水混合，反复数次即可。有些纤维素产品制造后未经处理，其中含有很多杂质成分，在使用前必须进行洗涤。洗涤的方法是先用 0.5mol/L 的 NaOH 浸泡 0.5h，除去碱液，用蒸馏水将交换剂洗至中性，再用 0.5mol/L 的 HCl 浸泡 0.5h，然后洗至中性，再用 0.5mol/L 的 NaOH 浸泡 0.5h，最后洗至中性即可。酸碱洗涤顺序也可反过来，用酸—碱—酸的顺序洗涤。酸碱处理的顺序决定了最终离子交换剂上平衡离子的类型，对于阴离子交换纤维素，用碱—酸—碱的顺序洗涤，最终平衡离子是 OH^-，用酸—碱—酸的顺序洗涤，最终平衡离子为 Cl^-；对于阳离子交换纤维素，用碱—酸—碱的顺序洗涤，最终平衡离子是 Na^+，用酸—碱—酸的顺序洗涤，最终平衡离子为 H^+。洗涤以后，还必须用酸或碱将离子交换纤维素的 pH 调节到起始 pH，再装柱使用。

离子交换树脂有的以固态颗粒形式出售，有的以液态形式出售，使用前的处理方法类似于离子交换纤维素，也要先除去细颗粒，然后用酸、碱轮流洗涤，洗涤时所使用的酸、碱浓度要大于纤维素交换剂，一般可用 2mol/L 的 NaOH 或 HCl。

2）装柱

装柱之前先用缓冲液将色谱柱底部死空间内的空气排空，具体操作时可将柱下端接口连接恒流泵，缓冲液从色谱柱下端泵入，直至柱中可以看到少量液体为止。将预处理好的离子交换剂放置在烧杯中，倒掉过多的液体，大致使交换剂：上清液（体积比）为 3：1，轻微搅拌混匀，利用玻棒引流，尽可能一次性将介质倾入色谱柱，注意液体应沿着柱内壁流下，防止有气泡产生，当介质沉降后发现需要再向柱内补加交换剂时，应当将沉降表面轻轻搅起，然后再次倾入，防止两次倾注时产生界面。

3）柱的平衡

平衡的目的是确保离子交换剂上的功能基团与起始缓冲液中的平衡离子间达到吸附平衡。对于一些弱型离子交换剂，由于本身具有一定的缓冲能力，直接用起始缓冲液是很难将其平衡至起始 pH 的，此类交换剂在装柱前就应当用酸或碱将其 pH 先调节至起始 pH，装柱后至少使用相当于 2 倍色谱柱体积的起始缓冲液冲洗以完成平衡过程。

4）样品的准备

想要获得好的分辨率及延长色谱柱的使用寿命，样品中必须无颗粒状物质存在。因此浑浊的样品在上柱前要先过滤或离心除去颗粒状物质。一般来说，所使用的分离介质颗粒越小，对样品溶液的澄清度要求越高。在使用平均粒度在 90μm 以上的介质时，使用孔径为 1μm 的滤膜进行过滤就能够达到要求；在使用平均粒度小于 90μm 的介质时，应使用孔径为 0.45μm 的滤膜进行过滤；需要无菌过滤或澄清度特别高的样品时，可使用孔径为 0.22μm 的滤膜进行过滤。当样品体积非常小或滤膜对目的蛋白有吸附作用时，为了减少样品的损失，选择在 10000g 离心 15min 也能除去颗粒物。

样品的黏度是影响上样量和分离效果的一个重要方面，高黏性的样品会造成色谱过程中区带不稳定及不规则的流型。因此样品相对于洗脱剂的黏度有一定限制，通常样品黏度最大不超过 $4×10^{-3}$Pa·s，对应的蛋白质浓度不超过 5%。

在离子交换色谱上样前必须确保样品溶液在 pH 和离子强度方面与起始缓冲液一致，这样才能保证在起始条件下目的蛋白能吸附在离子交换剂上。对于固体样品，将其溶于起始缓冲液并校对 pH 即可实现；对于蛋白质溶液，可以按一定比例与浓缩形式的起始缓冲液（pH 相同而浓度为起始缓冲液的 2～10 倍）混合，具体比例根据缓冲液浓度及样品体积进行计算，使混合溶液的离子强度与起始缓冲液达到一致。

5）加样

当色谱柱和样品都准备好以后，接下来就是将样品加到色谱柱上端，使样品溶液进入柱床，吸附目的蛋白，并用起始缓冲液将不发生吸附的杂蛋白洗去。

在离子交换色谱中为了获得理想的分离效果，建议样品中目的蛋白的含量不应超过其有效交换容量的 10%～20%。

6）洗脱

多数情况下，在完成了加样吸附和洗涤过程后，大部分的杂质已经从色谱柱中洗去，形成穿透峰，即样品已经实现部分分离。然后需要改变洗脱条件，使起始条件下发生吸附的蛋白质从离子交换剂上解吸而被洗脱。如果控制洗脱条件变化的程度，还可以实现不同的组分在不同时间发生解吸，从而对吸附在柱上的杂质进一步分离。

要使蛋白质从离子交换剂上被洗脱，可采取的方法如下。

（1）改变洗脱剂的 pH。这会导致蛋白质分子带电荷情况的变化，当 pH 接近蛋白质等电点时，蛋白质分子失去净电荷，从交换剂上解吸并被洗脱下来。对于阴离子交换剂，为了使蛋白质解吸应当降低洗脱剂的 pH，使目的蛋白带负电荷减少；对于阳离子交换剂，洗脱时应当升高洗脱剂的 pH，使目的蛋白带正电荷减少，从而被洗脱下来。

（2）增加洗脱剂的离子强度，此时蛋白质与交换剂的带电状态均未改变，但离子与蛋白质竞争结合交换剂，降低了蛋白质与交换剂之间的相互作用而被洗脱下来。

（3）向洗脱剂中添加特定离子，某种特定的蛋白质能与该离子发生特异性相互作用而被置换下来，这种洗脱方式称为亲和洗脱。

（4）向洗脱剂中添加一种置换剂，它能置换离子交换剂上所有蛋白质，蛋白质先于置换剂从柱中流出，这种方式称为置换色谱。

根据洗脱剂发生改变时连续与否，可将洗脱技术分为阶段洗脱和梯度洗脱。阶段洗脱是指在一个时间段内用同一种洗脱剂进行洗脱，而在下一个时间段用另一种改变了 pH 或离子强度等条件的洗脱剂进行洗脱的分段式不连续洗脱方式。梯度洗脱则是一种连续性的洗脱方式，在洗脱过程中洗脱剂的 pH 或离子强度等条件在不断发生改变。

7）离子交换剂的再生和储存

再生过程根据介质的稳定性和功能基团不同有着不同的方法，通常离子交换剂的制造商会提供介质再生和清洗的方法。一般情况下，采用最终浓度达到 2.0mol/L 的盐溶液清洗色谱柱可以除去以离子键与交换剂结合的物质，选择盐的种类时应含有离子交换剂的平衡离子，以使再次使用前的平衡过程容易进行，NaCl 是最常规的选择，其中的 Na^+ 是大多数阳离子交换剂的平衡离子，而 Cl^- 是大多数阴离子交换剂的平衡离子。当色谱柱上结合了以非离子键吸附的污染物后，用盐溶液无法将其除去，此时应选择更为严格的清洗方案，碱和酸是良好的清洗剂，但使用时应注意离子交换剂的 pH 稳定性。通常基于琼脂糖的离子交换剂可以用盐溶液和 0.5mol/L NaOH 进行清洗；基于纤维素的离子交换剂用盐溶液和 0.1mol/L 的 NaOH 进行清洗；基于葡聚糖和琼脂糖的交换剂应避免 pH＜3 的酸性环境，可以用 1.0mol/L 的乙酸钠（用强酸调节 pH＝3）和 0.5mol/L NaOH 交替清洗。脂类或脂蛋白污染物可以用非离子型去污剂或乙醇清洗。高效离子交换介质和预装柱通常都是原位清洗（CIP），将清洗剂直接通过泵加入色谱柱，污染物从柱下端被洗出，清洗后柱效率几乎不受影响。对于自装柱，既可以进行原位清洗（需注意清洗剂的使用会使柱床的体积发生很大变化），也可以将交换剂从色谱柱中取出后进行清洗。

在使用色谱前，最常用的消毒方法是以 NaOH 溶液清洗色谱柱，NaOH 同时具有清洗和消毒的效果。如果离子交换剂需长期贮存，应将其浸泡在防腐剂中，阴离子交换剂可浸泡在含20%乙醇的 0.2mol/L 乙酸中，阳离子交换剂可浸泡在含 20%乙醇的 0.01mol/L NaOH 中，有时也可使用 NaN_3 等其他防腐剂。

对于从未使用过的介质，应放置在密闭容器中 4～25℃保存。对于已使用过的介质，在彻底清洗后可浸泡在含防腐剂的溶液中 4～8℃保存，如果保存时间很长，还需定时更换防腐剂。

5. 应用

氨基酸/蛋白质的分离纯化。利用离子交换色谱分离原理是根据氨基酸/蛋白质为两性电解质的特点，调整溶液中的 pH，使之带电或不带电。带相反电性的氨基酸/蛋白质，可被离子交换剂吸附，不带电性的氨基酸/蛋白质则不被吸附直接流出。

4.2.3　亲和色谱

亲和色谱（affinity chromatography，AFC）是基于固定相的配体与蛋白质分子间的特殊生物亲和能力来进行分离的色谱方法，也称为亲和层析。它是利用蛋白质分子的生物学活性，而不是利用其物化特性来进行分离，因而具有高度选择性，多用于从大量的复杂溶液中分离少量的特定蛋白质，且同时具有浓缩的效果。

1. 基本原理

亲和色谱中蛋白质与配体之间的结合类型主要有：酶的活性中心或别构中心通过次级键与专一性底物、辅酶、激活剂或抑制剂结合，抗原与抗体结合，激素等与其受体结合，生物素与抗生物素蛋白/链霉抗生物素蛋白结合，糖蛋白与凝集素结合等。这些蛋白质与其配体之间能够可逆地结合和解离，因而可由此进行蛋白质的分离和纯化。

亲和色谱原理见图 4-4：①选择合适的配体；②将配体固定在载体上，制成亲和吸附剂，而配体的特异性结合活性不被破坏；③将特定蛋白质与固定化亲和吸附剂相结合；④用缓冲液洗掉杂质；⑤将结合在亲和吸附剂上的特定蛋白质洗脱下来。

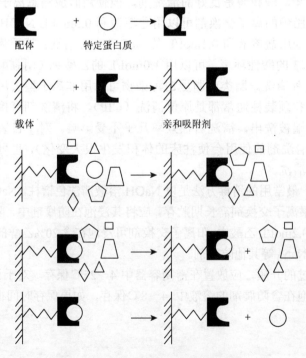

图 4-4　亲和色谱原理（陆健等，2005）

2. 亲和吸附剂

亲和吸附剂是利用合适的化学偶联方法，将配体和固相载体经连接臂连接而成的。制备过程包括：选择合适的配体；选择合适的载体和连接臂；用合适的方法将配体化学偶联到载体上。

1）配体的选择

配体主要有两种类型：基团特异性配体和专一性配体。基团特异性配体对某个化学基团，即某一类蛋白质具有结合活性。专一性配体只对一种蛋白质具有结合活性。

理想的配体应具有的性质：①配体对蛋白质具有特异性，而不与其他杂质发生交叉结合反应；②配体与蛋白质结合具有可逆性，配体既能有效地与蛋白质结合，又能有效地与蛋白质解离；③配体对蛋白质具有足够的亲和性；④配体具有足够的稳定性；⑤配体的大小必须合适，既能特异性地与待纯化的蛋白质分子相结合，又存在另一个与载体相结合的位点，若配体太小，可以在配体和载体之间接入一个连接臂。表 4-6 简要列出了一些蛋白质纯化时的合适配体。

表 4-6　蛋白质亲和色谱中的合适配体

配体	待纯化的蛋白质	配体	待纯化的蛋白质
抗原	特定单克隆抗体或多克隆抗体	肝素	凝聚因子、脂酶、结缔组织蛋白酶、DNA 聚合酶
单克隆抗体	特定抗原	胆固醇	胆固醇受体、胆固醇结合蛋白
蛋白质 A/蛋白质 G	免疫球蛋白	脂肪酸	脂肪酸结合蛋白、白蛋白
		核苷酸	核苷酸结合蛋白、需核苷酸的酶
蛋白酶抑制剂	蛋白酶	苯基硼酸盐	糖蛋白
磷酸	磷酸酶	凝集素	糖蛋白
三嗪染料	脱氢酶、激酶、聚合酶、限制酶、干扰素	糖	凝集素、糖苷酶
抗生物素蛋白	含生物素的酶	—	—

2）载体和连接臂的选择

理想的载体应具有的特性：①载体必须具有较好的理化稳定性和生物惰性；②具有足够可供活化和配体相结合的功能基团，且对样品不产生非特异性吸附作用；③载体必须具有高度的水不溶性和亲水性；④载体必须是孔径较大的多孔性材料，不会阻止蛋白质的通过；⑤具有良好的机械强度和均匀性。常用的亲和色谱载体主要有多孔玻璃载体、聚丙烯酰胺凝胶载体、纤维素载体、葡聚糖凝胶载体、琼脂糖凝胶载体和交联琼脂糖凝胶载体等。

当配体比较小，而待分离蛋白质比较大时，由于载体空间位阻效应会限制配体与蛋白质的结合，这时需要在载体与配体之间插入一段适当长度的多烃链"手臂"，以增加与载体相连的配体的活动度并减轻载体的立体障碍。连接臂的长度是非常重要的，一般其甲基数目为 6～8，并且要求连接臂亲水，但不会结合蛋白质。

3）载体的活化与偶联

载体由于其相对的惰性，往往不能直接与配基连接，偶联前一般需先活化，将反应基团结合到载体上，活化好的载体其表面产生的活性基团可以在简单的化学条件下与配基上的氨基、羧基、羟基或醛基等功能基团发生共价偶联。载体表面活性基团必须具有通用性和高效性，可以与上述配基上的常见基团发生简单、快速的反应。活化与偶联的方法有溴化氰法、双环氧法、羰基二咪唑法、磺酰氯法、高碘酸盐法、磺化氟甲基吡啶法、戊二醛法以及交联法等。例如，溴化氰可以活化琼脂糖或其他多糖载体骨架上的羟基，然后同配基上的氨基反应，生成氰酯基团和环碳酸亚胺。

3. 亲和色谱操作

获得合适的亲和吸附剂后，就可以将亲和吸附剂装入色谱柱进行亲和色谱。亲和色谱的操作过程与凝胶过滤色谱和离子交换色谱大体相似，但也有某些差别。其总体过程依然是：装柱，平衡，制备粗样，加样，洗脱。其中加样过程与离子交换色谱相似。对于亲和色谱，加样过程实际上是特定蛋白质的吸附过程，因此称之为吸附。洗脱过程分为两个阶段，首先是洗去杂蛋白，然后将待分离蛋白质洗脱下来。杂蛋白也可以在流动吸附的同时被洗去。

1）吸附

吸附的目的是使亲和吸附剂上的配体与待纯化蛋白质间形成紧密结合物。由于蛋白质与配体之间是通过次级键相互作用发生结合的，因此应根据配体与蛋白质间的最佳结合条件来选择合适的吸附缓冲液，还可通过延长吸附时间、分批次吸附、增加配体浓度等提高吸附效果。

2）洗去杂蛋白

如果配体与目标蛋白质之间的亲和力很强，则可以方便、稳定地将非特异性吸附的杂蛋白解吸下来，解吸缓冲液的强度应介于目标蛋白质的最佳吸附条件与洗脱条件之间。例如，蛋白质在 0.1mol/L 的磷酸缓冲液中吸附，在 0.6mol/L NaCl 溶液中洗脱，则可考虑用 0.3mol/L 的 NaCl 溶液洗去杂蛋白。

3）洗脱

洗脱是使目的物与配体解吸并进入流动相流出柱床的过程。洗脱条件可以是特异性的，也可以是非特异性的。蛋白质与配体之间的相互作用是基于不同的次级键相互作用，其作用力主要包括静电作用、疏水作用和氢键，因此任何导致此类作用减弱的情况都可作为非特异性洗脱的条件，如改变缓冲液的离子强度和 pH、加入促溶剂等。选择洗脱条件还要考虑蛋白质耐受性，过强的洗脱剂会使蛋白质变性。在实际操作过程中，应该在洗脱强度和耐受程度之间做好平衡，尤其是当配体与目的物之间的解离常数很小时更应如此。特异性洗脱条件是指在洗脱液中引入配体或目的分子的竞争性结合物，使目的分子与配体解吸，如亲和洗脱。由于特异性洗脱通常都在低浓度、中性条件下进行，所以条件温和，不至于发生蛋白质的变性。

4）柱的再生

亲和柱的再生是用几倍体积的起始缓冲液进行再平衡，一般足以使亲和柱再生，但一些未知的杂质往往仍结合在柱上，可采用高浓度盐溶液，如 2.0mol/L KCl。一般不使用极端 pH 条件或加热灭菌法来清洗、再生亲和柱，特别是对于以蛋白质作配体的亲和吸附剂，可根据载体材料的不同、配体的性质以及它与载体连接方式的不同酌情处理。

4. 应用

1）糖蛋白的纯化

糖蛋白的纯化可采用凝集素亲和色谱法，即选用对某种糖基有特异性结合的凝集素作为亲和吸附剂，但凝集素亲和色谱的特异性不是很高。如果要提高分离的专一性，也可以将某一特定糖蛋白的特异性受体制备成亲和吸附剂，通过它们之间的专一性相互作用进行分离纯化。

2）酶的纯化

酶纯化时，可以将其底物、辅助因子或抑制剂偶联到载体上，通过酶与其底物或辅助因子或抑制剂的特异性相互作用进行分离纯化，如纯化醇脱氢酶和磷酸果糖激酶等。如果目的酶是糖蛋白，也可以采用凝集素亲和色谱法；如果酶蛋白上含有特定的辅助因子，如金属离子、NAD^+ 等，也可以采用金属螯合亲和色谱、固定化染料亲和色谱等方法。总之，应根据待纯化酶蛋白的性质选择合适的配体和亲和色谱类型。

3）抗体和抗原的纯化

抗原和抗体之间具有高度特异性和亲和性，非常适合于采用亲和色谱法进行分离纯化。如采用免疫亲和色谱法，将对应的纯抗体或抗原偶联到适当的载体上制成亲和吸附剂，通过其免疫亲和作用进行分离纯化。抗体的纯化也可以用蛋白质 A 或蛋白质 G 亲和色谱柱。

4）脂蛋白的纯化

脂蛋白的纯化可针对其脂基团的疏水性能采用疏水色谱进行分离，或是制备特异性更高的亲和吸附剂进行分离纯化。

另外，某些特定化合物的结合蛋白或受体蛋白等的纯化也可以采用亲和色谱法。将这些化合物偶联到合适的活化载体上制备成亲和吸附剂，通过它们与结合蛋白或受体蛋白之间的亲和力进行分离纯化。

4.3　新型分离技术

4.3.1　膜分离技术

膜分离技术是物质在推动力作用下由于传递速度不同而得到分离的过程，近似于筛分。膜分离技术在应用上具有以下优点：易于操作，在常温下可连续使用，可直接放大，易于自动化；成本低，寿命长，维护方便，能耗少；高效，特别是对于热敏性物质的处理；无相变变化，分离精度高，无二次污染。

1. 基本原理

根据物质颗粒通过膜的原理和推动力的不同，膜分离技术可分为三类：①以浓度差为推动力的膜分离过程，如透析；②以压力差为推动力的膜分离过程，如微滤、超滤和反渗透；③以电势差为推动力的膜分离过程，如电渗析和离子交换电渗析。各种膜分离技术的特点见表4-7。

表 4-7　各种膜分离技术的特点

膜分离技术	分离机理	膜种类及性质	推动力	透过成分	截留成分	食品工业中的应用
透析	溶解扩散	微孔膜，孔径 0.01～1μm	浓度差、压力差	小分子	大分子	脱盐及去除小分子
微滤	筛分	微孔膜，孔径 0.1～10μm	压力差 （0.1～500kPa）	水、溶剂、小分子	微粒、微生物悬浮物	分离悬浮固体，无菌过滤
超滤	筛分、溶解扩散	微孔膜为主，也用无孔膜	压力差 （0.1～1MPa）	水和盐等低分子组分	蛋白质、酶、多肽等高分子组分	分离大分子和聚合物、酶和蛋白质的制备
反渗透	溶解扩散、优先吸附-毛细孔流	无孔膜为主，也用微孔膜	压力差 （2～10MPa）	水和溶剂	溶质、盐及小分子溶解物	水的淡化及制备、果蔬汁浓缩
电渗析	离子交换选择性透过	离子交换膜	电势差	与膜固定基团电性相反的离子	与膜固定基团电性相同的离子	氨基酸分离、水的淡化及制备

2. 透析

透析（dialysis）是一种扩散膜分离技术，它是利用小分子物质的扩散作用使其不断透过半透膜到达膜的另一侧，而大分子被膜截留，这种扩散膜分离过程称为膜"透析"过程。

1）透析原理

透析法的特点是，半透膜两侧都是液相，一边是样品液（待透析液），另一边是纯溶剂（水或缓冲液）。样品液中不可透析的大分子被截留于膜内侧，而可透析的小分子经扩散不断透过膜进入另一侧，直到其在膜两侧浓度达到平衡。渗透是由于化学势存在梯度而引起的自发扩散现象。如图4-5所示，在溶液和纯溶剂（水）之间放一张半透膜，此膜只

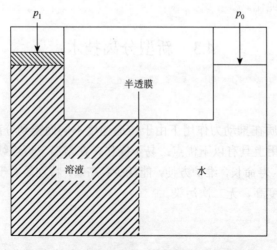

图 4-5　膜两侧的渗透压（赵新淮等，2009）

能允许水透过，在一定温度 T 和压力 P 下，纯溶剂的化学势为 μ_0。溶液中水的化学势为 μ，由化学热力学理论可知：

$$\mu = \mu_0 + RT \ln \gamma \tag{4-5}$$

式中，R 为大气压常数；T 为温度；γ 为溶液中水的活度。

对于纯水，其活度 $\gamma = 1$。通常溶液中 $\gamma < 1$，$RT \ln \gamma < 0$，故 $\mu < \mu_0$。所以在一定的温度和压力下，纯水的化学势高于溶液中水的化学势，促使水从纯水一侧透过膜向溶液一侧渗透。

但如果在溶液侧上方施加压力 P_1（P_0 为外界大气压），外界做功使溶液中水的化学势逐渐升高，则纯水通过膜的渗透相应减少。当压力差 $(P_1 - P_0)$ 增至一定值时，水的渗透就会停止，达到动态平衡，此时的压力差就称为溶液的渗透压。渗透压用符号 π 表示。如果提高溶液一侧的压力，即 $(P_1 - P_0) > \pi$，此时水将从左侧溶液透过膜而进入右侧的纯水中，则该渗透过程称为反渗透。

2）透析膜材料及处理

适用于作透析膜的材料为高聚物的薄膜（半透膜）。除动物膜外，羊皮纸、火棉胶、玻璃纸等透析膜都是由纤维素或纤维素衍生物制成的。纤维素材料来源丰富、价格便宜。商品透析膜大多为管状。

购置的透析袋含有作为增塑剂的甘油、微量硫化物和金属离子，这些物质对蛋白质/酶可能有较大影响，因此在使用前必须对透析袋加以处理。透析袋预处理是将透析袋置于蒸馏水中浸泡，然后用 0.01mol/L 乙酸或稀 EDTA 溶液（1mmol/L）处理，或用 75%乙醇溶液浸泡数小时或过夜，然后经蒸馏水充分洗涤。透析袋可在 4～10℃蒸馏水中保藏。若保存较长时间，应加入叠氮化合物作为防腐剂。

3）透析操作

在实验室中需要透析的样品体积一般为 1～100mL。样品装入透析袋前，先将透析袋一端密封，装上溶剂仔细检查是否渗漏。然后倒出溶剂，装上需透析的样品（占透析袋容积的 50%），再将另一端封好，放入透析溶液中，若是脱盐则用水作溶剂。一般的透析过程，是在室温或在低温下进行。透析过程如图 4-6 所示。

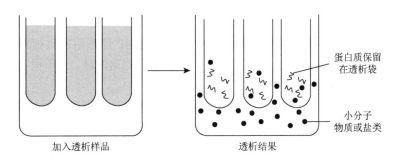

加入透析样品　　　　　透析结果

蛋白质保留在透析袋

小分子物质或盐类

图 4-6　透析过程示意图（赵新淮等，2009）

因为透析是扩散过程，由袋内扩散出的盐离子会增加袋外水中盐的浓度，尤其是外膜表面附近的盐浓度会更高一些。如在袋外溶液中进行搅拌，则会降低盐在外膜处的浓度，可加快透析速率。如袋内外的盐浓度相等，扩散就会停止。因此要经常换溶剂，一般每天换两三次。如果是冷透析，则要把新溶剂预先冷却，以避免样品变性。

3. 超滤

超滤（ultrafiltration，UF），是以膜两侧的压力差为推动力，原料液中大于膜孔的大粒子溶质被膜截留，小于膜孔的小溶质粒子通过滤膜，从而实现分离的过程。超滤分离范围为 $500\sim1000000$Da 的大分子物质和胶体物质，相对应粒子的直径为 $0.005\sim0.1\mu m$。超滤不仅具有生物大分子浓缩作用，而且有脱盐、分级、分离纯化的作用。它不消耗试剂，无相变，可在低温下进行，操作简便。但是，其分离、提纯效果不及色谱分离技术。

1）基本原理

超滤过程：在压力作用下，料液中含有的溶剂及各种小的溶质从高压料液侧透过超滤膜到达低压侧，从而得到透过液或称为超滤液；尺寸比膜孔径大的大溶质分子被膜截留成浓缩液，称为截留液。溶质在被膜截留的过程中有三种作用方式：①在膜表面的机械截留；②在膜表面及微孔内吸附；③膜孔的堵塞。不同的体系，各种作用方式的影响也不同。

2）膜材料的种类及选择

理想的超滤膜材料应具备以下性能：良好的耐溶剂性、稳定的机械性能、好的热稳定性、高渗透速率和高的选择性。常用的超滤膜主要是天然高分子材料、纤维素衍生物，如纤维素硝酸酯（乙酸酯）、酰胺纤维（尼龙）、聚砜等。

通常超滤膜不以其孔径大小为指标，而以截留相对分子质量作为指标。所谓"额定相对分子质量截留值"是指阻留率达 90% 以上的最小被截留物质的分子量，它表征了每种超滤膜所规定的截留溶质的分子量范围。截留分子量越大，膜的孔径就越大；反之，膜的孔径就越小。一般选用额定截留值稍低于所分离、浓缩溶质分子量的滤膜。由于额定截留值一般是根据球状溶质分子所测定的结果，纤维状或不规则形状的溶质还应根据实际情况在额定截留量上限加以选用。

3）超滤效果影响因素

（1）膜的渗透性。一般以水透过膜的流率来表示。膜渗透性主要取决于膜孔隙的大小，溶液通过孔隙大且疏松的膜（高相对分子质量范围）比通过孔隙小且致密的膜（低相对分子质量范围）的流率更高。

（2）溶质形状、大小及扩散型。较小的分子扩散迅速，球形溶质比相同分子量的线性溶质分子更容易扩散。膜过滤扩散性很差的大分子物质如葡聚糖，由于很易形成凝胶，凝胶层会大大降低超滤流率。

（3）压力。压力影响流率，压力增大则流率相应增大，但两者并不成比例。

（4）流体剪切力。增加流体剪切力能使流率增大。通过搅拌提高膜表面的流体剪切力，使被阻留的溶质分子从界面层迅速返回到溶液本体中，降低浓差极化，保持溶质流动的稳定状态。

（5）溶质浓度。随着溶液的浓缩，大分子溶质浓度逐渐增加，流量则逐渐下降。当过滤容易形成凝胶的大分子溶质时，采取稀释的方法有利于防止浓差极化和维持溶液的高流率。

（6）离子环境。离子强度、pH 可改变溶质分子的构象（分子大小、形状），因而影响溶质的阻留率。

（7）温度。当温度升高时，溶质分子的运动性、溶解度有所增加，全面降低形成凝胶化层的倾向，所以当温度升高时流率会增加。但温度过高蛋白质会变性。

4. 电渗析

电渗析（electrodialysis）和离子交换膜电渗析属于电场膜分离，它是通过在半透膜的两侧分别装上正电极、负电极，在电场作用下，带电物质或离子向与其本身所带电荷相反的电极移动，透过半透膜而达到分离的目的。

1）基本原理

用两块半透膜将渗析槽分隔成 3 个室，两块膜之间的中心室通入待分离的溶液，在两侧室中装入水或缓冲液，并分别装上正电极、负电极。接通直流电源后，中心室溶液中的阳离子向阴极移动，透过半透膜到达阴极槽，而阴离子则移向阳极槽，从而达到分离的目的（图 4-7）。

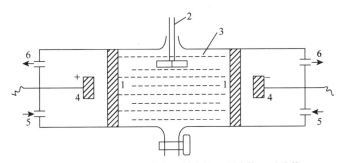

1-半透膜　2-搅拌器　3-溶胶　4-铂电极　5-进水管　6-出水管

图 4-7　电渗析示意图（赵新淮等，2009）

2）电渗析操作

以等电点渗析法分离含甲状腺蛋白、肌红蛋白和血红蛋白的混合蛋白质溶液为例，说明电渗析的工作过程。将这三种蛋白质的混合溶液（pH 6.8）加入中央室内。通电后，电流流经中间通道时，由于甲状腺蛋白在此 pH 下带负电荷，故向阳极移动，透过右侧膜进入右室，而此室中有 pH 为 5.0 的缓冲液流过，甲状腺蛋白的等电点为 pH 5.0，所以被此缓冲液夹带洗出。同理，肌红蛋白在 pH 为 6.8 时带正电荷，因而在电场力作用下透过左侧膜到达左室，被流经此室的 pH 为 7.0 的缓冲液夹带流出（肌红蛋白的等电点为 7.0）。血红蛋白在 pH 为 6.8 的等电点下随料液流入中室，因处于等电点状态，其净电荷为零而不泳动，即使部分血红蛋白因扩散运动而进入左室或右室，也会在 pH 为 7.0 或 pH 为 5.0 的条件下带负电荷或正电荷，在电场力的作用下电泳透过膜而返回中室。最终只有血红蛋白浓缩于中室而排出，从而实现分离纯化。

3）离子交换膜电渗析

离子交换膜电渗析是利用离子交换膜，在直流电势差的推动下，溶液中的正负离子分别通过阳离子交换膜和阴离子交换膜，在向负极和正极迁移过程中被收集浓缩的分离技术。离子交换膜的选择透过性比半透膜强。一方面由于膜孔径大小不同，只让小于孔径的颗粒通过而大于孔径的颗粒被截留；另一方面由于膜上有带电基团，通过静电相互作用，只让带异性电荷的颗粒透过，而把带同性电荷的颗粒截留下来。例如，带磺酸基团的阳离子交换膜，在电场中解离为带负电荷的磺酸根基团（R-SO$_3^-$），它吸引带正电荷的小分子或阳离子并让它们透过，而对阴离子起排斥作用；带季铵基团的阴离子交换膜，在电场中解离为带正电荷的季铵根基团[R-N$^+$(NH$_2$)$_3$]，它吸引带负电荷的小分子或阴离子并让其透过，而对阳离子起排斥作用。离子交换膜电渗析主要用于海水淡化、蛋白质与氨基酸脱盐等方面。

4.3.2　电泳分离技术

电泳分离技术是利用电解质溶液中的带电粒子在电场作用下发生差速迁移实现分离目的的技术。

1. 基本原理

带电质点在电场中迁移的速度和方向，主要取决于它们所带电荷性质、电荷数目、颗粒大小及形状。由于各种蛋白质的等电点、分子大小不同，在同一 pH 下，它们具有不同的解离状态，因而在电场中迁移的方向和速度也各不相同，从而达到分离的目的。

在电场强度为 E 的电场作用下带电荷 Q 的粒子的迁移率 μ 可通过下式计算：

$$\mu = \frac{\upsilon}{E} = \frac{Q}{6\pi\eta r} \tag{4-6}$$

式中，υ 为带电粒子的运动速度；η 为介质的黏度；r 为带电粒子的半径。因此在一定条件下，各种带电粒子的 μ 值是一个定值。

此外，根据离子迁移率的定义，也可通过下式计算：

$$\mu = \frac{\upsilon}{E} = \frac{s/t}{V/L} = \frac{sL}{Vt} \tag{4-7}$$

式中，V 为外加电压；L 为两电极间的距离；t 为电泳时间；s 为带电质点在此时间内迁移的距离。

设 A、B 两种带电粒子的迁移率分别为 μ_A 和 μ_B，在电场作用下，经过时间 t 后，它们之间迁移的距离差为

$$\Delta s = (\mu_A - \mu_B)t\frac{V}{L} \tag{4-8}$$

可见，$(\mu_A-\mu_B)$、t、V/L 三者的值越大，Δs 越大，A 和 B 两个粒子之间分离越完全。

根据上述几个公式可知，下列因素影响带电粒子的分离程度。

（1）带电粒子的迁移率。带电粒子的迁移率正比于它所带的电荷，因此阳离子与阴离子最容易分离，因为它们的迁移方向相反。当其他条件相同时，二价离子的迁移率为一价离子的两倍。迁移率与离子的半径成反比，溶液中共存的两种离子，其所带电荷及半径相差越大，越容易用电泳法分离。

（2）电解质溶液的组成。因为电泳是在一定电解质溶液中进行的，其组成不同，则溶液黏度不同，从而导致离子迁移率不同。电解质组成不同，有时会改变测定物的电荷及半径，有可能将中性分子转变为离子，也可能改变离子的电荷符号。此外，溶液 pH 不同，影响物质的电离度，并影响物质的存在形式及电荷。

（3）外加电压梯度。电压梯度是指每厘米的平均电压降，即 V/L。当 L 一定时，加在两电极间的电压越高，分离所需的时间越短，分离也越完全。

（4）电泳时间。电泳时间越长，离子迁移距离越大，通常情况下对分离是有利的。但是，随着离子迁移距离的增加，电泳带的宽度也会增加，对分离却是不利的。

2. 电泳分离技术分类

电泳分离技术通常按分离原理和有无载体分类，按分离原理可分为等电聚焦电泳、双向电泳、蛋白质印迹电泳、毛细管电泳等；按有无固体支持物（载体）可以分为自由电泳和区带电泳。自由电泳是无固体支持物的溶液自由进行的电泳，如等速电泳和等电聚焦电泳。区带电泳是以各种固体材料作支持物的电泳，将样品加在固体支持物上，在外加电场作用下不同组分以不同的迁移率或迁移方向迁移。同时，样品中各组分与载体之间相互作用的差异也对分离起辅助作用。区带电泳按固体支持物的种类还可细分为多种，如以滤纸为支持物的纸电泳，以离子交换薄膜、乙酸纤维素薄膜等为支持物的薄膜电泳，以聚丙烯酰胺凝胶、交联淀粉凝胶等为支持物的凝胶电泳，以毛细管为分离通道的毛细管电泳等。区带电泳不仅能起到很好的抗溶液对流作用，还能起到筛分作用。因此，区带电泳具有很高的分辨率，比自由电泳更有实用价值。

3. 凝胶电泳

1）聚丙烯酰胺凝胶电泳

在蛋白质研究中，聚丙烯酰胺凝胶电泳（polyacrylamide gel electrophoresis，PAGE）是最常使用的技术。其最大优点是凝胶支持物的孔径可以根据需要进行选择，而且操作简便、快速、分辨率高，并且对分离的物质没有损害。均匀的聚丙烯酰胺可以灌制成薄层板状或管状支持物，交联而成的网状结构允许带电颗粒以不同的迁移率穿过它。因此，在样品分离、纯度鉴定、相对分子质量的测定等方面经常使用这一技术。在对蛋白质进行分离时，通常使用 pH 为 9 左右的缓冲液，因为在此条件下，几乎所有被分离的蛋白质组分都带净负电荷，它们都向正极泳动。大小和净电荷相同的分子，将会以相同的速度在凝胶中迁移，并形成一个区带。

聚丙烯酰胺凝胶是由丙烯酰胺（Acr）和甲叉双丙烯酰胺（Bis）聚合形成。聚合过程是由四甲基乙二胺（TEMED）和过硫酸铵激发。过硫酸铵在水溶液中形成一个过硫酸游离基，此游离基再激活 TEMED，随后 TEMED 作为一个电子载体提供一个未配对电子，将 Acr 单体转化成一个游离基从而使其自身被激活。被激活的单体和未被激活的单体反应，开始多聚链的延伸，正在延伸的多聚链也可以随机地通过 Bis 的作用进行交叉互联成为网状结构，最终聚合成凝胶状。其孔径大小等特征由聚合条件及单体浓度决定。凝胶的孔径可以在较宽范围内变化以适合不同的分离需要，改变凝胶或缓冲液的某些组成成分，就可以按照不同的分离机制进行分离，如根据蛋白质电荷、大小或荷质比特性进行等电聚焦、SDS-PAGE 及酸性或碱性凝胶电泳等。

2）SDS-聚丙烯酰胺凝胶电泳

在普通 PAGE 的基础上发展起来的 SDS-聚丙烯酰胺凝胶电泳（SDS-PAGE）是一种非常有用的技术。SDS（十二烷基硫酸钠）是一种带负电荷的阴离子去垢剂。电泳之前，蛋白质样品用 SDS 处理，SDS 破坏蛋白质分子间的共价键，使蛋白质变性而改变原有构象。特别是在强还原剂（巯基乙醇）的存在下，由于蛋白质分子内的二硫键被还原，不易再氧化，保证蛋白质分子与 SDS 充分结合，从而形成带负电荷的蛋白质-SDS 聚合物。当 SDS 单体浓度大于 1mmol/L 时，对于多数蛋白质，平均 1g 蛋白质可结合 1.4g SDS（大约每 2 个氨基酸残基吸附 1 分子 SDS）。聚合物所带的 SDS 负电荷大大超过蛋白质分子原有带电量，因而掩盖不同种类蛋白质分子之间原有的电荷差异。其结果是，大小不同的多肽链将具有相同的 Q/r 值。蛋白质-SDS 聚合物的流体力学和光学性质表明，它在水溶液中的形状类似于椭圆棒。不同蛋白质-SDS 聚合物，其椭圆棒的短轴长度是恒定的，约为 1.8nm；而长轴的长度则与蛋白质的相对分子质量大小成比例。蛋白质-SDS 聚合物在 SDS-PAGE 系统中的电泳迁移率，不再受蛋白质原有电荷和形状等因素的影响，而主要取决于椭圆棒长度即蛋白质的相对分子质量。

由于 SDS 使寡聚体蛋白解聚，实际测定出的是寡聚体蛋白亚基的分子量。对于单链蛋白来说不存在这样的问题。如果在多肽链之间存在二硫键，则应在还原剂（β-巯基乙醇）的存在下处理蛋白质样品，然后进行 SDS-PAGE 分析。SDS-PAGE 的分辨率高，重复性好，可进行不同蛋白质组分分离、检测蛋白质的纯度、亚基组成和分子质量。在进行 SDS-PAGE 时，一般选用的分离胶浓度取决于蛋白质的分子质量（表 4-8）。

表 4-8　SDS-PAGE 分离蛋白质时需要的聚丙烯酰胺浓度

	分离胶中聚丙烯酰胺浓度/%	蛋白质分子质量/kDa
单一浓度	5	36～200
	7.5	24～200
	10	14～200
	12.5	14～100
	15	14～60
梯度浓度	5～15	14～200
	5～20	10～200
	10～20	10～150

3）非变性聚丙烯酰胺凝胶电泳

非变性聚丙烯酰胺凝胶电泳（native-PAGE）是指在电泳之前被分离的蛋白质样品不做任何变性处理，凝胶和电泳缓冲液中不加入任何变性剂。样品中的各蛋白质组分在电场中将根据它们各自的迁移率彼此分离。在电泳之后，被分离的各物质仍保持天然的结构，具有相应的生物活性。这种电泳技术可以用来分离有生物活性的蛋白质，也可以进行同工酶的检测。

然而，凝胶电泳目前仍是一项手工操作较多的技术。操作者如能对电泳原理、聚胶过程以及影响电泳的一些因素等充分了解，将有助于顺利完成有关实验，获得分离效果良好、重复性好的结果。

4. 等电聚焦

等电聚焦（isoelectric focusing，IEF）是一种利用电场和 pH 梯度的共同作用来实现两性物质分离的电泳技术。

与常规电泳不同之处是在等电聚焦时，载体两性电解质形成一个连续而稳定的线性 pH 梯度，蛋白质分子在其中进行电泳。使用的载体两性电解质通常是脂肪族多氨基多羧酸（或碳酸型，或羧酸磺酸混合型），电泳中形成的 pH 范围有 3～10、4～6、5～7、6～8、7～9 和 8～10 等，可应用于大多数蛋白质等电点的范围。等电聚焦电泳时，载体两性电解质形成正极为酸性、负极为碱性的蛋白质 pH 梯度。当将某种蛋白质（或多种蛋白质）样品置于负极端时，因 pH＞pI，蛋白质分子带负电荷，电泳时向正极移动；在移动过程中，由于 pH 逐渐下降，蛋白质分子所带负电荷量逐渐减少，蛋白质分子移动速度也随之变慢；当移动到 pH = pI 时，蛋白质所带净电荷为零，停止移动。当蛋白质样品置于阳极端时，也会得到同样的结果。因此在进行等电聚焦时可以将样品置于任何位置。多种蛋白质在等电聚焦电泳结束后，会分别聚集于相应的等电点位置，形成一个很窄的区带。等电聚焦不仅能获得不同种类蛋白质的分离和纯化，同时也能产生蛋白质浓缩。蛋白质区带的位置，由电泳 pH 梯度分布和蛋白质的 pI 决定，而与蛋白质分子的大小和形状无关。一般蛋白质等电点分辨率可达到 0.01pH 单位。图 4-8 表示等电点各为 pI1、pI2 和 pI3 的三种蛋白质在等电聚焦中分离的情况。

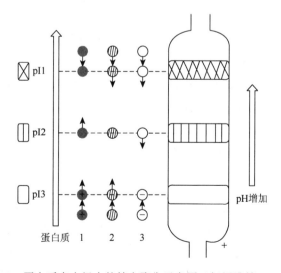

图 4-8　蛋白质在电场中的等电聚焦示意图（赵新淮等，2009）

5. 双向电泳

双向电泳（dimensional gel electrophoresis）是指在相互垂直的两个方向上依次进行两个分离机理具有明显差异的单向电泳，也称二维电泳。最常用的双向凝胶电泳就是先依据蛋白质的等电点差异，通过等电聚焦技术在第一方向上将带不同净电荷的蛋白质分离，然后在与第一方向垂直的方向上（第二方向），依据蛋白质分子量的不同，采用 SDS-PAGE 电泳技术，将第一方向电泳操作后还处于同一区带的净电荷相同而体积不同的蛋白质进一步分离。双向电泳的分离原理（图4-9）类似于二维色谱技术。

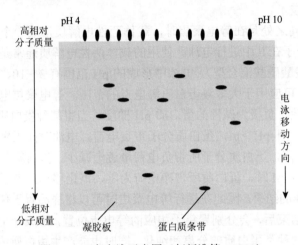

图 4-9　双向电泳示意图（赵新淮等，2009）

第一方向等电聚焦电泳系统内含有高浓度的脲和非离子型去垢剂 NP-40，而且溶解蛋白质样品的溶液除含有脲和 NP-40 外，还含有二硫苏糖醇，使得蛋白质分子内部的二硫键被破坏，达到充分变性。这些试剂不带电荷，不会影响蛋白质原有电荷量和等电点，有利于在第二方向中蛋白质肽链与 SDS 的结合。第一方向一般采用盘状等电聚焦电泳。电泳结束后，带有蛋白质的凝胶从玻璃管中脱出，必须经过第二方向 SDS 电泳分离系统的溶液平衡。所用平衡液为含有 β-巯基乙醇和 SDS 的第二方向浓缩胶缓冲液，β-巯基乙醇能使蛋白质分子中的二硫键保持在还原状态，有利于 SDS 与蛋白质充分结合。一般振荡平衡 30min，使等电聚焦凝胶中的两性电解质和高浓度的脲扩散出胶，并被第二方向浓缩胶缓冲液所平衡。双向电泳对于生物大分子蛋白质的分离和分析有很好的应用前景，随着技术的改进和发展，应用范围更加广泛。

6. 毛细管电泳

毛细管电泳（capillary electrophoresis，CE）是指离子或带电粒子以毛细管为分离室，以高压直流电场为驱动力，依据样品中各组分之间淌度和分配行为上的差异而实现分离的技术，也称高效毛细管电泳（HPCE）。毛细管通常为内径 20～100μm、长 500～1000mm 的弹性熔融石英管。为增加分离的调控因素，管内壁可以修饰各种性质的功能涂层，也可在管内填充各种色谱固定相。与平板凝胶电泳相比，毛细管电泳可以减少焦耳热产生，主要是由于毛细管内径小，表面积与体积比大，易于扩散热量。另外，电泳时电阻相对大，即使选用较高电压（可高至 30kV）仍可维持较小的电流。毛细管电泳通常在高电场下进行，可以缩短分析时间并且提高分辨力。

毛细管电泳按毛细管填充物质的性状、毛细管壁的性质、谱图的特征等分为毛细管等速电泳、毛细管区带电泳、毛细管凝胶电泳、毛细管等电聚焦电泳等。毛细管电泳工作示意图见图 4-10，在毛细管柱两端施加 20～30kV 的高电压，样品溶液通过加压、虹吸或电动进样技术导入，检测器以柱上紫外检测器居多。

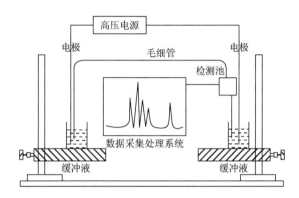

图 4-10　毛细管电泳工作原理示意图（赵新淮等，2009）

参 考 文 献

丁明玉，2012. 现代分离方法与技术[M]. 北京：化学工业出版社.

黄惠华，王绢，2014. 食品工业中的现代分离技术[M]. 北京：科学出版社.

陆健，周楠迪，史锋，2005. 蛋白质纯化技术及应用[M]. 北京：化学工业出版社.

汪少芸，2014. 蛋白质纯化与分析技术[M]. 北京：中国轻工业出版社.

辛秀兰，2008. 生物分离与纯化技术[M]. 北京：科学出版社.

赵新淮，徐红华，姜毓君，2009. 食品蛋白质——结构、性质与功能[M]. 北京：科学出版社.

Janson J C，Rydén L，1998. Protein purification：principles，high-resolution methods，and applications[M]. New York：John Wiley & Sons.

第5章　食品蛋白质理化分析技术

蛋白质是生物体中含量最高、功能最重要的一类生物大分子。它存在于所有生物细胞中，占细胞干重的 50%以上。显然蛋白质分析是生物分析化学的重要内容。通过化学和生物学手段分析蛋白质，获取蛋白质的结构、性质和功能等方面的信息，是蛋白质研究的核心内容之一。本章主要介绍蛋白质的质量标准、蛋白质及氨基酸的定性定量方法、蛋白质的理化与功能特性的分析技术等内容。

5.1　蛋白质的质量标准

食品蛋白质的质量是指蛋白质被消化吸收后，能满足人体新陈代谢和生长发育对氮和氨基酸的需要程度。食物蛋白质越能满足人体需要，其质量就越高，实质是指氨基酸的组成比例（模式）和数量，特别是必需氨基酸的比例和数量，越与人体所需一致，其质量就越高。因此，准确了解和评定食品蛋白质质量具有重要的意义。蛋白质质量的评定已经历了上百年的历史，方法较多。现对几种有代表性的或目前还有一定意义的蛋白质质量评定标准进行介绍。

1. 粗蛋白质

粗蛋白（crude protein，CP），是使用较早的蛋白质质量评定指标，仅能反映食物或食品原料中总含 N 物的多少，是食品营养价值评定的基础指标。测定方法简单，应用广泛。

2. 可消化粗蛋白质

可消化粗蛋白质（digestible crude protein，DCP），是总蛋白中能够被消化吸收的部分，可由粗蛋白质含量乘以粗蛋白消化率计算得到。同一种动物对不同食物蛋白质的消化率不同，不同动物对同一蛋白质的消化率也不完全相同。食物可消化蛋白质是表达蛋白质质量的重要指标之一。

3. 蛋白质的生物学价值

生物学价值（biological value，BV），指动物利用的氮占吸收氮的百分比，即：

$$BV = \frac{食入氮 - (粪氮 + 尿氮)}{食入氮 - 粪氮} \times 100\% \tag{5-1}$$

式中所示的 BV 值称为表观生物学价值（ABV）。从粪氮中扣除来自内源的代谢粪氮（MFN），从尿氮中扣除非食物来源的内源尿氮（EUN），则可计算出真生物学价值（TBV）：

$$TBV = \frac{食入氮-(粪氮-MFN)-(尿氮-EUN)}{食入氮-(粪氮-MFN)} \times 100\% \qquad (5\text{-}2)$$

蛋白质的 BV 值越高，说明其质量越好。食物蛋白质的 BV 值一般为 50～80。表 5-1 是几种食物蛋白质的 BV 值。

表 5-1　几种食物蛋白质的 BV 值

食物	BV	食物	BV	食物	BV
鸡蛋	96	小麦麸	64	马铃薯	71
牛奶	92	大豆（生）	64	燕麦	70
鱼粉	96～90	棉籽饼	64	谷类	64～67
肌肉	75	玉米	54～60	蚕豆	38
大豆（经热处理）	75	豌豆	48	明胶	35
		玉米谷蛋白	40		

4. 净蛋白利用率

净蛋白利用率（net protein utilization，NPU）是指动物体内沉积的蛋白质或 N 占动物体食入蛋白质或氮的百分比，即：

$$NPU = \frac{沉积氮\ (CP)}{食入氮\ (CP)} \times 100\% \ 或\ NPU = BV \times 氮(CP)的消化率 \qquad (5\text{-}3)$$

NPU 以某种食物蛋白质被利用的程度来表示其质量的好坏，是蛋白质营养价值的综合评定指标，既反映了食物蛋白质的消化性，也反映了消化产物中氨基酸组成的平衡状况。

5. 蛋白质效率比

蛋白质效率比（protein efficiency ratio，PER）是动物体食入单位质量的蛋白质或 N 的体增重，可用下式表示：

$$PER = \frac{体增重}{蛋白质或氮的食入量} \qquad (5\text{-}4)$$

蛋白质效率比也是食物蛋白质营养价值的综合评定指标，与净蛋白利用率相比，用体增重代替了蛋白质或 N 的沉积量，更为简单和直观。

6. 化学比分

化学比分（chemical score，CS）是指待测蛋白质的必需氨基酸含量与某种标准蛋白质（常用鸡蛋蛋白质）的必需氨基酸含量的比值，比值最低的那种必需氨基酸的比值被确定为该待测蛋白质相对于标准蛋白质的化学比分。显然，化学比分没有考虑其他必需氨基酸的缺乏，只能说明与标准蛋白相比，各种蛋白质第一限制氨基酸缺乏的程度。例如：小麦蛋白质与鸡蛋蛋白质相比，赖氨酸的比值最低，小麦蛋白质的赖氨酸含量为 2.1%，鸡蛋蛋白质的赖氨酸为 7.0%，小麦相对于鸡蛋蛋白质的化学比分为：（2.1/7.0）×100 = 30。

7. 必需氨基酸指数

必需氨基酸指数（essential amino acid index，EAAI）是指食物蛋白质中的必需氨基酸含量与标准蛋白质（常用鸡蛋蛋白）中相应必需氨基酸含量之比的几何平均数。EAAI 只能说明必需氨基酸总量与标准蛋白质相接近的程度，没有考虑限制性氨基酸这一因素。因此，它可粗略预测几种食物配合时氨基酸互补的总效果，但几种食物的氨基酸组成差异很大时可能会有相同或接近的 EAAI。

上述几种蛋白质质量的评定指标虽然能不同程度地说明某种蛋白质质量的好坏，但这些指标缺乏可加性。由于氨基酸的互补作用，当几种食物混合在一起后，用上述任何一种评定指标评定该混合蛋白质的结果，不能简单地等于单个食物评定结果之和。因此，上述评定指标很难与人体的需要量挂钩，难以形成需要与供给之间统一的体系。

8. 可消化、可利用和有效氨基酸

1）可消化氨基酸

可消化氨基酸是指食入的蛋白质经消化后被吸收的氨基酸，是摄入的食物氨基酸减去粪中排出的氨基酸。可消化氨基酸可通过消化实验测得。按照排泄物收集部位的差异，可分为回肠末端可消化氨基酸和肛门可消化氨基酸。按照是否从粪氮中扣除内源氨基酸分为真可消化氨基酸和表观可消化氨基酸。

2）可利用氨基酸

可利用氨基酸是指食入蛋白质中能够被消化吸收并可用于蛋白质合成的氨基酸。这部分氨基酸与氨基酸摄入量的比值称为食物的氨基酸利用率。在食物营养价值评定中通常采用可利用氨基酸或者氨基酸利用率。

3）有效氨基酸

有效氨基酸有时是对可消化以及可利用氨基酸的总称，有时却特指用化学方法测定的有效赖氨酸，或者用生物法测定的食物中的可利用氨基酸。因此，从实用的角度，可把氨基酸的消化率（可消化氨基酸）和利用率（可利用氨基酸）等同看待；对可消化氨基酸、可利用氨基酸和有效氨基酸也无严格的区分。

5.2　蛋白质及氨基酸的定性和定量分析

5.2.1　氨基酸的定性与定量分析

迄今为止，自然界中已发现 180 多种氨基酸，其中参与蛋白质合成的氨基酸只有 20 多种，称为基本氨基酸。氨基酸主要有两种存在形式，一种是以游离态存在于生理体液（血浆、尿）、食品（酒、饮料）中，另一种是以结合态存在于肽和蛋白质中。由于氨基酸分析在蛋白质化学、生物化学、食品科学、临床医学等领域的研究中起着重要作用，因此，对氨基酸分析方法的研究与改进得到人们的高度重视。1958 年，Spackman 等首先提出了用阳离子交换色谱与柱后茚三酮衍生结合的方法分析蛋白质中的氨基酸，实现了氨基酸分

析的自动化。其后，人们不断地发展新的氨基酸分析方法，柱前衍生反相高效液相色谱法、高效阴离子交换色谱2积分脉冲安培检测法等相继应用于氨基酸分析。现已是多种氨基酸分析方法并存、互补。目前常用于氨基酸分析的方法如下。

1. 微生物法

某些氨基酸是某种微生物繁殖所需的营养物质，当培养基中缺少其所必需的氨基酸时，该种微生物的繁殖就受到抑制，如将欲分析的蛋白质水解液加到缺乏此种必需氨基酸的培养基中，观察微生物的繁殖速率，再与对照实验相比较，就可以测定出该氨基酸在蛋白质中的含量。例如，某一蛋白质水解液中的精氨酸含量，可以由它对干酪乳酸杆菌生长的效应测定出来。

2. 纸层析法

图 5-1　纸层析法装置示意图

1944 年以后，在蛋白质的氨基酸组成分析中引入了纸层析分析技术（其原理如图 5-1 所示），使氨基酸分析获得了决定性的进展。

纸层析法中，滤纸纤维上吸附着一层水作为固定相，另一部分是能溶于水的有机溶剂，如苯酚或正丁醇作为流动相，它沿着滤纸长的方向向上或向下流动。蛋白质水解产物中的氨基酸则分配于这两相之间。氨基酸的亲脂性越强，则与有机溶剂一起移动的倾向越大，氨基酸的亲水性越强，则被保留在固定相中的趋势越大。相差一个亚甲基的氨基酸同系物，可以产生足够大的移动差异，因而很容易加以鉴定。在色层分离完毕后，将滤纸干燥，用水合茚三酮溶液喷雾处理，显出蓝紫色斑点，即呈现出各氨基酸组分的位置，并用 Rf 值来表示。各氨基酸有其特有的 Rf 值。

在进一步的方法中，可将水解产物加在滤纸的转角处，然后使溶剂沿着 x 轴方向流动，展开后再用另一种溶剂沿 y 轴方向流动展开，这样就达到了较大的散布，这种方法称为双向层析分析。

利用分光光度分析，对层析后得到的斑点进行测定，就可以得到各氨基酸的含量水平。也可以在层析结束后对个别氨基酸进行显色反应，以确定其存在。此时的显色处理，就不能采用水合茚三酮溶液喷雾处理，而需要选用专一性显色剂。个别氨基酸显色方法与条件见表 5-2。

表 5-2　个别氨基酸的显色方法与条件

氨基酸	显色方法与条件
精氨酸	喷雾 5% KOH 溶液，然后喷雾 α-萘酚溶液（0.01g α-萘酚溶于 10mL 5%尿素乙醇溶液），数分钟后干燥，再喷雾少量的溴碱溶液（0.7mL 溴水溶于 100mL 5% KOH 溶液），呈红色
胱氨酸/半胱氨酸/甲硫氨酸	0.6mL 0.002mol/L 氯化铂钾溶液与 0.25mL 0.1mol/L KI 溶液，0.4mL 2mol/L 酸碱溶液依次混匀，再加 76mL 氨水混匀，喷雾后红色背景呈白色斑点

氨基酸	显色方法与条件
甘氨酸	喷雾 0.2%邻苯二甲醛丙酮溶液，加温呈现绿色；用 365nm 波长光照射变褐色，组氨酸以及色氨酸呈黄色荧光
组氨酸/络氨酸	将 1g 对氨基苯磺酸溶于 8mL 浓盐酸并加水 100mL，与等量的 0.69% NaNO₂ 溶液混合，喷雾后自然风干，再喷 10%Na₂CO₃ 溶液，呈桃红色
赖氨酸	CS₂ 与正丁醇等量混合，加少量 NaOH 使其呈碱性，喷雾，5min 后微热干燥；用 1mol/L HNO₃ 配制 1% AgNO₃ 溶液，喷雾后暗处放置，呈黑色
苯丙氨酸	用水合茚三酮正丁醇溶液，潮湿条件下 70℃加热 10min，呈蓝色；胱氨酸、络氨酸也常呈现蓝色；酸性氨基酸最初为橙色，然后变为蓝色；其他氨基酸呈现桃红色，但很快褪去
苏氨酸/丝氨酸	将过碘酸钠溶于萘氏试剂中，继续加萘氏试剂至沉淀溶解，喷雾此溶液；再将 1g 对二氨基苯甲醛溶于 90mL 丙酮中，加浓盐酸 10mL，喷雾，呈现蓝色

3. 离子交换层析

将阳离子交换树脂装满一个柱子，预处理后在树脂上加氨基酸的酸性溶液（pH 2.2）。由于在 pH 2.2 时氨基酸大部分为阳离子，带净正电荷，氨基酸阳离子就从树脂颗粒上交换下一些结合的 Na⁺。不同氨基酸的交换量有差别，在 pH 2.2 时碱性氨基酸（精氨酸、组氨酸、赖氨酸）与树脂的结合最紧密，酸性氨基酸（天冬氨酸、谷氨酸等）与其结合最差。当洗脱液的 pH 及 NaCl 浓度逐渐增加时，氨基酸被洗脱并沿交换柱以不同速度向下流动。氨基酸可以用分部收集器收集，然后用茚三酮反应进行定量测定，并获得各种氨基酸的洗脱曲线。这种测定方法现在已经自动化，其仪器称为氨基酸自动分析仪。

氨基酸自动分析仪利用了高效液相色谱的分离原理，氨基酸分离用的离子交换树脂是粒度均匀的微粒状磺酸型强酸性阳离子交换树脂。用恒流泵输送样品，利用氨基酸在酸性环境下带正电荷，而强酸性阳离子交换树脂却有负离子的特性，便能通过离子交换、洗脱等对不同类型的氨基酸进行分离。

用于氨基酸分析仪的一般是合成强酸性阳离子交换树脂，由苯乙烯及二乙烯苯合成。最初用的强酸性阳离子交换树脂是 Amberlite IR120，粒度为 200 目。目前已知常用的强酸性阳离子交换树脂还有 DoweX50、Zeocarb225 等。最近有专为荧光检测用的树脂。所用离子交换树脂一般都是 Na⁺型。当 pH 为 3.3、4.3、4.9 的缓冲液相继流经树脂时，由于 pH 逐渐增高，氨基酸逐渐失去正电荷，与树脂的结合逐渐减弱，最后便从树脂上洗脱下来。

由于各种氨基酸的结构不一样，因此对树脂的亲和力也不一样，酸性氨基酸所带的氨基少，正电荷也少，与树脂结合不紧，所以它们最早被洗脱下来。在单柱分析时，天冬氨酸是最先被洗脱下来的氨基酸。反之，赖氨酸所带氨基多，正电荷也多，与树脂结合紧密，被 Na⁺置换就相对困难，故被洗脱的速度慢。氨基酸侧链也可能带有其他不同的化学基团，如酚基（如酪氨酸）、咪唑基（如组氨酸）及胍基（如精氨酸）等，在一定条件下，这些基团的解离及它们对树脂的亲和力和被洗脱的速度是有区别的，这些区别也是各种氨基酸在柱层析过程中被分离开的基础。

洗脱出来的氨基酸，与另一流路的茚三酮溶液混合，在 100℃的水浴中加热起颜色反应，一般氨基酸呈紫色，但脯氨酸呈黄色，故氨基酸自动分析仪一般都设计有两个波长，一个是 570nm，另一个是 440nm。利用电子计算机程序控制氨基酸自动分析仪，进行相关的数据处理，使分析全部自动化，分析时间缩短，分析的灵敏度和精度也大大提高。氨基酸分析仪的灵敏度已达到 10^{-1}，若用荧光检测器，灵敏度还可提高 1 或 2 个数量级，仅需几毫克或几十微克样品即可用于分析。

对蛋白质中的氨基酸进行定量分析时，需要对蛋白质样品进行水解以产生各种游离的氨基酸。在常用的蛋白质水解方法中，酸水解能够得到除色氨酸和胱氨酸以外的其他氨基酸，通常用 HCl 作水解剂。由于酸水解对色氨酸有破坏作用，因此需采用蛋白质的碱水解法来测定色氨酸。但是碱水解会破坏精氨酸、丝氨酸、苏氨酸、胱氨酸及半胱氨酸等，只限于测定色氨酸。由于半胱氨酸和甲硫氨酸在分析过程中易受干扰，因此测定半胱氨酸和甲硫氨酸需要采用过甲酸氧化法。目前常采用结合了过甲酸氧化法的酸水解法，采用 5.7mol/L HCl 真空下 110℃水解 24h，水解反应在封管中进行。

蛋白质水解完成后，就可以进一步处理并在仪器上进行分析。氨基酸的定量分析需要对氨基酸组分进行衍生化处理，如采用柱后衍生法或柱前衍生法。柱后衍生法是将游离氨基酸经色谱柱分离后，各种氨基酸再与显色剂（茚三酮、荧光胺、邻苯二甲醛等）作用。这种方法比较稳定，对样品预处理要求低，容易定量和自动化操作；不足之处在于检测灵敏度不高（100pmol 以上），分析时间长，蛋白质水解需 1h，而某些生理样品则需 4h 以上。柱前衍生法是先将氨基酸和化学偶联试剂反应生成氨基酸的衍生物，然后用色谱柱将各种衍生物分离，直接检测衍生物的光吸收或荧光发射。此法分析灵敏度高，可利用 HPLC 进行氨基酸分析；缺点是有的衍生物不稳定，衍生试剂可能干扰氨基酸检测。

几种常见的氨基酸衍生方法如下。

1）茚三酮法

离子交换层析后，各种氨基酸与茚三酮反应生成紫色化合物，最大光吸收在 570nm，摩尔吸光系数 $2×10^4$L/(mol·cm)；茚三酮和仲胺（脯氨酸和羟脯氨酸）反应生成黄色化合物，在 440nm 检出，摩尔吸光系数 $3×10^3$L/(mol·cm)。

目前此法的灵敏度可达 100pmol，但茚三酮试剂不稳定，须隔绝空气避光保存，试剂本身黏度大，需要有柱后混合器才能与氨基酸充分反应，对仪器要求较高。

2）荧光胺法

荧光胺能在室温下迅速和伯胺发生反应，其产物的激发波长为 390nm，发射波长为 475nm。仲胺可以用 N-氯代丁二酰亚胺（NCS）氧化生成相应的初级胺后再与荧光胺反应而检出。

荧光胺　　　　　　伯胺　　　　　　荧光产物

3）邻苯二甲醛法

邻苯二甲醛（OPA）最早是被作为柱后衍生试剂而引进的，后来也逐渐应用于柱前反应中。OPA 能在还原剂巯基乙醇存在下和伯胺反应，产生具有很强荧光的异吲哚衍生物，反应在室温下 1min 即可完成，产物的激发波长为 340～360nm，发射波长为 455nm，灵敏度比茚三酮法高。在 OPA 中加入 SDS 或表面活性剂 Brij-35，不但能提高赖氨酸和羟赖氨酸的稳定性，而且能提高它们的荧光度。缺点是不能检测仲胺，但可在碱性条件下用氧化剂将仲胺氧化成相应的伯胺，然后与 OPA 反应。

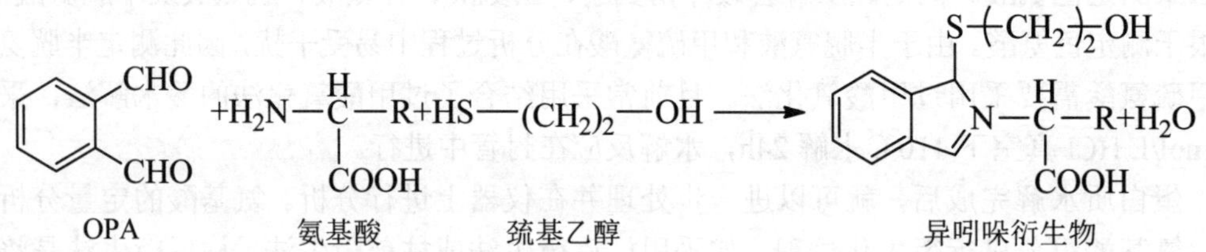

OPA　　　　　　氨基酸　　　　巯基乙醇　　　　　　　　　异吲哚衍生物

4）PTC-AA 分析法

PTC-AA 分析法属于柱前衍生法，源于 Edman 降解法，用于测定蛋白质一级结构。异硫氰酸苯酯（PITC）能在碱性条件下和氨基酸反应，生成 PTC-AA，能在 254nm 检出。此法分析灵敏度与荧光胺法、OPA 法相同。优点是能同时检出伯胺和仲胺，缺点是操作麻烦，对水和盐的副反应敏感，要求较高的操作技术。

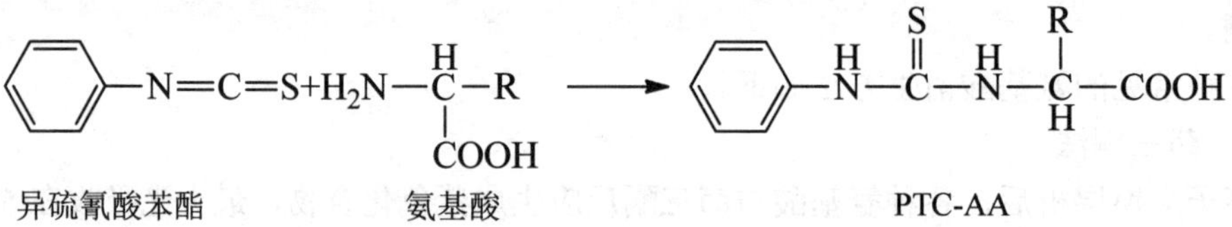

异硫氰酸苯酯　　　　　　　　氨基酸　　　　　　　　　　　　PTC-AA

5）丹磺酰氯法

丹磺酰氯（dansyl-Cl）能与所有氨基酸在柱前反应，形成高稳定性的荧光产物。但反应耗时。

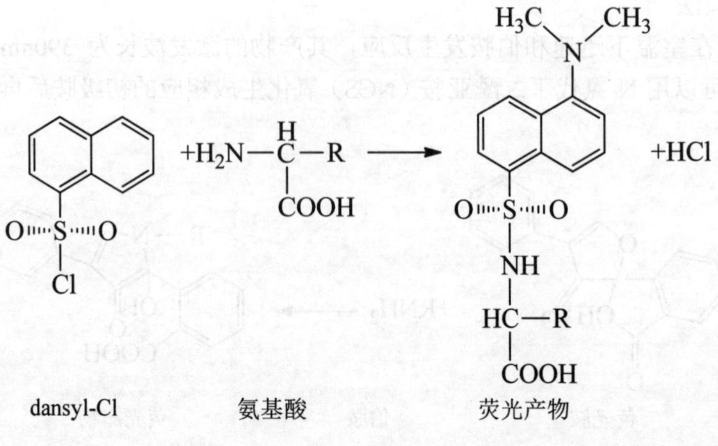

dansyl-Cl　　　　　　氨基酸　　　　　　荧光产物

图 5-2～图 5-4 分别给出了利用茚三酮、异硫氰酸苯酯、邻苯二甲醛衍生法分析氨基酸组分的色谱图。

影响氨基酸分析准确性和重复性的因素有 3 方面：①样品的水解，水解时间、水解温度、真空度、样品是否被氧化等；②氨基酸衍生；③氨基酸的色谱柱分离效果。

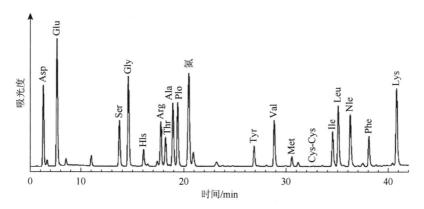

图 5-2　茚三酮柱后衍生法分析饲料水解液中的氨基酸组分

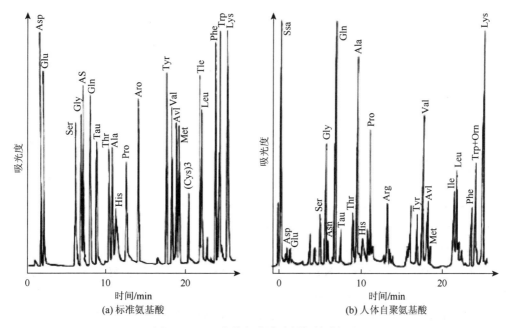

(a) 标准氨基酸　　　　　　(b) 人体自聚氨基酸

图 5-3　PTC-柱前衍生法分析氨基酸组分

5.2.2　蛋白质的定性和定量分析

农产品和食品等的商品价值,部分取决于它们的化学组成,尤其是蛋白质的含量水平。蛋白质的定量分析是常规检验项目和重要指标，是食品科研活动中经常进行的分析工作。蛋白质的测定方法很多，常用的方法可以分为三大类：①基于蛋白质与一些物质的化学反

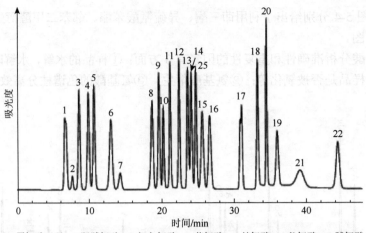

1-蛋氨酸亚砜；2-羟脯氨酸；3-门冬氨酸；4-苏氨酸；5-丝氨酸；6-谷氨酸；7-脯氨酸；
8-甘氨酸；9-丙氨酸；10-胱氨酸；11-缬氨酸；12-蛋氨酸；13-异亮氨酸；14-亮氨酸；
15-酪氨酸；16-苯丙氨酸；17-羟赖氨酸；18-赖氨酸；19-氨；20-组氨酸；21-色氨酸；
22-精氨酸；23-磺丙氨酸；24-蛋氨酸砜；25-正亮氨酸

图 5-4　OPA 法柱后衍生分析胶原蛋白水解液中的氨基酸组分

应所建立的化学法，这是食品科学研究中最常用的方法；②根据蛋白质的生化性质建立的生物活性检定法和免疫法；③依据蛋白质与不同试剂的反应和仪器测试技术建立的仪器法。其中化学法操作较为简单，常用于食品蛋白质的快速分析，后两者通常配合高灵敏度的精密仪器，一般用于痕量或超痕量蛋白质的分析。

1. 化学法

化学法包括凯氏定氮法、杜马斯法和分光光度法等，分析过程中涉及蛋白质发生不同的反应。这里所说的分光光度法是利用了化学反应的间接测定方法，并非一般意义上的直接分光光度测定法。

1）凯氏定氮法

食品中蛋白质含量的分析，是对其营养价值进行评价的一个重要方面。但是由于蛋白质结构的复杂性，不同来源的蛋白质其化学组成有差异，即使是同一来源的蛋白质，也是由不同的蛋白质组成，精确地分析每个蛋白质含量是比较困难的，所以目前对蛋白质含量的分析是基于蛋白质中所含特征元素（N）的分析。这是经典凯氏定氮法的基础，也被称为总氮分析，目前它是我国的标准分析方法，也是美国官方分析化学家协会（AOAC）的首推方法。

凯氏定氮法是根据各种蛋白质中 N 的含量基本固定来进行测定。蛋白质中 N 的含量平均为 16%（1g N 相当于 6.25g 蛋白质）。其基本原理与大致的操作过程如下：首先利用无机酸、氧化剂将样品高温氧化分解，例如，利用 H_2SO_4、$HClO_4$ 加 H_2O_2 等氧化剂的作用（但不能用 HNO_3），同时加入催化剂加快有机物的分解，或加入无机盐如 K_2SO_4 提高氧化温度以有利于有机物的分解；在高温条件下，样品中 C、H 被氧化为 CO_2、水，而样品所含的 N 则被还原为 NH_3，与 H_2SO_4 反应后以铵盐的形式存在；在碱性条件下利用水蒸气将样品分解时生成的 NH_3 蒸馏出，并用 H_3BO_3 溶液将其吸收；然后用无机酸标准溶液分析 NH_3 的含量，这样就可以测定出样品中 N 的含量。

凯氏定氮法准确度高、操作简便，适用于常量和微量蛋白质的测定。但严格地说，凯氏定氮法测定的是含氮化合物，其中包括一些非蛋白氮，所以用凯氏定氮法测定的蛋白质含量一般称之为粗蛋白含量。

目前一般的凯氏定氮法测定和计算蛋白质含量，是采用与蛋白质相对应的换算系数（这也是国际上通用的方法）来转换的，所以转换系数是一个很关键的常数。常见的换算系数一般采用表 5-3 所给出的数据。

表 5-3　凯式定氮法分析蛋白质含量时氮与蛋白质的换算系数

类别	食品	换算系数	类别	食品	换算系数
乳和蛋白	酪蛋白	6.15	蔬菜水果类	胡萝卜	5.8
	乳	6.02		甜菜	5.27
	干酪	6.13		马铃薯	5.18
	蛋	5.73		番茄	6.26
	蛋粉	5.96		香蕉	5.32
肉和鱼类	牛肉	5.72		苹果	5.72
	鸡肉	5.82		甘蓝	5.3
	鱼肉	5.82		生菜	5.3
谷物与豆类	小麦	5.71～5.75	微生物类	酵母	5.78
	大米	5.61～5.64		蘑菇	5.61
	玉米	5.72	其他食品	马铃薯蛋白	5.94
	燕麦	5.5		葵花籽粉	5.36
	荞麦	5.53		油菜籽粉	5.53
	高粱	5.93		芥末籽	5.4
	小米	5.68		亚麻籽	5.41
	大豆	5.69		花生	5.46
	干豆	5.44		明胶	5.55

由于蛋白质分析时影响分析准确性的因素主要来自样品中所含的非蛋白氮，如无机氮、核酸、游离氨基酸或低分子的肽类等含氮化合物。所以，为了提高分析时的准确性，可以采用三氯乙酸处理样品，沉淀出其中的蛋白质，除去可以溶于三氯乙酸的无机氮、核酸、游离氨基酸以及小肽分子，最终所得分析结果可以认为是分析样品中真正的蛋白质含量。

2）杜马斯法

杜马斯（Dumas）法也被称为干烧法，是现在较为成熟的仪器分析法。杜马斯法分析的基本原理与凯氏定氮的原理基本相同，均是基于氮元素的分析。测定过程包括：①样品燃烧：在高温（900℃）下样品进入燃烧管中被氧化，生成的气体被载气携带直接通过 CuO（作为催化剂）而被氧化。与此同时，化合物中难氧化的部分会被载气携带通过 CuO 和铂混合物（作为催化剂）进一步氧化。燃烧过程中 N 以氧化亚氮（主要是 NO_2）的形式存在，C 以 CO_2 的形式存在，H 以 H_2O 的形式存在。②还原：燃烧生成的氮氧化物在 W 或 Cu 上还原为 N_2，同时过量的 O_2 也被结合。③净化：使 N_2 和 CO_2 的混合气体通过浓的 NaOH 溶液，以除去 CO_2，一系列适当的吸收剂将干扰成分（如卤化氢）从被检测气流中除去，同时用水冷凝器确保去除水蒸气。④检测：用一个 CLD 热导检测器来检测载气流中剩余的 N_2，N_2 体积含量不同会导致电子测量信号不同，经过标准物质校正，被测样品的 N 含量（样品蛋白质量）就可以自动地计算出来。

蛋白质分析中凯氏定氮法与杜马斯法的比较见表 5-4。

表 5-4 蛋白质分析中凯氏定氮法与杜马斯法的比较

要求或指标	凯氏定氮法	杜马斯法
化学试剂	H_2SO_4、NaOH、硼酸、H_2SO_4、$CuSO_4$、指示剂等	空气、O_2、He、Cu、NaOH、催化剂等
其他辅助装置 [a]	溶液储存、废液储存	很少
废物处理	废液需要适当处置	无废物产生
分析速度	24 个样品 120min	3min
操作的危险性	中等	很小
准确性/K	70～98	100
精确度/X	1.2	0.7

a. 不包括分析所需要的消化、蒸馏、滴定、分析等装置。

利用凯氏定氮法和杜马斯法，对质量为 0.15～1.0g 的多个样品的蛋白质含量进行分析，比较分析结果，发现二者之间具有一致性（图 5-5），说明杜马斯法是准确测定蛋白质的一种可选方法。

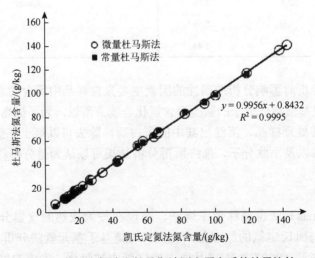

图 5-5 凯氏定氮法和杜马斯法测定蛋白质的结果比较

3）分光光度法

蛋白质的紫外吸收法测定也是属于分光光度法。但是，这里所指的分光光度法，特指的是通过其他的一些化学试剂与蛋白质的作用，产生肉眼可见的有色物质，然后再对蛋白质进行的定量分析，所以是一个间接的定量分析方法。目前，一般有三种间接方法可用于蛋白质的定量分析。

（1）双缩脲法

碱性条件下，Cu^{2+} 与蛋白质（或具有 2 个以上肽键的肽）肽键中氮原子上的孤对电子形成配位化合物（结构如图 5-6 所示），并且呈现紫红色。所形成的配合物非常稳定，在 $540\sim590nm$ 附近有最大吸收。

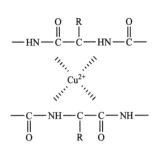

图 5-6　碱性条件下铜离子与肽键的作用

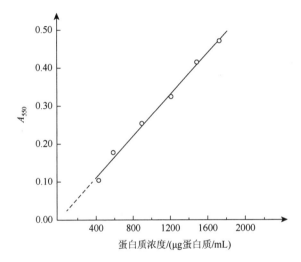

图 5-7　双缩脲法分析蛋白质时的牛血清蛋白标准曲线

蛋白质的双缩脲法分析虽然需要标准蛋白质（如牛血清蛋白）所测定出的标准曲线（图 5-7），但这是一个快速、简单、费用低廉的分析方法。不同的蛋白质（或氨基酸的组成）对显色影响不大，但是显色后的色泽强度差异较大（表 5-5）。分析的干扰物质少，脂类化合物由于可能影响样品的澄清问题，所以会产生一定影响；高浓度的氨可以与铜离子作用，形成铜氨离子，所以也会带来分析结果的误差；本身具有颜色的样品分析也不适用于此法。

表 5-5　不同蛋白质的双缩脲呈色反应相对强度　　　　　单位：%

蛋白质	相对颜色强度	蛋白质	相对颜色强度
血清蛋白	100	玉米醇溶蛋白	92.1
血清球蛋白	98.8	酪蛋白	82.1
卵白蛋白	98.6	明胶	74.2

表 5-6 列出了蛋白质-铜离子配位化合物的吸光系数与蛋白质分子之间的关系，可以看出，蛋白质-铜离子配位化合物的吸光系数随着蛋白质相对分子质量的增加而增加，也随着单位质量蛋白质中肽键数的增加而增加。单位质量蛋白质能够结合的铜离子数也可以从表 5-6 的数据中计算出来。醇溶蛋白和明胶由于有较高的脯氨酸含量，所以单位质量的醇溶蛋白和明胶所产生的色泽强度低。由于半胱氨酸、胱氨酸能够与铜离子结合，所以含半胱氨酸、胱氨酸较高的蛋白质，也能降低色泽的形成。另外，谷氨酸、天冬氨酸也能够竞争与铜离子结合，可能对肽链与铜离子的呈色反应产生影响。表 5-6 为双缩脲法分析蛋白质时的一些重要参数。

表 5-6　不同蛋白质的双缩脲呈色反应相对强度

蛋白质/肽	相对分子质量	λ_{max} /mm	吸光系数 [a] /L(mol·cm)	蛋白质-铜离子结合能力 [b] (g/mol)	铜离子结合需肽键数	吸光系数 [c] /(mol·cm)	蛋白质结合铜离子能力 [d] /mol
三甘氨酸	189	590	90.3	189	3	90.3	1.0
醇溶蛋白	27 000	555	143.3	700	6	5 531	38.6
β-乳球蛋白	36 800	544	151.4	620	6	8 986	59.4
玉米醇溶蛋白	45 000	535	150.0	638	6	10 580	70.5
明胶	75 000	554	144.2	670	6.3	16 142	111.9
血清球蛋白	180 000	545	154.0	586	5	47 304	307.2
麻仁球蛋白	310 000	550	163.6	635	6	79 868	488.2

a. 以铜离子计的摩尔吸光系数；b. 1mol 铜离子结合蛋白质需要的蛋白质质量；c. 以蛋白质计的摩尔吸光系数；d. 蛋白质作为配位体结合铜离子的摩尔数。

（2）Lowry 法

Lowry 法是在双缩脲法的基础上通过添加福林-酚试剂来增加蛋白质的分析灵敏度，适用于测定双缩脲法无法测定的低蛋白含量样品。在反应中，福林-酚试剂被蛋白质中的酪氨酸残基还原，形成的蓝色化合物在 750nm 和 405nm 附近有最大吸收。Lowry 法中蛋白质与铜离子作用生成的亚铜离子作为催化剂，催化福林-酚试剂还原。它的缺点是分析时使用的试剂多、反应慢、干扰物质较多、需要对 pH 进行控制以避免试剂分解、在进行准确分析时需要进行时间控制。当然，在分析时也需要一个标准蛋白质的标准曲线。

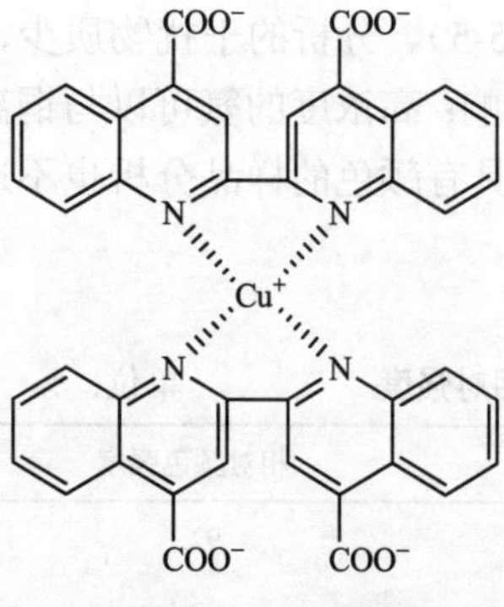

（3）BCA 法

BCA 法是在 Lowry 法的基础上进一步改进发展起来的。它是利用还原性物质将 Cu^{2+} 还原成 Cu^+，Cu^+ 可以与 4, 4'-二羧基-2, 2'二喹啉（bicinchoninic acid，BCA）反应生成紫色化合物（结构如图 5-8 所示），在 560nm 附近有最大吸收。在此测定中亚铜离子是一个反应物而不是催化剂，任何能够还原铜离子的化合物均能够发生此反应，而蛋白质中主要是色氨酸、酪氨酸还原铜离子，较小程度上

图 5-8　Cu^+ 与 BCA 形成的配合物

含硫氨基酸可以还原铜离子，所以不同蛋白质间的分析结果有变化。BCA 法分析蛋白质时也需要标准蛋白质的标准曲线（图 5-9）。

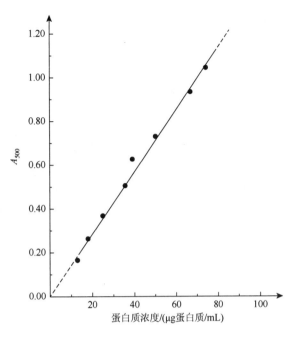

图 5-9　BCA 法分析蛋白质时的牛血清蛋白标准曲线

（4）荧光法

荧光法主要应用于蛋白质的荧光分析，包括荧光胺法和邻苯二甲醛法。

荧光胺法：蛋白质中的氨基同荧光胺的反应很快，分析灵敏、快速、简单，但胺类化合物干扰分析结果，并非所有的蛋白质都表现出相同的荧光率。在标准的分析过程中，将荧光胺溶于非水有机溶剂中（水可以分解荧光胺），在涡流搅拌下快速加入到蛋白质样品中，在 pH 8～9 时，反应几秒内完成，而过量的荧光胺在与水缓慢反应后生成非荧光产物。反应产生的蛋白质荧光衍生物在 475nm 波长被激发后，于 390nm 处测定荧光强度。铵离子、亚胺基化合物可与荧光胺反应，但不干扰分析，然而醇类化合物可与荧光胺作用，降低荧光胺同胺基的反应，以及荧光胺同水的分解反应。

邻苯二甲醛法：蛋白质的邻苯二甲醛分析法优于荧光胺法，因为试剂是水溶性的且稳定性高，测定费用低。此外，对 pH 不敏感、反应灵敏度高。反应的原理与荧光胺法相同，邻苯二甲醛与蛋白质分子中的氨基反应（末端氨基和 ε-氨基），所以不同的蛋白质反应情况不同。反应在 15min 内完成，蛋白质衍生物稳定，背景荧光物可通过添加 NaOH 来破坏。测定在 450nm 激发波长、340nm 测定波长下进行。测定时高浓度的 NH_3 干扰分析，同时常用的缓冲溶液 Tris 也能同试剂反应，所以反应的缓冲液不能使用铵盐或 Tris。

（5）其他方法

蛋白质在一定条件下可以同各种有机染料结合，由于有机染料一般是阴离子化合物，所以用染料结合法测定蛋白质时需要蛋白质的两性离子性质，一般是将含蛋白质的溶液酸化至低于 pI 的 pH，然后加入染料。由于静电作用，染料与蛋白质结合，疏水相互作用加强二者之间的作用，染料与蛋白质的结合可能产生沉淀，此时可以测定溶液中染料的减少量计算蛋白质的量；也可能不产生沉淀，但因染料的吸收光谱发生改变，即可据此计算蛋白质的量。

考马斯亮蓝（CBBG）结合法是目前应用最多的一种方法。当 CBBG 结合在蛋白质上时，颜色会发生改变，CBBG 与蛋白质间的作用以非离子作用为主（60%以上）。CBBG结合法测定的灵敏度高于 Lowry 法。在颜色强度与蛋白质浓度间为非线性关系，但分析简单、快捷。这种测定不适用于含有较多酚类化合物的植物提取物样品，但可用于测定不溶性蛋白质。测定时的 pH 为 0.85～1.2（使精氨酸质子化），以便蛋白质与 CBBG结合，最大吸收峰在 595nm。由于 CBBG 与蛋白质的结合与蛋白质中氨基酸的组成有关，所以精确分析时需要选择合适的蛋白质标准物，一般采用溶菌酶为标准品，它比牛血清蛋白具有更好的分析结果。对考马斯亮蓝与不同蛋白质之间的结合模式已经有较多研究。采用 Scatchard 方程描述考马斯亮蓝 G250 与一些蛋白质结合时的常数见表5-7。

表 5-7　考马斯亮蓝 G250 与一些蛋白质的结合常数

蛋白质	K_d/μmol	强结合位点数	吸光系数/[L/(mol·cm)]
牛血清蛋白	18.6	105	48000
α-乳白蛋白	110	14	55400
胰凝乳酶	80	13	55700
卵白蛋白	23	33	41900
醇脱氢酶	40	30	57700

银结合法：银结合法比 CBBG 法的灵敏度高 100 倍，与邻苯二甲醛荧光法分析水解蛋白的灵敏度相近。银结合法可以对经过聚丙烯酰胺分离后的蛋白质样品进行非常准确的测定，方法较简单、迅速、成本低。分析的原理是基于银离子与蛋白质分子中的碱基（主要为 Lys、His）形成配合物，然后被还原形成金属银。反应开始时将含蛋白质的样品用SDS（小于 0.2%，V/V）和戊二醛处理，然后加入银铵离子，10min 内加入硫代硫酸钠终止反应，并测定 420nm 处的吸光度。戊二醛的作用是增加银的结合能力，SDS 的作用是增加测定的灵敏度和重现性，而硫代硫酸钠的加入则是用于消除影响分析的非特异性反应，以免影响对照样分析。碳水化合物、非离子性表面活性剂、醇类对测定的干扰小，阴离子（可以与阴离子形成不溶性的盐类）、EDTA、还原剂等对测定结果有影响，可以通过样品分析前的凝胶过滤色谱而将它们消除。银结合法的不足之处是测定结果与蛋白质的结构有关，所以如果用此法对未知结构的蛋白质样品进行分析则无意义。

胶体金法：此法也是一个灵敏、快速的分析方法，分析的灵敏度与银结合法相同。分析时向样品中加入胶体金溶液（由聚乙烯基甘油醇稳定），混合后几分钟内测定 590nm 处的吸光度。在蛋白质质量为 2～200ng 时可以获得线性关系。测定时存在的干扰不多，一些干扰物可以通过稀释或凝胶过滤等方法除去。由于蛋白质同带负电荷的胶体金的结合与 CBBG 的结合相同，所以需要酸性条件（pH = 3.8）。

近年来，近红外染料在蛋白质定量分析中的应用引起了人们的关注。该类染料的吸收及荧光光谱处于近红外区，而生物分子在该区域内无吸收现象，所以可以降低测定体系的背景值和提高灵敏度。另外，近年来发展的金属离子有机染料表面活性剂体系也可以用于测定蛋白质含量。金属离子主要是 Mo（六价）、Ti（四价）、V（四价），能与含羟基或羧基的有机染料形成稳定的配合物。在酸性条件和表面活性剂存在的情况下，配合物与不对称的蛋白质分子结合成可溶大分子团并产生新的光谱特征，从而能够定量测定蛋白质含量。这类方法具有灵敏度高、干扰少、线性范围宽等特点。

（6）几种常用测定方法的比较。

对于蛋白质含量水平不同的样品进行蛋白质分析时，可采用的方法总结于表 5-8 中。一般来讲，由于食品样品中蛋白质的含量较高，并且样品量大，所以首选的分析方法为凯氏定氮法；在涉及生物学等其他领域的研究中，由于样品量较少，蛋白质含量相对较低，所以更多地采用灵敏度较高的分析法。了解样品的化学本质有助于分析方法的选择。

表 5-8　蛋白质不同分析方法的比较

方法		适于分析的蛋白质的量/μg
凯氏定氮法		500～30000
紫外吸收（直接）	280nm	100～3000
	205nm	1～100
可见光吸收（间接）	双缩脲	1000～10000
	Lowry	10～300
荧光法	荧光胺	0.5～50
	邻苯二甲醛	0.1～2（天然蛋白）
染料结合法	CBBG	1～100
	Ag	0.02～2

2. 直接分析法

1）紫外分光光度法

紫外分光光度法是利用蛋白质分子中一些特殊基团或化学键的特性而对蛋白质进行的直接分析。与蛋白质的凯氏定氮分析相比，紫外吸收分析的优点是样品需要量少、分析对样品无破坏性、分析过程快速，但是存在蛋白质的溶解性问题，一般测定时需要一个参考蛋白（如牛血清蛋白）作为标准蛋白，所以使用范围存在限制。

蛋白质在280nm处的紫外吸收较早地被应用于蛋白质的定量分析，但是由于在280nm处的吸收主要是由芳香族氨基酸（酪氨酸和色氨酸）产生，还有一些是由苯丙氨酸产生，因此对于不同来源的蛋白质因其氨基酸组成不同，如果采用单一标准测定结果就会产生较大差异。同时，存在的核酸类物质在260nm处也有吸收，所以还存在着其他物质对测定的干扰问题，在分析时一般需要进行校正。测定样品在 280nm 处的紫外吸收，一般可以用于对纯度较高、已知氨基酸组成的样品分析。核酸干扰可采用同时测定 260nm 处的吸收予以校正。

对肽键的直接分析则可以解决 280nm 分析选择性不够的问题。肽键的最大吸收一般在 192nm，此时分析受 O_2 的影响较大，所以实际测定时较多选用的波长是 205nm。由于芳香族氨基酸在此区域也有弱的吸收，所以一般也要经过校正，校正的方法是通过同时分析样品在 280nm 处的吸收，将此处的吸收换算为在 205nm 处的吸收并扣除。校正后的数据可以直接用于计算蛋白质的含量。

紫外吸收法分析蛋白质时还有另外的改进方法。即通过测定样品在两个不同波长处的吸收，直接计算其蛋白质含量，所选用的测定波长是 235nm 和 280nm。经过改进后的紫外吸收分析方法所具有的优点包括：对总蛋白含量的分析不需要参考蛋白；核酸物质不干扰分析结果；分析结果不受蛋白质的氨基酸组成模式影响；所选用的分析波长适用于所有紫外分光光度计；分析时直接对同一样品进行两次测定，无须稀释等处理。

2）荧光法

荧光法是近几年兴起的一种测定蛋白质的新方法。已报道的有络天青 S、次氯酸盐-硫胺素及白蛋白蓝法等，但它们的灵敏度均较低。利用四磺荧光素 B（EB）与蛋白质键合引起荧光猝灭，可用于蛋白质的测定，该方法的线性范围为 1.36～20.4mg/mL。使用（4-羧基苯）卟啉（TCPP）测定血清蛋白的荧光分析法，是利用反应物的荧光强度随蛋白浓度的增加而增加的现象进行测量，但 TCPP 在最佳反应条件下的溶解度很低，使得该方法的灵敏度有了本质上的障碍。该方法测定蛋白质的工作曲线线性范围窄，检出限高。利用 5, 10, 15, 20-四（4-磺酸苯基）卟啉（TPPS）与蛋白质的络合作用使其荧光猝灭的性质，测定蛋白质的线性范围可达到 0.1～9.0mg/mL，检出限为 0.05mg/mL。

3. 生物活性检定法和免疫法

1）生物活性检定法

生物活性检定法是一类基于物质生物活性的分析方法。由于一些多肽和蛋白质具有生物活性，因此生物活性检定法在活性多肽、活性蛋白质的分析中受到青睐。该方法的最大优点是能反映生物活性，而多肽和蛋白质的生物活性是它们在特定条件下的产物，即只有保持特定的空间结构才能体现其活性。如一级结构完整的同一蛋白质，若其二级结构、三级结构或四级结构被破坏，或者是有差异，显然通过它们的化学组成是无法区别的，可是却能表现出生物活性方面的明显不同。因此，生物检定法是一类特殊的分析方法，其他分析方法无法代替。

生物检定法通常是在体内或组织（细胞）上直接进行分析，在体内分析需要动物模型和外科手术，耗时、观察结果有主观性，导致变异性大、灵敏度低。细胞测定的方法则花费少、省时。特别是随着分子生物学技术的发展，发展和建立了许多特异性强、稳定性好、灵敏度高的技术手段，使得生物检定法更可靠和客观，可测到 1pg 以下的蛋白质。

2）免疫法

免疫法是基于抗原与抗体结合生成沉淀所建立的分析法。常用的免疫学方法有免疫测定法（RIA）和酶联免疫吸附法（ELISA）。RIA 历史悠久，由于其技术成熟及灵敏度高，目前仍在使用，但已逐渐被 ELISA 所取代。与 RIA 相比，ELISA 的优点是试剂寿命长、重复性好、自动化程度高、无放射性危害等，而且在有的实验研究中它与生物检定法有相似的量效曲线，说明它能部分地反映生物活性，现在被广泛地用于蛋白质研究。

（1）免疫扩散法

免疫扩散法是以琼脂作为抗原-抗体免疫沉淀反应的惰性载体，通过观测沉淀与抗原浓度的关系，即可定量测定抗原（待测样品中蛋白质）的含量。免疫扩散法分为环状免疫单扩散法和双向扩散法两种。

环状免疫单扩散法：将一定量的抗体（常用单价抗血清）与含缓冲液的琼脂糖凝胶混匀铺成适当厚度的凝胶板，再把抗原滴进凝胶板的小孔中。在合适的浓度和湿度环境中，抗原由小孔向四周扩散（呈辐射状），经过一定时间后抗原与在琼脂糖凝胶中的抗体相互作用。当抗原扩散到一定距离，并在抗原与抗体的浓度比例合适时，形成浓沉淀环。这一沉淀环是一种抗原抗体复合物。抗体浓度增大到一定程度后，抗体向琼脂糖凝胶扩散形成的沉淀不再增大。这时，沉淀环的大小（面积）与抗原浓度在一定范围内呈线性关系。这样，就可以确定抗原物质的含量，即待测样品中蛋白质的含量。

双向扩散法：一定浓度的琼脂糖（或琼脂）凝胶是多孔的网状结构，大分子物质可自由通过。双向扩散法可使分别在两处的抗原和相应抗体相遇，形成抗原-抗体复合物，比例合适时出现沉淀，沉淀的特征与位置取决于抗原相对分子质量的大小、分子结构、扩散系数和浓度。如果抗体存在于多种有机大分子中则出现多条沉淀线。该方法的操作简单且灵敏度高，是最常用的免疫法。

（2）免疫电泳法

免疫电泳法是免疫反应与电泳结合的产物。先将抗原样品置于琼脂平板上进行电泳，使其中的各种成分因电泳迁移率的不同而彼此分开，抗原进入抗体做双向免疫扩散，已分离的各抗原成分与抗体在琼脂中扩散而相遇，然后在二者比例适当的地方，形成肉眼可见的沉淀弧。免疫电泳法具有很高的灵敏度，克服了单纯琼脂扩散方法中的沉淀线重叠、不易鉴别的缺点，既可应用于蛋白质的分离与定性鉴定，也适用于抗原或抗体的定量测定。免疫电泳法常见形式有如下几种。

微量免疫电泳法：在含有离子的琼脂糖凝胶中心挖一长槽，槽两侧各挖一个小圆孔，孔内加入待测样品。电泳时，由于样品中各蛋白质的等电点不同，其带电性不同，因而被分离成几个区带。电泳后在长槽中加入相应的抗血清，置 37℃扩散。分离的蛋白质与相应的抗体（抗血清）形成大小不同、深浅各异的沉淀弧。一般情况下，每一沉淀弧代表蛋白质混合液中的一种成分，以此进行相应的定性、定量测定。

对流免疫电泳法：将抗原和抗体分别加入琼脂板样品孔内同时进行电泳。在 pH 8.6 的琼脂凝胶中，抗体蛋白只带有微弱的负电荷，而抗原蛋白质带负电荷。将抗原置于负极，将抗体置于正极。在电泳时，由于电渗作用的影响，抗体蛋白不但不能抵抗电渗作用向正极移动，反而向负极倒退。电泳后则在两孔之间相遇，并在比例适当的位置形成肉眼可见的沉淀线。利用对流免疫电泳法对含 IgG 的样品的分析结果如图 5-10 所示。这种方法是抗原与抗体在电场作用下定向移动，限制了抗原、抗体的自由扩散。该方法相较于一般的免疫扩散法，灵敏度可提高 16 倍。

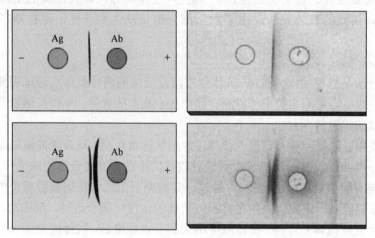

1%离子琼脂糖胶制板，胶板上下孔分别加入10μL样品，以5V/cm端电压电泳2h后，琼脂板中间挖槽，加入50μL羊抗人IgG，37℃放置24h；沉淀弧出现后，进行蛋白质洗脱、染色、脱色和显影等处理

图 5-10　对流免疫电泳分析 IgG

火箭电泳法：免疫扩散法试验时间长，一般需要 48～72h，重复性和精确度也差。联用免疫扩散与免疫电泳测定混合蛋白质中某一蛋白质含量，就是火箭电泳法。火箭电泳法所需时间短、结果更精确，是目前常用的蛋白质定性和定量分析法。取一定量单价血清，与一定量琼脂凝胶混匀，然后铺板，板上挖几个小孔，每孔中加不同浓度的相应抗原，将此板放在 pH 8.6 的电泳槽中进行电泳，在电场作用下抗原向正极泳动，在泳动中抗原与凝胶中的抗体反应，逐渐形成类似火箭的沉淀峰，峰高度与抗原浓度成正比（图 5-11），依此可定量抗原含量。如被测抗原的等电点与单价血清（抗体）的等电点相同，不仅需用

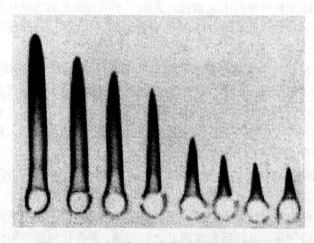

图 5-11　不同浓度下牛乳免疫球蛋白的火箭峰

琼脂糖，而且需对抗原进行化学处理使其所带负电荷相对地增加，这样才能出现火箭峰。处理时，一般用氰酸钾（KCNO）或甲醛（HCHO）。

双向定量免疫电泳法：双向免疫电泳又称交叉电泳，先将抗原进行电泳以分离蛋白质的各组分。然后将其放在抗体琼脂板上，使各组分在垂直方向再电泳一次，根据各组分的沉淀峰便可定性定量抗原。

（3）放射免疫电泳测定法

放射免疫电泳测定法是将放射性核素测定法和免疫反应相互结合的一种技术。优点是特效、灵敏、精确、简单、样品用量少，一般不需复杂的提纯步骤。目前该法已广泛用于细菌毒素的测定、各种免疫球蛋白和血清蛋白的定量测定等。该法的基本原理是：利用放射性核素标记抗原，待测抗原与特异的蛋白质竞争结合，在体外进行测定。该法能定量分析纳克甚至皮克级的蛋白质，比一般的生物化学方法灵敏 3～6 个数量级。

（4）酶联免疫吸附测定法

由于酶联免疫吸附测定法（ELISA）具有快速、灵敏、简便、易于标准化等优点，使其得到迅速的发展和广泛应用。随着方法的不断改进和材料的更新，使 ELISA 更为简便实用和标准化，目前已经成为应用最广泛的检测方法之一。

酶联免疫吸附测定是把抗原抗体的免疫反应和酶的高效催化作用原理有机结合起来的一种检测技术。该技术主要的依据有三点：①抗原（抗体）能结合到固相载体的表面，并具有免疫活性；②抗体（抗原）与酶结合所形成的结合物也保持免疫活性和酶的活性；③结合物与相应的抗原（抗体）反应后，结合的酶仍能催化底物生成有色物质，而颜色的深浅可定量抗体（抗原）的含量。酶联免疫吸附测定法主要有 3 种测定方式，即间接法、抗体夹心法和竞争法。前两种方法主要用于测定抗体和大分子抗原，竞争法适用于测定小分子抗原。其他的测定方式还包括：双位点一步法、捕获法、应用亲和素和生物素 ELISA 法。一些常见的技术原理与大致分析过程见图 5-12。

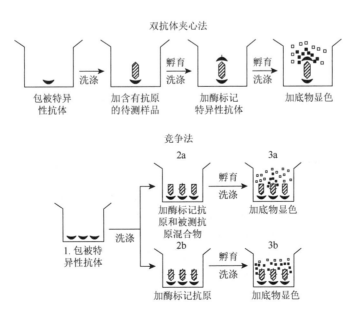

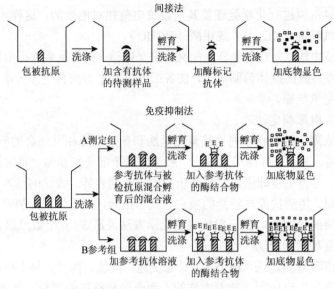

图 5-12　常见的 ELISA 技术原理

ELISA 技术可以有效地应用于动物、植物源蛋白质的鉴别，具有较高的准确性与灵敏性。例如，采用间接竞争 ELISA 法测定复性后的大豆蛋白产品，发现 7S 蛋白的响应最大，其他动物蛋白产生的响应可以忽略不计，即不会存在交叉反应（图 5-13）。根据此结果，很容易推测出这样的结论：ELISA 技术可以有效地用于食品蛋白的来源判断，以及某些食品的掺假分析。

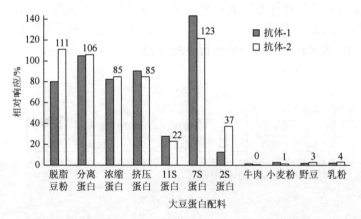

图 5-13　利用两种兔多克隆抗体对不同食品或原料的间接竞争 ELISA 法分析结果

由于 ELISA 技术对蛋白质分析的特异性和灵敏性，所以它也常被用于研究蛋白质的热稳定性，如蛋白质的变性。图 5-14 显示，夹心 ELISA 技术评价结果表明猪肉中存在热稳定性很高的抗原，因为在热处理过程中此抗原的活性降低不多。

对人类食品安全有重要意义的过敏原问题，也可以通过 ELISA 技术进行研究、评估或检测，这里不再过多阐述，因为过敏原在本质上也是蛋白质。一些常见食品中存在的过敏原见表 5-9。

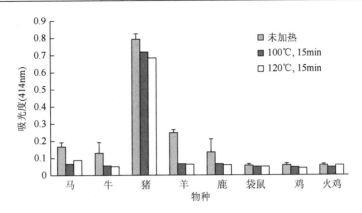

图 5-14　利用夹心 ELISA 技术评价热处理猪肉中的热稳定抗原

表 5-9　一些食品中的过敏原

食品种类	主要过敏原
乳	α-酪蛋白，分子质量 23kDa，对热稳定 β-乳球蛋白，分子质量 18.4kDa，对热稳定
卵白	卵白蛋白，分子质量 43kDa 卵类黏蛋白，分子质量 23kDa 糖蛋白胰蛋白酶抑制物，对热稳定
大豆	Gly m Bd 30K，分子质量 30kDa，木瓜蛋白酶类似物 KSTl·l6，分子质量 28kDa
花生	Arah1，分子质量 65kDa Arah2，分子质量 17～21kDa

　　大豆蛋白中有三类过敏原，其中最主要的过敏原是 Gly m Bd 30K。在对大豆蛋白进行凝胶过滤色谱分析时，发现 Gly m Bd 30 形成了一个分子质量为 350kDa 的寡聚蛋白，用 SDS 和 β-巯基乙醇处理后，产生 pI = 4.5、分子质量为 30kDa 的蛋白质。其次是 Gly m Bd 70K，为 β-伴白蛋白的 α 亚基。再次是 Gly m Bd 28K，它不稳定、存在量少、很难检测，pI = 6.1。利用夹心 ELISA 技术，对一些大豆产品和一些含大豆蛋白的加工食品进行分析，定量测定 Gly m Bd 30K 的含量，结果见表 5-10。

表 5-10　夹心 ELISA 分析大豆产品和大豆食品中的 Gly m Bd 30K 含量

大豆产品	分析结果/(mg 过敏原/g 氮)	大豆食品	分析结果/(mg 过敏原/g 氮)
大豆	126	汉堡	未检测出过敏原存在
豆乳	106	鱼肉三明治	未检测出过敏原存在
豆腐	65	炸鸡	9
纳豆	未检测出过敏原存在	肉丸	17
腐乳	未检测出过敏原存在	炸牛肉丸	21

从表 5-10 中可以看出，大豆蛋白过敏原的热稳定性较高，大豆加工为豆腐、豆乳后，只是部分降低了它的致敏性，但是发酵处理有效地降低了过敏原的含量。大豆蛋白被加入一些食品中，加工后仍然可以检测出大豆过敏原的存在。

免疫学方法不能准确地证明被测定的为何种物质，不能区别有活性和无活性的形式，不能同时测定原型物和代谢产物，也易受内源性物质干扰。由于蛋白质的部分降解而使其与抗体结合的性质发生变化，可导致处置行为上的差异。总之，目前的每一种方法都不完善，为了得到比较可靠的结果，常需几种方法联合使用。

3）放射性核素标记法

放射性核素标记法一直是研究多肽和蛋白质的一种有效技术，它通常有两种操作方式，一种是内标法，即把含有放射性核素的氨基酸加入生产细胞或合成体系中构成测定标准，常用的放射性核素主要有 ^3H、^{14}C 或 ^{35}S。该方式的操作步骤比较复杂，因而使其应用受到了限制。另一种是外标法，它通常用化学法将碘（I）修饰于多肽或蛋白质分子上，因该方法相对简单而被广泛使用。

由于标记过的蛋白质在生理条件下往往会被降解，其放射性测定不能完全代表原型蛋白质。因此，原型蛋白质的鉴定，是放射性核素标记法中要解决的关键问题。酸沉淀法是一种粗略的解决方法，它能使相对分子质量为 999～2997 的分子沉淀，使之与游离碘和小分子代谢物区分开来。但是，如果标记物被再利用而掺入其他蛋白质，或者有大片段代谢物形成，就降低了可靠性。用电泳或色谱法与放射性核素标记法相结合，如用 SDS-PAGE 电泳和 HPLC 分离和鉴定原型蛋白质及代谢产物，可大大提高可靠性并使放射性核素标记法更趋完善。

4. 个别氨基酸和化学键的分析

1）活性赖氨酸测定

利用生物学方法可以了解食品蛋白质的消化、吸收情况，但相对化学方法来讲这仍是一个较为复杂、烦琐的评价过程。经典的化学分析方法，可以直接利用某个化学反应分析蛋白质中的氨基酸含量，分析结果对于了解加工过程中蛋白质营养价值可能发生的变化是非常直观的。因此，通常利用活性氨基酸（或可利用氨基酸）这个概念来评价加工过程中蛋白质的营养变化，它可以理解为利用某一化学方法测定得到的该种氨基酸的有效含量（水平）。

赖氨酸是一些食品蛋白质的限制性氨基酸，由于其反应性高，容易与其他成分发生反应，所以对加工食品中活性赖氨酸的评价，一直是过去研究的重点。赖氨酸在食品加工中的化学变化包括交联反应、美拉德反应、赖氨酸-丙氨酸化合物的形成等。对蛋白质中活性赖氨酸的测定，可以利用赖氨酸的 $\varepsilon\text{-}NH_2$ 与二硝基氟苯（FDNB）、茚三酮（改进的茚三酮法）等化学试剂的作用，进行相应的定量分析，尤其是利用 FDNB 的分析方法，具体反应机理见图 5-15。例如，对不同热处理的乳粉进行相应评价的结果看，利用 FDNB 法测定的活性赖氨酸数值与动物试验结果基本相符（见表 5-11 中的相关数据），所以活性赖氨酸是可以作为衡量加工条件对蛋白质影响作用的重要指标之一，也是目前一直使用的一种有效手段。

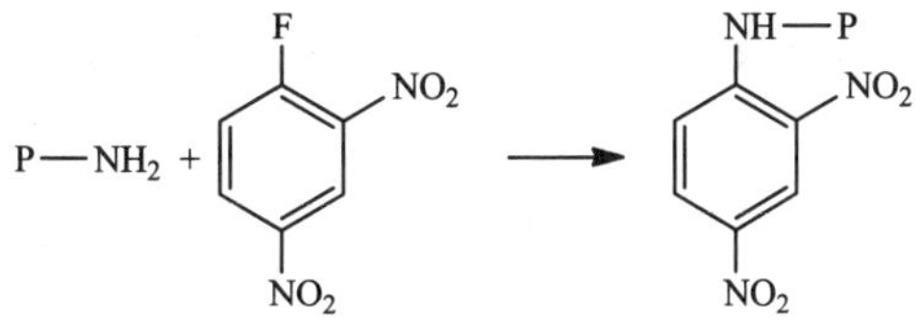

P. 蛋白质

图 5-15　赖氨酸 ε-NH$_2$ 与 FDNB 的反应示意图

表 5-11　热加工处理对乳粉赖氨酸含量的影响（赵新淮，2006）　　　　单位：mg/g 氮

样品	FDNB 测定值	酸水解后总值	体外酶消化释放值	大鼠试验测定值
优质奶粉	513	500	519	503
轻度焦糊奶粉	400	475	338	381
焦糊奶粉	238	425	281	250
严重焦糊奶粉	119	380	144	125

对乳粉的加工储藏条件进行研究，以活性赖氨酸的含量水平等为指标进行评价（结果列于表 5-12 中），可以有助于选择适宜的加工条件和方法。

表 5-12　加工与储藏条件对脱乳糖乳粉的影响

样品	FDNB-赖氨酸/(mg/g)	染料结合能力/(mg/g)	总赖氨酸/(mg/g)	净蛋白质利用率(鼠)/%
正常新鲜乳粉	28	218	29.1	4.8
冷冻干燥	25	178	28.9	—
冷冻干燥（−20℃，120d）	25	200	29.1	—
冷冻干燥（30℃，120d）	12	120	15.7	3.0
喷雾干燥	23	195	23.4	—
喷雾干燥（−20℃，120d）	23	235	23.6	4.0
喷雾干燥（30℃，120d）	17	150	17.8	3.2

2）单一氨基酸的分析

蛋白质中的氨基酸组成可以很方便地利用氨基酸分析仪测定。不过，有时只需要了解蛋白质中某一种或几种氨基酸的含量水平。在这种情况下，采用氨基酸分析仪分析就不一定合适。实际上还有其他的一些化学分析方法可以专一地用于分析单一氨基酸。这里简单介绍一下相关分析的原理。

（1）色氨酸。样品中的蛋白质经碱水解后，游离色氨酸与甲醛和含铁离子的三氯乙酸溶液作用，生成的产物具有特征荧光值，在激发波长为 365nm、发射波长为 449nm 条件下，可以进行定量测定。

（2）苯丙氨酸。苯丙氨酸与茚三酮及铜盐反应，生成荧光复合物。荧光复合物在激发波长 365nm、发射波长 490nm 处可以产生最大荧光强度，与标准氨基酸对照可以计算出样品中苯丙氨酸的含量。

（3）酪氨酸。酪氨酸和 1-亚硝酸-2-苯酚反应，生成有色化合物，此化合物在 HNO_3 和 $NaNO_2$ 存在的条件下加热，产生稳定的荧光物质，可用荧光法定量测定。

（4）脯氨酸。在丙酮溶剂中，脯氨酸与吲哚醌反应生成蓝色化合物，在波长 598nm 条件下，与氨基酸标准对照，能测定蛋白质水解液中的脯氨酸含量。

（5）羟脯氨酸。羟脯氨酸在有过量丙氨酸的条件下，用氯胺 T 氧化生成 α-吡咯-4-羧酸和吡咯-2-羧酸（加热后溶解于水），用对二甲基氨基苯甲醛试剂显色，在波长 560nm 处有最大吸收峰，可以进行定量测定。

（6）胱氨酸。用亚硫酸盐使胱氨酸还原为半胱氨酸和 S-半胱氨酸磺酸，其他含二硫键的物质也被还原。通过巯基被磷钨酸还原为钨蓝的反应测定半胱氨酸，从而定量出胱氨酸。非胱氨酸的氨基可在加磷钨酸前先加 $HgCl_2$ 和巯基结合。因反应在 pH 5 环境下进行，其他还原性物质如尿酸、抗坏血酸也使磷钨酸还原，通过空白对照加以除去。

（7）谷氨酸。L-谷氨酸在大肠杆菌的谷氨酸脱氨酶作用下脱酸释放出 CO_2，可通过测压法测得 CO_2 放出量，计算出谷氨酸含量。

（8）苏氨酸。苏氨酸是 β-羟基氨基酸，用高碘酸氧化处理后生成乙醛。用分光光度法分析乙醛的量就可以测定出苏氨酸的量。

5.3　蛋白质理化特性分析技术

蛋白质理化性质是蛋白质研究的基础，对蛋白质理化性质以及功能特性的分析必须满足以下基本要求：①高效提取并分离所有蛋白质组分；②准确鉴别和定量分析每一组分；③能比较分析表达图谱的复杂变化。

蛋白质的基本理化性质包括相对分子质量、氨基酸组成、等电点（pI）、消光系数、半衰期、不稳定系数、总平均亲水性以及水解度、二硫键、表面疏水性等。分析方法有实验方法和基于实验经验值的计算机分析方法。

5.3.1　蛋白质纯度鉴定

蛋白质分离纯化的最后一个步骤是鉴定蛋白质样品是否均匀一致。但从目的蛋白质中检测出少量污染蛋白质远非易事，这是由于污染蛋白质的量可能低于其分析方法的检测极限，当用一种方法检验蛋白质纯度时，可能有两个或者更多的蛋白质表现出类似行为，这种类似的表现行为可能会导致本来是混合物的样品却被认为是均一样品的错误结论。因此，只用一种方法作为蛋白质纯度检验的标准不是很可靠，纯度鉴定应采用多种分析方法，从不同角度测定蛋白质样品的均一性。纯度是蛋白质的一个重要指标，也是一个相对的指标，要求纯度 95%、99%或 99.9%需根据实际要求而制定，有时还和检测方法、所选用仪器参数等有关。蛋白质纯度常用百分数表示，下面介绍几种鉴定蛋白质纯度的方法。

1. 电泳法

电泳法是蛋白质纯度鉴定最常用的方法。如果样品在凝胶电泳上显示一条区带，说明样品在其荷质比方面是均一的，可作为纯度鉴定的一个指标。如果在不同 pH 下电泳，出现一条区带，说明样品的分子是均一的，因此只适用于含有相同亚基的蛋白质。

等电聚焦电泳是根据蛋白质等电点不同来分辨的，但在进行等电聚焦电泳时，蛋白质有时能和载体两性电解质结合改变其等电点，由于载体两性电解质是由多种不连续组分构成的，而在凝胶上会出现多条微小区带。如果等电聚焦凝胶上只出现一条区带，那么足以证明此蛋白质为均一蛋白质；如果出现多条微小区带，不能证明该样品是不均一的。

2. 通过层析性质检测

当样品用线性梯度离子交换层析或分子筛层析分离时，若得到的组分是均一的，则各组分的比活力应当恒定。因此，可以通过层析组分具有相同的比活力，判定样品的层析性质是均一的。

3. 免疫化学法

免疫扩散、免疫电泳、双向免疫电泳、放射免疫分析等都是鉴定蛋白质纯度的有效方法。特别是放射免疫分析法发展迅速、应用广泛、几乎普及于生物体内各种微量成分的测定、灵敏度很高。但缺点是需要一定的设备，操作人员需经特殊训练，长期使用时，操作人员的保健与可能造成公害的废弃物的处理均存在问题。为克服此缺点，近年发展了以无害标记物取代放射性同位素的免疫法，如两标免疫分析、发光免疫分析等。

4. 蛋白质化学结构分析法

随着蛋白质分析技术的改进，末端基团的测定方法等也逐渐用于蛋白质纯度的鉴定。对于一个纯蛋白质来说，通过 N-末端的定量分析可以发现，每摩尔蛋白质应当有整数摩尔的 N-末端氨基酸。少量其他末端基的存在，常常表示存在杂质。如果只是定性地测定 N-末端，那么此法就只适用于仅有一个蛋白质的样品。

对样品进行氨基酸分析，也是检验纯度的一个方法。对一个纯蛋白质而言，应当发现所有的氨基酸都成整数比，如果含有辅助因子的话，辅助因子也应考虑在内。若有灵敏、精确、快速的氨基酸定量分析仪可供利用的话，此法常被用来鉴定蛋白质的纯度。其纯度标准，是唯一的氨基酸序列，但在实际应用中很少用它来鉴定蛋白质纯度。

5. 超速离心沉降分析法

凝胶电泳可检测出占主要成分 1%的杂质，但有些样品不适于用电泳法分析。例如，脂蛋白和膜蛋白的电泳行为异常，而且其结构完整性需在去污剂存在的条件下才能保持。这时最好用超速离心法。在超速离心后的离心管中若出现明显的分界线，或者分步取出离心管中的样品，管号对样品浓度作图，若组分的分布是对称的，则表明样品是均一的。此法的优点是时间短、费用少，缺点是灵敏度较差，微量杂质难以检出。

需指出的是，只用一种方法鉴定蛋白质纯度是不够的，至少应该用两种以上的方法，而且是两种不同分离机理的方法，否则结果仍不充分。例如，一种样品用凝胶过滤法和SDS-PAGE 电泳证明是纯的，结果不充分，因为这两种方法的机理相同。

5.3.2　蛋白质分子量的测定

分子量是蛋白质的主要特征参数之一，当发现一种新蛋白质时，首先应准确测定其分子量。蛋白质分子量的测定方法有多种，以下对实验室最常用的几种方法进行介绍。

1. 黏度法

一定温度条件下，高聚物稀溶液的黏度与其分子量之间呈正相关性，随着分子量的增大，聚合物溶液的黏度增大。通过测定高聚物稀溶液黏度随浓度的变化，即可计算出其平均分子量，也称黏均分子量。

如果高聚物分子的分子量越大，则它与溶剂间的接触表面也越大，摩擦就大，表现出的特性黏度也大。特性黏度和分子量之间的经验关系式为

$$[\eta] = KM^{\sigma} \tag{5-6}$$

式中，M 为黏均分子量；K 为比例常数；σ 是与分子形状有关的经验参数。K 和 σ 的值与温度、聚合物、溶剂性质有关，也和分子量大小有关。K 值受温度的影响较明显，而 σ 值主要取决于高分子线团在某温度下、某溶剂中舒展的程度，其数值解为 $0.5 \sim 1$。K 与 σ 的值可通过其他绝对方法确定，如渗透压法、光散射法等，黏度法只能测定$[\eta]$。

在无限稀释条件下：

$$\lim_{c \to 0} \frac{\eta_{sp}}{C} = \lim_{c \to 0} \frac{\eta_{r}}{C} = [\eta] \tag{5-7}$$

获得$[\eta]$的方法有两种：一种是以 η_{sp}/C 对 C（聚合物浓度）作图，外推到 $C \to 0$ 的截距值；另一种是以 $\ln\eta_r/C$ 对 C 作图，也外推到 $C \to 0$ 的截距值，两根线会合于一点。方程为

$$\frac{\eta_{sp}}{C} = [\eta] + K'[\eta]^2 C$$

$$\frac{\ln \eta_r}{C} = [\eta] + \beta[\eta]^2 C \tag{5-8}$$

该方法操作简单、设备价格较低，通常不需要标准样品，但无法测定聚合物的分子量分布。

2. 凝胶过滤层析法

对同一类型的化合物，洗脱特性与组分的分子量有关，流过凝胶柱时，按分子量大小顺序流出，分子量大的走在前面。洗脱体积 V_e 与分子量的关系可用下式表示：

$$V_e = K_1 - K_2 \log M_r$$

式中，K_1 与 K_2 为常数；M_r 为分子量。V_e 也可用 $V_e - V_o$（分离体积）或 V_e/V_o（相对保留体积）或 V_e/V_t（简化的洗脱体积，它受柱的填充情况的影响较小）或 K_{av} 代替，其中，V_o

指外水体积，V_t 指内水体积，与分子量的关系同上式，只是常数不同。凝胶层析主要取决于溶质分子的大小，每一类型的化合物如球蛋白类、右旋糖酐类等都有它自己特殊的选择曲线，可用于测定未知物的分子量，测定时以使用曲线的直线部分为宜。

凝胶层析技术操作方便，设备简单，样品用量少，周期短，重复性能好，条件温和，一般不引起生物活性物质的变化，而且有时不需要纯物质，用粗制品即可，目前已得到相当广泛的应用。凝胶层析法测定分子量也有一定的局限性，在 pH 6~8 时，线性关系比较好，但在极端 pH 时，一般蛋白质有可能因变性而偏离。糖蛋白在含糖量超过 5% 时，测得的分子量比真实的更大，铁蛋白则与此相反，测得的分子量比真实的更小。

3. 凝胶渗透色谱法（SEC 法）

分子量的多分散性是高聚物的基本特征之一。聚合物的性能与其分子量和分子量分布密切相关。SEC 法是按分子尺寸大小分离的，即淋出体积与分子线团体积有关，利用 Flory 的黏度公式：

$$[\eta]=\phi'\frac{R^3}{M} \quad [\eta]M=\phi'R^3 \tag{5-10}$$

式中，R 为分子线团等效球体半径；$[\eta]M$ 是体积量纲，称为流体力学体积。众多实验中得出 $[\eta]M$ 的对数与 Ve 有线性关系。这种关系对绝大多数的高聚物具有普适性。普适校准曲线为

$$\log[\eta]M=A'-B'V_e \tag{5-11}$$

因为在相同的淋洗体积时，有

$$[\eta]_1M_1=[\eta]_2M_2 \tag{5-12}$$

式中，下标 1 和 2 分别代表标样和试样。它们的 Mark-Houwink 方程分别为

$$[\eta]_1=K_1M_1^{\alpha_1} \tag{5-13}$$

$$[\eta]_2=K_2M_2^{\alpha_2} \tag{5-14}$$

因此可得

$$M_2=\left(\frac{K_1}{K_2}\right)^{\frac{1}{\alpha_2+1}}\times M_1^{\frac{\alpha_1+1}{\alpha_2+1}} \tag{5-15}$$

或

$$\log M_2=\frac{1}{\alpha_2+1}\log\frac{K_1}{K_2}+\frac{\alpha_1+1}{\alpha_2+1}\log M_1 \tag{5-16}$$

将式（5-11）代入，即得待测试样的标准曲线方程：

$$\log M_2=\frac{1}{\alpha_1+1}\log\frac{K_1}{K_2}+\frac{\alpha_1+1}{\alpha_2+1}A-\frac{\alpha_1+1}{\alpha_2+1}BV_e=A'-B'Ve \tag{5-17}$$

K_1、K_2、α_1、α_2 可以从手册查到，从而由第一种聚合物的 M-V_e 校正曲线，换算成第二种聚合物的 M-V_e 曲线，即从已知蛋白样品标样做出的 M-V_e 校正曲线，可以换算成各种聚合物的校正曲线。

凝胶渗透色谱法分离速度快、分析时间短、重现性好、进样量少、自动化程度高，但设备投入较大，价格较高。

4. SDS-凝胶电泳法

SDS 是十二烷基硫酸钠的简称，它是一种阴离子表面活性剂，加入电泳系统中能使蛋白质的氢键和疏水键打开，并结合到蛋白质分子上（在一定条件下，大多数蛋白质与 SDS 的结合比为 1.4g SDS/1g 蛋白质），使各种蛋白质-SDS 复合物都带上相同密度的负电荷，其数量远远超过了蛋白质分子原有的电荷量，从而使其电泳迁移率只取决于分子大小这一因素，根据标准蛋白质分子量的对数和迁移率所做的标准曲线，可求得未知物的分子量。

该方法实验成本较低，仪器设备也相对很简单，一套电泳装置即可；但是精确程度相对较低，好的电泳图谱需要一定的技术。

5. 渗透压法

在一种理想溶液中，渗透压与溶质浓度成正比。但是实际上蛋白质溶液与理想溶液有较大的偏差。在溶质浓度不大时，它们的关系可用下式表示：

$$M_r = \frac{RT}{\dfrac{\pi}{c} - RTKc} \qquad M_r = \frac{RT}{\lim\limits_{c \to 0} \dfrac{\pi}{c}} \tag{5-18}$$

当 c 趋向于 0 时，$RTKc$ 趋向于 0，但 π/c 不趋向于 0，而是趋向于一定值。测定几个不同浓度下的渗透压，以 π/c 对 c 作图，并外推至 c 为 0 时的 π/c，再代入上式求得 M_r。

该方法操作简单、快捷，实验成本低，但准确度较差，受外界温度影响较大，且要准确配置蛋白质溶液。

6. 超速离心沉降法

利用超速离心沉降法测蛋白质的分子量是在较低离心转速下进行的（8000～20000r/min），离心开始时，分子颗粒发生沉降，一段时间以后，沉降的结果造成了浓度梯度，因而产生了蛋白质分子反向扩散运动，当反向扩散与离心沉降达到平衡时，浓度梯度就固定不变了。

$$M_r = \frac{RTS}{D(1 - \overline{v}\rho)} \tag{5-19}$$

式中，M_r 是蛋白质的分子量；R 为气体常数；T 为绝对温度；D 为扩散系数；S 为沉降系数，ρ 为颗粒密度。此式称为 Svedberg 方程，代入各种数据可计算出蛋白质的分子量。蛋白质的 $\overline{v}$ 约为 0.74cm³/g。

该方法实验成本低，仪器设备相对简单，但受外界影响较大，式中的扩散系数、介质密度、偏微分比容等都要通过实验或其他路径获得，操作比较麻烦。

7. 光散射法

光散射法主要基于染料阴离子在蛋白质等电点前与肽链上带正电荷的基团的结合作用。此时生色团聚集于蛋白质分子上引起共振散射光增强，它与核酸不同的是生色团必须是带负电荷的阴离子。

光散射计算的基本公式：

$$\frac{1+\cos^2\theta}{2\sin\theta}\cdot\frac{KC}{R_\theta}=\frac{1}{M}\left(1+\frac{8\pi^2}{9}\frac{\bar{h}^2}{\lambda^2}\sin^2\frac{\theta}{2}+\cdots\right)+2A_2C \tag{5-20}$$

$$K=\frac{4\pi^2}{N\lambda_0^4}n^2\left(\frac{\partial n}{\partial C}\right)^2 \tag{5-21}$$

式中：N 为阿伏伽德罗常数；n 为溶液折光指数；C 为溶质浓度；R_θ 为瑞利比；θ 为散射角；h^2 为均方末端距；λ_0 为散射光波长，nm；A_2 为第二维利系数。

具有多分散体系的高分子溶液的光散射，在极限情况下（即 $\theta\to0$ 及 $C\to0$）可写成以下两种形式：

$$\left(\frac{1+\cos^2\theta}{2\sin\theta}\cdot\frac{KC}{R_\theta}\right)_{\theta\to0}=\frac{1}{\overline{M}_w}+2A_2C \tag{5-22}$$

$$\left(\frac{1+\cos^2\theta}{2\sin\theta}\cdot\frac{KC}{R_\theta}\right)_{C\to0}=\frac{1}{\overline{M}_w}\left[1+\frac{8\pi^2}{9\lambda^2}(\bar{h}^2)_z\sin^2\frac{\theta}{2}\right] \tag{5-23}$$

如果以 $(1+\cos^2\theta)\cdot KC/(2\sin\theta\cdot R_\theta)$ 对 $\sin^2\theta/2+KC$ 作图，外推至 $C\to0$，$\theta\to0$，可以得到两条直线，显然这两条直线具有相同的截距，截距值为 $1/M_w$，因而可以求出高聚物的重均分子量。这就是图 5-16 表示的 Zimm 的双重外推法。从 $\theta\to0$ 的外推线，其斜率为 $2A_2$，第二维利系数 A_2，它反映高分子与溶剂相互作用的大小；$C\to0$ 的外推线的斜率为 $8\pi^2(\bar{h}^2)_z/9\lambda^2\overline{M}_w$，从而，又可求得高聚物 Z 均分子量的均方末端距 $(\bar{h}^2)_z$。

该方法具有较高的灵敏度、很好的选择性及重现性，并且常见金属离子、氨基酸等共存物质一般不干扰测定。

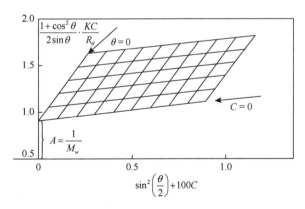

图 5-16　高聚物溶液光散射数据典型的 Zimm 双重外推图

8. 电喷雾离子质谱技术

电喷雾离子质谱技术（ESI-MS）是在毛细管的出口处施加一高电压，所产生的高电场使从毛细管流出的液体雾化成细小的带电液滴，随着溶剂蒸发，液滴表面的电荷强度逐渐增大，最后液滴崩解为大量带一个或多个电荷的离子，致使分析物以单电荷或多电荷离子的形式进入气相的质谱技术。ESI-MS 测定蛋白质大分子是根据一簇多电荷的质谱峰群，通过解卷积的方式计算得到蛋白质的分子量。由于 ESI-MS 可以产生多电荷峰，因此使得测试的分子质量范围大大扩大。该方法的优点如下：

（1）对样品的消耗少，不会造成样品的大量浪费；

（2）对样品分子质量测试的灵敏度、分辨力和准确度都相当高；

（3）能够方便地与多种分离技术联用，如毛细管电泳、高效液相色谱等，是解决非挥发性、热不稳定性、极性强的复杂组分化合物的定性定量的高灵敏度检测方法。

9. 基质辅助激光解吸电离飞行时间质谱技术

基质辅助激光解吸电离飞行时间质谱技术（MALDI-TOF-MS）是将待测物悬浮或溶解在一个基体中，基体与待测物形成混晶，当基体吸收激光的能量后，均匀传递给待测物，使待测物瞬间气化并离子化。基体的作用在于保护待测物不会因过强的激光能量导致化合物被破坏。MALDI 的原理是用激光照射样品与基质形成的共结晶薄膜，基质从激光中吸收能量传递给生物分子，而电离过程中将质子转移到生物分子或从生物分子得到质子，而使生物分子电离的过程。TOF 的原理是离子在电场作用下加速飞过飞行管道，根据到达检测器的飞行时间不同而被检测，即测定离子的质荷比（M/Z）与离子的飞行时间成正比，检测离子。

该方法的特点：①同 ESI-MS 一样对样品的消耗很少；②随着质量分析器的不断改进、新的基质的不断发现和应用以及延迟萃取技术的使用，使得 MALDI-TOF-MS 的最高分辨率不断提高，甚至超过 ESI-MS；③MALDI-TOF-MS 单电荷峰占主要部分，碎片峰少，非常有利于对复杂混合物的分析，且能忍受较高浓度的盐、缓冲剂和其他难挥发成分，降低了对样品预处理的要求；④MALDI-TOF-MS 对生物大分子分子量的测定范围是所有测试技术中最广的。

5.3.3　蛋白质等电点的测定

在等电点时，蛋白质分子在电场中不向任何一极移动，而且分子与分子间因碰撞而引起聚沉的倾向增加，所以这时可以使蛋白质溶液的黏度、渗透压均减到最低，且溶液变混浊。蛋白质在等电点时溶解度最小，最容易沉淀析出。因此蛋白质等电点的简易测量方式为测定溶解度最低时的溶液 pH。

测定蛋白质等电点比较准确的方法是等电聚焦电泳（isoelectric focusing electrophoresis，IEF），即利用一种特殊的缓冲液（两性电解质）在凝胶（常用聚丙烯酰胺胶）内制造一个 pH 梯度，电泳时每种蛋白质将迁移到等于其等电点（pI）的 pH 处（此时此蛋白质不再带有净的正或负电荷），形成一个很窄的区带。其基本原理：在 IEF 的电泳中，具有 pH 梯度的介质其分布是从阳极到阴极，pH 逐渐增大。如前所述，蛋白质分子具有两性解离及等电点的特征，这样在碱性区域蛋白质分子带负电荷向阳极移动，直至某一 pH 位点时失去电荷而停止移动，此处介质的 pH 恰好等于聚焦蛋白质分子的等电点（pI）。同理，位于酸性区域的蛋白质分子带正电荷向阴极移动，直到它们在等电点上聚焦为止。可见在该方法中，等电点是蛋白质组分的特性量度，将等电点不同的蛋白质混合物加入有 pH 梯度的凝胶介质中，在电场内经过一定时间后，各组分将分别聚焦在各自等电点相应的 pH 位置上，形成分离的蛋白质区带。理论上，一种蛋白质只有一个等电点。但不同研究人员对同一种蛋白质的等电点的报道有所差别，可能和所用的具体方法不同有关。

5.3.4　二硫键分析

二硫键（S—S）是连接不同肽链或同一肽链不同部分的化学键。二硫键只能由含硫氨基酸形成，半胱氨酸被氧化成胱氨酸时即形成二硫键。二硫键是比较稳定的共价键，在蛋白质分子中，起着稳定肽链空间结构的作用。二硫键一经破坏，蛋白质的生物活力就会丧失。二硫键数目越多，蛋白质分子对抗外界因素影响的稳定性就越大。一般蛋白质在稀碱溶液中即被水解，而动物的毛、发、鳞、甲、角、爪中的主要蛋白质——角蛋白，所含的二硫键最多，故角蛋白对外界物理及化学因素的影响都极稳定。

二硫键作为共价键交联多肽链内或链间的两个半胱氨酸，对稳定蛋白质的空间结构、维持正确的折叠构象、保持及调节其生物活性等都有着举足轻重的作用。因此，确定二硫键在蛋白质中的位置对于鉴定蛋白质一级结构有着重要的意义，是研究含有二硫键结构的活性多肽/蛋白质化学结构的重要方面。定位二硫键还有助于进一步揭示蛋白的高级结构及其生物功能，指导定向化学合成和审评基因工程重组蛋白的折叠，便于 X 射线晶体衍射法的三维结构研究以及为通过核磁共振波谱法正确解析溶液中的构象奠定基础。

1. 二硫键的定位分析

1955 年 Ryle 等对胰岛素二硫键结构的分析，是蛋白质化学研究的里程碑。胰岛素分子的 A、B 两链，通过两个链间二硫键连在一起。A 链还有 1 个链内二硫键，而且包含 1 对邻位的半胱氨酸（CysA6、CysA7）。早期的研究工作，确立了如今仍在使用的二硫键定位研究的基本思路，包括：①在避免二硫键重排或交换的条件下，将样品蛋白尽可能地在其所有半胱氨酸残基之间断裂，而形成二硫键相连的肽段；②分离这些肽段混合物；③鉴定分离所得的各个肽段；④断开肽段中的二硫键；⑤分析断开二硫键后的肽段，与整个氨基酸序列比较，推断二硫键的位置。

定位二硫键的主要方法分为非片段法和片段法。非片段法包括 X 射线衍射晶体结构解析法、多维核磁共振波谱法和合成对照法等。片段法包括对角线法、二硫键异构及突变分析法、酶解法和化学裂解法、部分还原测序法以及氰化半胱氨酸裂解法等。它们各具特色，也有各自的局限性。随着质谱仪器在质量检测范围、分辨率、灵敏度、准确度和分析速度等方面的不断发展，从而使质谱法更加适合于蛋白质和肽的分析。

对角线电泳是一种经典的二硫键定位分析方法，主要包括以下处理与分析：

（1）胃蛋白酶酶解未经还原的蛋白质。

（2）在酸性 pH 6.5 条件下进行第一向电泳，酶解产物肽段将按其大小及电荷的不同而分离。

（3）将滤纸暴露在过甲酸蒸气中，使肽分子中的二硫键氧化断裂，并进一步氧化成磺酸基（—SO_3H）；被氧化的半胱氨酸残基称为磺基丙氨酸。

（4）将滤纸旋转 90°，在与第一向电泳完全相同的条件下进行第二向电泳。

无二硫键的肽不受过甲酸的作用，在两向电泳中迁移率相等，将位于一条对角上。那些含二硫键的肽，由于第二向电泳时被酸氧化，肽段大小和负电荷发生变化而使迁移率不同，将偏离对角线。肽片段可通过茚三酮显色来确定。将含磺基丙氨酸的肽段分别取下，进行氨基酸序列分析，推断二硫键的位置。如果蛋白质中存在有未成二硫键的游离—SH，则要先用碘乙酰胺封闭—SH 后再进行酶解。此外，甲硫氨酸和色氨酸也能被氧化，这样可能会增加分析的复杂性。

用质谱技术（蛋白质质谱）分析二硫键，与用对角线电泳法分析二硫键有很多类似处，如在酸性 pH 条件下采用胃蛋白酶酶解肽段，以避免二硫键交换发生；最大的不同在于，质谱中的分离和分析是同时进行的。含有二硫键的肽段，通过比较还原烷基化前后酶解肽段混合物的质谱图变化而确定。然后，被假设的二硫键配对方式通过 Edman 降解方法进行确认。现代生物质谱 MALDI-TOF-MS 具有样品用量少、快速、能耐受较高浓度缓冲液和盐的优点。ESI-MS 的特点是能方便地与液相色谱或毛细管电泳等现代化的分离手段联用，更方便地进行二硫键的定量和定位。

2. 二硫键与游离巯基的含量分析

二硫键与巯基是食品蛋白质结构中的重要基团，在食品的加工处理过程中它们所发生的变化，会导致蛋白质功能性质发生变化。例如，牛乳进行加热处理后，通过二硫键的交换反应，形成 β-乳球蛋白与 k-酪蛋白的复合物，从而改变了体系的流变学、乳凝块等性质；卵白蛋白经过加热处理，由于形成蛋白质分子之间的二硫键，导致其形成了稳定的凝胶。此外，谷蛋白在面团形成时的作用，也涉及巯基、二硫键等问题。所以，在研究食品蛋白质的变化过程中，测定、评价蛋白质的巯基、二硫键变化，也具有十分重要的意义。

测定蛋白质中的巯基、二硫键的方法，一般是基于测定巯基的分析，二硫键的分析则是通过还原剂的作用，将二硫键还原为巯基后再分析。利用 5,5′二硫基双-2-硝基苯甲酸的分光光度分析巯基和二硫键，简单、准确、快速，是一个常用的方法。测定反应的基本原理如图 5-17 所示。

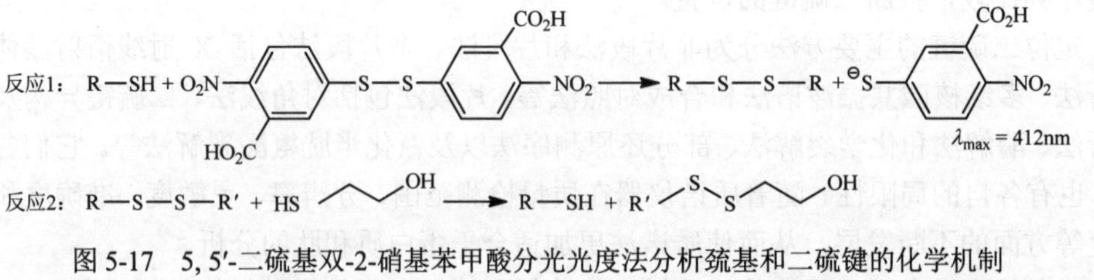

图 5-17　5,5′-二硫基双-2-硝基苯甲酸分光光度法分析巯基和二硫键的化学机制

测定时首先测定的是蛋白质分子中游离巯基的含量。然后，利用还原剂还原二硫键，再次测定巯基的含量。根据还原前后巯基的数量之差，就可以计算出二硫键的含量。此外，利用半胱氨酸同磷钨酸作用的原理，也可以用于分析蛋白质分子中存在的游离巯基。分析同时利用亚硫酸盐对二硫键的破坏作用以及汞离子同巯基的作用，可以测定二硫键。这里不再介绍。

5.3.5 蛋白质水解度的测定

蛋白质由不同的氨基酸通过肽键相连所组成,在这些氨基酸中一部分可以由人体自己合成,称为非必需氨基酸;而另外有八种氨基酸必须由食物供给,称为必需氨基酸。食物中如含有全部的必需氨基酸,且数量又多,这种食物蛋白质营养价值就高。但是,存在一个问题,就是如何使蛋白质或氨基酸更有利于人体的吸收。国内外对此进行的大量研究表明:蛋白质水解产生的二肽或三肽等产物在人体内比游离氨基酸易于吸收。因此在用不同的蛋白质酶对蛋白质进行水解时,必须要对水解度进行测定。蛋白质的水解涉及其分子中酰胺键的断裂,因此蛋白质水解程度的分析,从化学本质上来讲,应该是一个对化学键变化的分析。

1. 蛋白质水解度定义

蛋白质的水解度 DH(degree of hydrolysis)代表蛋白质在水解过程中,肽键被裂解的程度或百分比,数学表达式为

$$DH = h/h_{tot} \times 100\% \qquad (5\text{-}24)$$

式中:h 是被裂解的肽键数;h_{tot} 是原蛋白质中的总肽键数;h 和 h_{tot} 的单位常用 mmol/g 表示。对于一个特定的蛋白质,h_{tot} 是一个常数,一般采用文献中的经验值,如大豆蛋白质的 h_{tot} 值为 7.8mmol/g、酪蛋白质的 h_{tot} 值为 8.2mmol/g,也可以根据蛋白质中氨基酸的组成成分计算得到。在水解过程中,当肽键断裂后,就会有一个新的—COOH 和—NH$_2$ 形成,因此,水解肽键的数,就可以根据水解后测定新形成的末端—COOH 或—NH$_2$ 基团的量确定。在许多蛋白质中,氨基酸的平均相对分子质量约为 125,所以一般可以将蛋白质的 h_{tot} 近似按照 8mmol/g 计算。但是具体到某种蛋白质,它们的 h_{tot} 可以采用表 5-13 中的数据。

表 5-13 常见蛋白质的 h_{tot} （单位:mmol/g）

蛋白质	h_{tot}	蛋白质	h_{tot}	蛋白质	h_{tot}
酪蛋白	8.2	大豆蛋白	8.6	乳清蛋白浓缩物	8.8
肌肉	7.6	玉米蛋白	9.2	鱼蛋内浓缩物	8.6
明胶	11.1	麦面筋蛋白	8.3	血红蛋白	8.3

2. 蛋白质水解度的测定方法

许多化学分析技术可用于评价蛋白质的水解度。茚三酮反应、三硝基苯磺酸(TNBS)反应、荧光胺反应、邻苯二甲醛反应以及甲醛滴定,可以分析蛋白质水解前后游离氨基、游离羧基的变化,因此可以准确地计算蛋白质的水解度。前两种方法为可见光区的分光光度测定,随后的两种分析方法为荧光分析,最后一种分析方法为电位滴定分析。其中用

OPA 和 TNBS 测定 DH 会有很高的相关性，更精确，但时间较长。水合茚三酮法测定的 DH 一般都很低，OPA 法优于 TNBS，因为更快速更精确。在用游离氨基显色反应进行测定时，必须要考虑到，水解后测定的游离氨基含量包括水解释放的游离氨基和水解前本来就含有的游离氨基。pH-stat 法主要是基于蛋白质水解过程中，总是要伴随质子的释放或吸收，质子化的多少，依赖于溶液的 pH，通过加入的用于维持体系 pH 的碱或酸的量直接计算出水解度。pH-state 法的优点在于操作简单、快速、可重复性高，通常被用于水解度的连续测定。然而这种方法在研究中需要用其他方法进行校正；仅适用于中性及碱性（pH＞7）或 pH＜3 的酸性溶液中进行的水解，并且需要特别的仪器控制水解过程中的 pH。

5.3.6　蛋白质疏水性的测定

维持蛋白质三级结构最重要的作用力是疏水基的相互作用，在天然蛋白质中，疏水键是疏水侧链为了避开水相而群集在一起的一种相互作用。疏水作用对蛋白质的稳定性、构象和蛋白质功能具有重要意义。由于蛋白质的大分子结构，表面（或有效）疏水性比整体疏水性对蛋白质的功能具有更大的影响。表面疏水性影响分子间的相互作用，如蛋白质与蛋白质、蛋白质与脂类等小配位体间的缔合作用或其他大分子间的相互作用。多年来，科学工作者为能定量测定蛋白质的表面疏水性做了许多方面的研究，但是迄今为止仍没有一个达成共识的标准测定方法。通常采用的是几种经验测定方法，主要有荧光探针法、疏水结合法、疏水色谱和疏水分级法等。

1. 荧光探针法

荧光探针法是目前使用最广泛的方法，它操作简单、迅速，可评估蛋白质的功能并且蛋白的用量很少。它可用于测定能与探针相结合的蛋白质的表面疏水性。探针的荧光量子产率与最大发射波波长取决于环境中的极性。在水溶液中的荧光量子产率很低，而当它们结合到蛋白质或膜上时，荧光量子产率大为提高，这样可以用来指示探针在蛋白质和膜上结合的极性。加入过量的疏水探针，所测得的荧光强度与蛋白质浓度的比值作图得到该曲线的最初斜率 S_0，它同用疏水分级法测得有效疏水性一样与蛋白质的表观作用如表面张力、乳化性能等具有很好的相关性。因此，S_0 的值即可认为是蛋白质表面疏水性指数。荧光探针法测定蛋白质表面疏水性可以反映出溶液中这些疏水区域的三维结构。此外，它可用于测定由几种不同分子作用类型组成的复合体系的疏水性，所得是混合蛋白质的平均表面疏水性。到目前为止，8-苯胺基-1-萘磺酸（ANS）是所用疏水探针中应用最广泛的探针。

2. 疏水结合法

1）碳氢化合物及其类似物

芳香族化合物可与食品成分相结合，特别是能与大分子组分相结合。蛋白质分子与乙醇、丙醇、己烷以及乙酸根离子的吸附作用取决于蛋白质的疏水性。Bigelow 等将多种脂肪族和芳香族碳氢化合物分别与牛血清白蛋白（BSA）及 β-乳球蛋白结合并加以比较，以其中 N-庚烷含量作为蛋白质结合能力的计量标准来测定蛋白质的疏水性。实验结果表明，蛋白质的结构对碳氢化合物的结合能力有显著影响。然而，就像研究食品风味一样，食品大分子也可能吸附了芳香物质，因此，碳氢化合物结合法的结合能力很难估测。该方法在食品研究中并不具有重要性。

2）十二烷基硫酸钠（SDS）

SDS 是一种剧烈的蛋白质变性剂，然而在一定浓度的 SDS 溶液中，许多酶仍具有活性。由于特定原因，SDS 能使蛋白质的螺旋结构增多，蛋白质的氢键、疏水键打开，并结合到蛋白质分子上，形成蛋白质-SDS 复合物。用 SDS 结合法测定的疏水性与用荧光探针法测得的蛋白质表面疏水性具有良好的相关性。蛋白质与 SDS 的结合量随蛋白质表面疏水性的提高而增加。SDS 结合法的优点在于它可以用于测定不溶性蛋白质的疏水性，但这毕竟是一种经验方法，在解释所得结果时同样有困难。

3）三酸甘油酯

有研究者利用三酸甘油酯与蛋白质的结合能力来测定蛋白质的疏水性。该方法涉及三酸甘油酯悬浊液与蛋白质溶剂超声微乳化作用平衡。用多碳膜过滤器过滤后，滤液中的三酸甘油酯与蛋白质形成的稳定体系可以用 GLC 或放射技术分析。从实用角度来讲，由于食品品质中脂肪与蛋白质的作用具有重要性，三酸甘油酯在食品中广泛使用，因此利用三酸甘油酯作荧光探针还是比较可靠的。例如，乳化作用稳定性与肌蛋白的脂肪结合力有关。但是，用 GLC 或放射技术分析测定三酸甘油酯的结合量十分复杂，所以仪器价格昂贵而且对技术要求较高。相比之下，荧光分光光度计造价较低，购买方便，仪器操作也简单。将三酸甘油酯溶于玉米油中，用非极性不溶性荧光探针 DPH 作为定量剂来测定蛋白质与玉米油的结合能力。与 ANS 法及 CPA 法测定的蛋白质疏水性结果相比，采用这种方法测得的蛋白质疏水性与前者具有更好的相关性。

3. 疏水色谱和疏水分级法

色谱分离方法灵活、分析高效、分离物质广泛，是目前分辨率最高的化学分离方法之一。色谱分析的原理是基于待测物质在互不相溶的两相——流动相和固定相之间的分配系数不同而达到分离的效果。含待测物质混合物溶解的流动相中，当流动相通过固定相时，混合物各组分与固定相不同的亲和力使它们具有不同的流速，使得它们在流动相中分离出来。早在 20 世纪七八十年代，国外有人用此方法测定蛋白质的疏水性，发现使用反相-固相色谱洗脱蛋白肽的结果与氨基酸残基组成部分的疏水性估算值基本一致。但是，学术领域对蛋白质疏水性的色谱分析法的利弊一直是颇有争议的。持批评态度的人认为，在色谱分析过程中有可能导致蛋白质分子变性。尽管与反相-固相色谱（RPC）相比，疏水色谱（HIC）的作用要缓和得多，但是仍没有确凿的证据说明可以用 HIC 方法来测定天然蛋白质的疏水性。况且，色谱法需要特定的分析仪器，耗时长，还有一定的技术要求。因此，色谱法很难用于常规的定性测定。同样，疏水分级法不仅操作十分麻烦，而且由于一些蛋白质在非极性相中不溶解，它们可以游离于分级两相的中间相内，从而导致了两相间的不平衡。这限制了该方法在食品研究中的使用。

5.3.7　基于实验经验值的计算机分析方法

常用的蛋白质理化性质分析工具见表 5-14。

表 5-14　蛋白质理化性质分析常用工具

工具	网站	备注
AAcompldent	http://expasy.org/tools/aacomp/	利用未知蛋白质的氨基酸组成确认具有相同组成的已知蛋白
Compute pI/Mw	http://expasy.org/tools/pi_tool.html	计算蛋白质序列的等电点和分子量
Protparam	http://expasy.org/tools/protparam.html	计算氨基酸序列的多个理化参数，如分子量、等电点、吸光系数等
PeptideMass	http://expasy.org/tools/peptide-mass.html	计算相应肽段的等电点和分子量

5.4　蛋白质功能特性评估技术

蛋白质的功能性质一般是指能使蛋白质成为人们所需要的食品特征而具有的物理化学性质。即食品加工、贮藏、销售过程中发生作用的物理化学性质。这些性质对食品的质量及风味起着重要作用。蛋白质的功能性质与蛋白质在食品体系中的用途有着十分密切的关系，是开发和有效利用蛋白质资源的重要依据。

蛋白质的功能性质可分为水化性质、表面性质、蛋白质-蛋白质相互作用的有关性质三个主要类型。主要包括吸水性、溶解性、保水性、分散性、黏度和黏着性、乳化性、起泡性、凝胶作用等。蛋白质的功能性质及其变化规律非常复杂，受多种因素的相互影响，如蛋白质种类、蛋白浓度、温度、溶剂、pH、离子强度等。

5.4.1　蛋白质起泡特性的测定

蛋白质起泡特性包括起泡能力（foaming capacity，FC）和稳定泡沫的能力（foaming stability，FS），前者指在一定条件下产生泡沫的量，后者则指所形成泡沫的稳定性。测定起泡性的方法通常是在一定浓度的蛋白质溶液中通入空气或高速搅打充气，测量其所形成的泡沫体积或密度；而稳定性是测量泡沫在一定时间内的液体析出率。影响起泡性的因素多且不易控制，其在实际生产中迄今还没有统一的检测方法。目前，已有方法中按成泡方式可分为两大类，即气流法和搅动法。

1. 气流法

气流法是以一定流速的气体经固定的进气口通过待测液层，生成泡沫，当固定气体流速及使用同一仪器时，用最大泡沫高度（量）作为起泡特性的量度。具体操作方法是：取适量样品，调节到所需条件，放到定量的特制玻璃管中，用一定压力的空气吹样品一定时间，分别记录 0min 与一定时间后泡沫的高度。

$$FC = V_0, \quad FS = V_0 \times t/V \tag{5-25}$$

中：V_0 为 0min 时的体积；t 为间隔时间；V 为在时间间隔 t 时的泡沫体积。

2. 搅动法

搅动法分为两种：①用机械方法搅打试样溶液使之起泡；②一部分试样以固定的方式注入另一部分试样中以形成泡沫。通过泡沫高度及其衰减速度来表征溶液的起泡性和泡沫稳定性。著名的 Ross-Miles 方法，即是倾注法的一种，但是 Ross 在 1981 年指出此法结果重复性不好。而后 Ross 和 Nashioko 又发展了差压法，此法用气流法生成气泡，以固定进气体积生成的气泡体积表征起泡能力，再监测在封闭容器中泡沫衰减时压力的变化来表征泡沫稳定性。此法虽然精密，但仪器设备要求很高，压差需测准至 13.33Pa 以下，温度需恒定至 ±0.2℃ 以内，否则由此引起的误差将掩盖泡沫衰减的规律性。目前，搅打法比倾注法较为常用。

3. 其他方法

1）导电性测蛋白起泡性

测定泡沫导电率装置见图 5-18。

测定方法：将样品用 0.1mol/L 磷酸盐缓冲液（pH 7.4）配成 0.1%蛋白质溶液。取此溶液 5mL 置于保温箱内加热到 80℃，然后立即冷却到 20℃，转移入玻璃柱中。然后通入流速为 90cm³/min 的空气 15s，立刻测出其导电率 C_t，此即为样品的发泡力，而泡沫稳定性由下式计算求得

$$泡沫稳定性 = C_0 \times \Delta t/\Delta C \tag{5-26}$$

式中：ΔC 为在时间间隔 Δt 内导电率变化值；C_0 为由导电率对时间绘制的直线 C（1min 后部分）外推而得的时间 0min 时的导电率。

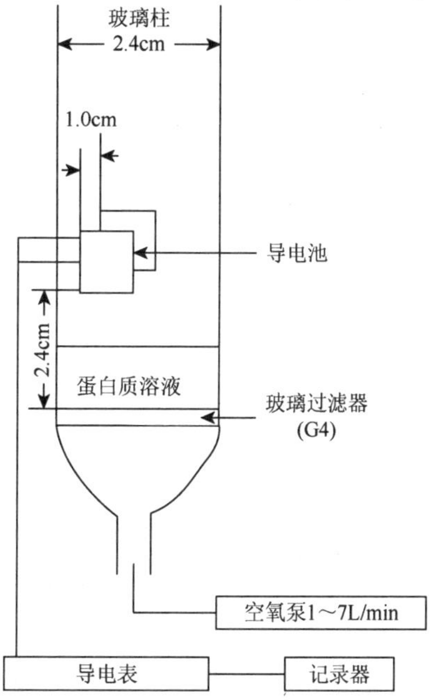

图 5-18　测定泡沫导电率装置

2）起泡管测定起泡性

溶液起泡特性检测装置见图 5-19。

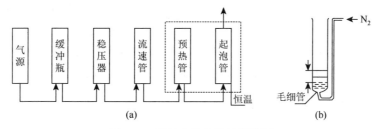

图 5-19　溶液起泡特性检测装置

在起泡管中加入 5mL 试液。温度恒定后以一定流速经毛细管通入 N_2。

$$R_v = 15/(t \cdot S) \tag{5-27}$$

式中：R_v 为生成泡沫体积与进气体积之比；t 为生成 15mL 泡沫的进气时间，s；S 为气体流速，由流速计读出，mL/s。

再测定所生成的 15mL 泡沫在停止进气时衰减一半所需的时间 $t_{1/2}$。$t_{1/2}$ 为泡沫稳定性参数。

5.4.2　蛋白质乳化性的评价方法

目前常用于评价食品蛋白质乳化性质的指标有油滴大小分布、乳化活性、乳化能力和乳化稳定性。乳化活力是指蛋白质在促进油/水混合时，单位质量蛋白质（g）所能稳定的油水界面面积（m^2）。

1. 用乳状液粒子平均大小进行评价

乳状液的平均液滴大小可用光散射法、电子显微镜法、光学显微镜法或用 Coulter 计数器测得。此时，可根据下式计算蛋白质的乳化活力，即单位质量蛋白质所产生的界面面积：

$$EA = 3\Phi/(Rm) \tag{5-28}$$

式中，Φ 为分散相（油）的体积分数；R 为乳状液粒子的平均半径；m 为蛋白质质量。

2. 浊度法

蛋白质的乳化活力可由下式计算得出：

$$EA = 2T/[(1-\Phi)\rho] \tag{5-29}$$

式中，Φ 为油的体积分数；ρ 为每单位体积水相中蛋白质的量；$(1-\Phi)\rho$ 为单位体积乳状液中总的蛋白质量；T 为乳状液的浊度，可由下式计算：

$$T = 2.303A/\imath \tag{5-30}$$

式中，A 为吸光度；$\imath$ 为光路长度。

乳状液稳定性可由下式计算：

$$ESI = A_0 \times \Delta T/\Delta A \tag{5-31}$$

式中，A_0 为初始浊度值；ΔT 为测量间隔时间；ΔA 为起始吸光度与测量时吸光度的差值。

3. 乳化能力的测定

乳化能力是指乳状液由水包油乳化状态转变成油包水乳化状态的过程中每克蛋白质所能乳化的油的体积：一定条件（如温度和速度）下，将油加到一定浓度的蛋白质溶液中连续均匀搅拌，当黏度和颜色（通常在油中加入油溶性染料）突然变化或电阻（欧姆表或电导率仪测定）突然增加时，所加入的油的体积即为蛋白质的乳化能力。

4. 乳状液稳定性的测定

乳化稳定性是指乳化剂能使乳化液在各种条件下保持乳化状态的稳定能力。蛋白质的乳状液一般在数月内是稳定的，因此常采用剧烈的处理方法如离心的方法来测定蛋白质的乳化稳定性，此时可用式（5-31）来表示乳状液稳定性。

$$ES = 乳油层体积/乳状液总体积×100\%$$　　　　　　　　（5-32）

参 考 文 献

阚建全，2010. 食品化学[M]. 北京：中国农业大学出版社.

汪少芸，2014. 蛋白质纯化与分析技术[M]. 北京：中国轻工业出版社.

赵谋明，2012. 食品化学[M]. 北京：中国农业出版社.

赵新淮，2006. 食品化学[M]. 北京：化学工业出版社.

赵新淮，徐红华，姜毓君，2009. 食品蛋白质——结构、性质与功能[M]. 北京：科学出版社.

Owusu-Apenten R，2002. Food protein analysis [M]. Florida：CRC Press.

基本信息：相对分子质量、分子式、理论和相同理论等电点（即分子所带正负电荷相等时溶液的pH）、消光系数、稳定性（即半衰期）等基本理化性质。

第 6 章　蛋白质结构分析技术

揭文凯

蛋白质（protein）是生命的物质基础，是与各种形式的生命活动紧密联系在一起的物质。人体内蛋白质的种类很多，性质、功能各异，但都是由 20 多种氨基酸按不同比例组合而成的，并在人体内不断进行代谢与更新。人体内特定蛋白质的合成受到相应基因的调节与控制，蛋白质的合成原料来自食物蛋白的消化降解产物——氨基酸。蛋白质作为生命活动的执行者，具有多种多样的生理功能，而这些功能的产生源自其结构的复杂性。

蛋白质分子是由氨基酸首尾相连而成的共价多肽链，但是天然的蛋白质分子并不是走向随机的松散多肽链。每一种蛋白质分子都有自己特有的空间结构或称三维结构，这种三维结构通常被称为蛋白质的构象。一个给定的蛋白质理论上可采取多种构象，但在生理条件下，只有一种或少数几种在能量上是有利的。指导蛋白质多肽链折叠成能量上有利的构象规律目前仍不完全清楚。为了表示蛋白质结构的不同组织层次，一般采用一级结构、二级结构、三级结构和四级结构来描述，其中一级结构又称为蛋白质的基本化学结构，二级结构、三级结构和四级结构统称为蛋白质的空间结构或构象。

6.1　蛋白质的序列分析

蛋白质序列是由 20 种常见的氨基酸组成，相较于由 4 种核苷酸构成的 DNA 序列，蛋白质序列更为复杂。在获得一个基因序列后，需要对其进行生物信息学分析，从中尽量发掘信息，从而指导进一步的实验研究。通过染色体定位分析、内含子/外显子分析、ORF 分析、表达谱分析等，能够阐明基因的基本信息。通过启动子预测、CpG 岛分析和转录因子分析等，识别调控区的顺式作用元件，可以为基因的调控研究提供基础。通过蛋白质基本性质分析、疏水性分析、跨膜区预测、信号肽预测、亚细胞定位预测、抗原性位点预测，可以对基因编码蛋白的性质做出初步判断和预测。尤其通过疏水性分析和跨膜区预测可以预测基因是否为膜蛋白，这对确定实验研究方向有重要的参考意义。此外，通过相似性搜索、功能位点分析、结构分析、查询基因表达谱聚簇数据库、基因敲除数据库、基因组上下游邻居等，尽量挖掘网络数据库中的信息，可以对基因功能做出推论。

6.1.1　蛋白质序列分析的内容

1. 理化性质分析

分子质量、分子式、理论等电点、氨基酸组成、消光系数、稳定性等理化性质。

2. 疏水性分析

ExPASy 的 ProtScale 程序可用来计算蛋白质的疏水性图谱。输入的数据可为蛋白质序列或 SWISS-PROT 数据库的序列接受号。也可用 BioEdit、DNAMAN 等软件进行分析。

3. 跨膜区分析

有多种预测跨膜螺旋的方法。最简单的是直接观察以 20 个氨基酸为单位的疏水性残基的分布区域，同时还有多种更加复杂的、精确的算法能够预测跨膜螺旋的具体位置和它们的膜向性。这些技术主要是基于对已知跨膜螺旋的研究得到的。自然存在的跨膜螺旋 Tmbase 数据库，可通过匿名 FTP 获得。

4. 前导肽和蛋白质定位

一般认为，蛋白质定位的信息存在于该蛋白的自身结构中，并且通过与膜上特殊受体的相互作用得以表达。这就是信号肽假说的基础，这一假说认为，穿膜蛋白质是由 mRNA 编码的。在起始密码子后，有一段疏水性氨基酸序列的 RNA 片段，这个氨基酸序列就称为信号肽序列。

蛋白质序列中含有的信号肽序列将有助于它们向细胞内的特定区域移动，如前导肽和面向特定细胞器的靶向肽。在线粒体蛋白质的跨膜运输过程中，通过线粒体膜的蛋白质在转运之前大多数以前体形式存在，它由成熟蛋白质和 N 端延伸出的一段前导肽或引肽（leader peptide）共同组成。迄今有 40 多种线粒体蛋白质前导肽的一级结构被阐明，它们含有 20~80 个氨基酸残基。当前体蛋白跨膜时，前导肽被一种或两种多肽酶所水解转变成成熟蛋白质，同时失去继续跨膜能力。前导肽一般具有如下性质：①带正电荷的碱性氨基酸（特别是精氨酸）含量较丰富，分散于不带电荷的氨基酸序列中间；②缺失带负电荷的酸性氨基酸；③羟基氨基酸（特别是丝氨酸）含量较高；④有形成两亲（既有亲水部分又有疏水部分）α-螺旋结构的能力。

5. 卷曲螺旋分析

另一个能够直接从蛋白质序列中预测的功能模体（motif）是 α-螺旋的卷曲螺旋（coiled-coils）排列方式。在这种结构中，两个螺旋通过其疏水性界面相互缠绕在一起形成一个十分稳定的结构。卷曲螺旋在多种蛋白质中存在，如转录因子的亮氨酸拉链结构及肌球蛋白等。

6.1.2　蛋白质序列分析方法

目前，生物信息学研究已经是生命科学领域和计算机科学领域相交叉的一个研究热点。生物信息学研究成果已经被广泛应用于基因发现和预测、基因数据的存储管理、数据检索与挖掘、基因表达数据分析、蛋白质结构预测、基因和蛋白质同源关系预测、序列分析与比对等。蛋白质是组成生物体的基本物质，是生命活动的主要承担者，一切生命活动无不与蛋白质有关。通过多年的积累，目前已经形成了海量的蛋白质序列数据库。面对庞大的序列数据库，如果仅仅根据序列信息就可以确定蛋白质的家族信息，那么将有助于分析相似蛋白质的功能差异性，并且揭示蛋白质之间的相互作用原理。

目前，蛋白质的测序有三种策略：①根据基因测序的结果，基于 cDNA 演绎肽和蛋白质序列，这种策略简单、快捷，甚至可以得到未分离出的蛋白质或多肽的序列信息，但是，用这一策略得到的一级结构不含蛋白质翻译后修饰及二硫键位置等信息；②直接从头测序策略；③质谱测序与生物信息学搜索相结合的策略。

1. 聚类分析

实验测出的蛋白质序列数量已经远远超出已经确定功能的蛋白质序列数量。如何根据现有的已经确定功能的蛋白质序列来分析预测新的蛋白质序列的功能，并鉴别蛋白质序列之间的差异性，是摆在生物学家面前的重要问题。聚类分析通过测量蛋白质序列之间的相似性，对蛋白质序列进行有效的划分，为确定蛋白质序列的家族信息和预测蛋白质序列的功能及对蛋白质序列进行同源检测提供了有力依据。在实际应用中一般将未确定功能的蛋白质序列和已知功能的蛋白质序列混合进行聚类分析，通过已定义的功能类信息推测未知功能的蛋白质序列功能信息。

目前已经有很多聚类方法用于蛋白质序列分析。从算法采用的聚类策略来说，它们主要分为两类：①基于完全连通图的方法，在图中顶点表示蛋白质，赋权的边表示蛋白质之间的距离，通过对图中的边进行裁剪操作获得一个特定阈值下的分类结果；②使用单连接聚类组织构建一个层次树，以反映蛋白质序列之间的距离，使用一个阈值从层次树获得分类结果。

从蛋白质序列聚类算法采用的相似度计算方式来说，它们又可以分为有比对和无比对算法两类。前者在计算序列之间的相似度时依赖序列比对软件的结果，序列比对软件一般采用 BLAST；后者在计算相似度时并不依赖序列比对软件的结果，而是直接依据序列本身的信息来计算序列之间的相似度。GeneRAGE、FORCE、ProtoMap、SYSTERS、Proclust、Spectral 和 TribeMCL 均属于有比对的蛋白质序列聚类算法。在实际应用中发现，对一些蛋白质序列数据集进行全序列比对有时并不能给出结果，尤其是对含有难比对的蛋白质序列的数据集，一个长序列和一个短序列有时也无法给出两者之间的相似度得分。在这种情况下，有比对的蛋白质序列聚类算法就无法进行正确的聚类分析。近年来，无比对的聚类算法受到了关注。Kelil 等（2007）提出了新的蛋白质序列相似度计算方法 SMS（substitution matching similarity），并通过层次化聚类方法生成系统进化树，对进化树节点赋予相似度值，最后通过阈值来划分不同的蛋白质家族。无比对蛋白质序列聚类算法的一个核心任务就是构建无比对的序列相似度计算方法。2007 年，Frey 和 Dueck 提出了一种聚类算法——仿射传播聚类算法（affinity propagation clustering，AP）。AP 算法能够快速地处理大规模数据的聚类问题，并且在很多应用中取得了较好的结果，但目前用它对蛋白质序列进行聚类分析时，还面临着一些问题。

2. 序列比对分析

比较是科学研究中最常见的方法。通过相互比较来寻找研究对象可能具备的特性并获得有用的信息。在生物信息学研究中，比较是最常用和最经典的研究手段。最常见的比较是蛋白质序列之间或核酸序列之间的两两比较。通过比较两个序列之间的相似区域和保守性位点，寻找二者可能的分子进化关系。进一步的比较是将多个蛋白质或核酸同时进行比较，寻找这些有进化关系的序列之间共同的保守区域、位点和轮廓，从而探索导致它们产生共同功能的序列模式。此外，还可以把蛋白质序列与核酸序列相比来探索核酸序列可能的表达框架；把蛋白质序列与具有三维结构信息的蛋白质相比，从而获得蛋白质折叠类型的信息。

序列比较的理论基础是进化学说。如果两个序列之间具有足够的相似性，就推测二者可能是由共同的进化祖先，经过序列内残基的替换、残基或序列片段的缺失以及序列重组等遗传变异过程分别演化而来。

早期的序列比对是全局的序列比对，但由于蛋白质具有的模块性质，可能由于外显子的交换而产生新蛋白质，因此局部比对会更加合理。通常用打分矩阵描述序列两两比对，两条序列分别作为矩阵的两维，矩阵点是两维上对应两个残基的相似性分数，分数越高则说明两个残基越相似。因此，序列比对问题变成在矩阵里寻找最佳比对路径。序列两两比对的做法实际上是来自计算机算法中的字符串比较算法。在进行序列两两比对时，有两方面问题直接影响相似性分值：取代矩阵和空位罚分。粗糙的比对方法仅仅用相同或不同来描述两个残基的关系，显然这种方法无法描述残基取代对结构和功能的不同影响效果。

3. 序列非比对分析

序列非比对方法可以大致分为下列几类：①基于要比对的序列中的子字符串的相似性和差异性的比较；②基于信息论的一些关于序列非比对分析的比对方法；③序列的图形化表示；④基于 k-字频数分析的方法；⑤基于 k-字位置分析的方法。基于对 DNA 序列的标准化的 k-字区间平均距离的方法和基于改进的标准化的 k-字区间平均距离的方法的非比对分析方法应用到蛋白质序列上，并且比较两个方法在蛋白质序列分析上的优劣性。基于 k-字位置的方法的主要步骤：①找到序列中 k-字的位置；②以相应的方法计算 k-字区间距离并按一定的顺序建立特征向量；③利用所得距离矩阵计算两两序列之间的遗传距离；④基于计算出的遗传距离矩阵构建生物进化树。

6.2 蛋白质二级结构的分析

6.2.1 二级结构

蛋白质的二级结构是指多肽主链局部的空间构象。在蛋白质多肽链折叠并包埋疏水性基团的同时，部分多肽主链也无可避免地被带入分子的内核，此时主链上大量的亲水性 C＝O 和 N—H 的存在对结构的稳定性不利，不过这两个基团之间可以形成氢键。当多肽链折叠时，在空间上靠近的链内基团之间或者在空间上靠近的链间基团之间形成氢键，从而减少了这两个基团的亲水性，保证了多肽链折叠构象的稳定性。常见的蛋白质二级结构元件是 α-螺旋和 β-折叠。

　　在 α-螺旋中，氨基酸自身排列成有规则的螺旋构象 [图 6-1（a）]。每个肽键的羧基氧与远在第四个氨基酸氨基上的氢形成氢键，氢键的走向几乎平行于螺旋的轴 [图 6-1（c）]。在 α-螺旋中，螺旋的每圈有 3.6 个氨基酸残基，螺旋之间的距离为 0.54nm，每个氨基酸残基沿着螺旋轴前进 0.15nm [图 6-1（a）]。氨基酸侧链的位置都沿着整个螺旋体的外侧 [图 6-1（b）]。一条肽链能否形成 α-螺旋以及所形成的螺旋是否稳定，与它的氨基酸组成和序列有很大的关系。通常 R 基小且不带电荷容易形成螺旋，此外，脯氨酸是亚氨基酸，不能形成氢键，因此多肽链中只要存在脯氨酸，α-螺旋即被中断。不同的蛋白质有不同数量的 α-螺旋，例如，肌红蛋白的单个多肽链有 8 个 α-螺旋。

　　在 β-折叠片中，既可以在不同多肽链之间的肽键形成氢键，也可在同一条多肽链不同部位的肽键之间形成氢键 [图 6-2（a）]。肽键的平面性质使多肽折叠成片，氨基酸侧链伸展在折叠片的上面和下面 [图 6-2（b）]。在 β-折叠中，相邻多肽链可平行或反平行，依赖于它们的走向是在相同方向还是相反方向 [图 6-2（c）]，在 β-折叠片的多肽链是完全伸展的，这样从一个 Cd 到下一个 Cd 的距离是 0.35mm。

　　不是正规的二级结构多肽链的区段称为环区。典型的球蛋白大半多肽链是这样的构象。

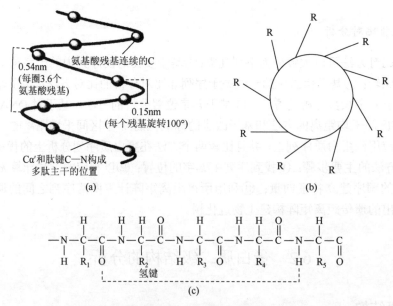

图 6-1　多肽链折叠成 α-螺旋（马美湖，2016）

　　大多数蛋白质的结构是由 α-螺旋和 β-折叠这两种二级结构元件组成，它们由不同长度和不规则形状的环区相连。二级结构元件组合形成蛋白质分子中稳定的疏水核心，环区则在分子表面。环区内主链的 C＝O 和 N—H 基团彼此间一般不形成氢键，而是暴露在溶剂中，还可能与水分子形成氢键，而环区的侧链基团通常是带电和带极性的亲水基团。

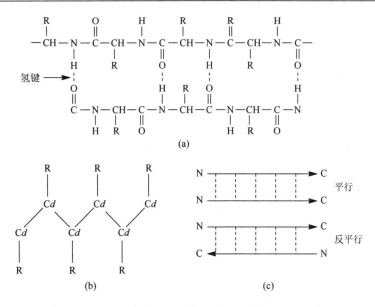

图 6-2　在 β-折叠片中多肽链的折叠（王雪燕，2016）

环区除起到二级结构元件的连接单元的作用外,还经常参与蛋白质结合部位和酶活性部位的形成。连接两个相邻反平行 β-折叠链的环区被称为发夹环,短的发夹环常被称为转角。长的环区经常呈现柔性,能够采取几种不同的构象,它们常与蛋白质的功能有关。在许多情况下,长的环区易被蛋白酶降解,但一些特殊类型的长的环区,因其良好的内部安排所产生的相互作用而很紧密,由此变得十分稳定,另一些则通过与金属离子如钙离子结合而得到保护,变得稳定。

6.2.2　二级结构预测

蛋白质二级结构预测不但是研究蛋白质折叠问题的主要内容之一,而且是获得新氨基酸序列结构信息的一般方法。在过去几十年中,科学家们已经提出了几十种预测蛋白质二级结构的方法,这些方法可以分为统计方法（statistical method）、基于已有知识的预测方法（knowledge-based method）和混合方法（hybrid system method）。这些方法都假定蛋白质的二级结构主要是由邻近残基间的相互作用所决定的,然后通过对已知空间结构的蛋白质分子进行分析、归纳,制定出一套预测规则,并根据这些规则对其他已知或未知结构的蛋白质分子的二级结构进行预测。

1. Chou-Fasman 方法

该预测方法是最早提出、相对比较简单、应用较广泛的方法。科学家在 1974 年对用 X射线衍射得到的 29 个蛋白质数据进行了统计,从而得到 20 种氨基酸出现在 α-螺旋、β-折叠和 turn 无规卷曲三种构象的频率,然后计算出每一种氨基酸出现在上述三种构象中的倾向因子 P_α、P_β、P_{turn}。统计数据从 18 个已知蛋白质结构的 2473 个残基扩大到 29 个蛋白质的 4714 个残基，再到后来的 65 个已知结构蛋白质，结果发现统计数据增加并没显著地改变统计结果。

Chou-Fasman 方法的优点是构象参数的物理意义明确，方法中二级结构的成核、延伸和终止规则可以正确地反映真实蛋白质中二级结构形成的过程，并且可以较简单地完成一个蛋白质分子的二级结构预测。其缺点是预测成功率仅为 50%～53%。

2. GOR 方法

GOR（garnier-osguthorpe-robson）方法是以信息论为基础的，本质上仍属于统计学的方法。GOR 方法不仅考虑了被预测位置本身氨基酸残基种类对该位置构象的影响，而且考虑了相邻残基种类对该位置构象的影响。最初的 GOR 方法只考虑了单个残基的影响，假设各残基是相互独立的，而忽略了各个残基之间的相互作用，预测成功率仅为 56%左右。后来，GOR 方法得到了进一步改进，考虑了残基对的相互作用，预测成功率提高到 63%左右。GOR 方法的优点是物理意义清楚明确，数学上比较严格，而且可以很容易地写出相应的计算机程序；缺点是表达式复杂。

3. 最近邻居方法

最近邻居方法（nearest neighbor method）通过寻找与预测蛋白质序列最相似的已知结构的序列（在一定的长度范围内），然后认为待测蛋白质与该已知结构的序列采用相同的二级结构。这种方法是以假设相似的一级序列采取相似的结构为基础的。其原理简单易懂，计算程序容易实现，但在应用过程中的难点是如何定义两个序列相似的概念。在许多文献中，这种方法不但考虑最近邻居，而且考虑最近的 k 个邻居（k-nearest neighbors），另外定义序列相似性的方法也有不同。最近邻居方法的缺点是没有明确的物理化学解释，而且序列一致的肽段不一定形成相同的构象。此外，该方法也是一种比较耗费计算资源（计算时间和空间）的方法。

4. 神经网络方法

近年来，人们将神经网络（neural network method）方法应用到蛋白质二级结构预测的研究中，使二级结构的预测成功率达到 70%左右，被认为是前景最乐观的二级结构预测方法之一。目前用于二级结构预测的网络模型大多为 BP 网络（back-propagation network），即反馈式神经网络算法。神经网络方法的优点是应用方便，获得结果较快、较好，主要的缺点是没有反映蛋白质的物理化学特性，而且利用了大量的可调参数，使结果不易解释和理解。

5. Lim 方法

Lim 方法是一种物理化学方法，这一方法考虑了氨基酸残基的物理和化学性质，如残基的亲水性、疏水性、带电性以及体积的大小等，同时考虑了邻近残基间的相互作用，从而制定出一套预测规则。Lim 方法对于深入理解蛋白质结构有重要意义。Lim 方法预测成功率可达 59%，但对无规卷曲的预测过多，而对 β-折叠的预测不足。Lim 方法同时考虑

了短程和长程序列的相互作用,比前面两种方法的预测精度更高。对于序列长度小于 50
个氨基酸残基的多肽链,其预测的准确率高达 73%。但这种方法的主要困难在于许多规
则难以用计算机语言来实现。

6. Cohen 方法

Cohen 方法提出时主要用于 α/β 蛋白的预测,该方法把氨基酸分为疏水性氨基酸(h)、
亲水性氨基酸 (g)、过渡型氨基酸 (p)、带电荷氨基酸 (c),然后根据已知数据库提供的
信息找到二级结构与上述分类或其组合的关系,这些关系就是预测过程中用到的附加条
件。由于各种分类的组合很多,因此该方法的附加条件比较复杂。

7. 混合方法

近十年来,混合方法在二级结构预测方面的进展令人鼓舞。它是选择性合并以上提到
的各种方法,调整不同的权重以改善预测准确率的方法。另外,使用一种以上提到的方法
辅以其他限制性条件也可以归为混合方法。目前预测准确率超过 70% 的预测方法大都是
混合方法。其中,第一次预测准确率超过 70% 的方法是神经网络方法,目前最高达 77.9%。
在各种混合方法中,同源建模、神经网络方法和 GOR 方法使用较为广泛。

6.3　蛋白质高级结构的分析

6.3.1　三级结构

1. 三级结构概述

蛋白质的三级结构是指组成多肽链的所有原子的三维排列。支持水溶性球蛋白肽链折
叠的主要驱动力是疏水作用,此外静电荷基团之间的盐键以及疏水侧链基团之间多级弱的
范德华力也在起作用。在蛋白质的多肽主链上存在着部分疏水性的侧链基团,在水环境中,
这些侧链基团避开水而相互聚集,导致整个分子在二级结构或结构域的基础上进一步折
叠、盘绕,形成一个紧密的球状结构。

图 6-3a 是肌红蛋白的三级结构。肌红蛋白是一条具有 153 个氨基酸残基的肽链,含
有 1 个血红素分子。肌红蛋白肽链由 8 个 α-螺旋节段(A~H)通过转折(AB、CD、EF、
FG、CH)连接而成,其中约 78% 的氨基酸残基是以 α-螺旋的形式存在的。事实上,肌红
蛋白也是一个 α-螺旋聚集体,只不过其螺旋轴之间的夹角更大,多数情况下为 50°。在多
肽链折叠形成球状结构时,形成了一个分子内的小空穴(由两层 α-螺旋包围),所有疏水
性侧链位于这个小空穴周围,绝大多数亲水侧链分布在球状分子的表面。血红素与小空穴
里面 53 位的组氨酸残基相连,它也可以称为 His F8(F 螺旋节段上的第 8 个氨基酸即组
氨酸残基)。小空穴是肌红蛋白的功能区域。

较小的蛋白质如肌红蛋白的三级结构是由一个结构域组成。然而,当考察很多更大的
蛋白质的三维结构时,在多肽内出现两个或多个结构域的概率就会更高。这些结构域之间

由具有柔韧性和扩展的区域连接。肌钙蛋白 C 是肌肉中的钙结合蛋白，它由两个紧密堆积的结构域组成，每个结构域都可以结合钙，这两个结构域被一个扩展的 α-螺旋片段分割 [图 6-3（b）]。

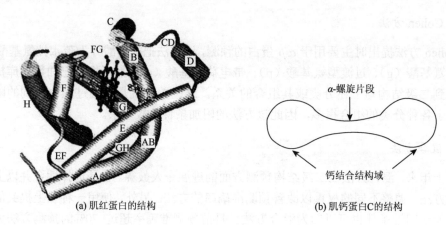

(a) 肌红蛋白的结构　　　　　　　　　　　(b) 肌钙蛋白C的结构

图 6-3　蛋白质的三级结构示意图

　　结构域这一结构层次的出现并不是偶然的。从结构形成的角度来看，一条长的多肽链先折叠成几个相对独立的区域，再组合成三级结构，要比直接折叠成三级结构在动力学上更为合理。从功能的角度来看，很多由多个结构域组成的蛋白质其活性中心往往就在结构域之间，这是因为各个结构域相对来说是刚性结构，而结构域之间常常只有一段肽链连接，形成所谓的铰链区。这段铰链区具有一定的柔性，通过它连接的两个结构域可以发生相对移动，从而赋予整个蛋白质分子一定的柔性，有利于蛋白质的活性部位结合底物和施加应力，并且有利于蛋白质发生变构效应。

　　2. 三级结构预测

　　蛋白质二级结构的预测和研究仅仅是蛋白质结构与功能研究的基础，要最终弄清蛋白质结构与功能的关系还必须知道蛋白质的空间结构。目前蛋白质三级结构的预测方法可分为四类：理论计算方法、基于已有知识的预测方法、从头预测方法和序列比对方法。

　　1）理论计算方法

　　理论计算方法（theoretical method）是根据物理化学、量子化学、量子物理的基本原理，从理论上计算蛋白质分子的空间结构。主要有分子力学方法、分子动力学方法。这类理论所依据的一个基本热力学假定是：蛋白质分子在溶液中的天然构象是热力学上最稳定的、自由能最低的构象。从理论上说，如果正确地考虑了一个蛋白质分子中所有原子间的相互作用以及蛋白质分子与溶剂的相互作用，应用能量极小化方法就可以在计算机上确定一个蛋白质分子的天然构象。不过，在实际应用时，这类方法存在诸多问题。因此，目前仍不能用理论计算方法正确地预测一个小蛋白质分子的天然构象。

　　2）基于已有知识的预测方法

　　基于已有知识的预测方法（knowledge-based protein structure prediction）是根据大量

已知的蛋白质三维结构来预测序列已知而结构未知的蛋白质结构,是目前较为可靠的蛋白质结构预测方法。蛋白质序列繁多,但按其三维拓扑结构可将不同的蛋白质归属于一些不同的折叠类型和不同的蛋白质同源家族。据有些生物学家估计,在整个自然界中有 500～700 个折叠子类型。在同一折叠子类中,各成员的三维结构相似,但序列之间可能相似,也可能不相似,于是就产生了蛋白质的同源建模法(homology method)和反向折叠法(inverse folding or threading)。

(1)同源建模法。自 20 世纪 80 年代后期至 90 年代初期 Blundell 等提出同源蛋白质结构预测以来,已有许多在各种同源限制性制约下的结构预测报道。人们通过对类似蛋白质空间结构的对比发现,蛋白质的三维结构比蛋白质的一级结构更加保守,而后者又比 DNA 序列更为保守。同源建模法通过同源序列分析或者模式匹配预测蛋白质的空间结构或者结构单元(如螺旋-转角-螺旋结构、DNA 结合区域等),利用同源蛋白质进行结构建模,其基本出发点是同一家族蛋白质结构上的保守性比序列保守性更强。当序列相似性大于 30%时,同源模型构建的可能性很高,否则,结构预测的结果较差。

(2)反向折叠法。这是近年来发展起来的一种比较新的方法。它可以应用到没有同源结构的情况中,且不需要二级结构即可预测三级结构,从而可以绕过现阶段二级结构预测准确性不高的限制,因而是一种有潜力的预测方法。其主要原理是把未知蛋白质的序列和已知的这种结构进行匹配,找出一种或几种匹配最好的结构作为未知蛋白质的预测结构。它的实现过程是总结出已知的独立的蛋白质结构模式作为未知结构进行匹配的模板,然后经过对现有数据库的学习,总结出可以区分正误结构的平均势函数(mean force field)作为判别标准,来选择出最佳的匹配方式,这样的预测方法也有程序可以使用。这种方法的局限性在于所涉蛋白质的折叠类型是有限的,所以只有未知蛋白质和已知蛋白质结构相似时,才有可能预测出未知蛋白质的结构。如果未知蛋白质结构是现在还没有出现的结构,这种方法就不能应用。另外,反向折叠法虽然在方法学上有较大的突破,但在技术上仍存在许多需要改进的地方。

3)从头预测方法

如果既没有找到一般的同源蛋白质,又没有找到远程同源蛋白质,那么如何进行结构预测呢?一种可行的办法就是充分利用现有数据库中的信息,包括二级结构和空间结构的信息,首先从蛋白质序列预测其二级结构,然后从二级结构出发,预测蛋白质的空间结构;或者采用从头预测方法(ab initio prediction method)进行结构预测。

从理论上讲,从头预测方法是最为理想的蛋白质结构预测方法,它要求方法本身可以只根据蛋白质的氨基酸序列来预测蛋白质的二级结构和高级结构。但现在有关的方法还不能达到这个要求,这些方法还有待完善,并发展新的更有效的算法。

到目前为止,从头预测方法基本能建模 100 个左右氨基酸的蛋白质,即便如此,要将其广泛用于蛋白质的结构预测,还有很长的路要走。总之,这个领域在日趋成熟并已能给出大量较小序列的结构模型。

4)序列比对方法

通过序列比对进行结构预测是分析蛋白质结构的常用方法,在蛋白质结构预测中起十分重要的作用。

序列的相似性可以是定量的数值，也可以是定性的描述。相似度是一个数值，反映两条序列的相似程度。关于两条序列之间的关系，有许多名词，如相同、相似、同源、同功、直向同源、共生同源等，在进行序列比较时经常使用"同源"（homology）和"相似"（similarity）这两个概念，这是两个经常容易混淆的不同概念。两条序列同源是指它们具有共同的祖先。在这个意义上，无所谓同源的程度，两条序列要么同源，要么不同源。而相似则是有程度的差别，如两条序列的相似程度达到 30%或 60%。一般来说，相似性很高的两条序列往往具有同源关系。但也有例外，即两条序列的相似性很高，但它们可能并不是同源序列。

序列比较的基本操作是比对（align）。两条序列的比对（alignment）是指这两条序列中各个字符的一种一一对应关系，或字符对比排列。序列的比对是一种关于序列相似性的定性描述，它反映在什么部位两条序列相似，在什么部位两条序列存在差别。最优比对揭示两条序列的最大相似程度，指出序列之间的根本差异。

序列比对的理论基础是进化学说。如果两条序列之间具有足够的相似性，就推测二者可能有共同的进化祖先，经过序列内残基的替换、残基或序列片段的缺失以及序列重组等遗传变异过程分别演化而来。这个过程是基于一定的假设：两条蛋白质序列越相似，在进化过程中，这两个蛋白质就越可能来源于同一个祖先，并且，它们很可能具有相同的空间结构和生物学功能。

在计算比对的代价或得分时，往往对字符替换操作只进行统一的处理，没有考虑"同类字符"替换与"非同类字符"替换的差别。实际上，不同类型的字符替换，其代价或得分是不一样的，特别是对于蛋白质序列。某些氨基酸可以很容易地相互取代而不用改变它们的理化性质。直观地讲，较保守的替换比较随机的替换更可能维持蛋白质的功能，且更不容易被淘汰。因此，在为比对打分时，理化性质相近的氨基酸残基之间替换的代价显然应该比理化性质相差甚远的氨基酸残基替换的得分高，或者代价小。同样，保守的氨基酸替换得分应该高于非保守的氨基酸替换。这样的打分方法在比对非常相近的序列以及差异极大的序列时，会得出不同的分值。这就是提出打分矩阵（或者称为取代矩阵）的缘由。在打分矩阵中，详细地列出各种字符替换的得分，从而使得计算序列之间的相似度更为合理。在比较蛋白质时，可以用打分矩阵来增强序列比对的敏感性。打分矩阵是序列比较的基础，选择不同的打分矩阵将得到不同的比较结果，而了解打分矩阵的理论依据将有助于在实际应用中选择合适的打分矩阵。以下介绍一些常用的蛋白质的打分矩阵或代价矩阵。

（1）等价矩阵。

$$R_{ij} = \begin{cases} 1 & i = j \\ 0 & i \neq j \end{cases} \tag{6-1}$$

式中，R_{ij} 代表打分矩阵元素；i、j 分别代表字母表第 i 个和第 j 个字符。

（2）遗传密码矩阵 GCM。GCM 矩阵通过计算一个氨基酸残基转变到另一个氨基酸残基所需的密码子变化数目而得到，矩阵元素的值对应于代价。GCM 常用于进化距离的计算，其优点是计算结果可以直接用于绘制进化树，但是它在蛋白质序列比对，尤其是相似程度很低的序列比对中很少被使用。

（3）疏水矩阵。该矩阵是根据氨基酸残基替换前后疏水性的变化而得到疏水矩阵。若一次氨基酸替换疏水特性不发生太大的变化，则这种替换得分高，否则替换得分低。

（4）PAM 矩阵。为了得到打分矩阵，更常用的方法是统计自然界中各种氨基酸残基的相互替换率。如果两种特定的氨基酸之间替换发生得比较频繁，那么这一对氨基酸在打分矩阵中的互换得分就比较高。PAM 矩阵就是这样一种打分矩阵。PAM 矩阵是第一个广泛使用的最优矩阵，它基于进化原理，建立在进化的点接受突变模型 PAM（point accepted mutation）基础上，通过统计相似序列比对中的各种氨基酸替换发生率而得到该矩阵。实践中用得最多的且比较折中的矩阵是 PAM-250。

（5）BLOSUM 矩阵。BLOSUM 矩阵是由 Henikoff 首先提出的一种氨基酸替换矩阵，它也是通过统计相似蛋白质序列的替换率而得到的。PAM 矩阵是从蛋白质序列的全局比对结果推导出来的，而 BLOSUM 矩阵则是从蛋白质序列块（短序列）的比对结果推导出来的。但在评估氨基酸替换频率时，应用了不同的策略。基本数据来源于 BLOCKS 数据库，其中包括了局部多重比对（包含较远的相关序列，与在 PAM 中使用较近的相关序列相反）。虽然在这种情况下没有用进化模型，但它的优点在于可以通过直接观察而不是通过外推获得数据。同 PAM 矩阵一样，也有一系列的 BLOSUM 矩阵，一般来说，BLOSUM-62 矩阵适于用来比较约有 62%相似度的序列，而 BLOSUM-80 矩阵更适合于比较相似度为 80%左右的序列。

从序列比对的过程可以看到，利用这种方法对蛋白质序列进行结构预测，实际上就是利用序列之间的同源性进行分析的，对未知蛋白质结构特征的分析源于对已知结构蛋白质的了解基础上。

对于一些三级结构对称的蛋白质，用以上方法似乎难以将其氨基酸序列的对称性揭示或直观地表示出来。为了解决这个难题，必须使用一种既合理又直观的方法来表示。研究主要是基于序列比对方法的思想，同时结合蛋白质演化理论。

6.3.2　四级结构

1. 四级结构概述

蛋白质含有一条以上多肽链［如血红蛋白（图 6-4）］会展示蛋白质结构的第四层次称四级结构。结构的这一层次涉及多肽亚基的空间排布和它们之间相互作用的性质，这些相互作用可以是共价连接（即二硫键）或非共价相互作用（静电力、氢键、疏水相互作用）。

血红蛋白由 4 条多肽链组成，其中每条多肽链与肌红蛋白中的单个多肽链有非常相似的三维结构，不过，每条肽链的氨基酸序列与肌红蛋白多肽链的氨基酸序列相比有 83% 的残基不同。血红蛋白是由两种不同的多肽链构成的，即两条 α 链（每条 α 链含 141 个氨基酸残基）和两条 β 链（每条 β 链含 146 个氨基酸残基）。如同在肌红蛋白中那样，每条链由 8 个 α-螺旋组成（A~H）并含有 1 个血红素辅基，因而血红蛋白能结合 4 个分子氧。4 条多肽链包括两条 α 链和两条 β 链，紧紧地叠集在一起，排列成四面体阵列形成总体上球形的分子，它们由多级非共价键相互作用维系在一起。其中，α 亚基和 β 亚基之间的结合力相当强，两个亚基之间的界面涉及 19 个残基，界面间疏水作用相当突出，并存在许多氢键和几个盐桥。

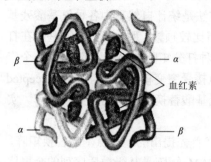

图 6-4　血红蛋白结构图（樊晶，2002）

2. 四级结构预测

蛋白质的结构与其功能密切相关，每一个蛋白质都有其特定的空间结构，如果蛋白质的空间结构发生改变，那么它原有的生物学上的功能也会随之消失。当然，对于具有四级结构的较大的蛋白质，它的生理功能与它的四级结构也同样是密切相关的。随着蛋白质序列数据越来越多、越来越快地被检测出，找出一个通用的从其一级结构预测四级结构的方法也越来越紧迫。蛋白质的一级氨基酸序列蕴含着蛋白质的全部信息，可以将蛋白质正确地折叠成三维结构。而最早通过氨基酸序列来预测蛋白质四级结构的工作是由 Garian 做出的。2001 年 Garian 开发出了第一个用一级结构预测四级结构的软件 QSE（quaternary structure explorer）。但该软件相对较为简单，只能区分给定的一个蛋白质是同源二聚体还是非同源二聚体（non-nomodimer）。2003 年，有研究人员首先将支持向量机（support vector machine）应用于蛋白质的四级结构预测中，取得了较好的结果，但仍局限于预测是同源二聚体还是非同源二聚体。2006 年，Shi 等通过蛋白质氨基酸序列的组成分布（amino acid composition distribution）来解决同源多聚体（homo-oligomer）的四级结构预测问题，特别地，他们使用的 2DPCA 方法被证明是一种能有效降低序列特征向量维度的方法。

由于不同学者在做四级结构预测方法的实证研究时，所用的数据集各不相同，这为比较不同预测方法的优劣造成了困难，而某些学者所用的数据集的质量也不是很高。为解决这个问题，2007 年，Levy 构建了 PiQSi 数据库，该数据库从 PDB 中提取了 10000 条有代表性的序列进行注释，给出了每条序列的亚基个数以及置信度，以便测试各种预测方法的预测效果。

2009 年，引入了灰色关联度测度（grey incidence degree measure）来预测蛋白质的四级结构，并且 2011 年 Xiao 等还做了一个专门用于预测蛋白质四级结构的网络服务器 Quat-2L。Quat-2L 预测器是一个双步预测器，第一步先判定提交给服务器的蛋白质序列是单聚体、同源多聚体，还是非同源多聚体，如果第一步判定的结果是多聚体，第二步接着判定组成多聚体的亚基的具体个数。2012 年，Sun 等又将离散小波变换引入了四级结构的预测，并结合伪序列构成组分方法，提出了一种新的预测方法。

6.4　蛋白质的翻译后修饰

蛋白质翻译后修饰（PTMs）是指蛋白质翻译后的化学修饰。PTMs 是一个复杂的过程，几乎参与细胞所有的生命活动过程，发挥着重要的调控作用，例如，人体内有 50%～90%的蛋白质发生翻译后修饰。蛋白质翻译后修饰在蛋白质成熟过程中发挥着重要的调控功能，其使蛋白质类型增多、结构更复杂、调控更精确、作用更专一、功能更完善。科学家已发现人类蛋白质组的复杂程度远远胜过人类基因组。人类基因组估计包含 2 万~2.5 万个基因，而在人类蛋白质组中的蛋白数目估计超过 1 亿个。

6.4.1　蛋白质翻译后修饰概述

早在 HGP 实施期间的 1995 年，蛋白质组（proteome）一词就由澳大利亚学者 Williams 和 Wilkins 提出，该词源于蛋白质（protein）与基因组（genome）两个词的组合，意指"proteins expressed by a genome"，即 "一个细胞或一个组织基因组所表达的全部蛋白质"。其对应于基因组所有蛋白质构成的整体，将研究蛋白质从个别扩展到整体水平。然而，对于蛋白质组的功能实现却远比想象中的复杂。研究发现，蛋白质组处于一个新陈代谢的动态变化过程中，蛋白质的合成在不同时空下受到不同因素的调控，同一种细胞的生长与活动，因不同时期、不同条件其蛋白质组也在不断变化，病理或疾病治疗过程中的细胞蛋白质组及其变化也与正常生理过程不同。即虽然高等生物体内所有细胞仅拥有一个相同的基因组，但不同分化的组织细胞却拥有不同的蛋白质组。

其中，蛋白质翻译后修饰作为蛋白质功能调节的一种重要方式，对蛋白质的结构和功能至关重要，也是蛋白质组复杂性的主要原因之一。据估计，人体内 50%~90% 的蛋白质发生了翻译后修饰，有的是肽链骨架的剪接，有的是在特定氨基酸侧链上添加新的基团，还有的是对已有基团进行化学修饰。生物体通过种类繁多的修饰方式直接调控蛋白质的活性，也大大扩展了蛋白质的化学结构和功能，显著增加了蛋白质的多样性和复杂性，使可编码的蛋白质种类大大超过了 20 种天然氨基酸的组合限制。因此，经典的一个基因一个蛋白的对应关系早已经被打破，据估计人类基因组可编码蛋白质的 2 万基因，可表达超过 20 万个功能蛋白质。

目前已经确定的蛋白质翻译后修饰方式超过 400 种，常见修饰过程有磷酸化、泛素化、甲基化、乙酰化、糖基化、SUMO 化、亚硝基化、氧化等。表 6-1 列出了 Swiss-Prot Knowledgebase 更新至 2014 年 6 月所收集的以实验方法发现的蛋白质翻译后修饰的种类和频率。然而，已掌握的蛋白修饰过程还非常有限，至少 70% 还不为人知，包括未知的修饰种类、未知的修饰蛋白质、未知的蛋白修饰位点等。蛋白质修饰分为可逆和不可逆两种方式，不可逆的如 O 位的羧基端甲基化，而磷酸化、N-甲基化、N-乙酰化修饰均属于可逆的修饰，会随着细胞的生理状态和外界环境变化而改变，从而起到细胞内外信号传递、酶原激活的作用，因此可以作为蛋白质构象和活性改变的调控开关，一旦发生异常的修饰常常导致疾病发生。正因如此，对蛋白质序列及其多样化的修饰尚待更为深入的探究，以阐明蛋白质多样化的动态修饰对蛋白质功能和细胞功能的影响及其分子机制。

表 6-1　蛋白质翻译后修饰频率

频率	修饰类型	频率	修饰类型
39818	磷酸化	156	ADP 核糖基化
9119	乙酰化	140	瓜氨酸化
5976	N-糖基化	82	法尼基化

频率	修饰类型	频率	修饰类型
3181	酰胺化	81	S-亚硝基化
1774	甲基化	63	脱酰胺作用
1698	羟基化	62	香叶基化
1338	O-糖基化	57	甲酰化
1136	泛素化	52	硝化
921	吡咯烷酮羧酸	39	GPI 锚定
595	硫酸化	33	溴化
503	类泛素化	29	S-二酰甘油半胱氨酸
413	γ-羧基谷氨酸	21	FAD
348	棕榈酰化	9571	其他
184	豆蔻酰化	67 975	总特征
156	C-键基化	77 546	已处理总数

注：根据 http://selene.princeton.edu/PTMC uration 翻译整理得到。

6.4.2 常见的蛋白质翻译后修饰类型

1. 磷酸化

作为研究最广泛以及体内最为常见的蛋白质翻译后修饰——蛋白质磷酸化修饰，在蛋白激酶的作用下，将一个 ATP 或 GTP 上 γ 位的磷酸基转移到底物蛋白质的氨基酸残基上，影响了人类细胞中超过 1/3 的蛋白质的功能。磷酸化发生的位点通常是 Ser、Thr、Tyr 侧链的羟基或是 His、Arg、Lys 侧链的氨基，少数发生在 Asp 和 Gln 的侧链羧基或 Cys 的侧链巯基，因此，可将磷酸化蛋白质分为 O-磷酸化、N-磷酸化、酰基磷酸化和 S-磷酸化四类（图 6-5）。研究发现，His 位点发生磷酸化修饰的频率高于 Tyr。近年来，随着磷酸化肽段富集手段和高精度生物质谱的发展，蛋白质磷酸化修饰位点的鉴定在数量和精度上得到了长足发展，然而如何将这些磷酸化蛋白质与催化其磷酸化的蛋白质激酶一一对应成为近年来该领域的热点和难点问题。

磷酸化修饰几乎发生在生命活动的各个过程，如细胞膜上的 Na^+-K^+-ATP 酶泵的磷酸化控制钠离子和钾离子的胞内浓度；Src 家族 Tyr 激酶的磷酸化是它激活的"开关"，将使其构象改变从而能识别下游蛋白；在细胞周期调控中，CDKs（cyclin-dependent protein kinases）这一类 Ser/Thr 激酶是否能激活细胞周期蛋白（cyclins）并形成复合物，决定了细胞周期是否阻滞。磷酸化也是细胞呼吸过程的重要参与者，线粒体中氧化磷酸化的过程需要 NADPH 氧化酶的磷酸化调控，电子传递链中蛋白分子之间的相互作用由磷酸化调控。此外，蛋白质降解也依赖于 ATP 参与的磷酸化修饰。

2. 糖基化

在生物体内，糖类一般不单独存在，而是连接在蛋白质或脂类分子上分别构成糖蛋

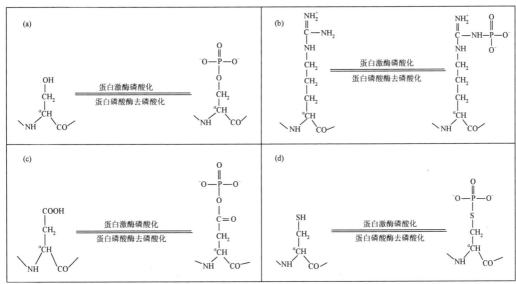

a:O-磷酸化；b:N-磷酸化；c:酰基磷酸化；d:S-磷酸化。

图 6-5　磷酸化反应过程示意图（阮班军，2014）

白或糖脂，其中以己糖最为多见，包括葡萄糖、半乳糖和甘露糖以及它们的一些简单修饰形式，如葡萄糖的 α-羟基被酰化氨基取代生成 N-乙酰葡糖胺。根据蛋白质被糖类修饰形式的不同把蛋白质糖基化分成 N-糖基化、O-糖基化、C-糖基化和糖基磷脂酰肌醇锚定连接四类。最近几年，对糖基转移酶的研究大幅度增加，主要针对这些酶的三维空间结构与反应机制进行研究，特别是对 N-糖基化、O-糖基化的研究中发现，在受体激活过程中存在一些不常见的折叠方式与化学机制。

另外，来自上海交通大学系统生物医学研究院的研究人员首次提出了内质网中可能存在新的蛋白质 O-乙酰半乳糖胺（GalNAc）糖基化调控机制，挑战了教科书上关于蛋白质的 O-GalNAc 糖基化过程只发生在高尔基体中这一传统观念。N-糖基化是最为常见的糖基化修饰，该修饰是由多糖与蛋白质的 Asn 残基的酰氨氮连接形成，糖链为 N-乙酰葡糖胺（GlcNAc），发生在特定的氨基酸模序 Asn-X-Ser/Thr 或 Asn-X-Cys 上。根据单糖的位置，N-糖基化修饰可以进一步划分为复杂型多糖［图 6-6（a）］、混合型多糖［图 6-6（b）］和高甘露糖型多糖［图 6-6（c）］。研究表明，三种类型的糖链具有共同的生物合成起源，即高甘露糖聚合物前体。

糖基化是真核生物蛋白质功能调节的基本环节，异常糖基化往往伴随着生理病理过程的异常。有研究发现，N-GlcNAc 可以通过 Ser 或 Thr 残基，以单糖分子连接到蛋白质上，生成 O-GlcNAc。该种修饰可发生在许多与癌变相关的蛋白分子上，如 β_2 连环蛋白、p53、pRb 家族等。O-GlcNAc 化也与糖尿病、神经退变性疾病等疾病有关。因此，O-GlcNAc 可以作为临床上这些疾病诊断的分子标志物。目前，已经有超过 600 种蛋白质被鉴定发生了 O-GlcNAc 化，但其中只有不到 15%的修饰位点得到了鉴定，大多数来自脑和脊髓组织。O-GlcNAc 修饰的重要性及与磷酸化修饰之间的联系，正在成为继磷酸化修饰之后的又一个蛋白质翻译后修饰研究热点。

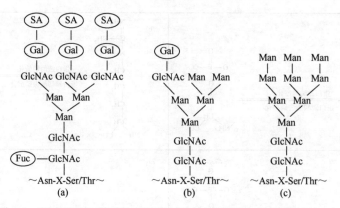

图 6-6　三种不同 *N*-糖基化修饰类型的结构示意图（阮班军，2014）

3. 泛素化

泛素是一种含 76 个氨基酸的多肽，存在于除细菌外的许多不同组织和器官中，具有标记待降解蛋白质的功能。被泛素标记的蛋白质在蛋白酶体中被降解。由泛素控制的蛋白质降解具有重要的生理意义，它不仅能够清除错误的蛋白质，还对细胞周期调控、DNA 修复、细胞生长和免疫功能等都有重要的调控作用。

泛素蛋白 C 末端的 Gly 通常都经由异肽键与底物蛋白的氨基连接在一起，最常见的连接是与底物蛋白 Lys 的氨基相连以及与底物蛋白的 N 末端相连。最近还发现，可以与 Cys、Ser 和 Thr 相连。泛素控制蛋白质水解的整个过程是通过泛素–蛋白酶体系统（ubiquitin proteasome system，UPS）进行的，介导了真核生物体内 80%～85% 的蛋白质降解。去泛素化酶（deubiquitin，DUB）可以将靶蛋白上的泛素蛋白水解下来。由于 DUB 酶的存在，泛素化作用只能是暂时的。这种动态修饰过程构成了一个可逆的"开关"，来控制底物蛋白的不同功能状态，调控细胞内的多种生理活动（图 6-7）。

内质网相关的降解过程能清除错误折叠蛋白的分泌途径，同时介导一些内质网残留蛋白的调控降解过程。研究发现，一种蛋白与一种泛素连接酶之间相互作用的细微增加，都能引发信号底物的降解，一项最新的研究解析了其中的作用机制，指出去泛素化可以作为一种信号放大器，放大信号，从而进行下游调控。泛素化修饰途径在人体免疫调节过程中

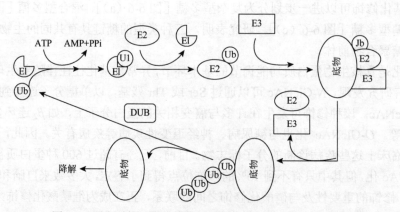

图 6-7　蛋白质的泛素化修饰过程示意图（阮班军，2014）

发挥着重要作用，其不仅能够通过降解免疫调控蛋白的方式来抑制免疫反应，也能通过多泛素化修饰作用激活 NF-κB 和 IRF 途径中的激酶来启动一些免疫反应。随着能确定蛋白类型及其修饰状况的质谱检测等高灵敏度检测技术的进步，能够更容易地发现泛素化途径的底物，并且近年来发现了多种 UBD 蛋白，因此更容易地弄清楚泛素化修饰途径在机体免疫调控中发挥的真正作用，这将有助于对免疫性疾病的诊疗技术研究。

细胞内很多受泛素途径修饰的蛋白质都参与控制细胞内肿瘤发生相关生理或病理进程，如细胞周期调控、凋亡、受体下调以及基因转录等多种重要的细胞进程，所以一旦泛素修饰系统出了问题就很有可能引起人体各种肿瘤的发生。因此，通用商业语言系统也是治疗肿瘤的靶点之一，有望开发出更多有效的抗癌疗法和药物。

4. SUMO 化

随着泛素化的研究，科学家们相继发现了一些类泛素蛋白，其中小泛素相关修饰物（small ubiquitin-related modifier，SUMO）是最受瞩目的一类。SUMO 化与泛素化修饰过程相似，也是一个多酶参与的酶联反应，但两个途径参与的酶则完全不同。首先，SUMO 化修饰比泛素化修饰多一步成熟化的过程，即 SUMO 前体在 SUMO 蛋白酶（如 Ulp1）的作用下，C-端的 4 个（或多个）氨基酸残基被切除，生成成熟的 SUMO 并露出 C-端两个 Gly 残基。接着，在 SUMO 化活化酶 E1、结合酶 E2 和连接酶 E3 的作用下完成 SUMO 化修饰过程，并且这个过程是可逆的，称为去 SUMO 化（图 6-8）。

2012 年，德国马普生物化学研究院的研究人员以 DNA 双链断裂修复为例，解析了类泛素蛋白 SUMO 的作用新机制，指出蛋白之间的 SUMO 化修饰稳定相互作用是由 DNA 结合 SUMO 连接酶催化，并由单链 DNA 开启的，而且只有整体清除几种修复蛋白的 SUMO 化修饰，才会通过大量减慢 DNA 修复，影响同源重组途径。因此，研究人员认为 SUMO 能协同作用于几种蛋白，单个修饰叠加促进有效修复。这也就是说，SUMO 化修饰过程也许常常能靶向一组蛋白，而不是单个蛋白，局部修饰酶和高度特异性启动则能确保特异性。SUMO 化修饰不介导蛋白质的降解，但依然对许多生理过程产生重要作用。例如，调节蛋白质之间的相互作用、影响靶蛋白在细胞内的分布、阻碍泛素蛋白对靶蛋白的共价修饰、提高靶蛋白的稳定性等。此外，SUMO 还借助各种方式参与 DNA 复制和修复以及转录调控过程。

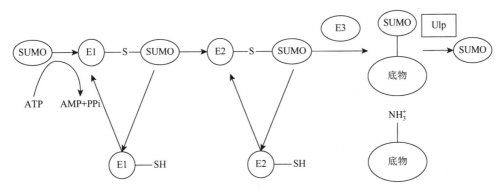

图 6-8　蛋白质的 SUMO 化修饰过程示意图（阮班军，2014）

Akt 基因是一种原癌基因，其表达产物蛋白激酶 B（protein kinase B，PKB）具有 Ser/Thr 激酶活性，作为磷脂酰肌醇-3-激酶（phosphoinositide-3-kinase，PI3K）信号转导通路下游的信息分子，已在许多常见肿瘤的研究中发现其过量表达，而研究人员已证实，SUMO 化修饰是一种新型的 Akt 激活机制，因此，Akt 的 SUMO 化可能为肿瘤的治疗提供新的靶点。

5. 乙酰化

蛋白质的乙酰化修饰影响着细胞生理的各个方面，主要集中在对染色体结构的影响以及对核内转录调控因子的激活方面，参与了包括转录调控、信号通路调控、蛋白质稳定性调控、细胞代谢和病原微生物感染调控等多个生理病理过程而被广泛关注。2012 年，清华大学生命科学学院俞立教授课题组在 *Science* 杂志发表文章，揭示了蛋白质乙酰化修饰对细胞自噬调控的分子机制，指出组蛋白乙酰化酶 Esa1 以及去乙酰化酶 Rpd3 通过调节自噬发生关键蛋白 Atg3 的乙酰化水平，从而实现对自噬过程的动态调控。

目前文献报道的乙酰化修饰主要有三大类：*N*-端 α 氨基乙酰化修饰［图 6-9（a）］、Lys 的氨基乙酰化（图 6-9b）和 Ser/Thr 的乙酰化修饰。科学界早期一般认为，乙酰化修饰功能主要集中在对细胞染色体结构的影响以及对核内转录调控因子的激活方面。但是，复旦大学的科研人员通过通量化的蛋白质组研究和不同物种的代谢通路研究发现，在生理状况下，存在着大量非细胞核的蛋白被乙酰化修饰。中国科学研究院上海生命科学研究院赵国屏院士和复旦大学赵世民领导的科研团队发现，在沙门氏菌（*Salmonella*）中，作为对不同碳源的响应，中心代谢酶被广泛而有差异地可逆乙酰化，并伴随着细胞生长和代谢流的变化，可逆代谢酶乙酰化确保细胞可以通过即时感应细胞能量状态和灵活地改变反应速率或方向来响应环境变化。

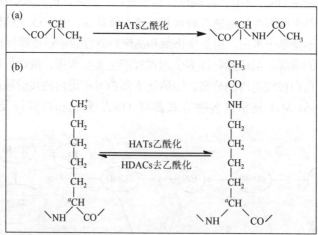

(a) *N*-端 α 氨基乙酰化；(b) 赖氨酸 ε 氨基乙酰化

图 6-9　乙酰化反应过程示意图（阮班军，2014）

6. 甲基化

甲基化是指从活性甲基化合物（如 *S*-腺苷基甲硫氨酸）上将甲基催化转移到其他化

合物的过程，底物包括核酸、蛋白、激素和脂类。常见的甲基化发生在 Lys（图 6-10a）和 Arg［图 6-10（b）］上，分为组蛋白 Lys/Arg 甲基化和非组蛋白 Lys/Arg 甲基化，分别由相应的蛋白质 Lys 甲基化酶和 Arg 甲基化酶介导反应。甲基化是一种可逆的修饰过程，去甲基化酶主要有 Lys 特异性去甲基化酶和包含 Jumonji 结构域的蛋白质去甲基化酶家族。蛋白质的甲基化修饰增加了立体阻力，并且取代了氨基酸残基上的氢，影响了氢键的形成。蛋白质发生甲基化后，变换了肽链原来的结构顺序，可以编码出更多的信息，从而调控信号分子间和信号分子与目标蛋白之间的相互作用，进而参与多种生命调控过程，如转录调控、RNA 加工和运输、蛋白翻译、信号转导、DNA 修复、蛋白质相互作用、细胞发育与分化等，并与一些疾病（如肿瘤、心血管疾病）的发生发展密切相关。

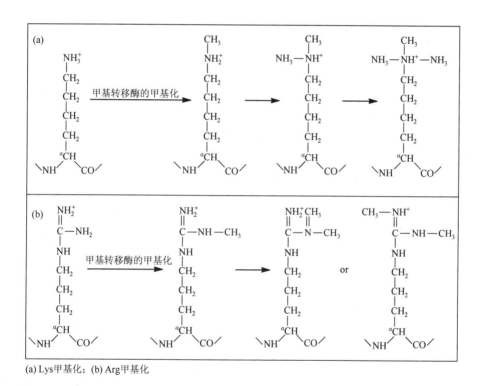

(a) Lys甲基化；(b) Arg甲基化

图 6-10　甲基化反应过程示意图（阮班军，2014）

7. 脂基化

蛋白质脂基化修饰是指蛋白质在脂基转移酶的催化下将脂质基团与蛋白质共价结合的过程。常见的能与蛋白质共价结合的脂质有脂肪酸、异戊烯类脂质、胆固醇以及糖基磷脂酰肌醇 4 类。这些脂质修饰蛋白主要存在于细胞膜、细胞质、细胞核、细胞骨架等部位。

脂质分子与蛋白质的共价结合主要有 3 种：①N-连接：主要发生在 N-末端甘氨酸残基，由特异性豆蔻转移酶（NMT）催化完成，发生在核糖体合成蛋白质过程中，是研究较为清楚的一种翻译后脂修饰。②S-连接：是指脂质与半胱氨酸残基中的 SH 基团的共价结合。③O-连接：是指脂质与丝氨酸或苏氨酸残基中 OH 共价结合生成醚氧键，具有不可逆性，这种脂修饰报道较少。

目前人们对蛋白质翻译后脂修饰的认识还非常有限，对大部分脂修饰蛋白的结构和功能未知或知之不多。但越来越多的实验研究表明，脂修饰在微生物感染、信号转导、免疫调控和肿瘤发生发展过程中起着重要作用。

例如，促凋亡蛋白 BID 可发生翻译后 N-豆蔻修饰，使蛋白定位于线粒体并激活凋亡信号通路，诱发细胞凋亡。由 T 细胞受体（TCR）介导的信号通路中的相关蛋白 CD8β 的棕榈化修饰可促使 CD8β 与脂筏区结合并与 P56 lck 偶联，进而激活 T 细胞；而衔接蛋白 LAT 的异常棕榈化修饰则导致 T 细胞无能，对抗原的再刺激失去增殖反应的能力，从而抑制免疫应答反应。

8. 亚硝基化

蛋白质 S-亚硝基化是一种典型的氧化还原依赖的可逆的共价修饰方式，在机体生理、病理情况下均发挥着重要作用。NO 氧化疏水区的半胱氨酸巯基，生成亚硝基硫醇和亚硝基化蛋白质，前者包括亚硝基半胱氨酸和亚硝基谷胱甘肽，后者也称蛋白质巯基亚硝基化。去亚硝基化包括非酶依赖及酶依赖两条途径，非酶依赖途径主要是指大多数高分子质量蛋白质通过谷胱甘肽的转亚硝基化作用发生去亚硝基化。而硫氧还蛋白氧化还原系统、亚硝基化谷胱甘肽还原酶系统、硫辛酸/硫辛酰胺脱氢酶–还原型辅酶II系统等，则经酶依赖的途径发生去亚硝基化。多种酶在此过程中发挥着重要作用，特别是亚硝基谷胱甘肽还原酶和硫氧还蛋白（thioredoxin, Trx）。Trx 氧化还原系统包括 Trx1、Trx1 还原酶、还原型辅酶II。Trx1 中 Cys 73 位点亚硝基化及具有氧化还原活性的 32/35 位点的 Cys 对 Cys 73 位点的调节在介导转亚硝基化中发挥重要的作用，主要催化低分子质量的 S-亚硝基化硫醇和其他 S-亚硝基化的蛋白质。亚硝基化的蛋白质参与细胞信号转导，某些 Ca^{2+}、K^+ 和 Na^+ 通道发生亚硝基化，促进通道开放，电流增加。细胞蛋白质间的转亚硝基化作用在基于 NO 介导的细胞信号转导中发挥更普遍的作用，且新生成的亚硝基化的蛋白质也参与 NO 介导的细胞信号传导。由于细胞类型、细胞内氧化还原状态及 NO 水平不同，亚硝基化对细胞凋亡具有双向调节作用。Caspase-3、Caspase-8、Caspase-9、凋亡型号调节激酶 1、凋亡抑制蛋白、B 淋巴细胞瘤 2 基因、N-甲基-D-天冬氨酸受体亚基 2A、肿瘤抑制基因 P53、Trx1、GOSPEL、抑癌基因人第 10 号染色体缺失的磷酸酶及张力蛋白同源基因等特定位点的亚硝基化抑制细胞凋亡。而甘油醛-3-磷酸脱氢酶、X-连锁凋亡抑制蛋白、死亡受体 4、凋亡调控基因 Fas、蛋白激酶 B 动力相关蛋白、细胞周期依赖的激酶等特定位点的亚硝基化诱导细胞凋亡。其中，Caspase-3 和甘油醛-3-磷酸脱氢酶是转亚硝基化和去亚硝基化的靶位，而 Caspase-8、Caspase-9 和 Trx1 为去亚硝基化的靶位。红细胞一氧化氮合酶依赖的细胞支架蛋白 S-亚硝基化可提高红细胞的变形性。大鼠大脑短暂性的缺血再灌注，激活谷氨酸受体亚型中的一类 N-甲基-D-天冬氨酸受体和神经型一氧化氮合酶，进而使原癌基因 c-Src 发生 S-亚硝基化及其自体磷酸化，而前者通过 N-甲基-D-天冬氨酸受体磷酸化增加活性，为休克治疗提供了潜在的靶点。S-亚硝基化对心血管系统有保护作用，如雌激素的保护作用是通过提高 S-亚硝基化蛋白质含量，阿托伐他汀通过诱导型一氧化氮合酶介导的环氧化酶 2 的 S-亚硝基化，进而产生具有细胞保护作用的前列腺素类物质。此外，蛋白质 S-亚硝基化的失调与多发性硬化、肺动脉高压、帕金森病和阿尔茨海默病有关。

9. 硝基化

与亚硝基化不同的是，蛋白质硝基化是不可逆的反应。主要有过氧亚硝基阴离子（$ONOO^-$）途径和非 $ONOO^-$ 途径，即 NO_2^{2-}-H_2O_2-血红素蛋白或过氧化物酶体系 2 类。前者指诱导型一氧化氮合酶过表达使 NO 水平升高，与活性氧簇反应得到活性氮簇如 $ONOO^-$ 等；后者指亚硝酸盐或其他含氮物质在氧化剂存在时，经含铁卟啉的蛋白质如 H_2O_2 催化而引发。硝基化没有特定的序列要求，然而有研究发现，酪氨酸残基的表面暴露、不存在立体位阻及其所处的静电微环境是酪氨酸残基选择性硝基化的决定因素。如人胱硫醚 β 合酶发生硝基化的位点在色氨酸 43、色氨酸 208 和酪氨酸 223。色氨酸硝基化与酪氨酸不同的是：①硝化位点有 1-位氮原子，2, 4, 5, 6, 7-位的碳原子，并且色氨酸可与 $ONOO^-$ 直接发生硝化反应。②色氨酸与 $ONOO^-$ 反应生成的产物种类繁多且呈剂量依赖性。③硝基化的酪氨酸比硝基化的色氨酸更普遍，在蛋白质全部的氨基酸中，酪氨酸比色氨酸更普遍（酪氨酸占蛋白质全部氨基酸的 3%～4%，而色氨酸仅占 1%），酪氨酸与 $ONOO^-$ 的反应速率较色氨酸快。$ONOO^-$ 可以氧化酪氨酸磷酸酶的关键半胱氨酸残基，抑制其活性，间接地增强了酪氨酸激酶活性，从而促进酪氨酸磷酸化。根据 $ONOO^-$ 浓度不同，分别促进或抑制酪氨酸发生磷酸化。纤维蛋白原是心血管的危险因子，而硝基化的纤维蛋白原有抑制血小板聚集和血栓形成的作用。脂多糖通过硝基化介导 Ras 同系物基因家族成员 A 活化，致内皮屏障功能障碍引起肺损伤，给予 Ras 同系物基因家族成员 A 硝基化抑制多肽后，Ras 同系物基因家族成员 A 硝基化水平、内皮屏障功能障碍明显降低。

6.4.3 蛋白质翻译后修饰常用的研究方法

蛋白质翻译后修饰的常用方法，包括蛋白质分离技术、以生物质谱（mass spectrum，MS）为代表的鉴定技术、蛋白质相互作用分析技术以及生物信息学技术等，用于对蛋白质的高级结构、修饰、定位、活性、相互作用以及功能的研究。

1. 蛋白质的分离技术

双向凝胶电泳技术（two dimensional gel electrophoresis，2D-PAGE）是常用的蛋白质分离技术，由 O'Farrell 于 1975 年创立，用于分离细胞或组织蛋白质粗提物、构建特定组织或细胞的蛋白质 "二维参考图谱"、分析特定条件下病理与生理蛋白质组的表达差异。2D-PAGE 结合 MS 分析可以实现较大规模的蛋白质分离和鉴定，特别适用于修饰后蛋白质（如糖基化、磷酸化、脱氨等）的发现和鉴别。然而该技术也存在很多不足，如对极酸或极碱性蛋白质、疏水性蛋白质、极大或极小蛋白质以及低丰度蛋白质难以有效分离，胶内酶解过程费时、费力，难以与质谱联用实现自动化等。

双向荧光差异凝胶电泳（two dimensional fluorescence difference gel electrophoresis，2D-DIGE）是同时分离多个由不同荧光标记的样品，并以荧光标记的样品混合物为内标，对每个蛋白质点和每个差异都进行统计学分析的蛋白质组学凝胶定量代表性技术。这一技术具有以下优点：①精确，可以检测到低于 10%的样品间差异，可信度超过 95%；②标准化，内标最大限度地降低偏差，得出精确的实验结论；③高重复性，极佳的定量重复性和准确的量化蛋白表达数据；④高效，多个样品在同一块胶上同时分离，减少实验时间；⑤简化，易于使用，可以完全整合到蛋白质组工作流程中。

高效液相色谱（high performance liquid chromatography，HPLC），基于样品分子在固定相和流动相之间的特殊相互作用而实现样品分离，无须变性处理样品，可实现上样、收集、与质谱联用（LC/MS）、在线分析的自动化。与双向电泳相比，具有快速、分辨率高的优点。

2. 蛋白质的鉴定技术

生物质谱技术是蛋白质鉴定的主要技术，通过测定样品的质荷比（m/z）进行高分子物质成分和结构的精确分析，基于电离方法的不同，可分为基质辅助激光解吸电离-飞行时间质谱（matrix assisted-laser desorption ionization-time of flight mass spectrometry，MALDI-TOF-MS）与电喷雾-串联质谱（ESI-MS/MS）。ESI-MS 使分析物从溶液相中电离，适合与液相分离手段（如液相色谱和毛细管电泳）联用分析复杂样品。而 MALDI 是在激光脉冲的激发下，使样品从基质晶体中挥发并离子化，适于分析简单的肽混合物。液质联用（LC/MS）、串联质谱（MS/MS）的应用，不仅可获得蛋白质的肽谱图，还可获得蛋白质氨基酸序列信息和精确的修饰信息。

EThcD（electron-transfer and higher-energy collision dissociation）是 2012 年 Christian 等提出的在串联质谱法中使用的一种新的碎片化方案。通过组合电子转移解离（ETD）和更高的能量碰撞解离（HCD）生成双碎片离子系列，并促进广泛的肽骨架碎片。在电子转移解离步骤之后，所有离子，包括未反应的前体离子进行碰撞，在单一的频谱诱导下解离产生 b/y-型和 c/z-型碎片离子。相较于一般的破碎方法，EThcD 方案提供了更丰富的 MS/MS 谱图，大大增加了肽序列覆盖面，可以进行确切的肽测序和 PTM 定位。

蛋白质基因组学（proteogenomics）是一种全新的分析方法，最早由哈佛大学 Jaffe 等于 2004 年提出，是蛋白质组学与基因组学的新兴交叉，指运用蛋白质组技术注释基因组，以弥补以往依赖 DNA 及 RNA 序列信息注释基因组的不足。除此之外，蛋白质基因组学技术还可以进行蛋白质翻译后修饰的研究，这主要归功于串联质谱技术已经发展成熟，实现了对蛋白质组的高覆盖，使得利用串联质谱数据进行基因组注释成为可能，Gupta 等因此成功绘制出了 *S. oneidensis* MR-1 的蛋白质翻译后修饰全图谱，包括对蛋白质的化学修饰、信号肽的切割以及 N 末端甲硫氨酸的切割等，这项技术的应用将给蛋白质翻译后修饰的研究提供更直观、更全面的信息。

3. 蛋白质相互作用分析技术

目前，已建立了包括酵母双杂交系统、免疫共沉淀（Co-IP）、串联亲和纯化（TAP）

技术、表面等离子共振技术（surface plasmon resonance，SPR）、荧光共振能量转移（FRET）、GST-Pull-down 实验以及蛋白质芯片等多种研究方法。这些方法各有所长，为蛋白质相互作用的研究提供了有效的分析方法，也为蛋白质组学研究奠定了坚实的基础。表面等离子共振技术（SPR）是目前蛋白质相互作用研究中的新手段，其利用一种纳米级的薄膜吸附诱饵蛋白，当待测蛋白与诱饵蛋白结合后，薄膜的共振性质会发生改变，通过检测便可知这两种蛋白的结合情况。SPR 技术的优点是不需标记物或染料，反应过程可实时监控，测定快速且安全，还可用于检测蛋白-核酸及其他生物大分子之间的相互作用。

4. 生物信息学技术

生物信息学是在生命科学、计算机科学和数学的基础上逐步发展形成的一门新兴交叉学科，是以理解各种数据的生物学意义为目的，运用数学与计算机科学手段进行生物信息的收集、加工、存储、传播、分析与解析的科学。生物信息学虽然以基因组信息学为核心，但其在蛋白质组学研究中的作用日显突出。通过二维凝胶电泳、生物质谱、蛋白质微阵列等方法所获得的大量数据最终都必须依赖生物信息学的方法和手段才能实现对蛋白质的种类、数量、结构和功能的最后确定，被称为蛋白质组研究的百科全书。常用的数据库有：Swiss-Prot、GenBank、PhosphoELM、Phosphosite、O-GlycBase 等，修饰相关数据库多集中在磷酸化和糖基化，其中 Swiss-Prot 是高质量的非冗余蛋白数据库，同时也有多种翻译后修饰的注释信息，而 PhosphoELM 和 Phosphosite 详细收录了实验验证的磷酸化数据。

参 考 文 献

马美湖，2016. 禽蛋蛋白质[M]. 北京：科学出版社.

樊晶，2002. 人工血液制品的开发利用——对人血红蛋白的提纯、改造制备研究[D]. 天津：天津科技大学.

王雪燕. 2016. 蛋白质化学及其应用[M]. 北京：中国纺织出版社.

阮班军，代鹏，王伟，等，2014. 蛋白质翻译后修饰研究进展[J]. 中国细胞生物学学报，（7）：1027-1037.

Frey B J，Dueck D，2007. Clustering by passing messages betwecn data points [J]. Science，315（5814）：972-976.

Kelil A，Wang S，Brzezinski R，et al，2007. CLUSS: Clustering of protein sequences based on a new similarity measure[J]. Bmc Bioinformatics，8（1）：1-19.

Levy E D，2007. PiQSi: Protein quaternary structure investigation[J]. Structure，15（11）：1364-1367.

Shi J，Pan Q，Zhang S，et al，2006. Classification of protein homo——oligomers using amino acid composition distribution[J]. Acta Biophysica Sinica，22（1）：49-56.

Sun X Y，Shi S P，Qiu J D，et al，2012. Identifying protein quaternary structural attributes by incorporating physicochemical properties into the general form of Chou's PseAAC via discrete wavelet transform[J]. Molecular Biosystems，8（12）：3178-3184.

Xiao X，Wang P，Chou K C，2011. Quat-2L: a web-server for predicting protein quaternary structural attributes[J]. Molecular Diversity，15（1）：149-155.

第7章 食品蛋白质组学技术

后基因组时代的主要研究内容包括转录组学、蛋白质组学及代谢组学。与基因组学相比,蛋白质组学更能从细胞和生命的整体水平上阐明生命现象的本质和活动规律,因此受到高度重视并在近年来得到了快速发展。蛋白质是大多数食品中的主要成分,因而蛋白质组学分析能够提供与食品品质相关的蛋白质结构和功能等方面的信息,为食品科学研究提供崭新的思路和工具。蛋白质组学的发展离不开相关实验技术的突飞猛进,这些技术不仅可以加强对蛋白质的分离和鉴定,还可以进行目的蛋白的筛选和样品的精细分析,其在食品加工、贮藏、营养分析、食品安全以及鉴伪等领域中已有广泛应用。

7.1 蛋白质组学简介

蛋白质组(proteome)一词,源于蛋白质(protein)与基因组(genome)两个词的组合,意指"一种基因组所表达的全套蛋白质",即包括一种细胞乃至一种生物所表达的全部蛋白质。蛋白质组学是建立在基因组学基础上逐渐发展起来的一门新兴学科,按研究目的和手段的不同,蛋白质组学可以分为表达蛋白质组学、结构蛋白质组学和功能蛋白质组学等。表达蛋白质组学用于细胞内蛋白样品表达的定量研究,研究技术为经典的双向凝胶电泳和图像分析,主要在蛋白质组水平上研究蛋白质表达的变化等,是应用最广泛的蛋白质组学研究模式。结构蛋白质组学以绘制出蛋白复合物的结构或存在于一个特殊细胞器中的蛋白为研究目标,用于建立细胞内信号传导的网络图谱并解释某些特定蛋白的表达对细胞产生的特定作用。功能蛋白质组学以细胞内蛋白质的功能及蛋白质之间的相互作用为研究目的,对选定的蛋白质组进行研究和描述,能够提供有关蛋白的糖基化、磷酸化,蛋白信号转导通路,疾病机制或蛋白药物之间相互作用等重要信息。

从研究目的来划分,蛋白质组学研究可分为两类:一类为"全谱蛋白质组学",即采用高通量的蛋白质组研究技术分析生物体内尽可能多乃至接近所有的蛋白质,这种策略从大规模、系统性的角度来看待蛋白质组学,符合蛋白质组学分析的本质。但是,由于蛋白质的表达随空间和时间不断变化,因此"分析生物体内所有蛋白质"实际上都是指特定条件下的"全体蛋白质"。另一类称为"差异蛋白质组学"或"比较蛋白质组学",即对不同生理状态下或生理病理条件下某种生物细胞或组织的蛋白质表达图谱进行比较分析,寻找差异蛋白位点,通过研究蛋白质变化实现对体内代谢过程的动态分析。

7.2　蛋白质组学研究技术

蛋白组学研究的核心技术为：蛋白质组分分离技术、蛋白质组分的鉴定技术，以及利用生物信息学进行蛋白质结构、功能分析及活性预测。目前，主要有 3 种常用的蛋白组学研究手段，即 2-DE 分离经胶内酶切后的质谱鉴定技术、特异性酶解后的多维色谱——质谱联用蛋白质鉴定技术（MudPIT）和抗体芯片表面增强激光解析电离法检测技术（SELDI-TOF MS）。

7.2.1　蛋白质分离技术

常用的蛋白分离方法有凝胶电泳法（如 SDS-PAGE、IEF、2-DE 等）和色谱法（如 HPLC 等）。双向电泳（two-demensional electrophoresis，2-DE）是蛋白质组学研究中重要的蛋白质分离技术，能够提高细胞内蛋白质分离的分辨率，并反映机体的蛋白质表达水平及转译后的修饰状况。经典的双向电泳技术首先根据蛋白质的等电点使蛋白质在载体两性电解质 pH 梯度胶中进行等电聚焦，然后按照分子量大小在 SDS-PAGE 中进行第二向分离。电泳后的样品可用考马斯亮蓝、荧光染料或银染等不同方法进行染色。一般来讲，银染比考马斯亮蓝染色的灵敏度高，但后者价格低廉，操作简单且重复性好，与胶内酶解及质谱鉴定兼容性强，所以考马斯亮蓝染色仍然是实验室中最常用的染色方法。荧光染色法的灵敏度与银染类似，对质谱的干扰较小，但需要配备昂贵的实验设备。通过染色处理好凝胶后，采用照胶仪存储凝胶图像并获取完整的蛋白质定性或定量信息，依靠图像分析软件来完成蛋白质各种信息的分析。

在过去的 40 年里，通过 2-DE 方法对多个物种和组织中（包括水稻、玉米、猪、牛、鸡和水产品等）的蛋白质进行了分离。其中一些 2-DE 图谱已被用于分析与食品性状相关的指标物。虽然 2-DE 具有简便、快速、高分辨率等优点，但存在自动化程度低、重复性差的缺点，并且对过大或过小分子量的蛋白质以及低丰度蛋白、极酸或极碱蛋白质都难以有效捕捉。固相 pH 梯度凝胶电泳的建立和完善，使电泳技术的加样量、重复性有了明显改善，并进一步提高了疏水蛋白、低丰度蛋白及碱性蛋白的分辨率。一直以来，传统的双向电泳技术无法对两个蛋白质样品的差异进行检测与定量分析，因而不能应用于大规模的蛋白组学分析，但荧光双向差异凝胶电泳（fluorescence two-dimensional differential gel electrophoresis，2-D DIGE）技术的建立与使用弥补了这一缺陷。差异凝胶电泳是在 2-DE 技术上的改进，通过结合多重荧光分析的方法，用分子量相匹配的不同荧光染料标记两个蛋白样品，再取等量混合后进行内标，最后进行双向电泳，通过检测凝胶上的不同荧光而实现对不同样品间的差异检测。该方法的灵敏度和准确性都比较高。此外，高效液相色谱（HPLC）也是目前对复杂蛋白样品进行定性分析的重要手段之一。这是一种利用高压输液泵驱使带有样品的流动相通过装填固定相的色谱柱，利用固液相之间的分配机理对混合物样品溶液进行分离的技术方法。

7.2.2　蛋白质鉴定技术

蛋白质的鉴定技术有很多，如生物质谱技术、蛋白芯片技术、酵母双杂交技术、噬菌体展示技术、生物传感芯片质谱技术、图像质谱和质谱鸟枪法等。目前蛋白质鉴定以生物质谱为主，生物质谱是蛋白质组研究中最重要的技术突破之一，可用于蛋白质多肽序列和分子质量的测定，以及研究酶活力部位、蛋白质翻译后修饰、蛋白质折叠及其高级结构等。

蛋白质发生修饰时，分子质量会发生相应改变，通过质谱测定已富集的修饰蛋白或肽段的分子量，可实现对修饰蛋白质的定性和定量分析。免疫共沉淀（co-immunoprecipitation）是蛋白组学中用于研究蛋白质之间相互作用的经典方法之一，其基本原理是在非变性条件下裂解细胞，以保留细胞内发生相互作用的蛋白质，再将目的蛋白的抗体加至细胞裂解液中，使体内相互作用的目标蛋白沉淀下来；经过洗脱，沉淀物收集及分离，鉴定分离所获得的蛋白。该方法所研究的蛋白均经过体内的翻译后修饰，且能反映正常生理条件下蛋白质间的相互作用。此外，蛋白质印迹（western blotting）技术也是目前研究蛋白质表达的一种常用实验技术，它将传统的、高分辨率的 SDS-PAGE 电泳和灵敏度高、特异性强的免疫探测技术相结合，从而有效地验证目的蛋白的表达。

7.2.3　基于氨基酸序列的数据库搜索匹配

蛋白质组学鉴定产生的大量肽段序列信息可用于蛋白质的鉴定，这些参数包括蛋白质质量大小、等电点、蛋白质序列标签、肽质谱指纹图、肽序列标签和蛋白质氨基酸组成等。依据实验中获得的多个肽段质量数据与同一蛋白质肽段质量计算值之间的相关性进行鉴定（被鉴定的蛋白必须已经在蛋白序列数据库中）。该方法适用于基因特性非常清楚或全基因组序列已知的物种。未解析碎片离子检索蛋白质的方法与肽质量检索蛋白质的方法相似，不同之处在于后者是碎片离子质量数与理论碎片离子质量数计算值间的相关性比较。因此可在核酸数据库甚至原始的基因组数据库中搜寻，也适用于在表达序列标签（EST）的翻译序列数据库中检索。通常在网上可获得单参数和多参数相结合的软件；在一些情况下，也会作为独立的软件包存在，如 Micromass 公司的 ProteinLynx 质谱分析软件包。随着质谱在蛋白质组上的广泛应用，大量的软件包服务可以做到：通过肽质谱指纹图、不同的种属、蛋白质分子量大小和等电点来鉴定蛋白质；通过 MS/MS 数据来鉴定蛋白质；预内源性蛋白酶消化肽片段或 MS/MS 的肽片段大小的工具；从头预测来自 MS/MS 数据的肽序列工具等。具有代表性的软件工具有 Protein Prospector（http://nrosvector.ucsf.edu）、PROWL（http://prowl.reckefeller.edu）、MASCOT（http://www.matrixscience.com）、华盛顿大学的 SEQUEST（http://thompson.mbt.washington.edu/sequest）和在 ExPASy 服务器上的蛋白质组工具（http://www.expasy.ch/tools/#proteome）等。

7.2.4　蛋白组学技术联合应用

为了弥补以 2-DE/MS 为基础的蛋白质组学方法的不足，新的蛋白质分离鉴定技术层出不穷,如二维色谱-串联质谱技术、亲和色谱-串联质谱等。采用液相色谱法分离蛋白质和多肽,不仅速度快、可分离多种蛋白质,而且分析过程易于自动化和与质谱联用;但不易得到蛋白质表达谱、等电点以及相对分子量等信息,分辨率也不够高,尚未实现平行操作。二维色谱-串联质谱技术可以对蛋白质混合物进行直接分离与鉴定,其中较成功的大规模分离鉴定蛋白质的例子有酵母蛋白组的分离等。同位素标记—亲和色谱—质谱技术的联用,实现了对细胞蛋白质的定量分离与鉴定。其中,采用同位素编码亲和标签技术,可以完全分离蛋白酶酶解后产生的复杂混合物,不仅可以定量分析细胞差异表达的蛋白质,而且大大简化了被分析样品的复杂性,为蛋白质组学技术方法的研究提供了新思路。该方法的不足之处在于无法分析和鉴定不含半胱氨酸的蛋白质,此外,高额的费用也限制了该方法的大范围应用。

采用质谱分析可以进行蛋白质的鉴定,其离子化方法,现多采用电喷雾离子化(ESI)和基质辅助激光解吸离子化(MALDI)的软电离方法,样品进行电离时能保留整个分子的完整性,而不会形成碎片离子,又称肽指纹图谱(peptide-mass fingerprinting, PMF)技术。这些电离方法是基质辅助激光解吸电离飞行时间质谱(MALDI-TOF-MS)和电喷雾电离-串联质谱(ESI-MS/MS)技术的核心。将它们结合起来的 MALDI-TOF-TOF MS/MS 是一种被广泛用来鉴定 2-DE 上分离出的蛋白质和肽的方法,现已成功地应用于鉴定包括畜禽动物在内的许多生物蛋白质。多维蛋白鉴别技术(MudPIT)的原理是将样品先由特异性的胰蛋白酶消化,产生的多肽再由强阳离子交换柱和反相 HPLC 分离后通过 ESI-MS/MS 进行分析。表面增强激光解析电离(SELDI)技术则是通过离子交换柱或液相色谱分离蛋白质,并通过芯片上抗体、底物等的亲和力从蛋白质混合物中直接获得单个或多个目标蛋白。

蛋白质组学中出现的大量复杂数据需要进行整合,数据的搜集和合并需要一些先进的数据处理算法和软件。上述介绍了许多开放性资源和商业化的数据库平台,可以提供鉴定蛋白的相关信息,如氨基酸序列、双向电泳图谱、三维结构、翻译后的修饰、对应的基因组及代谢组数据等。这些数据库涵盖了人类和所有的经典模式生物,如小鼠、大鼠、酵母和拟南芥等。生物信息学的发展为蛋白质组学研究提供了全面的数据支撑。

近年来,定量蛋白质组学开始得到广泛应用。同位素定量标记(isobaric tags for relative and absolute quantification, iTRAQ)是由 ABSCIEX 公司研发的一种体外同种同位素标记的定量技术。该技术利用多种同位素试剂标记蛋白多肽 N 末端或赖氨酸侧链基团,经高精度质谱仪串联分析,可同时比较多达 8 种样品之间的蛋白表达量,是近年来定量蛋白质组学常用的高通量筛选技术之一。一般实验过程是:首先将样品经胰蛋白酶裂解,烷基化,将酶解肽段与 iTRAQ 试剂多重标签进行差异标记,然后使试剂的肽反应基团与样品肽段的 N 端及赖氨酸侧链连接,从而达到标记所有酶解肽段的目的。该技术作为一项新的蛋白质研究技术,在应用中具有以下优点:①可同时对 4 种乃至 8 种蛋白质样本进行定量比较,既省时又省力;②能够标记样本中几乎所有的蛋白质,包括 DIGE 技术难以检测到的膜蛋白、疏水蛋白以及翻译后修饰的蛋白;③报告离子为小分子物质,能保证定量的准确性。该技术的缺点在于 iTRAQ 试剂容易与样本中的杂质蛋白以及样本处理中缓冲液的污染蛋白相结合,因此需要对样本进行预处理,尽量减少污染。与昂贵的 iTRAQ 试剂相比,

Label free 的方法更为简单实用，其借助于对蛋白质酶解肽段的质谱分析，无须昂贵的同位素标签做内标，通过比较质谱分析次数或质谱峰强度，便可初步确定不同来源样品蛋白的数量变化。任何一种技术都有其优缺点，需要根据实际情况进行选择（表 7-1）。

表 7-1　蛋白质组学主要技术特点与应用

技术方法	标记方式	主要应用领域	优点	缺点
2D/DIGE	无标记	差异蛋白研究	易观测，成本较低	自动化程度不高，通量低，灵敏度低，难以检测疏水性膜蛋白和低丰度蛋白
TMT/iTRAQ	体外	高通量蛋白质组定量	通量高，可同时标记 8 种不同样品，蛋白覆盖率高，定量准确，可信度高，数据丰富	样品复杂时母离子共筛选和共碎裂干扰严重，蛋白酶解后标记也容易造成实验误差，成本较高
SILAC	体内	活细胞蛋白质组性和定量	标记效率高，实验操作和设备一起引入误差低，定量准确度高	通量低，样品局限于活体细胞，标记成本较高
Label free	无标记	蛋白质组定量	无须同位素标记，操作简单，不受样本数目的影响，成本较低	数据处理复杂，对质谱稳定性依赖大，重复性差，定量准确性不高
DIA/SWATH	无标记	大规模相对和绝对定量	灵敏度高，线性动态范围广，通量大	低丰度蛋白定量准确性差

7.2.5　其他蛋白组学研究技术

除了上述几种主要的蛋白质组学分析技术以外，近年来蛋白质芯片技术、酵母双杂交系统和生物信息学分析也逐渐应用于蛋白质组学研究。由于操作简便，样品用量少且能对多个样品进行平行检测，蛋白质芯片技术也因此具有明显优势；而酵母双杂交系统主要是针对活细胞内蛋白质进行研究，近年来已经发展到检测小分子蛋白质、DNA-蛋白质及RNA-蛋白质的相互作用上。

蛋白质芯片技术是利用分子间特异性相互作用的原理，将多种技术（如生物化学、微加工、微电子、计算机等）融为一体的一项分析检测技术，具有快速、简便、高通量的特点。与传统分析检测方法不同，它形成的微阵列使生化分析反应过程高度集成于某一载体上，高通量地分析检测成百上千种 DNA、RNA、蛋白质及多肽分子。目前常见的生物芯片有：基因芯片、蛋白芯片、糖芯片以及其他小分子生物芯片。虽然蛋白芯片是在蛋白质组学的研究背景下产生的，但其应用不只局限于蛋白质组学研究，凡是有关抗体—抗原、蛋白质—蛋白质、蛋白质—核酸、蛋白质—脂类、蛋白质—小分子以及酶与底物相互作用的研究中，均可应用蛋白芯片技术。

近年来，多种质谱技术的不断改进也推动了蛋白质组学的发展。除了用于蛋白质鉴定，对不同样品的定量分析也已成为该领域的重要研究方向之一。比较不同样品间的量化差异能够发现和疾病或环境变化相关的生物标记物，对研究不同胁迫条件下细胞或组织的内在变化具有重要意义。早期的比较蛋白质组学研究方法主要基于二维电泳图谱的差异分析，不能达到定量分析的要求；而应用稳定同位素来标记两个或多个不同样品的蛋白质，而后将样品混合共同分析的方法能够通过质谱的高质量准确性使同位素分离，从而进行相对定量。

此外,由于蛋白质翻译后修饰对细胞内的多个生物过程起到关键性调控作用,因而近年来,针对蛋白质磷酸化的蛋白质组学研究以及蛋白质翻译后修饰在蛋白质相互作用网络中的作用也正成为该领域的研究热点。随着质谱鉴定技术精确性的不断提高,蛋白质组学研究能够获取更多高通量的肽段数据。而且,近年来对于这些海量数据的管理、储存以及生物信息学分析也取得了很大的进展,如通过 FindMod 软件来发现肽段质量指纹图谱不匹配峰之间的质量变化、检索可能的翻译后修饰位点等。例如,糖信息学的发展使得糖基化的分析成为可能,目前已经建立的一些糖链结构数据库,如 KEGG、GLYCAN(http://www.genome.jp/kegg/glycan/)等都可以用来匹配串级质谱分析得到的碎片化数据。这些日益丰富的生物信息学工具和分析手段为有效预测蛋白质的功能、理解蛋白质组和细胞的复杂性起到了重要作用。

7.3　蛋白质组学在食品科学研究中的应用

蛋白质组学是以生物体的全部或部分蛋白质为研究对象,研究其在生命活动过程中的作用、功能,发展至今已日趋成熟。近年来,随着蛋白质组学技术的不断发展,已经逐步应用于食品科学研究领域,包括高效鉴定食物中蛋白质成分的变化,揭示食物原料或加工后蛋白质之间或蛋白质与其他成分之间的相互作用等。目前已将其运用于解决食品领域中的诸多问题,使得食品领域的研究有了新突破。这表明蛋白质组学技术的应用不仅有利于揭示食品品质特点形成的分子机制,同时也能监控食品在运输、储藏、后处理等过程中的蛋白质成分变化,从而对储藏条件和加工工艺的选择进行科学地指导,对保证食品的品质和营养具有重大意义。蛋白质组学技术在以肉类、谷物、乳制品等为主要研究对象的食品蛋白质组学领域的研究成果也被广泛报道。

7.3.1　在食品蛋白质组成及功能活性成分研究中的应用

蛋白质组学在食品科学领域的研究中得到了相当广泛的应用。在粮油食品中,可以对粮食作物的产量及品质做充分的研究,集中体现在粮油食品的农作物性状。通过其蛋白质组的研究,可以对现有的农作物性状做出一定程度的改变,在其产量、抗倒伏以及对病虫害的抵抗方面都有着相当重要的影响。在肉类食品的应用中,主要体现在生物肌肉的生长过程中。在肌肉纤维的生长过程中,纤维自身所具有的性状对于肉类食品的影响是相当大的。人们常见的水产品中,如鱼类、贝壳类、无脊椎动物类等水产品的食品安全是相当重要的,在水产品储藏的应用中,可以全面利用现代蛋白质组学的方法,对水产品的存储以及加工过程中所呈现出的品质变化状态做出分析和研究。禽蛋各部分所特有的理化性质及其含有的各种生物活性分子使其成为医药、食品乃至化妆品等领域重要的原料来源。虽然对鸡蛋各部分主要蛋白的分离纯化研究已经历了半个多世纪,但对禽蛋中微量蛋白的鉴定和认识始终没有取得突破性进展。蛋白质组学作为功能基因组学研究领域的一个重要分支,在赋予基因功能、阐述生命现象本质等方面发挥着重要作用。

在乳品中，蛋白质的含量是相对较多的，因此在蛋白质自身的水解变性程度方面也会对乳品的品质产生重要的影响。在对蛋白质进行水解之后，其中所含有的肽类物质就成了乳品自身味道的关键部分。

7.3.2　粮油作物类植物

1. 大豆蛋白质组学研究进展

大豆作为世界四大油料作物之一，含有丰富的油脂，其产量高并具有很高的经济价值。现今，对大豆蛋白质组学的研究相对较多，而对于其他油料作物的研究相对较少。通过对油料作物蛋白质组学的研究，可深入分析与生长发育相关的蛋白质表达量的改变、翻译后修饰、在亚细胞水平上定位的改变等，有助于揭示油料作物发育的调控机理。其研究内容可大致分为器官与组织的蛋白质组学、亚细胞蛋白质组学、响应逆境胁迫下的蛋白质组学等。蛋白质组学可在植物的发育期间和器官、组织及亚细胞水平的应激条件下检测和分析蛋白质丰度、蛋白质修饰和蛋白质之间相互作用的动态特征。随着蛋白质组学技术的不断发展，对植物在发育期间和暴露于环境胁迫下所获得的对细胞应答的全面理解成为首要的研究任务。尽管在不同组织、器官中鉴定出许多蛋白质，但是特异性蛋白质的总数远小于预期，需要改进分离和检测方法来研究低丰度蛋白质和新型蛋白质。所以，在探明不同组织、器官、发育阶段、亚细胞和响应于各种胁迫的应答机制方面仍然具有挑战性。如防御洪水胁迫特性由许多基因、蛋白质和代谢物控制，使用单个基因、蛋白质或代谢物不能阐释对洪水泛滥的耐受性。通过蛋白质组学技术分析油料作物中的蛋白质发现，蛋白质在油脂稳定性中发挥重要作用，并对人体健康有益。

在基于 iTRAQ 技术的大豆根响应低磷胁迫的蛋白质组学研究中，通过 KEGG 通路分析鉴定到的 863 个差异蛋白，发现其涉及的途径包括代谢和次生代谢产物合成过程、核糖体途径、碳代谢和内质网蛋白质加工途径、淀粉和蔗糖代谢与糖酵解和糖异生途径、丙酮酸代谢和苯丙氨酸合成途径等，其中代谢和次级代谢所占的比例最大，表明其所研究的华春 2 号品种低磷耐性机制很可能与代谢和次级代谢有关。当前营养学研究热点之一的大豆异黄酮是一种植物化学物质，其潜在的营养价值和保健效用正待研究。Deshane 等将阿尔茨海默病（AD）转基因小鼠分为大豆异黄酮缺乏和补充两组，喂近 12 个月后处死，取全脑匀浆制备蛋白质样品，利用蛋白质组技术进行分析，发现并鉴定到一些差异蛋白质是以前研究发现的与 AD 发病有关的蛋白质。这些蛋白质在大豆异黄酮补充组脑组织的表达变化与在 AD 及其他神经退行性疾病中的变化相反。该研究首次确定了大豆异黄酮会影响 AD 发病相关蛋白质的表达。

2. 小麦蛋白质组学研究进展

大量的麦胚蛋白质组学的研究数据集成于麦胚蛋白领域。麦胚蛋白质组学是在整体水平上研究麦胚蛋白特性，包括蛋白质的表达、分类、功能分析以及蛋白质间的相互作用。

在麦胚生理、发育及后续加工的过程中，蛋白质组学技术可以作为揭示其分子功能及细胞调节机制的研究方法。随着麦胚蛋白质组学研究中蛋白的组成、分类、功能分析等生物学信息不断完善，以及多组学联合对麦胚蛋白研究的进一步拓展，麦胚蛋白质研究数据不断丰富，生物信息分析也不断完善。

小麦生长发育过程中会受到多种逆境胁迫的影响，在胁迫条件下，小麦可通过改变自身的蛋白质表达水平对各种胁迫做出响应。蛋白质组学研究能够全面揭示小麦响应胁迫时其细胞内蛋白质的动态变化规律，鉴定差异表达的蛋白质，并发现与胁迫响应相关的标志物，是小麦抗逆生物学研究的重要组成部分。利用蛋白质组学对小麦响应逆境胁迫的研究，为全基因组水平下研究蛋白质和基因功能提供了有效的工具。以 2-DE 和质谱鉴定技术为基础的小麦抗逆蛋白质组学研究中，发现并鉴定了大批逆境响应蛋白，揭示了多种胁迫与信号物质间的关系，取得了可喜的研究成果。但小麦对逆境的响应是一个非常复杂的体系，涉及一系列信号转导、基因调控和蛋白表达的变化。而目前以 2-DE 技术为基础的蛋白质组学研究，由于重复性难以控制以及低丰度蛋白、膜蛋白难检测等缺点，已逐渐成为限制蛋白质组学研究的瓶颈。而 iTRAQ 技术的研究与应用为低丰度蛋白、膜蛋白的鉴定提供了有力保障，iTRAQ 技术可一次分析 8 个样品，提高了实验的通量和重复性。小麦基因组测序、生物信息学数据库的完善，也为蛋白质的准确鉴定与功能预测奠定了基础。此外，通过加强多层次、多技术手段的联合研究，可将蛋白质组学与转录组学、代谢组学、遗传学以及农艺性状结合起来进行研究。目前，小麦抗逆蛋白质组学正处于蓬勃发展阶段，相信随着科技创新和技术进步，将有更多的与小麦响应逆境胁迫相关的蛋白或基因被挖掘，蛋白质组学将为小麦抗逆理论研究和育种做出更大贡献。

3. 油菜蛋白质组学研究进展

油菜与拟南芥基因具有较高的同源性，拟南芥丰富详尽的基因组数据为油菜的蛋白质组学研究提供了良好的生物信息学支撑。同时，油菜的数据库信息也在不断完善，美国国家生物信息中心（NCBI）数据库中甘蓝型油菜 ESTs 信息已超过 656 000 条（截至 2010 年 5 月）。丰富的数据库信息为油菜的蛋白质鉴定和功能分析奠定了良好的基础，促进了油菜蛋白质组学的研究。在大量可利用的数据库信息基础上，油菜的蛋白质组学研究方兴未艾。对鼓粒期的甘蓝型油菜种子进行了表达蛋白质组分析，发现其中 41.1% 的蛋白质与能量和代谢有关，通过蛋白质功能分析获得了鼓粒期油菜种子加速碳同化的实验证据。在不同生长时期的鼓粒期油菜种子的磷酸化蛋白质组学研究中，分离鉴定了 70 个经磷酸化修饰的蛋白质，为油菜种子成熟过程中的碳水化合物、油脂及蛋白质生物合成的调控机理研究提供了良好的研究基础。以黑胫病耐受性和敏感性油菜为材料，分别接种病原菌并分析两者的蛋白质表达，发现两者在光合作用、碳水化合物代谢、氧自由基的生成及消除、蛋白质折叠及氮素代谢等生理变化过程中存在较大差异。分别提取甘蓝型油菜的根系、叶片和茎部的蛋白质，并进行全景式的蛋白质分离和鉴定，得到超过 1600 个蛋白质的信息，构建了油菜蛋白质组表达谱，为后续研究提供了丰富的实验材料。

菜籽油是中国重要的食用油，随着油菜产业的发展，出现了不同的育种要求，为了达到这些目标，需要了解其分子机理。目前的研究进展包括油菜籽蛋白质提取方法及双向电泳条件优化，营养元素、低温和水等胁迫方面的研究，种子、汁液、花粉、叶片、种皮、线粒体等不同组织材料的生理生化和抗病等方面的蛋白质组学研究。通过研究发现目前油菜籽蛋白质组学方面存在的一些问题。油菜素内酯（brassinosteroids，BR）是主要的植物生长调节素之一，参与调节了细胞的生长和分化等许多植物生长发育过程。为了解析 BR 信号传导的分子机理，利用 2D-DIGE 的蛋白质组学方法找到了一批 BR 调解的质膜蛋白，这些蛋白包括与信号传导有关的蛋白激酶 BAK1 和 BSK，以及蛋白磷酸酶 PP2A。BSK 蛋白包含一个 N 末端的蛋白激酶域和一个 C 末端与蛋白质互相作用有关的 TPR 结构域，能够介导 BR 信号从质膜往胞质的传递。通过 2D-DIGE 的蛋白质组学方法，找到了两个 BR 信号传导通路的新组分，证明了蛋白质组学是一种非常好的，可以用于发掘植物信号传导新组分和新机制的研究方法。

4. 玉米蛋白质组学研究进展

研究人员以经典蛋白质组学的方法，对玉米种子萌发过程中胚和胚乳的蛋白质变化分别进行了分析，初步揭示了其在萌发过程中生理生化变化和相互作用的分子机制。并以此为基础，探讨了在萌发过程中不同程度的 NaCl 胁迫对玉米种子胚和胚乳蛋白质变化的影响，从时空变化的角度解释了 NaCl 胁迫对玉米种子萌发的伤害机制及其对 NaCl 胁迫的适应机制。为了更加深入地了解可逆蛋白磷酸化在种子萌发过程中的作用，进一步采用鸟枪法，利用离线强阳离子交换色谱技术富集蛋白肽，对萌发的玉米胚进行了广泛的蛋白磷酸化研究。

另有研究人员从蛋白质组学层面探讨玉米籽粒发育过程中胁迫相关蛋白的表达特性并分析其功能，揭示籽粒自身防御系统的分子调控机理。通过匹配玉米蛋白数据库，籽粒中总计鉴定到 4751 个蛋白，这些蛋白涉及多种生物过程与分子功能，其中代谢过程与分子过程是最主要的两个生物过程，而催化活性与绑定功能是最主要的两个分子功能类别，研究表明这些生物过程与分子功能对籽粒发育具有重要作用。定量分析检测到 123 个与胁迫相关的蛋白在玉米籽粒发育过程中显著差异表达。蛋白修饰相关蛋白主要包含一系列的热激蛋白、肽基脯氨酰顺反异构酶及蛋白二硫键异构酶，并且这些蛋白在籽粒不同发育阶段均显著积累，这对稳定籽粒中的蛋白结构具有重要作用。ROS 相关蛋白包含不同的抗氧化酶系，并且主要在籽粒发育前、后期显著积累，维护了 ROS 的体内平衡。贮藏物质保护的相关蛋白主要包含多种蛋白酶抑制剂、油脂体蛋白及油脂体固醇蛋白，并且这些蛋白随着籽粒发育不断上调表达，保护了贮藏物质的合成与积累。病虫害响应相关蛋白同样在籽粒发育后期显著积累，增强了籽粒对生物胁迫的抗性。胁迫相关蛋白在籽粒不同发育阶段显著积累，构建了一个协同、多样、稳定的防御调控机制，维护了籽粒正常的发育过程。

7.3.3　肉类及肉制品

肉品的质量特性与活体动物的生物学特性联系非常紧密。近十年来，遗传学、生理学、细胞生物学和生物化学等生物科学研究手段被广泛应用在肉品质量特性变化（包括肉的嫩度、肉的持水力等)的生物代谢机制研究方面。随着后基因组时代研究技术和方法的日新月异,特别是蛋白质组学的出现推进了肉品质形成机理、肉品加工质量、肉类食品安全等肉品质量安全等方面的研究。

1. 肉品营养研究

从营养和功能方面看,蛋白质是肉品最基本的组成成分。各种动物的蛋白质组成及含量的不同使得加工出来的各类肉制品具有不同的风味。另外,肉制品内蛋白质的变性程度直接关系到产品的口感和风味。所以在肉品营养研究过程中,蛋白质的研究显得尤为重要。蛋白质组学工具很少被应用在食品营养分析上,在肉品营养研究上更少,有限的研究集中在奶和蛋制品。有应用蛋白质组学技术对牛奶中乳清蛋白种类以及特性进行的研究。一些学者认为限制蛋白质组学技术在肉品上的应用基于三点原因:①肉品中的蛋白质(主要为疏水性蛋白质)在实验过程中会变得特别难溶;②肉品中的蛋白质分子量很大;③由于若干蛋白质同源异构体的存在导致肉品蛋白质呈现高度的异质化,干扰待研究蛋白的检测性。肉品中许多蛋白质的带电氨基酸残基含量低,导致这些蛋白质呈现弱电离水平。一些学者对水产品中具有营养特性的蛋白质进行研究时应用了蛋白质组学技术。这些研究工作对肌原纤维蛋白质片段(包括肌动蛋白、肌球蛋白和肌钙蛋白)、肌浆内蛋白质部分(如酶、肌球素和肌清蛋白)以及结缔组织中的连接蛋白(如胶原蛋白和弹性蛋白)进行了分析。

2. 肉品质量和鉴伪研究

以双向电泳分离技术(2-DE)、质谱鉴定技术(MS)和生物信息学三大技术为核心的差异蛋白质组学是研究生物蛋白质最有效、最直接的方法,为生鲜猪肉品质评价及形成机理研究提供了新的思路。借助差异蛋白质组学寻找、筛选并鉴定与肉质性状相关的标记蛋白,不仅可以探究猪肉品质形成和遗传调控的生理生化基础,通过 cDNA 库找到品质控制的基因,而且可以为肉质评价和等级标注提供相关依据。目前被报道的食品掺假检测技术多达 16 种,其中应用液相色谱法进行食品掺假研究的报道最为常见。其他被广泛报道的检测技术还有红外光谱法、气相色谱法、同位素质谱法、分子生物学技术以及联用质谱技术等。近年来,基于对肽段及蛋白质分析的质谱技术发展迅速,并被越来越多地用于肉类真伪鉴别研究。由于该方法以物种或成分特异的肽段作为生物标志物进行鉴别,因而具有与 DNA 分析方法相比拟的识别能力。此外,相比于 DNA 分析方法,蛋白质组学方法中蛋白质或肽段的提取步骤更为容易,肽段的基础氨基酸序列在加工过程中比 DNA 更为稳定,使其在处理深加工肉制品和定量测定方面具有不可比拟的优势。肉及肉制品蛋白质组学常规的研究步骤包括肉类样品的蛋白质提取、双向凝胶电泳或等点聚焦分离、胰酶消化以及通过各种质谱方法对肽段进行分析和鉴别。在此技术的基础上,还可不经过凝胶分离,直接对肌肉蛋白提取物进行酶解,结合二维液相色谱串联质谱对蛋白质组进行鉴定。该方法操作更为简便且更适合于自动化分析。目前已有报道质谱技术可用于对肉类品质的评价,如对屠宰后肉类储存过程中肌肉组织蛋白质变化的分析、对肌肉纤维类型组成变化的分析、对肉类腌制过程中蛋白质水解产生的短肽及其风味的研究、过敏原检测、鱼和虾的品种鉴别、肉制品中掺入的大豆蛋白及胶原水解物的检测等。在肉类品种鉴定方面，早在 1993 年就有研究通过质谱法检测出牛血红蛋白中混有 10%马血红蛋白，但该方法仅限于对纯化后蛋白混合样本的检测而无法检测出混合肉样本中的成分。将肌肉蛋白提取后通过等点聚焦富集肌球蛋白轻链，经胰酶消化后进行 MALDI-TOF-MS 和 LC-ESI-MS/MS 分析，可检测出猪肉中掺入的 0.5%鸡肉成分。由于蛋白质组学方法技术能区分蛋白质混合物中的各单一蛋白质组分并确定各蛋白组分的特点，所以蛋白质组学也被用作肉品“防伪”的有力工具，例如：清真食品中是否混有猪肉成分；在动物的来源方面，该动物是野生或养殖，该动物是否被法律或食品法规明令禁止食用等。用二维电泳技术对五种高盐腌制鱼的鱼肉抽提物进行分析，根据五种鱼中轻链肌球蛋白质的不同可区分出各种来源的腌制鱼制品。

3. 肉品安全性研究

食品过敏问题越来越受到食品工业的重视。目前在食物过敏患者基因组检测和食物中过敏蛋白质的分离等领域都取得了较成功的进展。应用系统的蛋白质组学技术（二维电泳、质谱分析和多维蛋白质分析技术）来分析水稻叶子、根和种子各部分样品，现已分离检测到超过 2500 种蛋白质，这是目前最全面的水稻蛋白质组数据。有了这些蛋白质组数据，可以根据以往分析得到的具有变态特性的蛋白质确定区分水稻内存在的变性蛋白质，并进行下一步研究。虽然蛋白质组学在植物源食物变态蛋白质的检测鉴别上取得了较大进展，但在肉品中应用受到极大限制，这是由于动物源食品造成的过敏反应主要是一些大分子量的蛋白质引发的、由体内抗体 IgE 介导的过敏反应。于是一些学者把肉品中变态蛋白质的研究重点放在血清蛋白片段和肌原纤维蛋白质片段（肌球蛋白、肌钙蛋白和原肌球蛋白）导致过敏的机理上，并取得了一些较好的进展。蛋白质组学也被应用于对人体有害的病原体（病毒，细菌或寄生虫）鉴别以及新的致病机制研究。另外，研究食物内添加组分与病原体之间的关系是否有助于食品防腐，也成为蛋白质组学在肉品安全研究上的一个新方向。

7.3.4　蛋类及蛋制品

2006 年以来，多位蛋白质组学研究领域的科学家相继发表论文，对蛋壳、蛋清、蛋黄和蛋黄膜中的全体蛋白质组分进行了鉴定和描述，通过不断改进技术，最终在酸溶性蛋壳基质中发现了 520 种蛋白质；在蛋清和蛋黄中分别鉴定了 165 种和 255 种蛋白质；在蛋黄膜中发现了 137 种蛋白质。这些针对鸡蛋中新蛋白质的发掘工作为开发新的功能蛋白质，阐明鸡蛋中蛋白质的起源以及生物学功能奠定了基础。

1. 蛋壳蛋白组学研究

鸡蛋的蛋壳是一种多孔的石灰质硬壳，其占全蛋质量的 12%～13%。蛋壳的形成是个生物矿化的过程，在这个过程中，有机基质如蛋白、糖蛋白、蛋白多糖、多聚糖等起着不可或缺的作用。通过高效液相色谱分离和质谱联用技术（LC-MS），确定的蛋白数量多达520 种，除了 10 种已报道的蛋白外，其他都是新发现的。这类蛋白可大致分为三类：第一类是蛋清中也存在的蛋白或糖蛋白，如卵清蛋白、卵转铁蛋白和溶菌酶，这些蛋白并非蛋清的污染物，而是内植于矿物层中；第二类是在鸡体内存在的蛋白，如骨桥蛋白、簇蛋白和血清蛋白等；第三类是蛋壳中所特有的蛋白或蛋白聚糖，包括 C 型凝集素样蛋白 ovocleidin-17、ovocleidin-116、ovocalyxin-32 和 ovocalyxin-36 等。德国 Max Planck 生化研究所采用了两种不同的实验策略来获得更多的蛋白。第一种策略采用了基于 LC-MS 的高通量方法，首先通过离子交换色谱将酸溶性蛋白分离，然后通过 C4 或 C18 柱的反相高效液相色谱进行纯化，最后用 N 末端测序的方法获得多肽片段序列。由于这种 Edman 降解的测序方法比较耗时，因此第二种策略采用了 LC-MS/MS 方法，通过串级质谱来鉴定氨基酸序列。该方法首先用 SDS-PAGE 分离酸溶性蛋壳基质蛋白，再用胰蛋白酶酶解，得到的肽段通过 LC-MS/MS 纯化鉴定。除了防御素和一个未知的 90ku 蛋白以外，采用策略一所鉴定的蛋白质也大都能够通过策略二的方法鉴别出来。蛋壳基质中的低丰度蛋白占总量的 80% 左右，有很多蛋白尤其是信号转导蛋白和一些酶类如骨桥蛋白等在蛋壳形成过程中起着重要的作用。虽然在蛋壳基质中发现了如此多的蛋白，但对于这些蛋白的具体功能大都还停留在预测阶段。2007 年，基于 LC-MSn 的方法在蛋壳基质中发现了 39 个磷酸化蛋白，其中 22 个是新发现的。类似磷酸化这种翻译后修饰往往能通过蛋白质间的相互作用来影响蛋壳基质的组装过程。基于蛋壳基质的全蛋白质组学研究为进一步揭示这些蛋白的功能开辟了新的道路。

2. 蛋清蛋白组学研究

蛋清中的一些主要蛋白如卵清蛋白、卵转铁蛋白等常被作为蛋白质化学研究的模式蛋白而受到广泛关注。虽然针对蛋清中蛋白质的研究已经有近五十年的历史，但是直至 1989 年，在蛋清中得以鉴定到的蛋白质仅有 13 种。近年来，不断有新的蛋清蛋白被陆续报道，如广泛分布的胞外伴侣簇蛋白以及在鸡输卵管中高表达的蛋白 HEP21 等。2006 年基于双向电泳和电喷雾-液相色谱分离接串级质谱（ESILC-MS/MS）的方法在蛋清中鉴定了 16 种蛋白质。其中新发现的蛋白有卵黄膜蛋白 VMO-1，一种潜在的抗菌蛋白 Tenp 以及和软骨形成相关的脂钙蛋白 CALγ 等。这些蛋白很多在双向电泳后呈现为多个蛋白点（图 7-1），表明不同的翻译后修饰导致了这些蛋白同源异构体的产生。同年的另一项研究通过双向电泳组合基质辅助激光解吸离子化飞行时间质谱（MALDI-TOF MS）的方法确定了 5 种蛋白，包括卵清蛋白、卵转铁蛋白、簇蛋白、激活素受体IIA 以及假想蛋白 FLJ10305。这些研究结果都昭示着蛋清中还有很多新的蛋白质等待人们去发现。2007 年，利用傅里叶变换离子回旋共振分析器接液相色谱和串级质谱（FT-ICR LC-MS/MS）以及三级质谱（MS3）的方法鉴定到了 78 个蛋白。该研究首先对一些已知但未经描述的蛋白进行了序列分析和确认，其中包括卵黏蛋白 β 亚基、卵类黏蛋白、卵白蛋白相关蛋白 Y 以及一个高丰度和卵固蛋白有序列相似性的多肽，很可能是之前分离出来但未知序列的 α-2-macroglobulin（巨球蛋白）。此外，该研究还在蛋清中发现了很多新的蛋白。

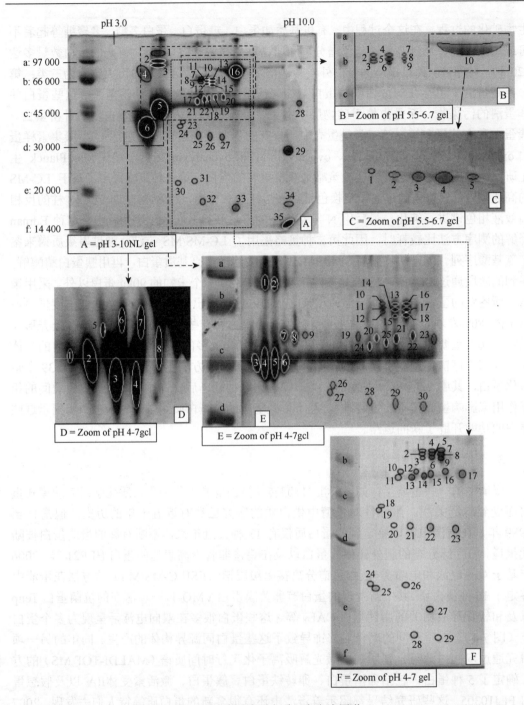

图 7-1　鸡蛋清蛋白质双向电泳图谱

Ovosecretoglobin 是一种在蛋清中与抗生物素蛋白含量相近的分泌素蛋白，与哺乳动物的分泌素蛋白相比有 40%～48%的相似性。分泌素蛋白家族的一些成员具有结合类固醇的能力，但具体的功能尚不清楚。另外，多个新发现的蛋白和细菌脂多糖的结合与修饰功能有关，如蛋白与哺乳动物的酰基羧酸水解酶有 62%的同源性。这类蛋白主要是由哺乳动物的吞噬细胞产生的，并在胞内通过剪切细菌脂多糖的酰基链达到消除细菌毒素生物活性的目的。此外，还有一些蛋白质虽然在蛋清中首次发现，却广泛存在于鸡的血浆和脑脊髓液中。

3. 蛋黄蛋白组学研究

为了系统地认识和鉴定蛋黄中的全体蛋白，利用高效液相分离接线性离子阱傅里叶变换质谱仪（LTQ-FT MS）并结合多级质谱鉴定的方法，在蛋黄中鉴定到 119 个蛋白，其中 86 个是首次鉴定到的，大多数蛋白在蛋黄的浆液和颗粒状部分中都存在，但是丰度差别特别大。与蛋壳及蛋清中蛋白质不同的是蛋黄中很少含有源于鸡蛋生产过程中融入的上皮衰老组织膜蛋白。与研究蛋清全蛋白质组的解决方案类似，为了避免高丰度蛋白的干扰，通过 3 种不同的组合式肽配体库的均衡化作用，最终将蛋黄中鉴定到的蛋白提升到了 255 种（图 7-2）。鸡蛋黄中的大部分蛋白都来源于卵黄蛋白原（vitellogenin，VTG）的衍生蛋白，如 VTG-I和 VTG-II剪切后的产物：卵黄载脂蛋白I和II以及卵黄高磷蛋白。而卵黄蛋白原的C端部分则派生了蛋黄浆质中的主要蛋白——糖蛋白 YPG40 和 YPG42。除此之外，蛋黄中还有一些蛋清中也存在的蛋白。蛋黄中的高丰度蛋白在蛋黄膜中的丰度并不高，但是蛋清中的高丰度蛋白在蛋黄膜中的丰度依旧比较高。对于蛋黄以及蛋黄膜中全蛋白质组学的研究目前还处于起步阶段，这些蛋白成分的来源、功能、彼此之间的互作关系以及在胚胎发育中的重要作用都将是未来研究的重要方向。

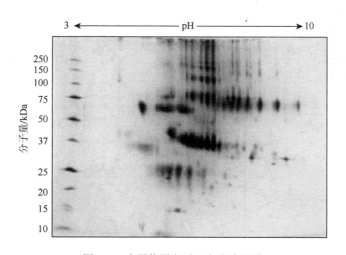

图 7-2　鸡蛋黄蛋白质双向电泳图谱

4. 鸡蛋各蛋白组分的互作组学研究

全蛋白质组学的研究目的往往是通过不断改进技术来尽可能多地发现细胞或组织内部的全体蛋白，而对这些蛋白的生物学功能分析大都停留在 GO（gene ontology）功能分类的层面。2010 年，有研究人员采用代谢途径和基于网络的生物信息学分析方法，在蛋白互作组的层面对蛋黄和蛋清中蛋白的功能和生物学意义进行了深入挖掘。排除冗余蛋白和不确定蛋白后，蛋黄中的 190 个基因产物以及蛋清中的 91 个基因产物最终被选定用于网络和代谢途径分析。分析结果发现，蛋黄中蛋白涉及 66 条经典的代谢途径，而蛋清中蛋白参与了 68 条经典的代谢途径。通过置信度分析发现，蛋黄蛋白参与代谢途径预测得分最高的是与血液病、细胞间信号转导及互作、癌细胞增殖相关的途径；而网络分析得分最高的很多蛋白与凝结以及炎症相关，这也许能够说明为什么蛋黄蛋白具有阻碍血液凝结，防止血栓形成的功能。另外，从高置信度的代谢途径预测分析中还发现了多个丝氨酸蛋白酶抑制蛋白，这类蛋白在控制血液凝结和炎症方面具有重要的作用。除此之外，蛋黄中还有多个相互作用蛋白与转录调控相关（如 BRCA2、HMGB2、MKL1、MLL3 等），这些蛋白在胚胎发育期具有关键性作用。蛋清蛋白参与的得分前 10 个预测代谢途径中有 8 个与细胞迁移相关，其他 2 个与癌细胞增殖相关。在蛋黄的蛋白质互作网络预测中，置信度最高网络涉及与传染病、血液系统发育及功能、心血管病相关的功能蛋白，包括一系列和凝血过程关联的蛋白（如 F2、F9、F10 和 F11R）。蛋清蛋白的互作网络中（图 7-3），置信度最高的与心血管病、血液病、炎症相关。转录因子 Jnk 和 NfKβ 位于这个互作网络

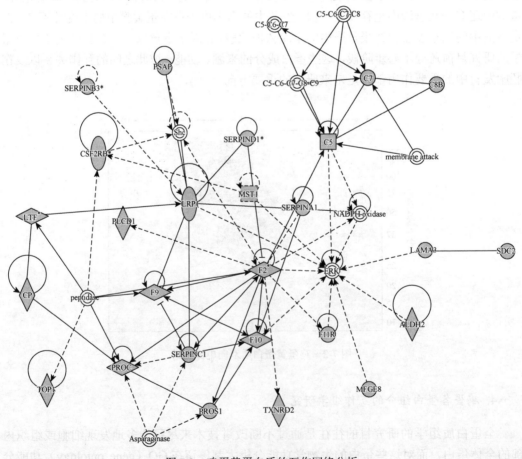

图 7-3　鸡蛋黄蛋白质的互作网络分析

的中心节点位置，和炎症与胁迫应答相关的蛋白如 Hsp、IL、P38 MAPK 等以及蛋清中含量最高的卵清蛋白也位于这个网络中。通过代谢途径和互作网络的分析，还对一些具有抗菌作用的蛋白进行了聚类，主要包括组蛋白、溶菌酶和维生素结合蛋白三大类。这些蛋白对尚不具备独立免疫系统的蛋黄组织免受早期感染起到了重要的防御作用。开发这些抗菌蛋白在生物医药方面的用途也许即将成为一个研究热点，从而进一步推动鸡蛋中"隐秘"白质组的研究。

5. 鸡胚蛋的蛋白质组学研究

鸡胚发育过程研究的重要性早在自然科学的发展和兴起时就是公认的。鸡胚的发育不仅在描述胚胎学和实验胚胎学中得到广泛研究，还在病毒实验、癌症实验等医学研究领域得到深入研究。鸡胚具有使用方便、容易获得的特点，并且能够进行活体（卵）操作，比哺乳动物胚胎更容易操控。一只母鸡比哺乳动物在一年的时间内能够生产更多的卵，从而产生更多后代。此外，鸡胚蛋发育从受精卵到孵出只需要 21d，比大多数哺乳动物发育的持续时间更短，允许研究者更快地从中搜集到数据。孵化过程中游离氨基酸会集合成为蛋白质被胚胎吸收，早在 20 世纪 60 年代，诸多研究者就发现游离氨基酸分别并入小鸡胚胎蛋白并注射入卵，他们的结论是，通过肽键结合的氨基酸是新的细胞蛋白质的优选来源。关于鸡蛋的营养资源如何被日益增长的胚胎利用，或怎样特定的营养需求可最好地适应胚胎发育均有待研究。目前关于受精蛋孵化条件以及不同品种胚蛋成活率的研究较多。对鸡胚发育过程变化的研究，多停留在鸡蛋重量、大小等这些可直观观测的指标变化上。也有研究者开展了孵化过程中总蛋白的变化研究，而对孵化过程中蛋清和蛋黄蛋白种类的变化研究正在逐步展开。

鸡蛋蛋白质是鸡胚发育过程中的主要营养物质。在孵化期间，蛋白质不断进行着分解与合成代谢，为不同发育阶段的鸡胚提供营养。孵化初期蛋白质含量逐渐增加，至孵化中期时趋于稳定，在 14d 胚龄时达到最大。待至孵化后期（15～21d），蛋白质逐渐被胚胎吸收，使其含量呈现下降趋势。针对孵化阶段蛋白质含量的变化趋势，不同文献报道结果有所差异。例如，部分研究表明，鸡胚蛋中粗蛋白在 6～21d 总体呈现下降趋势，且蛋白主要是在孵化前两周被分解利用。不同孵化阶段蛋白质的代谢产物有所不同。例如，孵化前期（0～7d），蛋白代谢产物主要由氨与尿素组成。在随后的孵化阶段，代谢产物主要是尿酸盐。同时，肌酸和肌酸酊含量也会逐渐增多。另外，一些必需氨基酸及其衍生物参与了胚胎组织的发育，这些氨基酸对胚胎的脑部发育、神经系统形成有重要作用。

7.3.5　乳及乳制品

乳蛋白质是乳中所有功能组成成分的关键分子。乳蛋白质种类多样，所有的蛋白组分均具有不同的甚至特殊的生物学功能。基于物种或泌乳时期的不同，乳中蛋白组分及含量存在一定差异。蛋白质组学技术研究乳蛋白组的步骤包括四部分：乳蛋白前处理、蛋白质分离、蛋白质鉴定及定量和生物信息学分析。通过蛋白质组学技术研究乳蛋白不仅使人们对乳有更深刻全面的认识，同时也注意到不同品种、健康状态、泌乳期等因素均会影响乳蛋白的组成和表达。

由于乳蛋白组分的多样性和复杂性以及蛋白质之间的相互作用，仅研究单个蛋白的传统研究方法已无法满足当前研究需求。蛋白质组学可从整体水平上分析蛋白质的组成和调控规律，有助于充分了解蛋白质的微观表征及蛋白质之间的作用和联系。

1. 遗传因素引起的乳蛋白组分及含量差异

通过同位素标记相对和绝对定量（iTRAQ）的方法对比研究了奶牛、牦牛、山羊和骆驼的乳清蛋白，共鉴定出 211 种蛋白，主成分分析（PCA）显示乳清蛋白之间存在显著差异。通过进一步对 177 种差异表达蛋白的聚类分析（cluster），发现乳清酸蛋白和醌氧化还原酶是骆驼奶的特征性蛋白，而双糖链蛋白、F1MK15、凝聚素和伯胺氧化酶分别是山羊乳、牦牛乳、水牛乳和牛乳的特征性蛋白。利用蛋白质组学技术对绵羊乳清蛋白的分析中，共鉴定出 669 种乳清蛋白，与牛乳清蛋白比对发现，两种乳有 233 种共有乳清蛋白，基因本体（GO）分析显示这些共有乳清蛋白明显富集于免疫和炎症反应。绵羊特有乳清蛋白主要参与细胞发育和免疫应答过程，而牛特有乳清蛋白主要与代谢过程和细胞生长有关。另外，应用蛋白质组学方法鉴定并分析比较了人乳和恒河猴乳蛋白质，分别鉴定出 1606 种和 518 种蛋白，同源性分析显示这两种乳中有 88 种差异富集蛋白，93% 的差异蛋白（如乳铁蛋白、多聚免疫球蛋白受体、α-1 抗凝乳蛋白酶、维生素 D 连接蛋白和咕啉结合蛋白）在人乳中表达量较高。另外，与恒河猴乳相比，人乳中较丰富的蛋白多与肠道器官、免疫系统及脑的发育相关。

2. 泌乳时期引起的乳蛋白质组分及含量的差异

在应用绝对定量技术分析 4 位母亲在分娩后前六个月中 7 个时间点的乳蛋白样品研究中，结果发现在相同泌乳期不同个体间乳清蛋白在组成上表现出高度的相似性（80% overlap），但表达水平上有差异。差异表达蛋白主要集中在酶类蛋白、转运蛋白和免疫组蛋白三类蛋白，这三类蛋白中有 21 种显著差异蛋白，30% 是涉及新生儿营养物质运输的转运蛋白。乳蛋白组分及含量的改变与婴幼儿肠道器官和免疫系统的逐渐成熟相关。此结果有助于更好地理解与婴幼儿生长和发育相关的乳蛋白的生物功能。通过鸟枪法对猪乳中的蛋白质组学进行分析，结果在猪初乳和常乳中分别鉴定到 113 种和 118 种蛋白（Swiss-Prot 数据库），共有蛋白 50 种。初乳特有蛋白 63 种，其中包括 IL-18、TGFβ-3、天杀青素和 HB-EGF 等；常乳特有蛋白 68 种，其中包括 IL-12β 亚基和 EGF 前体。此外，在猪初乳中还发现其他哺乳动物奶中未检测到的一些防御蛋白（如天杀青素）。通过蛋白质组学技术对足月乳（妊娠 38～41 周）和早产乳（妊娠 28～32 周）的乳蛋白进行比较分析，发现 55 种蛋白质差异表达，其中早产乳中有 28 种蛋白质高表达，足月乳中有 27 种乳蛋白高表达。足月乳和早产乳蛋白的比对结果为分析乳腺的代谢差异提供了新视角。

3. 不同健康状态乳蛋白组分及含量的差异

运用蛋白质组学技术还可以比较分析金黄色葡萄球菌感染的牛乳与健康乳中乳清蛋白和乳脂球膜蛋白质的差异，发现与宿主防御相关的蛋白 300 多种，其中 94 种与金黄色葡萄球菌感染调控相关。基于液相色谱–串联质谱联用技术（LC-MS/MS）比较过敏和不过敏母亲的乳蛋白组分及含量，发现过敏母亲乳中有 357 种蛋白，9 种为特有蛋白；非过敏母亲乳中有 355 种蛋白，7 种为特有蛋白。其中 19 种蛋白在这两种乳中表达差异显著，蛋白酶抑制因子是过敏母亲乳中上调最显著的一种蛋白。此研究为未来解析乳成分和过敏之间的关系提供了新的目标。

4. 乳制品质量领域的蛋白质组学研究

许多乳蛋白质含量很少，如调节蛋白、信号转换蛋白、受体和酶，它们都具有重要的生理作用，但大量的主要蛋白质会将其掩盖，在样品提取或电泳缓冲液中溶解可能也不完全，因而在传统的 2DE 图谱中很难观察到。因此低丰度蛋白质的检测通常需要去除主要蛋白质或采用特异性的免疫检测。用免疫吸附剂去除一些主要蛋白质，2DE 可以分离出牛和人的初乳及成熟乳中的几种低丰度蛋白质。分离出的蛋白质的鉴定可以采用微序列 MALDI-TOF-MS 或串联质谱。牛血清白蛋白、血清铁传递蛋白、乳铁传递蛋白以及各种原来认为只存在于初乳中的蛋白质都能在牛乳中观察到。检测人乳得到的 400 个斑点中，有 2 种已经得到微测序，它们包括脂肪酸结合蛋白质、β-微球蛋白、C4 补体、溶菌酶 C、前白蛋白、血清铁传递蛋白、果糖–二磷酸醛缩酶 A、β-酪蛋白片段等。而且在哺乳期内低丰度蛋白质仍然保持相对稳定的含量。为了寻找新的生物标记以更方便地检测牛乳腺炎，有研究者对比研究了健康牛乳和患乳腺炎牛乳的乳清的完全 2DE 图谱（图 7-4）。在发炎牛乳样品中他们发现了一类蛋白质，经 MALDI-TOF-MS 鉴定为 lipocalin-type 前列腺素 D 合成酶的异构体。目前许多研究工作都致力于研究低丰度乳蛋白质，随着蛋白质组技术的进展，无论是以 2DE 还是色谱分离及 MS 为基础，都会为将来低丰度蛋白的研究提供帮助。

蛋白质水解是影响乳制品质地的关键因素，所产生的肽类一般是风味物质的前体，或具有独特的生物学特性。2DE 可用于考察蛋白水解酶对蛋白质的降解作用。为了探究 L. lactis 中 β-酪蛋白的水解的途径，将蛋白水解系统中编码关键酶的几个基因切除，结果表明细胞壁上有关的蛋白酶具有底物特异性，主要表现在 β-酪蛋白的 C-末端，并且存在有能转移至少 10 个残基的寡肽转移系统，只有少数的肽类能被转移到细胞中。在比较瑞士奶酪中几种嗜热乳酸菌的细胞提取物的水解作用的研究中，发现在 *Lactobacillus helveticus*、*Lactobacillus delbrueckii* subsp. *lactis* 和 *Streptococcus thermophilus* 中，*L. helveticus* 水解 β-酪蛋白的能力最强。但存在于水解产物中的磷酸肽几乎不能被降解。用相同底物对保加利亚乳杆菌和嗜热链球菌以及 4 种丙酸菌的研究也能得到类似结果。

奶酪中存在着乳及复杂微生物的各种蛋白质体系，不仅包含酪蛋白，还有乳清蛋白、肽类、脂肪、矿物质、有机酸等。要想用蛋白质组工具对释放到奶酪中的酶进行详细研究，

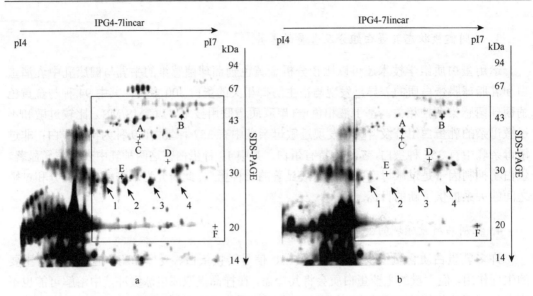

图 7-4　感染乳腺炎（a）和未感染（b）的牛乳清蛋白双向电泳图谱

首先需要从奶酪中提取水溶性蛋白质，再用各种色谱和电泳方法进行分离。蛋白质组工具可以深入研究将酪蛋白降解为肽和氨基酸的完整蛋白水解途径。最初的研究方法是用 HPLC 结合 MS（ESI 或 MALDI-TOF MS）鉴定释放到奶酪中的肽，从而确定各种活性蛋白水解酶及其特异性，同时可用串联 MS 进一步研究。肽的鉴定可以确定 4 种主要的酪蛋白被第一步降解的产物，并提供一些关于奶酪中乳凝结剂、乳内源酶等主要蛋白质的信息。但是，即使将蛋白酶的体外主要分裂位点水解，它的选择性仍受奶酪环境的影响。而且，由于存在许多 N-末端已失去一个或多个残基的不同长度的肽，氨基肽酶的活性也会下降。C-末端的水解反映了羧肽酶的活性，但是整个奶酪成熟过程中肽酶的先后作用顺序还未弄清楚。Emmental 奶酪中的微生物区系包括了嗜热性乳酸菌，如发酵剂中的 *Lb. helveticus*、*Lb. delbruekii* subsp. *lactis* 和 *St. thermophilus*，成熟期存在的 *Pr. freudenreichii*。目前已鉴定了 62 种蛋白质，其中 7 种肽酶均可来源于 2 种发酵剂菌株 *Lb. helveticus* 和 *St. thermophilus*。氨基肽酶 PepN、PepS 和二氨基肽酶 PepX 来自 *St.thermophilus*，而氨基肽酶 PepN、PepE 和内肽酶 PepO 来自 *Lb. helveticus*。到目前为止，所研究的蛋白水解活性大多来自乳杆菌。链球菌中肽酶的存在则显示它们也参与了肽链的降解。

　　无论对于研究乳和乳制品特性，还是其中的微生物，蛋白质组学正成为一个越来越重要的研究工具。2DE 具有广泛的应用，而随着 MS 技术和基因组学的发展和应用，新的挑战也随之产生。对乳和细菌蛋白质进行更全面的研究，不仅要获得其复杂组成的信息，还要从其结构、定位、修饰、相互作用、生物活性和功能上详细研究。日益发展的特殊检测技术则使这些研究具有新前景。对不同品种的乳进行全面的特性研究可以促进掺假乳检测方法的发展。蛋白质多态性和翻译后修饰的研究正不断开展，这将有助于更好地理解酪蛋白或乳清蛋白结构与功能的相互联系。另外，低丰度乳蛋白质的鉴定也变得越来越容易，因此它们的潜在生物功能和保健作用也有望得到应用。随着对工业乳酸菌蛋白质序列的认识日益增多，具有显著作用的蛋白质越来越易于鉴定，丰富了比较分析和动力研究的途径。

基础研究的成果有望应用于乳酸菌发酵剂的改良，以更好地适应乳品工业和消费者的需求。通过样品预处理步骤可以研究复杂基质（如奶酪）中的蛋白质和酶。这一应用有助于了解各种奶酪中微生物菌群的动态变化，以及不同加工过程中发酵剂菌株特有的代谢途径。因此，技术方法的发展为奶酪研究开创了新前景，可以选择新的菌株筛选标准，定位于特定的代谢途径，如预期的质地和风味、菌株对各种工艺处理胁迫的耐受性、生物活性肽的产生。这样的方法也可以应用于其他发酵食品中。

7.4　营养蛋白质组学

食物成分的营养价值和功能不仅与自身成分有关，还依赖于其在胃肠道中的消化和吸收，但目前对消化酶和上皮细胞营养物质的转运体所知甚少。蛋白质组学分析表明，大鼠小肠内存在一些小肠分子伴侣蛋白、细胞骨架可塑性蛋白和维生素转运蛋白等，如胃肠调理素、细丝蛋白和 VD 结合蛋白前体。在体外用内毒素或病原菌处理小肠上皮细胞后，分析发现差异表达蛋白可能与炎症条件下营养素的消化和吸收不佳有关。

营养蛋白质组学是应用蛋白质组学技术进行营养组学分析的一门学科，主要运用上述蛋白质组学研究方法，探讨营养素、膳食或食物活性成分对机体蛋白质表达的影响及对蛋白质的翻译后修饰作用。本质上，营养代谢的过程取决于细胞或器官的众多 mRNA 分子表达和众多密码蛋白质的相互作用。营养蛋白质组学有助于人们正确理解机体代谢途径和最佳的营养健康状况。

7.4.1　食品安全与鉴伪

各种食品安全突发事件，如食物过敏事件、沙门氏菌/李斯特菌污染事件及疯牛病事件等已经引起人们对食品安全的极大关注。其中，食物过敏是一个全世界关注的焦点问题。随着社会环境和生活方式的巨大变化，人类的饮食环境进入多样化时代，过敏性疾病的发病率随之呈持续快速上升的趋势。据调查显示，我国 15～24 岁年龄段的健康人群中，约有 6%的人曾患有食物过敏，成年人多对海鲜有过敏反应。海鲜过敏是由免疫球蛋白 IgE 对海产品中一些特殊蛋白质（如原肌球蛋白）反应引起的。蛋白质组学为食物过敏原的鉴定和表征提供了技术支持。采用 MALDI-TOF-MS 技术鉴定出斑节对虾的致敏原是一种具有精氨酸激酶活性的蛋白质，它能与虾过敏性患者血清的 IgE 发生反应，从而引起皮肤过敏反应。采用双向电泳和质谱联用技术检测到超过 2500 种蛋白质，在种子中鉴定出了几种已经表征过的过敏性蛋白，显示了蛋白质组学技术在食物过敏事件的监督中具有很大的潜能。基于高效液相色谱-串联质谱（LC-MS/MS）技术，选择稳定性好、灵敏度高的特征肽段，利用平行反应监测（PRM）技术，实现了多类过敏原蛋白质的高灵敏度同时检测，并成功应用于婴幼儿食品中过敏原成分的分析。对于婴幼儿食品中蛋白质的提取，与传统的丙酮沉淀法比，采用膜上原位样品预处理方法（i-FASP）可实现更高的蛋白质提取效率和抗干扰能力。所检测的过敏原蛋白质的定量限（LOQ）最小可达到 0.028mg/L，其线性范围最宽可跨越 4 个数量级，且线性关系良好（相关系数 $R^2 \geqslant 0.99$）。该方法为食品中过敏原蛋白质组学快速分析提供了一种可靠的分析方法。随着科技的发展，假冒伪劣的手段也在不断提高，仿真度极高的劣质产品给检验工作带来了巨大困难。如何快速鉴别食品的真伪和品质的优劣成为食品市场管理的重点和难点。随着 DNA 种质鉴别等其他分子技术、同位素产地溯源技术等在食品鉴伪体系中的应用和发展，蛋白质组学也已成为该领域的一个有力工具，尤其是在鉴别动物的健康状况、繁殖和屠宰处理时所受刺激和污染的水平等方面。Martinez 等（2004）综述了蛋白质组学方法与其他一些方法在食品鉴伪中的应用进展，其中不仅包括种属方面的信息，还包括食品的新鲜程度和组织方面的信息。在多种情况下，仅通过肉眼观察蛋白质双向电泳图谱差异或者 PCR 特异性条带的差异，即可把种属关系很近的两种鱼类区分开来。

目前，食品中有毒有害物质的检测主要是利用昂贵的分析仪器、繁琐的传统方法来进行，这不仅需要专业的实验人员及实验室，而且大大增加了检测成本，所以快速、准确、多指标、低成本的现场检测方法是目前市场上迫切需要的，而蛋白芯片技术正满足了这些需要，其具体应用在农兽药残留检测、食源性致病微生物检测以及转基因食检测等方面。在食品安全检测方面，蛋白芯片法与传统的食品检测方法［如聚合酶链式反应（polymerase chain reaction，PCR）、酶联免疫反应（enzyme-linked immunosorbent assay，ELISA）、高效液相色谱法等］相比，具有高通量、快速、简便、所需样本量少等特点，但因其技术发展不成熟，不具有准确率高、重复性好、检测标准规范统一等传统检测法所具有的优势。

色谱技术在食品领域也发挥着重要作用，尤其是我国目前面临着食品安全的压力，迫切需要灵敏、先进的分析检测手段。利用磁性材料分散固相萃取结合快速液相色谱-串联质谱方法实现了高灵敏检测红酒中乙酰舒泛、糖精、阿斯巴甜等 9 种食品添加剂，该方法可用于红酒的食品安全监控。利用 UPLC-MS/MS 技术可在水果、谷物、香料和葵花籽等不同食品基质中，检测出 288 种杀虫剂残留和 38 种霉菌毒素。

7.4.2　食品贮藏

蛋白质组学分析发现，火鸡屠宰后胸肌糖酵解的速度较快，从而使得肉品质发生改变，如系水力下降使加工产量降低、嫩度降低。研究表明，钙激活中性蛋白酶在肉的嫩化过程中起关键作用，其限速因子是钙蛋白酶介导对屠宰后钙蛋白酶活性的抑制作用。具体的肌纤维蛋白由钙激活中性蛋白酶介导的降解图谱，以及肌动蛋白、肌钙蛋白和一些原肌球蛋白异构体的特定降解图谱也被测定，这些肽的图谱与肉嫩度之间的关系仍需要进一步分析。鱼贝类等水产品的基质同畜禽肉一样，无论细胞水平还是组织水平均由大量的蛋白质组成。显然，蛋白质组学在水产品原料组成、贮藏加工过程中的品质变化、蛋白质之间及蛋白质与其他成分之间的相互关系等方面的研究中同样具有重要价值。在对 11 种不同冷冻储存条件下鳕鱼肌肉的蛋白质图谱分析中，发现不同冷冻储存温度对蛋白质图谱无显著影响，但是经过不同的冷冻储存时间（3 个月、6 个月和 12 个月），肌浆球蛋白轻链、磷酸丙糖异构酶、醛缩酶肌动蛋白片段等蛋白质的浓度发生了显著变化，这是导致鱼肉质地和味道特有变化的主要原因。对受低氧胁迫的斑马鱼肉进行研究分析，发现低氧对 6 个低丰度蛋白产生影响，而不影响蛋白的表达模式。

　　鸡蛋作为消费比例最高，研究最为充分的一类禽蛋，在其储藏过程中会发生很多复杂的变化，如蛋清逐渐稀薄化、pH 增加、蛋黄膜弱化和伸展、蛋黄中水分含量增加等。通过对这些指标进行测定，了解其随时间变化的规律，就可以检测其新鲜度并尝试建立模型来预测货架期。随着基因组学、蛋白质组学等技术的高速发展，使得在特定时空条件下从系统生物学角度研究细胞或组织中各组分的变化成为可能。蛋白质组学技术作为一种能监控细胞组织或亚细胞单位中全体蛋白质的降解、代谢等变化规律的强大技术手段，可以高效地鉴定食物中蛋白质的成分变化，并揭示食物原料或加工后其蛋白质之间或蛋白质与其他成分之间的相互作用。现有研究已证明鸡蛋在储藏过程中蛋内的几种主要蛋白都会发生不同程度的降解、变性或是结构变化。这些蛋白质水平的变化和储藏过程中蛋清的稀薄化有着密切联系，如 O-糖苷键断裂导致的卵黏蛋白凝胶结构的破坏被认为是蛋清稀薄化的主要原因之一；而蛋清中溶菌酶的变性以及蛋白相互作用（尤其是卵黏蛋白和溶菌酶之间的相互作用）也和蛋清稀薄化密切相关。蛋清在不断稀薄化的过程中，其抵御外界微生物侵染的能力逐步降低，同时蛋清的一些主要功能特性如凝胶性、起泡性等也会发生改变。

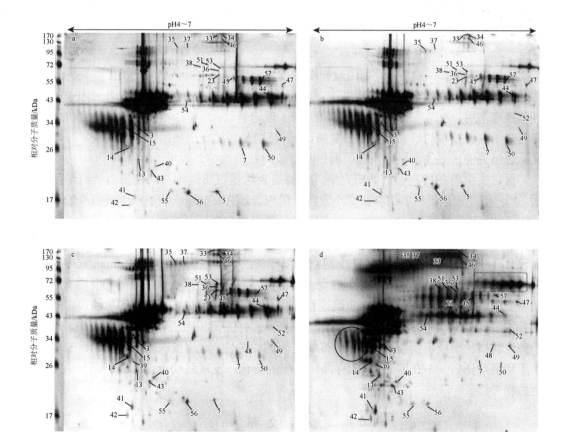

图 7-5　不同储藏温度对蛋清蛋白质组的影响

邱宁等（2004）以未经储藏的鲜鸡蛋蛋清样本作为空白对照，在4℃、20℃、37℃三个储藏温度下分别对储藏 15d 后的蛋清样本进行双向凝胶电泳（图 7-5）。通过 MALDI-TOF-TOF 串联质谱对差异斑点进行鉴定，并使用 MASCOT 软件对鸡蛋蛋白的数据库进行比对，最终鉴定出这 32 个显著差异蛋白点分属于 8 种蛋白。通过 COG 聚类分析，这 8 种蛋白分属于 5 个蛋白家族：serpin 蛋白家族；clusterin 蛋白家族；transferrin 蛋白家族；lipocalin 蛋白家族和 kazal-type protease inhibitors 蛋白家族。鉴定得到的 32 个蛋白点中，有 19 个为卵清蛋白（ovalbumin），其中一些蛋白点（诸如 spot 27～31）的实际分子量明显小于卵清蛋白的理论分子量（42.9kDa），由此可说明这些蛋白点可能是卵清蛋白的降解产物。此外，有 5 个蛋白点（spot 23、36、53、51 和 38）的实际分子量都明显大于卵清蛋白的理论分子量，其中蛋白点 spot 23 通过质谱鉴定含有两种蛋白：卵清蛋白和溶菌酶。该蛋白点受精卵卵乳化期间的蛋清蛋白质组研究中也被检测到，但在质谱分析没有检测到溶菌酶的存在。虽然已有体外实验发现卵清蛋白和溶菌酶能够发生相互作用，但该实验首次揭示了在鸡蛋储藏过程中卵清蛋白和溶菌酶形成一种复合型蛋白的存在。其他几个实际分子量大于卵清蛋白理论分子量的蛋白点中可能存在复合蛋白，也有可能是卵清白蛋白的聚合物。

7.4.3 食品加工与品质改良

在提高农产品产量方面，利用双向电泳技术分别对小麦胚乳、面筋及灌浆期的小麦胚乳进行了蛋白组分析，经研究证明，小麦生面团中形成泡沫的可溶性蛋白对面团中的气泡具有稳定作用，为提高面食产品的质量奠定了理论基础。对中国小麦品种品质评价体系建立与分子改良技术的研究也取得了重要进展，特别是通过蛋白质组学方法发现了与面筋强度显著相关的水溶性蛋白，明确了面包和面条对亚基组成的要求。

蛋白质组学在植物蛋白的研究中，主要是表达蛋白质组学和功能蛋白质组学两个方面，如：小麦表达蛋白质组学研究小麦各个组织、器官、细胞或细胞器中蛋白质的表达和鉴定，以及翻译后修饰；小麦功能蛋白质组学利用蛋白质组学技术研究小麦品质、进行品种鉴定、结构基因的染色体定位，以及各种胁迫条件下蛋白质的差异表达和基因的功能。现已分离和鉴定了小麦面团中 42 个泡沫形成相关的可溶性蛋白，并用 Edman 测序法对芝麻蛋白质进行分析，鉴定出 4 种芝麻变态反应原，为免疫治疗奠定了基础。蛋白质组学在动物蛋白的研究中，对肌肉蛋白质组进行分析，结果显示蛋白质的结构和功能决定着肉质的各种生理机制。利用蛋白质组学技术寻找、筛选并鉴定和肉质有关的标记蛋白，可深入了解肉品质的形成机制与持水性、嫩度等之间的相关性。运用蛋白质组学技术研究韩国本土黑猪肌动蛋白 α-1 在宰后 7d 的样品中发生的变化，发现肌动蛋白 α-1 可能与嫩度有一定的相关性。

参 考 文 献

刘怡君，2014. 鸡胚蛋清低丰度蛋白质孵化期间比较蛋白质组学研究[D]. 武汉：华中农业大学.

邱实，刘芳，袁晓红，等，2014. 蛋白芯片应用研究进展[J]. 食品科学，35（17）：332-337.

Arike L，Valgepea K，Peil L，et al，2012. Comparison and applications of label-free absolute proteome quantification methods on Escherichia coli[J]. Journal of Proteomics，75（17）：5437-5448.

Beausoleil S A，Jedrychowski M，Schwartz D，et al，2004. Large-scale characterization of HeLa cell nuclear phosphoproteins[J]. Proceedings of the National Academy of Sciences of the United States of America，101（33）：12130-12315.

Beck K L，Weber D，Phinney B S，et al，2015. Comparative proteomics of human and macaque milk reveals species-specific nutrition during post-natal development [J]. Journal of Proteome Research，14（5）：2143-2157.

Bendixen E，Danielsen M，Hollung K，et al，2011. Farm animal proteomics-a review. J Proteomics[J]. Journal of Proteomics，74（3）：282-293.

Bertino E，Gastaldi D，Monti G，et al，2010. Detailed proteomic analysis on DM：insight into its hypoallergenicity[J]. Frontiers in Bioscience，（2）：526-536.

Brown W R，Hubbard S J，Tickle C，et al，2003. The chicken as a model for large-scale analysis of vertebrate gene function[J]. Nature Reviews Genetics，4（2）：87-98.

Carbonaro M，2004. Proteomics：present and future in food quality evaluation[J]. Trends in Food Science & Technology，15（3）：209-216.

Chiaradia E，Valiani A，Tartaglia M，et al，2013. Ovine subclinical mastitis: proteomic analysis of whey and milk fat globules unveils putative diagnostic biomarkers in milk[J]. Journal of Proteomics，83（10）：144-159.

Cho H J，Ham H S，Lee D S，et al，2003. Effects of proteins from hen egg yolk on human platelet aggregation and blood coagulation[J]. Biological & Pharmaceutical Bulletin，26（10）：1388-1392.

D'Alessandro A，Righetti P G，Fasoli E，et al，2010. The egg white and yolk interactomes as gleaned from extensive proteomic data[J]. Journal of Proteomics，73（5）：1028-1042.

Farinazzo A，Restuccia U，Bachi A，et al，2009. Chicken egg yolk cytoplasmic proteome，mined via combinatorial peptide ligand libraries[J]. Journal of Chromatography A，1216（8）：1241-1252.

Guérindubiard C，Pasco M，Mollé D，et al，2006. Proteomic analysis of hen egg white[J]. Journal of Agricultural & Food Chemistry，54（11）：3901-3910.

Kvasnicka F，2003. Proteomics：general strategies and application to nutritionally relevant proteins[J]. Journal of Chromatography B Analytical Technologies in the Biomedical & Life Sciences，787（1）：77-89.

Liu Y，Qiu N，Ma M，2015. Comparative proteomic analysis of egg white proteins during the rapid embryonic growth period by combinatorial peptide ligand libraries[J]. Poultry Science，94（10）：2495-2505.

Mann K，Macek B，Olsen J V，2006. Proteomic analysis of the acid-soluble organic matrix of the chicken calcified eggshell layer[J]. Proteomics，6（13）：3801-3810.

Mann K，Olsen J V，Macek B，et al，2007. Phosphoproteins of the chicken eggshell calcified layer[J]. Proteomics，7（1）：106-115.

Martinez I，Jakobsen F T，2004. Application of proteome analysis to seafood authentication[J]. Proteomics，4（2）：347-354.

Mazzeo M F，Giulio B D，Guerriero G，et al，2008. Fish authentication by MALDI-TOF mass spectrometry[J]. Journal of Agricultural & Food Chemistry，56（23）：11071-11076.

Molinari C E，Casadio Y S，Hartmann B T，et al，2012. Proteome mapping of human skim milk proteins in term and preterm milk[J]. Journal of Proteome Research，11（3）：1696-1714.

Moore J C，Spink J，Lipp M，2012. Development and application of a database of food ingredient fraud and economically motivated adulteration from 1980 to 2010[J]. Journal of Food Science，77（4）：118-126.

Mora L，Sentandreu M A，Fraser P D，et al，2009. Oligopeptides arising from the degradation of creatine kinase in spanish dry-cured ham [J]. Journal of Agricultural & Food Chemistry，57（19）：8982-8988.

Ogawa S，Tsukahara T，Nishibayashi R，et al，2014. Shotgun proteomic analysis of porcine colostrum and mature milk[J]. Animal Science Journal，85（4）：440-448.

Ortea I，Canas B，Calo-Mata P，2009. Arginine kinase peptide mass fingerprinting as a proteomic approach for species identification and taxonomic analysis of commercially relevant shrimp species[J]. J Agric Food Chem，57（13）：5665-5672.

Pawson T, Nash P, 2003. Assembly of cell regulatory systems through protein interaction domains[J]. Science, 300 (5618): 445-452.

Pedreschi R, Hertog M, Lilley K S, et al, 2010. Proteomics for the food industry: opportunities and challenges[J]. Critical Reviews in Food Science & Nutrition, 50 (7): 680-692.

Qiu N, Ma M, Cai Z, et al, 2012. Proteomic analysis of egg white proteins during the early phase of embryonic development[J]. Journal of Proteomics, 75 (6): 1895-1905.

Qiu N, Ma M, Zhao L, et al, 2012. Comparative proteomic analysis of egg white proteins under various storage temperatures[J]. Journal of Agricultural & Food Chemistry, 60 (31): 7746-7753.

Raikos V, Hansen R, Campbell L, et al, 2010. Separation and identification of hen egg protein isoforms using SDS–PAGE and 2D gel electrophoresis with MALDI-TOF mass spectrometry[J]. Food Chemistry, 99 (4): 702-710.

Reinhardt T A, Sacco R E, Nonnecke B J, et al, 2013. Bovine milk proteome: Quantitative changes in normal milk exosomes, milk fat globule membranes and whey proteomes resulting from staphylococcus aureus, mastitis[J]. Journal of Proteomics, 82 (8): 141-154.

Ross P L, Huang Y N, Marchese J N, et al, 2004. Multiplexed protein quantitation in saccharomyces cerevisiae using amine-reactive isobaric tagging reagents[J]. Molecular & Cellular Proteomics, 3 (12): 1154-1169.

Sentandreu M A, Fraser P D, Halket J, et al, 2010. A proteomic-based approach for detection of chicken in meat mixes[J]. Journal of Proteome Research, 9 (7): 3374-3383.

Timperio A M, D'Alessandro A, Pariset L, et al, 2010. Comparative proteomics and transcriptomics analyses of livers from two different bos taurus breeds: "Chianina and Holstein Friesian" [J]. Journal of Proteomics, 73 (2): 309-322.

Yang Y, Bu D, Zhao X, et al, 2013. Proteomic analysis of cow, yak, buffalo, goat and camel milk whey proteins: quantitative differential expression patterns[J]. Journal of Proteome Research, 12 (4): 1660-1667.

第 8 章　动物源食品蛋白质

8.1　乳　蛋　白　质

8.1.1　乳蛋白质的组成及特性

乳蛋白是乳液中对人体营养贡献最大的成分之一。这些蛋白有着特殊的结构，结构的不同决定了这些蛋白有不同的功能特性。乳蛋白中氨基酸的含量及排列顺序影响着蛋白的特性。乳蛋白可分为三大类：酪蛋白、乳清蛋白和非蛋白氮（NPN）。乳中总氮有 78.5% 存在于酪蛋白胶束中，16.5% 存在于乳清蛋白中，另外 5.0% 以非蛋白氮的形式存在。酪蛋白又细分成 α-酪蛋白（α-casein，α-CN）、β-酪蛋白（β-casein，β-CN）、γ-酪蛋白（γ-casein，γ-CN）和 κ-酪蛋白（κ-casein，κ-CN），其中 β-CN 和 γ-CN 的序列相似，γ-CN 起源于 β-CN。α-CN 又分成 α_{s0}-CN、α_{s1}-CN 和 α_{s2}-CN 三种。牛乳中 κ-CN、α_{s2}-CN、α_{s1}-CN 和 β-CN 的比例约是 1∶1∶4∶4。乳清蛋白包括 α-乳白蛋白（α-lactalbumin，α-La）、β-乳球蛋白（β-lactoglobulin，β-Lg）和血清白蛋白（serum albumin，SA）。

1. 酪蛋白

正常牛乳中蛋白含量为 3.5% 左右，其中酪蛋白约占 80%。酪蛋白很容易形成聚合体，这种聚合体是由成百上千的单个分子形成的胶束，常称为酪蛋白胶束。

1）α_{s1}-酪蛋白

α_{s1}-酪蛋白家族，在牛乳中占总酪蛋白的 40%。α_{s1}-酪蛋白存在 A、B、C、D、E、F、G 7 种变异体，变异体 A 存在于荷斯坦弗里斯兰奶牛、荷斯坦奶牛和德国红牛中；变异体 B 主要存在于家牛中；变异体 C 存在于瘤牛和野牦牛中；变异体 D 存在于法国、意大利和新西兰不同品种的牛中；变异体 E 存在于野牦牛中；变异体 F 存在于德国黑牛和白牛中；变异体 G 存在于意大利棕色奶牛中；目前也在牛乳中鉴定出了变异体 G。携带 G 等位基因的奶牛产奶中 α_{s1}-酪蛋白含量较少，其他酪蛋白含量较高，α_{s1}-酪蛋白 B 显性基因与泌乳期奶牛的产奶量和高蛋白含量有关。

2）α_{s2}-酪蛋白

α_{s2}-CN 家族，在牛乳中占总酪蛋白的 10%。α_{s2}-酪蛋白易于被凝乳酶和血纤维蛋白溶酶酶解。

3）β-酪蛋白

β-CN 家族，在牛乳中占总酪蛋白的 45%。β-酪蛋白相当复杂，因为它本身存在血纤维蛋白溶酶，血纤维蛋白溶酶裂解导致形成了 γ_1-CN、γ_2-CN 和 γ_3-CN，是 β-CN 的片段。

4）κ-酪蛋白

κ-CN 是牛乳蛋白的主要成分之一，在牛乳中占总酪蛋白的 12%，它对酪蛋白微胶粒的稳定起着重要作用。κ-CN 的位点 A、B 两个共显性等位基因，其氨基酸差异在于：136 位氨基酸残基于 A 型为苏氨酸、B 型为异亮氨酸；148 位氨基酸残基于 A 型为天冬氨酸、B 型为丙氨酸。有研究表明 κ-CN 基因 AA 型乳脂率较高，BB 型与较高的乳蛋白率有关。Henk Bovenhuis 用单基因模型对荷斯坦牛的分析表明 κ-CN 基因影响第一泌乳期乳蛋白率，AA 型提高乳蛋白率但降低产奶量，BB 型表明，牛奶的凝乳时间短、凝块硬度大、奶酪产量高。

2. 乳清蛋白

乳中主要的乳清蛋白是 α-乳白蛋白（α-lactalbumin，α-La）、β-乳球蛋白（β-lactoglobulin，β-Lg）、血清白蛋白（serum albumin，SA）、球蛋白（globulin）/杂蛋白和多肽。前两种乳清蛋白占总乳清蛋白的 80%。乳清蛋白在牛乳中的含量受农场环境、奶牛的基因类型、品种和季节等因素的影响。乳清蛋白在乳中的浓度范围为 4.91～6.4g/L。

1）α-乳白蛋白

α-乳白蛋白是一种典型的乳清蛋白，该蛋白存在于所有哺乳动物的乳中，对乳房中乳糖的合成起着很重要的作用。α-乳白蛋白在牛乳中的浓度为 1.2g/L，约占牛乳总蛋白的 3.5%，约占乳清蛋白的 19.7%。其含量受品种、季节等因素的影响。

2）β-乳球蛋白

β-乳球蛋白仅存在于食草动物中，是牛乳的主要乳清蛋白。β-乳球蛋白在牛乳中的含量为 3.2g/L，约占牛乳总蛋白的 10%左右，占乳清蛋白的 50%。其含量受品种、季节、泌乳期和饲料等因素的影响。

3）乳铁蛋白

乳铁蛋白（LF）是一种分子质量约为 80kDa 的铁结合性糖蛋白，广泛分布于哺乳动物乳汁中，特别是初乳和其他多种组织及其分泌液中，包括泪液、精液、胆汁、滑膜液等内、外分泌液和嗜中性粒细胞，为每天被大量病原微生物入侵的黏膜系统提供了第一道也是最重要的防线。从物理特性来看，乳铁蛋白是有着 700 个氨基酸残基的糖蛋白，它的等电点较高（pI≈9），在中性 pH 带正电荷，这正是 LF 区别于其他乳蛋白很重要的一个特点。乳铁蛋白的生物学功能包括抗菌、抑制游离基形成、调节人体铁质转移、促进细胞生长并提高免疫能力、促进双歧杆菌增殖，并可作为抗氧化剂。乳铁蛋白之所以被重视，是因为它可以夺走除乳酸菌以外的有害细菌生长所需的铁而抑制有害菌的生长，或破坏有害菌细胞膜从而杀死细菌；且可提升免疫力，抑制病毒所引起的感染，如肠病毒中的轮状细菌、肠细菌 71 型等。人乳中乳铁蛋白浓度为 1.0～3.2mg/mL，是牛乳中的 10 倍（牛乳中含量为 0.02～0.35mg/mL），占普通母乳总蛋白的 20%。在泌乳期间，乳铁蛋白含量随着泌乳时间的不同而发生变化，如人初乳中乳铁蛋白可达 6～14mg/mL，常乳期降至 1mg/mL。而在乳清蛋白产品中，其浓度可高达 30～100mg/mL。

3. 乳脂肪球膜蛋白

1）乳脂肪球膜（MFGM）的结构

牛乳脂肪球膜的结构和人乳脂肪球膜结构分别见图 8-1 和图 8-2。从 MFGM 的内部向外看，其内部是由极性脂组成的单层膜，而外面是由蛋白组成的双层膜，蛋白分布在双层膜上，而细胞质位于单层膜和双层膜之间，MFGM 被公认是一种三层膜结构。人们广泛接受的 MFGM 模型是流动的镶嵌模型，以流体的状态存在。MFGM 上分布着大量蛋白，这些蛋白以不同方式结合在 MFGM 上，一部分膜蛋白镶嵌或松散地结合在双层膜上，一些膜蛋白如黏蛋白（mucin1，MUC1）、嗜乳脂蛋白（butyrophilin，BTN）和过碘酸稀夫Ⅲ（periodic acid schiff Ⅲ，PASⅢ）横穿 MFGM 外部的双层膜，而胆固醇镶嵌在单层膜中间（图 8-1）。脂肪分化相关蛋白（adipocyte differentiation-related protein，ADPH）对甘油三酯有很强的亲和性，位于极性脂单层膜的里面，黄嘌呤脱氢酶/氧化酶（xanthine oxidase，XDH/XO）暴露于单层膜的内表面，与嗜乳脂蛋白（butyrophilin，BTN）紧密地连接在一起形成超分子复合物，而 BTN 是一种外层跨膜蛋白，该蛋白在 MFGM 中起着锚的作用，将 MFGM 的内层和外层连接起来。

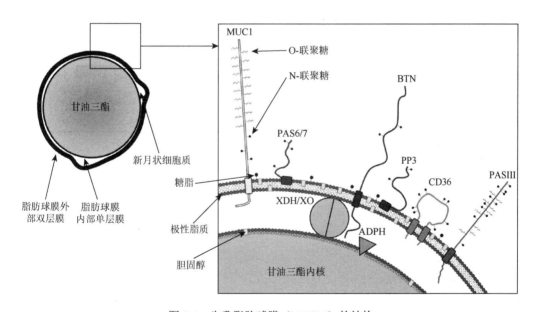

图 8-1　牛乳脂肪球膜（MFGM）的结构

2）乳脂肪球膜蛋白质组成

MFGM 中蛋白质占 MFGM 总量的 25%～60%，占整个乳蛋白的 1%～2%，主要依赖于 MFGM 分离条件的选择、样品的差异以及分析方法。MFGM 中主要的蛋白质包括黏蛋白 1（MUC1）、黄嘌呤脱氢酶/氧化酶（XDH/XO）、过碘酸稀夫Ⅲ/Ⅳ（PASⅢ/Ⅳ）、嗜乳脂蛋白（BTN）和过碘酸稀夫 6/7（periodic acid schiff 6/7，PAS6/7），这些蛋白质的分子量范围分布较广；另外，MFGM 还含有月示蛋白胨 3（proteose peptone，PP3）（表 8-1）。

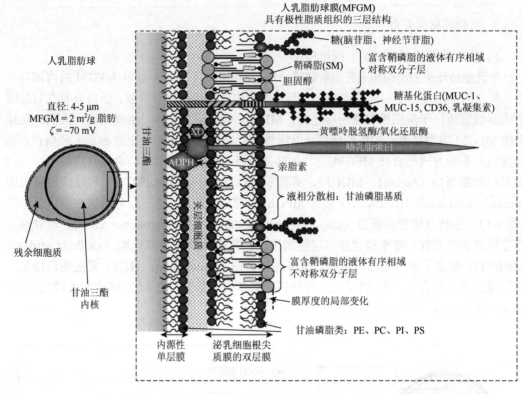

图 8-2　人乳乳脂肪球膜结构

表 8-1　MFGM 蛋白的组成及分子质量

组分	分子质量/kDa
黏蛋白 1（MUC1）	160～200
黄嘌呤脱氢酶（XDH/XO）	150
过碘酸稀夫Ⅲ（PASⅢ）	95～100
过碘酸稀夫Ⅳ（PASⅣ）	76～78
嗜乳脂蛋白（BTN）	67
过碘酸稀夫 6/7（PAS6/7）	48～54
月示蛋白胨 3（PP3）	18～30

8.1.2　酪蛋白

　　牛乳蛋白质包含 80%的酪蛋白。α_{s1}-酪蛋白、α_{s2}-酪蛋白、β-酪蛋白以及 κ-酪蛋白是四个不同的基因产物，它们通过非共价键聚合形成 20～500nm 的胶团结构。酪蛋白在乳中以胶束的形式存在，通常称为酪蛋白胶束。胶束的干物质含有 94%的蛋白质和 6%的低分子量物质，统称为酪蛋白磷酸肽（CCP），主要由 Ca 和少量含 Mg 的磷酸盐和柠檬酸盐以及微量的其他物质组成。该胶束具有高度的水合性，每克结合了 2.0～4.0g 水。酪蛋白胶束粒子可散射光并使牛奶呈现白色（小脂肪球使散射光减弱），它们可以通过超显微镜来观察。所有哺乳动物的奶都呈白色，这表明它们都含有酪蛋白胶束，如果胶束的结构被破坏，奶的白色消失。酪蛋白胶束的一些主要特性见表 8-2。

表 8-2　牛乳酪蛋白胶束的特性

特性	指标
直径	130～160nm
表面积	$8 \times 10^{-15} cm^2$
密度	$1.0632 g/cm^3$
质量	$2.2 \times 10^{-15} g$
水分含量	63%
分子质量	$5 \times 10^4 Da$
肽链数（分子质量 30kDa）	10^4
平均自由程	240nm

用电子显微镜观察，酪蛋白胶束大致为球形，其直径范围为 50～500nm（平均直径为 120nm），分子质量范围为 $10^4 \sim (3 \times 10^9)$ Da（平均为 $10^8 Da$）。它包含有很多非常小的胶束，但是只占其质量的一小部分，人乳中胶束粒径很小（直径约为 60nm），而马与驴乳中的胶束粒径则非常大（约为 500nm），驴乳中的酪蛋白胶束比牛酪蛋白胶束大 70 倍，每升奶中包含 $10^{14} \sim 10^{16}$ 个酪蛋白胶束，且相当紧凑。

1. 酪蛋白的结构

酪蛋白胶束的结构一直是人们关注的焦点，但是至今也没有确定酪蛋白胶束确切的结构，只是提出一些假说，如图 8-3 所示有"套核"模型、内部结构模型和亚单元模型，被广泛接受的模型是具有 κ-酪蛋白的毛发结构的亚单元模型。酪蛋白胶束是各酪蛋白靠静电平衡、疏水相互作用和胶体磷酸钙纳米簇连接在一起，形成一个向外伸展的、有孔的球状结构。κ-酪蛋白像毛发一样存在于酪蛋白胶束的表面，而 Ca 敏感性酪蛋白存在于核内部。κ-酪蛋白对酪蛋白胶束的稳定性起重要作用，并限制胶束的尺寸。κ-酪蛋白的疏水性 C 端从胶束的表面伸向外侧，形成一个约 12nm 厚的聚合电解质刷，使胶束具有空间稳定性。

应用电子显微镜已经观察到牛乳酪蛋白胶束存在次级结构，其尺寸为 5～25nm。有学者应用刚果红染色和 ThT 荧光探针的方法，证明了牛乳酪蛋白胶束表面有纤毛状结构。随着现代仪器设备的发展，采用小角 X 射线散射技术也观察到牛乳酪蛋白胶束中存在次级结构。目前，人们只对牛乳酪蛋白胶束的高级结构进行了研究，尚无关于牦牛乳酪蛋白胶束高级结构的报道。

酪蛋白胶束的结构模型可分为三大类：核心-外壳；内部结构；子胶束。许多早期的

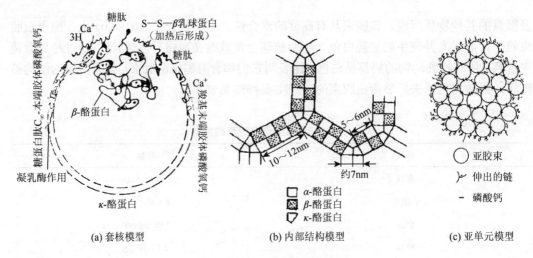

(a) 套核模型　　　　　　　(b) 内部结构模型　　　　　(c) 亚单元模型

图 8-3　酪蛋白胶束的结构模型

模型都认为酪蛋白胶束是由分子质量为 10^6Da、直径为 10～15nm 的子胶束组成。而子胶束由 CCP 连接而成，从而使胶束具开放、多孔的结构。若去除 CCP，胶束就会分解。加入尿素、SDS、在 70℃加入 35%乙醇和 pH＞9 时，也会使其分解，这些试剂不会使 CCP 增溶，这表明有其他的力作用于胶束结构。

　　酪蛋白子胶束的结构仍然是一个有争议的话题。Waugh 等提出了莲座型的结构，这与经典的肥皂胶束十分相近。α_s-(α_{s1}-，α_{s2}-)酪蛋白的极性区域和 β-酪蛋白被定向朝向子胶束的外部以减少相邻分子间带电基团的静电斥力，并且每个子胶束被 κ-酪蛋白的一层所包围，因此 κ-酪蛋白向整个胶束提供了涂层。CCP 的作用没有在此模型中考虑，这是一个重大的缺点。此外，难以用此模型来解释部分 β-酪蛋白在低温时是如何解离的。

　　有学者认为，子胶束不完全被 κ-酪蛋白和 CCP 所覆盖，每个子胶束附着于 κ-酪蛋白和疏水区域的表面。后者聚集疏水部分，使得整个胶束具有 κ-酪蛋白富集的表面涂层，但是其他的一些酪蛋白也都在表面上。这个模型得到进一步阐述，κ-酪蛋白所包含子胶束的种类各不相同，而酪蛋白缺陷型子胶束位于胶束的里面，富 κ-酪蛋白子胶束集中于表面，从而形成了全面的 κ-酪蛋白富集表面涂层的胶束。此模型由 Walstra 和 Jenness（1984）以及 Walstra（1990，1999）再一次细化，他们认为 κ-酪蛋白亲水性的 C 端区域从表面突起，形成了一个 5～10nm 厚的层，赋予胶束一个类似毛发的外观。胶束这个类似毛发的结构主要通过 zeta 电位（−20mV）和空间位阻而稳定。κ-酪蛋白空间稳定层的想法可以追溯到 Hill 和 Wake（1969），他们认为 κ-酪蛋白的两性结构是胶束稳定性的一个重要特征。如果其毛发层被去除（如 κ-酪蛋白的特异性水解）或瓦解（如用乙醇），胶束的稳定性则会被破坏，并发生凝结或沉淀。

　　子单元模型的另一个观点认为存在两种类型的亚基：一种由 α_s-(α_{s1}-、α_{s2}-)酪蛋白和 β-酪蛋白组成，位于核心部分，另一种由其他种类的 α_s-(α_{s1}-、α_{s2}-)酪蛋白和 β-酪蛋白组成，存在于表面层。尽管酪蛋白胶束的子胶束模型充分解释了酪蛋白胶束的主要特征及其发生的物理化学反应，但是并没有明确的统一，并且替代它的模型已经被提出。Visser

（1992）提出，胶束是酪蛋白分子随机聚合成的球形，并部分通过盐桥组成无定型的磷酸钙形式，部分由其他的力（如疏水键）以及 κ-酪蛋白表面层组成。酪蛋白胶束是错综复杂的酪蛋白分子形成的一个胶状结构，其中 CCP 的微颗粒是不可或缺的特征，并从 κ-酪蛋白 C 端区域的表面开始延伸，形成了一个多毛发层（图 8-4）。

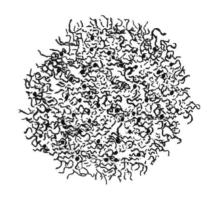

图 8-4　酪蛋白的结构模型

这两个模型保持了子胶束模型的两个主要特征，即 CCP 的稳定作用和 κ-酪蛋白在胶束表面具有的胶束稳定作用，而不同点主要在于胶束的内部特征。Dalgleish（2011）认为胶束表面仅部分由 κ-酪蛋白覆盖，其在表面非均匀地分布。这种高表面覆盖的形式对于大分子颗粒而言提供了空间稳定性。

有关子胶束结构的信息多来源于电子显微镜的观察，采用全新的冷冻-电子显微镜立体成像技术。McMahon 和 McManus（1998）发现，并没有证据可以支撑子胶束的模型结构，得出结论：如果胶束不由子胶束组成，则必须由小于 2nm 或比先前预计更小的密度组成。在 TEM 照片中显示的结果与 Holt（1992）提出的模型十分相似，Holt 的结论是：目前没有任何一种酪蛋白胶束的子胶束模型能够解释酪蛋白由尿素去除分离 CCP 的现象。

由 Horne（2006）提出的酪蛋白胶束"双结合"模型表明，胶束的结构是由疏水性的相互作用和 CCP 介导交联的亲水性区域所控制的（图 8-5）。

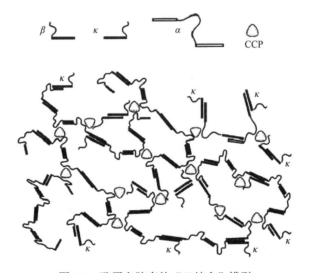

图 8-5　酪蛋白胶束的"双结合"模型

如今，人们对酪蛋白胶束结构的研究仍在不断地进行中，这个领域充满未知但使人为之振奋，人们不断为此领域的发展即酪蛋白胶束的结构和稳定性提供新的信息与研究成果。

2. 酪蛋白的理化性质

1）酪蛋白的性质

酪蛋白经常被看作是固有的非结构蛋白，其等电点为 4.6，因此在 pH 为 4.6 时溶解度最低。利用这一特点，通常将乳的 pH 调至 4.6 时分离沉淀，得到酪蛋白。酪蛋白在牛乳中以水合胶体粒子存在，通常称为酪蛋白胶束。酪蛋白由 94% 的蛋白质和 6% 的矿物质组成，其矿物质主要是磷酸钙。酪蛋白在动物乳腺中合成，主要为新生婴儿的生长发育提供氨基酸。

2）乳酪蛋白胶束的稳定性

酪蛋白胶束在乳中呈悬浮状态，κ-CN 呈毛发状位于酪蛋白胶束的表面，维持胶束的稳定。酪蛋白对热十分稳定，牛奶在 pH 为 6.7 的条件下，能够在 100℃加热 24h 不产生凝固，并能承受 140℃加热 20～25min。酪蛋白酸钠的水溶液更加稳定，能够在 140℃加热数小时而不发生明显变化。酪蛋白良好的热稳定性，使热灭菌的乳制品具有相对较小的物理变化。牛奶的热稳定性，在许多基于乳类的商业产品生产中具有重要意义。酪蛋白胶束周围的环境条件，如温度、pH、离子强度等的变化都会影响其稳定性。

3）热处理对酪蛋白胶束稳定性的影响

κ-CN 覆盖在酪蛋白胶束表面呈头发丝状，κ-CN 之间的空间和静电排斥作用对维持酪蛋白胶束的稳定起到了重要作用。酪蛋白胶束经热处理后可能引起酸化、胶体磷酸钙沉淀、胶束发生解聚或亚胶束间形成凝胶。加热会使 β-Lg 变性并与 κ-CN 结合，使 β-Lg 覆盖在酪蛋白胶束的表面，或形成酪蛋白-乳清蛋白凝胶。酪蛋白胶束的溶剂化作用影响乳的热稳定性。山羊乳酪蛋白胶束的溶剂化作用小于牛乳，其热稳定性也低于牛乳。

4）离子强度对酪蛋白胶束稳定性的影响

乳中的盐包括阳离子（Ca^{2+}、Mg^{2+}、Na^+、K^+等）和阴离子（磷酸根、柠檬酸根和 Cl^-等），这些盐分布于乳清相和酪蛋白胶束中。约有 95% 的 Na^+、K^+ 和 Cl^- 分布于乳清中，而 70% 的 Ca^{2+}、50% 的无机磷、40% 的 Mg^{2+} 和 10% 的柠檬酸根与酪蛋白胶束结合。外界环境如离子强度的变化能改变乳清相和胶体相中盐的分配，从而影响酪蛋白胶束的稳定性。

向乳中添加盐或去除乳中的盐会破坏酪蛋白胶束的稳定状态，使酪蛋白胶束发生解聚或聚合。向乳中或酪蛋白胶束溶液中添加 NaCl 时，乳中的离子强度增加，使可溶性钙浓度增加。可溶性的钙一部分可能和磷结合，剩余则可能直接和酪蛋白结合。乳中离子强度的增加也使可溶性的柠檬酸钙增加，并使柠檬酸钙解聚为柠檬酸和 Ca^{2+}。Ca^{2+}的增加抑制了磷酸钙的解聚，因此当溶液中离子强度增加时可溶性磷的含量几乎不受影响。从而改变乳的一些特性，如会增加酶凝乳时间、降低乳的酒精稳定性等。

5）钙离子对酪蛋白胶束稳定性的影响

酪蛋白中的胶体磷酸钙对维持酪蛋白胶束的稳定性起着重要作用。调整乳的 pH 至 4.6 时，酪蛋白胶束中的胶体磷酸钙游离出来，酪蛋白聚集到一起形成酪蛋白沉淀。当向乳中或酪蛋白胶束溶液中添加 Ca^{2+}时，因为生成了微米级凝胶小颗粒而使溶液的浊度上升。

这种微米级的凝胶小颗粒是由于钙与钙敏感性酪蛋白结合而减小了分子间静电相互作用导致的。钙与酪蛋白的相互作用研究得较深入的是 α_{s1}-CN 单体和 β-CN 单体同 Ca 的作用。钙的移除也影响酪蛋白胶束的稳定性。当把酪蛋白胶束溶液中的 Ca^{2+} 移除时，会使酪蛋白胶束解聚。乳中约有 1/3 的钙存在于乳清相中，约有 2/3 的钙与酪蛋白结合或以胶体磷酸钙的形式存在。

8.1.3　乳清蛋白

乳中主要的乳清蛋白是 β-乳球蛋白（β-lactoglobulin，β-Lg）、α-乳白蛋白（α-lactalbumin，α-La）、血清白蛋白（serum albumin，SA）、免疫球蛋白。前两种乳清蛋白占整个乳清蛋白的 80%。

1. β-乳球蛋白

β-乳球蛋白是牛乳中的主要蛋白质，占乳清蛋白的 50%、总蛋白含量的 12%。它是最早被结晶出来的蛋白质。长期以来，人们一直认为 β-乳球蛋白是一种典型的球状蛋白，它也是蛋白质生物化学中最受欢迎的一种蛋白。

虽然有轻微的种间差异，但是 β-乳球蛋白是牛、水牛、绵羊、山羊奶中主要的乳清蛋白。曾经有一段时间，人们认为 β-乳球蛋白只存在于反刍动物的乳汁中，但如今已有研究发现，它同样存在于猪、马、袋鼠、海豚和海牛的乳汁中。然而，β-乳球蛋白不存在于人、大鼠、小鼠和豚鼠的乳汁中，而 α-乳白蛋白是其主要的乳清蛋白。

β-乳球蛋白含硫氨基酸丰富，因此具有很高的生物价值。β-乳球蛋白中含有半胱氨酸单体。半胱氨酸起着十分重要的作用，它会影响 κ-酪蛋白分子间二硫键的热变性，凝乳酶的凝聚和牛奶的热稳定性，也会影响牛奶加热时产生的风味。此外，它还含有两个分子内的二硫键。研究表明，一些 β-乳球蛋白（如猪乳的）不含游离的巯基团。β-乳球蛋白遗传多态性发生在牛乳、山羊和绵羊乳等乳中。牛乳的 β-乳球蛋白已被确认有 A、B、C、D 四种基因突变类型。一些哺乳动物的 β-乳球蛋白的氨基酸序列已经被确定。牛乳 β-乳球蛋白由 162 个氨基酸组成，其分子质量为 18.3kDa，其等电点为 pH = 5.2。

马乳中含有 β-乳球蛋白的两个亚型，Ⅰ和Ⅱ型，正如牛乳 β-乳球蛋白一样，马乳 β-乳球蛋白Ⅰ含有 162 个氨基酸残基，而 β-乳球蛋白Ⅱ含有 163 个氨基酸残基。马乳 β-乳球蛋白Ⅰ的分子质量为 18.5kDa，等电点为 pH = 4.85；而马乳 β-乳球蛋白Ⅱ分子质量为 18.3kDa，等电点为 pH = 4.7。牛与马乳 β-乳球蛋白都不含游离的巯基团。驴乳中也含有两种形式的 β-乳球蛋白：β-乳球蛋白Ⅰ和 β-乳球蛋白Ⅱ。

β-乳球蛋白是一个高度结构化、结构紧凑、球状的蛋质（图 8-6）。光学旋转扩散和圆二色性测量表明，pH 为 2～6 时，10%～15%分子以 α-螺旋形式存在，43%以 β-折叠形式存在，而 47%为无序结构，包括 β-曲折、β-折叠形式存在于 β 桶状结构中，每个单体几乎都以球状形式存在，直径约为 3.6nm。

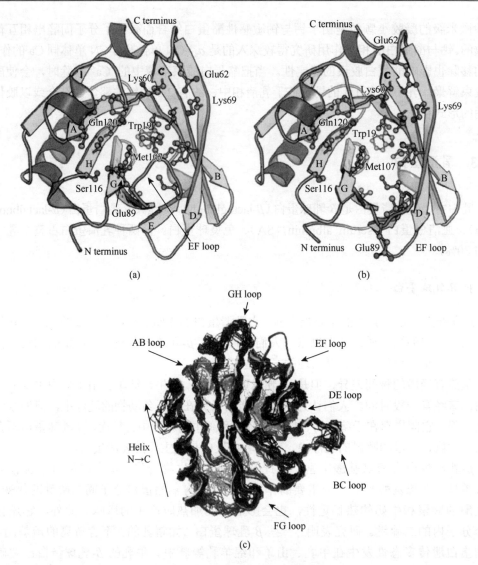

图 8-6　β-Lg 的 X 射线晶体结构

　　早期的研究工作表明，β-乳球蛋白单体的分子质量为 36kDa，但是进一步研究表明，当 pH<3.5 或 pH>7.5 时，β-乳球蛋白单体分子质量为 18kDa。pH 为 5.5～7.5 时，牛乳 β-乳球蛋白二聚体分子质量为 36kDa。当 pH 为 3.5～5.2 时，尤其在 pH 为 4.6 时，牛乳 β-乳球蛋白是一个分子质量为 144kDa 的八聚体。猪和其他物种乳中的 β-乳球蛋白缺乏巯基团，但这可能不直接影响其二聚体的形成。

　　由于高水平的二级和三级结构，β-乳球蛋白具有耐蛋白水解的天然状态，此特征表明它的主要功能并不在营养方面。由于其他所有的乳清蛋白都具有生物学功能，因此认为 β-乳球蛋白也具有生物学功能，其具有的生物学功能如下。

　　（1）能够结合并作为维生素 A（视黄醇）的载体。β-乳球蛋白可在维生素 A 的疏水位点处与其结合，保护它不被氧化，将它从胃部运输至小肠，而维生素 A 被传输至一个与 β-

乳球蛋白具有相似结构的维生素 A 结合蛋白处。目前未解决的问题是，在牛奶中，维生素 A 怎样从脂肪球的中心转移至 β-乳球蛋白，以及人类和啮齿类动物的乳汁是怎样进化成不含 β-乳球蛋白的。

（2）能够结合脂肪酸。β-乳球蛋白能够激发酯酶的活性，这可能是其重要的生理功能。此外，β-乳球蛋白是乳中最易致敏的蛋白质之一。对于婴儿而言，饮用牛奶更易导致其发生过敏反应，研究表明这可能是因为人乳中缺乏 β-乳球蛋白，而牛乳中含因为 β-乳球蛋白。此外，β-乳球蛋白在乳清中的相对浓度和热易变性，决定了它是乳清蛋白成分中理化性质（如热凝胶）的主要因素。

2. α-乳白蛋白

α-乳白蛋白约占牛乳乳清蛋白含量的 20%（牛奶蛋白质总量的 3.5%），是人乳中的主要蛋白质（2.2g/L）。它的分子质量很小（14kDa），是表征蛋白质。它含有约 1.9% 的 S 元素，包括四种分子内的二硫键。α-乳白蛋白中色氨酸含量较多，因此它在 280nm 处有着独特的吸光度，它不含有半胱氨酸和磷酸盐，它的等电点为 pH = 4.8，它在 pH 4.8、0.5mol/L NaCl 溶液中溶解度最低。黄牛乳中只含有一种 α-乳白蛋白的基因变异体 B，但是瘤牛，无论是印度品种还是非洲品种，都含有两种突变体 A 和 B。B 突变体包含一个精氨酸残基，而 A 突变体中的这个位点则被谷氨酸所替代。

α-乳白蛋白的一级结构是同源 C 型溶菌酶。α-乳白蛋白的 123 个残基中，有 54 个残基与鸡蛋清溶菌酶的残基相对应，更有 23 个与其结构相似（例如，丝氨酸-苏氨酸和天冬氨酸-谷氨酸）。在鸟类和哺乳动物分支前溶菌酶已经演变，α-乳白蛋白似乎是哺乳动物进化的早期阶段溶菌酶基因复制的结果——它存在于单孔类动物的乳汁中。它不仅参与乳糖的合成，也对控制牛奶的成分起着十分重要的作用。α-乳白蛋白是紧凑型的球状蛋白质，以扁长椭球状存在，尺寸为 2.5nm×3.7nm×3.2nm（图 8-7）。其结构的 26% 为 α-螺旋，14% 为 β-结构，而 60% 为无序结构。人们已从牛、绵羊、山羊、母猪、人类、水牛、大鼠和豚鼠的乳汁中分离出 α-乳白蛋白。

乳糖合成酶含有两个不同的蛋白质亚基 A 和 B，后者的蛋白质是 α-乳白蛋白。来自许多品种的 α-乳白蛋白对牛乳糖的合成都是有作用的，当缺乏 B 蛋白质时，A 蛋白质是一种非特异性的半乳糖基转移酶，即将 UDP 半乳糖转移至其受体，但是当缺乏 α-乳白蛋白时，它便具有很高的特异性，转移半乳糖至葡萄糖而形成乳糖。牛奶中乳糖的浓度与 α-乳白蛋白的含量直接相关，某品种的海豹乳汁中不含 α-乳白蛋白，因此也不含乳糖，因为乳糖负责牛奶 50% 的渗透压，因此其合成必须严格控制，这也可能是 α-乳白蛋白的一个生理功能。或许 α-乳白蛋白的每一个分子都在一个短时间内调节乳糖的合成，随后便被丢弃或更换。

α-乳白蛋白在乳腺中的活动控制了乳糖在牛奶中的含量，由此决定了牛奶中水的流动，因此乳糖的浓度与牛奶中蛋白质和脂类的含量呈负相关。α-乳白蛋白在乳腺中合成，但只有非常低的水平转移至血清，此时 α-乳白蛋白的含量在怀孕或随着雌性雄性动物类固醇荷尔蒙的调节而增加，乳清中 α-乳白蛋白的浓度可作为乳腺发育程度和动物产奶量的一个可靠指标。即使在大多数物种中，乳糖是其乳汁中的主要碳水化合物，所有的乳汁

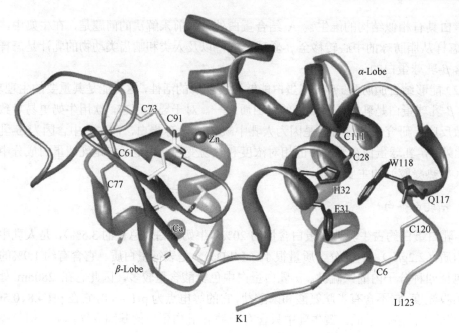

图 8-7　人乳 α-La Ca/Zn 复合物的 3D 结构

中都含有许多低聚糖，低聚糖有乳糖（即葡萄糖和半乳糖）、岩藻糖和 N-乙酰神经氨酸。生产低聚糖的最初目的是用于软壳蛋的杀菌，而直到 α-乳白蛋白的演变，乳糖才开始合成。

　　α-乳白蛋白是一种金属蛋白，它将一个 Ca^{2+} 结合到一个含有 4 个天冬氨酸残基的位点处，这些残基在 α-乳白蛋白和溶菌酶中具有高度保守性，但大多数的 c-溶菌酶不结合 Ca^{2+}，另一个例外是马乳溶菌酶。含有 Ca^{2+} 的牛乳 α-乳白蛋白对热十分稳定，更准确地说，这种蛋白质在热变性后又发生了复性，当 pH 降低至以下 5.0 时，天冬氨酸残基质子化并失去结合 Ca^{2+} 的能力。该脱辅基的蛋白质变性，并在较低的温度（约 55℃）时凝聚，且冷却液不会复性。该蛋白质的这个特点已被用于工业规模化生产 α-乳白蛋白富集型 WPC。最近，一种脱辅基 α-乳白蛋白的非自然状态，通过与油酸形成复杂的结构而稳定，已被发现并用来选择性诱导肿瘤细胞的凋亡，这种复合体被称作 HAMLET。此复合体可由脱辅基 α-乳白蛋白通过油酸预处理，由色谱分离而获得；其或许能够成为高级功能性食品的组分。

3. 血清白蛋白

　　普通牛奶中血清白蛋白含量较低（0.1～0.4g/L，总氮含量 0.3%～1.0%），这可能是从血液中渗出的结果。牛血清白蛋白的分子质量约为 66kDa，它包括 583 个氨基酸，并且其序列已知。分子内含有 17 个二硫键和 1 个巯基，所有的二硫键与半胱氨酸相连，形成相对靠近的多肽，因此其以较短的环状存在。血清白蛋白分子为椭圆形，并分为三个区域，每个区域包含有一个较长的环和一个较短的环。在血液中，血清白蛋白具有许多功能（例如，与配体的结合和自由基捕获），但是其在牛奶中的功能未知，或许其意义不大，即使它可结合金属离子与脂肪酸，后者可能能够使它激发酯酶的活性。血清白蛋白的物理化学官能团已被广泛研究，研究者认为它是高度结构化但很灵活的蛋白质。血清白蛋白具有热诱导分子间二硫键结合 α-乳白蛋白和 β-乳球蛋白的能力，并影响变性、聚沉和 β-乳球蛋白的胶凝性质。由于它的相对浓度较低，因此它可能对牛奶蛋白质成分的理化性质影响不大。

4. 免疫球蛋白

成熟牛乳中含有 0.6～1.0g/L 免疫球蛋白，但初乳中含有高达 10%的免疫球蛋白，产后其水平迅速降低。免疫球蛋白是非常复杂的蛋白质，从本质上讲，免疫球蛋白有五个种类，分别为：免疫球蛋白 A、免疫球蛋白 G、免疫球蛋白 D、免疫球蛋白 E 和免疫球蛋白 M。

所有的免疫球蛋白单体分子由四个亚基多肽，包含两个相同的重链和两个相同的轻链，总分子质量为 160kDa 的类似的基本结构组成。重链和轻链都由可变区域（VH、VL）和不变区域（CH、CL）组成，二硫键连接着每个重链和轻链对，以及连接着两个重链，这便形成了一个具有两个抗原结合位点的 Y 形结构。连接重链的二硫键的数量与位置使免疫球蛋白具有不同的类型，免疫球蛋白的 Y 形结构可以被电子显微镜识别出。免疫球蛋白分子的 N 末端部分是抗原结合区，抗原的结合是通过抗原与重链和轻链可变区的相互作用来进行的。用木瓜蛋白酶水解消化 IgG 分子重链结合区域释放出两个相同的抗原结合片段（Fab）和分子的不变区域（Fc）。Fab 由 VH 和 CH_1 两个重链区域和 VL 和 CL 两个轻链区域组成。IgG 分子的 Fc 部分由 CH_2 和 CH_3 两个区域组成。

免疫球蛋白的生理功能是为新生儿提供免疫功能。包括人类在内的一些物种，免疫球蛋白在子宫中转移，使新生儿在出生时就具有种类齐全的免疫球蛋白。这些物种的初乳中主要含有免疫球蛋白 A，它并未被新生儿吸收，而是作用于胃肠道。反刍动物不在子宫中转移免疫球蛋白，因此新生儿出生时缺乏血清免疫球蛋白，且十分易感染。反刍动物的初乳中主要含有免疫球蛋白 G，它在产后的几天内被新生儿的胃肠道吸收，借此提高免疫力。一些物种，如狗、大鼠和小鼠的免疫球蛋白既在子宫内转移，也通过初乳转移。由于免疫球蛋白在成熟的乳汁中含量很低，因此对牛奶的理化性质影响很小。

超免疫是指牛的免疫与灭活病原体（即抗原）的结合，在分娩前增加乳汁中免疫球蛋白的浓度而得到的乳汁（特别是初乳）称为："免疫乳"或"超免疫乳"。人们对免疫乳的兴趣可追溯到 20 世纪 50 年代，奶粉制造商将免疫奶粉商业化并在市场上出售，它们称与这种产品结合使用，可增加人的抗感染能力，提高免疫力和抗炎能力。然而，一项比较用非免疫母牛的初乳和用超免疫奶牛乳汁所制奶粉中免疫球蛋白活性的研究表明，这两种产品中都含有免疫球蛋白 G 和免疫球蛋白 G1，但是经过微生物抗原测试，它们都不具有抗炎活性。将这种产品商业化的一个主要技术挑战是保护免疫球蛋白的结构与生物活性。非热加工技术如高压技术等，都可为这方面做出贡献。

8.1.4　乳蛋白的科学研究及发展趋势

乳蛋白是人类膳食蛋白质的重要来源，是一种营养全价的蛋白质，因而人乳和牛乳是最接近"完善"的食品。自从证明牛乳蛋白酶解产物具阿片肽活性以来，人们开展了对牛乳、人乳以及植物蛋白来源的生物活性肽的研究，乳蛋白以其来源广、安全、生物利用率高等特点迅速成为动物营养学和生理学界新的研究热点，目前国内外研究主要集中在以下几个方面。

1. 酪蛋白作为自组装运载工具

分子自组装和重组装是纳米生物技术的基础。牛乳中一些主要的蛋白具有天然的自组装和重组装能力。乳蛋白自组装和重组装作用见图8-8。酪蛋白在酪蛋白胶束里具有天然的组织性，是粒径为50～500nm的球体，通过疏水相互作用，磷酸钙纳米胶束聚合在一起，磷酸丝氨酸残基作为它们连接的"桥梁"。κ-CN在酪蛋白胶束表面形成"毛发"层，对空间立体结构和静电聚焦起着稳定的作用。利用酪蛋白这种重组装作用可将其种作为疏水性保健食品的纳米微胶囊。当配体连接到可溶性酪蛋白酸盐以后，奶中原始的矿物质会重组使酪蛋白结构发生改变。酪蛋白胶束最近被用来作为姜黄素，一种天然的抗癌物质输送载体。个别酪蛋白在纯溶液中能进行自组装，β-CN在这方面最突出。β-CN的自组装作用与温度无关，呈逐步的胶束化。乳蛋白或许能通过与多糖共价结合或美拉德反应来改善它的自组装特性。Donato和Dalgleisho通过将热处理乳的pH增加至7.3，实验结果发现增加乳的pH，可以明显地增加了β-Lg与κ-CN的巯基/二硫键的交互作用。

早期认识到牛乳蛋白具有自组装和重组装作用是从β-乳球蛋白开始，利用β-乳球蛋白的自组装作用对很多生物活性物质进行了包埋和输送，如利用β-乳球蛋白的自组装作用包埋维生素D、脂肪酸、儿茶素和多糖等物质，显著提高了这些生物活性物质的溶解性、稳定性和生物利用率。

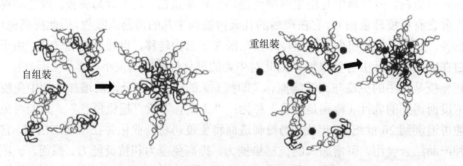

图8-8　乳蛋白的自组装和重组装结构示意图

酪蛋白的自组装作用由Serno等首次提出，认为酪蛋白胶束尤其是β-CN具有非常优越的自组装性能。酪蛋白胶束在酸性条件以及在磷酸钙存在的情况下能进行自组装作用，形成与天然酪蛋白胶束相似的结构。β-CN在自组装的同时，能与一些疏水性物质作用形成β-CN纳米复合物，同时能够提高这些疏水性化合物的溶解性和释放能力。随着人们对酪蛋白自组装作用的认识，作为生物活性物质的载体也越来越受到人们的重视。Bargarum等利用β-CN与疏水性维生素D混合，利用β-CN的自组装作用，形

成了 β-CN-维生素 D 纳米粒子复合物，其胶束的粒径接近于天然酪蛋白胶束，提高了维生素 D 在水介质中的稳定性，对紫外光诱导降解起到了显著的保护作用。Zimet 等利用酪蛋白胶束和酪蛋白纳米粒子作为多不饱和脂肪酸的载体，也大大提高了不饱和脂肪酸的稳定性。

β-胡萝卜素（β-CE）是通过微生物或植物合成的天然色素，在有光、氧及加热的条件下不稳定，在所有的胡萝卜素中，β-CE 是最常见的。在室温条件下，β-CE 在水中很难溶解，在油中的溶解度略有改善，这些特性使其在食品工业中的应用受到很大的局限。另外，β-CE 的晶体形式生物利用率也很低。用酪蛋白作为疏水性化合物如 β-CE 的纳米复合物形成的原料有以下几方面的优点：①酪蛋白直接与疏水性物质结合形成终产品；②较高的皮肤穿透能力和活性成分的肠道释放能力；③作为酪蛋白纳米粒子增加了生物活性物质的生物利用率；④酪蛋白胶束与乳化剂或脂质体相比更稳定；⑤具有生物活性的胶束为某些难以加工的物质提供了新的应用途径的可能性；⑥费用低而且环保。另外，酪蛋白已经证实了在胃中很容易消化，确保了它在食品工业中的应用而且不会影响其营养特性，还能确保其结合的活性物质在消化阶段的释放能力。

2. 乳清蛋白运载小分子活性物质

β-Lg 运载疏水性小分子活性物质的机制是利用 β-Lg 分子中的疏水性区域与疏水性小分子结合，从而形成复合物以提高疏水性小分子的溶解度。有研究显示，疏水性小分子在 β-Lg 的结合部位有三处：β 桶状结构的内部（Calyx 结构内部）、β-Lg 分子表面 α-螺旋和 β-桶状结构之间的疏水区域及 β-Lg 二聚体的界面之间。同时，在 β-Lg 分子中，连接 E、F 链的 EF 环扮演着门的角色。在酸性条件下，EF 环关闭，使得疏水性小分子无法进入 Calyx 内部，只能进入 β-Lg 表面疏水性区域，而在 pH≥7 时，EF 环打开，使得疏水性小分子能够进入 Calyx 内部。

在 β-Lg 与小分子反应特性的研究中，荧光光谱法和圆二色谱法是最常用的两种方法，其次是傅里叶红外光谱法、核磁共振法和 X 射线单晶体衍射法。目前，在测定蛋白质结构和确定疏水性小分子与蛋白质的结合部位时，X 射线单晶体衍射技术是最准确和最可靠的。但该方法需要获得合格的蛋白质单晶体，而蛋白质单晶体不易获得，使该技术的应用不仅工作量大，成功率低，测定结果也不易说明蛋白质在生理状态下结构与功能的关系。而且，在蛋白质单晶体制备的过程中很可能会引起小分子物质的降解和氧化。常，测定蛋白质在溶液中的结构变化多用圆二色谱法。虽然它能够获得一些重要的信息，但有其局限性。首先，圆二色谱法是建立在已知三维结构的多肽和蛋白质光谱为参考的基础上的；其次，它仅在含 α-螺旋成分较多的蛋白质二级结构的测定中较为准确；此外，有研究显示，在蛋白质与小分子反应特性的研究中，蛋白质在反应前后二级结构的变化也可以通过傅里叶红外光谱法得到分析，其结果与圆二色谱法的结果基本一致，而且傅里叶红外光谱法还可以得到小分子与蛋白质之间的作用力类型等信息。但是，仅仅通过傅里叶红外光谱法无法得到小分子与蛋白质反应时的一些具体反应参数，如结合常数、摩尔比等。而荧光光谱法可以利用 β-Lg 运载小分子生物活性物质的研究已有报道，这些小分子包括：维生素 D_2、维生素 D_3、麦角固醇、胆固醇、7-脱氢胆固醇、视黄醛、棕榈酸等。但是，β-Lg 运载小分子的研究多集中在 β-Lg 与小分子之间的反应机制方面，而 β-Lg 对小分子生物利用率影响的研究报道极少。

在研究小分子与 β-Lg 的反应过程中发现，不同结构的小分子物质与 β-Lg 的亲和力不同，其差别可达 5～10 倍，甚至在 β-Lg 结合位点上某些小分子之间还存在竞争关系。而且，不同的小分子与 β-Lg 结合的部位、结合数量、作用力大小及类型也都存在差别。同时，有研究显示，在小分子与 β-Lg 结合之后，会对 β-Lg 的二级结构产生一定程度的影响。Wang 等的研究显示，维生素 D_2 和棕榈酸酯在 β-Lg 上的结合部位具有竞争关系，当维生素 D_2 的浓度较高时会取代已经结合于 β-Lg 上的棕榈酸酯，而视黄醛与棕榈酸酯之间没有竞争关系，视黄酸和维生素 D_2 与 β-Lg 的结合力大于棕榈酸酯与 β-Lg 的结合力。该研究还发现，维生素 D_2 和视黄酸结合于 β-Lg 的 β 桶状疏水性内腔中，棕榈酸酯结合于 β-Lg 的表面疏水性区域，而棕榈酸视黄酯可以与 β-Lg 分子中的这两个疏水性区域结合。Wang 等的另一项研究显示，β-Lg 对维生素 D_2 的亲和力是麦角固醇的 5 倍，是胆固醇、7-脱氢胆固醇和维生素 D_3 的 10 倍。有研究者用计算机模拟 β-Lg 的分子结构后，通过比较实验数据与理论数据得出，视黄醛和视黄酸是结合于 β-Lg 分子表面的疏水性区域中，而不是结合于 β-Lg 的 β 桶状内腔中。有研究者在玫瑰树碱与 β-Lg 反应的研究中发现，玫瑰树碱是通过疏水作用力结合于 β-Lg 二聚体的界面之间。还有研究显示，中性条件下脂肪酸结合于 β-Lg 分子内的桶状结构中，而当 pH<6 时脂肪酸被释放，说明 β-Lg 对脂肪酸的结合与释放可以通过 pH 来控制。

3. 牛乳清蛋白纳米乳化体系运载生物活性物质

纳米乳化液是指分散相粒径小于 $1\mu m$ 的乳化液。但是，许多研究者认为纳米乳化液应该是指粒径为 20～200nm 的乳化体系。因为，在此粒度范围内的乳化液会更有效地促进药物在消化道中的吸收。利用纳米乳化体系运载活性物质具有以下优点：较高的运力学及热力学稳定性；无论是疏水性物质还是亲水性物质都可以利用纳米乳化体系来运载；由于纳米乳化体系中分散相的粒径很小，生物活性物质可以更加容易地穿过肠道细胞膜，提高这些物质在血液中的浓度，从而提高了生物利用率。为了得到分散相粒度更小的纳米乳化液，除了提高均质压力以外，还可以采用旋转蒸发的方法，在乳化液制备后，将有机相蒸发出去，以得到更小的分散相。但这种方法需要乙酸乙酯这样易挥发的有机溶剂作油相，这可能会给生产过程和产品本身带来安全性方面的问题。与传统小分子乳化剂相比，牛乳清蛋白作为乳化剂生产的纳米乳化液对热、离子强度、冻融和贮藏性等方面都具有良好的稳定性。

Lee 等以牛乳清分离蛋白为乳化剂，油相由 95% 的乙酸乙酯和 5% 的食用油组成，通过高压均质机制备乳化液，然后利用旋转蒸发工艺除去乙酸乙酯得到纳米乳化液。其研究结果显示，乳清蛋白纳米乳化液在乳清蛋白等电点附近发生聚集，而在远离等电点的低 pH 和高 pH 条件下仍保持良好的稳定性。而且，乳清蛋白纳米乳化液在高离子强度（0～500mmol/L NaCl）、热处理（30～90℃）条件下及冻融性方面都表现出了良好的稳定性。但是，乳清蛋白纳米乳化液中的油脂氧化速度却高于普通的乳化液，而脂肪酶对油脂的水解却慢于普通的乳化液。Shukat 等利用乳清蛋白为乳化剂制备纳米乳化液运载维生素 E，研究结果显示，均质压力越大，乳化液的粒度越小，但是，维生素 E 的降解量也随着乳化液粒度的减少而增加。Mao 等分别利用 Tween 20（TW-20）、一月桂酸十甘油酯（DML）、辛烯基琥珀酸淀粉（OSS）和乳清分离蛋白（WPI）为乳化剂制备纳米乳化液运载胡萝卜素。通过比较发现，由 TW-20 和 DML 制备的纳米乳化液的粒度更小，但稳定性不如 OSS 和 WPI 为乳化剂制备的纳米乳化液，而且由 WPI 制备的纳米乳化液对胡萝卜素具有更好的保护作用。当利用 TW-20 和 WPI 混合物制备纳米乳化液时，其稳定性显著提高，但对胡萝卜素的保护作用并没有显著提升。He 等利用乳清分离蛋白（WPI）、大豆分离蛋白（SPI）和 β-乳球蛋白（β-Lg）制备纳米乳化液运载脂溶性药物，研究结果显示，蛋白纳米乳化液的稳定性优于传统乳化液，并且具有更好的生物兼容性。当蛋白乳化液在胰酶的作用下，会加速药物的释放，从而有利于人体吸收。

在利用 ι-卡拉胶制备牛乳清蛋白-卡拉胶双层纳米乳化液的研究中，Dickinson 利用牛血清白蛋白制备乳化液后（20 vol%油相，1.5%蛋白浓度，pH 6.0），考察了不同浓度 ι-卡拉胶对乳化液粒度的影响。当 ι-卡拉胶浓度小于 0.001%时，新配置的乳化液及添加了 ι-卡拉胶的乳化液的平均粒度约为 0.55μm；当 ι-卡拉胶浓度超过 0.005%时，乳化液的粒度从 0.1μm 急剧上升至 10μm，并伴随着因 ι-卡拉胶的"桥连"作用引起的分散相聚集；当 ι-卡拉胶浓度达到 0.1%时，乳化液的粒度又开始急剧下降，但显著高于 ι-卡拉胶在极低浓度下的粒度，而且分散相仍有明显的絮凝聚集。这说明 ι-卡拉胶的浓度对牛乳清蛋白纳米乳化液的稳定性有着重要影响。

8.2　禽蛋蛋白质

禽蛋中蛋白质含量高、种类丰富，是食品蛋白质的重要来源。禽蛋蛋清水分含量约87%，蛋白质含量为 10%～12%，其他为碳水化合物和灰分。蛋清中，含量相对较高、可供利用的蛋白质种类较为丰富（表 8-3），其中卵白蛋白、溶菌酶、卵转铁蛋白等含量较高的蛋白质，已经实现了规模化制备，并在食品工业中得到了应用。

与蛋清相对单一的物质组成不同，禽蛋蛋黄中的物质种类相对较多，主要含有约 48%的水、17%的蛋白质、34%的脂肪以及约 1%的灰分和 0.5%的碳水化合物。禽蛋蛋黄中可供利用的高丰度蛋白质种类相对较少，主要有卵黄免疫球蛋白（10%）、卵黄高磷蛋白（70%～10%）、低密度脂蛋白（65%）和高密度脂蛋白（16%）四种（表 8-4），以及极少量的其他蛋白质，如一些酶类等。

近年来，越来越多的研究关注于禽蛋蛋白质的结构、分离纯化技术、功能特性和生物活性。

表 8-3　禽蛋蛋清中的主要蛋白质（Mine，2007）

蛋白质	相对含量/%	等电点	分子质量/kDa
卵白蛋白	54	4.5	45
卵转铁蛋白	12	6.1	76
卵类黏蛋白	11	4.1	28

蛋白质	相对含量/%	等电点	分子质量/kDa
卵黏蛋白	3.0～3.5	4.5～5.0	5500～8300
溶菌酶	3.0～3.5	10.7	14.3
卵抑制蛋白	1.5	5.1	49
卵糖蛋白	1	3.9	24.4
卵黄素蛋白	0.8	4.0	32
卵巨球蛋白	0.5	4.5	769
抗生物素结合蛋白	0.05	10.0	68.3
卵簇蛋白	—	6.1～6.6	33～32.4

表 8-4　禽蛋蛋黄中的主要蛋白质（Hatta et al.，2008）

蛋白质	相对含量/%	分布	分子质量分布范围/kDa	特性
低密度脂蛋白（LDL）	65	浆质和颗粒	3300～10300	脂蛋白，脂质含量高达88%
高密度脂蛋白（HDL）	16	颗粒	复合体约400；亚基为125、80、40、30	脂质含量20%～25%
卵黄免疫球蛋白（IgY）	10	浆质	180	免疫特性
卵黄高磷蛋白（phosvitin）	7～10	颗粒	亚基：33、45	磷含量高

8.2.1　卵白蛋白

1. 卵白蛋白的结构

卵白蛋白（ovalbumin），是鸡蛋中的主要蛋白成分，占新产鸡蛋清总蛋白的54%。卵白蛋白是典型的球蛋白，其分子质量为43.0kDa左右，等电点为4.5，由385个氨基酸残基组成，具有一个二硫键（74～121位）。卵白蛋白为糖蛋白，具有一个 N-糖基化位点（Asn^{293}），其糖链部分约占总分子量的3.5%。1973年，Vadehra 等通过电泳技术，从新鲜蛋清中检测并区分出3种类型的卵白蛋白：A1、A2、A3亚型，其区别在于卵白蛋白分子的磷酸化程度不同，A1、A2、A3分别有2、1、0个位点发生了磷酸化（Ser^{68} 和 Ser^{344}），从而导致卵白蛋白分子特性不同。由于具有与抗胰蛋白酶和其他丝氨酸家族抑制剂类似的初级与三级结构（"Serpin"结构域）和反应活性中心 Ala^{358}-Ser^{359}，鸡蛋清卵白蛋白被归属于丝氨酸抑制剂家族，然而其并不具有抑制活性。

2. 卵白蛋白的构象转变

在鸡蛋储藏过程中，随着 pH 的升高，卵白蛋白（N-卵白蛋白）可以逐步转化为热稳定形式的 S-卵白蛋白。S-卵白蛋白的整体结构，包括反应中心环结构，都与天然状态相似，为天然卵白蛋白的构象异构体。光谱研究证明构象改变非常有限，仅涉及二级结构的细微变化，而蛋白总体折叠没有较多的变化。但与 N-卵白蛋白相比，S-卵白蛋白反应中心环的链 1A 远离链 2A；且氨基酸侧链 Phe[99] 和 Met[241] 发生了显著的构象变化，导致 S-卵白蛋白溶液可及性的下降和疏水性的变化。此外，在受精卵的发育过程中，也发现了 S-卵白蛋白的转化。

卵白蛋白发生构象转变后，其一些性质发生了显著的变化。由差量扫描量热仪分析可知，新鲜蛋清中 N-卵白蛋白显示的变性温度为 77.7℃，在 30℃下储存一个月后，S-卵白蛋白的变性温度升高至 85.8℃。将纯化的 N-卵白蛋白置于弱碱性条件下，在相同条件下贮藏一个月，N-卵白蛋白也全部转变为 S-卵白蛋白，且变性温度升高至 85.5℃。变性温度的升高和热稳定性的增强，是 S-卵白蛋白与 N-卵白蛋白之间最显著的性质差异。

3. 卵白蛋白的纯化

卵白蛋白在食品、生化和医药领域已经得到了广泛应用，作为食品营养组成成分、模式蛋白材料及生化试剂等，因此，从蛋清中高效、简便地纯化和制备卵白蛋白，对其应用显得尤为重要。

卵白蛋白最早的提取方法是使用硫酸铵或者硫酸钠盐析法，该方法简单且适用大量级的分离，但易造成卵白蛋白不可逆的构象变化，使其生物活性发生改变，且获得的卵白蛋白含有较高的盐，通常需经过四五次脱盐处理才能得到可用的卵白蛋白纯品。依据蛋白质等电点和分子量的差异，可以采用等电聚焦电泳和二维凝胶电泳来分离鉴定蛋清中的蛋白质，以区别卵白蛋白的不同亚型，然而此方法不适用于卵白蛋白的规模制备。超滤法被视为提取蛋清蛋白质的有效方法，Datta 等使用 PES 膜两步超滤纯化卵白蛋白，卵白蛋白的纯度可以达到 98.7%。然而超滤过程需要精确地控制压力、搅拌速率、溶液 pH 等参数，容易受到操作和环境因素的影响。采用离子交换色谱法纯化卵白蛋白，具有较高的选择性，产物纯度高且不会使蛋白质变性，是目前实验和生产应用较多的方法。常用的阳离子交换剂有 CM-纤维素，阴离子交换剂有 DE92-纤维素和 Q-SepharoseFF 等。但离子交换色谱法的处理量受到色谱柱体积的限制，大型的色谱柱及其填料造价昂贵，使得制备卵白蛋白纯品的成本高昂，难以满足工业化应用的需求。因此，仍需对卵白蛋白的纯化制备技术进行进一步的研究和开发，以建立一种快速、高效的大规模制备技术。

4. 卵白蛋白的功能特性

卵白蛋白具有良好的起泡性、凝胶性等功能特性，是食品工业的重要原辅料，针对卵白蛋白功能特性提升和优化的研究也是研究热点之一。徐明生团队采用酶水解的方法从鸡蛋卵白蛋白中获得了具有高抗氧化活性的卵白蛋白抗氧化肽。迟玉杰团队采用 Box-Behnken 模型，对卵白蛋白化学糖基化反应过程进行优化，测定并分析了糖基化卵白蛋白在各种条件下的乳化性质，结果表明糖基化是提高卵白蛋白乳化性质的有效途径。涂宗财等研究表明，经动态超高压微射流均质处理后，卵白蛋白的溶解性随着压力的增加而明显提高，持水性明显提高，凝胶强度也有所提高。这些研究进一步扩展了卵白蛋白的应用范围。

8.2.2　卵转铁蛋白

1. 卵转铁蛋白的结构

禽蛋清卵转铁蛋白（ovotransferrin）包含 686 个氨基酸残基，分子质量为 78～80kDa，等电点为 6.0，是由一条单链多肽组成的糖蛋白，约占蛋清总蛋白质的 12%，是蛋清中含量第二高的蛋白质。单链多肽折叠形成两个球形叶瓣状结构：N 瓣和 C 瓣。每个瓣内部含有 6 对二硫键，其内部肽链通过折叠和二硫键的作用，构成两个相似的结构域：域 1 和域 2（N 瓣称为域 N1 和域 N2；C 瓣称为域 C1 和域 C2）。每个结构域内部由 α-螺旋和 β-折叠交替连接而成，两个结构域之间由两个反平行肽链相连，通过铰链，可以实现结构域的打开和关闭（图 8-9）。卵转铁蛋白 Asn^{473} 发生 N-糖基化，其上连接一个典型的包含五糖核心的 N-糖链，糖链部分约占卵转铁蛋白分子量的 2.6%。

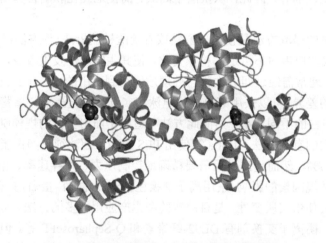

图 8-9　卵转铁蛋白分子结构模型（PDB 数据库）

2. 卵转铁蛋白的铁结合能力

转铁蛋白是一类具有 Fe^{3+} 结合能力的蛋白质家族，主要包括血清转铁蛋白、卵转铁蛋白、乳铁蛋白等。转铁蛋白可在中性或偏碱性的条件下结合 Fe^{3+}、在酸性的条件下释放 Fe^{3+}。作为转铁蛋白家族的一员，鸡蛋清卵转铁蛋白也具有 Fe^{3+} 结合位点，每个卵转铁蛋白可以结合 2 分子的 Fe^{3+}。卵转铁蛋白的 Fe^{3+} 结合位点位于两个域之间的裂隙中，即 N1 和 N2 之间、C1 和 C2 之间。1953 年 Warner 和 Weber 研究了卵转铁蛋白与金属离子结合的稳定性，并计算得出结合常数，结果显示，在 pH 8～9 时卵转铁蛋白与金属结合最稳定。N 端瓣卵转铁蛋白结合 Fe 的 X 射线晶体结构表明，卵转铁蛋白结合、释放金属离子与金属位点附近的"诱发器"有关，其 N 端瓣的 Lys209-Lys301 通过氢键与两个 Tyr 相连，对金属键的结合与释放起诱发作用。在蛋白质闭合状态下，Lys209 与 Lys301 以氢键相连，当 pH 低于 Lys 的 pKa（≈10）值时，Lys 被质子化，氢键断裂，蛋白质发生由关闭到开放的构象变化，此时 Fe^{3+} 释放出来。卵转铁蛋白在每个 Fe^{3+} 结合位点附近，参与 Fe^{3+} 配位的氨基酸残基有四个，包括两个酪氨酸残基（Tyr）、一个组氨酸残基（His）和一个天冬氨酸残基（Asp），以及可提供双齿配体的伴阴离子，六个基团参与配位形成六配位的八面体结构。

3. 卵转铁蛋白的纯化

目前卵转铁蛋白的分离纯化技术多为液相层析法。采用阳离子交换树脂对除去卵黏蛋白的蛋清进行分离，得到卵转铁蛋白，通过鉴定纯度为 89%。向蛋清中的无铁卵转铁蛋白添加 $FeCl_3$ 转变为饱和铁卵转铁蛋白，使它变得更稳定，然后通过乙醇除去其他蛋清蛋白质，再通过阴离子交换树脂将 Fe^{3+} 除去，最终电泳结果显示纯度为 80%。采用阴离子交换层析对蛋清进行初步分离，再通过阳离子交换层析得到卵转铁蛋白，HPLC 测定其纯度为 80%，但通过这种方法得到的卵转铁蛋白得率较低，只有 21%。最近的研究中，首先通过添加 100mmol/L 的 NaCl 除去卵黏蛋白，然后依次通过阳离子交换层析和阴离子交换层析得到纯度 80% 的卵转铁蛋白，但得率也较低。

袁小军等以配有聚砜树脂衍生物膜的超滤装置为载体，应用两步超滤法对鸡蛋清进行处理，富集卵转铁蛋白，得到的组分中卵转铁蛋白的相对含量为 29.6%，与初始蛋清相比，含量富集了 3 倍左右。其他分离纯化卵转铁蛋白的方法得率相对较低，但在纯度方面具有优势。通过两步 Q-Sepharose Fast Flow 离子交换色谱对卵转铁蛋白进行纯化，经两步层析纯化后，纯度达到 97.5%。通过 DEAE-Sepharose Fast Flow 阴离子交换层析，可分离出高纯度、高得率的卵转铁蛋白，纯度达 97%，得率为 87.47%。

4. 卵转铁蛋白的抗菌活性

卵转铁蛋白是转铁蛋白家族的一员，其螯合 Fe 的能力会剥夺微生物生长所需的 Fe，所以有抗菌效果，并且具有较广的抗菌谱，其抗菌能力因细菌种类的不同而有所差异。$NaHCO_3$ 和 Zn^{2+} 对卵转铁蛋白的抑菌效果（大肠杆菌和李斯特菌）具有影响，Zn^{2+} 饱和的卵转铁蛋白具有更高的抗菌性能。此外，Zn 和卵转铁蛋白结合的复合物和细胞表面的相互作用也是促进杀死细菌的有利条件。研究发现卵转铁蛋白可以通过阻止肌动蛋白聚合来抑制和灭活鹦鹉热衣原体，使它不能侵染 HD11 鸡巨噬细胞。卵转铁蛋白还可以作为一种包装材料添加剂起到延长食品货架期的作用。将卵转铁蛋白添加到 EDTA 和卡拉胶中做成的保鲜膜，在鸡胸脯肉的保鲜过程中可以增强对大肠杆菌、金黄色葡萄球菌和鼠伤寒沙门氏菌的活性抑制力。

卵转铁蛋白对属于念珠菌属的真菌有很好的抗性，通过测试超过 100 株的菌，发现只有克鲁斯念珠菌（*C. krusei*）对卵转铁蛋白有抗性。添加碳酸氢盐不会增强卵转铁蛋白对念珠菌属真菌的抗性。通过比较饱和铁和无铁卵转铁蛋白的抗真菌差异，发现卵转铁蛋白的抗真菌活性与 Fe 的结合无关。乳铁蛋白与细胞表面或病毒粒子相互作用，可以起到广泛的抗病毒效果。使用同样的细胞系统让鸡胚成纤维细胞感染马克氏病毒证明卵转铁蛋白同样存在抗病毒活性。对马克氏病毒的抗性具有免疫遗传特性，对其后代对马克氏病毒的防御也有积极作用。

8.2.3　卵类黏蛋白

1. 卵类黏蛋白的结构

在利用热处理法分离蛋清蛋白质时发现，热处理蛋清样品除去热凝固蛋白质后，还剩余一种热稳定性蛋白质，随后的研究中发现，此成分为一种糖蛋白，并将其命名为"ovomucoid"，即卵类黏蛋白。卵类黏蛋白约占蛋清总蛋白质的 11%，分子质量为 28kDa，等电点为 4.1，每个分子包含 186 个氨基酸残基。作为一种糖基化修饰程度较高的蛋白质，卵类黏蛋白的糖链部分占总分子量的 20%～25%。每个分子由三个相互独立的同源结构域（I、II和III）串联而成，并通过二硫键相互连接，高级结构表现为一个球蛋白分子。圆二色谱测定结果显示，蛋清卵类黏蛋白的二级结构有序度较高，α-螺旋为 26%、β-折叠为46%、β-转角为 10%、无规卷曲为 18%。

2. 卵类黏蛋白的理化特性

卵类黏蛋白在中性及偏酸性溶液中，对热、高浓度脲、有机溶剂等均有较高的耐受性，但在强酸或碱性条件下，易发生结构变性。卵类黏蛋白糖基化修饰程度高，糖链类型丰富，因此有较强的亲水性，在 50%的丙酮或 5%的三氯乙酸盐水溶液中，仍有较好的溶解度。卵类黏蛋白对蛋白酶具有抑制作用，属于 Kazal 型丝氨酸蛋白酶抑制剂，可以抑制猪或牛胰蛋白酶，但不能抑制人胰蛋白酶。卵类黏蛋白是"single-headed"抑制剂，即一次只能结合一分子的蛋白酶，其发挥抑制作用时，与蛋白酶的摩尔比为 1：1。

3. 卵类黏蛋白的纯化方法

早期的卵类黏蛋白分离方法为 TCA-丙酮沉淀法，其得率为 40%~50%，纯度为 80%，该方法也被后人作为卵类黏蛋白的粗分离方法而广泛采用。在此基础上，通过盐沉淀和离子交换层析相结合的方法，可制得纯度较高的卵类黏蛋白，即先通过 90%硫酸铵盐沉淀法得到卵类黏蛋白粗品，然后利用 Sulphoethyl-Sephadex 层析柱，通过线性盐梯度洗脱，得到卵类黏蛋白纯品。其他纯化制备方法也主要基于液相层析法，如串联使用生物凝胶P10 层析柱（Bio-GelP10）和羟甲基-琼脂糖凝胶（CM-Sepharose）色谱柱，可以得到纯度非常高的卵类黏蛋白。

4. 卵类黏蛋白的致敏性

大量的研究，如放射性过敏原吸收实验、斑点免疫印记以及皮肤点刺实验等，已经证实卵类黏蛋白是鸡蛋中的主要致敏性成分（图 8-10）。由于卵类黏蛋白具有相对稳定的结构，且具有蛋白酶抑制特性，使得对其致敏性的抑制和消除增加了难度。研究表明，卵类黏蛋白的致敏性除与其线性表位（即特定氨基酸序列）有关外，还与其分子内二硫键、高级结构以及糖链的组成等相关，即存在构象表位。在卵类黏蛋白的三个结构域中，第III结构域与 IgE/IgG 的结合能力最强。

糖链部分在卵类黏蛋白致敏中扮演着重要角色，但其具体作用和机制尚不明确。一方面，有研究显示，糖链部分对卵类黏蛋白与过敏患者血清 IgE 的结合能力无显著影响，但随后的研究表明，去糖基化卵类黏蛋白的 IgG 结合能力有所下降。另一方面，利用重组卵类黏蛋白的研究结果表明，其糖链部分可能具有一定的掩蔽作用，从而减弱其与 IgE 的结合能力，表明糖链部分对致敏性具有一定的抑制作用。

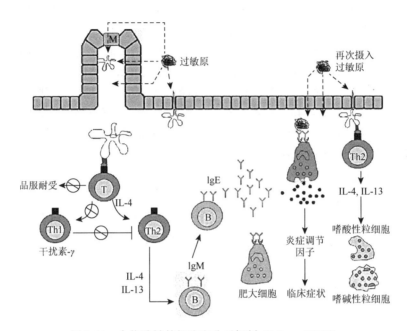

图 8-10　食物致敏的细胞和分子机制（Mine，2008）

8.2.4　溶菌酶

1. 溶菌酶的结构

禽蛋清溶菌酶（lysozyme）占蛋清总蛋白的 3.5%左右，由 129 个氨基酸残基组成，呈单一肽链的碱性球蛋白，分子中有 4 对二硫键，分子质量约为 14.4kDa（图 8-11）。X 射线晶体结构分析显示，鸡蛋清溶菌酶的三维分子大小为 4.5nm×3.0nm×3.0nm，形状近椭圆形。在溶菌酶的二级结构中，α-螺旋占 25%，整体结构有序度较高。此外，溶菌酶分子内部几乎都为非极性基团，因而具有较强的疏水相互作用，这对溶菌酶的折叠构象起到重要作用。溶菌酶分子表面有一个可容纳 6 个单糖的裂隙，为溶菌酶的活性部位，活性中心为 Asp^{52} 和 Glu^{35}，其能与多糖底物相结合。

2. 溶菌酶的特性

溶菌酶是一种糖苷水解酶，作用于微生物细胞壁，可水解肽聚糖结构中的 N-乙酰胞壁酸和 N-乙酰葡萄糖胺之间的 β-1, 4 糖苷键。因此，溶菌酶对大多数革兰氏阳性菌具有杀灭作用。溶菌酶可以在选择性地分解微生物细胞壁的同时，不破坏其他细胞组织，且本身无毒无害，因此是一种天然、安全、高选择性的杀菌剂和防腐剂，可广泛应用于食品防腐、医药制剂、日用化工等行业。此外，溶菌酶还可作为生物工程研究中的工具酶，用来溶解微生物细胞壁，从而提取微生物细胞内的目标代谢产物。目前，多数商品溶菌酶是从蛋清中提取纯化的。

溶菌酶的热稳定性较强，对热处理具有较强的抗性。蛋清中的溶菌酶为 C 型，是已知的最耐热的一类溶菌酶。温度在 20～60℃时，溶菌酶活力随温度的上升而缓慢上升，且相对酶活力均保持在 80%以上；温度接近 60℃时，酶活力达到最强，若继续升温，则会导致溶菌酶结构一定程度的破坏，酶活力急剧下降。溶菌酶也可抵抗一定的有机溶剂处理，当有机溶剂除去后，其活力可以得到恢复。溶菌酶发挥溶壁活性的最适 pH 为 5.3～6.4，因此，可应用于低酸性食品的防腐。但是，溶菌酶对碱的耐受力较差。此外，金属离子对溶菌酶的活力也一定影响。其中 Cu^{2+}、Zn^{2+}对溶菌酶活性具有较强的抑制作用，Fe^{2+}对其活性抑制作用相对较弱，而 Na^{+}、Ca^{2+}、Mn^{2+}对溶菌酶活性具有一定的促进作用。其他金属离子如 K^{+}、Mn^{2+}、Ba^{2+}对溶菌酶活性无明显影响。

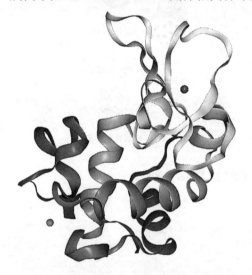

图 8-11　溶菌酶分子结构模型（PDB 数据库）

3. 溶菌酶的制备

溶菌酶作为一种天然蛋白质，对人体无毒害作用，具有抑菌、消炎、抗病毒等功能，在工业中需要大量的溶菌酶。工业上生产溶菌酶常用的原料为鸡蛋清，主要方法有：直接结晶法、离子交换法、亲和色谱法和超滤法等。随着各种新的生物分离技术的出现，用于溶菌酶分离纯化的方法也越来越多，特别是现在采用的亲和液相色谱、亲和膜分离、反胶团萃取、双水相萃取等方法。

离子交换法是目前从蛋清中制备溶菌酶最常用的方法。溶菌酶是一种碱性蛋白质，其等电点为 11.2，远高于其他蛋清蛋白质的等电点。在水溶液中，溶菌酶带正电荷，而其他蛋清蛋白质带负电荷，因此，可选用阳离子交换树脂/填料，将溶菌酶从蛋清中分离出来。用于溶菌酶分离制备的离子交换树脂类型较为丰富，主要有 732 型、724 型阳离子交换树脂，Duolite C-464 树脂，以及以磷酸纤维素（PC）、羧甲基纤维素（CMC）和羧甲基琼脂糖（CMS）等为基质材料的阳离子交换树脂/填料。

近年来，一些新型的分离技术应用于溶菌酶的提取和制备，如亲和色谱法和分子印迹技术等。亲和色谱法是利用溶菌酶与其特异性配体专一识别的特性，对其进行分离的一种方法。通过化学合成，制备能够与溶菌酶特异性结合的活性蓝染料（cibacron blue F3GA），并将其固载在磁性树脂基质上，构建亲和色谱材料，可用于蛋清溶菌酶的分离纯化，得到的溶菌酶纯度为 87.4%，溶壁活力为 41 586U/mg，提取效果显著。分子印迹技术以待分离的目标分子（溶菌酶）为模板，合成具有特定空间结构空穴的聚合物，从而对目标分子具有专一性结合作用。以溶菌酶为模板分子、以聚丙烯酰胺凝胶为基质制备的复合分子印迹对溶菌酶分子有较高的选择性和吸附容量，可用于溶菌酶的富集和初步分离。

8.2.5　卵黏蛋白

1. 卵黏蛋白含量与分布

卵黏蛋白（ovomucin）是一种硫酸酯化的巨大分子糖蛋白，主要存在于蛋清中，占蛋清蛋白总量的 3.0%左右，以可溶性和不溶性两种形态存在。其中，不溶性卵黏蛋白只存在于浓厚蛋白中，而可溶性卵黏蛋白同时存在于浓厚蛋白和稀薄蛋白中。卵黏蛋白的含量在新鲜鸡蛋各层之间存在明显差异。卵黏蛋白的含量受原料来源与组成的影响很大，不同的研究者用不同方法制备的卵黏蛋白产量也存在较大差异，这可能与卵黏蛋白在蛋清中的分布、存在状态以及构型的稳定性有关。卵黏蛋白对维持蛋清溶液黏度具有重要作用，有研究显示，不溶性卵黏蛋白和溶菌酶之间的相互作用，是形成浓厚蛋白凝胶结构的基础。

2. 卵黏蛋白的结构

与哺乳动物体内的黏蛋白相似，卵黏蛋白被认为具有高度聚合的大分子结构，其分子中的二硫键参与分子的聚合过程。作为一种高度聚集的长线性分子，卵黏蛋白二级结构中主要为无规则卷曲，因此在水溶液中易形成一个随机的"线团"结构。使用巯基乙醇、尿素作为变性剂对卵黏蛋白进行处理，得到了还原型的卵黏蛋白，采用离心法依组分的密度不同分为两种亚基：α-卵黏蛋白和 β-卵黏蛋白。进一步针对卵黏蛋白分子结构的研究显示，α-卵黏蛋白的糖基化修饰程度较低，糖链部分仅占总分子量的 11%～15%，而 β-卵黏蛋白的糖基化程度较高，糖链部分占其总分子量的 50%以上。不同形式的卵黏蛋白的分子量存在显著差异，详见表 8-5。在具体组成方面，β-卵黏蛋白中疏水性氨基酸含量较高，如苏氨酸、丝氨酸等占比较高；而 α-卵黏蛋白中酸性氨基酸，如谷氨酸、天门冬氨酸等的含量较高。卵黏蛋白分子上的 N-糖链主要是以 6～10 个单糖单元组成的低聚糖形式，而 O-糖链多为复杂的聚糖形式。

表 8-5　不同形式的卵黏蛋白的分子质量（单媛媛，2013）

卵黏蛋白形式	分子质量/kDa
不溶性卵黏蛋白	23000
可溶性卵黏蛋白	8000～8300
超声处理后的卵黏蛋白	1100
α-卵黏蛋白	200～220
β-卵黏蛋白	523～743

3 卵黏蛋白的分离纯化

由于卵黏蛋白的高度不溶性，其纯化方法发展比较缓慢，目前用于卵黏蛋白分离纯化的方法主要有等电点沉降法、梯度离心法、液相层析法等。卵黏蛋白的预分离和富集通常是应用等电点沉降法进行，是目前制备卵黏蛋白过程中较多采用的前处理方法。等电点沉降法分离卵黏蛋白通常包括三个步骤：沉降—收集—洗脱：鸡蛋清加水稀释后，通过调节溶液 pH，使其接近卵黏蛋白等电点，卵黏蛋白发生沉降，离心收集沉淀；获得的凝胶状沉淀用缓冲液反复冲洗，除去共沉淀的其他蛋清蛋白质，从而得到卵黏蛋白粗品。在等电点沉降法中，通过优化沉淀和洗脱的相关溶液体系和环境参数，可以提高最终样品中卵黏蛋白的纯度。目前，通过优化的等电点沉降法制备的卵黏蛋白纯度可达 90%以上，可满足多种应用的需求。

针对一些对纯度要求更高的应用，常通过凝胶过滤层析法对等电点沉淀法得到的卵黏蛋白进一步纯化。该方法基于卵黏蛋白分子质量巨大、与其他蛋清蛋白质存在较大差异这一特点，将卵黏蛋白与其他蛋白质分离开来。经过凝胶过滤层析纯化的卵黏蛋白纯度一般可达 95%以上。

4. 卵黏蛋白的潜在应用

蛋清作为良好的乳化剂和起泡剂在饼干、面包、饮料、冰激凌等食品中得到了广泛应用，卵黏蛋白的热凝固性、乳化性和维持泡沫的稳定性对于蛋清发挥功能性质起着至关重要的作用。与化学合成添加剂相比，卵黏蛋白作为天然乳化剂和泡沫稳定剂具有较高的安全性，了解其化学特性和功能机制可以为进一步合理科学利用蛋清资源拓宽思路。

此外，卵黏蛋白具有很多的生理功能，尤其是具有良好的抗菌、抗病毒活性。研究显示，卵黏蛋白对多种细菌具有较强的黏附作用，使细菌失去活动能力和繁殖能力，因此具有抑菌作用。卵黏蛋白在研制抗病毒疫苗方面表现出了良好的研究前景，有望作为一种天然抗病毒组分，用于防治病毒感染性疾病。我国作为世界禽蛋产量最高的国家，卵黏蛋白的原料（蛋清）丰富，有生产利用卵黏蛋白的产业基础。因此，对蛋清中卵黏蛋白的研究开发具有重要意义和广阔前景。

8.2.6　卵巨球蛋白

1. 卵巨球蛋白结构

巨球蛋白家族在先天性免疫等方面具有重要作用，其在脊椎动物中广泛分布。禽蛋也含有巨球蛋白，被称之为卵巨球蛋白（ovomacroglobulin），基于其家族蛋白的功能特性，推测其可能参与禽蛋孵化过程中的免疫防护。蛋清中卵巨球蛋白的含量为 0.5mg/mL，约占蛋清总蛋白的 0.5%。卵巨球蛋白分子质量巨大，约为 780kDa。完整的卵巨球蛋白是由相同亚基组成的四聚体，其中 2 个亚基通过二硫键连接形成二聚体，2 个二聚体再通过非共价键组装在一起。

卵巨球蛋白 cDNA 编码 36 个氨基酸残基的信号肽和由 1437 个氨基酸残基组成的肽链。每个亚基含有 13 个潜在的 N-糖基化位点,包含糖链在内的亚基分子质量约为 185kDa。经软件预测分析,卵巨球蛋白亚基含有 12 对肽链内部二硫键,二聚体通过 2 个亚基间的二硫键连接。分子内含有 40 个氨基酸残基的"诱饵"区。

2. 卵巨球蛋白的蛋白酶抑制特性

早期研究显示,卵巨球蛋白对胰蛋白酶、木瓜蛋白酶和嗜热菌蛋白酶均具有抑制能力。后续的研究表明,卵巨球蛋白对蛋白酶的抑制表现为光谱性。卵巨球蛋白可以抑制齿龈拟杆菌培养液、外周血白细胞和牙周炎患者的龈沟液中胶原酶的活性,抑制率分别达到 81.4%、62.4% 和 71.0%。一种可以引起炎症的蛋白酶——髓质素(骨髓中的一种丝氨酸蛋白酶),能够被卵巨球蛋白抑制。此外,风湿性滑液胶原酶和间质溶素也可以被卵巨球蛋白抑制。这些结果表明,卵巨球蛋白在治疗牙周炎和风湿性关节炎等方面具有潜在的应用价值。

当卵巨球蛋白对蛋白酶的抑制能力达到最大时,两者的摩尔比为 0.7~1.0,对蛋白酶的总体抑制率为 50%~80%,表现为不完全抑制。研究显示,卵巨球蛋白通过与蛋白酶结合形成复合体实现对蛋白酶的抑制,在此过程中,卵巨球蛋白四个亚基中的一个亚基被裂解为两个片段。此外,卵巨球蛋白与蛋白酶形成复合物后,不再具有抑制其他蛋白酶的能力。基于上述研究结果,提出了卵巨球蛋白抑制蛋白酶的"诱捕"假说:蛋白酶切割卵巨球蛋白分子上的一个特殊位点,导致一个亚基片段断裂,从而引起自身构象变化,分子收缩,形成一个"笼"形结构,将蛋白酶分子包裹在内,从而阻断了酶与底物的接触。

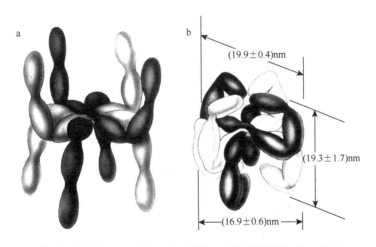

图 8-12　卵巨球蛋白分子模型(a)及其与蛋白酶结合后的结构变化(b)(Ruben et al., 1988)

扫描电子显微镜得到的卵巨球蛋白分子的图像及据此建立的四级结构模型,也同"诱捕"假说相符合。天然的卵巨球蛋白分子具有 4 个近似圆柱形的亚基,2 个亚基在接近中间的区域相互连接,形成了具有 4 个臂的二聚体,2 个二聚体相互结合形成四聚体,整个分子呈近似"H"形。卵巨球蛋白分子在二维显微图上的平均尺寸为 26.0nm×34.0nm(图 8-12a)。当与嗜热菌蛋白酶结合后,8 个臂向分子中心卷曲,其中 4 个向上,4 个向下，整个复合物的结构更加紧密，平均尺寸缩小为 16.9nm×19.9nm（图 8-12b）。

3. 卵巨球蛋白的分离纯化方法

卵巨球蛋白在蛋清中含量很低，且蛋清中蛋白质种类多，因此对卵巨球蛋白的分离纯化显得较为困难。另外，不恰当的制备方法将导致卵巨球蛋白失去活性。通过多步层析法可制备卵巨球蛋白：将新鲜蛋清稀释后，先经 Sephadex G-200 分离，将收集的第一个洗脱峰溶液进一步使用 Sepharose CL-4B 凝胶柱分离，经透析更换缓冲液后，再通过 DEAE-cellulose 柱纯化，得到卵巨球蛋白。该方法步骤复杂，得率较低。利用聚乙二醇对蛋清进行预处理，可将卵巨球蛋白与大部分的其他蛋清蛋白质分离，再通过凝胶过滤层析和离子交换层析，也可制得卵巨球蛋白，但得率仍较低，仅为 17%。在此基础上，通过对聚乙二醇分级沉淀和层析参数的优化，可实现卵巨球蛋白的一步层析制备，简化了制备的工艺流程，并缩短了纯化周期。

4. 卵巨球蛋白的生物活性

卵巨球蛋白具有缓解和治疗角膜炎的作用。绿脓假单胞菌和黏质沙雷氏菌是引起角膜炎的主要微生物，这两种微生物产生的蛋白酶 PAP、PE 和 56KP 对角膜造成伤害，加重角膜炎的病情，卵巨球蛋白可以抑制这三种蛋白酶的活性，且可以减轻蛋白酶对角膜组织的损伤，消除浮肿。此外，卵巨球蛋白可以促进大鼠牙龈成纤维细胞的生长、胶原蛋白的沉积和毛细血管的再生。用含有 0.1%卵巨球蛋白的软膏涂抹大鼠牙龈伤口，3d 后实验组大鼠牙龈伤口毛细血管形成加速，7d 后实验组伤口胶原蛋白沉积数量显著增多，实验组能够更快地形成新生组织的上皮细胞。近期的研究显示，卵巨球蛋白的表达量在鸡卵巢上皮癌晚期组织中显著上调，进一步研究发现，卵巨球蛋白 mRNA 在卵巢上皮癌中大量的表达，而正常卵巢中卵巨球蛋白不表达，或表达量很少。因此卵巨球蛋白可以作为母鸡卵巢癌的生物标志物。

8.2.7　卵黄免疫球蛋白

1. 卵黄免疫球蛋白的分子结构

卵黄免疫球蛋白（immunoglobulin of yolk，IgY），是禽类蛋黄中一种重要的蛋白质，主要存在于卵黄浆质中，约占蛋黄总蛋白质的 10%，分子质量为 170～180kDa。研究发现，IgY 的分子结构与人血清 IgG 相似，均为四个亚基组成，分为两条重链（H）和两条轻链（L）。IgG 分子质量为 150～160kDa，其中重链为 55～60kDa，轻链约 25kDa；而 IgY 重链分子质量略大，为 65～70kDa，轻链约为 25kDa。IgG 的重链由一个可变区（VH）和 3 个恒定区（CH1、CH2、CH3）组成，IgY 的重链由一个可变区（VH）和 4 个恒定区（Cv1、Cv2、Cv3、Cv4）组成。IgY 和 IgG 都是由两个抗原结合片段（Fab）和一个可结晶片段（Fc）组成，联结 Fab 与 Fc 的铰链区由二硫键形成。IgG 和 IgY 的结构对比见图 8-13。

禽蛋 IgY 是一种糖蛋白，其轻链可变区含有 1 个 N-糖基化位点，重链含有 3 个 N-糖基化位点。研究显示，IgY 分子上连接的糖链一般由甘露糖、半乳糖、N-乙酰氨基葡萄糖、N-乙酰氨基半乳糖、唾液酸等构成，此外还存在少量的岩藻糖。IgY 的糖基化具有不均一性，其糖基化位点、糖链数目、糖链结构具有一定的随机性。IgY 的糖基化修饰在维持其空间构象、免疫反应等方面均具有重要作用。

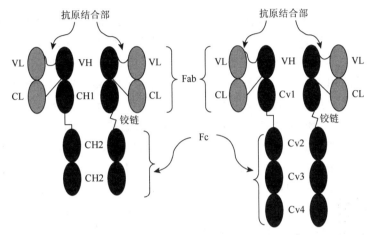

图 8-13　哺乳动物血清 IgG（左）与禽蛋 IgY（右）结构对比（贺真蛟，2016）

2. 卵黄免疫球蛋白的分离纯化

IgY 分布于蛋黄浆质部分，且为水溶性蛋白，因此 IgY 的分离首先是去除卵黄颗粒和浆质中的脂类物质，获得富含 IgY 的蛋黄水溶性组分。目前关于去除蛋黄脂质的方法包括水稀释法、聚乙二醇沉淀法、氯仿等有机溶剂抽提沉淀法等。

蛋白质分离过程中最常用的无机物有$(NH_4)_2SO_4$、NaCl 等。盐析过程受到多种因素的影响，如温度、盐的种类、盐浓度、蛋白质浓度等。因为$(NH_4)_2SO_4$在水中的溶解度很大，有利于达到高离子强度，且受温度影响小，一般不会引起蛋白质变性，所以常用于蛋白质的盐析分离。在 IgY 的分离中，常用的为两步硫酸铵法和饱和硫酸铵沉淀法，饱和硫酸铵沉淀法较为简单，而两步硫酸铵沉淀法的分离效果较好，IgY 的得率与相对纯度较高。

有机溶剂沉淀法在蛋白质分离中也得到广泛应用，最常见的试剂为氯仿、乙醇、丙酮等。冰乙醇分级沉淀法是分离 IgY 的主要方法之一，此方法首先将蛋黄液经过水稀释后离心，向收集得到的上清液中加入浓度为 60%的冰乙醇，离心得到的沉淀通过 NaCl 盐析，沉淀复溶后再用冷乙醇沉淀一次，即得纯度较高的 IgY。虽然乙醇相对安全，但此法能耗大、成本较高、IgY 活性保持率相对较低。

另一种常用的分离方法为多聚物沉淀法，其中，常用的多聚物为聚合度为 4000～8000 的聚乙二醇。聚乙二醇安全无毒，操作过程相对温和，不易引起蛋白质变性，且提取得到的 IgY 纯度较高，因此近年来得到了较为广泛的应用。通过对聚乙二醇浓度和分离参数的优化，在获得较理想的富集效果的同时，IgY 的得率可达 90%以上，分离效果较为理想。

使用上述方法获得的 IgY 样品纯度一般不是非常理想，进一步的纯化常通过液相层析法进行。目前纯化 IgY 的液相层析方法有离子交换层析法、疏水作用层析法和亲和层析法。通过阴离子交换层析法，对聚乙二醇沉淀法获得的 IgY 初品进行纯化，成品纯度可达 95%以上，可以满足结构分析等一些实验的要求。

3. 卵黄免疫球蛋白的应用

通过特定抗原的刺激，可以使母鸡产生特异性的 IgY，可用于增强动物免疫力、抵抗相关疾病。目前，鸡 IgY 在大肠杆菌性疾病、小牛致死性伤寒、沙门氏菌感染、轮状病毒性腹泻、家禽病毒病、大肠杆菌以及沙门氏菌引起的各种畜禽疫病的免疫防治方面，已经得到了广泛应用。利用病原菌的菌毛作为抗原，刺激蛋鸡产生特异性的 IgY，将其提取并施用于仔猪，对仔猪腹泻发生率、病症程度和死亡率均具有显著的抑制作用，并且有利于仔猪的发育和体重增加。以灭活或减毒的犬瘟热病毒和犬腺病毒刺激母鸡，产生并分离制备出分别对上述两种病毒具有特异抗性的 IgY，对治疗病犬由于犬瘟热病毒和犬腺病毒引起的症状效果显著。此外，一些特异性 IgY 可起到调节动物饮食的作用。胆囊收缩素是一种具有生理饱觉作用的多肽类激素，可以迅速抑制禽类以及哺乳动物的食欲，减少动物的食量。通过制备对胆囊收缩素具有特异性结合能力的 IgY，可以抑制胆囊收缩素的作用，从而提高饲养动物的食欲和饲料转化效率，达到缩短出栏周期、提高饲养效率的作用。

近年来，一些针对人体相关感染性基本的特异性 IgY 也得到研究和应用。特异性 IgY 作为食品强化剂和功能性食品因子，可以预防以及治疗相应的致病菌感染。由此产生了一类功能食品：抗体食品，旨在提高人体免疫力。研究表明，抗体食品对病原体感染起到一定的预防作用，或者帮助人体恢复和增强免疫力，对风湿性病症也起到预防和抑制作用。此外，抗体食品在防止衰老、促进生长发育等方面也具有一定的积极效果。作为 IgY 载体的食品种类较为丰富，如冰激凌、奶酪、酸乳饮料等。

8.2.8 低密度脂蛋白

1. 蛋黄低密度脂蛋白的组成及结构

低密度脂蛋白（low density lipopretein，LDL）是禽蛋蛋黄中的主要组成部分，约占蛋黄干重的 65%，主要存在于卵黄浆质中，在卵黄颗粒中也有少量 LDL 存在。蛋黄 LDL 分子由蛋白质和脂质两部分组成，其中蛋白质部分约占 12%，剩余部分为脂质。在 LDL 的脂质组成中，甘油三酯约占 71%，磷脂占 25%，胆固醇占 4%；在脂肪酸类型中，单不饱和脂肪酸含量最高，为 45%左右，多不饱和脂肪酸为 21%左右。

通过原子力显微镜观测鸡蛋黄中 LDL 的表面形貌，发现溶液体系中 LDL 的状态与分布与其浓度有关。在较低浓度时，LDL 呈分散状态，较易得到单个 LDL 分子的图像，其尺寸一般为 50~80nm；随着 LDL 浓度的增加，成像的尺寸也随之增加，形成大尺寸的 LDL 聚合物。通过对 LDL 结构的进一步研究，基于实验现象总结并模拟出 LDL 分子的结构模型，主要结构特征如下：球形，颗粒大小为 17~60nm，平均密度为 0.98g/mL，内部有一个由甘油三酯和胆固醇组成的、呈流动状态的脂质核心,脂质核心周围有一层磷脂组成的膜,蛋白质部分镶嵌在磷脂膜上;也有部分胆固醇分布于磷脂层表面,但胆固醇与蛋白质部分呈分散状态,两者不发生相互作用。LDL 表层的磷脂膜具有较强的界面特性,维持了 LDL 的结构稳定。LDL 的结构模型见图 8-14。

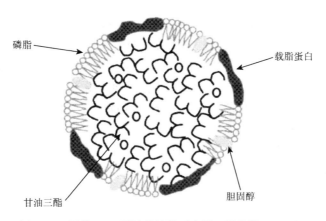

图 8-14　蛋黄 LDL 颗粒的结构示意图（马美湖,2016）

2. 蛋黄 LDL 的分离与纯化

对鸡蛋黄中低密度脂蛋白的分离提取主要包括物理和化学方法,目前较多采用的是物理分离操作。与 IgY 的提取步骤类似,先对蛋黄进行稀释分离,分别获得卵黄浆质和卵黄颗粒;因 LDL 主要存在于卵黄浆质中,因此,进一步对浆质部分进行分离,通过添加饱和度为 40% 的 $(NH_4)_2SO_4$ 溶液混合并搅拌处理,使 IgY 沉淀;然后离心收集上清液,经透析除去 $(NH_4)_2SO_4$ 溶液后再次离心,即可得到富集 LDL 的上清液。目前,这种对蛋黄进行预处理和初步分离的方法已广泛用于试验研究和生产实践中（图 8-15）。

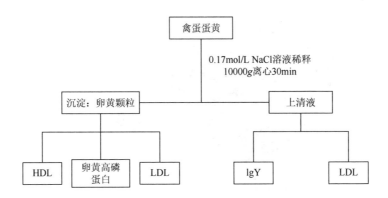

图 8-15　禽蛋卵黄中主要蛋白质的预分离流程（Wang et al.,2018）

利用凝胶过滤色谱法可以进一步提高蛋黄 LDL 的纯度。由于 LDL 颗粒较大,在选择凝胶过滤色谱柱时,应选择分离范围较大的填料,如 UltrogelAcA34、SephadexG-200、

SephacrylS-300HR 等。凝胶用量需根据柱容积和样品量决定，并在使用前对装填质量进行检测。在凝胶过滤层析过程中，由于 LDL 分子量较大，不能进入凝胶填料上的孔隙，而直接从填料颗粒之间通过，因此最早被洗脱出来，从而实现与其他组分的分离。

3. 蛋黄 LDL 的特性

目前，普遍认为蛋黄的乳化特性主要来自 LDL。基于其表明磷脂层的两亲特性，LDL 在乳状液体系中能够在界面处有效地、竞争性地吸附，起到维持和稳定乳化液滴的作用。此外，LDL 在某些油/水界面吸附之后，其颗粒发生破裂，LDL 中的中性脂质核心与油相结合，而磷脂、蛋白部分则在界面上分散，增强界面的稳定性。LDL 吸附、裂解的程度依赖于环境条件的变化。进一步的研究结果表明，LDL 在气/液界面的分散情况与油/水界面有所不同，因为其内部的中性脂质不能溶解于气相或液相，因此也成为组成气/液的一部分。除了乳化特性，LDL 也是蛋黄凝胶和流变特性的主要来源。LDL 溶液在低温储存时，添加 4% 的 NaCl 溶液会促使其形成凝胶，而添加 1%～2% 的 NaCl 溶液会抑制其凝胶的形成，这与咸蛋腌制过程中，蛋黄的凝固和出油相一致。

8.2.9　高密度脂蛋白

1. 高密度脂蛋白的组成与结构

高密度脂蛋白（high-density lipoprotein，HDL）是禽蛋蛋黄中的另一种重要脂蛋白，是由蛋白质和脂质组成的大分子复合物，含量约占蛋黄总干物质的 16%。与 LDL 主要由脂质组成不同，HDL 分子主要由蛋白质构成，占 75%～80%，而脂质部分为 20%～25%，因此，其密度比 LDL 高，约为 1.12g/mL。HDL 的脂质部分以磷脂为主，约占 60%，甘油三酯约为 40%。HDL 中的脂质与蛋白质结合的相互作用力主要为疏水键和静电力。

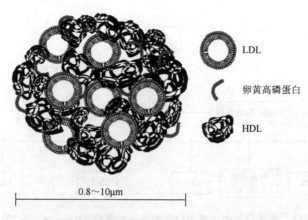

图 8-16　卵黄颗粒的结构示意图（于智慧等，2016）

HDL 通过磷酸钙桥与卵黄高磷蛋白相结合，然后再与少量的 LDL 微胶束组装在一起，形成卵黄颗粒（图 8-16）。HDL 的蛋白质部分为两个相同亚基组成的二聚体，每个亚基的分子质量约为200kDa。HDL的亚基为球状，每个亚基内部有一个体积为68nm³的漏斗形凹槽，这个空腔可以容纳约35个磷脂分子。凹槽的蛋白质表面主要分布着疏水性氨基酸，与磷脂相互作用使磷脂分子在凹槽内聚集，而甘油三酯可以通过磷脂建立的疏水区，进一步吸附在这个疏水凹槽的周围。在凹槽内部也存在大量的离子键和静电相互作用，共同维持HDL分子的结构稳定性。

2. 高密度脂蛋白的生物功能

在生理上，血清HDL的主要功能为运载胆固醇，可将血液循环中的胆固醇运送到肝脏，从而防止游离胆固醇在血管上的沉积，起到血管"清洁工"的作用。基于结构上的相似性，禽蛋蛋黄HDL也具有胆固醇载运功能。近年来，众多的科学研究证明，蛋黄HDL具有较为显著的预防动脉粥样硬化的作用。小鼠实验结果显示，摄入含有蛋黄的饲料，并不会增加小鼠血清脂质水平，而摄入同等剂量的含有胆固醇的饲料，小鼠血脂水平升高，表明蛋黄中含有能够调控胆固醇吸收代谢的物质组分。进一步的研究显示，在蛋黄各组分中，HDL对小鼠血脂水平的调控作用最为显著。

高密度脂蛋白可在胚胎发育过程中为胚胎发育提供必需的脂肪、糖类、蛋白质和其他微量元素，供胚胎生长发育。在胚胎发育的不同时期，脂蛋白的亚基发生降解产生游离的氨基酸，并释放脂质，供胚胎发育利用。除了HDL自身分解为胚胎发育提供必需营养物质外，也可作为调节成分转运微量矿物元素和脂质元素，从而促进胚胎生长。鸡蛋中的HDL都具有结合Zn^{2+}的能力，其分子中螯合Zn^{2+}随着蛋白质的降解而释放，被鸡胚吸收利用，从而有效防止胚胎发育过程中发生畸变。此外，一些研究显示，HDL在胚胎发育过程中，可将卵黄中的特性脂质成分，转运至胚胎发育所需的特定位置，为胚胎中特定器官的发育提供脂质，起到脂质转运载体的作用。

在鸡胚胎发育过程中，要保证在38℃左右的条件下才能正常孵化，而在此温度下，鸡蛋黄中的脂质成分极易发生氧化。因此，禽蛋中的物质需要具有一定的抗氧化能力，以保证胚胎的正常发育。卵黄中HDL通过对脂质的包裹和吸附，使脂质成分避免自由基的攻击，从而提供一定的抗氧化能力。研究显示，鸡蛋黄HDL中的载脂蛋白及脂质类载体均具有抑制亚油酸氧化的能力。此外，作为一种糖蛋白，HDL分子上的糖链，也能在体外或体内发挥一定的抗氧化作用。

8.2.10　卵黄高磷蛋白

1. 卵黄高磷蛋白的结构特点

在早期研究中，从禽蛋蛋黄中发现了一种含P量高达10%的蛋白质组分，该组分后续被正式命名为卵黄高磷蛋白（phosvitin）。卵黄高磷蛋白是已知所有蛋白质中磷酸化程度最高的蛋白质之一，其在禽蛋蛋黄总蛋白中的相对含量为7%～10%。卵黄高磷蛋白包含两个亚基：α-phosvitin（160kDa）和β-phosvitin（190kDa），两者通过二硫键连接而成。高度磷酸化是卵黄高磷蛋白的最主要特征，在其217个氨基酸残基中，丝氨酸含量高达

56%，且绝大部分的丝氨酸发生了磷酸化修饰，因此，其含 P 量占蛋黄总 P 的 80%以上。此外，卵黄高磷蛋白具有 3 个潜在的 N-糖基化位点，其上连接的 N-糖链均具有典型的五糖核心结构，由 11～13 个单糖单元组成。

高度的磷酸化赋予了卵黄高磷蛋白较强的亲水性，仅在 N 端（9 个残基）和 C 端（3 个残基）具有小的疏水区域。卵黄高磷蛋白的等电点为 4.0，因此在中性 pH 溶液中，其分子表面表现为高净负电荷，由于较强的静电排斥作用，其分子呈现为 28nm×1.4nm 的细长结构，主要以无规卷曲构象存在。而在接近其等电点的酸性 pH 条件下，则发生肽链折叠，卵黄高磷蛋白主要以 β 型构象存在，β-折叠结构占 67%。此外，当溶液中存在某些金属离子时（如 Mg^{2+}），卵黄高磷蛋白易形成沉淀，这可能与金属离子与磷酸根基团的互作有关。

2. 卵黄高磷蛋白的提取与纯化

卵黄高磷蛋白的分离纯化通常分为蛋白粗提和层析纯化两个阶段，分离纯化方法的建立主要是依据卵黄高磷蛋白在蛋黄中的分布状态和自身的物理化学性质。蛋黄由浆质和颗粒组成，卵黄高磷蛋白与其他蛋黄组分通过磷酸钙桥形成复合物，是构成蛋黄颗粒的主要成分。因此提取卵黄高磷蛋白的主要步骤为：①通过稀释和离心分离卵黄浆质和颗粒；②利用高盐浓度打开卵黄颗粒中的磷酸钙桥，使卵黄高磷蛋白游离出来；③分离卵黄高磷蛋白，并进行脱盐等后续处理。早期的分离方法，通过 $MgSO_4$ 溶液稀释蛋黄，使卵黄高磷蛋白与 Mg^{2+} 形成复合物，进而将其沉淀下来，然后使用$(NH_4)_2SO_4$ 溶液沉淀，再用乙醚脱脂进行纯化，得到卵黄高磷蛋白。在分离过程中，利用卵黄高磷蛋白高度磷酸化的特性，通过监测 N/P 比来考察分离效果。不同浓度的 $MgSO_4$ 溶液对卵黄高磷蛋白的沉淀效果具有影响，0.2mol/L 的 $MgSO_4$ 溶液对卵黄高磷蛋白具有较好的沉淀效果。

利用有机溶剂对脂蛋白及脂质的萃取作用，将脂质相关组分与卵黄高磷蛋白初步分离，则是另一种策略。如综合运用正丁醇沉淀法和等电点沉淀法，实现卵黄高磷蛋白初步分离，再通过 $MgSO_4$、乙醚、丙酮等处理，得到纯化的卵黄高磷蛋白，Sigma 公司采用该方法制备卵黄高磷蛋白标准品。近年来，一些更加简单的分离方法被研究和应用。鸡蛋蛋黄依次经等质量蒸馏水和 NaCl 溶液稀释离心除去浆质，获得卵黄颗粒；用高浓度 NaCl 溶液溶解后，添加聚乙二醇并调整溶液 pH 至 4.0，离心收集沉淀，即为纯度较高的卵黄高磷蛋白，经脱盐处理后即为成品，纯度可达 95%以上，得率为 47%。

3. 卵黄高磷蛋白的功能特性

卵黄高磷蛋白由于结合有多个磷酸根，因此在溶液中表现出与酸性多肽相同的特性，即易与各种阳离子相结合。现在已被确认的有 Ca^{2+}、Mg^{2+}、Mn^{2+}、Co^{2+}、Sr^{2+}、Fe^{2+}、Fe^{3+} 等，此外还可与细胞色素 C 等蛋白质发生互作。蛋黄中 95%的 Fe 均以与卵黄高磷蛋白结合的状态存在，实际上，卵黄高磷蛋白结合 Fe 的能力远远强于蛋清中的卵转铁蛋白。蛋黄中卵黄高磷蛋白与离子间相互作用形成离子桥，尤其是磷酸根与 Ca^{2+} 形成的钙桥，对卵黄高磷蛋白的空间结构和蛋黄颗粒的微观结构具有较大影响。

卵黄高磷蛋白有较好的乳化性，含有丰富的磷酸根，提供了高密度电荷和较强的静电斥力，因此可抑制乳化液的絮凝和聚结，维持界面稳定。用蛋白酶和磷酸酶处理卵黄高磷蛋白，其乳化活性和乳化稳定性急剧下降，表明卵黄高磷蛋白完整结构是其乳化性的基础。金属离子对卵黄高磷蛋白的乳化性具有一定影响，研究表明，在乳化液形成之前添加 Fe^{2+}，Fe^{2+} 与卵黄高磷蛋白形成复合物，导致其乳化性能大大下降，表明高负电荷对维持卵黄高磷蛋白的界面特性具有重要作用。

此外，卵黄高磷蛋白具有很好的热稳定性，在 pH 为 4～8、100℃下加热数小时，也不发生变性和生成沉淀，结构也没有明显变化。但热处理对卵黄高磷蛋白的功能特性具有一定影响，当热处理温度高于 65℃时，卵黄高磷蛋白的乳化能力开始下降，而高于 70℃时，乳化稳定性也开始下降。此外，卵黄高磷蛋白可以通过与其他蛋白质发生互作，进而影响其他蛋白质的热稳定性，如将其与卵转铁蛋白混合，混合溶液在 pH 为 5～8、80℃下加热，可抑制卵转铁蛋白热凝胶的形成。

4. 卵黄高磷蛋白及其多肽的生物活性

卵黄高磷蛋白具有与 EDTA 相似的杀菌效果。在含有 10^6CFU/mL 大肠杆菌的肉汤培养基中加入 0.1mg/mL 的卵黄高磷蛋白，50℃下加热 20min，大肠杆菌可以被完全杀死。但是在常温下无抗菌/杀菌作用。卵黄高磷蛋白这种抗菌作用与其强烈的金属螯合作用和较高的表面活性密切相关，热处理弱化了细胞膜基质，使处于细胞外膜的金属离子变得不稳定，很容易被卵黄高磷蛋白的磷酸根螯合，扰乱细菌细胞正常的生理代谢，起到抗菌作用。鉴于其热处理环境下的抗菌作用，卵黄高磷蛋白可作为潜在的天然防腐剂应用于食品中。

近年来的研究显示，卵黄高磷蛋白及其酶解多肽有较强的抗氧化能力。生物体内的多种氧化应激反应需要 Fe^{2+} 等参与，而卵黄高磷蛋白可以与金属阳离子强烈结合，从而阻止金属离子诱导的氧化应激。化学计量学分析显示，卵黄高磷蛋白结合 Fe^{2+} 的摩尔比高达 1∶30。在经受一般热处理之后（如巴氏杀菌和普通烹饪加热），卵黄高磷蛋白的抗氧化性能基本不受影响，但在灭菌温度条件下（121℃，10min），其抗氧化活性有所下降。因此，卵黄高磷蛋白可作为天然抗氧化剂应用于食品加工中。

此外，在鸡胚孵化过程中，卵黄高磷蛋白提供了骨骼发育所需的 P。研究显示，在鸡胚胎发育的 9～20d，卵黄高磷蛋白发生降解，分子量逐渐下降，同时伴随着磷酸根含量下降，其二级结构由无规则卷曲向 α-螺旋结构转化。这些结果表明，孵化期间卵黄高磷蛋白发生了去磷酸化，且伴随着去磷酸化其分子发生卷曲形成 α-螺旋结构，有序度升高。此外，卵黄高磷蛋白的去磷酸化过程，与蛋黄中总 P 含量的降低、碱性磷酸酶活力的升高及鸡胚骨骼发育关键时间点等具有高度的相关性。这些结果表明，卵黄高磷蛋白在鸡胚发育过程中通过脱磷酸化提供鸡胚骨骼形成需要的 P。体外细胞实验也表明，卵黄高磷蛋白对成骨细胞的转化具有诱导作用，可以促进成骨细胞矿化结节的形成。

除了提供鸡胚骨骼发育所需的 P 外，卵黄高磷蛋白及其多肽还具有促进磷酸钙矿物晶相转化的作用。在溶液体系中，磷酸氢钙可通过"溶解再结晶"途径转变为羟基磷灰石，而卵黄高磷蛋白可以极大地促进晶相转化，使转化过程由 6h 缩短至 0.5h 以内。在此过程中，卵黄高磷蛋白也参与了新的晶相的形成，成为羟基磷灰石的组成部分之一。进一步的研究显示，与游离 Ca^{2+} 的互作是卵黄高磷蛋白调控磷酸钙晶相转化的关键。对卵黄高磷蛋白进行适度的去磷酸化处理，可以提高其对晶相转变的促进作用，这可能是由于，去磷酸化之后卵黄高磷蛋白的分子结构更加有序，通过其分子构象进一步诱导晶相转化（图 8-17）。卵黄高磷蛋白及其多肽的多种功能特性和生物活性，使其在食品、生物医药等诸多领域具有潜在的应用前景。

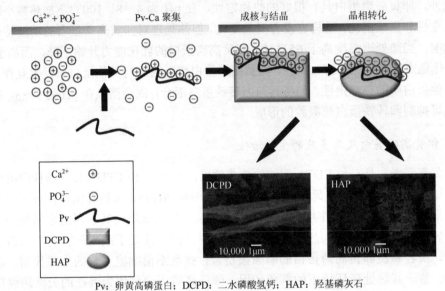

Pv：卵黄高磷蛋白；DCPD：二水磷酸氢钙；HAP：羟基磷灰石

图 8-17　卵黄高磷蛋白调控磷酸钙矿物晶相转化（张晓维，2014）。

8.2.11　蛋壳和蛋膜蛋白质

1. 蛋壳蛋白质

禽蛋蛋壳中主要成分为碳酸钙，占 92% 左右，蛋白质含量为 6.5% 左右。尽管蛋壳中蛋白质含量较低，但蛋白质种类丰富，目前，通过蛋白质组学技术，已经从蛋壳中鉴定到数百种蛋白质。蛋壳蛋白质又被称为"蛋壳基质蛋白"，可以根据含量和性质的不同将其分为 3 类：一般性蛋白质、蛋清蛋白质和蛋壳特异性蛋白质。一般性蛋白质主要包含骨桥蛋白和凝聚素；蛋壳中的蛋清蛋白质主要为卵白蛋白、溶菌酶和卵铁传递蛋白；蛋壳特异性蛋白质为蛋壳中特有的一些蛋白质，目前得到鉴定的主要包括 ovocleidin-17、ovocleidin-116、ovocalyxin-32、ovocalyxin-36、ovocalyxin-21、ovocalyxin-25 等。

骨桥蛋白（OPN）是一种磷酸化的糖蛋白，存在一个丝氨酸磷酸化位点。骨桥蛋白由输卵管峡部的蛋壳腺组织分泌，主要分布于蛋壳的乳头层基部和栅栏层的最外层。研究显示，输卵管中骨桥蛋白的表达和分泌不受 Ca^{2+} 浓度的调节，而是输卵管通过感知蛋壳施加的机械压力进行调节，因此，骨桥蛋白在蛋壳形成期间的表达具有一定的周期性。骨桥蛋白被认为参与了蛋壳矿化的过程，通过调节 $CaCO_3$ 沉积速度，在蛋壳形成后期，起到抑制 $CaCO_3$ 晶体进一步生长的作用。

簇蛋白（clusterin）是一种通过二硫键结合的异二聚体糖蛋白，存在于蛋壳的乳头层和栅栏层，在蛋膜和蛋清中也有少量分布。研究表明，簇蛋白可作为一种细胞外的蛋白质分子伴侣，在应激条件下可防止分泌蛋白的沉淀，起到抑制蛋白质聚集、稳定蛋白质构象的作用。因此，在蛋壳矿化过程中，簇蛋白可防止蛋壳基质成分过早地聚集和沉淀，从而避免了矿化过程的紊乱。

目前对于蛋壳特异性蛋白质的研究较少，但该类蛋白被认为是蛋壳矿化所必需的，在蛋壳矿化过程中起到关键作用。因此，对蛋壳特异性蛋白质的研究，有助于进一步理解蛋壳矿化的分子机制。

2. 蛋膜蛋白质

禽蛋蛋膜是位于蛋壳与蛋清之间的纤维状薄膜组织，为双层结构，由外蛋膜和内蛋膜构成。蛋膜厚度约为 70μm，其中外蛋膜厚度为 50μm 左右，内蛋膜厚度为 15μm 左右。鸡蛋的蛋膜约占鲜蛋的 1.02%、干重的 0.24%。禽蛋蛋膜的主要成分为蛋白质，约占蛋膜干重的 90%以上。蛋膜中的蛋白质主要为角蛋白和胶原蛋白，其他蛋白质含量较少，主要为蛋壳和蛋清中的一些蛋白质，如 ovocleidin-17、骨桥蛋白、卵白蛋白、溶菌酶等。

蛋膜胶原蛋白具有多种类型，其中外膜中主要为 I 型胶原，内膜主要为 I 型、V 型胶原，而 X 型胶原在两层结构中均有分布。大量研究显示，胶原蛋白是多种组织的基质蛋白，在软骨骨化、结缔组织形成等多种生理过程中发挥着重要作用。因此，在禽蛋形成过程中，蛋膜中的胶原蛋白，可能为蛋壳的形成提供了"锚点"。此外，近年来的研究显示，蛋膜胶原蛋白及其水解多肽具有抗氧化活性，可以有效地清除自由基，且可以通过调控细胞信号通路，对炎症具有一定的抑制作用。

8.3　肉类蛋白质

8.3.1　肌肉蛋白质的主要组成及特性

蛋白质是构成动物肌肉营养成分的主要组分之一，约占肌肉的 20%。根据肌肉蛋白质的构成位置及其在盐溶液中的溶解度可分为三类：肌原纤维蛋白质（myofibrillar proteins）、肌浆蛋白质（sarcoplasmic proteins）、结缔组织蛋白质（connective tissue proteins），分别占肌肉总蛋白的 40%～60%、20%～30%、10%。这三类蛋白质的含量因动物种类、性别、年龄、解剖部位等因素存在较大差异。不同动物来源的骨骼肌中蛋白质种类及其含量见表 8-6。

表 8-6　不同动物来源的骨骼肌中蛋白质种类及其含量（%）

种类	肌原纤维蛋白	肌浆蛋白	结缔组织蛋白
哺乳动物	49～55	30～34	10～17
禽肉	60～65	30～34	5～7
鱼肉	65～75	20～30	1～3

注：根据周光宏（2011）。

8.3.2 肌原纤维蛋白质

　　肌原纤维蛋白质包含 30 多种蛋白质，其中肌球蛋白（myosin）、肌动蛋白（actin）、肌动球蛋白（titin）、原肌球蛋白（tropomyosin）、肌钙蛋白（tropoinin）和伴肌动蛋白（nebulin）六种蛋白质占肌原纤维蛋白质总量的 90%，还有连接蛋白、C-蛋白、M-蛋白、肌酸激酶、α-辅肌动蛋白、β-辅肌动蛋白、γ-辅肌动蛋白等。肌原纤维中蛋白质种类及含量如图 8-18 所示。这些蛋白质以非共价键相互作用，组装成晶格结构的肌原纤维。虽然单一蛋白质与蛋白质结构域之间的作用比较弱，但参与相互作用的蛋白质结构域的数量非常庞大，从而使得肌原纤维具有稳定的结构。

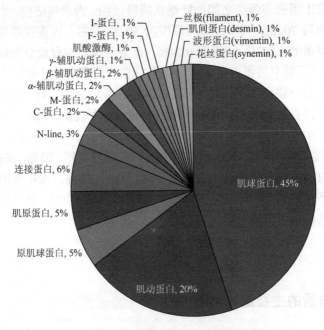

图 8-18　肌原纤维蛋白质种类及含量

1. 肌球蛋白与肌粗丝

　　肌球蛋白（myosin）是动物肌肉中最重要、含量最高的蛋白质，约占肌肉蛋白质的33%，占肌原纤维蛋白质总量的 50%。肌球蛋白是肌肉收缩的分子马达，具有 ATP 酶活性，是构成肌肉粗丝的主要成分。目前动物肌球蛋白有 10 余种，包括肌球蛋白I、肌球蛋白II、肌球蛋白III、肌球蛋白IV等。其中，肌球蛋白II为肌肉收缩器的肌球蛋白，分子质量约为 520kDa。肌球蛋白由两条相同的重链和两对轻链构成，两条重链的 C 末端二聚化形成弯曲的杆状区，参与形成肌原纤维的肌粗丝骨架；向 N 端两条重链分开，形成两个球状头部，整个肌球蛋白分子呈球状和一个杆状的尾巴。肌球蛋白杆状的尾巴构成肌粗丝的骨干（backbone），而球状头部由肌粗丝向外伸出（图 8-19a）。在肌粗丝骨干中，一分子肌球蛋白的 LMM（light meromyosin）可能通过极性氨基酸之间的相互作用与相邻的

LMM 结合在一起。在肌球蛋白多聚化形成肌粗丝的过程中，首先两分子的肌球蛋白纵向反平行排列，形成二聚体，再在二聚体的两端添加更多的肌球蛋白二聚体（图 8-19b）。在体外，肌球蛋白多聚化受肌球蛋白浓度、盐和 pH 的影响。在体内，同一肌纤维内肌粗丝的长度非常均一，每 1.6μm 长的肌粗丝含有 300 个分子的肌球蛋白单体，这一现象说明肌粗丝结合蛋白对体内肌粗丝的长度起着决定性作用。肌粗丝两端的肌球蛋白呈反向排列，即肌粗丝中肌球蛋白分布于两端，而杆状的尾巴伸向肌粗丝中间。通过电子显微镜发现，肌粗丝中肌球蛋白的杆状部分与整个肌粗丝几乎平行，在肌粗丝的中央可能形成了一个中空小孔，肌球蛋白围绕这个中空小孔排列（图 8-19c）。

　　肌粗丝的骨干由肌球蛋白的杆状 LMM 部分堆积而成，因此部分 LMM 可能被包埋于肌粗丝骨干中，但肌球蛋白的 S_1 头部必须由肌粗丝骨干向外伸出从而可以与肌动蛋白结合形成横桥。研究表明，肌球蛋白的头部在肌粗丝表面呈非常规则的分布，这与动物和肌肉的种类有关，如昆虫肌粗丝沿纵轴每一水平分布有 4 分子的 S_1，而扇贝有 7 分子的 S_1 伸出肌粗丝骨干。连续的冠沿肌粗丝纵轴均匀分布并旋绕，从而使得肌球蛋白球状头部在肌粗丝表面形成螺旋模式。在脊椎动物横纹肌中，沿肌粗丝纵轴每一水平冠分布有 3 对肌球蛋白头部，但冠间的距离和绕肌粗丝轴的旋绕不完全一致，以 3 冠为一重复单位的方式在肌粗丝表面分布（8-19d）。在肌粗丝中，S_2 具有一定的流动性。电子显微镜图片显示，肌球蛋白

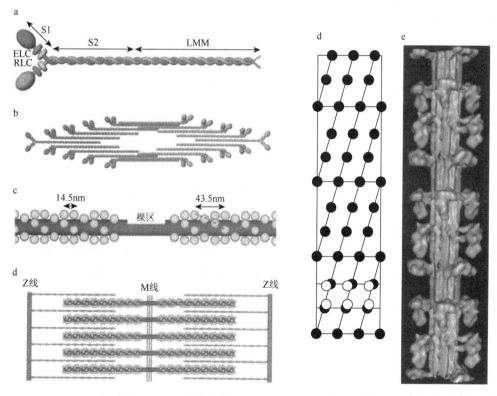

图 8-19　肌球蛋白单体及肌粗丝（尹靖东，2011）

a～c：肌球蛋白单体聚集呈肌粗丝的模式；d：脊椎动物骨骼肌的肌粗丝沿纵轴每冠分布三对肌球蛋白球状头部；
e：脊椎动物骨骼肌粗丝结构

在 LMM 和 HMM（heavy meromyosin）的连接部位弯曲。在松弛的肌肉中，S_2 部分与肌粗丝骨干表面靠近。当肌肉活化后，S_2 进一步伸出，增加可与相邻肌细丝结合的 S_1 数量。

在胰蛋白酶的作用下，肌球蛋白被酶解切开为两部分，其中带有两个球状头部的部分为 HMM 和 LMM，HMM 可进一步酶解成肌球蛋白亚片段 1（S_1）和 2（S_2）。S_1 包括两个球状头部和一个 α-螺旋颈部，且两个球状头部具有 ATP 酶的活性和肌动蛋白结合位点。S_1 的球状部分是肌球蛋白的催化、马达结构域，其 ATP 和肌动蛋白结合位点可分别结合 ATP 和肌动蛋白，ATP 的水解及随后产物的释放与 S_1 头部构象的变化密切相关，S_1 颈部是肌球蛋白轻链的结合部位。

2. 肌动蛋白

肌动蛋白（G-actin）是构成肌肉细丝的主要结构蛋白，约占肌原纤维蛋白质总量的 20%。由于肌动蛋白单体的晶体结构在外观上呈球状，因此被称为球状肌动蛋白（globular actin，G-actin），其分子质量为 43kDa。球状肌动蛋白由一条单链构成，具有内部和外部两个结构域，这两个结构域又可进一步分为 4 个子域（图 8-20A 和 B）。球状肌动蛋白可聚合形成纤维状肌动蛋白（fibrous actin，F-actin）。F-actin 在装配过程中受到 G-actin、ATP 浓度、二价阳离子和盐等多个因素的影响，且装配过程较为复杂。由于 G-actin 具有极性，它在装配时肌动球蛋白单体首尾相连，其简单过程如图 8-20 所示。首先，位于顶部的一分子的 G-actin 的子域 1 和 3 和另一分子球状肌动蛋白的子域 2 和 4 发生相互作用，形成一分子的二聚体，接着第三分子的球状蛋白的 3 和 4 子域绕纵轴旋转 170°，其子域 3 与二聚体中底部的 G-actin 的子域 4 结合，形成肌动蛋白三聚体；再在三聚体的下端逐个添加球状肌动蛋白，最后形成右手双股螺旋的纤维状肌动球蛋白。在此过程中，假设球状蛋白子域 2 与 4 所形成的裂口位于分子的顶端，那么，二聚体的形成可以看成是在一分子单体的顶端堆积另一个球状肌动蛋白，而三聚体的形成可看成是在二聚体的侧面添加另一分子的球状肌动蛋白。球状蛋白多聚体的顶端称为（–）端或"尖端"，而多聚体的另一端称为（+）端或"钩端"。

螺旋状的肌动蛋白微丝直径为 10nm，螺距为 38nm。没有结合其他蛋白质的纤维状肌动蛋白的长度变化取决于环境条件和球状肌动蛋白的含量。在肌小节结构中，纤维状肌动蛋白可与多种蛋白质形成肌细丝，如 CapZ 可结合于肌动蛋白微丝的（+）端，原肌球调节蛋白可结合于（–）端，伴肌蛋白和原肌球蛋白可沿纵轴结合于纤维状肌球蛋白的外侧以提高纤维状肌动蛋白的稳定性，其中伴肌动蛋白对肌动蛋白微丝的长度起着决定性作用。

3. 肌动球蛋白

肌动球蛋白（actomyosin）是肌球蛋白与肌动蛋白的复合物。根据制备方法的不同，肌动球蛋白可分为天然肌动球蛋白和合成肌动球蛋白两类。肌动球蛋白的黏度很高，具有明显的双折射现象，由于聚合度不同，故其分子量也不同。肌动蛋白与肌球蛋白的结合比例为 1 :（2.5~4）。肌动蛋白具有 ATP 酶活性，但与肌球蛋白不同，Ca^{2+} 和 Mg^{2+} 都能激活。

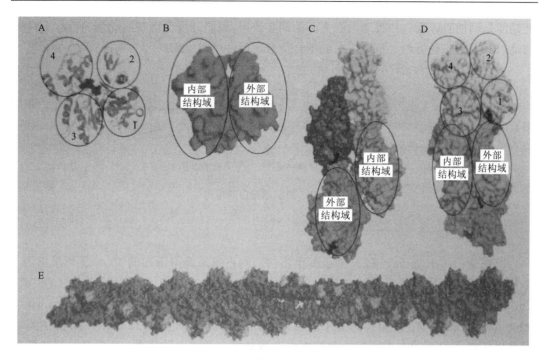

图 8-20　G-肌动蛋白的结构及其多聚化（尹靖东，2011）

高浓度的肌动球蛋白能形成热诱导凝胶。在高离子强度下（0.6mol/L NaCl），添加 ATP 后溶液的黏度降低，流动折射也减弱，其原因是肌动球蛋白受 ATP 的作用分解成肌球蛋白和肌动蛋白。将接近中性的肌动蛋白溶液稀释到较低离子强度时，由于肌动球蛋白接近其等电点而形成絮状物，此时添加少量的 ATP，则絮状物收缩而形成凝胶沉淀，这样的现象称为超沉淀。若继续增加 NaCl 浓度，超沉淀可以再次溶解；若在此絮状物中添加大量 ATP，那么此絮状物就发生溶解，这个反应称之为清除反应。

4. 原肌球蛋白

原肌球蛋白（tropmyosin，Tm）为肌细丝蛋白，约占肌原纤维蛋白质的 5%，二聚体分子质量为 66kDa，其分子结构如图 8-21 所示。二聚体中两平行的多肽链依靠多肽链一级结构中七肽重复序列间的疏水作用形成 α-螺旋。极性氨基酸和非极性氨基酸的七肽重复序列（NPPNPPP），使得 α-螺旋的一侧形成一条疏水带（七肽重复序列中每 3.5 个氨基酸中就有一个疏水性氨基酸，与 α-螺旋中每个螺旋周期包含 3.6 个氨基酸非常接近）。原肌球蛋白为刚性细长的蛋白分子，每条原肌球蛋白长约 40nm，直径 2.5nm。在肌原纤维中，每条原肌球蛋白首尾相接形成一条连续的链沿肌动蛋白微丝的长轴与肌动蛋白微丝结合，恰好位于肌动蛋白微丝双螺旋的沟中。原肌球蛋白链的极性与肌动蛋白微丝的方向相反，即原肌球蛋白的 N 端位于肌动蛋白微丝的（-）端，原肌球蛋白的 C 端位于肌动蛋白微丝的（+）端。每一条原肌球蛋白可与 7 分子的 G-肌动蛋白结合，因此肌细丝中 G-肌动蛋白与原肌球蛋白的比例为 7:1。原肌球蛋白参与维持肌细丝结构的稳定性，但其主要功能是调控肌球蛋白和肌动蛋白之间的相互作用。原肌球蛋白可在肌动蛋白微丝上轻微移动以暴露出肌动蛋白上肌球蛋白的结合位点，促进肌肉收缩。

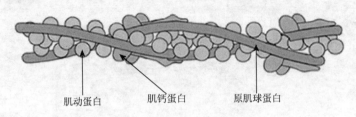

　　　　　　　　肌动蛋白　　　　　肌钙蛋白　　　　　原肌球蛋白

图 8-21　原肌球蛋白的结构

5. 肌钙蛋白

　　肌钙蛋白（troponin，Tn）为肌细丝蛋白，约占肌原纤维蛋白的 5%。肌钙蛋白由 3 个亚甲基组成：原肌球蛋白结合亚基（TnT）、抑制亚基（TnI）和钙结合亚基（TnC）、TnC，分子质量分别为 31kDa、23kDa 和 18kDa，其中 T、I、C 分别代表 tropomyosin、inhibitory 和 Ca^{2+}。Tn 三聚体的分子质量为 73kDa，其结构如图 8-22 所示。Tn 的主要功能是以依赖于 Ca^{2+} 的方式调控原肌球蛋白在肌动蛋白微丝上的位置，从而调控肌球蛋白和肌动蛋白之间的相互作用。TnT 主要结合原肌球蛋白；TnI 主要结合肌动蛋白，抑制肌动蛋白活化肌球蛋白的 ATP 酶；TnC 结合 Ca^{2+}，激活肌肉收缩。TnT 有 TnT1 和 TnT2 两个结构域，TnT1 主要和原肌球蛋白结合，TnT2 主要和 TnC 和 TnI 结合。TnI 也有两个结构域，氨基端与 TnT、TnC 结合，形成三聚体；羧基端与 TnC 或肌动蛋白结合，发挥其调控肌肉收缩活化的功能。与 TnI 一样，TnC 也具有结构域和调控结构域，但与 TnI 相反，其羧基端为结构域，氨基端为调控结构域。TnC 羧基端的环状结构域与 TnT 的羧基端和 TnI 的氨基端结合，此区域有两个 Ca^{2+} 和 Mg^{2+} 结合位点，在低微摩尔 Ca^{2+} 浓度和低毫摩尔 Mg^{2+} 浓度的情况下可结合两个 Ca^{2+} 和 Mg^{2+}，为高亲和力 Ca 结合位点。TnC 氨基端的球形结构域有低亲和力 Ca 结合位点，在微摩尔 Ca^{2+} 浓度的情况下，在此区域快肌肌钙蛋白可以结合两个 Ca^{2+}，但慢肌肌钙蛋白只能结合一个 Ca^{2+}。当此区域结合 Ca^{2+} 后构象会发生变化，疏水区暴露对 TnI 调控结构域的亲和性增加，TnI 的羧基端从肌动蛋白解离而与此区域结合。与原肌球蛋白一样，Tn 位于肌动蛋白微丝的沟中，沿肌动蛋白

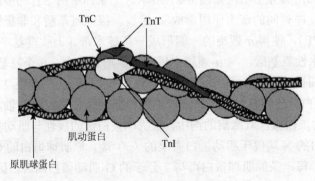

　　　　　　　　TnC　　　　　TnT

　　　　　　　　肌动蛋白　　　　　TnI

　　　原肌球蛋白

图 8-22　肌钙蛋白的结构

微丝纵轴每 7 分子 G-肌动蛋白结合 1 分子 Tn，因此肌细丝中球状肌动蛋白、原肌球蛋白和肌钙蛋白的比例为 7∶1∶1。

6. 肌联蛋白

肌联蛋白是肌肉中最丰富的细胞骨架蛋白，占肌原纤维蛋白质总量的 10%，其分子质量为 3200～3700kDa。在每 1/2 肌小节中，肌联蛋白自 M 线（羧基端）沿肌粗丝伸展，通过 A 带到达 Z 线（氨基端），形成肌原纤维的第三肌丝，长度大于 1μm。肌联蛋白的分子结构非常复杂，其中 90%由 90～100 个氨基酸残基所组成的重复单位串联而成。这些重复单位可分为两类，即 Ig 结构域和 FN3 结构域。肌联蛋白位于 A 带的部分含有 Ig 结构域和 FN3 结构域，而位于 I 带的部分只有 Ig 结构域。高等脊椎动物的肌联蛋白由单基因编码，不同亚型的肌联蛋白源自转录后的选择性剪切。

由于肌联蛋白的 N 端与 Z 线连接，羧基端与 M 线连接，因此肌联蛋白必需具有弹性以适应肌肉收缩和舒张时肌小节长度的变化。肌联蛋白位于 I 带的部分具有弹性，弹性作用包括两个方面：超螺旋的肌联蛋白在肌肉扩张时可被拉直；随着扩张力的进一步加大，肌联蛋白位于 I 带的 PEVK 区可伸长。与 I 带部分不同，肌联蛋白位于 A 带的部分没有弹性，但具有蛋白酶活性，可磷酸化视松蛋白。肌联蛋白在肌小节中可与多种蛋白质发生相互作用。在 Z 线，肌联蛋白可与视松蛋白、细丝蛋白、伴肌动蛋白、α-辅肌动蛋白和锚蛋白 1 结合；在 I 带区，肌联蛋白可与肌动蛋白、钙蛋白酶-3（calpain-3）结合；在 A 带区，肌联蛋白可与肌球蛋白、MyBP-C 结合；在 M 线区，肌联蛋白可与肌环指蛋白（MuRF）、钙/钙调节蛋白（calmodulin kinase）、核纤层蛋白（lamin）、钙蛋白酶-3 和肌中线蛋白结合。以上与肌联蛋白结合的蛋白质有的为肌联蛋白提供结构锚，有的参与信号转导和蛋白质周转，但大部分蛋白质—蛋白质相互作用的功能目前尚不明确。

肌联蛋白的生理功能主要有三个方面：①在肌纤维生成过程中，肌联蛋白先于其他肌纤维蛋白质表达，并有多种蛋白质的结合位点，因此肌联蛋白可能在肌原纤维和肌小节形成过程中起支架作用，是粗肌丝组装的模板；②在成熟的肌纤维中，肌联蛋白跨越 1/2 肌小节，将 M 线与 Z 线相连，以维持肌小节的完整性和稳定性；③肌小节是肌原纤维的分子弹簧，使受牵引的肌肉可恢复初始状态和保证肌肉收缩的张力输出，并保持舒张肌肉的静息张力。

7. 肌中线蛋白

肌中线蛋白位于肌小节的 M 线处，3 个不同的基因分别编码肌中线蛋白 1、2、3。肌中线蛋白 1 的分子质量为 185kDa，存在于所有的横纹肌中。肌中线蛋白 2 又称为 M 蛋白，分子质量为 165kDa。肌中线蛋白 3 分子质量为 162kDa，只在慢肌和中间型肌纤维中表达。3 种蛋白质具有各自独特的 N 端结构，依次具有 2 个 Ig 结构域、5 个纤连蛋白结构域和 5 个 Ig 样结构域。肌中线蛋白 1 是主要的肌丝交联蛋白，其功能与 Z-盘中的 α-辅肌动蛋白相似。肌中线蛋白 1 可以通过 N 端与肌球蛋白结合，通过最近 N 端的 3 个 FN3 结构域与肌联蛋白的 C 端相结合，并且两分子的肌中线蛋白 1 可通过羧基端形成二聚体。在肌小节的 M 线，肌中线蛋白 1 通过二聚体交联肌粗丝。同时，还可能起着偶联肌联蛋白 C 端丝氨酸/苏氨酸蛋白激酶介导的信号通路的作用。

8. 伴肌动蛋白

伴肌动蛋白为肌细丝蛋白，约占肌纤维蛋白质总量的 5%，分子质量为 750～850kDa。分子结构中有大量重复结构域，羧基端有一 SH3 结构域，在 Z 线可与肌联蛋白氨基端富含脯氨酸的序列结合。同时，α-辅肌动蛋白、结蛋白可与伴肌动蛋白的羧基端结合。伴肌动蛋白分子含有 35 个氨基酸残基。伴肌动蛋白的氨基端与原肌球蛋白调节蛋白结合，整个分子缠绕在肌动蛋白微丝上，从 A 带到 Z 线，跨越整个肌细丝。

伴肌动蛋白的功能尚不明确，在肌肉生长发育过程，它可能起着分子尺的作用，决定肌细丝的长度，肌小节中肌细丝的长度与其分子大小呈正相关。伴肌动蛋白被敲除的小鼠出生后不能存活，肌细丝变短，肌肉收缩功能受损，小鼠出生后肌小节很快解体，证明伴肌动蛋白对维持肌原纤维起着非常重要的作用。

9. 肌球蛋白结合蛋白

肌球蛋白结合蛋白（myosin binding protein C，MyBP-C）又称 C 蛋白，分子质量 130kDa，约占肌原纤维蛋白质总量的 2%。肌肉中 MyBP-C 有三种不同的亚型，分别为 MyBP-C1、MyBP-C2 和 MyBP-C3。MyBP-C1 和 MyBP-C2 分别存在于骨骼肌快肌和慢肌中，称为骨骼肌 MyBP-C、sMyBP-C。MyBP-C3 只在心肌中发现，称为心肌 MyBP-C、sMyBP-C。3 种不同的亚型都为一条多肽链，伸展长度为 50nm，含有至少 7 个重复的免疫球蛋白 I（IgI）和 3 个纤连蛋白（fibronectin，FN）样结构域。这些结构域从 N 端向 C 端依次命名为 C1 和 C10 结构域。MyBP-C 的 C 端（C7～C10），骨骼肌与心肌 MyBP-C 的区别主要在于：MyBP-C 在其 N 末端有一附加的 IgI 结构域 C0，因此它具有 8 个重复的 IgI 结构域；cMyBP-C 在其肽链中部的 C5 结构域中有一富含脯氨酸的插入序列，在其 C1 和 C2 之间的 MyBP-C 模体有 4 个磷酸化位点。沿肌粗丝纵轴，每 1/2 肌粗丝有 7～9 个 MyBP-C 的结合位点，相邻两位点之间的距离为 43nm，每一结合位点有 2～4 分子 MyBP-C。MyBP-C 在肌粗丝上的组装模型有两种：一种模型是 3 分子的 MyBP-C 相连二聚体，形成一环状结构，每一结合位点环绕在粗丝上；另一种模型是 MyBP-C 的 N 端都由肌粗丝骨干向外伸展，与 S2、肌动蛋白或二者同时结合。目前高分辨电子显微镜还不能确定哪种模型正确，据推测，MyBP-C 可能在不同的肌肉或肌纤维类型中以不同的方式组装。

目前 MyBP-C 的功能尚不明确，研究发现 MyBP-C 可能调控肌肉收缩，参与肌小节的组装和维持肌肉收缩器的结构稳定性。MyBP-C 的 C 端与肌联蛋白的相互作用可以促进肌粗丝的组装，并提高其稳定性。因此，MyBP-C 缺失会导致肌粗丝及其稳定性受到破坏。MyBP-C 的肌肉收缩调控功能与其 N 端和 S2 结合的氨基酸有关。MyBP-C 的去磷酸化有助于将 S2 约束在肌粗丝骨干附近，使 S1 移动肌动蛋白。在心肌中，C1 和 C2 之间的 MyBP-C 的磷酸化降低 MyBP-C 与 S2 的相互作用，从而在肌肉收缩活化前允许 S1 向肌动蛋白靠近。同时，MyBP-C 通过其 N 端与肌动蛋白结合形成一支柱，使肌肉松弛时肌动蛋白微丝在肌小节的重叠区处在相邻两粗丝的中间位置。

10. 原肌球调节蛋白

原肌球调节蛋白（trpomodulin）位于肌细丝上，分子质量为 40kDa。在肌纤维中，每肌细丝只含有 2 分子的原肌球调节蛋白，其与肌节蛋白的氨基端有一原肌球蛋白结合域，羧基端有一肌动蛋白结合域。原肌球蛋白与肌动蛋白微丝的（–）端结合，给肌动蛋白微丝的（–）端加帽，防止 G-肌动蛋白脱落。

11. α-辅肌动蛋白

α-辅肌动蛋白（α-actinin）又称 α-肌动蛋白素，存在于肌小节的 Z 线，占肌原纤维蛋白质总量的 2%。α-辅肌动蛋白由两个相同的亚基在分子中反向平行排列构成同源二聚体，分子质量为 100kDa。每一个亚基有三个结构域，N 端为一对调节蛋白同源结构域构成的球状肌动蛋白结合结构域。随后为 3 个 α-螺旋的影蛋白结构域，也称为 α-辅肌动蛋白的棒束。羧基端为钙调节蛋白结构域，但不结合钙；由于 α-辅肌动蛋白的两个亚基呈反向平行排列，因此在其分子的两端都有一个肌动蛋白结合部位。由于肌动蛋白的 α-辅肌动蛋白结合位点与肌球蛋白和原肌球蛋白的结合位点有氨基酸序列重叠，因此 α-辅肌动蛋白结合位点与肌球蛋白和原肌球蛋白竞争结合肌动蛋白。此外，α-辅肌动蛋白还与肌联蛋白、伴肌动蛋白和 CapZ 结合。多种蛋白质与 α-辅肌动蛋白结合，从而将其固定于肌小节的 Z 线。

12. β-辅肌动蛋白

β-辅肌动蛋白（β-actinin）又称 β-肌动蛋白素，它和 F-肌动蛋白结合在一起，其分子质量为 62~71kDa，位于肌细丝的自由端上，有阻止 G-肌动蛋白连接起来的作用，因而可能与控制细丝的长度有关。

13. γ-辅肌动蛋白

γ-辅肌动蛋白（γ-actinin）又称 γ-肌动蛋白素，其分子质量为 70~80kDa，它可与 F-肌动蛋白结合，并阻止 G-肌动蛋白聚合成 F-肌动蛋白。

14. 加帽蛋白 Z

加帽蛋白 Z（CapZ）是一种肌细丝蛋白，在 Z 线给肌动蛋白微丝的（+）端加帽，同时 CapZ 与 α-辅肌动蛋白结合，将肌细丝锚定在 Z 线。CapZ 由 α 和 β 两个亚基组成，分子质量为 68kDa，占肌原纤维蛋白总量的比例较低。

15. I 蛋白

I 蛋白（I-protein）存在于 A 带上，若肌动球蛋白缺乏 Ca^{2+}，会阻止 Mg 激活 ATP 酶的活性；若 Ca^{2+} 存在，则会促进 Mg 激活 ATP 酶的活性。此外，还有学者认为，I 蛋白可抑制肌球蛋白与肌动蛋白的结合。

8.3.3　肌浆蛋白质

肌浆蛋白质是指在肌纤维细胞中环绕于肌原纤维周围液体中的蛋白质。通常，肌浆蛋白占肌肉中蛋白质总量的 20%～30%，含有无机物和有机物。该类蛋白质易溶于水或中性盐溶液，是肌肉中最容易提取的蛋白质，故称"肌肉可溶性蛋白质"。肌肉中的肌浆蛋白主要包括肌红蛋白、肌溶蛋白、肌浆酶和肌粒蛋白等。

1. 肌红蛋白

肌红蛋白（myoglobin，Mb）是复合蛋白。肌红蛋白和血红蛋白（hemoglobin，Hb）是构成肌肉颜色的主要色素蛋白（图 8-23），在放血充分的肉中肌红蛋白对肉色的贡献率达 80%～90%。肌红蛋白的分子质量为 16～17kDa，而血红蛋白的分子质量为 64kDa。在化学结构上，肌红蛋白由一条多肽链构成的珠蛋白和一分子亚铁的血红素组成，血红素由一个铁原子和卟啉环构成（图 8-24）。

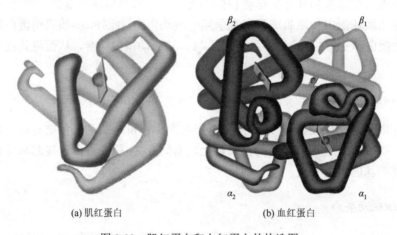

(a) 肌红蛋白　　　　　　　　　　(b) 血红蛋白

图 8-23　肌红蛋白和血红蛋白的构造图

肌红蛋白中铁离子的价态（Fe^{3+} 氧化态或 Fe^{2+} 的还原态）与 O_2 结合是导致肌肉色泽发生变化的根本原因。活体动物组织中，由于酶的电子传递链而使高铁肌红蛋白（metmyoglobin，MMb）持续还原成 Mb，使肌肉中血红素中的铁原子处于还原态，故肌肉呈现紫红色或暗红色；当肌肉切开后在空气中放置一段时间，肌肉中 Mb 与 O_2 结合生成氧合肌红蛋白（oxymyogolbin，MbO_2），使其呈现鲜红色，是鲜肉的象征；肌肉在低氧分压或长时间贮藏，肌肉中的 MbO_2 会发生氧化生成高铁肌红蛋白，变成褐色；若有硫化物存在时，肌肉中的 Mb 还可被氧化成硫代肌红蛋白，使肉呈现绿色。此外，肉类在腌制过程中，Mb 与亚硝酸盐反应生成亚硝基肌红蛋白，使肉呈粉红色，是腌制肉的典型色泽；肉类经高温加热后发生变性形成珠蛋白与高铁血红素复合物，使肉呈灰褐色，是熟肉的典型色泽。一般情况下，当 MMb≤20%时肉呈鲜红色，当 MMb 达 30%时肉呈稍暗的颜色，当 MMb 达到 70%时肉呈褐色。

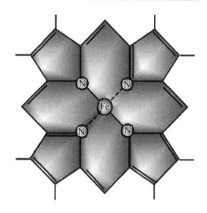

图 8-24　血红素的分子结构

肌红蛋白是决定肌肉色泽的主要蛋白质，肌肉色泽与肌红蛋白的变化密切相关。影响肌肉色泽的因素主要有环境中的氧气分压、温度、湿度、pH 和微生物。氧气分压的高低直接决定了肌红蛋白是形成氧合肌红蛋白还是高铁肌红蛋白，从而直接影响肌肉色泽。环境温度高促进氧化，温度低则延缓氧化，如牛肉 3～5℃贮藏 9d 变褐，0℃贮藏 18d 才变褐。因此，为了防止肌肉色泽褐变，应尽可能在低温贮藏。环境中湿度大，肉表面有水汽层，影响氧的扩散，则肌红蛋白氧化速度慢；若湿度低且空气流速快，则加速高铁肌红蛋白的形成，使肌肉褐变加快。若宰前动物应激导致糖原消耗过多，尸僵直后肉的极限 pH 高，那么牛肉会出现 DFD 肉，猪肉出现 PSE 肉。肉类加工或贮藏过程中受微生物污染，会使其表面颜色发生改变，在微生物作用下，蛋白质发生氧化降解，则肉的表面形成白色、绿色、红色和黑色等色斑。

2. 肌溶蛋白

肌溶蛋白是肌肉中最容易提取的蛋白质，采用水和中性盐溶液对肌肉中的蛋白质进行提取，获得肌溶蛋白溶液，其中可溶性部分称为肌溶蛋白 A，又称肌白蛋白（myoaibumin），约占肌浆蛋白的 1%，分子质量为 15kDa，等电点 pH 为 3.3，具有酶学性质。但是，肌溶蛋白很不稳定，容易发生变性沉淀，其沉淀部分称为肌溶蛋白 B，约占肌浆蛋白的 3%，分子质量为 80～90kDa，等电点 pH 为 6.3，凝固温度为 52℃。

3. 肌浆酶

肌浆中除了肌红蛋白、肌溶蛋白外，还存在大量可溶性肌浆酶，其中糖酵解酶占 2/3 以上。白肌纤维中糖酵解酶含量比红肌纤维多 5 倍，这是因为白肌纤维主要依靠无氧的糖酵解产生能量，而红肌纤维则以氧化产生能量，所以红肌纤维糖酵解酶含量少，但红肌纤维中肌红蛋白、肌酸激酶和乳酸脱氢酶等可溶性蛋白含量较高。肌浆中主要的肌浆酶如图 8-25 所示。肌浆中磷酸甘油醛脱氢酶、缩醛酶（二磷酸果糖酶）、肌酸激酶含量较多。研究发现，缩醛酶和丙酮酸酶对肌动蛋白、原肌球蛋白、肌原蛋白有很高的亲和性。肌酸激酶可逆催化磷酸肌酸和 ADP 之间的转磷酰基反应，由两个亚基组成，骨骼肌细胞只含有 MM 型的肌酸激酶。肌酸激酶位于肌小节的 M 线，与肌中线蛋白结合，其亲和性受 pH 影响，两者在碱性环境下结合力弱，但在酸性环境下结合力强。腺苷酸激酶可逆催化两分子 ADP 生成 1 分子 ATP 和 1 分子 AMP。腺苷酸激酶可与 DRAL/LFh12 结合，后者再与肌联蛋白羧基端区域结合，从而使腺苷酸激酶结合于肌小节的 M 线。肌酸激酶和腺苷酸激酶都被固定于肌小节的 M 盘，靠近 ATP 消耗位点（肌球蛋白的 ATP 酶活性位点），有利于发挥肌肉功能。

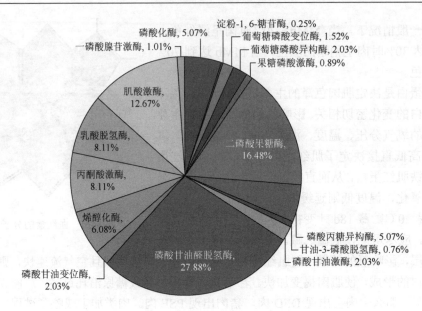

图 8-25　肌肉中肌浆酶的含量（孙保华，2018）

4. 肌粒蛋白

肌粒蛋白主要为三羧基循环酶及脂肪氧化酶系，其分子结构如图 8-26 所示。这些蛋白质定位于线粒体中，在离子强度 0.2 以上的盐溶液中溶解，在离子强度 0.2 以下则呈不稳定的悬浮液。另外一种重要的蛋白质 ATP 酶是合成 ATP 的部位，定位于线粒体的内膜上。

图 8-26　肌粒蛋白的结构

8.3.4　结缔组织蛋白质

结缔组织蛋白质是构成肌肉中肌内膜、肌束膜、肌外膜和肌腱的主要成分，存在于结缔组织的纤维及其基质中，主要分为胶原蛋白（collagen）、弹性蛋白（elastin）和网状蛋白（reticulin）。白色和黄色结缔组织中蛋白质含量分别为 35% 和 40%，两种结缔组织中蛋白成分占总蛋白的比例分别如图 8-27 和图 8-28 所示。

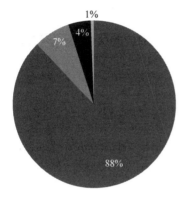

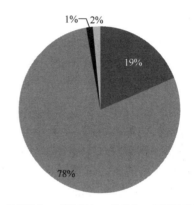

图 8-27　白色结缔组织中蛋白质组分　　　图 8-28　黄色结缔组织中蛋白质组分
　　　　　占总蛋白的比例　　　　　　　　　　　　　占总蛋白的比例

1. 胶原蛋白

胶原蛋白是动物体中含量较多的一种蛋白质，占动物体中总蛋白的 20%～25%，是构成结缔组织的主要成分，是筋腱的主要结构蛋白，同时也是软骨和骨骼的组成成分之一。胶原蛋白中含有丰富的脯氨酸、羟脯氨酸和甘氨酸，其中前两者为胶原蛋白特有，其他蛋白不含或含量甚微。因此，通常通过测定羟脯氨酸的含量来确定肌肉结缔组织的含量，并作为衡量肌肉质量的一个指标。

胶原蛋白由原胶原聚合而成。原胶原为纤维状蛋白质，由三条螺旋状的肽链组成，三条肽链再以螺旋状相互拧在一起，犹如三股拧起来的麻绳一样。每个原胶原分子的分子质量为 300kDa，链长 280nm，直径为 5nm。多个原胶原首尾相连，呈直线排列，同时大量直线连接的原胶原又互相平行排列。当平行排列时，相近的原胶原分子连接点有规则地依次相差 1/4 原胶原分子的长度，因此，每隔 1/4 原胶原分子的长度，就有整齐的原胶原分子相互连接点。原胶原分子之间除通过氢键联结外，还可以通过共价键的方式进行联结，并且随着动物年龄的增加，其交联程度越大，性质也就越稳定。因此，胶原蛋白交联的程度直接影响肉的嫩度，这也是老龄畜禽肉质较老的重要原因之一。

胶原蛋白性质稳定，通常不溶于水和稀酸溶液，在酸或碱溶液中可以发生膨胀，具有很强的延伸力；不易被一般蛋白酶水解，但可被胶原酶水解。胶原蛋白遇热发生热收缩现象，热缩温度因动物种类的不同存在较大差异，哺乳动物的热收缩温度为 60～65℃，鱼类为 45℃。当加热温度大于热收缩温度时，胶原蛋白则逐渐转变成明胶。胶原蛋白变为明胶的过程并非水解的过程，而是原胶原分子之间氢键发生断链，三条螺旋被解开，故易溶于冷水中，冷却后则变成明胶。明胶容易被酶类水解，也很容易被人体吸收利用。因此，在肉品加工中，可利用胶原蛋白这一性质制备肉胨类制品。

胶原蛋白的提取工艺流程：原料→前处理→酸浸泡→打浆→酶解→盐析→纯化→冻干→胶原蛋白。

主要步骤如下。

（1）前处理。选取猪皮为原料，刮除皮下脂肪后，洗净并切成 3mm×3mm 的小块。对猪皮进行脱脂处理，再按 1∶5 的料液比加入 1%（W/V）的 NaCl 溶液浸泡以除去杂蛋白，浸泡搅拌 6h，每 2h 换 1 次液。浸泡完后用 30℃蒸馏水洗涤 3～4 次，备用。

（2）酸浸泡、打浆。取一定量皮样，按 1∶15 倍（W/V）比例加入乙酸（pH = 2.2），在 4℃下浸泡 8～10h，每隔 1h 搅拌 1min，待样品膨胀均匀后打浆呈糊状。

（3）酶解。糊状样品中添加 15 倍体积的乙酸，即加入的乙酸总体积为样品的 30 倍，搅拌成匀浆，并用酸度计调节样品溶液 pH 至 2.0，再加入适量的胃蛋白酶，于 4℃下酶解一段时间，每隔 1h 搅拌 1min。

（4）中和、盐析。酶解液用纱布抽滤，取滤液滴加 NaOH 溶液，调节 pH 至 7～8，再边搅拌边缓慢加入一定量的 4mol/L NaCl 溶液，盐析 12h，待出现白色絮状沉淀后离心，在转速 8000r/min 下离心 15min，沉淀即为胶原蛋白的粗提物。

（5）纯化、冻干。将胶原蛋白粗提物用乙酸（pH = 2.7）溶解，在转速 6000r/min 下离心 10min，除去杂质后灌入透析袋，分子截留量为 8000～14000mw 中，先以 pH 3.0 的乙酸为透析液透析 3～4d，再以纯水为透析液透析 2d，透析完毕后冷冻干燥，即可得纯化后的胶原蛋白。

2. 弹性蛋白

弹性蛋白因含有色素残基而呈黄色，特别是黄色结缔组织中含量较多，分子质量为 70kDa，约占弹性纤维固形物的 75%、胶原纤维的 7%，是构成弹性纤维的主要成分。其氨基酸组成中 1/3 为甘氨酸，脯氨酸、缬氨酸占 40%～50%，不含色氨酸和羟脯氨酸。弹性蛋白属于硬蛋白，它在沸水、弱酸性或弱碱性中不溶解，具有高度不溶性，且对酸、碱、盐都稳定，不被胃蛋白酶、胰蛋白酶水解，可被胰腺分泌的弹性蛋白酶水解。弹性蛋白与胶原蛋白、网状蛋白的不同之处在于加热不分解，不容易被人体消化吸收，故弹性蛋白的营养价值较低。

3. 网状蛋白

网状蛋白是构成肌内膜的主要蛋白，含有约 4% 的结合糖类和 10% 的结合脂肪酸，其氨基酸与胶原蛋白类似，但它与含有肉豆蔻酸的脂肪结合，因此区别于胶原蛋白。网状蛋白呈黑色,胶原蛋白呈棕色。网状蛋白用胶原酶水解,可产生与胶原蛋白同类的肽类,而其对碱、酸、蛋白酶等都稳定。

8.4　水产品蛋白质

8.4.1　水产品肌肉蛋白质的组成及特性

　　水产品肌肉中的蛋白质含量受品种、生长期、季节变化等影响,一般鱼肉中含有15%～25%的粗蛋白质,虾蟹类与鱼类大致相同,贝类含量较低,为 8%～15%。鱼、虾、蟹类的蛋白质含量与牛肉、半肥半瘦的猪肉、羊肉相近,不同的是脂肪含量低。按干基计鱼、虾、蟹类的蛋白质含量高达 60%～90%,而猪、牛、羊肉因脂肪多的缘故,干物中蛋白质含量仅为 15%～60%。因此,水产品是一种高蛋白、低脂肪和低热量食物。此外,水产品肌肉蛋白质中必需氨基酸的种类齐全、比例均衡、消化吸收率高,属于优质蛋白源。

　　水产品肌肉蛋白质可以按溶解性分为水溶性蛋白(又称肌浆蛋白)、盐溶性蛋白(又称肌原纤维蛋白)和水不溶性蛋白(又称肌基质蛋白)。也可以简单分为细胞内蛋白质和细胞外蛋白质,细胞内蛋白质包括肌浆蛋白和肌原纤维蛋白,细胞外蛋白质主要是肌基质蛋白。鱼贝类肌肉蛋白质的分类如图 8-29 所示。

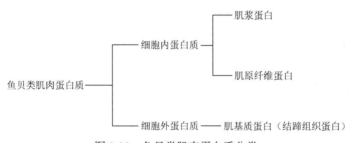

图 8-29　鱼贝类肌肉蛋白质分类

　　不同水产品肌肉蛋白质的组成及含量见表 8-7。从表中可以看出,不同水产品肌肉蛋白质中的组成差异较大,但总体上是肌原纤维蛋白含量最高(占 60%～75%),其次是肌浆蛋白(占 20%～35%),肌基质蛋白含量最低(占 2%～20%)。一些淡水鱼类如鲢鱼、鳙鱼的肌基质蛋白含量相对较高,而软骨鱼的肌基质蛋白含量也较高,约达 10%。相对于鱼虾肉蛋白,部分软体动物的肌浆蛋白含量较高,特别是一些贝类,这与其含有较多的水溶性蛋白及呈味物质有关。

表 8-7　不同水产品肌肉蛋白质的组成及含量(%)

种类	肌浆蛋白	肌原纤维蛋白	肌基质蛋白
中国对虾	31.3	52.1	3.6
印度对虾	26.5	54.6	3.7
虹鳟鱼	30	64	—

种类	肌浆蛋白	肌原纤维蛋白	肌基质蛋白
鲑鱼	29.5	62.8	20.8
鳙鱼	26.1	64.3	19.9
鳊鱼	31.4	64.4	16.3
鲫鱼	32.2	60.7	1.65
文蛤（闭壳肌）	41	57	2
文蛤（足肌）	56	33	11
马氏珍珠贝（闭壳肌）	20	67	10

资料来源：丁玉庭（1999）；章超桦和吴红棉（2000）；章超桦和薛长湖（2010）；李姣等（2011）；须山三千三和鸿巢章二（1992）；郑惠娜等（2013）。

1. 肌浆蛋白

肌浆蛋白是存在于肌肉细胞肌浆中的各种水溶性（或低盐溶性）蛋白的总称，主要由各类水解酶以及参与细胞代谢的其他酶蛋白组成，如乳酸脱氢酶、磷酸果糖激酶、醛缩酶以及清蛋白和色素蛋白等。肌浆蛋白所含的蛋白分子质量较小，一般为 $1\sim30kDa$，形状都接近于球形。一些小分子的含氮化合物、多肽或寡肽主要存在于肌浆蛋白中。一般情况下，贝肉的肌浆蛋白含量高于鱼肉的肌浆蛋白含量，红肉鱼的肌浆蛋白含量高于普通肉鱼的含量。另外，由于肌浆蛋白含有较多的组织蛋白酶，因此肌浆蛋白含量高的红肉鱼易发生品质劣变。

2. 肌原纤维蛋白

肌原纤维蛋白是一类支撑肌肉运动的结构蛋白质，主要包括肌球蛋白、肌动蛋白、原肌球蛋白和肌钙蛋白等（图 8-30）。其中，肌球蛋白约占 50%，肌动蛋白约占 20%，原肌球蛋白和肌钙蛋白均约占 5%。肌球蛋白和肌动蛋白与肌肉收缩—松弛循环直接相关，因此这两种蛋白被称为收缩蛋白。原肌球蛋白与肌钙蛋白能感应肌肉中 Ca^{2+} 的浓度差异并引起肌动球蛋白的收缩或松弛反应，因此，这两种蛋白被称为调节蛋白。

软体动物的肌原纤维由肌纤维膜、核和原生质等部分组成，而原生质则是由肌原纤维和充满其间的肌浆蛋白构成。肌原纤维包括粗丝和细丝，横纹肌和斜纹肌的肌原纤维同样由粗丝和细丝有规律地排列而成。粗丝的核心由副肌球蛋白缔合而成，其表面覆盖着肌球蛋白；细丝则含有由 G-肌球蛋白单体组成的 F-肌动蛋白和原肌球蛋白。无脊椎动物构成粗丝的蛋白质中还含有副肌球蛋白，与双壳贝闭壳肌的特殊运动有关。

（1）肌球蛋白。肌球蛋白是肌原纤维蛋白中所占比例最高的组分，它构成了肌原纤维中的粗丝，每一根粗丝约由 300 个肌球蛋白分子组成。肌球蛋白的分子长约 150nm，宽约 2nm，其分子质量约为 5.0×10^5Da。每个肌球蛋白分子由重链与轻链两个部分组成，每一个肌球蛋白分子上有质量不同的轻链（图 8-31）。鱼类可利用肌球蛋白轻链的个数及分子质量大小的特异性进行种类鉴别。在水产品加工中，肌球蛋白的稳定性是鱼肉加工的重要影响因素。肌球蛋白具有三种生物活性。①肌球蛋白具有分解三磷酸腺苷（ATP）的酶

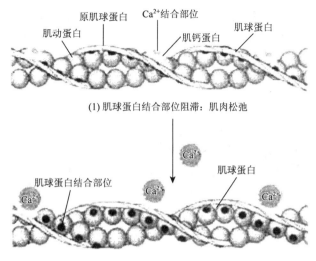

(1) 肌球蛋白结合部位阻滞: 肌肉松弛

(2) 肌球蛋白结合部位暴露: 肌肉紧缩

图 8-30 肌原纤维蛋白 (章超桦和秦小明, 2014)

活性,可以将 ATP 分解为二磷酸腺苷(ADP)。肌球蛋白 ATPase 活性可以被 Ca^{2+} 和 K^+ 激活,在生理条件的低离子强度下,肌球蛋白 ATPase 活性被 Mg^{2+} 抑制,但可在肌动蛋白和 Ca^{2+} 共同存在下被激活。普通肉和暗色肉的这种活化作用具有一定差异性,暗色肉的肌球蛋白 Ca^{2+}-ATPase 活性比肌动蛋白活化的作用更小。②肌球蛋白的双螺旋杆部在一定生理条件下可以形成约 1.5μm 长的粗丝,这一特性与肌球蛋白分子杆部的氨基酸组成及排列顺序密切相关。③肌球蛋白能够与肌动蛋白结合,肌动蛋白分子上存在与肌球蛋白结合的部位,肌球蛋白通过与肌动蛋白分子结合与否来调节肌肉的收缩与松弛。

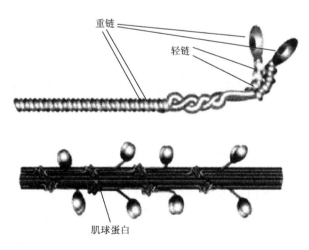

图 8-31 肌球蛋白分子结构 (章超桦和秦小明, 2014)

(2)肌动蛋白。肌动蛋白是肌原纤维蛋白细丝的主要蛋白。其分子形状呈球形,分子质量约为 43kDa,每个分子是由含有 1mol ADP 和 1mol Ca^{2+} 的 374 个氨基酸组成的单一多

肽链（图 8-32）。呈球状的为 G-肌动蛋白，当在生理盐水环境下，则构成双螺旋结构的
F-肌动蛋白。两者是可以互相变换的，G-肌动蛋白聚合时，ATP 分解为 ADP 和磷酸。

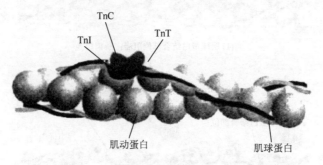

图 8-32　肌动蛋白分子结构（章超桦和秦小明，2014）

（3）肌动球蛋白。肌动球蛋白是横纹肌纤维中肌原纤维的主要成分，与肌肉收缩有关。
肌球蛋白和肌动蛋白在 ATP 存在下能够结合形成肌动蛋白，每分子肌球蛋白的两个球状
头各与一个肌球蛋白的单体相结合。肌动球蛋白是超纤维状的巨大分子，能够提高肌球蛋
白的 Mg^{2+}-ATPase 活性，它属于盐溶性蛋白，并容易形成絮凝状沉淀。

（4）原肌球蛋白。原肌球蛋白是肌原纤维蛋白中最稳定的蛋白之一，其分子质量约为
7×10^4Da，长约 40nm，由 2 个亚基组成，形成 α-螺旋的二级结构，并与肌钙蛋白结合形
成细丝（图 8-33）。原肌球蛋白中氨基酸组成具有特殊性，其色氨酸、酪氨酸和苯丙氨酸的
含量较少。并且，无脊椎动物原肌球蛋白中赖氨酸与精氨酸的比例为（1:1）～（2:1），
脊椎动物为（2:1）～（3:1）。原肌球蛋白主要有 α、β 两种亚基，鱼类中大部分是由 α
亚基组成，而在金枪鱼中两种均有。

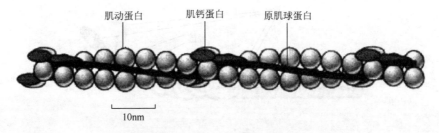

图 8-33　细丝的分子模型（章超桦和秦小明，2014）

（5）肌钙蛋白。肌钙蛋白呈球状，对肌球蛋白和肌动蛋白的结合起调控作用。鱼肌钙
蛋白由肌钙蛋白 I（分子质量 21～30kDa）、肌钙蛋白 T（分子质量 30～58kDa）和肌钙蛋
白 C（分子质量 17～24kDa）组成。各亚基具有不同的功能，肌钙蛋白 I 抑制肌球蛋白和
肌动蛋白相互作用，肌钙蛋白 T 和原肌球蛋白结合，而肌钙蛋白 C 起着与 Ca^{2+} 结合的作
用。三个亚基均分布在细丝上，如图 8-32 和图 8-33 所示。肌钙蛋白对肌球蛋白和肌动蛋
白的调节是其主要功能，并需要三个亚基相互协调配合。即在神经刺激下，Ca^{2+} 从肌浆网
内放出，与肌钙蛋白结合，并引起肌钙蛋白 C 的结构变化，从而进一步引起肌钙蛋白 I

的结构变化, 再通过肌钙蛋白 I 的作用, 解除肌钙蛋白对肌球蛋白 I 相互作用的抑制。肌钙蛋白 I 再将指令传递至整个肌动蛋白分子, 使肌动蛋白与肌球蛋白反应, 产生高的 Ca^{2+}-ATPase 活性, 从而引起肌肉收缩。另外, 肌钙蛋白 I 使肌球蛋白和肌动蛋白反应受到抑制, 肌肉开始松弛。

（6）副肌球蛋白。副肌球蛋白是无脊椎动物特有的肌原纤维蛋白质。在肌肉中, 该丝长度达到 50μm。肌球蛋白以副肌球蛋白的丝为核, 覆盖在其表面, 两者一起构成粗丝。副肌球蛋白在高离子强度下溶出, 但不显示与肌球蛋白同样的 ATPase 活性。因此, 极类似于轻酶解肌球蛋白, 但与纤维状和具水溶性的原肌球蛋白不同。双壳贝类的副肌球蛋白分子质量为 200~220kDa。每分子由 2 个同等的具有 100% 的 α-螺旋的亚基组成, 形成二重螺旋的分子结构。在副肌球蛋白的氨基酸组成中, 天冬氨酸、谷氨酸、丙氨酸较多, 缺乏色氨酸, 极类似于原肌球蛋白的氨基酸组成。如前所述, 副肌球蛋白是无脊椎动物特有的蛋白质, 在双壳贝类的闭壳肌中含量特别多, 在扇贝的无纹肌部, 占肌原纤维蛋白质的 50% 以上。在双壳贝类中, 可以观察到被"闭壳"的肌肉长时间收缩的特异现象, 其肌肉能消耗程度是处于静止状态的, 而这种持续的收缩运动可能与原肌球蛋白有关。

3. 肌基质蛋白

肌基质蛋白既不溶于水也不溶于盐溶液, 包括胶原蛋白和弹性蛋白, 是构成结缔组织的主要成分。

（1）胶原蛋白。胶原是由多束胶原分子组成的纤维状物质。胶原蛋白是生物体中重要的结构蛋白之一, 在鱼的皮、骨、鳞、腱等处均含有。胶原蛋白是由原胶原蛋白所构成的, 每个原胶原蛋白由 3 条分子质量为 100kDa 的 α-多肽链构成。胶原纤维在水中加热到 70℃ 以上时, 构成原胶原分子的 3 条多肽链之间的交联结构会被破坏而成为溶解于水的明胶。胶原蛋白根据其溶解性分为盐溶性、酸溶性、碱溶性和碱不溶性四种。胶原蛋白种类较多, 常见类型为 I 型、II 型、III 型、V 型和 XI 型。在鱼的普通肉中, 至少存在两种胶原蛋白, 即 I 型和 V 型胶原蛋白, 它们被认为是主要胶原蛋白和次要胶原蛋白。研究表明, 鱼肌肉胶原蛋白对原料鱼肉和烹饪鱼肉质地的形成非常重要, 胶原蛋白含量越高, 鱼肉的质地越硬。近年来, 鱼肉的嫩化被认为与 V 型胶原蛋白降解有关, 其肽键破坏引起的细胞外周胶原纤维裂解被认为是肌肉嫩化现象的主要原因。

（2）弹性蛋白。弹性蛋白是鱼贝类肌肉细胞中存在的另一种结缔蛋白。弹性蛋白也呈纤维状并且高度不溶, 是由许多氨基酸长链分子共同交联形成的网络结构。在这个结构中, 包含了一部分水和脂肪, 而使其具有一定的弹性和柔性。在水产品加工中, 由于弹性蛋白在骨骼肌的结缔组织中所占比例较小（仅 0.5%）, 所以对加工的影响较小。

8.4.2 水产品肌肉蛋白质在贮藏加工过程中的变化

1. 蛋白质变性

1）蛋白质冷冻变性

水产品在冷冻贮藏条件下, 肌肉蛋白质受冷冻贮藏温度及贮藏时间、包装、冻融速率、温度波动和反复冻融等物理或化学因素的影响,其分子内部原有的高度规律性的空间结构发生变化,致使蛋白质的理化性质和生物学性质发生改变,但并不导致蛋白质一级结构的破坏,这种现象称为蛋白质的冷冻变性。冷冻贮藏是水产品主要的贮藏方法之一,但不适当的冻藏会引起鱼贝类肌肉肌原纤维蛋白变性,造成肉质降低,如汁液流失、嫩度下降、风味物质和蛋白质损失,最终破坏肌肉蛋白质的功能特性(如凝胶性等),降低肉的品质和加工性能。蛋白质冷冻变性是影响水产品冷冻贮藏过程中肉质变化的主要因素,也是水产品贮藏中一直研究的重点问题。

(1)蛋白质冷冻变性学说。

关于蛋白质冷冻变性机理有很多说法,但目前较有说服力的有以下3种。

一是结合水的分离学说,即蛋白质中的部分结合水被冻结,破坏其胶体体系,使蛋白质大分子在冰晶的挤压作用下互相靠拢并聚集起来而变性,也可称为蛋白质分子的聚集变性。蛋白质冷冻凝聚变性模型如图8-34所示。具有α-螺旋结构的蛋白质在冻藏过程中易发生聚集变性。该模型指出,当蛋白质冷却到冰点以下时,温度较低部分的水分子开始结晶,而其他部分的未冻结水分子则向冰晶处迁移,引起冰晶生长,最终蛋白质表面功能基团所结合的水分也会被移去,这些功能基团游离出来而相互作用,从而使蛋白质分子间发生聚集。鱼肉肌原纤维蛋白中的肌球蛋白、肌动球蛋白中的肌球蛋白部分都具有α-螺旋结构,在冻藏中易发生聚集变性。研究发现,参与这些蛋白质聚集的键为氢键、离子键、疏水键和二硫键。蛋白质聚集使其相应的物理化学性质发生改变。

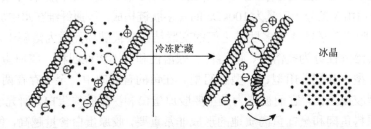

　　　　　　　　　　　　　　　　冷冻贮藏　　　　　　　　　　　　　冰晶

图8-34　蛋白质冷冻凝聚变性模型(鸿巢章二和桥本周久,1999)

二是细胞液的浓缩学说,即在冷冻条件下,蛋白质自由水与结合水先后结冰,使蛋白质的立体结构发生变化,同时,还由于细胞内外生成的冰结晶被破坏,引起肌肉中的水溶液浓度升高、离子强度和pH发生变化,最终导致蛋白质变性。这种变性几乎是不可逆的冻结,使蛋白质因盐析作用而变性。这种观点往往被用来说明细胞内外冰晶的生成量及生成状态同蛋白质变性之间的密切关系。未冻结时,蛋白质分子以高度水化的折叠状蛋白质存在,这时,蛋白质多肽链上的非极性基团位于分子内部而避免了与水分接触,具有较高的熵,较稳定,同时,蛋白质分子内部的非极性基团相互作用形成的非极性键可使其更稳定。鱼肉在冷冻过程中,随着结合水的冻结,冰晶形成会使蛋白质的水化程度大大降低从而使其链展开,形成水化程度很低的开链蛋白质。其未折叠部分暴露出非极性氨基酸,结果导致临近蛋白质间的疏水相互作用、氢键、二硫键、离子键等形成,最终导致蛋白质分子间构象重排、分子内发生聚集，也称作蛋白质多肽链的展开（unfolding）变性。蛋白质冷冻开链变性模型如图 8-35 所示。

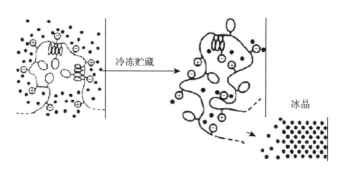

图 8-35　蛋白质开链变性模型（鸿巢章二和桥本周久，1999）

　　三是冰和蛋白质结合水之间的相互作用。蛋白质分子中复杂的三级、四级结构是由分子内非极性键之间的疏水结合和分子间的氢键来维持的。这些键的分布状态和蛋白质周围的水分子所形成的构造、状态密切相关。冻结时由于冰晶的生成引起结合水和蛋白质的结合状态发生改变，使蛋白质分子内部有些键被破坏，有些键又重新生成，这涉及蛋白质分子内部构造的变化，从而使蛋白质变性。此外，肌肉组织结构因细胞内外生成的冰结晶而产生破坏、肌肉组织蛋白酶对蛋白质的水解作用、冻藏中氧化三甲胺还原产生的二甲胺和甲醛、脂质氧化生成的醛酮类物质、ATP 分解产生的次黄嘌呤类物质、ATP 降解和糖原酵解造成的 pH 下降等因素均会导致蛋白质变性。

　　（2）肌原纤维蛋白在冻藏过程中物理化学性质的变化。

　　研究发现，鱼肉蛋白冷冻变性主要是由肌原纤维蛋白变性引起的，其他两种蛋白（肌浆蛋白和肌基质蛋白）变化很小。冷冻贮藏过程中，鱼肉肌原纤维蛋白质的变性主要表现为肌原纤维蛋白质空间结构的变化、溶解性的变化、Ca^{2+}-ATPase 活性变化、肌原纤维蛋白的巯基和二硫键含量变化、肌原纤维蛋白表面疏水性变化等。

　　鱼肉在冻藏过程中，由于冰晶的形成及增大而使肌原纤维蛋白脱水变性。电镜结果显示肌原纤维的空间结构发生变化，出现明显的裂缝和空隙，粗细丝排列紊乱、松散，肌节、A 带、I 带以及横纹模糊甚至消失，Z 线扭曲、断裂，严重时溶解消失，肌组织中出现大小不等的空泡；同时电泳图谱会出现色带变淡、消失或有新的条带生成的现象，这都表明了肌原纤维蛋白变性，并发生不同程度的降解。

　　冷冻贮藏期间肌原纤维蛋白的溶解性降低，且当冻藏温度高于冰结晶点时，冻藏温度越低，蛋白质变性越快，溶解性下降越快；当冻藏温度低于冰结晶点时，冻藏温度越低，蛋白质变性越慢，溶解性下降越慢；冻藏时间越长肌肉蛋白的溶解性越差。冻藏过程中由于氢键、疏水键、二硫键、盐键的形成往往会导致蛋白质的溶解性下降，且下降程度与鱼的品种有关。

　　肌球蛋白的球状头部（S1）具有 ATP 酶活性，Ca^{2+}可以激活其活性。所以 Ca^{2+}-ATPase活性是反映肌球蛋白完整性的一个重要指标。研究表明，冷冻贮藏期间肌原纤维蛋白 Ca^{2+}-ATPase 活性发生不同程度的下降，这表明冻藏破坏了肌球蛋白的完整性，发生变性，从而降低了肌原纤维蛋白的功能特性。Ca^{2+}-ATPase 活性的降低可能是由于肌球蛋白头部的结构发生了改变或聚集所致，且降低的程度取决于鱼的品种。在冻藏过程中冰晶的形成及由此带来的体系离子强度增加都会导致肌球蛋白头部结构发生改变，从而使其 Ca^{2+}-ATPase 活性下降。Ca^{2+}-ATPase 活性降低也可能和肌球蛋白球状头部巯基的氧化相关。蛋白质间相互作用引起的蛋白质分子重排及肌球蛋白活性部位的巯基发生氧化也可能导致肌球蛋白 Ca^{2+}-ATPase 活性下降。

巯基对于稳定肌原纤维蛋白质的空间结构有着重要意义，因此许多学者都认为巯基氧化形成二硫键是引起蛋白质分子间交叉、联结、聚合，进而导致肌原纤维蛋白空间结构发生变化的主要原因。研究表明，在冷冻贮藏过程中，肌原纤维蛋白的活性巯基易氧化成二硫键，因此经冷冻后其活性巯基或总巯基的含量减少，而二硫键的含量增加。巯基含量的减少可能是多肽内部或多肽间形成二硫键；也可能是由于蛋白质发生了聚集反应的结果。

蛋白质的表面疏水性反映的是蛋白质分子表面疏水性氨基酸的相对含量，也可以用它来衡量蛋白质的变性程度，对某种蛋白质来说，如果表面疏水性增加则说明它的变性程度增加。研究发现，鱼肉经冷冻贮藏后，肌原纤维蛋白的表面疏水性增加，表明冻藏引起蛋白变性。蛋白质表面疏水性的增加可能是因为肌原纤维蛋白质分子伸展开去折叠，把疏水性脂肪族和芳香族氨基酸残基暴露在蛋白质分子的表面，破坏了蛋白质原来的排列方式，引起肽链的卷曲或螺旋结构的变化，形成不同于天然结构的状态。

（3）蛋白质冷冻变性的影响因素。

影响蛋白质冷冻变性的因素很多，如原料鱼的种类、鲜度、预处理方法、冻结温度、冻结速度、贮藏温度和解冻方法等。

①原料鱼的种类。在冻结和冻藏过程中，原料鱼的种类极大地影响着肌原纤维蛋白质的冷冻变性程度，主要原因可能是原料鱼生活环境的温度、水分含量、水溶性成分种类和含量、肉组织蛋白质自身特性、脂肪酸含量等。研究可知一般深海底栖性鱼类（鳕鱼）比洄游性鱼类（鲐鱼、鲔鱼、鲣鱼等）的耐冻性好；栖息于低水温环境中的鱼类热稳定性大，同时也呈现出良好的耐冻性；红色肉鱼类肌肉的耐冻性低于白色肉鱼类。有研究发现在 -5℃、-12℃、-18℃冷冻条件下 4 种淡水鱼蛋白质变性程度的顺序为：鳙鱼＞鲢鱼＞草鱼＞鲤鱼。同时，鱼肌肉蛋白的冻藏稳定性也与甘氨酸和脯氨酸的含量以及在多肽链中的位置分布密切相关。与低脂鱼相比，冻藏过程中多脂鱼更易发生蛋白质变性，而且含多不饱和脂肪酸多的鱼类要比含量较少的鱼种更易发生蛋白质变性。

②原料新鲜度。鱼肉的新鲜度同样是蛋白质冷冻变性的重要影响因素。鱼肉越新鲜，其蛋白质冷冻变性的速率越小，即新鲜的鱼肉在冻藏中的稳定性比鲜度较差的鱼肉好。有研究发现，罗非鱼刚捕获立即对其进行 3 个月的贮存，最终肌球蛋白相对新鲜值有 22%变性，若捕获后冰藏 10d 再进行 3 个月的贮存，则有 65%会发生变性。对原料鱼捕获后，立即进行冻藏处理，有利于保持其良好的品质。

③处理方法。水产品冻藏前处理和包装方法对其品质的影响十分重要。去头、去内脏和漂洗是冷冻鱼糜加工过程中最重要的步骤，该工序不仅可以除去鱼肉蛋白中的大部分肌浆蛋白质、脂肪、血液、色素以及低盐溶性的肌原纤维蛋白，也可有效防止肌球蛋白重链

降解和甲醛的形成，从而提高鱼肉蛋白的冻藏稳定性以及肌原纤维蛋白的凝胶能力。在冻藏过程中，水产品采用真空包装方式能够更好地保护蛋白质的稳定性。

④冻结温度的影响。适宜的冻结温度能够较好地保持水产品肌肉的持水性、色泽和质构特性等。目前，我国冷冻制品生产过程中常采用−40～−20℃的冻结温度，也有相应研究在−60℃条件下对肉制品进行冻结处理。

⑤冻结速度的影响。冻结速度快慢对鱼肉蛋白质的变性影响很大。当冻结速度较慢时，肌纤维中生成体积大的冰晶，导致细胞受压挤而变形，甚至造成细胞膜破裂，溶液浓度增加造成鱼肉蛋白盐析变性；当冻结速度较快时，肌纤维中生成体积小的冰晶，并均匀分布，细胞破裂程度低，蛋白质变性小，汁液流失率小。但冻结速率并不是越快越好，超快速的冻结会导致水产品体积突然膨胀，造成组织冻裂现象。

⑥贮藏温度的影响。贮藏温度与蛋白质变性之间成正比，即温度越低，变性程度越小。汪之和等研究鲢鱼贮藏在−18℃和−40℃条件下发现，前者的盐溶性蛋白溶解度比后者低21.8%。另外，贮藏温度的波动对水产品品质影响颇大，主要原因是在冻藏期间，温度变化会导致冰晶体的再结晶现象，对水产品组织造成二次破坏。当温度升高时，处于纤维中间的冰晶融化成冰，随即透过纤维膜扩散至纤维的间隙部位。当温度降低时，这部分水即在纤维间隙内重结晶，从而使原冰晶体积增大。因此，当贮藏温度越低且波动越小时，水产品蛋白质受到的破坏越小。

⑦解冻条件的影响。解冻条件如解冻方式、冷冻—解冻循环次数是影响水产品蛋白质冷冻变性的另一重要因素。常用的解冻方式是低温水、空气解冻，其优点是能够减少传递过程中的渗透压，组织结构破坏少，能够较好保存水产品的品质，使得其汁液流失率减少，蛋白质变性减少。但近年来，真空解冻、低频解冻、微波解冻、高压静电解冻和超高静压解冻等新型解冻方式受到了学者的关注，并取得了较大的成果。但值得注意的是，反复对冻藏的水产品进行冷冻—解冻循环，会导致严重的蛋白质变性。

（4）蛋白质冷冻变性的抑制技术。

蛋白质冷冻变性会导致水产品的品质劣变及功能特性减弱，如汁液流失、肉质变硬及风味物质损失等，如何防止蛋白质冷冻变性一直是困扰水产品加工企业的技术难题。国内外学者对蛋白质冷冻变性的抑制技术开展了大量研究工作。现阶段，已报道的抑制蛋白质冷冻变性的方法很多，但目前最有效的方法是添加冷冻抑制剂。研究发现，糖类、复合磷酸盐类、蛋白质水解物和抗冻肽等具有很好的抗冻效果。

①糖类物质。糖类物质可以作为抗冻剂，内在的抗冻机制主要为：首先是糖类物质可以与蛋白质表面的反应基团结合，一定程度上阻碍了蛋白质分子之间发生聚集变性；其次是糖类物质的游离羟基可以与水产品肌肉中的水分子结合，促进自由水转化为束缚水，从而导致"共晶点"温度的降低，减少大量冰晶体的形成，蛋白质分子的相互聚集受阻，进而保持稳定构象。另外，低分子糖类通过氢键或离子键与蛋白质分子缔合，降低了水分子与蛋白质结合的机会，避免蛋白质氢键连接点的暴露，蛋白质的结构相对稳定；而多糖则以玻璃态的形式包裹蛋白质或促进蛋白质分子中 α-螺旋结构的形成，延缓蛋白质的冷冻变性。在冷冻水产品中，海藻糖、壳聚糖、壳寡糖、麦芽糖、乳糖、蔗糖、多聚葡萄糖、山梨糖醇及乳糖醇等都可以作为抗冻剂使用。马璐凯等发现在−18℃冻藏的南美白对虾中

添加海藻糖、海藻胶及寡糖可以有效地降低其解冻汁液流失，防止肌原纤维蛋白的盐溶性、疏水性、Ca^{2+}-ATPase 活性等的变化。但是传统的抗冻剂由于热量高、甜味重，对产品的口感以及营养价值造成了一定影响，甚至对人体健康存在威胁，所以也有学者一直在关注低甜度糖类抗冻剂的开发。张静雅以海藻糖、蔗糖、山梨糖醇和乳糖醇进行复配，探讨对白鲢鱼蛋白质冷冻变性的影响，发现当海藻糖 4%、蔗糖 1%、山梨醇 2% 及乳糖醇 3% 复配作为抗冻剂使用时，其抗冷冻变性效果不仅比商业抗冻剂（蔗糖 4% 与山梨糖醇 4%）更优，而且甜度也有所降低。另外，食品加工者也正在探讨低聚果糖菊粉作为抗冻剂在水产品中的应用。

②复合磷酸盐。目前，磷酸盐是使用最广泛的盐类抗冻剂，尤其是在冷冻鱼糜产品中，它可以解离鱼肉肌动球蛋白，扩大肌原纤维蛋白的空间结构，结合水含量增加，蛋白质表面的水分子层保持蛋白质的结构稳定，避免冻藏过程中的冷冻变性；另外，复合磷酸盐缓慢释放的磷酸根离子能够提高鱼肉的 pH，并增加肌动球蛋白的亲水性，以促进鱼类肌肉蛋白的稳定。有研究发现蔗糖、山梨糖醇与多聚磷酸盐的复配剂对鲢鱼鱼肉蛋白冷冻变性具有较好的抑制作用；关志强等也得出文蛤的最佳抗冻剂配方为焦磷酸钠 0.1%、三聚磷酸钠 0.1%、蔗糖 2%、山梨醇 3%。

③蛋白质水解物。蛋白质在水解过程中，产生大量的亲水性氨基酸（谷氨酸和天冬氨酸），它们更容易与水分子之间形成氢键，促使自由水转变，更多结合水的存在可以明显减少冰晶的形成，阻止蛋白质的相互聚集或蛋白质因构象变化导致的开链变性。同时，水解产物也可以通过氢键与冰晶结合，包裹在冰晶表面，阻止冰晶因不断扩大对蛋白质造成的破坏。另外，水解产物与蛋白质之间的氢键及疏水相互作用等也可以延缓蛋白质冷冻变性。研究发现鱿鱼蛋白水解物、鳗鱼头水解物等蛋白质水解物可以保持冻藏草鱼鱼糜等蛋白制品的 Ca^{2+}-ATP 酶活性、盐溶性蛋白含量、未冻结水含量及凝胶强度，从而有效抑制蛋白质冷冻变性。刘艺杰等研究发现向鳙鱼鱼糜中添加红鱼鱼排酶解物后，样品蛋白质结构相比空白组更加致密且冰晶减少，说明红鱼鱼排酶解物可以增强蛋白质的稳定性，有效抑制冻藏过程中的冷冻变性。还有学者研究发现 8% 的太平洋鳕鱼水解物可以明显提高天然肌动球蛋白的热稳定性、凝胶持水能力及质构特性，对蛋白质具备良好的低温保护性能。

④抗冻肽。抗冻肽是一组结构上多样化的热滞后蛋白，可以与冰晶结合并抑制水分子形成冰晶，延缓冰晶的生长。抗冻肽与冰的结合及对冰晶生长的抑制作用则可能源于氢键、疏水相互作用及非键相互作用。抗冻多肽主要来源于鱼类（抗冻糖蛋白，抗冻蛋白Ⅰ、Ⅱ、Ⅲ、Ⅳ）、昆虫、植物、细菌和真菌等。现有研究认为脯氨酸残基阻碍抗冻肽和水分子渗入抗冻剂附近的冰晶中，因而从动力学角度抑制冰晶的生长。另外，抗冻肽中甘氨酸-氨基酸-脯氨酸/羟脯氨酸三肽重复序列在鱼肉蛋白的冷冻保护方面发挥着重要作用。目前，已有研究发现除了鱼皮中胶原的水解物胶原蛋白外，鱼肉、鱼骨、虾头等的蛋白水解物也具有一定的抗冻活性。但是，就目前而言，抗冻肽主要从自然生物体中分离或基因工程生产得到，且合成困难；另外由于过冷状态是亚稳态的，保持这种状态可能需要高浓度的抗冻肽或存在有效增强子。这些因素都会严重制约抗冻肽在生产实际中的应用。

2）蛋白质热变性

热处理是水产品加工过程中重要的加工工艺，加热会引起一系列生物化学反应，赋予产品特别的风味、色泽以及质地。这些生物化学反应主要是由于肌肉蛋白质在加热过程中发生了变性。热处理能不同程度地改变蛋白质的构象（这种新的构象往往是过渡的或者是短暂的），但并不伴随一级结构中肽链的断裂。热变性的蛋白质双螺旋结构展开，形成特殊的伸展结构。其二、三级结构的改变使 α-螺旋、β-折叠、β-转角、无规卷曲结构的比例发生改变。随着热变性温度的升高和时间的延长，α-螺旋结构的相对强度呈减小趋势，β-折叠和无规卷曲结构相应增多。所以，蛋白质分子中多个肽键平面通过氨基酸的 α-C 原子旋转而紧密盘曲成的稳定结构可能在热变性作用下转变为不规则的疏松构象，从而使疏水性基团向外暴露。变性的最后一步相当于完全展开的多肽链结构。

在加工过程中，变性可使蛋白质的功能性质（水合性质、结构性质、表面性质、感官性质）发生不同程度的改变，并能增强蛋白酶对肌肉蛋白质的敏感性。研究发现，鲭鱼、鳀鱼和沙丁鱼的鱼肉蛋白质溶解度、巯基随着加热温度的升高而降低，羰基形成量随着温度的升高而增加。加热使得蛋白质结构发生不可逆的变化，随着温度上升，变性速度加快。

（1）热变性对蛋白质酶解性质的影响。

一般来说，蛋白质分子将肽链卷曲其中，结构稳定，蛋白酶不易将其水解。而热变性可以使蛋白酶对蛋白质的水解作用加强，因为经过热处理的蛋白质，分子中的许多作用键被打开，使得被卷曲的肽链释放出来，更易于蛋白酶与其作用位点结合，但需要控制加热的温度，过高会产生反结果。不仅水解酶是这样，消化酶也是一样的机理，热变性还有利于提高消化酶的作用，从而提高消化率。从这一点看，适度的热变性能提高蛋白质的营养。研究发现，加热易使缢蛏蛋白质脱水、变性，变性程度越大，其水解度越低。

（2）肌原纤维蛋白热变性与凝胶性能。

热处理是使蛋白质胶凝的最常用方法。肌原纤维蛋白在加热后变性、聚集形成凝胶，是鱼肉蛋白质的重要功能特性——凝胶性能，是鱼糜及鱼糜制品加工的理论基础。鱼糜制品是指将鱼肉绞碎，经加盐擂溃，成为黏稠的鱼浆（鱼糜），再经调味混匀，做成一定形状后，通过水煮、油炸、焙烤和烘干等加热或干燥处理制成的具有一定弹性的水产食品，主要品种有鱼丸、虾饼、鱼糕、鱼香肠、鱼卷、模拟虾蟹肉和鱼面等。鱼糜制品的生产主要分为两个阶段，即冷冻鱼糜的生产和以冷冻鱼糜为原料的鱼糜制品生产。冷冻鱼糜生产技术实质上就是使鱼类蛋白质在冷藏过程中不致产生冷冻变性而影响鱼糜制品特性的生产技术，即防止鱼肉冷冻变性的技术。而鱼糜制品的生产实质上是鱼糜中肌原纤维蛋白热变性、聚集形成具有一定弹性和口感的凝胶体的过程。

在热诱导作用下，肌球蛋白发生变性展开，并通过二硫键、氢键、疏水相互作用等分子间作用发生交联、聚集和凝胶化，进而形成高度有序的三维网络结构，水分子和脂肪等成分以物理或化学的方式包含在凝胶基质中（图 8-36）。肌动蛋白等其他肌原纤维蛋白虽不能形成凝胶，但对凝胶形成具有协同或对抗效应，影响凝胶结构和品质。凝胶网络的好坏与肌原纤维蛋白结构性质有关，且对鱼糜制品的质地和保水性有着重要作用。

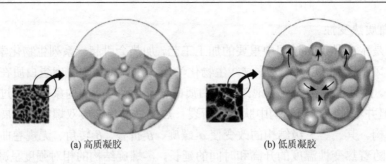

(a) 高质凝胶　　　　　　　　　　　(b) 低质凝胶

图 8-36　高质凝胶和低质凝胶微观结构示意图（Liu et al.，2016）

3）蛋白质高压变性

超高压加工技术是指将食品密封于弹性容器或置于无菌压力系统中（常以水或其他流体介质作为传递压力的媒介），在高压（一般为 100～900MPa）下处理一段时间，以达到加工保藏的目的。水产品的冷鲜加工是超高压加工技术应用的一个重要领域，按应用类型，可将这些应用研究分为水产品杀菌、保鲜、脱壳、改性、快速冷冻和解冻等方面。其中杀菌、保鲜、脱壳、改性等应用均与蛋白质高压变性有关，高压作用会影响蛋白质的分子结构，从而使其功能特性发生变化。压力能够松懈肌肉纤维和壳体的粘连组织（蛋白质变性所致），拆开牡蛎肉壳之间蛋白质的束缚，当超高压加工完成时，可以在不借助任何去壳工具的情况下对牡蛎轻松去壳。此外，研究发现高压处理（100～800MPa，10min，20℃）导致牡蛎的收缩肌蛋白质变性，这使得含水率相对于未加工的牡蛎增加，而灰分和蛋白质含量相对减少。用超高压技术加工深海鱼，发现压力为 300MPa 和 400MPa 时能很好地保持鱼肉的弹性和韧度，200MPa 的压力却使弹性下降。通过电泳分析和蛋白质印迹分析发现高压可以抑制肌间线蛋白的分解，这其实是蛋白质变性和裂解酶受高压失活导致的。随着研究的进一步深入，超高压诱导肌肉蛋白质形成凝胶成为鱼糜凝胶研究中的一个热点。鱼糜经超高压处理后，有利于蛋白质分子间形成交联，改变蛋白质空间结构，形成网络结构，导致蛋白质变性、聚集、凝胶化。与热诱导形成的凝胶不同，高压诱导形成的凝胶更柔韧、弹性好，还能保持原有的色泽和风味。

一般认为，高压所导致的蛋白质变性是由于其破坏了稳定蛋白质高级结构的弱作用力——非共价键，从而使这些结构遭到破坏或发生改变。在蛋白质结构中除了以共价键结构结合为主外，还有离子键、氢键、疏水键等较弱的结合。蛋白质经高压处理后，其疏水结合及离子结合会因体积的缩小而被切断，于是立体结构崩溃导致蛋白质变性，进而改变蛋白质的二、三、四级结构。压力的高低和作用时间的长短是影响蛋白质能否产生不可逆变性的主要因素。

2. 蛋白质降解

水产品在贮藏加工过程中肌肉蛋白质在内源蛋白酶和外源微生物等作用下会发生降解，使蛋白质的化学结构发生一定变化，同时会产生一些低分子的物质，如肽、氨基酸、醛、有机酸和胺等，进而使水产品品质发生变化（质地软化、腐败等）。

鱼贝类死后肌肉中 ATP 含量下降，肌原纤维中的肌球蛋白和肌动蛋白发生结合，形成不可伸缩的肌动球蛋白，使肌肉收缩从而导致肌肉变硬，直至整个肌体僵直。当达到最大程度僵硬后，开始发生解僵作用，导致肌肉变软，弹性下降。主要是由于组织中胶原分子结构改变，胶原纤维变得脆弱，肌细胞骨架蛋白和细胞外基质结构（如结缔组织、胶原蛋白）发生了降解。细胞骨架成分的蛋白质水解会导致肌丝降解。这些降解包括肌联蛋白和伴肌动蛋白的降解、α-辅肌动蛋白的释放、肌凝蛋白的水解以及原肌球蛋白偏离原位等。高分子量的肌联蛋白和伴肌动蛋白等结构蛋白的降解与肌肉的质量息息相关。一些小分子量的结构蛋白，如肌钙蛋白和肌间线蛋白的降解与死后贮藏期的肌肉软化相关。研究发现V 型胶原蛋白的减少与鱼死后冷藏过程中的肌肉软化显著相关。

　　鱼贝类的肌肉细胞中含有众多的蛋白酶系，组织蛋白酶和钙蛋白酶被认为是造成鱼贝类死后肌肉蛋白质降解的两条主要途径。多数肌原纤维蛋白质都可以被钙蛋白酶和组织蛋白酶水解。在黑鲈肌肉中钙蛋白酶可以使肌原纤维在体外释放出 α-辅肌动蛋白和原肌球蛋白，钙蛋白酶和组织蛋白酶均可以降解肌凝蛋白重链、α-辅肌动蛋白和肌间线蛋白，肌动蛋白和原肌球蛋白则对组织蛋白酶 B、D、L 比较敏感。肌钙蛋白 T 被组织蛋白酶 B、L 分解，同时生成 30kDa 的蛋白条带。

　　组织蛋白酶是一种酸性蛋白酶，在活体组织内基本无活性，但会在死后肌肉的损伤位点及在冷冻和解冻过程中释放出来，从而表现出活性。组织蛋白酶可以通过其活性位点、对底物的特异性和对抑制剂的敏感性来区分。目前研究与肌肉降解相关的鱼肉溶酶体内的蛋白酶主要是组织蛋白酶 B、D、H 和 L。组织蛋白酶 D 主要能降解肌动蛋白、肌球蛋白、肌联蛋白和伴肌动蛋白等，但在室温下组织蛋白酶 D 对肌原纤维的水解活性很低，因此有人提出在冷藏条件下该蛋白酶对肌肉蛋白的分解作用并不大。组织蛋白酶 H 可降解肌球蛋白，但对肌原纤维没有明显作用；有研究认为组织蛋白酶 L 是溶酶体中降解肌原纤维有效的蛋白酶。在鱼死后僵硬过程中，其肌肉的 pH 迅速下降。若体内的酸性蛋白酶从溶酶体中释放出来，与底物接触，那么酸性蛋白酶将会被激活。组织蛋白酶 D 的最适 pH 为 3.0 左右，而组织蛋白酶 B、L 的最适 pH 与死后肌肉 pH（6.0～7.0）更接近，也就是说组织蛋白酶 B 和 L 在肌肉中发挥的作用可能比组织蛋白酶 D 的更大。但是，也有学者提出组织蛋白酶 D 在肌肉降解中的作用比组织蛋白酶 B、L 的更大，是因为组织蛋白酶 D 的含量比组织蛋白酶 B、L 的含量高很多。

　　钙蛋白酶（calpain）是一类中性半胱氨酸酶，可参与多个经过钙调节的生理反应。肌肉中钙蛋白酶的存在形式主要有三种，包括钙蛋白酶 I（μ-calpain）、钙蛋白酶 II（m-calpain）、肌肉特异表达的钙蛋白酶III。其中钙蛋白酶 I 和钙蛋白酶 II 分子量相近，但表现最高活性时所需的 Ca^{2+} 浓度不同。鱼贝类死后肌肉中 Ca^{2+} 浓度的增加会导肌肉软化。Ca^{2+} 浓度和钙蛋白酶抑制剂、钙激酶等因素会影响钙蛋白酶的活性，即提高 Ca^{2+} 浓度，钙蛋白酶的活性会增强，进一步提高 Ca^{2+} 浓度将导致肌纤维构象变化，从而表现出水解酶的活性；当钙蛋白酶被激活后，如果存在钙蛋白酶抑制剂，抑制剂将与之结合并抑制其活性，以保证钙蛋白酶对底物特定位点的水解。研究表明，钙蛋白酶可降解原肌球蛋白、肌钙蛋白 T、丝蛋白、结合蛋白、肌联蛋白以及伴肌动蛋白等肌原纤维骨架蛋白，但不能降解肌球蛋白、α-肌动蛋白和 α-辅肌动蛋白。据推测，钙蛋白酶首先攻击肌原纤维的肌节部位，使肌丝释放并降解为小片段，之后小片化的肌原纤维被溶酶体捕获，进一步降解。因此钙蛋白酶可能是通过对肌原纤维蛋白进行局部的、特异性的降解来实现对其结构和功能调控的。

此外,研究表明另一种可降解鱼类肌肉结缔组织蛋白质的酶系是基质金属蛋白酶(MMPs)。MMPs 几乎可以降解细胞外基质(ECM)中的各种蛋白成分,可以导致肌肉结缔组织的瓦解,从而导致肌肉死后软化。其中,胶原酶可引起胶原蛋白分解,使肌纤维与肌内膜发生脱离,肌节之间会出现间隙,肌原纤维之间的结构由致密变得疏松,肌节变得脆弱。

3. 蛋白质氧化

蛋白质氧化是一种由活性氧自由基(超氧化物自由基、过氧化物自由基、羟基自由基、超氧阴离子自由基等)直接作用或者由氧化副产物(醛类等)间接作用引起蛋白质发生共价修饰的反应。蛋白质发生氧化后,羰基含量增加,活性巯基下降;二硫键增加,蛋白质发生交联、聚集;溶解性和功能性的损失;这一系列变化都会使水产品品质(多汁性、嫩度、色泽、风味等)发生显著变化。

1)水产品中蛋白质氧化发生的途径

(1)脂肪氧化诱发的蛋白质氧化。多脂鱼类因其长链 ω-3 多不饱和脂肪酸和二十二碳六烯酸含量较高,被认为具有较高的营养价值。但是在多脂鱼类加工生产过程中存在的最大问题就是脂肪氧化,其不仅会导致腐臭和变色,而且脂肪氧化副产物(包括烷自由基、氢过氧化物、活性醛类等)均能引起蛋白质氧化,形成蛋白质羰基衍生物和共价交联物。在冷冻储藏(-30℃和-80℃)期间,地中海鱼蛋白质羰基基团含量出现增加现象,主要归因于鱼中的脂肪含量较高,脂质发生氧化反应后的产物能诱导蛋白质进一步发生氧化。

(2)臭氧处理引起的蛋白质氧化。在淡水鱼糜生产过程中,臭氧常作为脱腥剂和漂白剂使用,以解决淡水鱼糜腥味重、白度低、凝胶差等问题。但是,臭氧在水中可发生氧化还原反应,生成具有较高反应活性的羟自由基、超氧阴离子自由基及氢化臭氧自由基等多种活性氧自由基。这些活性氧自由基可作用于蛋白质进而引发氧化效应,最终导致半胱氨酸、色氨酸、酪氨酸等氨基酸侧链修饰,蛋白质构象变化,蛋白质交联或降解等变化。随着臭氧在食品加工中的应用越来越广泛,臭氧引起的蛋白质氧化对食品中蛋白质结构和功能性质的影响也逐渐被关注。Zhang 等对臭氧处理的鳙鱼鱼肉的理化特性及凝胶特性进行了分析,发现适度臭氧处理可以提高肌原纤维蛋白羰基含量和凝胶强度。Jiang 等分析了轻度臭氧处理对鲢鱼肌球蛋白结构的影响,发现轻度臭氧处理后肌球蛋白羰基含量、表面疏水性增加,巯基含量减少,α-螺旋显著减少,蛋白质结构展开并发生一定的交联。除了上述两种方式能够引起水产蛋白质发生氧化之外,金属离子、过氧化物以及肌肉中的血红素蛋白等催化的蛋白质氧化也不容忽视。

(3)金属离子和其他氧化剂引起的蛋白质氧化。过渡金属,特别是 Fe,在脂肪氧化中起着重要的作用,同样被认为参与了蛋白质氧化的启动。有学者在对 Fe 催化诱导羟自由基产生继而对沙丁鱼蛋白质氧化影响的研究中发现:蛋白质(高分子量和低分子量)的损失可能涉及二硫键和非二硫键的共价连接;蛋白质的氧化损伤,会导致沙丁鱼暗色肉品质下降,缩短其贮藏期。金属离子诱导的氧化与过氧化物的存在有关,尤其重要的是氢过氧化物。姜晴晴等、刘娟等均利用羟基自由基模拟体系来分别研究蛋白质氧化对带鱼和白斑狗鱼肌肉物理性质的影响。此外，存在于鱼肌肉组织中的血红素蛋白与蛋白质氧化有一定联系，而其中的机制也涉及了过氧化物。

2）蛋白质氧化对水产品蛋白质结构和功能性质的影响

（1）氧化对肌原纤维蛋白结构的影响。肌肉蛋白质的氧化修饰导致它们的结构发生改变，主要表现有氨基酸侧链修饰、羰基含量增加、活性巯基含量下降、二硫键含量增加、蛋白质发生交联聚集、肽骨架断裂、蛋白质结构空间排列等，进而导致功能性质也随之发生变化。王发祥等通过傅里叶变换红外光谱法观察冷藏过程中草鱼肌肉蛋白质二级结构的变化，显示 α-螺旋结构含量逐渐下降，向无规则卷曲方向转变，导致后者含量逐渐上升，蛋白质结构无序性增加。李学鹏等利用双向电泳分离技术，采用荧光素-5-氨基硫脲对氧化蛋白质的羰基进行荧光标记和参数优化后，获得具有分离度好、蛋白点清晰、分布均匀的双向电泳图谱，并进一步研究了大黄鱼肌肉在冷藏过程和模拟氧化中的蛋白质氧化情况，为解析水产品肌肉蛋白质氧化机制提供了参考依据。Pazos 等利用蛋白质组学技术分析鲭鱼鱼糜冷冻后的蛋白质氧化情况发现：糖原磷酸化酶、丙酮酸激酶、肌肉同工酶、肌肉型肌酸激酶、醛缩酶 A 等具有较高的羰基化水平。蛋白质结构完整性与功能性有极大的联系，对氧化后蛋白质结构的精确定性及定量，有利于分析蛋白质氧化对水产品品质的影响。

（2）氧化对鱼糜（肌原纤维蛋白）凝胶性质的影响。鱼糜制品的加工过程实质上是鱼肉肌原纤维蛋白的热变性聚集和凝胶化过程，由于凝胶制品的加工过程涉及众多工序，鱼糜蛋白质在该过程易发生一定程度的氧化。例如，在鱼糜加工过程中，漂洗阶段的氧化会导致凝胶的形成能力降低，这直接与蛋白质氧化有关。另外，研究表明：水产品肌肉中氧化的肌动球蛋白通过谷氨酰胺转移酶进行酶学连接的过程存在一定障碍，进一步确认氧化可以损害酶学反应和凝胶形成。到目前为止，蛋白质氧化对蛋白质凝胶特性的影响仍然存在争议，多数研究表明氧化对肌肉蛋白质的凝胶性能具有不利影响。淡水鱼糜在冷冻贮藏过程中，因蛋白质发生氧化导致鱼糜凝胶强度下降。李艳青等研究了羟自由基氧化对鲤鱼肌原纤维蛋白乳化性及凝胶性的影响，发现氧化会导致鲤鱼肌原纤维蛋白凝胶的弹性、硬度、保水性及白度不同程度地下降，凝胶微观结构遭到破坏。但 Xiong 等认为适度氧化有利于提高蛋白质的凝胶特性，过度氧化则导致蛋白与蛋白之间发生过度聚集，而损害蛋白质的凝胶形成能力。Wang 等研究了丙二醛、亚油酸氧化体系对鲢鱼肌原纤维蛋白凝胶性能的影响，发现低浓度丙二醛、氧化亚油酸轻度氧化可以提高凝胶强度和凝胶持水性，过度氧化则导致凝胶强度和凝胶持水性下降。陈霞霞等也发现银鲳肌原纤维蛋白在氧化前期，凝胶弹性和硬度存在升高趋势，之后随着氧化剂量的增大及氧化时间的延长，凝胶品质急剧下降。对于鱼糜工业，蛋白质发生氧化后对其自身的影响可能并不一定对产品产生较大影响，但是结合具体的加工过程和储藏条件可能对食品造成极大的影响，这点值得我们深刻认识。

3）蛋白质氧化对水产品品质的影响

水产品的色泽和风味是十分重要的质量特征，直接影响着消费者购买水产品的主观意向。鱼肉中的主要蛋白质发色团是肌红蛋白，它是肌细胞中的水溶性蛋白质，与 O_2 接触时，肌红蛋白会变成氧合肌红蛋白和高铁肌红蛋白，从而导致肉质颜色发生转变。对于鱼肉的风味影响主要涉及蛋白氧化形成的羰基与来自游离氨基酸的 α-氨基反应，通过 Strecker 途径降解形成 Strecker 醛。蛋白质氧化除了能够影响水产品的色泽和风味以外，还会对水产品肌肉的嫩度与持水性有较大影响，主要涉及两种机制：第一种机制是由于氧化作用，肌球蛋白和肌动蛋白的结构发生变化，导致它们对蛋白水解酶的敏感性下降，且肌原纤维的微结构破坏加重，推断蛋白氧化对肌原纤维组织结构的破坏起到了主要作用；这在卢涵对鳙鱼肉低温贮藏过程中蛋白质氧化与品质变化的研究中得到了印证。第二种机制涉及肌原纤维蛋白结构的变化：蛋白质之间的交联增强了肌纤维结构并导致肌肉组织硬化，伴随着嫩度下降。由于氧化导致肌原纤维持水性的下降与交联的氧化产物增加保持一致，这也表明交联一定程度上影响着肌原纤维的持水性。探讨蛋白质氧化、蛋白质聚集和蛋白质水解过程之间的相互关系，有利于理解蛋白质对肌肉嫩度和持水性。

8.4.3　水产品过敏原

　　水产品作为人类重要的优质蛋白质来源之一，其市场和消费群体不断扩大。与此同时，由水产品引发的食物过敏也日益增多。在联合国粮食及农业组织公布的八大类过敏食物中，水产品占了两大类，分别为鱼（各种鱼类）和甲壳类动物（虾、蟹等）。食物过敏是人类常见的一种过敏性疾病，绝大部分是由特殊蛋白质（即过敏原）引起，如免疫球蛋白 E（IgE）介导的 I 型超敏反应。水产品主要的过敏原有小清蛋白、鱼卵蛋白、胶原蛋白、原肌球蛋白、精氨酸激酶、肌球蛋白轻链、肌钙结合蛋白、血蓝蛋白亚基等。

　　1. 种类

　　1）鱼类过敏原

　　20 世纪 70 年代，人们以波罗的海鳕鱼为实验对象，开始了对鱼类过敏原的深入研究。鱼类的过敏原主要包括小清蛋白、卵黄蛋白、明胶和胶原蛋白。其中，小清蛋白是一种存在于肌肉骨骼细胞中的酸性钙结合蛋白，分子质量为 12kDa 左右，通过调控细胞内 Ca^{2+} 的交换发挥作用。小清蛋白一般分为 α 和 β 两个类型，能引起过敏症状的主要属于 β-小清蛋白。目前，国内外学者已经对赤虹、鲢鱼、鲤鱼、草鱼、鳕鱼、金枪鱼、鲑鱼、鲈鱼、鳗鱼等鱼类的小清蛋白进行了分离纯化，对其性质进行了分析和过敏原性鉴定。同时，研究发现鱼类红肉中小清蛋白含量低，因此一般认为红肉占肌肉比例高的鱼的致敏性较低。

　　除了小清蛋白，鱼类中还存在其他的过敏原，如白鲸鱼子酱中的卵黄蛋白、大眼金枪鱼和罗非鱼的胶原蛋白，直接食用鱼源的胶原蛋白会对过敏患者造成严重的健康问题。

　　2）甲壳类动物过敏原

　　甲壳类动物的过敏原主要包括原肌球蛋白、精氨酸激酶、肌球蛋白轻链、肌钙结合蛋白、血蓝蛋白亚基和磷酸丙糖异构酶蛋白，其相应的结构都已经被鉴定出来。

　　原肌球蛋白是虾、蟹等甲壳类动物的重要过敏原。现阶段，学者已经中国对虾、印度对虾、棕虾、凡纳滨对虾等多个品种虾肌肉组织中的原肌球蛋白进行了纯化并鉴定，发现不同品种虾的原肌球蛋白的氨基酸排序、组成具有极其相似的特征，而且都具有较高的交叉反应活性。

随着有关甲壳类动物研究的不断深入，精氨酸激酶作为过敏原的相关报道也越来越多，且认为是甲壳类动物中仅次于原肌球蛋白的重要过敏原。在细胞代谢中，精氨酸激酶能够调节磷酸精氨酸与 ATP 之间的能量平衡，它将 Mg^{2+}-ATP 上的磷酸基转移到精氨酸上，产生磷酸精氨酸和 Mg^{2+}-ADP，在无脊椎动物的能量代谢中起着重要作用。

另外，其他几种被发现的甲壳类动物新型过敏原（肌球蛋白轻链、肌钙结合蛋白和血蓝蛋白亚基等）在机体中同样发挥着重要作用，如血蓝蛋白是一种具有抗病毒和抗细菌等多种免疫活性的多功能的氧载体蛋白，具有酚氧化酶活性。

2. 过敏原的致敏机制

一般的过敏反应又称为变态反应、超敏反应，是指机体首次受到抗原（包括半抗原）刺激后，产生相应的抗体或致敏淋巴细胞；当再次接触同 1 种抗原后在体内引起体液或细胞免疫反应，从而导致组织损伤或机体生理机能障碍。按免疫学机制划分，食物过敏包括 4 种变态反应 I 型过敏反应又称速发型，由免疫球蛋白 E（IgE）介导；II 型过敏反应也称细胞毒型，由免疫球蛋白 G（IgG）和免疫球蛋白 M（IgM）介导；III 型过敏反应是免疫复合物型；IV 型过敏反应被称为迟发型反应或 T 细胞介导型。食物过敏从广义的角度可以分为 IgE 介导和非 IgE 介导的过敏反应两类。

IgE 介导的食物过敏反应是 I 型变态反应，分为三个阶段：致敏阶段、激发阶段和效应阶段。致敏阶段是指机体接触食物过敏原后产生 IgE 抗体。食物过敏原进入体液中后可以选择性诱导抗原特异性 B 细胞产生 IgE 抗体应答，接着特异性 IgE 能与肥大细胞和嗜碱性粒细胞表面高亲和性受体 FcεRI 结合，此为致敏过程。对于易过敏体质的人群，通过呼吸道吸入或者通过胃肠道摄入的过敏原可以使机体处于致敏阶段。当相同的抗原再次暴露时，抗原通过与嗜碱性粒细胞或者肥大细胞表面的 IgE 抗体特异性结合，使之释放出组胺、5-羟色胺、前列腺素、嗜酸性粒细胞趋化因子等介质，此为激发阶段。这些生物活性介质能够使血管扩张及通透性增加，在呼吸系统、胃肠系统、中枢神经系统、皮肤、肌肉等不同部位产生不同的临床症状，如呼吸系统会产生鼻塞、咳嗽、哮喘，严重的可导致过敏性休克，此为效应阶段。

非 IgE 介导的食物过敏的临床表现主要为胃肠道紊乱，主要体现为食物蛋白刺激的结肠炎、过敏性嗜酸性粒细胞引起的肠胃炎等。引发这类食物过敏反应的重要因素包括释放 Th2 细胞因子及缺乏调节 T 细胞的细胞因子。

3. 水产品过敏原的检测方法

目前，关于水产品过敏原的检测方法众多，大多数方法以免疫学技术（SDS-PAGE 免疫印迹、单向定量免疫电泳、酶联免疫吸附技术等）为基础，也涉及聚合酶链式反应（PCR）、生物芯片法，虽然这些技术已经被广泛应用于实际研究中，但快速、易于操作、高敏感性检测方法的开发，仍然需要得到重视。

1）分离技术

电泳法分离水产品过敏原是基于电场中带电粒子的迁移，粒子的大小和所带电荷的差异导致不同的电泳迁移率，从而实现蛋白质混合物在不同区域中分离。目前，pH 梯度或毛细管区带电泳最常用于过敏原蛋白的分析。另外，十二烷基硫酸钠聚丙烯酰胺凝胶与等电聚焦电泳相结合组成的二维电泳可以根据氨基酸序列的细微差异，鉴定具有相同分子量但等电点不同的等分子变应原，从而实现进一步分离。

色谱分离常常具有制备性目的，以便将收集的组分进行电泳和蛋白质印迹或通过核磁共振或 X-射线结构分析来阐明三级结构。反相高效液相色谱法、尺寸排阻色谱法和离子交换色谱法等都是测定致敏蛋白质过程中制备样品的重要方法。

2）检测技术

基于抗体—抗原相互作用的免疫化学技术是鉴定过敏原的主要方法，主要分为酶标记过敏原吸附试验（EAST）、放射过敏原吸附试验（RAST）及酶联免疫吸附试验（ELISA），其中酶联免疫吸附测定方法已经达到商业化。ELISA 方法具有广泛的筛选潜力、高样品通量和简单操作等优势，主要分为四种形式：直接法、间接法、夹心 ELISA 法和竞争法。水产品过敏原 ELISA 检测法中主要采用的抗体包括水产品过敏患者血清或者采用过敏原免疫的动物抗体。水产品过敏患者血清中的 IgE 抗体可以用于检测水产品过敏原，但是现在由免疫动物制备的 IgG 抗体更容易获得，检测时用量少、反应灵敏、稳定性高，常作为检测水产品过敏原的抗体使用。李铮对草鱼肉中的小清蛋白进行了分离纯化，之后用草鱼肉小清蛋白免疫兔子得到的多克隆抗体实现了鲢鱼、鲫鱼等鱼肉中小清蛋白的 ELISA 检测。

PCR 检测技术是一种以食物中过敏原蛋白的特征基因片段作为靶标进行快速扩增的检测手法。这种方法灵敏度高且分析速度快，并且采用合适的引物可以很好地避免假阳性结果的出现。但这种方法也存在一定缺点：在食物加工过程中机械处理、热处理和酶的影响或酸性 pH 以及来自不同食物产品的 PCR 抑制剂会对蛋白质和核酸造成一定程度的影响；PCR 方法检测来自特定来源的 DNA，当鱼类和不同的食物基质混合在一起时，采用 PCR 检测虽然简单稳定，但是并不能完全真实反映出食物中过敏原的存在情况。但是如果在不能建立有效的免疫原前提下，PCR 方法是用于检测水产品过敏原蛋白的功能强大且特异性的替代分析工具。

生物芯片技术是将生物分子，如寡聚核苷酸、cDNA、多肽、抗原和抗体等固定于固相介质上形成生物分子点阵，样品中的生物分子与生物芯片的探针发生相互作用或者杂交后利用激光共聚焦纤维扫描仪检测和分析信号的一种尖端新兴技术。

4. 水产品过敏原的消减控制

由于水产品过敏严重地影响着人们的健康，因此开发低致敏或无致敏的水产品成为迫切且有意义的课题。在加工过程中依据水产品过敏原蛋白的相关性质，通过不同的加工手段降低水产品及其配料的致敏性，受到越来越多的关注。研究发现，热处理、超高压、辐照、酶解、发酵等加工方式均可改变或破坏水产品过敏原及其抗原表位，进而消减水产品过敏原的致敏活性。林江伟等对克氏原螯虾进行蒸煮处理发现，蒸煮处理（100℃）

可降低原肌球蛋白的消化稳定性及免疫活性，且与蒸煮处理时间成正比，时间越长，效果越显著，导致这样的原因可能是加热引起蛋白质变性，结构发生改变，过敏原的构象表位受到破坏。同样超高压技术可以破坏蛋白质的非共价键，使蛋白质的高级结构发生改变，过敏原的致敏性降低或者消失。有学者利用水煮、微波、高压灭菌及超高压技术研究南美白对虾虾仁和虾丸过敏原蛋白消解反应，发现高压灭菌处理能够有效消减原肌球蛋白的过敏原性，超高压方式处理虾丸也能显著降低原肌球蛋白的 IgE 结合，但是水煮虾仁和微波虾丸基本不改变原肌球蛋白的过敏原性。董晓颖发现用风味蛋白酶和中性蛋白酶处理后的虾过敏原的致敏性几乎消失，而用碱性蛋白酶、木瓜蛋白酶以及胃蛋白酶处理都能不同程度地降低虾过敏原的致敏性。吴丽莎发现将虾过敏原提取物置于-80℃和-20℃冻融循环 5 次以及在-3℃冻融循环 3 次后，其过敏活性降低。李振兴对虾进行超声处理后，其致敏性明显降低。刘光明对蟹进行辐照处理，其过敏原 TM 的 IgE 结合能力明显降低。

值得注意的是，水产品过敏原的脱敏技术方法仍不完善，脱敏效果不理想。目前开发的一些食物过敏原的脱敏技术，如蒸煮、超声、高压、辐照和酶法处理等，仅高压、酶法处理的脱敏效果较好，但其可能对水产品的质构、风味破坏性很大。因此，需要开展热加工、非热加工以及生物加工调控水产品过敏原蛋白致敏性的研究，采用过敏原蛋白致敏性表位结构表征并结合过敏原蛋白致敏性评估的策略，进行结构变化与致敏性的关联分析，建立控制水产品过敏原蛋白致敏性和脱敏的新技术。

参 考 文 献

陈海英，2013. 鸡蛋卵黄高磷蛋白乳化特性研究[D]. 无锡：江南大学.

陈丽清，陈清，韩佳冬，等，2012. 超声波乳化脱脂工艺的研究[J]. 食品工业科技，33（16）：265-267.

丁玉庭，1999. 鲢鳙鳊鲫鱼肉的蛋白质组成及分离研究[J]. 水产科学，18（3）：21-25.

范三红，刘晓华，胡雅喃，等，2014. 加热处理对鱼肉蛋白理化特性的影响[J]. 食品工业科技，35（12）：104-107＋112.

耿翠竹，王海滨，崔莹莹，等，2016. 蛋白质降解对猪肉制品品质影响的研究进展[J]. 肉类研究，30（2）：35-39.

耿放，金永国，2016. 鸡蛋清糖蛋白质及其致敏机制研究进展[J]. 中国家禽，38（11）：1-8.

关志强，宋小勇，李敏，2006. 文蛤和波纹巴非蛤最佳抗冻剂配方的实验研究[J]. 食品与发酵工业，（3）：135-138.

郭瑶，曾名勇，崔文萱，2006. 水产胶原蛋白及胶原多肽的研究进展[J]. 水产科学，25（2）：101-104.

郭园园，孔保华，2011. 冷冻贮藏引起的鱼肉蛋白质变性及物理化学特性的变化[J]. 食品科学，32（7）：335-340.

韩建勋，陈颖，葛毅强，2016. 虾类主要过敏原及其消减技术研究进展[J]. 中国食品学报，16（7）：201-208.

郝梦甄，胡志和，2012. 超高压技术在水产品加工中的应用[J]. 食品科学，33（1）：298-304.

贺真蛟，2016. 鸡卵黄免疫球蛋白 N-糖基化及其对分子结构稳定作用研究[D]. 武汉：华中农业大学.

鸿巢章二，桥本周久，1999. 水产利用化学[M]. 郭晓风，邹胜祥，译. 北京：中国农业出版社.

姜晴晴，鲁珺，胡玥，等. 2015. 羟基自由基氧化体系对带鱼蛋白理化性质的影响[J]. 现代食品科技，31（5）：116-123.

孔保华，2018. 肉品科学与技术[M]. 3 版. 北京：中国轻工业出版社.

孔保华，韩建春，2014. 肉品科学与技术[M]. 北京：中国轻工业出版社.

李春艳，2014. 卵黄高磷蛋白对鸡胚胎骨骼发育的影响[D]. 武汉：华中农业大学.

李姣，李学鹏，励建荣，等，2011. 冷藏条件下中国对虾肌肉蛋白质的生化特性[J]. 食品科学，2（5）：16-21.

李婷婷，2013. 大黄鱼生物保鲜技术及新鲜度指示蛋白研究[D]. 杭州：浙江工商大学.

李学鹏，2012. 中国对虾冷藏过程中品质评价及新鲜度指示蛋白研究[D]. 杭州：浙江工商大学.

李学鹏，周明言，渠宏雁，等，2017. 基于荧光标记的大黄鱼氧化肌肉蛋白质双向电泳技术的建立[J]. 食品科学，38（6）：27-35.

李铮，2014. 草鱼主要过敏原小清蛋白亚型纯化鉴定及加工对过敏原影响的研究[D]. 北京：中国农业大学.

林江伟，游洪燕，沈海旺，等，2012. 克氏原螯虾原肌球蛋白的纯化及过敏性分析[J]. 集美大学学报（自然科学版），17（3）：167-174.

刘光明，曹敏杰，蔡秋凤，等，2012. 水产品过敏原的研究现状和展望[J]. 中国食品学报，12（5）：1-9.

刘光明，王玉松，黄园园，等，2009. 辐照处理对蟹类过敏原（原肌球蛋白）性质的影响[J]. 厦门大学学报（自然科学版），48（2）：287-292.

刘娟，田童童，童军茂，等，2016. 蛋白质氧化对白斑狗鱼肌肉蛋白理化性质变化的影响[J]. 食品工业，37（4）：46-50.

刘寿春，钟赛意，李平兰，等，2013. 蛋白质降解指示冷藏罗非鱼鱼片品质劣变研究[J]. 食品科学，34（2）：241-245.

刘书成，2012. 水产食品加工学[M]. 郑州：郑州大学出版社.

刘艺杰，薛长湖，李兆米，2006. 鲕鱼鱼糜在冻藏过程中理化性质变化的研究[J]. 食品工业科技，27（6）：70-72.

卢涵，2017. 鳙鱼肉低温贮藏过程中蛋白氧化、组织蛋白酶活性与品质变化规律的研究[D]. 北京：中国农业大学.

鲁长新，2007. 淡水鱼肌肉的热特性研究[D]. 武汉：华中农业大学.

马美湖，2016. 禽蛋蛋白质[M]. 北京：科学出版社.

马美湖，葛长荣，杨富民，等，2017. 动物性食品加工学[M]. 北京：中国农业出版社.

单媛媛，2013. 鸡蛋清卵黏蛋白的纯化、增溶及抗感染活性研究[D]. 武汉：华中农业大学.

史晓霞，2012. 蛋清卵类黏蛋白的分离纯化、结构表征及其过敏原性的研究[D]. 武汉：华中农业大学.

史雅凝，2015. 鸡蛋膜蛋白酶解物的制备及其对肠道氧化应激和炎症的影响[D]. 杭州：江南大学.

束玉珍，杨文鸽，徐大伦，等，2014. 鲐鱼肉酶解物对带鱼鱼糜蛋白冷冻变性的影响[J]. 中国食品学报，14（1）：68-73.

佟晨瑶，贺真蛟，耿放，等，2014. 鸡卵黄免疫球蛋白的糖基化及其构效关系研究进展[J]. 食品科学，35（5）：230-233.

佟平，2011. 鸡蛋卵转铁蛋白线性表位定位及热加工对其结构与过敏原性的影响[D]. 南昌：南昌大学.

涂宗财，王辉，刘光宪，等，2010. 动态超高压微射流对卵清蛋白微观结构的影响[J]. 光谱学与光谱分析，30（2）：495-498.

汪兰，吴文锦，乔宇，等，2015. 冻藏条件下魔芋葡甘聚糖降解产物对肌原纤维蛋白结构的影响[J]. 食品科学，36（22）：244-249.

汪之和，王慥，苏德福，2001. 冻结速率和冻藏温度对鲢肉蛋白质冷冻变性的影响[J]. 水产学报，（6）：564-569.

王丽英，2012. 鸡卵黄免疫球蛋白的分离纯化、mPEG 修饰及其稳定性研究[D]. 武汉：华中农业大学.

王丽英，马美湖，蔡朝霞，等，2012. 离子交换色谱法分离纯化鸡卵黄免疫球蛋白[J]. 色谱，30（1）：80-85.

王宁，马美湖，2015. 鸡蛋黄低密度脂蛋白理化及加工特性研究进展[J]. 中国粮油学报，（12）：140-146.

吴丽莎，李振兴，刘一璇，等，2011. 冻融循环过程中虾过敏原的免疫原性变化[J]. 水产学报，35（5）：787-792.

须山三千三，鸿巢章二，1992. 水产食品学[M]. 吴光红，洪玉菁，张金亮，译. 上海：上海科技出版社.

徐明生，2006. 鸡蛋卵白蛋白酶解物抗氧化肽研究[D]. 西安：陕西师范大学.

尹靖东，2011. 动物肌肉生物学与肉品科学[M]. 北京：中国农业大学出版社.

于滨，迟玉杰，2009. 糖基化对卵白蛋白分子特性及乳化性的影响[J]. 中国农业科学，42（7）：2499-2504.

于玮，王雪蒙，马良，等，2015. 猪皮胶原蛋白提取过程中酶解条件下优化及其结构鉴定[J]. 西南大学学报（自然科学版），37（4）：106-113.

于智慧，王宁，蔡朝霞，等，2016. 鸡蛋蛋黄高密度脂蛋白结构、组成、来源及功能研究进展[J]. 中国家禽，38（4）：38-43.

余海芬，2010. 蛋清中溶菌酶的高效提取及其定量测定方法研究[D]. 武汉：华中农业大学.

袁小军，2011. 卵转铁蛋白的分离纯化、结构表征及体外抗菌研究[D]. 武汉：华中农业大学.

张静雅，2012. 白鲢鱼糜蛋白的冷冻变性机理及抗冻剂的应用研究[D]. 合肥：合肥工业大学.

张伟，2016. 糖基对鸡卵类黏蛋白结构与免疫原性的影响[D]. 天津：天津商业大学.

张晓维，2014. 卵黄高磷蛋白的分离纯化、结构表征及功能特性研究[D]. 武汉：华中农业大学.

章超桦，秦小明，2014. 贝类加工与利用[M]. 北京：中国轻工业出版社.

章超桦，吴红棉，2000. 马氏珠母贝肉的营养成分及其游离氨基酸组成[J]. 水产学报，24（2）：180-184.

章超桦，薛长湖，2010. 水产食品学[M]. 北京：中国农业出版社.

郑惠娜，章超桦，秦小明，等，2013. 马氏珠母贝肌肉提取蛋白热变性动力学[J]. 农业工程学报，29（5）：237-242.

钟光辉，宇向东，1996. 九龙牦牛乳的主要成分测定[J]. 四川草原，（4）：45-47.

周光宏，2011. 畜产品加工学[M]. 2 版. 北京：中国农业出版社.

朱松明，苏光明，王春芳，等，2014. 水产品超高压加工技术研究与应用[J]. 农业机械学报，45（1）：168-177.

Anema S G，2010. Effect of pH at pressure treatment on the acid gelation of skim milk[J]. Innovative Food Science & Emerging Technologies，11（2）：265-273.

Anton M，Martinet V，Dalgalarrondo M，et al，2003. Chemical and structural characterisation of low-density lipoproteins purified from hen egg yolk[J]. Food Chemistry，83（2）：175-183.

Bargrum J，Danino D，Livney Y D，2009. Nanoencapsulation of vitamin D in beta casein micelles[R]. Aposter presentation at the IFT 2009 Annual meeting Anabeim，CA，USA.

Benjakul S，Visessanguan W，Thongkaew C，et al，2005. Effect of frozen storage on chemical and gel-forming properties of fish commonly used for surimi production in Thailand[J]. Food hydrocolloids，19（2）：197-207.

Bokkhim H，Bansal N，Grøndahl L，et al，2013. Physico-chemical properties of different forms of bovine lactoferrin[J]. Food Chemistry，141（3）：3007-3013.

Considine T，Patel H A，Anema S G，et al，2007. Interactions of milk proteins during heat and high hydrostatic pressure treatments-A Review[J]. Innovative Food Science & Emerging Technologies，8（1）：1-23.

Dalgleish D，2010. On the structural models of bovine casein micelles-review and possible improvements[J]. Soft Matter，7（6）：2265-2272.

Datta D，Bhattacharjee S，Nath A，et al，2009. Separation of ovalbumin from chicken egg white using two-stage ultrafiltration technique[J]. Separation & Purification Technology，66（2）：353-361.

Davies P L，Baardsnes J，Kuiper M J，et al，2002. Structure and function of antifreeze proteins[J]. Philosophical Transactions of the Royal Society B：Biological Sciences，357（1423）：927-935.

Dewettinck K，Rombaut R，Thienpont N，et al，2008. Nutritional and technological aspects of milk fat globule membrane material[J]. International Dairy Journal，18（5）：436-457.

Dickinson E，1998. Stability and rheological implications of electrostatic milk protein——polysaccharide interactions[J]. Trends in Food Science & Technology，9（10）：347-354.

Dodin G，Andrieux M，Al K H，1990. Binding of ellipticine to beta-lactoglobulin. A physico-chemical study of the specific interaction of an antitumor drug with a transport protein[J]. European Journal of Biochemistry，193（3）：697-700.

Donato L，Dalgleish D G，2006. Effect of the pH of heating on the qualitative and quantitative compositions of the sera of reconstituted skim milks and on the mechanisms of formation of soluble aggregates[J]. Journal of Agricultural & Food Chemistry，54（20）：7804-7811.

Fang G，Huang Q，Wu X，et al，2012. Co-purification of chicken egg white proteins using polyethylene glycol precipitation and anion-exchange chromatography[J]. Separation & Purification Technology，96（33）：75-80.

Geng F，Huang X，Yan N，et al，2013. Purification of hen egg white ovomacroglobulin using one-step chromatography[J]. Journal of Separation Science，36（23）：3717-3722.

Haard N F，Simpson B K，2000. Seafood Enzymes：Utilization and Influence on Postharvest Seafood Quality[M]. New York：CRC Press.

Hatta H，Kapoor M P，Juneja L R，2008. Bioactive Components in Egg Yolk[M]//Egg Bioscience and Biotechnology：185-237.

Havea P，Carr A J，Creamer L K，2004. The roles of disulphide and non-covalent bonding in the functional properties of heat-induced whey protein gels[J]. Journal of Dairy Research，71（3）：330.

Hill R J，Wake R J，1969. Amphiphilic nature ofa-casein as the basis for its micelle stabilizing property[J]. Nature，221（12）：635-639.

Hoffmann M A M，van Mill P J J M，1999. Heat-induced aggregation of β-lactoglobulin as a function of pH[J]. J Agric Food Chem，47（5）：1898-1905.

Holt C, 1992. Structure and stability of bovine casein micelles[J]. Adv Protein Chem, 43 (6): 63-151.

Horne D S, 2006. Casein micelle structure: models and muddles[J]. Current Opinion in Colloid & Interface Science, 11 (2): 148-153.

Huang Q, Ma M H, Huang X, et al, 2012. Effect of S-configuration transformation of ovalbumin on its molecular characteristics and emulsifying properties[J]. Asian Journal of Chemistry, 24 (4): 1675-1679.

Jiang W, He Y, Xiong S, et al, 2017. Effect of mild ozone oxidation on structural changes of silver carp (Hypophthalmichthys molitrix) myosin[J]. Food and Bioprocess Technology, 10 (2): 370-378.

Kitamoto T, Nakashima M, Ikai A, 1982. Hen egg white ovomacroglobulin has a protease inhibitory activity[J]. Journal of Biochemistry, 92 (5): 1679-1682.

Ko K Y, Mendonca A F, Ahn D U, 2008. Effect of ethylenediaminetetraacetate and lysozyme on the antimicrobial activity of ovotransferrin against Listeria monocytogenes[J]. Poultry Science, 87 (8): 1649.

Kulikovskaya I, Mcclellan G, Flavigny J, et al, 2003. Effect of MyBP-C binding to actin on contractility in heart muscle[J]. Journal of General Physiology, 122 (6): 761-774.

Lange D C, Kothari R, Patel R C, et al, 1998. Retinol and retinoic acid bind to a surface cleft in bovine beta-lactoglobulin: a method of binding site determination using fluorescence resonance energy transfer.[J]. Biophysical Chemistry, 74 (1): 45-51.

Lee S J, Choi S J, Li Y, et al, 2011. Protein-stabilized nanoemulsions and emulsions: comparison of physicochemical stability, lipid oxidation, and lipase digestibility[J]. J Agric Food Chem, 59 (1): 415-427.

Levine R A, Weisberg I, Kulikovskaya G, et al, 2001. Multiple structures of thick filaments in resting cardiac muscle and their influence on cross-brige interactions[J]. Biophysical Journal, 81 (2): 1070-1082.

Li Z X, Lin H, Cao L M, et al, 2006. Effect of high intensity ultrasound on the allergenicity of shrimp[J]. Journal of Zhejiang University-Science B, 7 (4): 251-256.

Liu W, Lanier T C, Osborne J A, 2016. Capillarity proposed as the predominant mechanism of water and fat stabilization in cooked comminuted meat batters[J]. Meat Science, 111: 67-77.

Livney Y D, 2010. Milk proteins as vehicles for bioactives[J]. Current Opinion in Colloid & Interface Science, 15 (1): 73-83.

Long S, He Z, Liu Y, et al, 2018. Mass spectrometry characterization for N-glycosylation of immunoglobulin Y from hen egg yolk[J]. International Journal of Molecular Sciences, 108 (6): 277.

Lopez C, Ménard O, 2011. Human milk fat globules: polar lipid composition and in situ structural investigations revealing the heterogeneous distribution of proteins and the lateral segregation of sphingomyelin in the biological membrane[J]. Colloids & Surfaces B Biointerfaces, 83 (1): 29-41.

Mcmahon D J, Mcmanus W R, 1998. Rethinking casein micelle structure using electron microscopy 1[J]. Journal of Dairy Science, 81 (11): 2985-2993.

Mekmene O, Graët Y L, Gaucheron F, 2009. A model for predicting salt equilibria in milk and mineral-enriched milks[J]. Food Chemistry, 116 (1): 233-239.

Mine Y, 2007. Egg bioscience and biotechnology[J]. Egg Bioscience and Biotechnology-Research and Markets, 3 (5-6): 48.

Moret-Bailly L, Shlapentokh A, 2009. Effects of small and large molecule emulsifiers on the characteristics of beta-carotene nanoemulsions prepared by high pressure homogenization[J]. Food Technology and Biotechnology, 47 (3): 336-342.

Neethirajan S, Weng X, Tah A, et al, 2018. Nano-biosensor platforms for detecting food allergens-New trends[J]. Sensing and Bio-Sensing Research, 18.

Ono T, Obata T, 1989. A model for the assembly of bovine casein micelles from F2 and F3 subunits[J]. Journal of Dairy Research, 56 (3): 453-461.

Pan S, Wu S, 2014. Effect of chitooligosaccharides on the denaturation of weever myofibrillar protein during frozen storage[J]. International Journal of Biological Macromolecules, 65 (5): 549-552.

Park J W, Reed Z H, 2014. Seafood Proteins and Surimi[M]//Applied Food Protein Chemistry. New York: John Wiley & Sons, Ltd, 393-425.

Passi S, Cataudella S, Tiano L, et al, 2005. Dynamics of lipid oxidation and antioxidant depletion in mediterranean fish stored at different temperatures[J]. Biofactors，25（1-4）：241-254.

Pazos M，Maestre R，Gallardo J M，et al，2013. Proteomic evaluation of myofibrillar carbonylation in chilled fish mince and its inhibition by catechin[J]. Food chemistry，136（1）：64-72.

Prashanti K，Arthurr H，Douglasg D，2010. Protein interactions in heat-treated milk and effect on rennet coagulation[J]. International Dairy Journal，20（12）：838-843.

Ragona L，Fogolari F，Zetta L，et al，2000. Bovine b-lactoglobulin：interaction studies with palmitic acid[J]. Protein Science，9（7）：1347-1356.

Raikos V，Hansen R，Campbell L，et al，2010. Separation and identification of hen egg protein isoforms using SDS-PAGE and 2D gel electrophoresis with MALDI-TOF mass spectrometry[J]. Food Chemistry，99（4）：702-710.

Ruben G C，Jr H E，Nagase H，1988. Electron microscopic studies of free and proteinase-bound duck ovostatins（ovomacroglobulins）. Model of ovostatin structure and its transformation upon proteolysis[J]. Journal of Biological Chemistry，263（6）：2861-2869.

Semo E，Kesselman E，Danino D，et al，2007. Casein micelle as a natural nano-capsular vehicle for nutraceuticals[J]. Food Hydrocolloids，21（5）：936-942.

Sharma V K，Graham N J D，2010. Oxidation of amino acids，peptides and proteins by ozone：A review[J]. Ozone：Science & Engineering，32（2）：81-90.

Shukat R，Relkin P，2011. Lipid nanoparticles as vitamin matrix carriers in liquid food systems：On the role of high-pressure homogenisation，droplet size and adsorbed materials[J]. Colloids & Surfaces B Biointerfaces，86（1）：119-124.

Singh H，2006. The milk fat globule membrane——A biophysical system for food applications[J]. Current Opinion in Colloid & Interface Science，11（2-3）：154-163.

Slattery C W，1976. Review：Casein micelle structure；an examination of models[J]. Journal of Dairy Science，59（9）：1547-1556.

Strous G J，Dekker J，2008. Mucin-type glycoproteins[J]. Crc Critical Reviews in Biochemistry，27（1-2）：57-92.

Takahashi N，Onda M，Hayashi K，et al，2005. Thermostability of refolded ovalbumin and S-Ovalbumin[J]. Journal of the Agricultural Chemical Society of Japan，69（5）：922-931.

Uzun H，Ibanoglu E，Catal H，et al，2012. Effects of ozone on functional properties of proteins[J]. Food Chemistry，134（2）：647-654.

Vasbinder A J，Alting A C，Kruif K D，2003. Quantification of heat-induced casein-whey protein interactions in milk and its relation to gelation kinetics[J]. Colloids & Surfaces B Biointerfaces，31（1）：115-123.

Visser H. A new casein micelle model and itsconsequences for pH and temperature effects on theproperties of milk[M]//Protein Interactions，H. Visser，ed.，VCH，Weinheim，Germany，1992：135-165.

Walstra P，1990. On the stability of casein micelles[J]. Journal of Dairy Science，73（8）：1965-1979.

Wang Q W，Allen J C，Swaisgood H E，1997. Binding of vitamin D and cholesterol to beta-lactoglobulin[J]. Journal of Dairy Science，80（6）：1054-1059.

Wang S，Zhao J，Chen L，et al，2014. Preparation，isolation and hypothermia protection activity ofantifreeze peptides from shark skin collagen[J]. LWT-Food Science and Technology，55（1）：210-217.

Weber E，Papamokos E，Bode W，et al，1981. Crystallization，crystal structure analysis and molecular model of the third domain of Japanese quail ovomucoid，a Kazal type inhibitor[J]. Journal of Molecular Biology，149（1）：109-123.

Xiong Y L，Blanchard S P，Ooizumi T，et al，2010. Hydroxyl radical and ferryl-generating systems promote gel network formation of myofibrillar protein[J]. Journal of food science，75（2）：215-221.

Yamasaki M，Takahashi N，Hirose M. 2003. Crystal structure of S-ovalbumin as a non-loop-inserted thermostabilized serpin form[J]. Journal of Biological Chemistry，278（37）：35524.

Yang F，Ma M，Xu J，et al，2012. An egg-enriched diet attenuates plasma lipids and mediates cholesterol metabolism of high-cholesterol fed rats[J]. Lipids，47（3）：269-277.

Zhang M，Ning W，Qi X，et al，2016. An efficient method for co-purification of eggshell matrix proteins OC-17，OC-116，and OCX-36[J]. Korean Journal for Food Science of Animal Resources，36（6）：769-778.

Zhang T，Xue Y，Li Z，et al，2015. Effects of ozone-induced oxidation on the physicochemical properties of myofibrillar proteins

食品蛋白质科学与技术

recovered from bighead carp（Hypophthalmichthys nobilis）[J]. Food and bioprocess technology，8（1）：181-190.

Zhang T，Xue Y，Li Z，et al，2016. Effects of ozone on the removal of geosmin and the physicochemical properties of fish meat from bighead carp（Hypophthalmichthys nobilis）[J]. Innovative Food Science & Emerging Technologies，（34）：16-23.

Zheng H，Zhang C，Qin X，et al，2012. Study on the protein fractions extracted from the muscle tissue of pinctada martensii and their hydrolysis by pancreatin[J]. International journal of food science & technology，47（10）：2228-2234.

Zimet P，Rosenberg D，Livney Y D，2011. Re-assembled casein micelles and casein nanoparticles as nano-vehicles for ω-3 polyunsaturated fatty acids[J]. Food Hydrocolloids，25（5）：1270-1276.

第9章 植物源食品蛋白质

9.1 谷物蛋白质

9.1.1 小麦蛋白质

小麦中含有较多的蛋白质，是人们获取蛋白质的重要来源之一。小麦蛋白质的含量是禾谷类作物中最高的，一般来说，春小麦的蛋白质含量高于冬小麦的蛋白质含量。小麦的蛋白质含量最低为6%，最高可达27%。大多数小麦的蛋白质含量为11.1%～16.7%，平均含量为14.0%左右。

1. 小麦蛋白质理化特性

1）小麦蛋白质的分类及组成

小麦蛋白质可根据不同的标准进行分类，可根据小麦的形态基础将其分为胚蛋白、糊粉蛋白和胚乳蛋白；据小麦的生物学功能将其分为原生质蛋白、酶蛋白、膜蛋白、核糖体蛋白、调控蛋白、储藏蛋白和其他蛋白质等；还可根据小麦的化学成分，将其分为简单蛋白质和复杂蛋白质两大类。但是目前人们大多采用奥斯本分类法，根据溶解性把小麦蛋白质分为麦清蛋白、麦球蛋白、麦谷蛋白和麦醇溶蛋白四类。小麦蛋白质中麦清蛋白、麦球蛋白、麦谷蛋白和麦醇溶蛋白的性质见表9-1。

表 9-1　小麦蛋白质的组成及性质

种类	质量分数/%	溶解性	吸水性	pH	分子结构特点
麦清蛋白	10～12	溶于水或稀盐水	无限膨胀	4.5～4.6	含有多种组分，色氨酸含量高
麦球蛋白	8～10	溶于水或稀盐水	无限膨胀	5.5	含有多种组分，精氨酸含量高
麦醇溶蛋白	40～50	溶于70%乙醇	有限膨胀	6.4～7.1	分子量较小，富含谷氨酰胺和脯氨酸，以键内二硫键为主
麦谷蛋白	35～45	溶于稀酸或稀碱	有限膨胀	6.0～8.0	分子量较大，富含谷氨酰胺和脯氨酸，有键内和键间二硫键

2）小麦蛋白质的分布

小麦蛋白质在小麦中的分布不均匀，主要集中在胚乳和糊粉层中。其中麦清蛋白和麦谷蛋白主要存在于小麦的糊粉细胞、胚芽和种皮中，胚乳中含量很少，大多是生理活性蛋白质（酶）、赖氨酸、色氨酸、蛋氨酸的含量相对较高，蛋白质的氨基酸平衡很好，决定小麦的营养品质；麦醇溶蛋白和麦谷蛋白主要存在于小麦的胚乳中，胚芽和种皮中几乎没有，这两种蛋白质中的赖氨酸、色氨酸和蛋氨酸的含量都很低，影响面筋和烘烤品质，决定小麦的加工品质。

3）小麦蛋白分子和亚基组成

麦清蛋白和麦球蛋白具有较强的生理活性，在小麦的生长和代谢过程中起着重要的调节作用。麦清蛋白的分子质量一般为 12～60kDa，其中高分子量麦清蛋白的分子质量一般为 45～65kDa。麦球蛋白的分子质量一般为 12～60kDa，其中麦豆球蛋白的分子质量为 22～58kDa。

麦醇溶蛋白按分子量大小分为 α-、β-、γ-和 ω-麦醇溶蛋白，它们以相对分子质量 3～8kDa 的单多肽链存在于小麦蛋白中，不通过—SH—和—S—S—反应聚合。α-和 β-麦醇溶蛋白含有较多的二硫键，但这两种在高保守区的麦醇溶蛋白难以与周围其他物质进行二硫键与巯基交换。α-和 γ-麦醇溶蛋白结构为球状蛋白，是由其在重复区含有较多的 β-转角和反转，以及非重复区的 α-螺旋结构决定的。ω-麦醇溶蛋白只含有少量的 α-螺旋和 β-转角结构，没有半胱氨酸残基。在水合作用时，麦醇溶蛋白分子内产生较多的二硫键，形成较小的分子蛋白，延伸性能好，无弹性、韧性。

麦谷蛋白是相对分子量较大的复杂多肽，高分子量谷蛋白（HMW-GS）和低分子量谷蛋白（LMW-GS）通过分子内和分子间二硫键聚合，呈现出纤维状结构，有较强的弹性。LMW-GS 有 6 个与 α-和 γ-麦醇溶蛋白相似的半胱氨酸残基，分子质量为 35～45kDa，占总小麦蛋白的 2%。HMW-GS 分子量为 67～88kDa，占总小麦蛋白的 10%左右，含有 N 端、C 端保守区，使得小麦蛋白有较多的 α-螺旋结构。麦谷蛋白本身含有较多的分子内二硫键和分子间二硫键，使得蛋白不易流动、延伸性差、韧性好。

2. 小麦蛋白质营养价值和生理功能

1）小麦蛋白的营养价值

小麦是全球主要的粮食作物，全球约有 35%的人口以之为主食，它提供人类食用蛋白质总量的 20%以上，超过其他任何一种作物。小麦营养价值不仅与蛋白质含量有关，还与其必需氨基酸含量和生物价及蛋白质功效比等有关。

小麦蛋白的营养价值如下。

（1）小麦蛋白不仅蛋白质含量高，而且必需氨基酸的构成比较完整，赖氨酸和苏氨酸分别为小麦蛋白中的第一限制氨基酸和第二限制氨基酸。

（2）生物价较高，小麦的生物价（BV）为 67，虽较大米的生物价略低，但是较大豆、花生、玉米等其他粮食作物高。

（3）小麦蛋白的消化率为 79.5%，高于大米蛋白（66.5%）、玉米蛋白（78.3%）和荞麦蛋白（69.5%）等其他谷物蛋白，且不含胆固醇。

研究发现，小麦蛋白质中含有的凝集素（WGA）是一种抗营养物质，并且有可能是人体某些免疫性疾病的诱因之一。研究表明进行加压蒸汽处理，可以同时灭活小麦胚中的 WGA 和脂肪氧合酶，改善小麦胚的食用安全性和耐储藏性，同时能够尽量保持其营养成分的功能和营养特性。

小麦清蛋白中也含有一些致敏因子，但是在小麦加工过程中这些致敏因子能够被灭活或是降低到安全的含量。

2）小麦蛋白的生理功能

小麦除了具有基本的营养功能外，还具有一些生理功能，可以开发具有保健功能的特医食品，具有广阔的前景，目前国内对小麦蛋白及其水解产物的功能性研究相对较少。

3）小麦肽的生理功能

1964 年，Finlayson 第 1 次报道了小麦醇溶蛋白的水解液中存在小麦肽。Gilbert 等从小麦蛋白中得到一组高分子量的亚基，这些亚基与小麦蛋白的弹性作用有关。亚基主要包括 3 个结构域：无重复性的 N 端结构域、无重复性的 C 端结构域、中心结构域（包含重复序列肽）。小麦肽的结构特点是在小麦蛋白中重复出现，并且存在着两种构象，这些肽决定着小麦蛋白的结构。人们利用各种各样的蛋白酶（胰蛋白酶、中性蛋白酶、固定化碱性蛋白酶等）对小麦蛋白进行水解，得到水解产物——小麦肽，其成分与机体胃肠道消化得到的肽类成分比较相似。

（1）阿片活性

研究人员根据吗啡、酮唑辛等一组激动药所产生的不同生物活性，分别命名 μ、κ、σ 原型，由此发现了 μ、κ、σ 3 种阿片受体。目前人们对 μ、κ、σ 型阿片受体的认识已经比较清楚，其基因编码已经被人们克隆，这 3 种受体被称为“经典型阿片受体”。

小麦蛋白的酶解产物中有阿片活性肽，通过 3H 标记这些具有阿片活性的小麦肽，试验结果显示，这些肽可以通过血脑屏障进入大鼠大脑，与脑中阿片受体结合，具有阿片活性。孔祥珍等采用小鼠热板法和乙酸扭体法对由不同蛋白酶（碱性蛋白酶、胰蛋白酶、胃酶、胰酶、中性蛋白酶和复合蛋白酶）水解制备的小麦面筋蛋白短肽的镇痛活性进行了体内试验。在小鼠热板法试验中，其痛阈提高率分别为 77.78%、81.22%、79.78%；在小鼠乙酸扭体试验中，其扭体抑制率分别为 38.25%、57.82%、52.43%。结果表明：由碱性蛋白酶、胃酶、复合酶（胃酶和胰酶）水解制备的 3 种面筋蛋白短肽（AWGH、PWGH 和 PPWGH）具有较好的镇痛作用。

（2）免疫调节

研究人员用环磷酰胺诱导免疫抑制的小鼠模型，观察小麦蛋白活性肽对免疫抑制小鼠免疫功能和抗氧化功能的影响。结果显示，环磷酰胺处理可以显著降低小鼠血清中抗 SRBC 抗体［溶血素 HC-（50）］水平和腹腔巨噬细胞的吞噬能力，同时伴随有肝脏超氧化物歧化酶活性、过氧化氢酶活力、总抗氧化能力含量的降低和 MDA 含量的提高。小鼠灌胃小麦肽后可以恢复 HC-（50）和脾细胞增殖，显著提高抗体生成细胞含量和腹腔巨噬细胞的吞噬能力。另外，小麦肽还增强了小鼠血清清除 DPPH 和 ·OH 的能力。小麦肽可以调节应激状态引起的机体抗氧化体系紊乱及免疫功能降低，这可能与小麦肽可以缓冲自由基生成、激活腹腔巨噬细胞和脾淋巴细胞活性有关。

（3）抑制凋亡

国外研究发现，人结肠腺癌细胞系 Caco-2 暴露于小麦醇溶蛋白的水解产物 48h 后出现凋亡。Roberto 等发现，小麦醇溶蛋白的水解产物对细胞系 Caco-2 的细胞毒性作用是通过增加胞内脂质过氧化物的产生，减少谷胱甘肽的合成从而引起细胞内的氧化还原反应失衡，最终使得 Caco-2 凋亡。

（4）抑制血管紧张素转化酶（ACE）活性

ACE 是肾素-血管紧张素系统中的关键酶，其生理作用是把血管紧张素原转化成血管紧张素，血管紧张素与其受体结合，能导致血管收缩、血压升高。抑制 ACE 的活性，可以减少血管紧张素的产生，具有降血压的作用。抑制 ACE 活性已经成为降压药的靶点。利用酸性蛋白酶水解小麦蛋白可得到抑制 ACE 活性的小麦肽，这个肽的氨基酸残基序列是 Ile-Ala-Pro。Ma 等对脱脂的小麦胚芽蛋白（defatted wheat germ protein，DWGP）进行水解，得到了能抑制 ACE 活性的水解产物小麦肽，超声波可以加速 DWGP 的水解。自发性高血压大鼠静脉注射小麦肽，其动脉压显著下降，当小麦肽剂量达到 50mg/kg 时，降压效果最好。进一步试验发现，发挥主要降血压作用为一种三肽，氨基酸残基序列是 Ile-Val-Tyr，在食物中添加这个小麦肽，可能会有较好的降血压功效。另一项研究显示，给自发性高血压大鼠灌胃小麦肽，2h 后发现，大鼠的收缩压显著下降，10mg/kg 剂量组降压效果持续了 6h，50mg/kg 和 200mg/kg 剂量组降压效果持续了 8h。在自发性高血压大鼠饮水中添加 0.02%小麦肽，10d 后大鼠收缩压显著下降；添加 0.1%小麦肽，5d 后大鼠收缩压显著下降，说明小麦肽具有降血压功能。

（5）抑癌活性

Calzuola 等从小麦胚芽染色质中分离到一些小分子量的肽（分子质量为 600～1000Da），发现这些肽能明显地抑制海拉癌细胞的生长，而且这种抑制作用存在剂量依赖性关系。小麦蛋白水解产物中还含有月芸辛成分，这是一种包含 43 个氨基酸的长肽，这种长肽具有很好的抑癌作用，该肽的作用机制与其能抑制核组蛋白乙酰化酶活力有关。

（6）抗氧化活性

研究人员观察了不同剂量小麦胚活性肽对衰老模型小鼠抗氧化的影响，利用腹腔注射 600mg/(kg·d)D-半乳糖建立衰老模型，灌胃不同剂量的小麦胚活性肽，45d 后测定组织中超氧化物歧化酶（SOD）活性、谷胱甘肽过氧化物酶（GSH-Px）活性、总抗氧化能力（T-AOC）、丙二醛（MDA）含量。结果表明，小麦胚活性肽能显著提高血清中 T-AOC、GSH-Px、SOD 活力以及心脏组织中 SOD 和 T-AOC 活力，也能显著提高脑和肝脏组织中 GSH-Px 活力和脑中 T-AOC 活力，同时能显著降低血清和各组织中的 MDA 含量，说明小麦胚活性肽有较强的体内抗氧化活性。

3. 小麦蛋白质的生产及工艺

小麦蛋白据其形状可分为 4 种类型：粉末状、糊状、粒状及纤维状。这些制品均可以用小麦或面筋作为原料加工而成（图 9-1）。

1）小麦面筋的生产

小麦面筋的分离提取方法依据原理不同有湿法、干法、溶剂法等多种，目前普遍采用的是湿法分离，其基本原理是利用面筋蛋白与淀粉两者密度不同进行离心（或其他分离技术）而将两者分离，以获得所需要的面筋产品。小麦面筋的一般生产工艺流程如图 9-2 所示。

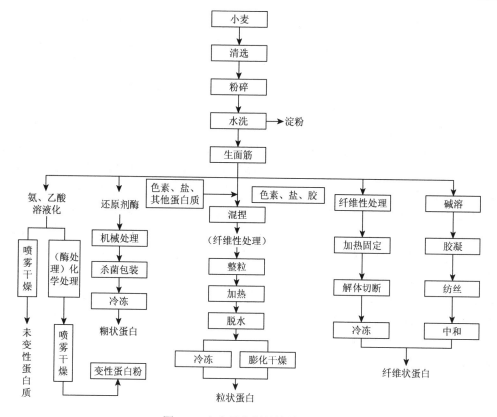

图 9-1　小麦蛋白制品的制造工艺

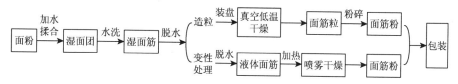

图 9-2　小麦面筋的分离提取工艺

在小麦面筋的加工过程中，影响面筋质量的因素很多，如小麦品种、产地、种植季节、储藏条件和时间、制粉工艺、面筋分离工艺等；影响面筋产出率的因素有静止时间、水温、溶液酸碱度、食盐量等，另外与分离工艺也密切相关。

（1）马丁法。马丁法又称面团法。是世界上最常用的小麦蛋白和淀粉分离加工方法，该方法能同时得到面筋和淀粉两种产品。

（2）拜特法。拜特法是一种连续式提取工艺，与马丁法不同之处是将面团浸在水中切成面筋粒，过筛而得面筋。拜特法工艺流程如图 9-3 所示。

图 9-3　拜特法湿面筋生产工艺

（3）氨法。用氢氧化铵分离面筋的方法是由加拿大国家研究中心发明的。在剧烈的机械搅拌下将面粉喷入 5%的氢氧化铵溶液，然后用循环磨进行细磨，经振动筛除去麦麸与粗纤维部分，用连续分离机将面筋蛋白与淀粉分开，再对面筋蛋白进行喷雾干燥，从而得到具有良好烘烤性能的含蛋白质 75%的干粉状产品。经离心分离出的淀粉需用氢氧化铵溶液再次清洗，尽可能多地除去淀粉中的蛋白质。

（4）拉西奥法。拉西奥法是一种新型的分离方法，它不但可以得到比较纯的面筋（蛋白质含量在 8%以上），而且还可以得到纯淀粉。其优点是能降低生产成本，工艺时间短，可以减少细菌的污染，用水量少，工艺水可循环使用。其工艺流程为：将面粉与水以 1:（1.2～2.0）的比例倒入混合器内充分混合后，将混合液泵入卧式混合器，使面粉与水充分混合形成自由流动的分散液，再将分散液泵入分离器，液体在分离器内被分离成重相（淀粉）和轻相（面筋）两部分，重相淀粉部分经水洗器加水冲洗之后送入干燥器干燥，得到一级淀粉。由水洗器出来的工艺水通常送入第二级混合器，稀释含蛋白质的溶液从分离器出来，用泵打入静止器，30～50℃静置 10～90min，使面筋水解成线状物。如果温度超过 60℃，面筋就会发生变性作用；如低于 25℃，则水解缓慢。当线状物进入二级混合器与工艺水搅拌混合生成大块面筋，再经分离器震动分离进入干燥器干燥可得到活性面筋。二级淀粉从分离器用泵打入离心机，使得淀粉与水分离，然后进入干燥器干燥得到二级淀粉（图 9-4）。

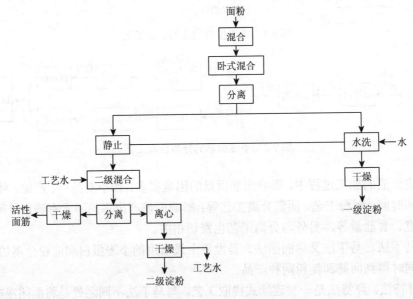

图 9-4　拉西奥法提取活性面筋生产工艺

（5）水力旋流法。水力旋流法是荷兰霍利公司提出的一种方法，用于从面粉中提取面筋。其工艺流程为：将面粉与水以 1:1.5 的比例充分混合后，用泵导入旋水分离器，分离器内温度为 30～50℃，面筋在分离器内形成线状，利用淀粉与面筋的密度差别将两者分离，重相淀粉从底部流出进入下一级旋水分离器，而轻相蛋白质从上部流出进入上一级旋水分离器，然后再分别分离，每一级旋水分离器均是如此。面筋最后用筛（0.2～0.3mm）滤出，用 40℃新鲜水在最后一级水洗设备处冲洗，最后一道工序要用新鲜水洗，洗出一级淀粉，余下的浆液再经过旋水分离器和筛网提出二级淀粉及可溶性物质（图 9-5）。此法用水量为每吨淀粉用水 1.5～2.5m³。

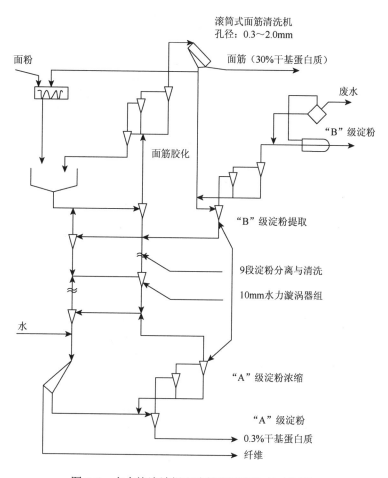

图 9-5　水力旋流法提取淀粉和面筋生产工艺图

（6）全麦粒分离法。前述几种分离法均可以面粉为原料，而全麦粒分离法是以麦粒为原料进行面筋分离的。该工艺简单，而且可同时分离出多种产品，产品成本低。其工艺流程如图 9-6 所示。

2）粉末状蛋白质的生产

根据粉末状小麦蛋白生产原理的不同，可以将其生产工艺分为两种：一种是通过添加还原剂等降低凝胶化温度生产变性面筋的生产工艺，此工艺可获得变性粉末状小麦蛋白；另一种是通过加水发挥面筋特有黏弹性而生产活性面筋的生产工艺，此工艺可获得活性粉末状小麦蛋白。这些制品广泛用于以水产品加工为主的食品，其中活性粉末状蛋白应用更广泛。

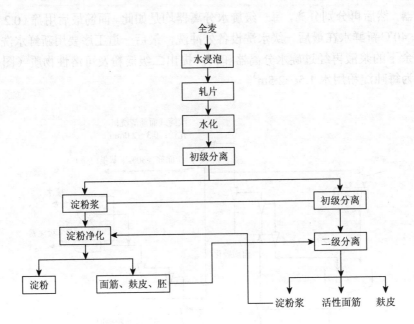

图 9-6 全麦粒分离法生产面筋工艺

生产活性粉末状蛋白的主要方法如下。

（1）分散干燥法

分散干燥法是将面筋分散于分散剂（酸、碱等）中再进行干燥的一种生产方法。国外生产活性面筋基本上采用喷雾干燥法。喷雾干燥法是分散干燥法的一种，其原理是将面筋分散于分散剂中，通过喷嘴向热风喷雾并干燥（图 9-7）。

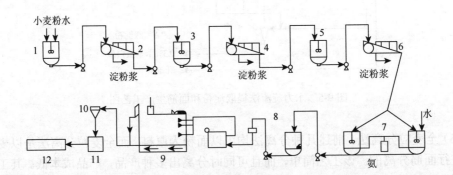

图 9-7 喷雾干燥法生产活性面筋流程

1-溶解槽；2、4、6、10-筛；3、5-洗涤槽；7-分散槽；8-溶解槽；9-喷雾干燥机；11-包装；12-储藏室

该工艺生产的产品呈粉末状，不像直接干燥法或滚筒干燥法那样必须经过粉碎。此法干燥时间短，而且只要正确选择制造条件，就能在一定程度上抑制蛋白质变性。

分散干燥法生产中常用的分散剂为酸、碱和 CO_2 等。酸性分散剂主要使用乙酸，碱性分散剂一般使用氨。使用氨做分散剂时，应将面筋的固体含量调整为 11%～13%，pH 调整为 9～10，在 350～350MPa 的高压下向 230～240℃的热风中喷雾，使其干燥。

氨分散液与乙酸分散液相比，黏度低，易于喷雾干燥。除采用喷雾干燥法之外，分散干燥法中还采用滚筒干燥法。滚筒干燥法是一种用滚筒干燥机干燥面筋分散液的方法。此法生产中常用的分散剂有乙酸、乙醇、CO_2 等，一般情况下使用乙酸。但无论使用什么分散剂，喷雾干燥法的制品品质都较滚筒干燥法得到的制品差。

（2）直接干燥法

第一种方法是棚式真空干燥法。这种方法是将面筋拉薄、拉长并送入真空器中，在温和条件下边加热边干燥，然后粉碎，筛分，制成粉末状蛋白产品。这种工艺由于采用温和条件，所以干燥时间长，而且很难将面筋均匀拉长，制品的品质不可能均匀。第二种方法是冷冻真空干燥法，即将稀乙酸等调制的面筋分散液冷冻进行真空干燥的方法，由于该法是在低温下进行的，因此是使蛋白质不发生变性的方法之一。但该方法存在设备造价高、干燥时间长、成本高等缺点。第三种方法是闪蒸干燥法，即利用面筋水分含量越少越能防止热变性的原理，将干燥活性面筋与水面筋混合，使水分下降至约 30%，再利用热风进行干燥。其工艺流程见图 9-8。

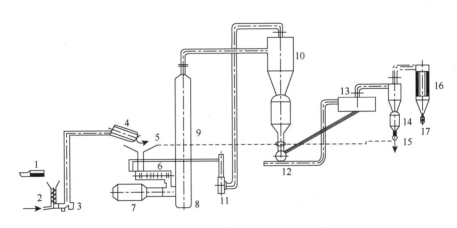

图 9-8　闪蒸干燥法生产活性面筋流程

1-洗涤机；2-螺旋输送机；3-泵；4-脱水机（旋转滚筒）；5-切割机；6-搅拌机；7-加热机；8、12-粉碎机；9-干燥管；10-旋风分离器；11-排风扇；13-分级机；14-分离机；15、17-气阀；16-布袋除尘器

3）糊状小麦蛋白的生产

小麦的生面筋由于多数分子间及分子内的二硫键作用，呈现出很强的黏弹性和高热变性温度，这与小麦面筋独特的氨基酸组成，以及三级结构、四级结构有密切关系。因此，如果将生面筋直接用于水产制品或畜肉制品中，不易与鱼肉糜或畜肉直接均匀混合。在实际生产中，为了解决这个问题，可以将面筋还原处理，通过还原剂的作用切断二硫键来降低面筋的黏弹性，然后再使用，这样可以克服由于混合不均匀而影响食品质量的问题。糊状小麦蛋白的加工与粒状、纤维状小麦蛋白的加工不同，由于不经受热变性便可成为制品，所以制造方法简单，只需将水面筋与适量

的还原剂及其他辅料进行机械混合，冷冻包装即可。这种制品一般称为变性面筋或加工面筋。

4）粒状小麦蛋白的生产

粒状小麦蛋白制品的制法：根据需要向面筋中混合淀粉、增黏剂、盐类、表面活性剂和脂质，经过搅拌等操作，使面筋的三级结构发生变化，再经加热凝胶作用，使其具有肉状组织的触感。粒状小麦蛋白制品的形状根据用途而定，有肉糜状、肉块状等多种制品。粒状小麦蛋白的生产依据生产原理可分为挤压方式和捏合方式两种。

挤压方式是依靠挤压机，物料在挤压成型过程中，经送料区（常压常温带）、挤压区（低压中温带）及蒸煮区（高压高温带），释放到空气中，挤出物迅速膨胀，从而达到组织化的目的，然后切割成型即为粒状蛋白制品。在挤压机内部发生的现象，包含了食品加工过程中许多重要的单元操作。

捏合方式是充分发挥小麦面筋特征的方法之一。如前所述，面筋具有形成紧密三级网状结构的性质。如果将其他蛋白质等原料与面筋混合，面筋的紧密三级网状结构就会部分被破坏，得到柔软的破损网状结构物。然后适当切断，经过热凝胶作用，上述组织便会固定，成为具有类似畜肉口感的蛋白食品。这种方法的特征是采用湿式工艺，制品为湿制品，很难制成像挤压方式制品那样的多孔蛋白质制品。因此，加工干燥制品时，复水速度慢。

5）纤维状小麦蛋白的生产

生产纤维状蛋白作为肉样食品，无论在形态方面还是在口感方面都是最佳的。纤维状蛋白制品的制法依据生产原理可分为分散方式和纺丝方式。

分散方式与纺丝方式同为充分发挥面筋特性的方法。构成面筋三级网状结构的关键是分子间二硫键。还原作用切断分子间的二硫键，使面筋中的大分子低分子化，同时使面筋具有流动性和溶解性。如果在水溶液中边施加剪切力边加热使之凝胶化，组织就会开始有方向性，得到具有纤维状的胶状物。此时可添加食盐，利用其脱水作用，还可以添加糊料，促进纤维化。根据需要将胶状物切断成型，便可得到所需制品。本方法除用于纤维状制品外，还可用于粒状制品。这种纤维状制品与粒状制品的触感、外观不同，所以广泛用作各种肉的代用品。

4. 小麦蛋白质的典型应用

小麦区别于其他禾谷类作物的一个独特之处，是其面粉蛋白质水和后形成面筋，小麦面筋蛋白具有优良的黏弹性、延伸性、吸水性、吸脂乳化性、薄膜成型性等独特功能性质，这些独特性质使面筋蛋白具有广阔的食品应用前景。小麦面筋主要应用在烘烤食品中，随着对其独特结构与功能特性的利用，小麦面筋蛋白及其深加工产品在食品工业中得到了相当广泛的应用。

1）面制品

在各类面制品生产中，小麦蛋白质的各指标如蛋白质含量、蛋白质亚基等会影响产品的感官性质以及使用品质。

（1）面包。世界各国广泛采用小麦蛋白作为面制品的改良剂。如在面包生产中，利用小麦蛋白，可以根据生产需要调整面包中蛋白质的含量；可以提高面团筋力，增加面团的弹性、吸水性和贮气性，使制出的面包松软，口感良好；可以防止面包老化、延长面包的货架期、增强天然口味等；可生产各种高质量的面包产品，如美国斯特福化学公司制作的高蛋白面包呈淡棕色，它的体积高度没有普通白圆面包高，但具有外观美、芳香、美味和烘香的特点。此外，强化水果面包中也有小麦面筋蛋白的添加。

（2）面条。面条的色泽、表观状况、光滑度、质地硬度和弹性以及口感与蛋白质含量密切相关。蛋白质含量低时，面条易断条、浑汤、无咬劲；含量过高时，面条生产不易操作、起毛边、口感粗糙。挂面要求蛋白质含量比鲜湿面条的高，原因是蛋白质含量低时，挂面易断条。在挂面生产中，添加 1%～2%的活性面筋，面片成型好，柔软性增加，有增加筋力、改良触感的效果。加工煮面时，可减少团体成分向汤中溶出，提高煮面得率、防止面条过软或断条、推迟面延伸的效果。在方便面生产中，蛋白质含量更为重要，蛋白质含量过低，就不能形成理想的、细密均匀的面筋网络结构，成品强度低、易折断、内在质量差；蛋白质含量过高，会导致面条色泽变暗、发硬、适口性差、不易复合、易断裂。对于油炸方便面而言，随着蛋白质含量的增加，油炸过程中面条吸油量减少。

（3）馒头。蛋白质含量是决定馒头品质的主要因素，对馒头的表面色泽、光滑度、口感、体积等都有显著影响。制作馒头的小麦粉蛋白质含量一般在 10%～13%为宜。高蛋白含量（＞13%）的小麦粉或强筋型小麦粉制作的馒头，虽表面光滑，但质地与口感均较差。当蛋白质含量在 10%以下时，蛋白质含量与馒头评分呈线性正相关，但蛋白质含量高于10%时，影响不明显。

（4）粉丝。以小麦淀粉为主要原料，配以小麦蛋白、马铃薯淀粉和其他营养元素，经调浆，制丝，低温老化，松丝型，干燥包装等工艺加工而成的蛋白粉丝，尤其是采用了低温制冷技术，缩短了老化时间，克服非蛋白粉丝糊化度低、老化时间长的缺点，所生产的产品具有口味好、复水性好、粉丝糊化度高，富含多种必需氨基酸和有益的矿物质元素。

2）肉制品

在肉制品中，小麦面筋蛋白作为黏合剂、填充剂或增量剂呈现出许多优点。以 1%～5%的小麦面筋蛋白作为黏合剂使用在重组化肉品中能赋予产品许多优点，可以增加黏弹性、色泽稳定性、硬度、出汁率和保水性，降低保油性和加工损耗。在其他的肉块和处理过的肉制品中，使用 1%～13%的小麦面筋蛋白，其凝固特性有利于提高产率、降低加工损耗、提高黏度、增加组织强度、改善流变特性、增强成片能力和保持感官特性。添加 3%～80%的小麦面筋蛋白作为加工过的肉制品的填充剂或增量剂，可以提高得率、改善加工稳定性、提高硬度、增强产品稳定性和保持产品的组织状态。当面筋被水化后，可被拉成丝、线或膜，利用此特点可做成各种人造肉，如蟹肉类似物、人工鱼子酱、肠衣膜等。

（1）灌肠类制品。由于小麦面筋由天然小麦加工制成，所以具有清淡醇香味或略带谷物味等独特的物理特性，这些自然风味都颇受人们喜爱。因此将小麦面筋以一定量添加到肉制品中时，绝对不会产生某些人工添加剂的异味，同时还能赋予灌肠制品新的风味，增加新的香肠品种。在灌肠、火腿肠等肉制品中添加小麦面筋蛋白可以起到降低产品成本的作用。小麦面筋在灌肠制品中的应用可以提高制品出品率、改善制品质构、赋予制品新风味、肉馅充填和补色作用以及改善营养结构。

（2）肉糜类制品。以谷朊粉加工制作出的谷朊粉碎馅和肉泥为主料，辅以调味料和佐配料，所产的狮子头具有肥香不腻、味道鲜美、营养丰富、携带食用方便、可规模化连续生产的特点。动物类肉斩拌成糜糊状或小块再按一定比例加入淀粉、香辛料、熟面筋、蛋白粉等制得的火腿肠具有含植物蛋白高、纤维多、脂肪低的特点，与添加大豆分离蛋白相比生产成本更低。

（3）仿真肉。小麦面筋蛋白在仿真肉食品中应用广泛。小麦面筋蛋白通过物理化学作用使蛋白质分子的球状构象解体而变成完全伸展的多肽链，在分子内力的作用下，重新排列组合成像肌纤维似的纤维状结构，而呈现出具有动物纤维咀嚼感的仿真肉食品，具有高蛋白、低脂肪的特点。研究表明以大豆蛋白为主要原料，添加谷朊粉等辅料制作素肉丸子时，谷朊粉的添加使制品富有弹性。

3）冷冻食品

在冷冻食品中添加活性小麦蛋白粉可以增加保水性和凝固性，减少成品的破碎及损耗。活性小麦蛋白粉可用作碎肉片、鱼片、肉片等相互配合的结合剂。日本用杂肉片研制的具有牛排风味的组合食品就是通过添加活性小麦蛋白粉而成型的，同时还提高了制品的保水性，解冻以后汁液外渗少，油炸时不易溅油。小麦蛋白粉可以防止油炸肉饼类食品面皮炸破。添加小麦蛋白粉于汉堡包和炸肉饼等食品的馅里，可形成网状结构，防止油分、水分溢出，且口感好。

4）口香糖

以小麦蛋白质为胶基可以制备口香糖。其产品口感好，滑而细腻，黏弹力强，并可补充人体蛋白质和维生素等营养素。例如，一种胶基可食口香糖，其组成包括可食胶基、黏结剂和填充剂，其中可食胶基由不溶性小麦面筋与玉米醇溶蛋白提取物经胰凝乳蛋白酶处理及糖腌法脱水而成。植物蛋白在传统胶基制作方法的基础上增加了去酰胺和食用胰凝乳蛋白酶酶解过程，进一步强化面筋蛋白的乳化稳定性及成泡能力，使胶基具有更加优良的弹性和口感。

5）调味品中的应用

谷朊粉也用于制备酱油，并制造味精。谷朊粉的高谷氨酰胺含量使它成为制造味精理想的初级材料。用谷朊粉制造的酱油同传统酱油相比，拥有浅色、缓慢褐变率、优良的风味和良好的稠度等优点。

6）酿酒中的应用

在酿酒过程中，小麦蛋白质在一定的温度、酸度条件下，通过微生物和酶被降解为小分子可溶性物质，参与美拉德反应，生成酒体中的呈香呈味物质，使酒达到香气浓郁幽雅、丰满细腻、醇和绵甜。

7）在奶酪类似物和披萨中的应用

利用谷朊粉制造的合成奶酪在质地和口感上与天然奶酪没有什么区别。国际小麦面筋协会的研究表明，谷朊粉单独或者与大豆蛋白混合使用，可部分取代昂贵的酪蛋白酸钠，大大地降低了奶酪的生产成本。谷朊粉也被用来强化披萨表面强度，提供硬外壳和爽口感，使外皮酥脆，增加咀嚼性，并能减少水分从酱汁转移到比萨内部，添加量为小麦粉基质的 1%～2%。

8）饲料中的应用

（1）水产饲料。水产养殖业（包括鱼类、甲壳类动物）是一个日益膨大的产业。现代养殖业依靠饲养来提高产量，谷朊粉的特性正好迎合这一需求。它的黏合性将小球状或者粒状饲料黏结起来；它的水不溶性可以防止球溃散；它的黏弹性提供柔软而黏着的质地组织，使其拥有一定的界面张力，悬浮于水中，利于吞食。而且谷朊粉还具有丰富的营养价值。

（2）宠物饲料。高蛋白含量的谷朊粉也倍受宠物食品工业的青睐。罐装香肠和流质食品主要利用谷朊粉的吸水性和吸脂乳化性，可提高产品产量和质量。制备狗食饼干时，在烘烤前加谷朊粉于面团中，可提高成品在包装和运输中的耐破碎力。

9.1.2　水稻蛋白质

水稻是世界上最重要的农作物之一，全世界有 40%的人口以大米为主食。我国的水稻产量在世界居于第一位，随着我国经济水平的提高，人们对大米的食用品质有越来越高的要求。水稻种子的蛋白质含量占粒重的 7%～10%，可以说，大米是人们（尤其是亚洲人）蛋白质的基本来源。据统计，日本人消费的蛋白质近 19%来自大米。我国是发展中国家，消费水平较低，来自大米的蛋白质消费比例可能更高。相对于其他谷物类别而言，水稻中的蛋白质含量较低，但其价值比小麦蛋白更高。其原因是水稻的第一限制性氨基酸赖氨酸含量要高于其他谷类。大米蛋白是公认的优质食用蛋白，其生物效价高，属于低抗原性蛋白，不会产生过敏反应，在所有谷物中大米是唯一可免于过敏试验的谷物品种，因而大米蛋白被认为是一种具有高开发价值的植物蛋白资源。

水稻蛋白质是存在于水稻中的蛋白质的总称，含量一般为 8%左右。根据溶解性差异，可将水稻蛋白分为四大类：①清蛋白（albumin），可溶于水，占总含量的 2%～5%；②球蛋白（globulin），可溶于 0.5mol/L 的 NaCl 溶液，占总量的 2%～10%；③谷蛋白（glutelin），可溶于稀酸或稀碱，占总量的 80%以上；④醇溶蛋白（prolamin），可溶于 70%～80%的乙醇溶液，占总量的 1%～5%。4 种蛋白组分在大米籽粒中的分布并不均匀，清蛋白、球蛋白主要处于糊粉层和胚中，胚乳中则主要存在醇溶蛋白和谷蛋白。大米中具有生理活性的蛋白主要为清蛋白和球蛋白，醇溶蛋白和谷蛋白被划分为贮藏性蛋白质，是大米中的主要蛋白成分（表 9-2）。

表 9-2　大米及其副产物中主要蛋白成分含量（%）

原料	清蛋白	球蛋白	醇溶蛋白	谷蛋白
大米胚乳	2～5	2～10	1～5	75～90
米糠	34～40	2～21	2～21	2～57
米糟	1～2	8～10	8～10	80～90

蛋白质在稻谷中呈不均匀分布，且从内到外总蛋白的百分比呈增加的趋势。其中，清蛋白和球蛋白在果皮、糊粉层和胚组织中含量较高，在最外层组织中清蛋白和球蛋白含量最高，越往中心越低；醇溶蛋白和谷蛋白主要分布在稻谷的胚乳中。与另外三种蛋白相比，醇溶蛋白分布较为均匀。谷蛋白的分布与清蛋白、球蛋白的分布特点相反，在稻谷中心谷蛋白含量最高，越往外层谷蛋白含量越低，故精米中的蛋白质主要以醇溶蛋白和谷蛋白为主。

氨基酸按照酸碱性可分为四类：酸性氨基酸、碱性氨基酸、疏水性氨基酸和无电荷极性氨基酸。在稻谷蛋白质中，对比分析得到四种蛋白质的氨基酸组成见表 9-3。

表 9-3　稻谷中氨基酸组成（%）

氨基酸	清蛋白	球蛋白	谷蛋白	醇溶蛋白	稻谷总蛋白
酸性氨基酸	38.1	37.1	38.6	45.5	40.1
碱性氨基酸	27.8	22.9	22.7	19.0	21.8
疏水性氨基酸	12.6	15.4	12.2	7.3	12.2
无电荷极性氨基酸	21.6	24.6	26.8	28.2	26.0

1. 水稻蛋白的特性

1）贮藏蛋白的特性

在大米贮藏性蛋白中，谷蛋白分子量较大，分子内和分子间广泛存在的二硫键以及分子内存在的巯基结构，决定其不溶于中性盐溶液而只溶于稀酸、稀碱，大大限制了大米蛋白的功能性开发。醇溶蛋白富含谷氨酸、亮氨酸和丙氨酸残基，赖氨酸、半胱氨酸和蛋氨酸残基含量很少，纯化的醇溶蛋白疏水性很强。

谷蛋白（glutelin）是单纯蛋白之一，存在于谷物中，是不溶于纯水、中性盐溶液、酒精，而溶于稀酸和稀碱的蛋白质的总称。谷蛋白是水稻的主要储藏蛋白（占胚乳总蛋白的 60%以上），储存于胚乳蛋白体-Ⅱ中，易被人体消化吸收。谷蛋白占大米总蛋白的 80%以上，是大米中最重要的一种蛋白质，由二硫键连接的几条多肽链构成，分子质量为 100kDa 到数百万道尔顿，由多条肽链彼此通过二硫键连接而成的大分子组成，其分子质量为 19～90kDa，同时谷蛋白分子内含有大量的巯基，易溶于稀碱溶液。成熟谷蛋白由酸、碱两种亚基（37～39kDa 与 22～23kDa）组成，它们是 57kDa 的前体经翻译后裂解的产物。编码谷蛋白的基因属多基因家族，由 GluA、GluB 二亚族组成。从表 9-2 中可以看出，谷蛋白是水稻的主要储藏蛋白，这与其他禾谷类种子有着显著区别（后者储藏蛋白主要是醇溶蛋白）。按重量计算，谷蛋白约占水稻总蛋白质的 70%。这一特性使得水稻不同于其他谷物作物，除了燕麦，燕麦的主要贮藏蛋白是醇溶蛋白。水稻谷蛋白与 11S 豆类球蛋白具有很高的同源性，含有较多必需氨基酸赖氨酸，比醇溶蛋白更容易被人体消化，因此，它是最好的植物蛋白质之一。水稻品质和营养价值主要由该蛋白决定。

醇溶蛋白不溶于水，但可以溶解于体积分数为 60%～95%的醇类水溶液中。醇溶蛋白由单肽链通过分子内二硫键连接而成，其分子质量为 7～12.6kDa，纯化的醇溶蛋白疏水性很强。水稻种子中醇溶蛋白含量较少，占 5%～10%。谷物的醇溶蛋白结构特殊，存在着大量疏水性氨基酸，同时还含有较多的含硫氨基酸如半胱氨酸、蛋氨酸等，使其具有独特的特性，诸如良好的成膜性、生物降解能力、高韧性、弹性、疏水性和生物相容性。水稻醇溶蛋白诸多功能性质其实皆是蛋白质两大分子特性的体现，即表面性质和水动力学特性。诸如吸湿特性、分散性、溶解性、起泡性、乳化性、保水性与保油性等功能性质主要为蛋白质表面性质的表现，由蛋白质表面的亲水/疏水及立体特征所决定；水动力学特性的表现主要有黏度、增稠、凝胶、组织化等功能特性，主要与蛋白质大小、形状及分子柔顺性有关。醇溶蛋白的表面性质主要受到氨基酸组成、分布以及折叠方式的影响，而水动力学特性更容易受到醇溶蛋白的物理形状和大小的制约。醇溶蛋白在大米中的含量为 7.68%，在 pH 为 5 时溶解度最低，在 pH 为 11 时溶解度达到最大。

2）生理代谢活性蛋白的特性

清蛋白和球蛋白为生理代谢活性蛋白，单肽链组成，分子量较低，对稻谷的发芽期有重要影响。清蛋白成分非常复杂，是大米蛋白中赖氨酸含量最高、谷氨酸含量最低的蛋白质。球蛋白中主要的氨基酸成分是谷氨酸和精氨酸，含硫氨基酸含量也较高（超过 10%）。该类蛋白具有一定的营养价值并且容易提取，但含量偏低。

不同蛋白质的氨基酸组成各不相同，从营养角度看，清蛋白与球蛋白的氨基酸组成非常合理，其中的赖氨酸、色氨酸含量均比较高，并且大米高于其他谷物中的含量。而赖氨酸与色氨酸分别是大米蛋白的第一和第三限制性氨基酸，因此清蛋白与球蛋白的含量是决定大米蛋白品质的重要因素之一。在大米蛋白的四种蛋白中，清蛋白抗氧化性最高，同时有凝聚红细胞的功能。

清蛋白是大米中的生理代谢活性蛋白质，其不带电荷氨基酸的含量最高、酸性氨基酸的含量较低，含有最高的赖氨酸和最低的谷氨酸。清蛋白组分较多，分子质量为 10～200kDa。清蛋白中也有分子质量高达 100kDa 的蛋白质组分存在，但由于清蛋白中二硫键含量较少，因此清蛋白的溶解性较好，一般不会形成高分子质量蛋白质聚集体。

球蛋白中碱性氨基酸含量最高，达 15%以上，谷氨酸和精氨酸是其主要的氨基酸，含硫氨基酸含量也较高。球蛋白质分子质量为 16～130kDa，经凝胶色谱可分为 4 个组分。

2. 稻谷蛋白提取方法

水稻蛋白的提取是大米综合利用及深加工的重要途径，具有较显著的经济效益和社会效益。提取水稻蛋白是为了获得高纯度的蛋白质，并以其为原料生产出品种多样、用途广泛的产品。目前商品化的水稻蛋白可以分为浓缩蛋白（RPC，蛋白质含量50%～89%）和分离蛋白（RPI，蛋白质含量在 90%以上）。水稻蛋白的制备方法主要有溶剂提取法、碱提取法、酶提取法、物理分离法、复合提取法、超临界流动相挤压法和一些新的提取方法等。

1）溶剂提取法

用于提取大米蛋白质的溶剂主要有五类：①表面活性剂：十二烷基磺酸钠、十六烷基三甲基溴化铵。②弱酸：乙酸、乳酸。③脂肪酸盐。④氢键破坏剂：尿素、盐酸胍。⑤还原剂：巯基乙醇、二硫苏糖醇（DTT）等。大米蛋白要用非碱性溶剂和碱法进行提取。采用非碱性溶剂提取大米蛋白具有一定优势，但是提取溶剂不易去除，产品应用特别是在食品应用中存在安全问题，并且提取溶剂成本较高使生产成本增加。

2）碱提取法

大米蛋白中超过 80%的蛋白质都是碱溶性的谷蛋白，在较高 pH 下，碱与大米作用，可以使大米中淀粉质紧密的结构变得松散，从而使淀粉中包裹的蛋白质从大米颗粒中溶出，同时碱液对蛋白分子的次级键特别是氢键有破坏作用，从而对蛋白质分子有增溶作用，促进淀粉与蛋白质的分离。碱法提取大米蛋白的基本流程为：首先将大米碱提液离心使固液分离，在上清液加酸调节 pH 至大米蛋白质等电点，再通过第二次固液分离使蛋白质沉淀，由此得到的大米蛋白的蛋白含量可达 85%以上。

碱法提取大米蛋白的工艺流程通常为：大米粉按比例溶于碱液→离心分离→上清蛋白液→调节 pH 酸沉→离心分离→沉淀水洗→干燥→大米蛋白粉。但按此工艺制备的产品存在溶解度不高的问题。

3）酶法提取

酶法可提取更多醇溶性和水溶性蛋白、经降解并修饰的水溶性小分子活性肽以及游离氨基酸等。酶法提取分为蛋白酶法与非蛋白酶法。其中，蛋白酶法是使用蛋白酶进行酶解，大米蛋白经过酶的降解和修饰作用，变为可溶性肽从而被提取出来。据蛋白酶作用方式的不同可将蛋白酶分为两类，一类是外切蛋白酶，另一类是内切蛋白酶。前者是从肽链的任意一端切下氨基酸残基，后者则是从整个肽链内部破坏肽键，水解程度不同将产生一系列相对分子质量不同的多肽链。内切蛋白酶是在工业上使用较为广泛的蛋白酶。各种蛋白酶的作用条件也存在差异，按照作用最适 pH 的不同可以将目前用于提取大米蛋白的微生物蛋白酶分为中性、酸性以及碱性三类。淀粉酶是提取大米蛋白时最常用的非蛋白酶，采用非蛋白酶提取大米蛋白时其产品往往含有部分未被酶解的糖类物质，会因达不到浓缩蛋白的要求而限制其应用范围。

蛋白酶法提取大米蛋白的工艺流程通常为：大米粉→加水调浆→酶解→灭酶→离心分离→水解液干燥→大米蛋白粉。淀粉酶提取大米蛋白的工艺流程通常为：大米粉→加水调浆→酶解→灭酶→离心分离→沉淀干燥→大米蛋白粉。

4）物理分离法

据报道，美国科学家发现一种效价比更高的新方法，即利用一种特别均质器所产生的高压，将大米中淀粉和蛋白质聚成块后进行分解。大米只需一次性通过此种设备，即可产生颗粒均匀的淀粉和蛋白质微分子，然后通过基于密度的传统分离工艺对其中的淀粉和蛋白质进行分离，生产出的蛋白质和淀粉与传统加工方法的产品相比具有更好的完整性与功能性。美国科学家认为，这种新方法有可能对大米淀粉和蛋白质生产产业带来革命性变化。

5）复合提取法

复合提取法是将碱液提取与酶法提取相结合或分步提取蛋白质的方法。例如，先采用碱溶法将部分大米蛋白质提取出来,剩下的残渣再用碱性蛋白酶进行轻微水解,通过酶解提高其中蛋白质的溶解度。应用碱酶先后分步提取取得了较好的提取效果,大米蛋白提取率达到 78.8%。

6)超临界流动相挤压法

超临界流动相挤压法是一项新的工艺,目前并没有应用于实际生产,但其有明显的优势,当采用超临界流动相挤压处理碎米时,能较好地保留其中的营养素。研究表明,超临界流动相挤压法用于生产添加有蛋白质、膳食纤维和微量元素的强化米,取样品中100g,含 8%的膳食纤维,21.5%蛋白质,Fe、Zn、维生素 A 和维生素 C 等则按每日推荐摄入量加入,结果表明,矿物质没有任何损失,维生素 A 保留 55%~75%,维生素 C保留 64%~76%,所有的必需氨基酸包括赖氨酸均被保留下来并且完全符合 FAO/WHO的推荐摄入量。

7)新型提取方法

微射流法分离大米蛋白,并与碱提法、酶法比较发现,采用微射流法有较高的分离效率,大米蛋白的回收率、纯度分别达到 81.87%、87.89%,大米淀粉中残余蛋白仅为1.23%。研究表明微射流高压均质可以破坏碎米胚乳细胞壁,使细胞破碎,且使碎米胚乳中紧密结合的蛋白质-淀粉聚集体发生松团作用,使蛋白质游离而与淀粉分离。近年来国外学者将超声波、高压、高速度均质、冻结-融化等物理手段结合酶法处理进行米糠蛋白提取的探索也可以推广到大米蛋白的提取中,这些辅助的物理手段对去除各种非蛋白杂质非常有效,因此提取效率有较显著的提高。采用胶体磨和均质,通过破碎全脂或脱脂米糠的细胞结构,使米糠蛋白溶出进而提取米糠蛋白的方法,能增加米糠蛋白提取率。全脂米糠经微粉碎和均质后,蛋白质溶出浓度比单纯水溶液提取率高 76%,脱脂米糠经物理方法处理后,其蛋白质溶出浓度可提高 18.7%,且磨浆和均质可使溶出组分分子量差别很大。

3. 大米蛋白的分离纯化

稻谷蛋白分离纯化的目的是为了获取高纯度的大米蛋白产品,一般分为大米浓缩蛋白和大米分离蛋白。大米、米糠、米糟等原料均可用来制备大米蛋白。分离纯化是蛋白结构解析及功能特性研究的基础,对大米蛋白进行分离纯化是深入研究大米蛋白构效关系和改性机理的前提条件。目前关于大米蛋白提纯方法的研究主要集中在米渣蛋白,报道的提纯方法有碱提酸沉法、水洗法、酶解法(淀粉酶法、纤维素酶法、蛋白酶解法)。以大米为原料,采用碱提酸沉法制备的大米蛋白的蛋白含量通常较高,要进一步提高其蛋白含量尤为困难。蛋白质的纯化路线往往取决于目标产物的理化特性。通常,若要获得高纯度目标产物,往往需要多种分离技术的组合,但分离步骤多,则分离时间长,反过来也会影响目标产物的得率和回收。在选择不同机制的分离单元组成分离纯化方案时,应尽早采用高效分离手段先将含量最多的杂质分离除去,即先运用低分辨率、非特异的分离操作单元(如沉淀等),去除其中最主要的杂质(包括非蛋白类杂质),尽可能缩小样品总体积、提高目标产物浓度;将费用最高、最费时间的高分辨率分离单元放在分离纯化的最后环节。在众多分离纯化蛋白的方法中,层析法又称色谱法是最常用的方法。层析法具有多种分离机制，通常可根据目的蛋白和杂蛋白的物理、化学和生物学（方面）性质差异实现分离，尤其重要的是利用蛋白质表面性质的差异，如蛋白质表面电荷密度、分子大小和形状、表面疏水性、与配基的生物学特异性等。

表 9-4 列举了一些常用层析方法及其技术特征，和其他分离技术相比，层析分离技术具有效率高、设备简单、操作简便、条件温和等优点，且不易造成目标产物的变性，是分离无机化合物、有机化合物及生物大分子等的重要手段。层析分离次序的选择似乎更重要，一个合理组成的色谱次序不仅能提高分离效率，同时只要将条件稍做改变即可进行各步骤之间的过渡。当联合使用几种方法时，最好每种方法皆以不同的分离机制为基础，且经前一种方法处理的样品应能适合于作为后一种方法的料液，不必经过脱盐等处理。如先使用具有高选择性的离子交换层析进行分离。

表 9-4　提纯方法

层析方法	作用原理	分辨率	容量
凝胶过滤层析	分子体积与形状	低	低
离子交换层析	离子交换	中	高
疏水作用层析	疏水作用	中	中
反相作用层析	疏水作用	中	中
亲和层析	—	—	—
生物专一亲和层析	生物活性	高	高
免疫亲和层析	抗原与抗体作用	高	高
染料亲和层析	蛋白质与染料分子吸附	中	高
金属螯合亲和层析	蛋白质与金属离子络合	中	高
层析聚焦	等电点	高	中

1）凝胶过滤层析

凝胶过滤层析（gel filtration chromatography）又称为凝胶排阻层析（gel-exclusion chromatography）、分子筛层析（molecular sieve chromatography）、凝胶渗透层析（gel permeation chromatography）等。凝胶过滤层析是以多孔性凝胶材料作为固定相，根据样品中各个组分分子大小的差异来实现分离的。可以将具有相近的理化性质（如带电性质、溶解度）而不同的相对分子质量，或者是有不等的聚合体组分很容易地分离开来。凝胶过滤层析因具有操作方便、设备简单、实验重复性好、样品回收率高，尤其是不改变样品生物学活性的优点，而被广泛应用于多糖、蛋白质、核酸等生物大分子的分离纯化，除此之外也被用于样品浓缩、脱盐以及蛋白质的分子量测定等。

2）离子交换层析

离子交换层析（ion exchange chromatography），是以离子交换剂为固定相，根据流动相中溶质离子与交换剂上的平衡离子进行可逆交换时结合力大小的不同而进行分离的一种常用的层析方法。影响离子交换性能的因素有蛋白质的等电点和表面电荷的分布，还有层析材料的选择、吸附和洗脱过程中的条件（pH、离子强度）等。蛋白质是两性分子，其带电性随溶液中 pH 的改变而发生变化。如果某蛋白质只在低于其等电点的 pH 环境下保持稳定，此时蛋白质带有正电荷，可选用阳离子交换剂；如果某蛋白质只在高于其等电点的 pH 环境下保持稳定，此时蛋白质带有负电荷，可以选用阴离子交换剂；若蛋白质在高于或低于其等电点的 pH 环境下都稳定，那么既可以用阳离子交换剂也可以用阴离子交换剂，此时所选用的交换剂类型取决于工作液的 pH 及杂质的带电情况。一般将离子交换层析应用于初步分离样品，离子交换层析分离效果的好坏将对后续纯化步骤如凝胶过滤等产生重要影响。

3）亲和层析

亲和层析（affinity chromatography）是利用共价连接的、有特异配体的层析介质来分离蛋白质混合物中能特异结合配体分子的目的蛋白的层析方法。亲和层析实质上就是一种吸附层析，如抗原（或抗体）和相应的抗体（或抗原）能够发生特异性结合，而且这种结合通常在一定的条件下是可逆的，因此，将抗原（或抗体）固相化后，就可以使液相中的相应抗体（或抗原）选择性地在固相载体上进行结合，由此与液相中的其他蛋白质进行分离，从而达到分离提纯的目的。根据目标产物与配体的作用力不同，亲和层析又可分为金属螯合亲和层析、免疫亲和层析、生物性亲和层析等。

4）疏水作用层析

疏水作用层析（hydrophobic interaction chromatography）是采用具有适度疏水性的填料作为固定相，以含盐的水溶液作为流动相，利用溶质分子的疏水性质差异，按与固定相间疏水相互作用的强弱不同实现分离的层析方法。其主要原理是利用蛋白质分子表面的疏水区域（非极性氨基酸的侧链，如丙氨酸、色氨酸、甲硫氨酸和苯丙氨酸）和介质的疏水基团（苯基或辛基）之间的相互作用，无机盐的存在能使相互作用力增加。目前该技术的主要应用领域是在蛋白质的纯化方面，已成为血清蛋白、膜结合蛋白、核蛋白、受体、重组蛋白以及一些药物分子，甚至细胞等分离时的有效手段。

4. 加工技术

目前，国内对稻谷蛋白粉的生产和研究还很少。事实上，稻谷蛋白的氨基酸组成平衡合理，是其他植物蛋白无法比拟的。稻谷蛋白被公认为优质的食品蛋白，符合 WHO/FAO 推荐的理想模式。学术界对这种新型植物蛋白更是青睐有加，誉之为"目前自然界已知最优秀的植物蛋白"。稻谷蛋白是低抗原性蛋白，不会产生过敏反应，非常适合生产婴幼儿食品。稻谷蛋白不仅具有独特的营养功能，还有其他一些保健功能，如预防糖尿病、抗胆固醇和抗癌变等作用。

蛋白质是生命活动的物质基础，对人体生理代谢起到重要的调节作用。一般来说，过去人们主要以动物蛋白作为优质的蛋白质来源，在世界人口迅速增长的情况下，植物蛋白作为普遍而又优质的蛋白质资源，成为一种新的趋势。同时用各种植物蛋白开发出的众多安全营养的食品已成为重要的市场资源。目前人们对营养结构均衡合理的追求日益迫切,这主要体现在两个方面,一方面,发达国家的食品需求趋势正从单纯的动物蛋白向动植物蛋白科学合理搭配发展;另一方面,发展中国家正从温饱型向合理营养结构型发展。这两种发展趋势均要求植物蛋白工业给人们提供高质量的植物蛋白产品。

1) 砻谷

砻谷又称脱壳,是通过对稻米籽粒施加一定的机械作用力而脱除稻米表面颖壳获得糙米产品的一种稻米加工工序。根据砻谷方式以及稻米砻谷时受力情况的不同,一般将稻米砻谷的方法分为挤压搓撕法、撞击脱壳法以及端压搓撕法三种。挤压搓撕法是指利用两个运动速度不同的作用面挤压搓撕稻米两侧,从而脱去其颖壳的方法;挤压搓撕脱壳设备主要有胶辊砻谷机和滚带式砻谷机,以胶辊砻谷机最为常用。端压搓撕法则是指通过两个不等速运动的工作面作用于稻米籽粒两端而脱去其颖壳的方法,典型的端压搓撕脱壳设备是砂盘砻谷机。撞击脱壳法是指通过固定工作面与高速运动的稻米籽粒的撞击脱去其颖壳的方法,典型的撞击脱壳设备是离心式砻谷机。稻米经砻谷机脱壳后,须经过砻下物分离将稻米、糙米以及颖壳分开。稻壳的分离多采用风选法将颖壳从混合物中分离出来,而谷糙分离则是根据稻米与糙米密度、粒度及容重等物理特性的差异来进行分离。常用的谷糙分离方法主要有筛选法、相对密度分选法和弹性分离法。典型的谷糙分离设备有谷糙分离平转筛和重力谷糙分离机。

2) 碾米

碾米又称糙米碾白,是指剥离糙米籽粒表面皮层、胚和部分胚乳,以提高其食用品质及贮藏性的加工工序。碾米的方法可分为物理法和化学法两种,目前物理法被视为常规的碾米方法。物理法的碾米方式根据碾米作用力来分可以分为搓离碾米和碾削碾米两种。搓离碾米是利用强烈的摩擦搓离作用来达到糙米碾白的目的。搓离碾米适用于加工强度大、皮层柔软的糙米。碾削碾米是依靠金刚砂高速旋转过程中对糙米表面产生的碾削作用,碾除皮层、胚,以实现糙米碾白。这种方式适宜碾制籽粒结构强度较差、表面较硬的糙米。而有研究报道,利用搓离作用和碾削作用的混合碾米方式,可以提高出米率,减少碎米量,改善产品色泽,还可以提高设备的生产力,降低能耗。目前,我国使用的大部分碾米机均属于混合型碾米机。据报道,真正付诸工业化生产的化学碾米法是溶剂浸提碾米法。它首先是利用米糠油将糙米表层软化,然后将其浸在米糠油和正己烷混合液中进行湿法机械碾制。去皮后的白米还须经脱溶工序利用过热己烷蒸汽和惰性气体脱去己烷溶剂,然后分级,包装,最终得到成品大米。在实际生产过程中,应在确保成品大米碾白精度的前提下,尽可能地提高出品率、纯度、产量,降低成本。

3) 大米蛋白的提取及水解

大米蛋白提取的原理与淀粉提取类似,都是利用一定的技术手段将蛋白与淀粉等其他组分分离,获得纯度较高的大米蛋白产品的过程。大米蛋白因具有氨基酸配比合理、营养价值高、致敏性低等特点而被认为是优质植物蛋白,应用前景广阔。近年来,国内外也越来越重视大米蛋白开发利用方面的相关研究。大米蛋白提取既是大米综合利用与精深加工的重要途径,也是大米蛋白资源开发利用的前提条件。目前,可实现工业化生产的大米蛋白的提取方法只有碱溶酸沉法，即首先利用稀碱溶液使蛋白质溶解，通过离心去除淀粉等其他不溶组分，加酸调节上清液 pH 至蛋白质的等电点使其沉淀，二次离心后得到沉淀即为蛋白产品。以大米蛋白为原料，利用强酸、强碱或酶对其进行不同程度的水解，可以得到营养丰富的蛋白水解液。目前，酸水解法因具有工艺简单、生产周期短和成本低等特点仍然是工业上生产蛋白水解液，尤其是复合氨基酸溶液最常用的方法。该产品经过离子交换法纯化后可作为营养强化剂直接添加于食品中，还可以作为母液通过分离提取制得用于临床治疗或营养保健的氨基酸制剂，以获得更高的经济价值。

5. 稻谷蛋白的应用

大米蛋白功能性开发的主要产品形式有：改善大米蛋白物化功能并用作食品添加剂；制取高蛋白营养粉（蛋白含量 80%以上）；制取具有特殊功能的生物活性肽等。以上 3 种主要产品形式在处理技术上的共同点是将大米分离蛋白（RPI）水解和改性。

1）食品添加剂

大米蛋白具有溶解性、乳化性、发泡性、持水性、持油性等功能特性，但本身溶解性差，经水解后可释放出一定的氨基和羧基，增大蛋白分子极性，其溶解性增加的同时发泡性、乳化性等也表现出来。有研究报道，胃蛋白酶水解大米蛋白后可以得到发泡性能及持泡性能较好，且失水率较低的产品。同时，经酶水解或改性的大米蛋白在食品中具有广泛用途，如在液体或半固体食品中起稳定、增稠作用，在焙烤食品和糖果中起发泡作用，在肉制品中起增稠和粘结作用等。

2）蛋白质营养补充剂

近年来，大米蛋白因其具有较高营养价值和低过敏性的特点，在国外备受关注，Nutribiotic 和 Habib-Arkady 等知名公司都大力从事大米蛋白的开发研究，其产品已进入我国市场销售。大米蛋白营养补充剂将是未来保健食品市场的热点之一。大米蛋白营养补充剂是将蛋白质深度水解为可溶性肽，主要是提高蛋白溶解度，便于开发使用，即冲即饮粉剂和口服液便是较好的产品形式。过去研究着重强调对蛋白质水解制备氨基酸，现代研究表明，小肽分子比游离氨基酸更容易被人体肠道吸收和利用。食物中蛋白质的消化吸收是消化道蛋白酶水解蛋白质成小肽后，利用肠黏膜纹状缘表皮细胞中的肽载体主动转运机制来完成。

3）功能短肽的开发

目前对水解蛋白质产品活性肽的研究成为热门课题，现已发现许多具有应用价值的活性肽。大米来源的活性肽报道较多的是 Gly-Tyr-Pro-Met-Tyr-Pro-Leu-Arg 肽分子，命名为 Oryzatensin。豚鼠试验表明，Oryzatensin 具有促进回肠收缩、抗吗啡和免疫调节作用。大米蛋白水解还可以分离出具有替代谷氨酸钠（MSG）的风味肽，有很好的市场前景。另外，近年来国外对大米蛋白应用较多的是：①利用大米蛋白的低过敏性和高营养性，针对婴儿敏感性腹泻，开发高蛋白低过敏婴儿配方米粉；②谷蛋白浓缩物作水产饲料用；③作为宠物食品的主要成分；④大米蛋白酶解物的功能性开发利用。

6. 大米蛋白的应用现状分析

1）国外的应用现状

大米蛋白除了具有独特的营养功能外，还有很多潜在的保健功能，它属于低抗原性蛋白，不会产生过敏反应，这是国外十分重视大米蛋白研究和开发利用的重要原因之一。世界各国针对不同蛋白含量、用途及性质开发的大米蛋白产品包括：作为婴儿食品的营养补充剂，作为可食用膜，作为洗发水的天然发泡剂和增稠剂，作为宠物食品的原料，酶解制备鸦片拮抗肽、风味肽、抗氧化肽等活性肽，制备食品级高蛋白营养粉。国外高度重视大米蛋白的研究和产品开发，许多国外知名公司如 Nutribiotic 和 Habib-Arkady 等都投入了很大力量来从事大米蛋白的开发研究，其产品已投入市场。目前生产和销售大米蛋白的厂家主要有巴基斯坦的 Habib Arkedy 公司，比利时的 Remy 公司，美国的 Stauber Performance Ingredients Inc、Bayer Corporation-Agriculture Division 和 Nutri Biotic Inc。在大米浓缩蛋白方面，Habib Arkady 公司以大米为原料生产淀粉糖浆，并利用其副产物生产大米浓缩蛋白（纯度 37%～78%）；Remy 工业公司生产干基量 70% 的大米浓缩蛋白；美国国际公司经销含量为 40% 的大米浓缩蛋白，Nutribiotic 公司生产的大米蛋白粉蛋白含量在 80% 以上。美国将大米蛋白作为运动员的专用食品，主要是利用大米蛋白营养均衡、有利于保护运动员的体能和抗疲劳等功能；并利用其可提高人体免疫功能的特性将大米蛋白用于患者的康复。欧盟、日本、韩国等也在积极开发大米蛋白。

2）国内的应用现状

虽然我国是世界上稻米资源最为丰富的国家，但我国稻米资源的开发利用仍处于起步阶段。过去国内学术界和工业界在开发植物蛋白质资源时，对于改善疏水性植物蛋白功能性领域的研究大多集中于大豆蛋白，而对于需求更为迫切的谷物蛋白质尤其是大米蛋白的增溶及功能特性的改善则鲜有研究。这主要是由于在大米中大米蛋白的含量相对较低，开发利用有一定的难度；且大米蛋白质中谷蛋白的含量很高，其水溶性较差，影响了其在溶液体系中的应用；所以过去在这方面的研究投入也比较少。国内对大米的应用主要集中于生产淀粉糖浆和米线等低附加值产品，而大米蛋白粉则因溶解度差、在食品生产上很少应用而大多被用作动物饲料。因此，国内对大米蛋白的利用率非常低，资源浪费严重。实际上，利用植物为原料开发蛋白质经济可行，不失为发展中国家开辟蛋白新资源的有效途径。随着大米蛋白营养价值以及低过敏性被人们广泛认同，在粮谷类蛋白的开发应用中大米蛋白正逐渐成为行业内的一个热点。国内大米精深加工企业生产的蛋白粉主要为饲料级蛋白粉，食品级蛋白粉很少。国内生产企业主要有江阴市和泰物贸有限公司、唐山冠鑫贸易有限公司、滨州富田生物股份有限公司、武汉佳宝糖业有限公司、上海依之久生物工程有限公司、杭州三富生化制品有限公司、重庆梁农食品有限公司、无棣丰源盐化有限公司、山东恒立生物科技有限公司、万福生科（湖南）农业开发股份有限责任公司。国内一些科研单位和企业加大了食用级大米蛋白工业化生产的研究力度，这对拓展谷物蛋白质资源在食品领域中的应用、提高粮食产品的附加值、促进粮食工业的发展具有较深远的意义。上海百奥特植物蛋白科技有限公司与江南大学联合研制开发了一种大米低聚肽——百奥特大米多肽，它是以大米蛋白为原料，经复合蛋白酶酶解，再经过膜分离，脱苦等一系列精制处理而得到的小分子蛋白质水解产物，主要由多肽分子混合物以及其他少量的游离氨基酸、糖类和无机盐等组成，可广泛应用于保健食品、营养食品、焙烤食品、运动员食品中。

9.1.3　玉米蛋白

玉米中含有赖氨酸、卵磷脂、木质素及谷胱甘肽等多种有益物质，还有多种无机盐和维生素等。作为一种优质的蛋白质资源，其氨基酸种类较为齐全，蛋白质营养效价高，具有很好的加工功能特性。同时，玉米胚芽蛋白具有抗氧化性等生物活性，易于被人体吸收。整粒玉米中含有醇溶蛋白、清蛋白、球蛋白和谷蛋白，主要由醇溶蛋白和谷蛋白组成。其中玉米醇溶蛋白不溶于水，但可溶于乙醇溶液中，具有很好的弹性和咀嚼性。玉米谷蛋白具有很好的持水性、持油性、湿润性，但乳化能力略低于大豆分离蛋白。玉米蛋白酶解产物具有很好的溶解性、优良的热稳定性和冷藏稳定性，起泡性较好。

国内主要将玉米蛋白用于饲料工业。然而，利用玉米蛋白粉可提取天然食用色素、玉米醇溶蛋白和谷氨酸等物质，还能制备具有多种生理功能的玉米活性肽，如谷氨酰胺肽、降血压肽等。玉米籽粒经医药工业生产淀粉或酿酒工业提醇后的副产品中蛋白质含量丰富，但因其具有特殊的味道和色泽，一般只作饲料使用。

1. 玉米醇溶蛋白的分子结构

玉米醇溶蛋白（zein）最显著的特征就是不溶于水，而易溶于乙醇-水的混合体系，其原因是玉米醇溶蛋白分子中含有大量的非极性氨基酸（如亮氨酸、脯氨酸和丙氨酸等）。通过旋光法和圆二色谱法对玉米醇溶蛋白的二级结构进行分析，发现其由 $50\% \sim 60\%$ 的 α-螺旋和 15% 的 β-折叠组成，而三级结构则由非对称性的杆状颗粒组成，轴率为（7∶1）～（28∶1）。利用小角 X-光散射（SAXS）分析玉米醇溶蛋白在乙醇-水溶液（70% v/v）中的结构，能发现其 α-螺旋结构通过丰富的谷氨酰胺的架桥作用相互连接并以反向平行的方式形成 $13nm \times 1.2nm \times 3nm$ 的棱柱体（图 9-9）。由螺旋外层组成的棱柱体的侧面呈疏水性，棱柱体的顶面和底面则因谷氨酰胺的交联而呈亲水性。若采用表面等离子体共振（SPR）技术分析玉米醇溶蛋白的亲水/疏水性，能发现玉米醇溶蛋白分子的表面有明确的亲水区和疏水区。玉米醇溶蛋白分子的这些特征为其自组装形成两亲性聚集体提供了可能性。

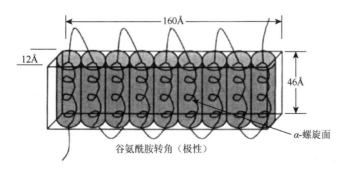

图 9-9　Matsushima 等提出的玉米醇溶蛋白的三级结构示意图

2. 玉米醇溶蛋白的分离

根据早期的研究发现，玉米醇溶蛋白根据分子量和在乙醇中的溶解度，可分为 α、β、γ 三部分。α-玉米醇溶蛋白具有 20～24kDa 的分子质量，可溶于 40%～95%（v/v）乙醇；β-玉米醇溶蛋白具有 17～18kDa 的分子质量，能溶于 30%～80%（v/v）乙醇；γ-玉米醇溶蛋白具有 27kDa 的分子量，可溶于 30%～80%（v/v）乙醇。β-玉米醇溶蛋白不溶于 90%（v/v）乙醇，而 γ-玉米醇溶蛋白只有在 2-巯基乙醇存在下才溶于乙醇。根据上述特性，可采用图 9-10 所示流程对玉米醇溶蛋白进行分离。

干磨玉米通过乙醇提取分离的玉米醇溶蛋白主要包含四种，分别是 α-玉米醇溶蛋白（20～24kDa）、β-玉米醇溶蛋白（17～18kDa）、γ-玉米醇溶蛋白（27kDa）、δ-玉米醇溶蛋白（9～10kDa）。通过上述分离流程，发现组分一富含分子质量为 20～24kDa 的 α-玉米醇溶蛋白，还有少量二聚体（44～50kDa）存在，以及约 25kDa 的其他成分。同时，分离得到的第二部分富含 β-玉米醇溶蛋白以及少量的 α-玉米醇溶蛋白（20～24kDa）、γ-玉米醇溶蛋白（27kDa），可能还有 δ-玉米醇溶蛋白部分。

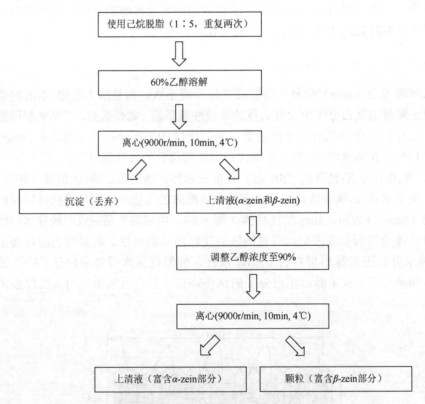

图 9-10　α-玉米醇溶蛋白和 β-玉米醇溶蛋白馏分的分离示意图

3. 玉米醇溶蛋白的功能特性

1）玉米醇溶蛋白的自组装机理

自组装通常是指在无外来因素条件下，分子由无序结构自发形成有序结构的过程。此过程一般依赖于弱相互作用，包括范德华力、毛细管力、π-π 键和氢键等。而蒸发诱导自组装（evaporation induced self-assembly，EISA）作为自组装中的一种重要形式，一般涉及两种或三种溶剂。优先蒸发其中一种溶剂会改变溶液极性，推动溶质发生自组装。自组装可引起多种形状的形成，如易溶微相、立方体、六边形、螺旋体、片状体等。玉米醇溶蛋白以其氨基酸序列中亲水/疏水性的平衡以及独特的结构而表现出两亲性，而两亲性正是其自组装发生的主要驱动力之一。这是由于为降低界面张力，极性或非极性分子倾向聚集。若采用圆二色谱（CD）监测蒸发诱导自组装期间玉米醇溶蛋白的构象转变，在 EISA 期间的不同时段对玉米醇溶蛋白溶液样品（0.1mg/mL，在 75%乙醇，v/v）进行分析，其 α-螺旋、β-折叠和无规卷曲含量的变化如图 9-11 所示。由图 9-11a 可知，λ 为 210nm 和 222nm 附近出现两个强椭圆率值，这是 α-螺旋结构的特征峰。随着蒸发时间的延长，在 222nm 处的椭圆率发生连续降低。图 9-11b 显示了 EISA 期间 α-螺旋、β-折叠和无规则卷曲的相对含量变化。2h 后，α-螺旋含量从初始 80%降低至 15%，而 β-折叠则从 0 增加至 33%，无规卷曲含量也从 20%提高至 52%。这是由于蒸发过程使溶剂亲水性逐渐增强，从而使溶剂诱导 α-螺旋向 β-折叠发生构象转变。另外，曾有研究表明玉米醇溶蛋白在 70%乙醇中 α-螺旋含量为 50%~60%，90%乙醇中 α-螺旋含量为 95%，而 75%乙醇中 α-螺旋含量为 80%。由此可知，随着溶剂中乙醇含量的增加，α-螺旋含量也逐渐增加，进一步说明玉米醇溶蛋白溶剂极性的改变可诱导其构象转变。

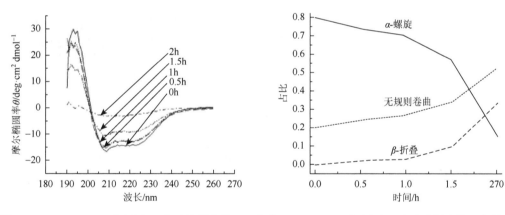

图 9-11　（a）EISA 不同阶段玉米醇溶蛋白的 CD 光谱；（b）EISA 不同阶段玉米醇溶蛋白的 α-螺旋、β-折叠和无规则卷曲结构含量

2）玉米醇溶蛋白的自组装过程

玉米醇溶蛋白在蒸发诱导自组装过程中，从单分子到纳米球的形成机制主要涉及四个步骤：第一步，溶液中的 α-螺旋转化为 β-折叠。蒸发过程使溶剂越来越亲水，同时溶剂极性的改变诱导 α-螺旋向 β-折叠发生构象转变。α-螺旋向 β-折叠转化的驱动力是两亲性蛋白分子发生自身结合而释放的溶剂熵。在玉米醇溶蛋白的乙醇溶液中，β-折叠结构可自组装形成疏水内部和亲水表面，同时溶剂逐渐变得亲水，进而加大了 α-螺旋转变成 β-折叠的趋势。第二步，β-折叠结构之间的疏水相互作用使其平行排列形成带状。第三步，带状体发生卷曲形成环形或环体，其密度分布可由 TEM 图像（图 9-12b）看出。其中，中

心或环形孔处的密度较低，且由中心到外层密度逐渐增加，直到边缘处再次降低。β-折叠中两个氨基酸残基之间的周期性距离为 0.35nm。这意味着，图 9-12a 中的 β-折叠结构在卷曲前，其尺寸不尽相同，随后经历了不同的卷曲阶段，因而造成形成的空间和长度均有所差异。而图 9-12b 的 β-折叠结构完成了卷曲过程，从而得到清晰环体。图 9-12c 中光影较弱，密度较低，中心处的 β-折叠无定向卷曲，这说明 β-折叠结构的不规则是内层变形和溶剂蒸发引起塌孔而形成的。图 9-12d 中的环形边界处存在较不密集的 β-折叠区域，浅色部分表明周期性晶格没有完全形成。另有研究还发现，自组装过程中的转化一旦开始，其相邻的 α-螺旋便不断复制成 β-折叠结构，同时玉米醇溶蛋白分子也相互吸附向颗粒生长方向进行。

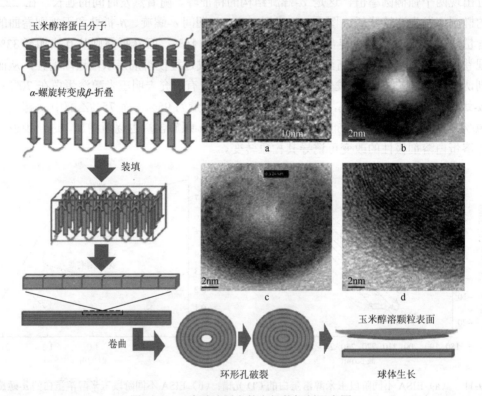

图 9-12　玉米醇溶蛋白的自组装机制示意图

3）玉米醇溶蛋白自组装的影响因素

结构的转变常常涉及多种影响因素，如溶剂体积分数、pH、温度、亲水-亲脂平衡（HLB）和表面活性剂的添加。曾有研究分析了玉米醇溶蛋白的浓度和乙醇/水的比例对玉米醇溶蛋白微结构的影响，同时建立了相图来描述其结构变化。随蛋白浓度的增加，球体相互连接、堆叠和融合，从而引发各种几何形状的生成。因此，球体是所有微相结构形成的基础。通过扫描电镜可以直观地看到玉米醇溶蛋白的结构变化，2mg/mL 的玉米醇溶蛋白分散液（70%v/v 的乙醇-水溶液）呈现出球状颗粒（图 9-13a）。将微球的横截面置于聚焦离子束显微镜（FIB）下观察分析可知，微球是通过层层吸附到核心来完成自组装过程的，最终形成类似于洋葱的多层结构（图 9-13b）。且随着乙醇的蒸发，玉米醇溶蛋白微球通过疏水作用力发生径向增长，直径达到 1μm。而高浓度的玉米醇溶蛋白则形成较大的球体内核，并且紧密堆叠，直径可达到 3μm（图 9-13c）。进一步提高玉米醇溶蛋白浓度至 100mg/mL，球体甚至消失，相互融合成连续状的膜（图 9-13d）。

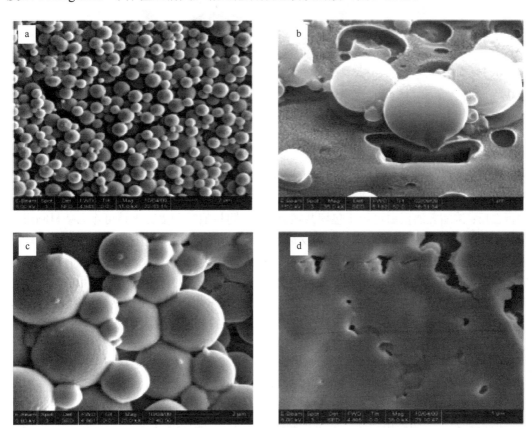

图 9-13　玉米醇溶蛋白在不同浓度下的 SEM 形貌图

玉米醇溶蛋白在不同的亲水-亲脂平衡（HLB）体系中也表现出明显的结构差异，包括球体、海绵体和膜层等多种微相。在两亲物质的作用下，玉米醇溶蛋白自组装产物的形成主要是通过溶剂蒸发过程中蛋白质间的疏水相互作用。随着醇类物质的挥发，极性介质浓缩，增强了玉米醇溶蛋白分子间的疏水相互作用，一定程度上促进了自组装过程。比如，薄荷油或柠檬烯类的亲脂性物质容易诱导形成玉米醇溶蛋白微球（图 9-14a），油酸类的两亲性脂肪酸则形成海绵状结构（图 9-14b），而氯代乙酸类的疏水性物质由于能很大程度地降低曲率，从而可以形成光滑的薄膜（图 9-14c）。

4. 玉米醇溶蛋白自组装的应用

玉米醇溶蛋白的自组装结构常被用来充当食品配料的包埋材料。随着物质条件的不断提高，膳食营养和健康饮食的理念正逐渐渗透到消费者的观念中。因此具备生物活性和低健康风险的食品成分成为食品发挥其功能性的重要体现。但很多活性成分，如抗氧化物、

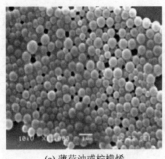
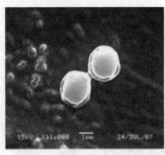

(a) 薄荷油或柠檬烯　　　　　　　　　(b) 油酸　　　　　　　　　　　(c) 氯代乙酸

图 9-14　玉米醇溶蛋白/亲脂（亲水）复合物的 SEM 图

风味物质、天然提取物、维生素、益生菌等极不稳定，容易受到环境的影响，采用包埋技术则能有效地克服这一难题。

　　包埋指的是合适的壁材通过一种可控的方式对核心物质进行运载、保护和输送的过程。例如，在制药工业中，聚乳酸-羟基乙酸共聚物（PLGA）常被用于包埋生长激素类的蛋白质；浓缩乳清蛋白可用于包埋共轭亚油酸；阿拉伯胶和麦芽糊精可作为壁材制成含短链脂肪酸的微胶囊；Ca 与褐藻淀粉交联包埋益生菌（嗜酸乳杆菌和双歧乳杆菌），能够提高益生菌在酸奶货架期内的菌群成活率。但是食品体系十分复杂，如何设计有效的输送体系则需要对食品配料的内部结构进行充分了解。纳米技术对于食品运载体系的构建极为有效。例如，曾有科学家观察到 α-乳白蛋白的肽段可发生自组装生成纳米级的管状结构，并能广泛应用于食品领域。玉米醇溶蛋白由于其良好的包埋能力，常用作医药行业中的药剂包衣，近年来则常用于药物运载过程中的缓释。研究发现，玉米醇溶蛋白微球用作营养成分或药物载体时，可抵抗化学性和物理性的降解，但进入人体后能被胃蛋白酶和胰酶分解。除此之外，玉米醇溶蛋白可以通过结合或物理方式屏蔽脂质，从而对甲基亚油酸酯表现出抗氧化性。同时，玉米醇溶蛋白的自组装结构在包埋脂肪酸、香味成分、维生素和多肽方面也具有广阔的应用前景。通过控制链的长度、脂肪酸的饱和度、介质的疏水/亲水平衡和其他物理条件，可以制备出一系列的纳米级层状或泡状结构。其中，以玉米醇溶蛋白为基底形成的固体结构即可用于包埋 ω-3 脂肪酸和其他脂质营养成分，从而达到防止脂质氧化、降低食品风味劣化的显著效果。这一技术还可用于巧克力或冰激凌中。

　　综上所述，明确玉米醇溶蛋白的蒸发诱导自组装（EISA）机制有利于其在食品和生物材料中的应用，同时为食品工业领域中风味物质与生物活性物质的微胶囊包埋和控制释放方面提供新思路。

9.2　油料蛋白质

9.2.1　大豆蛋白质

1. 大豆蛋白简介

　　大豆在中国以及其他亚洲国家的种植已有超过 3000 年的历史。从 19 世纪 60 年代起，大豆蛋白产品开始被作为营养性与功能性食品成分使用。现代农业的发展致力于谷物的生产以满足人们对食品和能量的需求，然而对于婴儿和儿童的身体成长来说，谷物的蛋白质含量以及氨基酸组成等并不能令人满意。大豆蛋白在过去几十年里开始受到重视，相关研究越来越多，在人体营养供应中也扮演着越来越重要的角色，它可以作为谷物蛋白的必需氨基酸的补充。目前，在世界各地的营养计划中，大豆蛋白相比其他食物蛋白的应用更加普遍。大豆蛋白一般从白豆片中分离。大豆经过脱皮，压片以及己烷脱脂后得到白豆片。白豆片经过研磨变成脱脂豆粉，其中含有 50%～54%的蛋白质。脱脂豆粉经过乙醇或酸性水溶液去除风味成分和嫌忌成分后得到大豆浓缩蛋白。其蛋白质含量为 65%～70%。白豆片还可以通过碱溶酸沉处理去除纤维成分，得到大豆分离蛋白，其蛋白含量达到 90%以上。大豆蛋白与谷物、奶粉、明胶等成分混合后可以应用到焙烤食品、搅打食品等一系列食品中。通过挤压大豆蛋白可以形成组织化产品，如仿肉制品、培根片等。大豆蛋白配料应用于混合型食品中主要基于其功能性，包括吸水性、吸油性、乳化性、凝胶性等，还能增加食品的总蛋白质含量，改善必需氨基酸组成。大豆蛋白的生理功能早已被认识。根据流行病学研究，食用大豆蛋白对身体有许多潜在益处，如可以降低患冠心病、动脉粥样硬化、Ⅱ型糖尿病以及乳腺癌等疾病的风险。从 1999 年美国食品药品管理部门认可大豆蛋白可以降低冠心病的风险后，西方大豆食品的生产和消费陡增。

2. 大豆蛋白的组成和分离方法

大豆中蛋白质和油的干基含量分别为 40%和 20%左右。大豆蛋白质可以根据离心时的沉降系数分为四部分，分别为 2S、7S、11S 和 15S（表 9-5）。其中 7S 和 11S 为主要成分，这两部分之和超过大豆蛋白质总量的 80%。7S 球蛋白由三种亚基构成，分别为 α 亚基（67kDa）、α' 亚基（71kDa）和 β 亚基（50kDa）。11S 球蛋白是一个六聚体，由五种亚基构成。Nagano 在 1992 年提出了一种经典的分离大豆 7S 和 11S 组分的方法（图 9-15）。该方法基于碱溶酸沉的原理，将大豆蛋白分级为 7S 和 11S 两个组分，制备的 7S 与 11S 组分纯度可达 90%以上，但产率较低。也有研究针对 Nagono 的方法进行了改进，虽然产率提高了，但组分纯度有所下降。2007 年，Samoto 提出一种新的分级方法，能将大豆蛋白分为三个组分，即大豆 7S 蛋白、大豆 11S 蛋白和大豆亲脂性蛋白。所得三种组分的产率分别为 14%、28%和 19%，蛋白含量分别为 87%、93.1%和 75.9%。其中大豆亲脂性蛋白中脂的含量高达 11.7%。

表 9-5　大豆蛋白的构成与性质

构成蛋白质		含量/%		分子质量/Da
沉降成分	血清学成分	血清学测定	超离心分析测定	
2S 球蛋白	α-伴球蛋白	13.8	15.0	18000～33000
7S 球蛋白	β-伴球蛋白	27.9	34.0	180000～210000
	γ-伴球蛋白	3.0	—	105000～150000
11S 球蛋白	大豆球蛋白	40.0	41.9	300000～350000
15S 球蛋白	—	—	9.1	600000

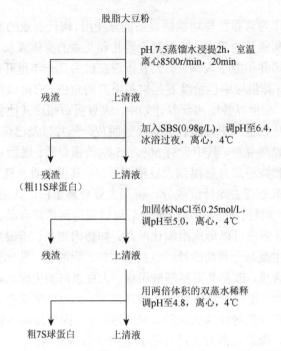

图 9-15　Nagono 法分离大豆 11S 蛋白和大豆 7S 蛋白的流程

除了碱溶酸沉法外，还有其他方法可以用来分离大豆蛋白，如超滤法、离子交换法等。超滤技术是 20 世纪 70 年代初发展起来的技术，又称为超滤膜过滤技术，简称膜过滤技术。超滤技术具有无相变、能耗低、在常温下操作等特点。将其应用到大豆分离蛋白生产中，不但可有效地保护蛋白质的功能特性，提高蛋白质的得率，而且对高效回收大豆低聚糖、缓解污水排放和水的再利用都具有十分重要的意义。国外的蛋白质溶液超滤设备有管式和中空纤维式两种。目前已经有部分国家利用超滤技术工业化生产大豆分离蛋白，我国目前还未形成大规模生产。该生产方法的工艺流程如图 9-16 所示。

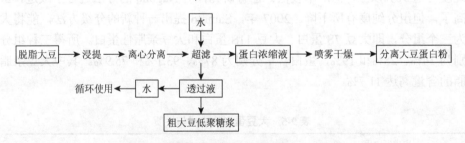

图 9-16　超滤法生产大豆分离蛋白工艺流程

选用低变性脱脂大豆粉，以稀碱水溶液（pH 为 8.5）按 1：10 浸提，50℃恒温 1h。将蛋白质萃取液由隔膜泵或蠕动泵送至超滤膜组进行循环超滤。随着透过液不断地透过，及时向循环液料罐补充新的料液，直至全部料液加完后，再加水进行洗滤。透过液经流量计压送至反渗透膜进行反渗透，净化水可重新用于从低变性脱脂豆粕萃取大豆蛋白。由反渗透膜截留的低分子质量蛋白质和低聚糖等，经干燥器干燥后得次级产品。超滤过程中，随着物料浓度的增加，超滤速度减小。这是由于料液黏度增大，且超滤膜的吸附作用阻碍了小分子物质的渗透。所以，大豆分离蛋白浓缩液应浓缩至总固形物含量为13%～14%。大豆蛋白在化学性质方面表现为酸碱双重性，所以料液 pH 对超滤速度影响不大。但当 pH 在大豆蛋白等电点附近（4.5 左右）时溶解度最低，增加了物料对膜的污染。因此，为减少物料对膜的污染，应使物料具有较高的溶解度。在超滤大豆分离蛋白过程中，料液 pH 控制在 8～9 较为适宜。

采用膜过滤技术生产大豆分离蛋白可以从根本上改变传统的碱提酸沉法，这将是大豆分离蛋白生产上的一场革命及高新技术的应用。它具有以下优点：产品功能特性好、提取率高、工艺简单、投资少、酸碱消耗少、无废水污染。采用膜过滤技术不但可解决废水污染问题，而且有利于对乳清的回收及合理利用。过去由于乳清的量大、浓度低，尽管其中含有很多有用成分，但一直未找到经济合理的方法回收。若采用膜过滤技术不仅可以回收乳清蛋白和低聚糖，还可使废水循环利用，从而大大节约了水资源，同时反渗透截留物经脱色，脱盐，浓缩及喷粉处理后，可获得使用价值较高的大豆低聚糖产品，可谓一举两得。

采用膜过滤技术的主要难题是防止膜表面蛋白浓差极化、分子截留量降低及膜材料的清洗和灭菌等。这一技术难题决定其能否应用于工业化生产。美国等国已有两家企业采用这项技术生产大豆分离蛋白，但技术保密。我国在近几年也兴建了几家膜法生产大豆蛋白的生产线，但设备配套问题，特别是膜分离过程的污染问题尚未解决。

目前最常用的清洗方法有瞬时闪吹法、海绵球洗净法、脉动法、逆流冲洗法等。这些方法大都根据膜分离过程中的流体动力学原理通过瞬时增加扩散速度、减小界面层厚度来减小浓差极化，提高膜通量。但是这些方法大都应用在果汁、酱油、乳清等原料的处理上，而对大豆蛋白引起的膜污染，目前还未见报道。

3. 大豆蛋白的功能特性

大豆蛋白和其他植物蛋白一样，具有一定功能性质，包括乳化性和凝胶性。大豆蛋白的功能性不仅影响应用产品的最终质量，还影响加工过程。大豆蛋白在不同的应用中对功能性有不同需求。例如，在肉制品和乳制品中，大豆蛋白的溶解性、持水性、溶胀性、黏度、凝胶性以及乳化性显得尤为重要。大豆蛋白能够迁移、吸附至界面，接着展开，使疏水区域朝向油相，亲水区域朝向水相，因而能够降低油-水界面张力，发挥乳化性。大豆蛋白能够通过形成三维空间网络，将水束缚在网络中，因而具有凝胶特性。许多因素能够影响大豆蛋白的凝胶性，如蛋白浓度、加热和降温速度、pH、盐离子浓度等。大豆蛋白的分子结构决定其功能特性，任何能够改变大豆蛋白分子结构的因素都能导致其功能特性改变。大豆 7S 和 11S 组分的功能特性具有明显区别，7S 组分的水溶性、乳化性较好，而11S 球蛋白由于含硫氨基酸含量较高因而凝胶特性较好。碱性环境能够使 11S 球蛋白解离，随着二硫键的破坏而展开，黏度增加，最后导致凝胶形成。有机溶剂，尤其是乙醇和水的混合物能使大豆蛋白迅速变性。

4. 大豆蛋白在食品中的应用

大豆蛋白应用在食品中除了能增加蛋白质含量外，更多的是发挥其功能特性（表 9-6）。

大豆蛋白在肉类加工中主要利用其 4 种重要的特性：保水性、吸油性、乳化性及凝胶性。这四种特性对提高产品持水性、得率、利用率具有十分重要的作用。乳化型碎肉制品生产中主要利用其乳化和凝胶作用。一方面，大豆蛋白可在脂肪颗粒表面形成均匀稳定的蛋白质分子膜，防止脂肪微粒相互间聚集而分布不均；另一方面，大豆蛋白的凝胶性可以使其形成具有一定机械强度的网状结构，从而防止已形成的乳化肉糜在加热过程中被破坏。大豆蛋白的加入可提高火腿肠的弹性，对改善组织结构及口感也具有重要作用。

表 9-6　大豆蛋白产品在食品中的功能性质

功能性质	作用方式	应用食品体系
溶解性	蛋白质的溶剂化作用，pH 决定	饮料
水吸附及结合能力	水的氢键键合，水的容纳	肉制品、面包、蛋糕
黏度	增稠，水结合	汤、肉汤
胶凝	形成蛋白质的三维网状结构	肉制品、干酪
黏合-结合	蛋白质作为黏合物质	肉制品、焙烤食品、面制品
弹性	通过二硫键形成可变形的凝胶	肉类、焙烤食品
乳化	蛋白质的乳化形成及稳定作用	香肠、蛋糕、腊肠、汤
脂肪吸附	对游离脂肪的吸附	肉制品
风味结合	风味物质的吸附、容纳及释放	模拟肉制品、焙烤食品
泡沫	形成薄膜容纳气体	裱花、甜点
色泽控制	漂白（脂肪氧合酶的作用）	面包

谷物类粮食中赖氨酸含量较少，而大豆蛋白中赖氨酸含量比较丰富，因此在粮食食品中加入大豆蛋白既可增加产品的蛋白质含量，又能提高产品的营养价值。向面包、蛋糕中加大豆蛋白，不但可增加营养，提高吸水率，改善色泽，还可使产品质地蓬松，蜂窝细腻，不易干硬，延长货架期。原料面粉添加 5%新型大豆蛋白后，面条的色泽、韧性和表观状态有所改善。

9.2.2　花生蛋白质

1. 花生蛋白及其组成

花生是植物蛋白质的第三大重要来源，占全球蛋白质供应量的 11%。它含有近 70%的具有良好营养品质的蛋白质，其中大部分是以储存形式存在的。由于花生蛋白质来自植物，它具有与动物蛋白质不同的性质，即含有纤维和生物活性物质如精氨酸。精氨酸将血糖转化为能量并产生 NO，这可以帮助改善血液流动，放松动脉并降低血压。花生中的另一种生物活性物质是白藜芦醇，可以预防心血管疾病、癌症和炎症。花生蛋白通常被分为白蛋白（水溶性）和球蛋白（盐溶性）。球蛋白由两种主要蛋白质组成，即花生球蛋白

（arachin）和伴花生球蛋白（conarachin）。花生球蛋白和伴花生球蛋白在不同领域都有应用，其中应用最广泛的是食品行业。伴花生球蛋白和花生球蛋白的 Arah1 和 Arah3 成分是花生过敏原。这些过敏原可能在易感个体中突然产生严重症状，包括过敏反应，这可能会危及生命。花生球蛋白是花生中最主要的蛋白质。主要有 4 种花生球蛋白，其中 3 种非常小且含量可以忽略不计。伴花生球蛋白有 2 类抗原，因此有 2 种形式，伴花生球蛋白 I 和伴花生球蛋白 II。伴花生球蛋白 I 是三种中最小的一种，也是研究最少的一种。花生球蛋白和伴花生球蛋白在其组成中含有大量的荧光氨基酸：色氨酸、酪氨酸和苯丙氨酸（表 9-7）。

表 9-7　花生蛋白质中的芳香族氨基酸组成　　　　　　（单位：g/100g 蛋白质）

氨基酸	花生球蛋白	伴花生球蛋白 II	伴花生球蛋白 I
Tyr	4.13	2.38	5.69
Phe	6.87	6.27	6.07
Trp	1.21	0.91	0.59

花生球蛋白和伴花生球蛋白的分子通过折叠，使极性基团分布在分子表面，非极性基团则分布在内部，从而提高蛋白质的溶解性。

2. 分离纯化方法

目前主要有两种方法用于提取花生蛋白：冷冻沉淀法和硫酸铵沉淀法。冷冻沉淀法是利用花生球蛋白具有低温冷沉这一特性对花生蛋白组分进行分离。冷冻沉淀法是将脱脂花生粉溶于 0.2mol/L 磷酸盐缓冲液（pH 7.9），搅拌 4h，在 4℃流动水下透析 24h，此时，花生球蛋白沉淀下来而伴花生球蛋白是可溶的。在 2℃下静置 17h，所得沉淀复溶在磷酸盐缓冲液（pH7.9）中，重复沉淀，得到花生球蛋白。

硫酸铵沉淀法分离提取花生组分是基于蛋白质盐析特性，可以将花生球蛋白、伴花生球蛋白 I、伴花生球蛋白 II 三种组分分开。由于条件限制，硫酸铵沉淀法仅适用于小规模提取的实验室研究，不适合产业化生产。由于各种蛋白质的表面极性范围和带电荷数目不同，并且在蛋白质表面的分布也不同，导致其盐析顺序上存在差异，从而将蛋白质分级分离。该方法是利用饱和度为 0～40%的硫酸铵可以使花生球蛋白从溶液中析出的原理进行的。根据不同学者采用的缓冲溶液及硫酸铵饱和度的不同，又可将硫酸铵沉淀法分为以下几种。

（1）脱脂花生粉以 10%（*m/V*）的比例添加到 10%NaCl 溶液中，在 25℃下，搅拌 4～6h。提取液在 25℃下以离心力 4300*g* 离心 45min。提取液通过添加固体硫酸铵至最终饱和度 40%（*m/V*）沉淀下来，在 25℃下，以离心力 6700*g* 离心 30min。沉淀复溶在 10% NaCl 溶液中，重复 3 次，以获得较纯的花生球蛋白。沉淀花生球蛋白复溶在蒸馏水中，反复透析，冷冻干燥，在 4℃下贮藏备用。

（2）脱脂花生粉溶于含 0.5mol/L NaCl 的 0.01mol/L 磷酸盐缓冲液（pH 7.9）中，搅拌

提取 1h，离心去沉淀，在上清液中添加固体硫酸铵粉末直至饱和度达到 40%，添加过程要缓慢搅拌，确保 5～10min 加完。将上述混合液在 4℃冰箱中保持 3h，将沉淀溶于最小量的磷酸盐缓冲液中，用冷却的双蒸水透析 24h 后，冷冻干燥，即得花生球蛋白组分，在 4℃下贮藏备用。

（3）将脱脂花生粉加入经预冷的 10mmol/L 的磷酸盐缓冲液（pH 7.9）中，缓冲液中含 2mol/L NaCl、1mol/L 苯甲基磺酰氯（PMSF）及 10mmol/L β-巯基乙醇，高速分散 20min，在 4℃条件下搅拌提取 3h。而后采用高速冷冻离心机，在 16000r/min 下离心 30min。去掉沉淀，在磁力搅拌器作用下向上清液中加入硫酸铵固体粉末至饱和度达到 40%，常温下静置 3h，待沉淀完全分离后离心，在 1280r/min 下离心 20min，收集沉淀，将沉淀溶于最小量的磷酸盐缓冲液中，用冷却的双蒸水透析 24h 后，冷冻干燥，即得花生球蛋白组分，在 4℃下贮藏备用。

（4）脱脂花生粉按料液比 10%（m/V），溶于含 0.5mol/L NaCl 的 0.01mol/L 磷酸盐缓冲液（pH 7.9）中，在 4℃条件下搅拌提取 1h，采用高速冷冻离心机，在 10000r/min 下离心 30min。在不断缓慢搅拌过程下，向上清液中缓缓加入硫酸铵固体粉末，使其饱和度达到 18g/100mL，在 4℃条件下静置 3h 后 10000r/min 离心 30min，将沉淀再次溶于磷酸盐缓冲液中，并再次加入硫酸铵固体粉末达到 18g/100mL 饱和度，10000r/min 离心 30min，收集沉淀，将沉淀溶于最小量的磷酸盐缓冲液中，用冷却的双蒸水透析 24h 后，冻干，即得花生球蛋白粉品，在 4℃下贮藏备用。

采用凝胶渗透色谱可以对花生蛋白中的主要成分进行分离。具体方法为：将脱脂花生粉采用含有 0.5mol/L NaCl 的 0.01mol/L 磷酸盐缓冲液（pH 7.9）搅拌提取。使用 Sepharose 6B-100 凝胶柱，以提取缓冲液（0.01mol/L 磷酸盐缓冲液，pH 7.9，含有 0.5mol/L NaCl）做流动相，对总蛋白质进行凝胶过滤。洗脱液显示紫外可见光谱中的三个峰。在 215～240mL 和 240～287mL 洗脱的峰分别构成伴花生球蛋白Ⅱ和伴花生球蛋白Ⅰ。DEAE 纤维素的离子交换层析也可用于分离纯化蛋白质组分。使用不同浓度的 NaCl 作为洗脱液，在 pH 7.9 的 0.01mol/L 磷酸盐缓冲液中洗脱总蛋白显示三个峰。主要峰用 0.24mol/L NaCl 洗脱，而另两个峰分别用 0.06mol/L NaCl 和 0.14mol/L NaCl 洗脱。或者采用高效液相色谱法（HPLC）进行分离，可以使用 7.8mm×30cm PROTEIN PAK 300 SW 柱，用含 0.01mol/L 磷酸钠缓冲液，pH 7.0，含 0.5mol/L NaCl 和 0.05%NaN$_3$ 的洗脱液。

3. 花生蛋白的功能特性

与花生球蛋白、伴花生球蛋白Ⅱ和伴花生球蛋白Ⅰ相比，花生的总蛋白质具有较高的起泡能力。而在水解后，伴花生球蛋白Ⅰ的发泡稳定性比花生的总蛋白高。通过水解能提高花生蛋白质组分的起泡能力，并且这种水解对发泡能力差的蛋白质可能产生更明显的效果。Monteiro 和 Prakash 研究了花生蛋白各组分的乳化活性（EA）和乳化稳定性（ES）。花生总蛋白质的 EA 值为 1.11，而花生球蛋白、伴花生球蛋白Ⅱ和伴花生球蛋白Ⅰ的 EA 值分别只有 0.90、1.05 和 1.10。花生总蛋白质、花生球蛋白、伴花生球蛋白Ⅱ和伴花生球蛋白Ⅰ的 ES 值分别为 84s、72s、216s 和 300s。花生蛋白的乳化性能取决于蛋白质浓度、溶液的 pH 和溶液中的 NaCl 浓度。为了研究 NaCl 浓度对乳化性能的影响，将蛋白质溶解在 pH7.9 的磷酸盐缓冲液中，该磷酸盐缓冲液包含 0.05～0.5mol/L 的各种浓度的 NaCl。乳化后，在 500nm 处测量乳液的浊度。花生球蛋白稳定乳液的浊度几乎与 0.05mol/L NaCl 中伴花生球蛋白 II 稳定乳液的浊度相同。在更高浓度下，乳化能力下降。

　　Caparino 和 Yu 等提出干燥过程会对提取的蛋白质的结构施加非常高的压力，而且会影响它们的功能特性。目前，喷雾干燥和冷冻干燥是将蛋白质转化成粉末形式最常用的两种方法。Cohen 和 Yang 认为使用这两种干燥方法时，蛋白质的热处理和脱水过程不会引起相关质量的降低。然而，Haque 和 Shaviklo 等提出喷雾干燥和冷冻干燥过程在一定程度上会改变蛋白质的结构，并且导致其形态产生一些变化。此外，这两种干燥方法会对蛋白质的结构施加不同程度的应力，因此不同程度地影响其功能特性。喷雾干燥和冷冻干燥的花生分离蛋白（PPI）粉末的蛋白质含量见表 9-8。由表 9-8 可看出，喷雾干燥和冷冻干燥的 PPI 粉末的蛋白质含量没有显著差异（$P>0.05$）；喷雾干燥和冷冻干燥的 PPI 粉末具有显著不同（$P<0.05$）的持油能力、持水能力和溶解度。与喷雾干燥的 PPI 粉末相比，冷冻干燥的 PPI 粉末具有更高的油和水容量以及更高的溶解度。特别是冷冻干燥的 PPI 粉末具有优异的持油能力 [（303.89±9.56）%]，比喷雾干燥的 PPI 粉末约高 1.5 倍。

表 9-8　两种干燥类型的 PPI 粉末的物理化学性质（%）

类型	蛋白含量	持油能力	持水能力	溶解度（pH = 7）
冷冻干燥 PPI	86.25±0.36[a]	303.89±9.56[a]	96.27±7.46[a]	88.51±2.31[a]
喷雾干燥 PPI	85.37±2.29[a]	201.64±6.53[b]	81.41±11.61[b]	83.20±3.74[b]

注：a 和 b 表示差异显著性。

　　pH 值对喷雾干燥花生分离蛋白粉末、冷冻干燥花生分离蛋白粉末、未干燥花生分离蛋白溶液乳化特性的影响见图 9-17。可以发现，pH 的变化极大地影响了花生分离蛋白的

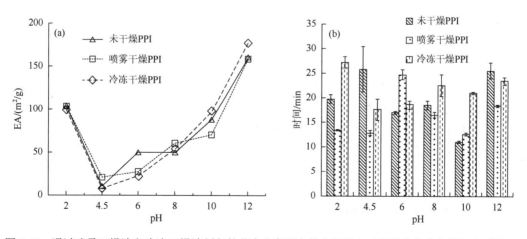

图 9-17　通过喷雾干燥法和冷冻干燥法制备的花生分离蛋白粉末以及未干燥的花生分离蛋白在不同 pH 下的乳化活性（a）和乳化稳定性（b）

乳化活性和乳化稳定性。一般来说，乳化活性在花生分离蛋白的等电点（pH≈4.5）处最低，并且在低于或高于等电点的 pH 下会增加。此外，乳化稳定性随着 pH 的改变也发生明显变化。未干燥的花生分离蛋白溶液、喷雾干燥的花生分离蛋白粉末和冷冻干燥的花生分离蛋白粉末 pH 分别在 12.0、6.0 和 2.0 下具有最高乳化稳定性。

当比较喷雾干燥和冷冻干燥的花生分离蛋白粉末时，冷冻干燥粉末比喷雾干燥粉末具有更好的乳化稳定性。在整个 pH 范围内，两种粉末在乳化稳定性方面具有显著差异（$P<0.05$）。喷雾干燥和冷冻干燥得到的粉末的乳化活性值具有显著差异（$P<0.05$）。虽然冷冻干燥粉末的乳化活性高于喷雾干燥粉末，但当 pH>8.0 时，喷雾干燥粉末在大多数情况下表现出比冷冻干燥粉末更好的乳化活性。综上所述，不同的生产工艺和干燥方法可以导致不同的蛋白质结构，因而导致不同的乳化活性和乳化稳定性。

4. 花生蛋白的应用

花生蛋白的功能主要基于它们的可溶性蛋白质含量。花生蛋白具有较高的油和水的结合能力，适用于肉类、香肠、面包和蛋糕中。同时，其具有高乳化能力的蛋白质对香肠、汤和沙拉酱是有益的。花生浓缩蛋白还可用作乳化剂和发泡剂。蛋白质的碱性处理通常用于食品以改善功能特性。然而，过量的碱处理会对食物蛋白质产生不良影响，如赖氨酸、丙氨酸的形成和氨基酸的外消旋。在温和的碱性条件下花生蛋白的蛋白水解是用于食品体系的有利方法。另一类重要的应用是花生蛋白含有抗氧化活性的氨基酸序列。在超声辅助酶解的条件下，可以释放抗氧化性水解产物。另外，一些具有活性氢供应能力的氨基酸如 Trp 和 Tyr 可以形成自由基，苯氧自由基和吲哚自由基的中间体。这些中间体可以通过共振稳定，导致自由基链式反应减慢或停止，已经发现在通过抑制血管紧张素转换酶（ACE）来控制血压的机制中有效。作为高血压治疗中合成药物的替代物，食物来源的抗高血压肽越来越重要。Jimsheena 和 Gowda 已经证明了酶解蛋白质花生球蛋白的 ACE 抑制性质。

9.2.3　菜籽蛋白

油菜是世界上最主要的油料作物之一。我国油菜的种植面积和产量均居世界第一位。油菜籽制油后的饼粕中蛋白含量高达 36% 以上。菜籽蛋白的消化率为 95%～100%，营养效价为 2.8～3.5，生物价为 91～92，可与动物蛋白相媲美。因此，菜籽蛋白是一种重要的植物蛋白资源。随着双低（低硫甙、低芥酸）油菜品种的选育成功和不断推广，菜籽蛋白的营养价值得到进一步改善，也为菜籽蛋白的综合利用提供了广阔的发展前景。

1. 菜籽蛋白的组成及结构

1）菜籽蛋白的氨基酸组成

菜籽蛋白的氨基酸组成和营养价值均优于其他大多数植物蛋白。菜籽蛋白中苏氨酸、缬氨酸、亮氨酸和赖氨酸含量较高，但色氨酸和蛋氨酸含量较低（表 9-9）。因此，从蛋白质的整体氨基酸组成来看，菜籽蛋白是人类和动物理想的营养源，且与联合国粮农组织（FAO）和世界卫生组织（WHO）的推荐值较为接近。

表 9-9 菜籽蛋白的氨基酸组成 （单位：g/100g 蛋白）

氨基酸	菜籽粕	菜籽粕蛋白	FAO/WHO 推荐值
天冬氨酸	8.14	8.41	—
苏氨酸	5.02	4.62	4.0
丝氨酸	5.07	5.17	—
谷氨酸	22.7	24.59	—
脯氨酸	7.11	7.07	—
甘氨酸	6.41	6.13	—
丙氨酸	5.73	5.38	—
缬氨酸	5.75	5.42	5.0
蛋氨酸	1.06	1.07	3.5
异亮氨酸	4.13	4.16	4.0
亮氨酸	8.27	8.35	7.0
苯丙氨酸	4.72	5.12	6.0
赖氨酸	6.12	5.39	5.5
组氨酸	3.09	3.29	—
精氨酸	6.68	5.84	—
色氨酸	—	—	1.0

2）菜籽蛋白的组成和结构

油菜籽中所有的蛋白质统称为菜籽蛋白。根据菜籽蛋白的制备纯度不同，可将其分为菜籽分离蛋白和菜籽浓缩蛋白。目前，国内外对菜籽蛋白的组成及结构已有广泛研究。菜籽中的蛋白质 80%为储藏蛋白，不具有酶活性，其余为膜蛋白。储藏蛋白中，12S 球蛋白占蛋白总量的 25%～65%，2S 清蛋白占蛋白总量的 20%，其余的是一些含量较少的蛋白质，如胰蛋白酶抑制剂和脂质转移蛋白等。12S 球蛋白是由 α-亚基和 β-亚基配对成 6 个亚基组成，分子质量为 300.0kDa，等电点为 7.2；2S 清蛋白是由分子质量为 4.0kDa 和 9.0kDa 的 2 条肽链通过 2 个二硫键连接而成，分子质量为 12.5～14.5kDa，等电点为 11.0。12S 球蛋白二级结构组成中含有 10% α 螺旋和 50% β 折叠；2S 清蛋白二级结构组成中含有 40%～60% α 螺旋和 12% β 折叠。我国的油菜品种有芥菜型、甘蓝型和白菜型三大类型，其品质特性尤其是蛋白质组成存在较大差异。其中，甘蓝型油菜籽中清蛋白含量比白菜型油菜籽中清蛋白含量高，水溶性蛋白质含量分别为 50%和 45%左右。甘蓝型油菜籽中球蛋白含量和盐溶性比白菜型油菜籽中球蛋白含量和盐溶性低。同类型不同品种间菜籽蛋白的水溶性差异不明显。

3）菜籽蛋白消化吸收特性

碱溶酸沉菜籽蛋白（RP）及其 12S 组分（RP-12S）、2S 组分（RP-2S）、大豆蛋白（SP）的双酶体外消化实验结果显示，PPI、RP-12S 和 RP-2S 的可溶性氮释放量均高于 SP，表明菜籽蛋白具有比大豆蛋白更好的消化性，是适合人类食用的优质蛋白质。其中，胃蛋白酶消化阶段不同蛋白氮释放量的增加量为 RP-2S＞SP＞RP-12S＞RP，胰蛋白酶消化阶段不同蛋白氮释放量的增加量为 RP＞RP-12S＞RP-2S＞SP。SDS-PAGE 电泳分析结果显示，菜籽蛋白的 12S 亚基消化迅速，2S 亚基的氮释放量逐渐增加。

2. 菜籽蛋白的提取

1）水相萃取法

水相萃取法是采用不同水相将菜籽蛋白提取出来，常用的水相包括水、稀酸、稀碱、NaCl 溶液、六偏磷酸钠溶液等。传统的水相萃取法工艺简单、成本较低，但蛋白质得率不高。卢晓会等采取超声—微波协同提取菜籽蛋白，在微波功率为 80W，pH 为 12，时间为 500s，料液比为 20∶1 条件下，菜籽蛋白提取率为 90.54%，比传统水相萃取法提高了 7.79%，提取时间缩短了 5 倍。此外，菜籽蛋白组成复杂，分子量差异较大，使得菜籽蛋白溶解曲线不能形成"U"形，而出现 2 个或多个等电点区域。

2）水相酶解法

水相酶解法是在水相萃取法的基础上，采用蛋白酶将菜籽饼粕中的蛋白质溶出，从而起到改善菜籽蛋白功能特性和提高营养价值的一种提取方法。常用的蛋白酶主要包括碱性蛋白酶、中性蛋白酶、酸性蛋白酶、木瓜蛋白酶、风味蛋白酶、果胶酶、纤维素酶和半纤维素酶等。张霜玉等以"中双 7 号"脱皮油菜籽为实验对象，采用水相酶解法，在料液比为 1∶5，加酶量为 2%，pH 为 3.8，酶解温度为 50℃，酶解时间为 4h 条件下，水解菜籽蛋白产品的得率达到 82.50%。水相酶解法能够减轻菜籽饼粕中抗营养因子对人体及动物的毒害作用，但存在菜籽蛋白水解后产生苦味的问题，仍需进一步研究和改善。

3）双液相萃取法

双液相萃取法提取菜籽蛋白是以己烷、二氯乙烷等非极性相萃取菜籽油，以甲醇-水、乙醇-水等极性相萃取菜籽饼粕中的抗营养成分，从而浓缩菜籽蛋白，达到提取菜籽蛋白的目的。王车礼等以二氯化钙和二氯乙烷为液剂处理菜籽饼粕，获得菜籽蛋白含量高达 60% 的浓缩菜籽蛋白。但对于双液相萃取法提取菜籽蛋白，仍存在需要消耗大量有机试剂、成本高等问题，从而造成工业化生产难度大。因此，对于双液相萃取法提取菜籽蛋白，仍需进一步研究。

4）反胶团萃取法

反胶团萃取法提取菜籽蛋白是利用反胶团将菜籽蛋白包裹其中，从而达到提取菜籽蛋白的目的。陈银鹤等以"沪油杂 1 号"菜籽为原料，研究了 CTAB（十六烷基三甲基溴化铵）/异辛烷/正辛醇反胶团体系萃取菜籽蛋白的工艺，菜籽蛋白萃取率可达 70.19%。反胶团萃取法的优点是萃取过程中菜籽蛋白因位于反胶团的内部而受到反胶团的保护，适用于提取具有生物活性的菜籽蛋白，但是要利用此提取方法进行工业化生产菜籽蛋白，还需要做大量的研究。

3. 菜籽蛋白的分离

在提取菜籽蛋白工艺中，由于萃取液选择性不专一，除了溶解菜籽蛋白外，还溶解出如硫苷、植酸、多酚等抗营养物质和糖分、油脂、色素等非蛋白成分。因此，为了获得食用级的菜籽蛋白产品，仍需对菜籽蛋白进行分离纯化。

1）等电点法

等电点法是用 HCl、柠檬酸等酸溶液和 NaOH 等碱溶液调节提取液 pH 至菜籽蛋白等电点，经过滤或离心分离使其沉淀，再通过离心、干燥等获得菜籽蛋白的方法。该法菜籽蛋白的得率偏低，但通过优化酸沉次数及 pH，菜籽蛋白得率会有所提高。郭兴凤等以脱脂菜籽粕为原料，选用碱提法，在 pH 为 12，固液比为 1∶15，提取时间为 30min 条件下，提取 3 次，然后分别在 pH 6.0 和 pH 3.6 进行两段沉淀，菜籽蛋白得率达 56.4%。

2）膜分离法

利用膜对待分离蛋白组分的选择性，截留分子量较大的分子（如蛋白质分子）组分，使溶剂中的小分子物质透过，达到分离、浓缩、纯化、精制目标组分的目的。与传统过滤法相比，该方法的优点是分子级过滤，操作简单，易于控制。目前利用膜分离菜籽蛋白常用的方法有超滤法和渗滤法。膜分离菜籽蛋白的优势是所得产品安全无毒、蛋白质得率高。但由于膜孔容易被果胶等大分子物质污染，使得膜分离效率急剧降低，再加上膜清洗工序复杂，生产成本增加，限制了膜分离技术在食品工业中的大规模应用。

3）吸附法

利用吸附剂与待分离液体中各组分吸附能力的强弱和保留时间的差异，通过溶剂依次洗脱各种组分，达到分离纯化目标产物的目的。章绍兵和王璋以"中双 10 号"双低脱皮油菜籽为原料，依次使用复合细胞多糖酶（质量分数为 3%，初始 pH 5.0，温度为 48℃，时间为 5h）和碱性蛋白酶 Alcalase 2.4L（质量分数为 1.5%，初始 pH 为 9.0，酶解温度为 60℃，酶解时间为 3h）作用于湿磨菜籽浆，再经过大孔吸附树脂纯化菜籽蛋白水解液，总菜籽水解蛋白提取率达到 93%～95%，且菜籽水解蛋白中糖和灰分含量显著降低，硫苷和植酸均未检出。

4. 菜籽蛋白的功能特性

1）溶解性

菜籽蛋白具有较好的溶解性，且在高浓度下仍保持较好的流动性。外界因素包括 pH、离子强度、温度等能够通过诱导菜籽蛋白水解或变性，降低其分子大小和改变其疏水性，暴露极性基团，从而影响蛋白质溶解性。与其他植物蛋白不同，菜籽蛋白因构成复杂，含有多个等电点，主要集中在 pH 3.7 和 pH 7.5 附近。当 pH<3.7 时，菜籽蛋白溶解性随 pH 的升高而降低；当 3.7<pH<7.5 时，菜籽蛋白溶解性随 pH 的升高略有升高；当 pH>7.5

时，菜籽蛋白溶解性随 pH 的升高而增加，且在碱性条件下具有较高的溶解性。不同离子对菜籽蛋白溶解性的影响不同。常见的金属离子对其溶解性强弱的影响顺序为：$Mg^{2+}>Ca^{2+}>Na^+$，且溶解性随离子浓度的升高而增加。但当离子浓度超过 1.0mol/L 时，其溶解性和持水性很低，且曲线平缓。菜籽蛋白与其他植物蛋白一样，在高温条件下发生变性，蛋白质结构被破坏而产生沉淀，使得溶解性大幅降低。因此，油菜籽在制油过程中，由于受湿热的作用不同，菜籽饼粕蛋白的水溶性受到较大影响。浸出制油所得饼粕的蛋白质水溶性远高于热压榨油所得饼粕的水溶性。尽管同类型不同品种的菜籽蛋白水溶性差异较小，但不同油脂加工企业采用的热压榨温度不同，从而得到的菜籽饼粕蛋白的变性程度和水溶性程度不同。此外，菜籽蛋白经水解后的多肽的溶解性与菜籽分离蛋白相比，有显著提高。

2）持水性与持油性

菜籽蛋白因含有大量的多糖物质，能有效提高其持水能力，但持水性因品种不同而有所差异，一般可达 209%～382%。菜籽蛋白的持油性与蛋白颗粒大小、表面张力有关，且与持水性呈负相关关系，一般可达 188%～203%。蛋白质改性和热处理能够提高菜籽蛋白的持水性与持油性。蛋白质改性主要是通过限制性水解菜籽蛋白，改变其空间结构和理化性质，从而提高其功能特性。其中，酶法水解是常用的方法之一。菜籽蛋白在水解前期由于多肽链断裂，释放部分氨基和羧基，暴露疏水基团，致使限制性水解菜籽蛋白的持水性与持油性显著提高。但随着水解度的增大，多肽链被降解成更短的肽段，电荷数量增加，极性增强，不利于形成凝胶网络结构，导致持水性与持油性降低。因此，以中性蛋白酶和碱性蛋白酶水解菜籽蛋白时，适宜的水解度是提高菜籽蛋白持水性与持油性的关键。而热处理提高菜籽蛋白持水性与持油性可能是由于蛋白质变性暴露出大量结合位点，或者在高温下多糖物质的凝胶作用和粗纤维的溶胀作用所引起。

3）黏度和凝胶性

蛋白质的黏度对蛋白质食品，尤其是流体食品如饮料、汤汁等的品质、质地及加工过程有实际意义。碱性环境和蛋白质部分变性能使菜籽蛋白的黏度增加，且随蛋白浓度呈指数方式增加。研究发现，谷氨酰胺转氨酶改性能够改善菜籽蛋白的凝胶特性。当菜籽分离蛋白（RPI）质量浓度为 1.5g/10mL、加酶量为 50U/g RPI、反应 pH 为 9.0、反应温度为 40℃、反应时间为 20min 条件下，菜籽蛋白的凝胶性较好，达到 23.65g。

4）乳化性和乳化稳定性

菜籽蛋白大分子主链同时含有亲水和疏水基团，这种特殊结构决定了菜籽蛋白分子的表面活性特性，它能够降低水与油、水与空气的表面张力，易于形成稳定的乳状液。蛋白质溶解性是界面膜形成和乳化稳定性的重要条件。酶法水解菜籽蛋白结果表明，水解前期菜籽蛋白的乳化性和乳化稳定性均有提高，但随着水解度的进一步增加，水解形成的短肽段不易吸附在油水界面，致使乳化性和乳化稳定性均逐步下降。此外，菜籽蛋白与多糖结合，如 1% κ-卡拉胶和瓜尔豆胶，能够显著提高其乳化性能。

5）起泡性和起泡稳定性

蛋白质溶解性是影响其起泡性的重要因素。菜籽蛋白的起泡性优于大豆蛋白。当菜籽蛋白浓度为 2%～8%时，起泡性最好，超过 10%时起泡性能降低。限制性水解可提高菜籽蛋白的起泡性和起泡稳定性，在 pH 为 7.0，水解度为 4%时，菜籽蛋白水解物的起泡性能最好，达到 162.5%，进一步增加水解度，则起泡性下降。加热处理能够降低菜籽蛋白的起泡性和泡沫稳定性，可能是由于加热能够导致菜籽蛋白质变性。pH 能够影响蛋白质的起泡性和泡沫稳定性。当 3＜pH＜7 时，菜籽分离蛋白的起泡性差。偏离这一范围，起泡性则随着 pH 的上升而提高。菜籽蛋白的改性，如乙酰化、琥珀酰化和磷酸化，在一定程度上能够提高其起泡性。糖基化修饰可显著改善菜籽蛋白的功能性质，修饰后起泡性提高了 1 倍。菜籽浓缩蛋白经超声波和微波物理改性后，其起泡性、乳化性等均有一定程度的提高。经微波—超声波协同作用，菜籽蛋白糖基化产物的起泡性和泡沫稳定性分别提高了50.0%和 80.0%。高压均质也可提高菜籽蛋白的起泡性和泡沫稳定性。随着均质压力的升高，其起泡性和泡沫稳定性均增强。

5. 菜籽蛋白生物活性

菜籽多肽是菜籽蛋白经水解后制备得到的具有一定生理活性的小分子肽，是菜籽粕深加工和综合利用的一个重要方向。

1）抗氧化活性

菜籽水解蛋白具有显著的总还原能力、DPPH 自由基清除能力和羟基自由基清除能力，且呈剂量效应关系。其作用机制可能是直接提供质子与自由基反应后将其转变为更为稳定的物质，从而发挥自身的自由基清除能力。因此，菜籽蛋白具有较强的抗氧化活性，可添加到食品中防止食品氧化。水解酶种类及菜籽蛋白酶解程度不同，其抗氧化性也不同，且菜籽水解蛋白的抗氧化性与其水解度之间不呈简单的线性关系。鞠兴荣等比较分析了菜籽蛋白经碱性蛋白酶、复合蛋白酶、风味酶、木瓜蛋白酶、中性蛋白酶和胰蛋白酶水解后所得不同水解物的抗氧化活性。结果表明，菜籽蛋白的不同蛋白酶酶解产物均具有一定的抗氧化能力。菜籽蛋白经胰蛋白酶和风味酶水解后，水解物表现出较强的 DPPH 自由基清除能力和总还原能力，且 6 种蛋白酶水解物抑制亚油酸过氧化的能力均高于生育酚，但略低于合成抗氧化剂 2, 6-二叔丁基-4-甲基苯酚（BHT）。此外，菜籽分离蛋白酶解产物能够改善半乳糖诱导的衰老小鼠的抗氧化状态，从而起到延缓衰老的作用。酰化反应能够提高菜籽蛋白对 DPPH 自由基的清除率，而酶水解酰化菜籽蛋白则能显著提高其溶解性，同时提高乙酰化菜籽蛋白对 DPPH 自由基的清除率。

2）肾素和 ACE 抑制活性

菜籽蛋白经碱性蛋白酶 Alcalase、蛋白酶 K 和嗜热菌蛋白酶水解后的水解物均具有较高的 ACE 抑制活性。其中，以碱性蛋白酶 Alcalase 为水解酶获得的菜籽蛋白水解物的 ACE 抑制活性最强。进一步通过超滤，层析分离纯化获得具有高纯度（95%）和强 ACE 抑制活性（IC_{50} = 0.0118mg/mL）的菜籽蛋白的肽组分。此外，菜籽蛋白经碱性蛋白酶 Alcalase 和胃蛋白酶＋胰酶水解的水解物（尤其是分子质量小于 3kDa 的水解物）还具有较强的肾素抑制活性，能够作为辅助降血压的活性组分应用于功能食品和保健品的开发。菜籽蛋白经碱性蛋白酶 Alcalase 水解的水解物先后经过 2 次制备型和 2 次分析型反相色谱柱分离，再经质谱鉴定，获得了 3 个活性较高的肾素和 ACE 双重抑制肽 Thr-Phe（TF）、Leu-Tyr（LY）和 Arg-Ala-Leu-Pro（RALP）。其中，LY 具有较高的 ACE 抑制活性，而 RALP 则表现出较强的肾素抑制活性。以碱性蛋白酶 Alcalase 直接水解菜籽粕获得的菜籽蛋白水解物经电渗析-膜分离技术分离后也获得了降血压效果较好的阳离子肽、阴离子肽和分离残留的水解物。此外，多模式超声预处理能够基于破坏菜籽蛋白的超微结构，增加菜籽蛋白表面积，进一步提高菜籽蛋白的水解度和 ACE 抑制活性。

3）醒酒功能

王微星以双低菜籽粕为原料，采用碱提酸沉法制备了菜籽蛋白得率高和功能性良好的 RP5.8，必需氨基酸占整个氨基酸总量的 38.5%。其氨基酸模式比较符合 FAO/WHO 儿童推荐模式，可以应用到儿童食品中。进一步经碱性蛋白酶 Alcalase 水解和超滤得到 RPU-Ⅰ（＞5kDa）、RPU-Ⅱ（1～5kDa）和 RPU-Ⅲ（＜1kDa），得率分别为 30.72%、24.13%和 0.5%。其中，RPU-Ⅰ 的羟基自由基清除能力最强，为 56.45%。体内动物实验结果表明，碱性蛋白酶 Alcalase 酶解原液、RPU-Ⅰ 和 RPU-Ⅱ 均具有显著的醒酒功能。

4）抗肿瘤活性

应用胃肠道蛋白酶水解菜籽分离蛋白，并通过膜分离技术将水解物分离成 4 种不同分子质量组分（＜1kDa、1～3kDa、3～5kDa 和 5～10kDa）。其中，分子质量小于 1kDa 的组分对 HepG2 细胞体外增殖的抑制活性最强，高达 36.4%，其氨基酸组成以谷氨酸、亮氨酸、天冬氨酸含量最高。因此，菜籽蛋白的胃肠道蛋白酶水解物及其分子质量小于 1kDa 的膜分离组分可作为功能性成分用于抗肿瘤相关的功能食品和保健品的开发。

6. 菜籽蛋白在食品中的应用

1）肉制品

利用菜籽蛋白的乳化稳定性和持水性，可以减少肉制品在加工过程中水分和脂肪的溢出，使肉制品的口味、品质得到提高，同时还可以作为肉制品的理想代用品。综合持油性和乳化性的特点，菜籽蛋白可以促进产品对脂肪的吸收或结合，增加植物蛋白含量和产品得率，提高营养价值。当在碎肉中加入 33%的菜籽蛋白质以后，混合肉的营养价值得到改善，生物价和蛋白质净利用率均由 76.3%提高到 86.3%。根据菜籽蛋白的凝胶性、乳化性和组织化等功能，其可以用于火腿肠或传统香肠、午餐肉和肉脯等的生产，作为脂肪的代替物，提高产品的咀嚼性和口感，通过加热挤压使蛋白质分子朝一定方向排列并凝固，产生独特口感的人造蛋白肉。将菜籽蛋白浓缩物加入香肠制剂代替酪蛋白，感官分析表明，油菜籽蛋白香肠可提高香肠的口味、质地和香气。

2）植物饮料

乳化性在食品加工中有重要作用，有助于结合水溶性和油溶性的配料。许多食品，如牛乳、冰激凌和奶油等都是乳状液。应用菜籽蛋白粉配以糖、香料、维生素和矿物质营养素制取乳化性效果好的营养饮料。例如，将菜籽分离蛋白液与花生蛋白液混合，再加入糖、牛乳、复合乳化剂、矿物质、维生素和香料等物质，经高压均质后可制成具有优良乳化稳定性的营养饮料。

3）烘焙制品

根据菜籽蛋白的乳化性、持水性和持油性等功能特性，加 5%～15%菜籽浓缩蛋白于糕点、饼干等食品中，可提高食品中蛋白质和氨基酸的含量，增强其营养性。在蛋糕中添加磷酸化改性菜籽分离蛋白，可使蛋糕膨松香软，并能延长保质期。根据菜籽蛋白良好的溶解性和持水性等特点，在面包中适当地添加菜籽蛋白，不仅可以提高面粉的吸水率，增加烘烤后面包的含水量，还可以延缓面包的老化。

4）其他

菜籽蛋白几乎不存在限制性氨基酸，若代替大豆粉生产酱油，不仅节约大豆，而且产品质量优于大豆酱油。菜籽分离蛋白特别是改性菜籽分离蛋白具有良好的成膜性，添加适量助剂如甘油，在一定条件下可制成具有良好隔离性能的安全无毒的天然食用保鲜膜。

9.2.4　棉籽蛋白

棉籽是棉花的种子，是一种很好的油料资源。棉籽中含有 50%～55%的棉籽仁，棉籽仁经提油后的副产品——棉籽饼粕中，蛋白质含量高达 60%，高于大豆粕。棉籽蛋白氨基酸组成较好，是一种重要的植物蛋白质资源。但由于棉籽饼粕中棉酚的存在，一定程度上限制了棉籽饼粕的营养价值及其在饲料和食品中的应用范围。因此，系统研究棉籽蛋白性质和棉酚脱毒方法，制备脱毒棉籽饼粕蛋白用于替代豆粕和鱼粉，可以缓解蛋白质饲料的供需矛盾，促进养殖业发展。近年来，研究工作者通过棉籽中游离棉酚的脱除技术和培育低酚（无腺体）棉籽新品种两大途径，为棉籽蛋白资源的进一步开发利用提供了可能性。在美国，棉籽浓缩蛋白已由美国食品药品监督管理局批准为食品添加剂。我国自 1972 年引入无腺体棉品种资源以来，一些育种单位也相继选育出一批无腺体棉新品种。

1. 棉籽蛋白的组成及结构

1）棉籽蛋白氨基酸组成

棉籽蛋白功效比值（2.0）、消化率（61%）、生物价（62%）及蛋白质净利用率（41%～47%）等营养评价指标均较高，与豆类蛋白相当，但远高于谷类蛋白。棉籽蛋白经水解后得到 18 种氨基酸。其中，必需氨基酸含量超过 10%，是蛋白质和氨基酸生产的重要原料。棉籽蛋白必需氨基酸组成见表 9-10。从必需氨基酸组成来看，除蛋氨酸稍低外，其余必需氨基酸均达到联合国粮农组织和世界卫生组织（FAO/WHO）推荐的标准。因此，棉籽蛋白是一种很好的食用和饲用蛋白来源。

表 9-10　棉籽蛋白质必需氨基酸组成　　　（单位：g/100g 蛋白）

氨基酸	品种			FAO/WHO 推荐值
	棉籽饼	大豆饼	去酚棉籽蛋白	
异亮氨酸	4.0	5.8	3.6	4.2
赖氨酸	4.2	6.6	5.1	4.2
苯丙氨酸	5.2	4.8	4.2	2.8

氨基酸	品种			FAO/WHO 推荐值
	棉籽饼	大豆饼	去酚棉籽蛋白	
色氨酸	1.6	1.2	—	1.4
苏氨酸	3.5	3.9	3.5	2.8
缬氨酸	5.0	5.2	5.3	4.2
亮氨酸	6.2	7.6	4.7	4.8
蛋氨酸	1.5	1.1	1.6	2.2
总含硫氨基酸	—		4.2	3.4

2）棉籽蛋白组成及结构

棉籽蛋白的主要组分为球蛋白，含量约为90%，其次为谷蛋白。棉籽蛋白经超速离心可分离得到低分子量2S清蛋白、中分子量7S球蛋白、高分子量12S球蛋白和多聚分子量18S蛋白组分。2S清蛋白存在于蛋白质体外面，约占30%，含硫氨基酸及赖氨酸含量较高；7S球蛋白和12S球蛋白共占60%，含硫氨基酸和赖氨酸含量较低，在酸性溶液中解离为低分子量的单体，再用碱中和酸性溶液，又会使其聚合成寡聚蛋白。18S蛋白组分是分子质量大于500kDa的多聚蛋白质。无论是分离蛋白或浓缩蛋白，在生产过程中都需分离除去低分子量的2S清蛋白。商业棉籽蛋白制品中的主要成分是球蛋白。因此，球蛋白的功能特性决定了棉籽蛋白产品的性质。棉籽球蛋白的黏度为4.0mL/g，α-螺旋占二级结构的5%，β-折叠占二级结构的20%，有6个亚基，含糖量为0.5%。当大豆球蛋白平均疏水性为872、非极性侧链为0.30、极性残基与非极性残基比值为1.28时，花生球蛋白分别为860、0.29、1.73，而α-棉籽球蛋白分别为804、0.24和1.0。棉籽球蛋白平均疏水性和网络蛋白序列值都低于大豆蛋白、花生蛋白。棉籽球蛋白都有缔合—解离现象，它们根据所在环境中的pH、离子强度、蛋白质浓度和温度情况而变化。棉籽高分子量蛋白质含有约0.5%的糖分，主要包括纤维素、木质素、果胶等。其中，约1/2的糖与一些蛋白质通过氢键紧密缠绕在一起，在蛋白质分子折叠紧密的结构中，阻碍蛋白质的水解作用，从而造成此部分蛋白质无法被利用。通过非淀粉多糖酶-果胶酶对棉籽蛋白进行预处理能够使固形物的浓度大大提高，表明果胶酶的存在使得棉籽蛋白中的果胶质与一些蛋白质、碳水化合物通过氢键紧密缠绕在一起的局面得以改善，使这一部分蛋白质、碳水化合物释放出来，进一步水解棉籽蛋白，使其纯度进一步提高成为可能。SDS-PAGE电泳分析结果表明，棉籽高分子质量蛋白质有6个亚基，亚基的分子质量为2.5~7kDa，通过肽链连接，以非共价键如氢键和其他弱性疏水作用形成稳定的分子结构。商业棉籽分离蛋白产品中主要是中分子质量7S球蛋白、高分子质量12S球蛋白。酸法浓缩棉籽蛋白产品中还含有一定量的18S多聚蛋白质。

2. 棉籽蛋白提取

1）碱溶酸沉法

碱溶酸沉法是将棉籽粕在一定温度的碱性溶液中浸提一定时间，混合液经过离心分离后，用 HCl 溶液调节上层清液 pH 至棉籽蛋白的等电点，使棉籽蛋白的溶解度减小而以沉淀的形式从溶液中析出，沉淀经洗涤，冷冻干燥后即得棉籽蛋白粉。张娜等对棉籽蛋白提取工艺进行了优化，在 pH 为 10，温度为 40℃，料液比为 10∶1，浸提时间为 60min 条件下，所得棉籽蛋白质提取率为 75.5%，等电点为 5.0，变性温度为 67.2℃。

2）盐提法

盐提法提取棉籽蛋白的原理，是使蛋白质分子在 NaCl 等盐溶液中吸附大量的盐离子，增加蛋白质分子之间的静电排斥，从而加强蛋白质的水合作用，提高蛋白质的溶解度。陈琳等研究了六偏磷酸钠、NaCl 和亚硫酸钠 3 种盐溶液对棉籽蛋白的提取效果。结果表明，由于亚硫酸钠为强碱弱酸盐，提取过程时显弱碱性，棉籽蛋白提取率高于六偏磷酸钠和 NaCl，达到 32.15%。张娜等分别优化了碱法和盐法提取棉籽蛋白的工艺参数，并对两种方法所得棉籽蛋白的提取率和蛋白产品的色度进行了比较分析。结果表明，在最佳工艺条件下，两种方法的棉籽蛋白提取率比较接近，但盐法提取的蛋白产品纯度较高，色泽浅，且游离棉酚含量相对较低。

3）酶解提取法

酶解提取棉籽蛋白的反应条件温和，营养物质破坏小，液固比小且无污染，提取出的蛋白颜色优于碱法和盐法。杨冲等研究了碱性蛋白酶对棉籽蛋白的提取效果，在最佳工艺条件下棉籽蛋白提取率达到 62.5%。潘晶等采用碱酶两步法提取棉籽中的蛋白质，两步提取后的棉籽蛋白总提取率可达 88.77%。由于棉籽粕存在纤维素、木质素、果胶等成分，它们与一些蛋白质通过氢键紧密缠绕在一起，阻碍了蛋白酶的水解和棉籽蛋白的释放。王秀霞等利用复合植物酶水解棉籽粕，使包裹或结合在棉籽蛋白分子上的纤维、木质素和多聚戊糖等成分降解形成更疏散的结构，以使蛋白质最大限度地溶出。在此条件下，蛋白质提取率为 89%，最终产品经干燥后蛋白纯度为 93%。官庭辉等先用纤维素酶破坏棉籽细胞的细胞壁，使细胞里面的蛋白质易于提取，然后用碱性蛋白酶进行酶提，蛋白提取率可达 86.4%，蛋白纯度达 91.5%。

4）反胶束法

反胶束法是将表面活性剂溶解在非极性有机溶剂中，并使其浓度超过临界浓度，碳氢链向外，亲水基向内组成，形成极性核内具有一定数量的水，称为"水池"。在反胶束体系中，植物蛋白能依靠蛋白质分子表面所带净电荷与反胶束中表面活性剂极性头所带电荷相互作用、疏水键及自由能等其他的作用而增溶到水池内，进而被提取出来。李学琴等利用反胶束体系萃取棉籽粕，结果表明，SDS/异辛烷（正辛醇）反胶束体系萃取棉籽粕的萃取率远高于阴离子 AOT/异辛烷反胶束体系。

3. 棉籽蛋白的功能特性

1）溶解性

蛋白质的溶解性是指蛋白质在水中的溶解度，通常用氮溶指数衡量。蛋白质的溶解性对其乳化性、起泡性和凝胶性等功能特性具有重要影响。棉籽浓缩蛋白、沉淀蛋白、溶解蛋白在 pH 为 7.0 时的氮溶指数（NSI）见表 9-11。棉籽浓缩蛋白的 NSI 低于棉籽粕，这可能是由于 K_2CO_3 溶液的 pH 较高，使蛋白质发生变性的缘故。棉籽沉淀蛋白的 NSI 与菜籽沉淀蛋白的相近，且都比较低，分别为 5.50% 和 4.02%。棉籽沉淀蛋白的 NSI 与沉淀蛋白的自身特性有关。沉淀蛋白主要是大分子碱溶蛋白，在 pH 7.0 处接近其等电点，所以溶解度很低。棉籽溶解蛋白和菜籽溶解蛋白的 NSI 均高于大豆沉淀蛋白，这是因为溶解蛋白主要由小分子的水溶蛋白构成，易溶于水，所以 NSI 较高，可达 91.42%。

表 9-11　棉籽粕、棉籽蛋白和相关蛋白的氮溶指数（%）

项目	双液相棉籽粕	棉籽浓缩蛋白	棉籽沉淀蛋白	棉籽溶解蛋白	菜籽沉淀蛋白	菜籽溶解蛋白	大豆沉淀蛋白
氮溶指数	16.51	7.8	5.5	89.4	4.02	91.42	77.15

2）持水性和持油性

蛋白质的持水性和持油性与蛋白质的种类、加工方法、温度密切相关。吸水性是表示蛋白产品与水的结合能力大小的参数，在食品加工过程中，它会影响食品的机械强度、黏性、塑性以及流动性。将棉籽蛋白产品添加到焙烤制品中，其吸水作用可改进面团的加工特性，并可维持食品中的水分，延长食品的保鲜期。蛋白产品的吸油性在肉制品、奶制品以及饼干夹心等食品配方及加工中起重要作用。在肉制品加工过程中，加入棉籽蛋白可以减少脂肪和汁液的损失，从而有助于维持其外形的稳定。现有研究表明，在吸水性方面，棉籽蛋白的吸水性低于菜籽沉淀蛋白，但高于大豆沉淀蛋白；在吸油性方面，棉籽蛋白均低于菜籽蛋白和大豆蛋白（表 9-12）。

表 9-12　棉籽蛋白、菜籽蛋白和大豆蛋白吸水性、吸油性比较　　（单位：g/g 蛋白）

蛋白质类别	吸水性	吸油性
棉籽浓缩蛋白	2.25	2.26
棉籽沉淀蛋白	2.98	2.07
棉籽溶解蛋白	—	1.74
菜籽沉淀蛋白	3.16	4.13
菜籽溶解蛋白	—	3.81
大豆沉淀蛋白	1.02	3.63

3）起泡性与泡沫稳定性

蛋白质的起泡性是蛋糕、肉制品、面包、冰激凌等食品加工过程中非常重要的性质和质量控制指标，也是多数流体食品在加工过程中不可忽视的因素。不同棉籽蛋白产品的起泡性与泡沫稳定性见表 9-13。其中，棉籽溶解蛋白的起泡性和泡沫稳定性最好，棉籽沉淀蛋白次之，棉籽浓缩蛋白最差。棉籽溶解蛋白可作为发泡剂用作蛋类代用品，以改善烘焙食品的品质，使产品松软可口。此外，棉籽溶解蛋白还可用于各类糖果甜食、高级糕点上的装饰物、冰激凌、啤酒等的生产中。

表 9-13　棉籽蛋白起泡性和泡沫稳定性（%）

蛋白质类别	起泡性	泡沫稳定性					
		10min	20min	30min	40min	50min	60min
棉籽浓缩蛋白	11	6	0	—	—	—	—
棉籽沉淀蛋白	46	34	25	14	6	0	—
棉籽溶解蛋白	154	130	113	104	90	84	78

4）乳化性与乳化稳定性

乳化性及乳化稳定性受多种因素的影响，如蛋白质浓度、pH、溶解性、离子强度、糖类物质的存在、温度等。不同棉籽蛋白的乳化性及乳化稳定性见表 9-14。其中，棉籽溶解蛋白的乳化性较好，因此在烤制食品、冷冻食品及汤类食品的制作中，加入棉籽溶解蛋白作为乳化剂，可以提高制品的稳定性，并有助于香肠、牛乳、干酪等食品的品质控制。

表 9-14　棉籽蛋白的乳化性和乳化稳定性

项目	棉籽浓缩蛋白	棉籽沉淀蛋白	棉籽溶解蛋白
乳化性/(m^2/g)	17	15	76
乳化稳定性/(min)	78	86	92

5）改性对棉籽蛋白功能特性的影响

基于美拉德反应的蛋白质与多糖接枝改性能够改善蛋白质的溶解性、持油性、乳化性与乳化稳定性、起泡性与起泡稳定性等功能特性，是一种比较有效的蛋白改性方法。目前国内外对于蛋白—糖美拉德反应的研究主要采用传统的加热方法。而微波技术由于具有节能、简化、减少污染等优点，被越来越多的研究者认可。邓川等研究了微波法合成棉籽蛋白与阿拉伯树胶接枝物的最佳工艺条件，在 pH 为 7.0，蛋白浓度为 0.4%，蛋白质与糖的配比为 5：5，反应温度为 70℃，反应时间为 60min 条件下，棉籽蛋白与阿拉伯树胶接枝度可达 8.74%。

4. 棉籽蛋白的生物活性

1）棉籽蛋白肽

利用生物催化技术将棉籽蛋白水解转化成多肽，是提高棉籽蛋白开发应用的新途径。棉籽蛋白经蛋白酶水解后，分子量减少，结构松弛，更利于人和动物体的消化吸收。重要的是，棉籽蛋白经水解后生成的一些多肽还具有抗氧化、降血压等生理功能。李全丰利用黑曲霉生料发酵棉籽蛋白粉制备植物小肽，在温度为 30℃、时间为 36h、pH 为 5.5 时，棉籽蛋白小肽含量达到 35.44%。在蛋白酶解过程中，由于各种酶的专一性，单酶往往达不到预期的水解效果，采用双酶甚至是多酶不仅能进一步增加水解度，提高多肽转化率，还能减少单酶分别作用的时间，缩短酶解时间。刘军采用碱性蛋白酶—胰蛋白酶双酶组合连续水解制备棉籽低苦味活性肽，得率达 85.26%。林虬等开展了 6 种蛋白酶对棉籽蛋白的双酶分步水解研究，结果表明，先用蛋白酶 Alcalase，再用风味蛋白酶 Flavourzyme 的水解效果最佳，水解度和多肽得率分别提高了 91.32% 和 5.88%。

2）抗氧化和降血压活性

蛋白质经水解后的多肽产物具有较强的抗氧化活性，可筛选出合适的酶水解蛋白质，因此可以将活性肽作为一种自由基清除剂应用于保健食品中。高丹丹比较了 6 种蛋白酶对棉籽蛋白酶解产物水解度和抗氧化活性的影响。结果表明，经中性蛋白酶 Neutrase 水解的棉籽蛋白多肽抗氧化活性最强，对 DPPH 自由基、羟自由基和超氧阴离子自由基的清除能力分别为 54.95%、68.98% 和 58.38%。于继兵等研究指出，棉籽蛋白多肽的 DPPH 自由基清除能力与蛋白水解度有关，当水解度为 3.81% 时，对 DPPH 自由基的清除率最高可达 70.7%。刘军采用 DA201-C 大孔吸附树脂的脱盐效果最好，脱盐后疏水性氨基酸得到有效富集，ACE 抑制活性显著增强。棉籽蛋白酶解产物氨基酸组成分析及分子量大小分布研究表明，棉籽蛋白中谷氨酸、精氨酸含量较高，蛋氨酸含量较低，酶法水解后氨基酸组成无明显变化。凝胶层析图证明棉籽蛋白酶解物的分子量呈连续分布，且大部分棉籽肽分子质量在 13000Da 以下，分子质量分布在 400～1000Da 的组分Ⅲ的 ACE 抑制活性最强。棉籽分离蛋白（CPI）、棉籽蛋白酶解物（CH）、3～8kDa 的酶解物、小于 3kDa 的酶解物的总抗氧化能力和 DPPH 自由基清除能力的分析结果表明，尽管各组分均具有抗氧化活性，但 CPI 的抗氧化活性最弱，酶解后其抗氧化活性有所提高；超滤分级得到的各组分中，3～8kDa 的酶解物抗氧化活性最高，而小于 3kDa 的酶解物抗氧化活性最低。

5. 棉籽蛋白在食品中的应用

棉籽蛋白是高质量的蛋白，其赖氨酸稍低于大豆蛋白，但高于 FAO/WHO 的规定，蛋氨酸水平更接近 FAO/WHO 的规定。棉籽蛋白不会使人的肠胃胀气，也没有豆腥味，有利于其综合利用。棉籽蛋白面包的蛋白质含量比一般面包高。医用级棉籽蛋白用作抗生素的生产，不仅可完全替代大豆蛋白和玉米浆，而且能降低生产成本，为医药企业带来更大的经济效益。目前，国外已有生产并出售可供人食用的棉籽蛋白粉。此外，棉籽能够生产出一种含蛋白 70% 而棉酚极少的浓缩蛋白细粉，纯白色，没有异味，蛋白质效率比（PER）为 2.3～2.7，可作为食品的蛋白添加剂；棉籽蛋白可作为肉的填充料，可掺在肉丸、肉馅饼中；用棉籽蛋白作为面粉的添加剂，可使面团的水合性能增强，延长食品的保鲜期和贮存期；将棉籽蛋白粉添加到炸制食品中，还可减少其吸油量。

1）在主食方面的应用

（1）用质量分数 30% 的全脂蛋白粉与 70% 的五花猪肉搅和制成水饺馅，水饺滑嫩、爽口、弹性好，无异味和肥腻感。

（2）棉籽蛋白强化面包。这种面包松软柔韧，体积大，内外相及触感、口感好，不易回生，易于保存。从营养方面看，这种面包的蛋白质含量为 18.3%，比未强化的对照组样品高出 6.2%，赖氨酸的含量为 3.2%，对儿童的智力发展有促进作用，也可作为老年人的营养膳食。

（3）用无腺体棉籽仁可替代类似的干果料，其外形和味道很像核桃仁和粟子，适于制作各种果料糕点。

（4）食用级棉籽蛋白代替大豆蛋白，应用于肉制品中，既可增加肉制品的营养价值，又能改善产品风味。用酸质水解棉籽蛋白，可生产复合氨基酸液、调味酱油等。美国福尔公司准许贝尔面包房出售的一种棉籽蛋白面包，其蛋白质含量比一般面包高 60%。

2）在蛋白饮料中的应用

棉籽蛋白能与牛奶等蛋白很好地结合，从而获得蛋白质的增效作用，因而棉籽蛋白也可用来生产蛋白饮料。

3）作为食品添加剂的应用

棉籽蛋白经蛋白酶水解后，发泡性能得到明显改善，可用来生产棉籽蛋白发泡粉。棉籽蛋白溶液用 AS1.398 蛋白酶在 pH 为 7.5，温度为 38℃条件下水解 5h，使其分子量降至鸡蛋蛋白分子量大小，用 β-糊精脱苦，即制成强发泡能力的棉籽蛋白发泡粉，发泡能力由原来的 210%增至 408%。用此发泡粉取代 50%的鸡蛋或明胶作原料，制作蛋白裱花、蛋糕、冰激凌等，产品质地疏松、粒度均匀、泡沫细致、口感丰富。

6. 棉籽蛋白在饲料工业中的应用

随着我国畜牧养殖业的蓬勃发展，蛋白饲料需求量越来越大，利用棉籽蛋白代替或与鱼粉、豆粕搭配，在不影响动物生长和健康前提下，既能缓解我国蛋白饲料的供需矛盾，又能促进畜牧业和养殖业的发展。澳大利亚已经有公司将提取油后的棉籽粕用作仔牛和乳牛饲料。在猪日粮中用优质脱酚棉籽蛋白替代豆粕对猪的胴体性能、肉质指标、风味指标等无明显影响，表明脱酚棉籽蛋白是一种安全的可替代豆粕的蛋白质原料。在保证饲粮代谢能、粗蛋白、赖氨酸和蛋氨酸水平相当的情况下，以脱酚棉籽蛋白部分或全部替代豆粕，可以获得黄羽肉鸡在玉米-豆粕型常规饲粮条件下的生长效果，且对屠宰性能、血液指标没有明显的负面影响。目前已在鲤科杂食性鱼类饲料中开展了脱酚棉籽蛋白部分替代豆粕，以及在肉食性鱼类和对虾饲料中部分替代鱼粉的使用效果的评估。因原料种类、试验鱼种类和配方结构的差异，脱酚棉籽蛋白的替代比例存在一定差异。林仕梅等研究表明，在罗非鱼低鱼粉饲料中，脱酚棉籽蛋白替代鱼粉的水平不宜超过 50%，过高的替代水平对罗非鱼的免疫应答会产生负面影响。

7. 棉籽蛋白在发酵领域的应用

棉籽蛋白可作为微生物发酵培养基的有机氮源。陈晔等利用水解棉籽蛋白作为氮源，利用大肠杆菌发酵生产 L-天冬氨酸，并将它与牛肉胨、酵母浸膏和玉米蛋白比较，发酵效果与牛肉胨相当，比酵母浸膏和玉米蛋白好，而且大大降低了生产成本。一些制药厂、发酵企业和科研院所的应用试验也表明，使用棉籽蛋白粉的发酵效果与进口的药用培养基相同，并且价格便宜。

9.2.5　亚麻籽蛋白

全球亚麻籽年平均种植面积达到 300 万 hm^2，产量达 230 万 t，是世界第七大油料作物。我国亚麻籽主产区主要分布在华北和西北地区，包括甘肃、内蒙古、宁夏、新疆、河北等地，约占全国总产量的 75%。脱脂亚麻籽饼粕中蛋白含量高达 35%以上，但目前榨油后的亚麻籽饼粕大多被加工成动物饲料，对于亚麻籽蛋白深层次的开发利用仍有待提高。在亚麻籽蛋白中，氨基酸种类较多，必需氨基酸中仅赖氨酸含量相对较低，是营养较为丰富的蛋白质。亚麻籽蛋白经部分水解后生成的多肽能够在人体中发挥多种生理功能，对预防慢性非传染疾病具有很好的效果。此外，随着亚麻育种研究的不断发展及加工工艺的优化，亚麻籽饼粕中抗营养因子生氰糖苷含量明显降低，这可能使亚麻籽蛋白逐步成为新的且极其可观的优质蛋白资源。

1. 亚麻籽蛋白组成及结构

1）亚麻籽蛋白的氨基酸组成

亚麻籽含有 18%~35%的蛋白质，但受品种、种植方式、生态环境等因素的影响，其蛋白含量有一定差异。亚麻籽蛋白的氨基酸模式与大豆蛋白类似，且精氨酸、天冬氨酸、甘氨酸和亮氨酸含量较高，芳香族氨基酸含量较低（表 9-15），能为特殊需要的患者提供特殊生理功能。因此，亚麻籽蛋白被认为是最具有营养的一类植物蛋白。但长期以来，我国亚麻籽主要以在产地榨油自主消费为主，亚麻籽蛋白的潜在价值仍有待进一步开发利用。

表 9-15　亚麻籽蛋白的氨基酸组成　　　　　（单位：g/100g 蛋白）

氨基酸	亚麻籽蛋白		大豆蛋白	FAO/WHO 推荐值
	黄色	棕色		
丙氨酸	4.4	4.5	—	—
精氨酸	9.2	9.4	—	—
天冬氨酸	9.3	9.7	—	—
胱氨酸	1.1	1.1	—	—
甘氨酸	5.8	5.8	—	—
组氨酸	2.2	2.3	—	—
异亮氨酸	4.0	4.0	4.2	4.0
亮氨酸	5.8	5.9	7.0	7.0
赖氨酸	4.0	3.9	5.8	5.5
蛋氨酸	1.5	1.4	1.1	3.5
苯丙氨酸	4.6	4.7	4.5	6.0
脯氨酸	3.5	3.5	—	—
丝氨酸	4.5	4.6	—	—
苏氨酸	3.6	3.7	3.8	4.0
色氨酸	1.8	—	1.3	1.0
酪氨酸	2.3	2.3	—	—
缬氨酸	4.6	4.7	4.3	5.0

2）亚麻籽蛋白的组成及结构

亚麻籽蛋白与其他植物蛋白一样，主要由储藏蛋白组成，包括球蛋白（58%～66%）和白蛋白（20%～42%），分子质量分别为 294～440kDa 和 15～17kDa。此外，亚麻籽蛋白还含有少量的低分子量的结构和功能蛋白，包括醇溶蛋白、谷蛋白、油体蛋白、水蛭素等，分子质量为 18～25kDa。SDS-PAGE 测定结果表明，亚麻籽蛋白中 12S 球蛋白主要由 11 个亚基组成，包括 1～2 个酸性亚基、2 个中性亚基和 1～3 个碱性亚基，等电点位于 4.7～6.0；2S 白蛋白主要由 1 个碱性亚基组成，等电点为 4.5。

3）亚麻籽蛋白的体外消化和吸收特性

亚麻籽分离蛋白经胃肠消化能够释放出具有生理活性的多肽和氨基酸。研究表明，亚麻籽胶、亚麻籽油以及热加工均能够影响亚麻籽蛋白的体外消化特性。从全脂亚麻籽粉中获得的亚麻籽蛋白因含有一定量的亚麻籽多糖和亚麻籽油，其体外消化率仅为 12.61%。去除亚麻籽多糖和亚麻籽油能够使亚麻籽蛋白体外消化率分别提高到 51.00%和 66.79%。焙烤和蒸煮预处理使亚麻籽蛋白体外消化率分别增加至 31.77%和 28.04%。

2. 亚麻籽蛋白提取

1）碱提酸沉法

碱提酸沉法是将亚麻籽粕在一定温度的碱性溶液中浸提一定时间，混合液经过离心分离后，用 HCl 溶液调节上层清液 pH 至亚麻籽蛋白的等电点，使亚麻籽蛋白的溶解度减小而从溶液中析出，沉淀，经洗涤，冷冻干燥后即得亚麻籽蛋白。许光映等采用碱提酸沉法对提取亚麻籽分离蛋白的工艺条件进行研究。在提取液 pH 为 9.5，料液比为 1∶30，提取温度为 60℃，提取时间为 180min 条件下，亚麻籽分离蛋白提取率达到 51.65%，蛋白含量达到 92.27%。胡爱军等采用超声辅助-碱提酸沉的方法对亚麻籽饼粕蛋白的提取工艺进行了优化研究。结果表明，超声提取亚麻籽饼粕蛋白的提取率可达 46.4%，与常规提取相比提高了 20.7%。

2）双液相萃取

双液相萃取技术是加拿大多伦多大学的 Rubin Diosady 等提出的，是进行油料提油去毒的新技术，目前在油菜籽的提油去硫苷和棉籽的提油去棉酚中取得了很好的效果。李高阳等采用含水乙醇正己烷双液相（TPS）萃取亚麻籽粕，结果表明，双液相技术能够提高亚麻籽粕和分离蛋白中的蛋白含量，分别达到 37.4%和 63.6%，必需氨基酸所占比例分别为 37.91%和 35.98%。双液相萃取技术能够明显改善亚麻籽分离蛋白的功能特性，并增强 TPS 分离蛋白的凝胶力学性质，同时，变性温度从 99.7℃提高到 108℃。

3. 亚麻籽蛋白功能特性

1）亚麻籽蛋白的溶解性和持水性

亚麻籽蛋白具有良好的溶解性和持水性，在等电点 pH＝4.5～5.5 附近达到最低值。研究表明，pH 和离子强度对亚麻籽蛋白溶解性的影响较大。不同的盐溶液处理使亚麻籽蛋白的等电点范围变宽，且随着处理时间的延长，沉淀略有增加。亚麻籽蛋白在 pH>pI 时，盐溶液使亚麻籽蛋白的溶解度增加，在 pH<pI 时，亚麻籽蛋白的溶解度减小。不同

离子对亚麻籽蛋白溶解性和持水性影响的强弱顺序为 $Ca^{2+} > Mg^{2+} > Na^{+}$。在 pH 为 6.8，NaCl 溶液浓度为 1.28mol/L，料液比为 16：1 条件下，80%的亚麻籽蛋白能够被溶解。

2）黏度

亚麻籽蛋白溶液的黏度随浓度的增加而增大。当温度为 25℃时，10%亚麻籽分离蛋白已成糊状，流动性极小。而亚麻籽蛋白糊的黏度随剪切速度的增加而迅速降低，随剪切速度的减少黏度又即刻恢复，表现出一定程度的假塑性。亚麻籽蛋白溶液的黏度随温度的升高而降低。当 pH 在亚麻籽蛋白等电点附近时，其溶解度最低，黏度下降。盐离子的加入使亚麻籽蛋白的溶解度降低，黏度下降。

3）起泡性

亚麻籽分离蛋白的分子结构中同时含有疏水基团和亲水基团，因而具有表面活性，能够降低水的表面张力，在剧烈搅拌时形成泡沫。亚麻籽分离蛋白的表面张力、HLB 值及起泡力同其他几种物质的比较见表 9-16。在相同浓度条件下，亚麻籽分离蛋白与大豆分离蛋白的表面张力、HLB 值和起泡力相当。亚麻籽分离蛋白受温度影响，温度升高，亚麻籽蛋白溶液的起泡能力增强。此外，亚麻籽蛋白的起泡能力还与 pH 有关，当 pH 在等电点附近时，起泡能力最低。

表 9-16　不同物质的表面张力、HLB 值及起泡能力（20℃）

名称	浓度/%	表面张力/(dyn/cm)	HLB 值	起泡力/%
水	—	72.9	—	0
甘油	3	71.2	11.3	0.8
鸡蛋清蛋白	3	70.1	>13	260
大豆分离蛋白	3	54.6	8～10	110
亚麻籽分离蛋白	3	53.2	8.5～10	120

注：$1dyn = 10^{-5}N$。

4）乳化特性

Kuhn 等研究表明，亚麻籽分离蛋白在较高浓度条件下（0.7% W/V）能够作为乳化剂稳定乳液体系，其作用机制主要基于亚麻籽分离蛋白凝胶的形成。乳清分离蛋白的添加则能够降低亚麻籽分离蛋白添加量（0.14% W/V），协同提高乳液体系的界面稳定性。Burgos-Díaz 等研究表明，亚麻籽中天然存在的亚麻籽蛋白（47.20% W/W）和多糖复合物（37.88% W/W）能够作为复合乳化剂稳定乳液体系。当亚麻籽油：亚麻籽蛋白/多糖复合物：水 = 5：5：90 时，该乳液体系在 pH 5～11、离子强度 0～500mmol/L NaCl、温度 4～70℃条件下表现出较强的稳定性。此外，亚麻籽蛋白中多酚类物质能够影响亚麻籽蛋白的理化特性。Alu'Datt 等研究表明，以全脂或脱脂亚麻籽为原料，采用等电点沉淀法分离亚麻籽蛋白，去除游离和结合酚酸可降低亚麻籽蛋白的热稳定性、持水性和黏弹性。

5）不同亚麻籽蛋白产品的功能特性

Dev 和 Quensel 以亚麻籽和商业压榨饼制备了高含胶亚麻籽蛋白粉（HMF）和低含胶亚麻籽蛋白粉（LMF），按碱溶（pH 9.5～10）、酸沉（pH 4.2～4.5）法制备出高含胶浓缩蛋白（HMPC）和低含胶分离蛋白（LMPI），用 70%的乙醇洗涤得到低含胶醇法浓缩蛋白

（LMPC）（表 9-17）。与 LMF、LMPI 相比，HMPC 表现出较高的持水性、起泡性、黏度和乳化性，但持油性、氮溶解度和起泡稳定性较低（表 9-18）。

表 9-17　各蛋白产品的粗蛋白含量

蛋白产品	LMF	LMPC	HMPC-S	HMPC-EC	LMPI
蛋白含量/%	56.4	59.7	63.4	65.5	86.6

表 9-18　亚麻籽蛋白产品的功能特性

功能特性	LMF	LMPC	HMPC-S	HMPC-EC	LMPI
持水性/%	366	303	419	470	610
吸湿性/%	8.3	7.2	16.8	13.2	14.2
持油性/%	313	141	95	95	459
黏度浓度 1.0%/(mPa·s)	—	—	2.75	2.68	2.54
黏度浓度 2.5%/(mPa·s)	—	—	8.27	7.77	6.48
乳化性/%	50	51	96	98	69
乳化稳定性/%	72	79	90	94	84
最低凝胶浓度/%	12	12	12	12	8
起泡性/%	27	10	226	166	80
起泡稳定性/min	60	70	50	9	22

6）不同处理条件对亚麻籽蛋白功能特性的影响

不同加工及前处理方式能够影响亚麻籽蛋白的功能特性。调制工艺参数对冷榨亚麻籽饼粕中水溶蛋白的含量具有重要影响。陈伟伟等研究发现，在调质水分为 11%，调质温度为 60℃，调质时间为 105min 条件下，冷榨亚麻籽饼粕中水溶蛋白含量达到最大值 13.14%。提取方法对亚麻籽蛋白功能特性具有显著影响。Tirgar 等研究表明，碱提取法获得的亚麻籽浓缩蛋白具有较高的表面疏水性、乳化能力、乳化活性和乳化稳定指数，而酶法获得的亚麻籽浓缩蛋白具有较高的溶解度。李高阳等研究含水乙醇-正己烷双液相技术（TPS）对亚麻籽蛋白氨基酸组成及其疏水性的影响。结果表明，双液相技术有利于提高亚麻籽分离蛋白中的蛋白质含量，同时降低蛋白质疏水性，低于油菜籽分离蛋白和大豆分离蛋白。TPS 使亚麻籽分离蛋白不易产生苦味，具有更好的开发水解产物的前景。此外，TPS 明显改善了亚麻籽分离蛋白的功能特性，TPS 分离蛋白的凝胶力学性质得到明显增强，持水性、持油性、起泡能力和起泡稳定性优于正己烷单相分离蛋白。热处理能够使亚麻籽蛋白的溶解性大大降低。在 pH = 10 时，亚麻籽蛋白的溶解度由热处理前的 80%降至 25%，非蛋白氮含量由 12.5%降至 2.1%；在 pH = pI 时，仅 5%的亚麻籽蛋白被溶解。这是由于热处理能够使亚麻籽蛋白发生变性，许多亲水基团暴露，持水性上升，同时非极性氨基酸被掩盖从而使持油性降低。此外，热处理对亚麻籽蛋白起泡性和泡沫稳定性的影响也与 pH 等因素有关。酶法改性对改善亚麻籽蛋白的功能特性具有重要影响。其中，中性蛋白酶适度水解亚麻籽蛋白后起泡能力增强，但过度水解，起泡能力会下降。

4. 亚麻籽蛋白的生物活性

亚麻籽多肽是亚麻籽蛋白经水解后获得的具有一定生理活性的小分子肽段，因其具有一定的生物学效应，所以是亚麻籽粕深加工和综合利用的一个重要方向。

1）降胆固醇活性

亚麻籽蛋白经酶解后，化学键断裂、活性成分暴露，从而生成具有生物活性的多肽。郑睿以亚麻籽粕为原料制备亚麻籽分离蛋白，采用蛋白酶 Protease M 为工具酶进一步获得具有较高的体外降胆固醇活性的亚麻籽蛋白酶解产物。该产物经超滤分离，DA201-C 型大孔树脂分离—75%乙醇洗脱分离，MALDI-TOF-MS/MS 结构表征鉴定降胆固醇亚麻籽蛋白多肽的氨基酸序列为：RGGPGAPAPPR、QPPAMKNAPR、KGGLIAFAFVR 和 CLYLDVSATTR。其特点为脯氨酸（P）含量高，且位于除 N-端以外的重要位点上；疏水性大于 10 的氨基酸所占比例较高；N-末端均为精氨酸（R）。此外，Marambe 等研究发现，完整的亚麻籽蛋白也具有一定的体外结合胆汁酸的能力。

2）抗氧化和抑菌活性

Karamaće 等从亚麻籽粕中分离出亚麻籽蛋白，并分别采用木瓜蛋白酶、胰蛋白酶、胰酶、碱性蛋白酶、风味酶进行水解，通过 Tricine-SDS-PAGE 和体积排阻高效液相色谱测定水解产物分子量，采用 ABTS、PCL-ACL 和 FRAP 方法分析其抗氧化活性的结果表明，与完整的亚麻籽分离蛋白相比，亚麻籽蛋白水解产物均表现出较强的抗氧化活性。Silva 等以碱性蛋白酶和胰酶获得的酶解产物的抗氧化活性最强。其中，以碱性蛋白酶水解获得的具有抗氧化活性的亚麻籽多肽为 GFPGRLDHWCASE。Hwang 等（2016）将亚麻籽蛋白经高地芽孢杆菌 HK02 蛋白酶水解及超滤后获得＜1kDa、1～3kDa、3～5kDa、5～10kDa 和＞10kDa 5 个不同分子质量的肽段。抗氧化和抑菌活性评价结果表明，分子质量范围为 1～3kDa 的肽段表现出较维生素 C、维生素 E、BHA 和其他组分更强的自由基清除活性和总还原能力。分子质量范围小于 1kDa 的肽段则表现出较 BHA 和其他组分更强的亚铁离子螯合能力和脂质过氧化抑制作用。该组分还表现出最强的抑制绿脓假单胞菌和大肠杆菌生长的能力，从而获得兼具天然抗氧化和抑菌活性的生物活性组分。此外，高静压预处理亚麻籽分离蛋白能够影响蛋白的结构、酶法水解产物的抗氧化活性。Perreault 等研究表明，1%亚麻籽分离蛋白（m/V）经 600MPa 处理 5～20min 能够诱导亚麻籽蛋白结构解离，生成高分子量的聚合体。高静压处理能够使疏水性氨基酸酪氨酸发生改性。经高静压处理、胰蛋白酶-链霉蛋白酶水解能够显著提高亚麻籽蛋白水解产物的抗氧化活性。Silva 等研究表明，亚麻籽蛋白-酚类复合物的形成能够基于电子供体和 H^+ 转化机制增加亚麻籽蛋白的抗氧化活性。

3）降血压活性

亚麻籽蛋白来源的活性肽能够作为具有降血压功能的保健食品的组分。Nwachukwu 等研究发现，经 3%嗜热菌蛋白酶消化的亚麻籽蛋白水解物具有明显的抑制肾素活性。经超滤膜分离获得的＜1kDa 和 1～3kDa 肽组分则能够进一步抑制体外血管紧张素转移酶活性。体内动物实验结果表明，亚麻籽蛋白酶水解物及超滤膜分离获得的肽组分能够有效降低自发性高血压大鼠的收缩压。Marambe 等采用风味酶水解亚麻籽蛋白获得了兼具抗氧化和血管紧张素转化酶抑制活性的多肽。

4）抗糖尿病活性

Doyen 等研究发现，亚麻籽蛋白水解产物通过超滤和电渗析处理后获得的 300～400Da 和 400～500Da 阳离子多肽，其氨基酸组成主要为组氨酸、赖氨酸和精氨酸。其中，低分子量多肽能增加葡萄糖吸收功能，而高分子量多肽则能够降低收缩压。

5）抗炎活性

以纤维素酶处理脱脂亚麻籽粕，分离获得的亚麻籽分离蛋白，经胃蛋白酶、无花果蛋白酶和木瓜蛋白酶水解后能够抑制脂多糖诱导的 RAW 264.7 巨噬细胞 NO 的产生，表现出一定的抗炎活性。

此外，亚麻籽多肽还具有抗肿瘤、免疫抑制、抗凝血效应、预防神经退行性疾病等功能。

5. 亚麻籽蛋白在食品体系中的应用

由于亚麻籽蛋白具有良好的持水性、黏度、起泡性、乳化性等功能特性及潜在的营养价值，可作为功能性添加剂，与亚麻胶协同应用于肉制品、冰激凌、鱼罐头等食品工业领域（表 9-19）。亚麻籽蛋白可明显减少肉制品的焙烤损失，且蛋白质浓度越高，效果越好。亚麻籽蛋白的凝胶强度、质构与肉制品的硬度具有直接相关性。以含胶亚麻籽蛋白质为添加剂添加到肉制品中，可以使肉制品的持水和持油能力、切片性、咀嚼性得到显著提升。但添加亚麻籽蛋白对肉制品的风味有一定影响。随着高含胶亚麻籽蛋白产品添加量的增加，冰激凌的黏度增加，融化时间降低，脂肪球中脂肪的溢出减少，这可能是因为它能与其他亲水胶体协同作用，从而起了较好的稳定效果。将 3%亚麻籽蛋白添加到鱼沙司罐头中，能够获得光滑的、奶油色的鱼子酱，并具有掩蔽异味的效果。

表 9-19　亚麻籽蛋白功能特性及应用

产品	蛋白含量/%	应用	功能特性
亚麻籽粉	20～25	焙烤食品、糕点（面包、比萨、饼干和松饼）	质地和流变性（弹性、外壳颜色、硬度、风味）
		点心和早餐谷类面食	黏弹性、持水性、煮后硬性
		比萨（面条、通心粉）	黏性、货架期
亚麻籽浓缩蛋白	56～66	肉糜（香肠）	蒸煮损失、脂肪吸收
		肉汁/汤	乳化性和黏性
		冰激凌	乳化性和黏性
		肉糜	蒸煮损失（持水性和持性）硬度、颜色
亚麻籽分离蛋白	87	混合蛋白/马铃薯淀粉	黏性
		奶油甜点	起泡性
		肉汁/汤	乳化性、黏性和持油性
		冰激凌	乳化性、黏性
		肉糜（香肠）	蒸煮损失（持水性和持油性）

9.3　薯类蛋白质

薯类作物又称根茎类作物，主要包括甘薯、马铃薯、木薯等。薯类作物富含淀粉，是目前我国食品工业中提取淀粉的重要原料之一。在提取淀粉的过程中，大量的薯类可溶性蛋白质流失到工艺废水中，如果直接排放，会造成严重的水污染，是亟待开发利用的一大天然食物蛋白质资源。植物性蛋白对于维持人体营养均衡具有重要意义。近年来，许多学者对马铃薯、甘薯等薯类蛋白的理化特性、营养价值及保健功能进行了研究，发现这些薯类蛋白不仅具有优良的理化和功能特性，可以作为天然食品添加剂在食品工业中发挥重要作用，还具有良好的营养价值和多种特殊生物活性，可以在改进营养及预防某些疾病方面发挥有益作用。

9.3.1　薯类蛋白的营养价值

1. 马铃薯蛋白

马铃薯属茄科，又称土豆、洋芋等，其块茎可供食用，是重要的粮食、蔬菜兼用作物。马铃薯蛋白的种类丰富，主要包括 30%～40%的贮藏蛋白、50%的蛋白酶抑制剂和 10%～20%的其他蛋白质 3 大类。其中，马铃薯贮藏蛋白中约含 25%的球蛋白和 40%的糖蛋白。崔竹梅等采用透析与等电点沉淀相结合的工艺方法，对新鲜马铃薯块茎中的蛋白进行提取，结果显示新鲜马铃薯块茎中蛋白含量为 1.97%。对马铃薯蛋白氨基酸组成的分析发现了 19 种氨基酸，氨基酸评分达到 88.0。而且，必需氨基酸的含量占氨基酸总量的 47.9%，优于其他植物蛋白，与全鸡蛋和酪蛋白相当，蛋白质的功效比值达 2.3。由于马铃薯的人均消费量比较大，其蛋白质可以为儿童和成人分别提供 8%～13%和 6%～7%推荐摄入量的氮。侯飞娜等研究发现马铃薯蛋白富含其他粮谷类蛋白所缺乏的赖氨酸，可与各种谷类蛋白互补。刘素稳等通过动物实验发现马铃薯蛋白可明显促进 SD 大鼠的生长发育，其食物利用率、生物价、蛋白质净利用率、蛋白质功效比值等评价指标均与酪蛋白接近。

2. 甘薯蛋白

甘薯属牵牛花科，又称番薯、山芋、红薯、地瓜等。甘薯可溶性蛋白中有 60%～80%的贮藏蛋白及少量糖蛋白。其贮藏蛋白（又名 Sporamin 蛋白）在非还原条件下进行聚丙烯酰胺凝胶电泳时可以被分为 Sporamin A 和 Sporamin B 2 个条带。其中，Sporamin A 的含量是 Sporamin B 的 2 倍。从氨基酸组成看，甘薯蛋白含有 18 种氨基酸，其中 8 种人体必需氨基酸的含量高于许多植物蛋白，生物价达到 72，高于马铃薯的 67，其总必需氨基酸含量为 402mg/g，占总氨基酸含量的 40%，符合 FAO/WHO（1991）推荐的参考蛋白模式（40%）。

9.3.2　薯类蛋白的特殊生物活性及其作用机制

1. 马铃薯蛋白

目前研究较多的马铃薯生物活性蛋白主要包括贮藏蛋白、蛋白酶抑制剂和其他蛋白3 大类。

1）贮藏蛋白

贮藏蛋白，又名 Patatin 蛋白，是特异性地存在于马铃薯块茎中的一组糖蛋白，占马铃薯块茎可溶性蛋白的 40% 左右。Patatin 蛋白分子质量为 39～45kDa，自然状态下的 Patatin 蛋白常以二聚体形式存在，其生物活性主要表现在以下两个方面。

（1）脂肪酶活性（酯酰基水解酶活性）。Patatin 蛋白具有脂肪酶活性，可以水解油脂。Racusen 等采用凝胶色谱与离子交换色谱相结合的方法分离纯化了 Patatin 蛋白，并证实纯化的 Patatin 蛋白具有酯酰基水解酶活性。宋有涛等发现，Patatin 蛋白的水解作用和 Ser-OH 与底物 PNPC10 酯键之间的距离有关，距离越近时，越易于亲核反应的发生，提升水解效率。

（2）抗氧化活性。蛋白质的抗氧化性主要体现在对自由基清除能力的大小，即该蛋白所含的具有自由基清除能力的氨基酸数量及其溶解度大小等。研究发现，Patatin 蛋白含有12 种有自由基清除能力的氨基酸，如甲硫氨酸、苯丙氨酸、色氨酸、酪氨酸、半胱氨酸和组氨酸等，其体外抗氧化活性与其半胱氨酸残基和色氨酸残基含量密切相关。Sun 等发现 Patatin 蛋白对 1, 1-二苯基-2-三硝基苯肼（1, 1-diphenyl-2-picrylhydrazyl，DPPH）自由基和超氧自由基有很强的清除能力，并具有显著的还原能力，对羟自由基导致的 DNA 损伤具有明显的保护作用，是一种较好的天然抗氧化物质。

2）蛋白酶抑制剂

蛋白酶抑制剂泛指对蛋白酶有抑制作用，可使蛋白酶活力下降，甚至消失，但不使酶蛋白变性的物质。大量研究表明，许多蛋白酶抑制剂对自由基有清除作用，进而达到抗氧化、抗癌的效果，临床上还可用于预防和治疗急性胰腺炎等疾病。马铃薯蛋白中约有 50%的蛋白质为具有药理活性的蛋白酶抑制剂。孙莹等用荧光法对马铃薯天冬氨酸蛋白酶抑制剂（potatoaspartic protease inhibitor，PPI）与 DNA 的相互作用，及其对超氧阴离子自由基、羟自由基的清除能力进行了初步研究，发现 PPI 对超氧阴离子的清除能力随 PPI 质量浓度的增加而增大，对羟自由基的清除能力较强，当质量浓度为 0.25mg/mL 时，羟自由基清除率可达 90% 以上。唐瑜菁等发现马铃薯羧肽酶抑制蛋白（potato carboxypeptidase inhibitor，PCI）可以抑制血浆羧肽酶 B 的促纤溶作用，此作用在一定范围内随着组织中纤溶酶原激活剂浓度的增高而增强，提示可以将 PCI 作为辅助溶栓剂来避免溶栓剂过量造成的全身性纤溶性出血。Molina 等研究发现 PCI 与表皮生长因子（epidermal growth factor，EGF）具有类似的结构，可与 EGF 竞争结合 EGF 受体（epidermal growth factor receptor，EGFR），抑制 EGFR 的活化及细胞的增殖。此外，PCI 还可以导致 EGFR 的表达下调，进一步抑制 EGF/原癌基因 ErbB 信号通路，从而产生显著的抗肿瘤作用。

3）其他

多酚氧化酶广泛存在于微生物及动植物中，是结构复杂的含 Cu 氧化还原酶。在果蔬褐变过程中起催化作用，产生引起褐变的色素物质。研究发现，马铃薯中的多酚氧化酶（potato-polyphenol oxidase，PPO）在马铃薯生长过程中具有抗虫害、参与光合作用等活性作用。

马铃薯蛋白水解后的肽类产物也具有生物活性，易伟民用 Sephadex G-15 凝胶层析法对马铃薯蛋白水解物进行了初步分离，发现超滤回收的马铃薯蛋白水解物各组分分子对 DPPH 自由基均有清除作用，且清除率随着分子的变小而升高。

2. 甘薯蛋白

甘薯中的活性蛋白类物质主要包括糖蛋白和贮藏蛋白，其活性主要表现在清除自由基、抑制血糖升高、增强免疫力、清除胆固醇等方面。

1）甘薯糖蛋白

糖蛋白（glycoprotein）是一类由糖类与多肽或蛋白质以共价键连接而形成的结合蛋白，其结合方式主要有 2 种：O-连接和 N-连接，分别是糖和含羟基或天冬酰胺基的氨基酸以糖苷形式结合而成。糖蛋白及其复合物是一类重要的生物活性物质，具有多方面的生物活性，如抗氧化、抗肿瘤活性、免疫调节、辅助降血糖等。Kusano 等研究发现，甘薯糖蛋白可降低血糖和血胰岛素浓度，改善葡萄糖不耐受。阚健全等通过小白鼠免疫调节实验发现，随着甘薯糖蛋白剂量的增加，小鼠脾淋巴小结增多扩大，胸腺细胞线粒体增多，表明甘薯糖蛋白有明显的增强免疫力作用。郭素芬等给予动脉粥样硬化家兔甘薯糖蛋白干预后，发现家兔的血脂水平显著降低。

2）甘薯贮藏蛋白

甘薯贮藏蛋白又名 Sporamin 蛋白，是甘薯块根中特异表达的一类蛋白，占甘薯块根可溶性蛋白质的 60%～80%。Sporamin 蛋白是一类由多重基因家族编码产生的一种 Kunitz 型胰蛋白酶抑制剂，有 2 个亚基因家族，分别称为 Sporamin A（31kDa）和 Sporamin B（22kDa）。Sporamin 蛋白作为天然植物源性胰蛋白酶抑制剂，被发现有一定程度的肿瘤抑制作用。李鹏高发现甘薯贮藏蛋白可明显抑制结肠癌 HT-29 细胞的增殖，呈浓度依赖性，IC_{50} 为 4.82μmmol/L，其抑制癌细胞增殖的作用可能主要是通过诱导细胞凋亡或阻滞细胞周期实现。Li 等发现甘薯 Sporamin 蛋白能明显抑制人结肠癌 SW480 细胞的增殖和浸润。此外，甘薯贮藏蛋白还具有降低血脂、预防肥胖的作用。熊志冬等发现 Sporamin 蛋白可明显抑制 3T3-L1 前脂肪细胞的分化。在一定范围内，随着浓度的升高，抑制作用增强，当 Sporamin 蛋白浓度增至 0.500mg/mL 时，细胞内脂滴生成量明显减少。李鹏高用不同浓度 Sporamin 蛋白及高脂饲料同时喂饲昆明小鼠，发现 Sporamin 蛋白干预组的小鼠体重明显低于空白组，且干预组小鼠的摄食量均显著降低，说明 Sporamin 蛋白可能会抑制小鼠的食欲从而产生预防肥胖的作用。

9.3.3 薯类蛋白制备方法

1. 马铃薯蛋白制备方法

1）等电点法

将马铃薯洗净，切块，放入 0.12% Na_2SO_3 的蒸馏水中（1kg 新鲜马铃薯加 4L 蒸馏水），经打浆机打碎后，室温搅拌浸提 2h，经双层滤布过滤的滤液在 4℃、3000g 离心 15min。将上清液用 1mol/L HCl 将 pH 调至 4 左右，磁力搅拌 10min，静置 1h 后，在 4℃、3000g 离心 15min。将沉淀物在蒸馏水中复溶，调 pH 至 7.0，透析 24h 后，冷冻干燥得到马铃薯分离蛋白制品，4℃冰箱中保存备用。

2）乙醇沉淀法

将马铃薯洗净去皮后切块，迅速放入 Na_2SO_3（20g/L）溶液中（1kg 新鲜马铃薯用 4L Na_2SO_3 溶液浸泡），用打浆机打碎后静置 15min，然后在 17000r/min、4℃下离心 15min。离心所得上清液用双层滤布过滤，滤液中缓慢加入 95%乙醇（−20℃预冷）至乙醇浓度为 20%（V/V）。用 0.5mol/L H_2SO_4 调乙醇溶液 pH 至 5.0，在 4℃静置 1h 后离心 30min（17000r/min、4℃）。得到的沉淀用 0.1mol/L 乙酸铵[含 20%（V/V）乙醇]洗 2 次，离心后蒸馏水复溶，用 0.1mol/L NaOH 调 pH 至 7 后进行冷冻干燥，得到的马铃薯蛋白粉末装在密封袋中−20℃下保存。

3）硫酸铵沉淀法

将马铃薯洗净去皮后切块，迅速放入 Na_2SO_3（20g/L）溶液中（1kg 新鲜马铃薯用 4L Na_2SO_3 溶液浸泡），用打浆机打碎后静置 15min，在 17000r/min、4℃离心 15min。所得上清液用双层滤布过滤，滤液中添加硫酸铵至饱和度 60%，然后用 0.5mol/L H_2SO_4 调 pH 到 5.7，在 4℃静置 1h 后离心 30min（17000r/min、4℃），沉淀用 50mmol/L Na_3PO_4 缓冲液（含硫酸铵饱和度达 60%）洗 2 次，蒸馏水复溶，用 0.1mol/L NaOH 调 pH 至 7 后进行透析，将截留液冷冻干燥，得到的马铃薯蛋白粉末装在密封袋中−20℃下保存。

2. 甘薯蛋白制备方法

1）直接匀浆法

取储藏 15d 的甘薯块根，中间环切薄片（包括表皮和内部组织）2g，将组织放入预冷的研钵中，液氮研磨成粉状后转移至 4 个 2mL 的 EP 管中，每个 EP 管约 0.5g。向 EP 管中加入 1mL 蛋白质提取液 I [50mmol/L Tris-HCl（pH 7.8），10mmol/L EDTA]，置于冰上放置 30min，其间震荡 3～5 次，于 4℃下 12000r/min 离心 10min，取其上清液，得到甘薯总蛋白提取液。

2）丙酮沉淀法

向 EP 管中加入 1.5mL 预冷丙酮（含 0.07% β-巯基乙醇），混匀，−20℃过夜，4℃、12000r/min 离心 10min，弃上清液。将沉淀重新悬于 1.5mL 的预冷丙酮（含 0.07% β-巯基乙醇）中，−20℃放置 2h，其间震荡 3～5 次，4℃、12000r/min 离心 10min，弃上清液。沉淀分别再用预冷丙酮和 80%的丙酮（含 0.07% β-巯基乙醇）各洗涤一次。沉淀真空冻干，加入 1mL 裂解液[8mol/L 尿素，4% CHAPS，1% DTT，1% PMSF，20mmol/L Tris-HCl（pH 7.8）]，4℃放置 2h，其间震荡 3～5 次。室温、12000r/min 离心 10min，取上清液分装保存。

3）TCA-丙酮沉淀法

向 EP 管中加入 1.5mL 预冷的 TCA-丙酮溶液（含 10% TCA 和 0.07% β-巯基乙醇），混匀，−20℃过夜，4℃、12000r/min 离心 10min，弃上清液。其余处理同丙酮沉淀法。

4）酚提取法

向 EP 管中加入 1.5mL 预冷的 TCA-丙酮溶液，混匀，–20℃过夜，4℃、12000r/min 离心 10min，弃上清液。将沉淀重新悬于 1.5mL 的预冷丙酮（含 0.07% β-巯基乙醇）中，–20℃放置 2h，其间震荡 3～5 次，4℃、12000r/min 离心 10min，弃上清液。沉淀分别再用预冷丙酮和 80%丙酮（含 0.07% β-巯基乙醇）各洗涤一次。然后沉淀真空冻干，加入 0.9mL 提取缓冲液 [0.1mol/L Tris-HCl（pH 8.0），30%蔗糖，10mmol/L EDTA，1mmol/L PMSF，1mmol/L DTT，4% CHAPS，2% β-巯基乙醇]，4℃涡旋混匀，然后加入 0.7mL Tris-饱和酚，室温放置 30min，其间震荡 3～5 次，室温 12000r/min 离心 10min，收集上层酚相到 2mL 的 EP 管中。向 EP 管中加入 1.6mL 甲醇溶液（含 0.1mol/L 乙酸铵），–20℃静置 2h 以上，4℃、12000r/min 离心 10min，弃上清液。沉淀分别再用预冷丙酮和 80%丙酮（含 0.07% β-巯基乙醇）各洗涤 2 次。收集沉淀，挥发残留的丙酮后–20℃保存。

5）泡沫分离法

泡沫分离技术（foam fractionation）又称吸附泡沫分离技术（adsorptive bubble separation technique），是以气泡为载体来分离、浓缩表面活性物质的一种技术。泡沫分离技术是根据表面吸附的原理，通过向溶液中通入气体形成泡沫层，使泡沫层与液相主体分离，液相主体与泡沫层之间形成液面层，液面层上方是泡沫层，下方是液体，自底部通入的气体不断促使液相主体产生泡沫，使溶液中具有发泡性质的物质能够聚集在泡沫层内，待一定时间后，液相主体中含有的表面活性物质不能再形成稳定的泡沫层，从而可以达到浓缩表面活性物质或净化液相主体的目的。泡沫分离装置包括恒温空气压缩机、气体转子流量计、三通阀、气体分布器等（图 9-18）。试验中所用浆液均模拟甘薯淀粉加工厂生产淀粉的工艺流程，具体步骤为：洗净的甘薯→置于含 0.05% NaHSO₃ 溶液中打浆，料液质量比分别为 1：2、1：4、1：6、1：8、1：10→四层纱布过滤→离心（4500r/min，15min）取上清液→甘薯淀粉废液。

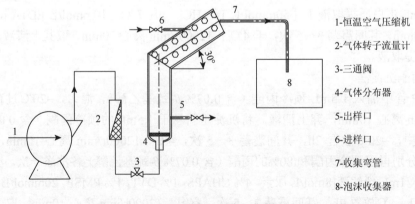

1-恒温空气压缩机

2-气体转子流量计

3-三通阀

4-气体分布器

5-出样口

6-进样口

7-收集弯管

8-泡沫收集器

图 9-18　泡沫分离装置示意图（刘颖，2013）

参 考 文 献

陈伟伟，梁少华，沈密，2012. 调质工艺条件对冷榨亚麻籽饼中水溶蛋白含量的影响[J]. 中国油脂，37（12）：21-25.

崔竹梅，黄海珊，秦欢欢，等，2011. 马铃薯蛋白组分的分离提取和功能性质研究[J]. 食品科学，32（3）：76-80.

邓川，袁江兰，靳艳，等，2012. 微波法制备棉籽蛋白—阿拉伯胶接枝物[J]. 食品工业科技，33（13）：246-248.

邓敏，付时雨，詹怀宇，2009. 小麦谷朊蛋白的特性与应用研究综述[J]. 中国粮油学报，24（12）：146-152.

付苗苗，2007. 小麦胚乳中各蛋白质组分分布及与馒头品质关系的研究[D]. 郑州：河南工业大学.

高丹丹，2010. 棉籽抗氧化多肽和 ACE 抑制多肽的研究[D]. 南昌：南昌大学.

何欢，2015. 稻谷加工副产物生产蛋白粉的研究[J]. 粮食加工，40（1）：32-34.

何荣，2013. 菜籽蛋白源肾素和 ACE 双重抑制肽的制备及其抑制机制研究[D]. 无锡：江南大学.

侯东丽，2011. 谷氨酰胺转氨酶对小麦蛋白质和淀粉催化研究[D]. 咸阳：西北农林科技大学.

侯飞娜，木泰华，孙红男，等，2015. 不同品种马铃薯全粉蛋白质营养品质评价[J]. 食品科技，（3）：49-56.

金达丽，朱琳，刘先娥，等，2017. 大米贮藏过程中理化性质及食味品质的变化[J]. 食品科技，42（2）：165-169.

鞠兴荣，胡蓉，王丹丹，等，2011. 不同酶水解菜籽蛋白的水解物的抗氧化活性研究[J]. 中国粮油学报，26（4）：47-51.

孔祥珍，周惠明，2004. 小麦面筋蛋白特性及其应用[J]. 粮食与油脂，（11）：14-15.

李高阳，2006. 亚麻籽双液相萃取油脱氰苷及蛋白特性研究[D]. 无锡：江南大学.

李高阳，丁霄霖，2006. 双液相萃取对亚麻籽分离蛋白功能特性的影响[J]. 江苏大学学报（自然科学版），（5）：383-387.

李鹏高，2012. 甘薯贮藏蛋白的抗癌活性及其机制研究[D]. 北京：中国农业科学院.

李全丰，2011. 生料固态发酵棉籽蛋白粉制备小肽的研究[D]. 合肥：安徽农业大学.

李亦蔚，2012. 大米蛋白提取与分离纯化技术的研究[D]. 长沙：长沙理工大学.

林亲录，罗非君，梁盈，等，2014. 稻谷营养与健康[M]. 北京：科学出版社.

林虬，黄薇，宋永康，等，2012. 双酶分步水解法制备棉籽多肽的蛋白酶筛选[J]. 中国粮油学报，27（2）：76-80.

刘军，2009. 棉籽蛋白的制备及其酶解物抗氧化与 ACE 抑制活性的研究[D]. 武汉：华中农业大学.

刘颖，2013. 泡沫分离法制备甘薯蛋白的工艺及其特性研究[D]. 福州：福建农林大学.

龙佩，2015. 超声波和脱酰胺改性对谷物蛋白体外消化率的影响[D]. 无锡：江南大学.

卢晓会，王卫东，李春阳，2012. 超声—微波协同提取菜籽蛋白工艺优化[J]. 食品工业科技，33（4）：288-290.

陆勤丰，2008. 谷物制品营养强化及品质改良新工艺技术[M]. 北京：化学工业出版社.

孙少敏，2009. 小麦蛋白质体系的结构与流变行为研究[D]. 杭州：浙江大学.

田阳，2013. 稻米加工技术对产品镉含量的影响[D]. 北京：中国农业科学院.

王微星，2012. 菜籽蛋白的制备及其酶解产物的醒酒功效[D]. 金华：浙江师范大学.

徐楠，2015. 米糠清蛋白和球蛋白的分级提取及应用[D]. 合肥：安徽农业大学.

杨学举，2004. 小麦蛋白成分和淀粉特性对面包品质的影响及品质改良应用[D]. 北京：中国农业大学.

易伟民，2015. 马铃薯淀粉废水中蛋白质回收及其水解物抗氧化性的研究[D]. 大庆：黑龙江八一农垦大学.

张华江，夏宁，徐宁，2014. 植物蛋白制品加工新技术[M]. 北京：科学出版社.

张凯，2010. 大米蛋白提取工艺优化、改性及理化性质的研究[D]. 长沙：湖南农业大学.

张锐昌，2006. 酶解小麦蛋白制备多肽及功能性质的研究[D]. 咸阳：西北农林科技大学.

张霜玉，王瑛瑶，陈光，等，2009. 水酶法从油菜籽中提取油及水解蛋白的研究[J]. 中国油脂，34（1）：30-33.

章绍兵，王璋，2007. 水酶法从菜籽中提取油及水解蛋白的研究[J]. 农业工程学报，23（9）：213-219.

赵贵兴，2002. 棉籽蛋白的营养特性和生产应用研究[J]. 黑龙江农业科学，（4）：41-43.

郑睿，2016. 降胆固醇亚麻籽蛋白酶解肽的制备及结构表征[D]. 呼和浩特：内蒙古农业大学.

Agyare K K，Addo K，Xiong Y L，2009. Emulsifying and foaming properties of transglutaminase-treated wheat gluten hydrolysate as influenced by pH，temperature and salt[J]. Food Hydrocolloids，23（1）：72-81.

Alu'Datt M H，Rababah T，Alhamad M N，et al，2016. Characterization and antioxidant activities of phenolic interactions identified in byproducts of soybean and flaxseed protein isolation[J]. Food Hydrocolloids，（61）：119-127.

Bong K K，Kyung A S，2010. Effects of trypsin-hydrolyzed wheat gluten peptide on wheat flour dough[J]. Journal of the Science of Food & Agriculture，88（14）：2445-2450.

Burgos-Díaz C，Rubilar M，Morales E，et al，2016. Naturally occurring protein-polysaccharide complexes from linseed（Linum usitatissimum）as bioemulsifiers[J]. European Journal of Lipid Science & Technology，118（2）：165-174.

Calzuola I，Giavarini F，Sassi P，et al，2005. Short acidic peptides isolated from wheat sprout chromatin and involved in the control of cell proliferation. Characterization by infrared spectroscopy and mass spectrometry[J]. Peptides，26（11）：2074-2085.

Dev D K，Quensel E，2010. Preparation and functional properties of linseed protein products containing differing levels of mucilage[J]. Journal of Food Science，53（6）：1834-1837.

Doyen A，Udenigwe C C，Mitchell P L，et al，2014. Anti-diabetic and antihypertensive activities of two flaxseed protein hydrolysate fractions revealed following their simultaneous separation by electrodialysis with ultrafiltration membranes[J]. Food Chemistry，145（7）：66-76.

Hall C，Tulbek M C，Xu Y，2006. Flaxseed[J]. Advances in Food and Nutrition Research，（51）：1-97.

Hwang C，Chen Y，Luo C，Chiang W，2016. Antioxidant and antibacterial activities of peptide fractions from flaxseed protein hydrolysed by protease from bacillus altitudinis HK02[J]. International Journal of Food Science and Technology，51（3）：681-689.

Jia J Q，Ma H L，Zhao W R，et al，2010. The use of ultrasound for enzymatic preparation of ACE-inhibitory peptides from wheat germ protein[J]. Food Chemistry，119（1）：336-342.

Marambe H K，Shand P J，Wanasundara J P D，2013. In vitro，digestibility of flaxseed（Linum usitatissimum，L.）protein：effect of seed mucilage，oil and thermal processing[J]. International Journal of Food Science & Technology，48（3）：628-635.

Marambe H K，Shand P J，Wanasundara J P，2011. Release of angiotensin I-converting enzyme inhibitory peptides from flaxseed （Linum usitatissimum L.）protein under simulated gastrointestinal digestion[J]. Journal of Agricultural and Food Chemistry，59（17）：9596-9604.

Morris D H，Vaisey-Genser M，2003. Flaxseed[J]. Encyclopedia of Food Sciences and Nutrition，50（2）：2525-2531.

Nwachukwu I D，Girgih A T，Malomo S A，et al，2014. Thermoase-derived flaxseed protein hydrolysates and membrane ultrafiltration peptide fractions have systolic blood pressure-lowering effects in spontaneously hypertensive rats[J]. International Journal of Molecular Sciences，15（10）：18131.

Peã-Ramos E A，Xiong Y L，2003. Whey and soy protein hydrolysates inhibit lipid oxidation in cooked pork patties[J]. Meat Science，64（3）：259-263.

Perreault V，Hénaux L，Bazinet L，et al，2017. Pretreatment of flaxseed protein isolate by high hydrostatic pressure：Impacts on protein structure，enzymatic hydrolysis and final hydrolysate antioxidant capacities[J]. Food Chemistry，221（12）：1805-1812.

Rabetafika H N，Remoortel V V，Danthine S，et al，2011. Flaxseed proteins：food uses and health benefits[J]. International Journal of Food Science & Technology，46（2）：221-228.

Samoto M，Maebuchi M，Miyazaki C，et al，2007. Abundant proteins associated with lecithin in soy protein isolate[J]. Food Chemistry，102（1）：317-322.

Silva F G，Hernández-Ledesma B，Amigo L，et al，2017. Identification of peptides released from flaxseed（Linum usitatissimum） protein by Alcalase ®；，hydrolysis：antioxidant activity[J]. LWT-Food Science and Technology，76：140-146.

Silva F G，Miralles B，Hernándezledesma B，et al，2017. Influence of protein-phenolic complex on the antioxidant capacity of flaxseed （Linum usitatissimum L.）products[J]. Journal of Agricultural & Food Chemistry，65（4）：800.

Singh P，Kumar R，Sabapathy S N，et al，2008. Functional and edible uses of soy protein products[J]. Comprehensive Reviews in Food Science & Food Safety，7（1）：14-28.

Stefanowicz P，2001. Detection and sequencing of new cyclic peptides from linseed by electrospray ionization mass spectrometry[J]. Acta Biochimica Polonica，48（4）：1125.

Tirgar M，Silcock P，Carne A，et al，2017. Effect of extraction method on functional properties of flaxseed protein concentrates[J]. Food Chemistry，215：417-424.

Tolkachev O N，Zhuchenko A A，2010. ChemInform abstract：biologically active compounds of flax：application in medicine and nutrition[J]. Cheminform，31（45）：no-no.

Udenigwe C C，Lin Y S，Hou W C，et al，2009. Kinetics of the inhibition of renin and angiotensin I-converting enzyme by flaxseed protein hydrolysate fractions[J]. Journal of Functional Foods，1（2）：199-207.

第 10 章 微生物源食品蛋白质

10.1 单细胞蛋白质

单细胞蛋白质（single cell protein，SCP）是指可食用的单细胞微生物，主要来自藻类、酵母、真菌或细菌的生物质或蛋白质提取物，可用作富含蛋白质食物的成分或替代品，用于食品生产或作为动物饲料。基于世界人口持续增长的趋势和全球土地资源的有限性，仅靠农业作物种植已难以满足充足的食物来源需求，粮食短缺的风险越来越高。与传统农业种植需要消耗大量水资源、占用大量土地相比，单细胞蛋白可以摆脱对自然资源的依赖，并可实现集约化生产。同时，由于微生物代谢的多样性和高效性，单细胞蛋白的生产在培养生产模式、营养物质循环模式等方面具有多种选择，且具有显著高于作物的生产和转化效率。因此，单细胞蛋白成为人类食物来源的重要战略发展方向之一。

与传统农业种植不同，单细胞蛋白的生产过程更接近工业化的模式。以一些常见的有机废料为原料，通过接种经过选育的微生物，并控制适宜的环境条件使其大量生长繁殖，待生长进入平台期后，利用离心、浮选、沉淀、凝结和过滤等技术，将微生物菌体或其繁殖产生的有机质从培养基质中提取并分离出来，再经适当的加工流程，即可获得单细胞蛋白。

与从动植物中获取蛋白质的传统方法相比，单细胞蛋白的生产具有许多优点。一是生产效率高。微生物具有更高的生长繁殖速度，每繁殖一代，藻类需 2～6h、酵母需 1～3h、细菌仅需 0.5～2h。繁殖时间的缩短，不仅提高了生产效率，还有助于快速且容易地选择出产量高且营养成分优质的生产菌株。除了繁殖快，微生物吸收和利用碳源、氮源的效率也显著高于作物，通常为后者的数倍。二是培养原料来源广泛，充分利用资源。单细胞蛋白的生产可以充分利用废弃物，大部分作物的非可食用部分，如茎、叶和根等，或者一些含有有机质的工业废弃物，均可作为单细胞微生物的生产原料，从而可以实现有机质的充分利用。三是营养价值高。微生物的蛋白质含量通常显著高于谷物和果蔬，总蛋白含量可达到 40%～80%（表 10-1）。除了蛋白质总量高，微生物蛋白质的氨基酸组成和营养价值也显著优于植物源食品蛋白质，甚至可以与鸡蛋等动物源蛋白质相当。大部分的微生物菌体中还含有植物不能合成的一些维生素和功能性成分，如维生素 B_{12} 等。四是不受气候、水源等自然条件的限制。单细胞蛋白的生产一般是在工业化的发酵罐内进行，生产不受日照、气温、极端天气、季节和气候变化的影响。与农业生产相比，生产单位质量的蛋白质，微生物所消耗的水资源显著降低，且可以在后续加工过程中实现对水的回收和循环利用。

尽管单细胞蛋白有以上非常显著的优势，但也存在一些问题和不足，其大规模生产并作为人类食品主要原料，还面临着一些困难。首先，单细胞蛋白在营养组成上不平衡。快速生长的微生物，如细菌和酵母，倾向于合成较多的核酸，使其不适合大量添加作为动物饲料或食品，因摄入的核酸分解产生的嘌呤化合物会导致血液中尿酸水平升高，从而导致痛风和肾结石。此外，一些酵母和真菌蛋白质往往缺乏甲硫氨酸等必需氨基酸。其次，单细胞蛋白生产过程中的污染问题。在生产过程中，必须小心预防和控制其他微生物的污染，因为污染微生物可能会产生毒素（如霉菌毒素或蓝藻毒素等），但生产单细胞蛋白的原材料（以废弃物为主）为生产过程中污染微生物的防控造成了较大的挑战。此外，一些微生物单细胞蛋白呈现不愉快的颜色和味道，使消费者敬而远之。这些问题和生产过程中面临的困难，随着微生物育种、生产控制技术等的发展，可以较大程度地解决或克服。

目前，用来生产单细胞蛋白的微生物包括：酵母（酿酒酵母、巴斯德毕赤酵母、产朊假丝酵母、球拟酵母等）、霉菌类（米曲霉、木霉等）、细菌类（荚膜红细菌等）、藻类（螺旋藻、小球藻等）。以下对酵母和藻类单细胞蛋白进行详细介绍。

表 10-1　单细胞蛋白与其他来源蛋白质的比较（王志忠，2015）

蛋白质来源	蛋白质含量/%	蛋白质消化利用率/%
细菌单细胞蛋白	40～80	约 80
酵母单细胞蛋白	30～60	70～88
大豆粉	约 40	约 60
畜禽肉、鱼、奶酪	20～35	65～80
谷物	10～15	50～70
鸡蛋	约 12	约 95
牛乳	3～5	约 82

10.1.1　酵母单细胞蛋白

1. 酵母单细胞蛋白的发展历史

单细胞蛋白质的研究始于酵母，在 200 多年前，啤酒生产作坊为了充分利用生产过程中产生的啤酒酵母废液，将其作为动物饲料的补充剂。在第一次世界大战和第二次世界大战期间，酵母单细胞蛋白在德国被大规模地生产，以应对战争期间的粮食短缺。在单细胞酵母生产过程中，发明了一些具有代表性的生物技术，例如，1919 年，丹麦和德国科学家发明了一种"补料分批培养"的方法，即将糖溶液连续加入酵母培养液中，从而实现了酵母单细胞蛋白的连续化生产。联合国粮农组织在 1960 年强调了世界上的饥饿和营养不良问题，也担心农业生产不能满足人类日益增长的食品需求，因此，单细胞蛋白再次受到重视。到 20 世纪 60 年代中期，全球共生产了 25 万 t 食用酵母，到 70 年代，仅苏联就生产了约 90 万 t 食用和饲用酵母。

20 世纪 60 年代，英国石油公司的研究人员开发了一种新的技术，以一种由蜡质正链烷烃（一种炼油厂的副产品）作为碳源培养并生产酵母单细胞蛋白质，使酵母单细胞蛋白的生产可以彻底摆脱农业种植。20 世纪 70 年代，以石油作为原料生产酵母单细胞蛋白这一想法变得非常流行，许多国家建立了以炼油废弃物培养酵母的工厂，相关酵母单细胞蛋白产品主要作为家禽的饲料。苏联对该项技术也十分热衷，曾建立并运营 8 个利用石油资源生产酵母单细胞蛋白的工厂。然而，在 20 世纪 80 年代以后，由于担心烷烃在酵母单细胞蛋白中的残留和毒性，以及受到环境保护运动的压力，各国政府逐渐关闭了这些工厂。

当前，针对酵母单细胞蛋白的研究，集中于原材料资源拓展、综合利用和高附加值利用等方面。生产单细胞蛋白的原料，由早期的油气资源等转变为可再生生物资源，并向多元化方向发展，目前得到研究和应用的原料包括农作物秸秆、食品加工下脚料、酒精发酵废液等。在酵母单细胞蛋白综合利用方面，已从单纯生产单细胞蛋白提供蛋白质，转变为消除环境污染、促进资源的再生利用、改善生态系统循环、提供新型生物活性蛋白质等多方面的相互结合，实现总体效益最大化。在高值化加工方面，以酵母单细胞蛋白为基础，深加工产品逐渐丰富，如酵母提取物、酵母活性蛋白、酶类等，延伸了产业链，提高了产品附加值，真正实现了废弃物的"变废为宝"。

2. 酵母单细胞蛋白主要原料

（1）淀粉类原料。以淀粉类为原料进行酵母发酵生产单细胞蛋白是最主要的途径。如以木薯作为原料，40g 木薯干可得到 24g 酵母单细胞蛋白产品，蛋白质总含量约为 37%；利用大麦粉进行酵母单细胞蛋白生产，经过计算，每千克大麦粉可以产出单细胞蛋白 0.51kg，蛋白含量约为 40%；以产朊假丝酵母发酵土豆淀粉水溶液，得到的单细胞蛋白产品中蛋白含量可达 47%。

（2）糖蜜原料。糖蜜是甜菜、甘蔗制糖过程中产生的主要副产物，其中含有大量的碳水化合物，约占干物质的 50%。因糖蜜中所含的糖类多为单糖和二糖，酵母可以直接利用，因此，特别适用于生产单细胞蛋白，是综合利用发酵生产酵母单细胞蛋白的宝贵资源。利用糖蜜为原料生产单细胞蛋白多采用液体深层发酵工艺，目前已有多家企业进行了量产制备。但糖蜜原料目前主要用于生产味精、柠檬酸、酒精等产品，用来生产酵母单细胞蛋白，在原料上存在竞争和紧缺。

（3）废液。如利用味精发酵后的废液，培养产朊假丝酵母，发酵 12～20h，即可获得产品，每吨废液可以生产 0.25t 单细胞蛋白。利用回收废纸水解后的废液进行酵母发酵，得到的单细胞蛋白产品中，蛋白质含量可达 35%～49%，可用做动物饲料添加剂。日本以果汁生产副产物柑橘渣为原料，接入产朊假丝酵母，进行固体培养，蛋白质含量可达 18.5%。以苹果渣为原料，采用混菌发酵，发酵产物蛋白含量可达 33%。水果渣经酶水解后可提高其利用率，如柑橘渣酶解处理后进行酵母发酵，100kg 柑橘渣可得 45kg 酵母，蛋白质含量达 30%～50%。

（4）纤维素原料。纤维素原料是巨大的资源，全世界的绿色植物每年固定的 CO_2 约为 3.3×10^{14}kg，其中大多数被植物利用合成纤维素。早期研究中，利用酸水解木材产生的木浆，生产饲料用酵母单细胞蛋白；也有利用秸秆降解菌降解秸秆，生产单细胞蛋白饲料。以树状假丝酵母为菌种，以稻谷壳水解液为碳源进行发酵，产品蛋白质含量可达 62.8%。此外，玉米芯也是一种重要的纤维素类原料，我国的玉米芯年产量在 1000 万 t 左右，目前，这些玉米芯大部分被弃于田间或直接焚烧。利用玉米芯生产单细胞蛋白具有很大的开发潜力，已引起世界各国科学家的关注。

3. 酵母提取物

酵母提取物是当前酵母单细胞蛋白高值化加工和利用的主要方向之一。近年来，酵母提取物广泛用于食品或营养添加剂。制备酵母提取物流程较为简单，一般在发酵后期，通过向培养液中添加盐提高渗透压，使酵母细胞内水分渗出，从而诱导酵母的凋亡和自溶；其细胞内的酶类破坏细胞结构，使细胞内容物释放；收集含有大量酵母细胞内容物的培养液，除去酵母细胞壁，并经进一步的浓缩和加工，即得到酵母提取物；液体形式的酵母提取物还可以进一步干燥成糊状物或粉末形式，以便于贮藏、运输和应用。酵母提取物因经历细胞自溶程序，在此过程中，大部分蛋白质被水解，游离氨基酸特别是鲜味氨基酸含量丰富。因此，酵母提取物可作为鲜味剂被应用于各种包装食品中，如饼干、休闲食品、加工肉制品、调味料等。

为促进发酵后期酵母的自溶，在酵母提取物的传统生产工艺中，一般通过添加 NaCl 和乙醇等促进剂诱导其自溶，而一些物理处理，如高压均质、微波处理等，也可有效加速酵母的自溶并提高酵母抽提物品质。还可以通过添加外酶源，加速酶解从而促进酵母自溶，但需根据酵母种类、发酵液成分等实际情况对外酶源进行选择。此外，将酵母与适当的其他微生物共同发酵，也是提高酵母提取物品质的途径。如在利用产朊假丝酵母进行深层液体复合发酵生产单细胞蛋白的过程中，辅以米曲霉复合发酵，可为酵母自溶提供更为丰富的内源酶系，获得富含活性肽和多种游离氨基酸的酵母提取物。通过工艺参数优化，发酵液中粗蛋白质含量可达 53.55%，酵母自溶后，上清液中游离氨基酸的含量为 20mg/100mL。

10.1.2　藻类单细胞蛋白质

蓝细菌作为古老的、大型单细胞原核生物，也可用于生产单细胞蛋白（图 10-1）。目

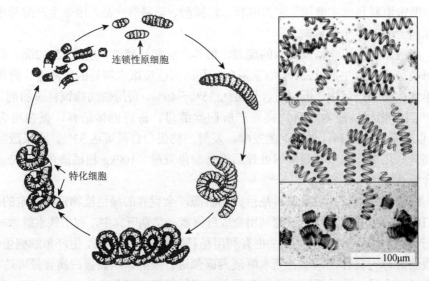

图 10-1　螺旋藻的生活史及其微观形貌（Ahsan et al., 2008）

前已经用于大规模生产的藻类主要为钝顶节旋藻（*Arthrospira platensis*）和极大节旋藻（*Arthrospira maxima*），其藻体生物质即是被消费者所熟知的"螺旋藻"，被广泛应用于食品和饲料工业，如保健食品、营养补充剂、养殖鱼类和禽类的饲料等。

1. 藻类单细胞蛋白的研究历史

螺旋藻分天然存在于热带和亚热带湖泊中，其中，钝顶节旋藻主要分布在非洲、亚洲、南美洲地区，极大节旋藻主要分布于美国加州地区和墨西哥。螺旋藻的菌体体长 200～500μm，宽 5～10μm，呈疏松或紧密的、有规则的螺旋状弯曲，形如钟表发条，故而得名。螺旋藻具有较高的耐受性，可以在高 pH、高浓度的碳酸盐和碳酸氢盐水体中生长。大规模培养螺旋藻主要是在人工明渠水道或池塘中进行。其生长的最适温度为 30～35℃，生长所需的水体为人工配制，碱性，pH 值约为 8.5，由于螺旋藻可以通过光合作用合成有机质，因此并不需要提供额外的能量或碳源，仅需添加一些盐类如 $NaHCO_3$、KNO_3、海盐、H_3PO_4、$Fe_2(SO_4)_3$ 等。

螺旋藻被作为食品原料历史悠久，在 16 世纪，螺旋藻被认为是阿兹特克人和其他中美洲人的食物来源，墨西哥特斯科科湖的螺旋藻被收获以后，添加到糕点等传统食品中。但在 16 世纪之后，阿兹特克人并未将螺旋藻作为日常食物来源，这可能是由于湖泊周边的农业发展，其他食物来源丰富。20 世纪 60 年代，法国研究人员重新在特斯科科湖发现了螺旋藻，并对其进行了研究。在非洲乍得湖周围，也有一种传统的蛋糕以螺旋藻为主要原材料，并且收获的"蓝藻泥"还被用来烹饪肉汤。

在 1964～1965 年，植物学家第一次对螺旋藻生长需求和生理机能进行了系统而详细的研究，为后续的大规模生产提供了基础。世界上第一个螺旋藻工厂于 1973 年在墨西哥城东北郊的特斯科科湖建立，利用富含苏打成分的湖水进行半天然的螺旋藻养殖。在人工培养池中进行商品化生产始于日本公司 1978 年在泰国曼谷建设的人工养殖场。现在，已经有包括中国在内的 10 多个国家生产螺旋藻。螺旋藻的养殖方式主要有两种：开放的跑道式培养池和封闭管道系统。开放式培养池靠 1～2 个带有短浆的轮子的转动推动培养基流动，起到搅拌作用。培养液深度的确定要考虑季节和培养密度等因素，一般为 15～30cm。开放式培养具有操作简单、成本低等优势，但存在占地面积大、水分蒸发导致培养液成分变化、不利于 CO_2 的积累提供持续发酵的碳源等不足。而封闭管道培养可以较好地克服上述问题，在封闭培养系统中，由于 CO_2 浓度的提升，螺旋藻的生长密度可以达到较高的水平，但封闭系统在夏季的散热问题、O_2 的积累是其主要缺点。

2. 藻类单细胞蛋白的营养价值

螺旋藻是一种高蛋白可食用资源，它的蛋白质含量可达 60%～70%，胡萝卜素含量比胡萝卜高 15 倍，富含各种维生素和矿物质，同时细胞壁中无纤维素，而是由蛋白质纤维组成，利于消化。螺旋藻蛋白质富含赖氨酸、苏氨酸、蛋氨酸和胱氨酸等人和动物必需的氨基酸，而这正是谷物蛋白所缺乏的（表 10-2）。螺旋藻不仅营养丰富而且具有很高的药用价值，可以增强机体免疫力、减缓细胞衰老、促进前列腺素合成、调节机体生理功能、促进新陈代谢、防止皮肤角质化。大量的毒理学实验均证明螺旋藻是无毒的。1980 年联合国粮农组织（FAO）正式确认了螺旋藻理想的蛋白质指标和各种生理功能，并将螺旋藻誉为"21 世纪人类蛋白质的来源"。1982 年联合国教科文组织（UNESCO）称螺旋藻为"人类明天最理想的保健食品"，并号召世界各国发展螺旋藻产业。近些年，螺旋藻作为保健食品和添加剂已经获得了市场和消费者的广泛认知。

表 10-2　螺旋藻主要营养成分

营养素	含量（每 100g）
能量	1213kJ
碳水化合物	23.9g
糖	3.1g
膳食纤维	3.6g
脂肪	7.72g
饱和脂肪酸	2.65g
单不饱和脂肪酸	0.68g
多不饱和脂肪酸	2.08g
蛋白质	57.47g
色氨酸	0.93g
苏氨酸	2.97g
异亮氨酸	3.20g
亮氨酸	4.95g
赖氨酸	3.03g
蛋氨酸	1.15g
胱氨酸	0.66g
苯丙氨酸	2.78g
酪氨酸	2.58g
缬氨酸	3.51g
精氨酸	4.15g
组氨酸	1.09g
丙氨酸	4.52g
天冬氨酸	5.79g
谷氨酸	8.39g
甘氨酸	3.10g
脯氨酸	2.38g
丝氨酸	3.00g

数据来自 USDA 数据库（https://ndb.nal.usda.gov/ndb/）

3. 藻类单细胞蛋白存在的安全问题

尽管人工种植的螺旋藻是安全的，但与之伴生的一些藻类会产生毒素，如微囊藻毒素等。在美国俄勒冈州，曾发现一些螺旋藻补充剂被微囊藻毒素污染，尽管其水平低于卫生部门设定的限度。微囊藻毒素可引起胃肠功能紊乱，并且低水平、长期暴露于微囊藻毒素的影响也值得关注，可能会对肝脏等器官造成慢性毒性。由于螺旋藻被认为是膳食补充剂，摄入量较小，因此各国对其生产过程的监管并不完善，也缺乏对相关产品质量的强制性安全标准。美国国立卫生研究院将螺旋藻补充剂描述为"可能安全"，前提是它们没有被微囊藻毒素污染；如果受到污染，则"可能不安全"，尤其是对于儿童和孕妇。鉴于政府缺乏监管标准，一些公共卫生研究人员提出担忧，因为消费者无法确定螺旋藻及其相关补充剂是否无污染。过量摄入被微囊藻毒素污染的螺旋藻可能产生一些急性中毒症状，如恶心、腹泻、疲劳或头痛。

除了毒素污染，螺旋藻补充剂的重金属污染也引起了人们的关注。原国家食品药品监督管理总局报告显示，在中国销售的螺旋藻营养补充剂中，Pb、Hg 和 As 污染较为普遍。一项研究报道显示，某批次的商业螺旋藻补充剂样品中 Pb 含量高达 5.1ppm。由于缺乏强制标准和监管措施，研究人员建议长期食用螺旋藻类产品的消费者，每天摄入量应控制在 20g 以下。

10.2 食用菌蛋白质

食用菌为可食用的真菌子实体，其品类多、分布范围广、繁殖和生长速度快，资源十分丰富。大多食用菌具有一定的功效，为食药两用，开发利用前景非常广阔。食用菌中蛋白质、氨基酸、膳食纤维含量丰富，脂肪含量极低，维生素及矿物质含量较多，质地细嫩、滋味鲜美，深受世界各国人民的喜爱。我国是世界上食用菌种类资源最为丰富的国家，对于食用和药用真菌的利用历史悠久，现已成为世界食用菌的生产和消费大国，也是食用菌出口量最大的国家。在我国社会主要矛盾已经发生重要转变的新时期，食用菌产业不仅需要满足人民群众消费升级的需求，还肩负着精准扶贫的重要依托，产业发展将迎来新的机遇。

食用菌中蛋白质的含量相对较高，具有较大的营养价值和开发利用价值。其中，食物蛋白质的营养价值，一方面取决于该食物蛋白质的总体含量；另一方面取决于该食物蛋白质的质量，主要为必需氨基酸的组成和消化吸收利用率。近些年，关于食用菌蛋白质的营养评价研究报道较多，主要的野生和人工栽培食用菌蛋白质的营养特性均已得到研究。

10.2.1 食用菌蛋白质的含量

食用菌的蛋白质含量因种类不同而有较大差异，大多数含量为 20%～40%（干重），少数食用菌的蛋白质含量较低，在 10%以下。几种常见食用菌的蛋白质含量如下：草菇 30.1%、凤尾菇 26.6%、双孢蘑菇 26.3%、金针菇 17.6%、香菇 17.5%、木耳 8.1%、银耳 4.6%。高燕红等对冬菇、姬松茸、干杈菌、云耳、银耳、岩耳 6 种食用菌的蛋白质含量进行测定，结果表明，这些食用菌蛋白质含量丰富，但相差悬殊，姬松茸的蛋白质含量最高，达到 56.40%，甚至高于大豆（约 40%）；冬菇和干杈菌的蛋白质含量为 25%～30%；

而云耳、银耳和岩耳的蛋白质含量约为 10%。江海涛等对八种食药用真菌中蛋白质含量的测定结果也表明，食用菌是良好的优质蛋白来源，真姬菇的蛋白质含量最高，达到 34%，其次依次为草菇、茶树菇、双孢蘑菇、蛹虫草、平菇、姬菇，蛋白质含量基本都为 20%～32%，香菇的蛋白质含量最低，为 19.6%。陈巧玲等研究了茶树菇、秀珍菇、金福菇、香菇、杏鲍菇 5 种食用菌的蛋白质含量，其粗蛋白含量分别为 36%、34%、26%、31% 和 28%。罗正明等对产自五台山的六种食用菌干物质营养成分进行了分析，结果表明，其蛋白质含量为 25.54%～38.45%，含量自高到低依次为大白桩菇、紫丁香蘑、肉色杯伞、垩白桩菇、茶树菇和香菇。彭祺菲等以阿拉尔市售六种食用菌杏鲍菇、平菇、人参菇、圆菇、金针菇、香菇为材料，分析其蛋白质含量，结果表明六种食用菌的蛋白质含量为 22.8%～49.20%，其中圆菇的蛋白质含量最高，为 49.20%，其次是平菇，为 40.32%。

在上述研究中，同一类型食用菌的蛋白质含量存在较为显著的差异，表明食用菌的产地、生长环境、气候等对其营养成分具有较为显著的影响，导致蛋白质含量有所差异。以上研究均表明，大多数食用菌的蛋白质丰富，占干物质的含量明显高于谷物、水果和蔬菜，可与鱼、肉、蛋、奶相媲美，可以作为居民日常饮食中蛋白质的辅助来源。

10.2.2　食用菌蛋白质的营养价值

1. 必需氨基酸含量与占比

现代营养学理论认为，食物蛋白质的营养价值与其氨基酸组成密切相关，必需氨基酸的组成及各种必需氨基酸的相对比例是至关重要的指标。按照氨基酸平衡理论，各氨基酸组成比例越接近人体需求的模式则其质量就越优。研究证实，食用菌蛋白质所含必需氨基酸的数量和比例，与人体每日所需的数量和比例吻合度较高。董丹丹对浙江省的 4 种主栽食用菌香菇、金针菇、双孢蘑菇、黑木耳的干样进行氨基酸测定，结果表明，这些食用菌均含有 8 种人体必需氨基酸和婴儿的必需氨基酸组氨酸，这些必需氨基酸之和占氨基酸总量的比例，即 E/T 值（essential amino acids/total amino acids）为 33%～45%，达到了世界卫生组织（WHO）和联合国粮农组织（FAO）提出的 E/T 值标准（40%）。另一项研究显示，大白桩菇、肉色杯伞、垩白桩菇、紫丁香菇、香菇和茶树菇的 E/T 值分别为 37.11%、44.36%、38.82%、40.55%、39.63%、42.70%。张树庭等比较了双孢蘑菇、草菇、凤尾菇和香菇的氨基酸营养价值，结果表明，这四种食用菌的 E/T 值均在 40% 左右，但不同食用菌的氨基酸组成差别较大：双孢蘑菇和草菇中必需氨基酸中赖氨酸含量最高，比凤尾菇高一倍、比香菇高两倍。以上研究结果表明，食用菌是一种优质的蛋白质来源。

2. 氨基酸比值系数与限制性氨基酸

如果食物中蛋白质的氨基酸组成含量比例与人体需求的氨基酸比例一致，那么该食物中氨基酸比值系数（ratios coefficient of amino acid，RCAA）则为 1。RCAA 值大于 1，说明该必需氨基酸相对过剩；RCAA 值小于 1，说明该必需氨基酸相对缺少。在该食物必需氨基酸排列中，有多个氨基酸 RCAA 值小于 1，那么 RCAA 值最小的氨基酸则为第一限制氨基酸。董淮海等对香菇、姬松茸、滑子菇、美味牛肝菌、茶树菇、新杏鲍菇、竹荪、东北木耳、单片木耳、猴头菇和银耳 11 种食用菌的蛋白质进行评价，结果表明，其限制性氨基酸多为含硫氨基酸、异亮氨酸、芳香族氨基酸和缬氨酸，其中，第一限制性氨基酸为含硫氨基酸，第二限制性氨基酸都是异亮氨酸。高观世等对常见的野生食用菌（松茸、革质红菇、美味牛肝菌）和人工栽培食用菌（香菇、双孢蘑菇、金针菇）的蛋白质质量进行了分析和评价研究，结果表明，松茸和革质红菇的第一限制氨基酸均为含硫氨基酸（蛋氨酸、胱氨酸），美味牛肝菌、香菇和双孢蘑菇的第一限制氨基酸均为赖氨酸，而金针菇无明显的限制性氨基酸。总体来说，金针菇、香菇、双孢蘑菇的 RCAA 值较高，蛋白质较为优质。江海涛对八种食药用真菌中氨基酸的分析表明，除草菇和蛹虫草的第一限制性氨基酸分别为亮氨酸和异亮氨酸外，其余 6 种食药用真菌的第一限制性氨基酸均为赖氨酸。以上研究表明食用菌蛋白质的限制氨基酸多为含硫氨基酸、赖氨酸，但不同食用菌的限制氨基酸存在较大差异，需要合理搭配。如含硫氨基酸和异亮氨酸在食用菌中普遍比较缺乏，在食物搭配时，要与其他含硫氨基酸和异亮氨酸含量高的食物搭配，才利于充分利用这些食用菌的蛋白质。而粮食作物中的含硫氨基酸含量相对丰富，但缺乏赖氨酸和亮氨酸，因此可以将食用菌与粮食作物进行营养搭配，使得各种食物间氨基酸含量得到互补，进而提高营养吸收利用率。

3. 食用菌蛋白质营养价值的系统评价

对于蛋白质的营养特性评价，除了用 E/T 值考察必需氨基酸总体占比、RCAA 考察限制性氨基酸外，还有众多指标。化学评分（CS）用来测定评价待测蛋白质中某一必需氨基酸的含量与标准鸡蛋白中相对应的必需氨基酸含量的接近程度。氨基酸评分（AAS）为实验食用菌的蛋白质中某一必需氨基酸占 FAO/WHO 模式中相应氨基酸含量的百分比，AAS 值越接近 100，蛋白质营养价值就越高。必需氨基酸指数（EAAI）体现的不是单独的某种必需氨基酸，而是同时考虑待测蛋白中所有必需氨基酸相对于一种高价参比蛋白（一般为标准鸡蛋白）中必需氨基酸的比率。生物价（BV）指食物中蛋白质经消化吸收后在体内被利用的 N 量（储留 N 量）占被吸收 N 量的百分率，表示蛋白质被消化吸收后的利用程度，BV 越高，该种蛋白质被消化吸收后的利用程度就越高。

江海涛分析了八种食药用真菌中的氨基酸，结果表明，AAS 为 68.5～110.1，姬菇、草菇和香菇最高，均接近 100；EAAI 为 78.2～93.6，姬菇、真姬菇和草菇最高；BV 为 73.6～90.4，也是姬菇、真姬菇和草菇最高。罗正明等的研究表明，大白桩菇、肉色杯伞、垩白桩菇和紫丁香蘑的 AAS 和 CS 分别为 75.79 和 48.23、77.66 和 49.42、71.01 和 45.19、77.56 和 49.36，均比茶树菇（61.53 和 39.1）和香菇（61.08 和 41.84）高；EAAI 由高到低分别为肉色杯伞（69.34）、大白桩菇（67.56）、茶树菇（66.45）、垩白桩菇（66.34）、紫丁香蘑（63.36）、香菇（58.92）。董淮海等对 11 种食用菌的氨基酸进行测定，结果表明，CS 为 45～76，AAS 为 25～53，EAAI 为 33～45，BV 为 24～38。江枝和和翁伯琦研究了柱状田头菇、真姬菇和平菇的蛋白质含量以及氨基酸，结果表明，柱状田头菇子实体的各项评分都远高于真姬菇和平菇，表明柱状田头菇具营养优势，具有开发价值。

以上针对食用菌蛋白质营养特性的研究表明，食用菌蛋白质的含量较高（干重），必需氨基酸总量和比例较为合理,大多数食用菌蛋白质营养价值高于谷物、蔬菜,但稍低于动物源蛋白质,是一种比较优质的蛋白质来源。

4. 食用菌蛋白质营养评价的应用

目前在我国已鉴定的菌类中,食用菌有近千个品种,每个品种的蛋白质含量及氨基酸组成各不相同。虽然从干物质含量看,食用菌是一类高蛋白质食品,但就蛋白质质量而言,并不是十全十美,多种食用菌缺含硫氨基酸和赖氨酸。但各种食用菌之间以及食用菌与其他食物之间存在较大差异,为进行合理弥补、平衡氨基酸供应提供了机会。通过对食用菌蛋白质营养价值的评价,可以很清楚地了解各种食用菌蛋白质的限制性氨基酸,并能计算出其限制性氨基酸在量上的差距。如果在膳食中合理利用营养评价分析结果,并给予互补搭配,食用菌蛋白质的营养价值将大为改善。

随着我国居民生活水平的提高,食物结构中动物性食品的比重越来越大,但伴随着心血管疾病等"富贵病"逐渐增多,合理调整膳食结构,是我国食品和营养卫生领域面临的一个重大课题。植物源食品的优点是可以减少饱和脂肪酸和胆固醇,减少肥胖病、高胆固醇症和冠心病的发生,同时,植物源食品中丰富的维生素等有助于调节代谢、维持身体健康。但植物源食品的主要缺点之一就是蛋白质供应不足,而食用菌是较为优质的蛋白质来源。在对食用菌蛋白质进行营养评价的基础上,通过不同种类的食用菌,以及食用菌与植物源食品的合理配餐,即可能实现人体氨基酸供应的平衡。因此,大力发展食用菌产业,将有助于拓宽优质蛋白质的来源、平衡居民膳食结构、提高居民的身体素质。

10.2.3　食用菌蛋白质营养品质的影响因素

随着食用菌产业的不断发展,食用菌已成了我国的第六大农产品,产业进一步发展的目标也将逐渐由产量的增加过渡到品质的提高。蛋白质的含量及氨基酸组成是食用菌产品重要的内在品质之一。食用菌氨基酸的种类和含量,因遗传背景、栽培基质、发育阶段和贮藏加工的不同而有所差异。在育种上,通过遗传重组、诱变及基因工程,可提高蛋白质含量,增加限制氨基酸相对含量,提高食用菌的营养品质。栽培上,可采用一些特殊的培养材料及栽培技术,富集某些必需氨基酸,从而提升质量。在贮藏和加工过程中,不仅要考虑卫生、理化等要求,还要考虑食用菌营养品质的保持。

1. 培养基质对食用菌蛋白质的影响

培养基质对栽培食用菌的营养品质影响较大。研究表明,袋装黑木耳蛋白质各项营养价值指标均高于椴木黑木耳,这可能是由于袋装培养基质结构更为疏松,透气性更好。以废棉为栽培基质种植草菇时,加入 15% 的有机肥,草菇蛋白质含量可从 25.3% 提升至32.7%,说明草菇生长过程中需要较为充足的 N 源。中药渣基质栽培和高粱壳栽培的秀珍菇必需氨基酸含量分别为 43.70% 和 41.39%,中药渣基质营养价值各指标也远远高于高粱壳基质,AAS 分别为 115.1 和 58.9,表明中药残渣是一种较为优质的食用菌培养基质。分别采用牧草料、稻草料和棉籽壳料栽培金顶侧耳,结果表明牧草料栽培出的金顶侧耳必需氨基酸含量最高,达到 40.8%,稻草料次之,棉籽壳料最低,但 3 种培养料栽培金顶侧耳的第一限制氨基酸相同,均为蛋氨酸+胱氨酸。这些研究表明,培养基质对食用菌蛋白质的影响,不仅与基质本身氮源含量和组成有关,还与培养基质的形态和吸收难易程度相关。

2. 食用菌不同部位的营养价值存在显著差异

食用菌子实体大体上可以分为菌盖、菌柄两大部分,具体又可分为盖皮、盖肉、菌褶、柄皮、菌柄等,食用菌子实体不同部位的营养特性存在显著差异。侧耳和金针菇不同部位蛋白质的营养价值比较分析结果显示,侧耳菌菌盖中的蛋白质含量、E/T 值、AAS、BV 等指标均大于其菌柄,但两个部分的第一限制氨基酸均为异亮氨酸。金针菇的菌伞蛋白质含量高于其茎部(菌柄),但茎部的大多数氨基酸评价指标则高于菌伞,即菌茎的营养价值高于菌伞,而菌伞和菌茎的第一限制氨基酸均为赖氨酸。对虎奶菇子实体的盖皮、盖肉、菌褶、柄皮、菌柄的蛋白质营养价值进行分析,结果表明,其菌柄中 E/T 值最高,达 54.0%,而 AAS 和 CS 则以菌柄皮最高,远远高于其他部位,综合各项营养评价指标,营养价值由高到低依次为:菌柄皮>菌柄肉>菌褶>盖皮>菌盖肉。由以上研究可知,食用菌不同部位的营养差异较大,在实际生产和消费过程中,可根据情况进行适当取舍。

3. 发育阶段对食用菌蛋白质的影响

食用菌有着复杂的生活史,不同发育时期的状态不同,其蛋白质的含量和组成也具有显著差异(图 10-2)。研究显示,草菇总氨基酸含量随着草菇的成熟而降低,三个不同发育阶段总氨基酸含量为:纽扣期 22%,蛋形期 21%,伸展期 20%。在猴头菌子实体发育

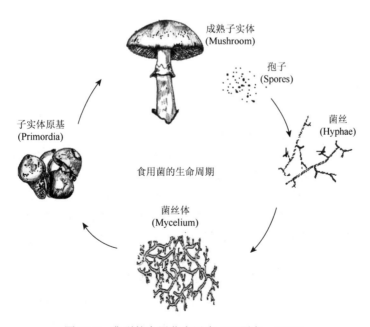

图 10-2　典型的食用菌生活史(巩晋龙,2013)

的 7 个阶段中，成熟后期的必需氨基酸含量最高，占其氨基酸总量的 52.42%，小菌刺期最低，为 48.04%；AAS 在现蕾期最高，为 89.86，分裂期次之（89.04），中菌刺期最低（78.36）；蛋白质的化学评分（CS）在分裂期最高，为 57.18；分裂期的必需氨基酸指数（EAAI）和生物价（BV）最高，分别为 96.82 和 93.83，中菌刺期时均降为最低，分别为 85.02 和 80.97。综合不同发育阶段猴头菌子实体蛋白质的各种营养价值评价结果看，中菌刺期的猴头菌子实体蛋白质的营养价值较差，此时期不适宜采收，成熟后期略优于成熟期。总的来说，不同发育阶段的食用菌子实体蛋白质营养价值差异较大，相关研究为确定合适的采收期提供了理论依据。

　　食用菌的菌丝体也是可食用和可利用的重要资源，但其营养特性与子实体往往存在较大差异。广叶绣球菌菌丝体与子实体的蛋白质营养价值评价结果表明，其菌丝体蛋白含量高于子实体，菌丝体蛋白质含量为 26.8%～30.6%，而子实体蛋白质含量仅为 13.4%。此外，菌丝体和子实体的氨基酸组成也存在较大差异，菌丝体中谷氨酸含量最高，其次为天冬氨酸，子实体中蛋氨酸含量最高，其次为谷氨酸、天冬氨酸。在荷叶离褶伞的子实体和菌丝体中，E/T 值分别为 40.2% 和 35.3%，其子实体的限制性氨基酸为蛋氨酸和胱氨酸，菌丝体的限制性氨基酸为亮氨酸。其他营养评价指标，如化学评分、氨基酸评分、氨基酸比值系数和生物价等，均为菌丝体高于子实体，仅必需氨基酸指数低于子实体。桦褐孔菌的子实体氨基酸含量高于菌丝体，但菌丝体的氨基酸评分、化学评分、必需氨基酸指数、生物价、营养指数和氨基酸比值系数均高于子实体，表明其营养价值比子实体高。此外，滑菇菌丝体蛋白质的氨基酸评分、化学评分、必需氨基酸指数、生物价、营养指数和氨基酸比值系数等评价指标均高于子实体。由以上研究结果可知，食用菌菌丝体蛋白质的总含量、氨基酸平衡性和各项评价指标一般均高于子实体。其他一些食用菌的营养特性也与以上研究相似，如巴西蘑菇、黄伞等。但也存在例外，如美味牛肝菌的菌丝体和子实体蛋白质含量相近，但菌丝体的各项氨基酸营养评价指标均低于子实体，即美味牛肝菌子实体蛋白质营养价值高于菌丝体。

4. 采后贮藏和加工方式对食用菌蛋白质的影响

　　采后食用菌的后熟过程中，由于子实体失去了氮源供应，蛋白质在蛋白酶的作用下降解为游离氨基酸。而游离氨基酸是蛋白质合成和降解过程中的代谢平衡产物，也是决定新鲜食用菌滋味和风味的关键物质，所以游离氨基酸的积累或减少会改变食用菌原有的风味。同时，游离氨基酸也可被氧化成醌类等有色物质而导致食用菌发生褐变。此外，可溶性蛋白的降解可作为组织衰老的重要指标。随着贮藏时间的延长，多种食用菌，如茶树菇、双孢菇、香菇、杏鲍菇、松露、松茸、羊肚菌、虎掌菌、牛肝菌等，在贮藏期间的总蛋白质含量呈下降趋势，而游离氨基酸则呈上升趋势，表现为蛋白质的损耗和降解（图 10-3）。在采后贮藏期间，不同食用菌游离氨基酸的变化有所不同，研究发现，金针菇在贮藏初期游离氨基酸含量呈下降趋势，到后期呈上升趋势；而白灵菇的总蛋白含量和游离氨基酸含量在贮藏过程中均呈下降趋势，且蛋白氮含量降低、非蛋白氮含量增加，表明其游离氨基酸含量并未因蛋白质的降解而得以积累，而是随之发生了进一步的降解。

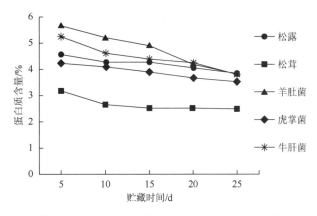

图 10-3　贮藏过程中五种食用菌的总蛋白质含量变化（刘达玉，2016）

采后贮藏环境、处理方法、包装材料、加工方式等都能影响食用菌的代谢和衰老进程，从而调控蛋白质和游离氨基酸的含量。在不同贮藏温度下，杏鲍菇的可溶性蛋白质含量的下降速度随着温度的增高而增大，在−1～1℃的贮藏温度下，其蛋白质含量下降相对较慢，贮藏 12d 后蛋白质含量仍可维持在最初的 70% 以上，损失相对较少。秀珍菇中得到了相似的结果，相对于−1℃和1℃贮藏组，3℃和5℃贮藏组的秀珍菇蛋白质含量下降更快。可见低温贮藏能有效地减缓杏鲍菇子实体蛋白质的降解，降低其营养损失。一些新型保鲜材料的应用，也可有效减缓食用菌蛋白质的降解。对比纳米复合材料包装袋和普通封口包装袋对香菇品质的贮藏保鲜效果，结果发现，前者可以通过调节袋内气体的组成、降低香菇的呼吸速率、减慢香菇代谢，从而减弱香菇中蛋白酶的活性，使蛋白质降解的速率减慢。

10.2.4　食用菌风味物质来源蛋白质

食用菌历来以滋味鲜美深受消费者喜爱，游离氨基酸含量高，特别是鲜味氨基酸含量高，是食用菌味道鲜美的主要原因。游离氨基酸就是一类重要的味觉活性物质，主要表现为鲜味和甜味。Kato 和 Shallenberger 总结了食用菌各游离氨基酸的呈味特性和呈味阈值，呈鲜味氨基酸主要是谷氨酸和天门冬氨酸，其呈味阈值分别为 0.3mg/mL、1mg/mL；呈甜味氨基酸为丙氨酸、甘氨酸、丝氨酸和苏氨酸，其呈味阈值分别为 0.6mg/mL、1.3mg/mL、1.5mg/mL 和 2.6mg/mL；精氨酸和脯氨酸也具有一定的风味，呈甜味或苦味。测定分析显示，羊肚菌、柱状田头菇、姬松茸、阿魏菇、白灵菇、美味侧耳、红平菇、灰树花、鸡枞菌、樟芝、蛹虫草、双孢菇、草菇中鲜味氨基酸占据主导位置；松杉灵芝中鲜甜味游离氨基酸占氨基酸总量的比重为 4.41%；而金针菇中苦味氨基酸含量较高，达 102mg/g，与其略微呈苦味相符。王逍君等对五种野生食用菌的游离氨基酸进行分析，结果表明，五种菌的呈味游离氨基酸均占总游离氨基酸的 45% 以上，其中鸡枞菌的呈味游离氨基酸占总游离氨基酸的比值达到 90.1%。

为更好地评价食用菌中的鲜味氨基酸，可将食用菌中鲜味氨基酸的含量等级划分为高、中、低三组，其中含量大于 20mg/g 为高组、5～20mg/g 为中组、小于 5mg/g 属于低组。研究发现，香菇、姬松茸、滑子菇、美味牛肝菌、茶树菇、杏鲍菇、竹荪这些食用菌中谷氨酸、天冬氨酸和丙氨酸的含量都较高，特别是姬松茸，各含量分别达41.11mg/g、20.63mg/g 和 31.92mg/g，因此，姬松茸是鲜味最强的食用菌之一。东北木耳、单片木耳、猴头菇和银耳稍带涩味，而分析结果则显示其鲜味氨基酸含量相对偏低。罗正明等研究结果显示，大白桩菇、肉色杯伞、垩白桩菇和紫丁香蘑中谷氨酸含量最高，其次是天冬氨酸，且这四种食用菌中这两种氨基酸占氨基酸总量的比值比香菇和茶树菇的大。

此外，食用菌的鲜味还与一些特有氨基酸有关。如羊肚菌含有顺-3-氨基-L-脯氨酸、α-氨基异丁酸和 2,4-二氨基异丁酸等，这些氨基酸可能与其特殊风味相关。松口蘑、橙盖鹅膏和双孢蘑菇等，含有口蘑氨基酸和鹅膏蕈氨酸，这二者都是著名的鲜味氨基酸。除此之外，美味牛肝菌、四孢蘑菇和毛头鬼伞等，还能产生组氨酸三甲基内盐；硫色多孔菌能产生龙虾肌碱和 4-咪唑乙酸；栎金钱菌和晶粒鬼伞含有尿囊酸；乳菇属和鬼伞属含有 β-甲基羊毛硫氨酸；毛头鬼伞含有巯组氨酸三甲基内盐等。

10.2.5　食用菌生物活性蛋白质

食用菌蛋白质不仅具有高的营养价值和呈味作用，还具有种类丰富、功能和生物活性多样的特点，因此成为开发和利用生物活性蛋白质的重要资源。研究表明，从食用菌中分离和纯化的蛋白质在抗病毒、抗肿瘤、抗氧化等方面有着重要作用，在生化、医药等领域具有广阔的应用前景。

1. 抗病毒作用

多种食用菌中都发现了抗病毒蛋白，如香菇中的抗病毒蛋白 FBP 可以抑制病毒蛋白质合成，用于防治番茄病毒病。杨树菇中分离的 AAVP 蛋白对烟草花叶病毒(tobacco masaic virus，TMV) 表现出良好的抑制活性，抑制率在 90% 以上。金针菇中 Zb 蛋白与 TMV 共同作用以后，可导致 TMV 粒体降解，同时该抗病毒蛋白还具有抗肿瘤作用。松口蘑中提取的一种蛋白质，能抑制和杀死病毒引起的恶性肿瘤细胞，表明该蛋白可作为潜在的抗病毒性肿瘤药物。一些抗病毒蛋白对多种病毒同时具有抑制作用，如皱盖罗鳞伞中分离的 RC-183 蛋白能抑制单纯疱疹病毒、流感 A 病毒和呼吸道合胞体病毒等。此外，食用菌还可以通过分泌核糖核酸酶（RNase）以抑制病毒的侵染，如从草菇中分离出对 polyU 具有特异性的 RNase 酶，从菌核侧耳中纯化的 RNase 酶对 polyG 有强烈的抑制活性，而从凤尾菇子实体中纯化的 RNase 酶对 polyC、polyA 和 polyG 具有强烈的抑制活性。这些酶类对于 RNA 病毒具有潜在的抑制和杀灭活性。

2. 抗氧化作用

蛋白质水解产生的活性多肽在抗氧化方面有重要的作用，可不同程度地降低体内自由基的数量，防止氧化应激反应和细胞损伤。研究显示，食用菌蛋白质的水解多肽也具有很强的抗氧化能力。羊肚菌的菌丝体多肽能有效地清除羟基自由基和超氧阴离子基自由基以及 DPPH。竹荪、平菇、灵芝、金针菇和虫草等食用菌中的硒蛋白具有清除羟自由基和超氧阴离子的作用。何慧等发现发酵灵芝粉的水提蛋白组分可清除羟基自由基，且酶解后可提高其清除羟基自由基的能力。杏鲍菇中分离的分子质量为 63kDa 的 PEP 蛋白有显著清除活性离子的能力，并可显著抑制脂类过氧化物的形成。

3. 抗肿瘤作用

一些食用菌蛋白还具有抗肿瘤的作用。金针菇子实体中分离的碱性蛋白（朴菇素）对小白鼠艾氏腹水瘤细胞和肉瘤细胞有很好的抑制作用，且对正常细胞无毒害性。从其他食用菌中也分离出多种抗肿瘤作用的蛋白质，如从洛巴口蘑中提取的多糖蛋白（PSPC）、糙皮侧耳真菌中提取到的一种糖蛋白（POGP）、香菇中提取的一种功能域蛋白 Latcripin-13、小孢灵芝中提取的免疫调节蛋白 GMI、长裙竹荪菌丝体中提取的 DiGP-2 糖蛋白等。此外，食用菌中某些蛋白复合体也具有抗肿瘤作用，如从彩色革盖菌的菌丝体中提取到一种 β-D-葡聚糖与蛋白的复合体（PSK），对消化道癌、乳腺癌、肺癌有抑制作用，而从星斑蘑菇中发现的一种核酸与蛋白复合体（FA-2bβ），具有明显的抗肿瘤作用。

4. 免疫调节蛋白

食用菌免疫调节蛋白（fungal immunomodulatory protein，FIP）是近年来从一些高等担子菌子实体中提取的具有免疫功能的一类小分子蛋白质。目前已从多种食用菌中提取出 FIP，这些食用菌的 FIP 在结构上具有一定的相似性，但免疫调节作用机制各异。最早从赤灵芝中发现并分离提取出了第一种真菌免疫调节蛋白 LZ-8，迄今为止已经从灵芝中分离得到了 6 种 FIPs，其中对 FIP-gts 和 LZ-8 的研究较多，具有抑制过敏反应、促进核酸和蛋白质合成、加速代谢的功能，因此能够增强机体免疫力。从金针菇中分离出的 FIP-fve（朴菇素）蛋白，可通过磷酸化 p38/MAPK 上调 T 细胞表面黏附分子（ICAM-1）的表达，从而促进 IL-2、IFN-γ 等细胞因子的产生，发挥免疫调节作用。茯苓免疫调节蛋白 PCP 通过类似的机制提升宿主相关免疫反应。从草菇中提取的 FIP-VVO 蛋白除了能够激活 Th1 细胞、诱导 Th2 细胞产生 IL-4 并进一步激活 B 细胞。黄金平菇免疫调节蛋白 PCiP 则激活巨噬细胞产生 NO 和 TNF-α，刺激脾细胞释放 IFN-γ。

此外，食用菌中其他生物活性蛋白，如泛素样蛋白、酶类、糖肽等，也具有免疫调节作用。有资料表明，茶树菇中的一种泛素样蛋白能刺激巨噬细胞产生 NO，从而调节细胞免疫。此外，茶树菇中的蛋白组分 Yp 和色素组分 Ys 组成的蛋白组分 Yt，能同时刺激 Th1 细胞和 Th2 细胞，促进 IL-2、IFN-γ、TNF-α 等细胞因子的产生，发挥免疫调节功能。灰树花中含有一种分子质量小于 5kDa 的低分子蛋白，可激活免疫系统中的抗原呈递细胞产生 IL-12、IFN-γ，进一步激活 NK 细胞和巨噬细胞。香菇糖肽可促进小鼠脾脏单核细胞和人外周血单核细胞分泌 IL-2 和 TNF-α，激活细胞信号通路，从而诱导辅助性 T 细胞免疫应答。

5. 核糖体失活蛋白

核糖体失活蛋白是一类作用于 rRNA 使其断链并失活的蛋白质，该类蛋白可能具有

N-糖苷酶活性，通过水解 rRNA 中腺嘌呤与核糖之间的 N-糖苷键，使核糖体失活从而抑制蛋白质的合成。食用菌中也存在此类蛋白质。草菇子实体中纯化出的核糖体失活蛋白，具有很强的抑制兔网织红细胞中蛋白质合成的能力，同时对鼠类有很强的堕胎作用。斑玉蕈中纯化的核糖体失活蛋白（hypsin）能与病毒宿主细胞受体相互作用并激活 MAPK 信号通路，从而抑制兔网织红细胞蛋白合成和 HIV-1 反转录，同时还观察到该蛋白对鼠白血病细胞、人白血病细胞和肝癌细胞的抑制。从金针菇子实体中分离出的小分子量的单链核糖体失活蛋白（velutin），能抑制 HIV-1 反转录酶、β-葡萄糖苷酶和 β-葡萄糖甘酸酶的活性；而金针菇子实体中的另外两种核糖体失活蛋白 flammin 和 velin，可在兔网织红细胞裂解液翻译系统中抑制蛋白质合成。由上可知，不同来源的食用菌核糖体失活蛋白具有不同的活性，发挥免疫调节、抗有丝分裂、抗增殖和抗肿瘤、抗病毒等作用。

6. 食用菌凝集素

凝集素（lectin）是一类具有凝集细胞或沉降复合多糖作用的蛋白质或糖蛋白，可特异性地识别糖链并与之结合，并随之发挥一定的生理作用，如抗癌、抗病毒、免疫调节等。研究表明，食用菌是凝集素的重要来源，有 30%～50%的食用菌中存在凝集素。食用菌凝集素由单体或者 2～4 个相同或不同的亚基以非共价方式结合而成，有的为多聚体，分子量通常为 12～190kDa，通常为糖蛋白，多肽链和糖链以共价键相连。研究表明，食用菌凝集素主要表现为抗肿瘤作用。细网牛肝菌凝集素对人淋巴细胞具有体外抑制性，而蒙古口蘑、草菇等所含凝集素对小鼠腹腔肉瘤细胞具有抑制作用；从糙皮侧耳子实体中提取的一个二聚体凝集素，对小鼠肉瘤和肝癌细胞具有抑制作用，可延长癌症小鼠的寿命；双孢蘑菇中分离的凝集素（ABL）可抑制结肠癌 HT29 细胞的增殖，并对其核孔有干扰作用。其他一些食用菌凝聚素具有凝血功能，如硫黄蘑菇菌中分离的凝集素（LSL）能特异性结合 N-乙酰氨基乳糖，具有很强的凝血和溶血特性；长裙竹荪中分离出的凝集素对兔血、人血红细胞具有凝集作用，还对小鼠肉瘤细胞具有凝聚作用。此外，部分食用菌凝聚素还具有免疫调节作用，如草菇中分离的同型二聚体凝集素 VVL 具免疫调节活性，同时可提高白细胞介素-2 和干扰素-γ 的表达；水粉杯伞凝集素通过 TLR-4 信号通路上调 p65，通过 NF-κB 通路促进树突状细胞成熟，介导 T 细胞产生 IL-4、IL-6、IFN-γ 等细胞因子，参与免疫应答；平菇凝集素作为免疫辅助剂能刺激抗原呈递细胞（DC 细胞）成熟，促进 Th2 细胞、Tc1 细胞产生 IFN-γ，还可增强乙型肝炎病毒 DNA 疫苗的免疫原性。

综上可知，食用菌中含有数量众多的生物活性蛋白质，对其分离纯化、功能特性和应用开发的研究，将促进食用菌的精深加工和高值化利用，并增加种植农户和企业的收入。

10.2.6　食用菌蛋白质组学

随着多种食用菌如双孢蘑菇、草菇等的基因组与转录组测序的完成，食用菌的相关研究进入后基因组时代。伴随双向电泳和生物质谱技术的不断成熟，利用蛋白质组学技术来系统全面地研究食用菌蛋白质及其生理功能，成为近年来研究的一个热点。随着各种食用菌蛋白质组图谱和数据库的不断完善，蛋白质组学技术必将成为研究食用菌、提升食用菌品质强有力的技术手段之一，应用前景非常广阔。

近年来，已有多种食用菌的蛋白质组被研究，包括双孢蘑菇（*Agaricus bisporus*）、香菇（*Lentinula edodes*）、金针菇（*Flammulina velutipes*）、灵芝（*Ganoderma lucidum*）、真姬菇（*Hypsizigus marmoreus*）、牛肝菌（*Boletus edulis*）、虎奶菇（*Pleurotustuber-regium*）、草菇（*Volvariella volvacea*）、冬虫夏草（*Cordycepssinensis*）等。食用菌蛋白质组学的研究内容，主要集中在不同环境条件下、不同生长发育阶段和不同组织结构中的差异蛋白质组学研究，以揭示食用菌特异组织形态、不同生活阶段等的遗传发生机理，以及食用菌品质变化的分子机制等。

1. 不同环境条件下的食用菌蛋白质组学

目前，差异蛋白质组学在食用菌上的研究较多地集中在环境条件的影响这一方面。研究思路主要为不同环境条件下（如高温、低温、光照等）食用菌蛋白质组的差异，结合差异蛋白的功能注释和生物信息学分析，阐明环境条件影响食用菌生理代谢和食用品质的相关机理。黄桂英（2008）通过比较最适温度（25℃）和低温（14℃）胁迫条件下真姬菇菌丝体蛋白质组的变化，共鉴定到与低温胁迫紧密相关的 14 个差异蛋白，涉及多个生理代谢过程，如蛋白合成与降解、物质和能量代谢、信号转导、细胞分化和发育等。Liu 等（2017a）运用 iTRAQ 结合 2D-LC-MS/MS 对金针菇对照菌丝、短期低温刺激菌丝和长期低温刺激菌丝的蛋白质组进行定量分析，总计鉴定到蛋白质 1198 个，其中差异表达蛋白 63 个；差异蛋白质主要与菌丝细胞的增殖分化、物质的生物合成、生理代谢等方面有很强的相关性，研究为金针菇的栽培提供了重要信息。王淑玲（2016）利用蛋白质组学技术结合荧光定量 PCR，研究在常温与高温胁迫下双孢蘑菇的蛋白质表达差异，对所得的 6 个差异蛋白质点进行鉴定，结果表明在应对外界高温逆境时，双孢蘑菇可能通过提高热休克蛋白的表达量来保护自身免受外界环境的伤害，同时也可能通过乙醛酸循环回补途径来适应环境变化，该研究为食用菌栽培过程中高温伤害机制提供了线索，为预防措施的实施方案提供了参考。Liu 等（2017b）通过组学方法对金针菇在散射光下菌盖膨大的调控过程进行了研究，成功鉴定出一种与细胞壁形成相关的蛋白，该蛋白是一种疏水蛋白，仅在菌盖形成过程中受光诱导后会特异表达，研究表明，除了温度，光照对食用菌的生长和品质也有显著影响。

2. 不同生长发育阶段的食用菌蛋白质组学

如前所述，食用菌在其生长的不同阶段，其菌丝体和子实体的营养特性表现出显著差异，其具体机制也可通过蛋白质组学技术进行研究和分析。Chen 等（2012）对虎奶菇不同发育阶段的蛋白质组进行比较研究，共鉴定得到 19 个差异表达蛋白，其中主要与翻译、核糖体的结构和生物合成等功能相关。刘靖宇（2012）对草菇子实体原基期、纽扣期、蛋形期、伸长期和成熟期的蛋白质组进行定量比较研究，共得到 163 个差异蛋白质，参与了 80 多种不同生物代谢途径。Cai 等（2017）针对香菇菌丝体、原基及幼菇的蛋白组研究结果表明，虽然香菇由菌丝体向子实体发育时外观变化十分明显，但是在蛋白质组层面仍然保持了相对稳定性，差异蛋白较少；另外发现，子实体发育降低了细胞与外界的物质交流，主要通过磷酸化蛋白和转录因子进行发育信号的传递。上述研究充分展示了食用菌不同发育阶段的代谢网络和营养物质积累机制，有助于解释食用菌栽培过程中的形态和营养特性变化，为改进育种和栽培技术、提高食用菌营养价值提供了重要信息。

未来，随着更多食用菌种类的全基因组测序的完成，以及蛋白质组学技术的进一步完善，蛋白质组学技术将促进食用菌相关研究的深入开展，如可为食用菌的遗传育种提供更加准确的评价体系，选育出抗逆性强、品质优良的品种；也可系统揭示栽培条件对食用菌生长发育的影响，从而制定出更加科学合理的栽培技术，摆脱当前栽培技术主要依靠经验、盲目性大、科技含量不高的现状。此外，蛋白质组学研究也可应用于食用菌功能性成分的功效评价，有助于食用菌生物活性蛋白质及其他生物活性成分的挖掘和开发利用。作为一种高通量、系统性的研究工具，蛋白质组学研究技术在食用菌研究领域的广泛应用，必将极大地促进食用菌产业的发展。

参 考 文 献

陈开旭，王为兰，刘军，等，2015. 食用菌活性成分抗肿瘤作用的研究进展[J]. 生物技术通报，31（3）：35-42.

陈巧玲，李忠海，陈素琼，2014. 5 种地产食用菌氨基酸组成比较及营养评价[J]. 食品与机械，（6）：43-46.

董丹丹，2012. 浙江省主栽食用菌营养成分分析及其多糖品质与结构研究[D]. 杭州：浙江工业大学.

董淮海，毛传福，陈洁，2011. 十一种食用菌的营养评价[J]. 食药用菌，（3）：15-16.

方芳，2003. 杏鲍菇和云柚菇中抗病毒蛋白的分离纯化、理化性质及其生物活性[D]. 福州：福建农林大学.

付鸣佳，2002. 食用菌抗病毒蛋白的特性、基因克隆与表达[D]. 福州：福建农林大学.

江洁，李文静，2013. 滑菇菌丝体和子实体蛋白质营养价值的评价[J]. 食品科学，34（21）：321-324.

江洁，李学伟，金怀刚，2013. 美味牛肝菌菌丝体与子实体蛋白质营养价值的评价[J]. 食品科学，34（3）：253-256.

高观世，张陶，吴素蕊，等，2012. 食用菌蛋白质评价及品种间氨基酸互补性分析[J]. 中国食用菌，31（1）：35-38.

高继全，2000. 糙皮侧耳凝集素的纯化、生化性质及抗肿瘤活性研究[D]. 北京：中国农业大学.

宫志远，于淑芳，马晓红，2004. 袋料黑木耳与段木黑木耳蛋白质营养价值评价比较[J]. 中国食物与营养，（5）：48-49.

巩晋龙，2013. 杏鲍菇（Pleurotus eryngii）冷藏保鲜技术及自溶机理研究[D]. 福州：福建农林大学.

谷镇，杨焱，2013. 食用菌呈香呈味物质研究进展[J]. 食品工业科技，34（5）：363-367.

何慧，孙颉，谢笔钧，2001. 灵芝生物活性肽的分离及组成研究[J]. 食品科学，1（5）：56-57.

黄桂英，2008. 真姬菇低温胁迫下菌丝体酶活变化及差异蛋白质组学研究[D]. 福州：福建农林大学.

回晶，郭立雄，张冬梅，等，2008. 桦褐孔菌菌丝体与子实体蛋白质营养价值评价[J]. 食用菌学报，15（4）：67-69.

江枝和，翁伯琦，2002. 柱状田头菇（白杨树菇）中蛋白质的营养评价[J]. 菌物系统，21（3）：444-447.

金茜，令狐金卿，李华刚，等，2017. 不同基质培养下秀珍菇中蛋白质营养价值评价[J]. 食品科技，（3）：79-83.

李杨，2012. 面包酵母提取物的研究[D]. 成都：西华大学.

刘靖宇，2012. 草菇不同生长发育时期的比较蛋白质组学分析[D]. 福州：福建农林大学.

梁艳丽，李荣春，张陶，2005. 白灵菇在贮藏过程中营养成分的动态变化[J]. 中国食用菌，24（2）：54-56.

梁一，2010. 药用真菌杨树菇 Agrocybe aegerita 非多糖水溶性抗肿瘤组分研究[D]. 武汉：武汉大学.

刘达玉，耿放，李翔，等，2016. 五种野生食用菌在微冻贮藏下的营养素分析[J]. 食品工业，37（10）：182-185.

刘音宏，2013. 添加纳米粒子保鲜膜的制备及其对金针菇的保鲜作用[D]. 南京：南京农业大学.

罗正明，刘秀丽，贾艳青，等，2015. 四种五台山野生食用菌蛋白质营养价值评价[J]. 食品工业科技，36（2）：349-354.

马玲，赵亚娜，张乐，等，2017. 富硒平菇水溶性蛋白提取及抗氧化活性[J]. 食品工业科技，（24）：148-151.

欧阳喆，2006. 活性肽饲用酵母提取物的研究与开发[D]. 杭州：浙江工业大学.

彭祺菲，马文慧，周宣宣，2017. 阿拉尔市售食用菌品质对比分析[J]. 食品工业科技，38（16）：50-54.

苏倩倩，汤静，赵立艳，等，2015. 纳米复合材料包装对香菇在贮藏过程中品质及甲醛含量的影响[J]. 食品科学，36（8）：

　　260-265.

田雅婕，2017. 酵母发酵马铃薯淀粉加工废水生产 SCP 的试验研究[D]. 哈尔滨：哈尔滨工业大学.

王淑玲，2016. 双孢蘑菇高氧气调贮藏过程蛋白质变化规律的研究[D]. 淄博：山东理工大学.

王逍君，谷大海，王雪峰，等，2016. 五种云南野生食用菌中非挥发性的主要呈味物质比较研究[J]. 现代食品科技，(3)：306-312.

王志忠，2015. 鄂尔多斯高原碱湖钝顶螺旋藻生产加工关键因子研究[D]. 呼和浩特：内蒙古农业大学.

翁伯琦，江枝和，王义祥，等，2006. 虎奶菇子实体有性结构及其各部位蛋白质营养价值评价[J]. 甘肃农业大学学报，41（3）：
　　104-107.

席亚丽，茆爱丽，王晓琴，等，2010. 荷叶离褶伞子实体、菌丝体及发酵液蛋白质营养价值评价[J]. 菌物学报，29（4）：603-607.

曾巧辉，2016. 螺旋藻蛋白源生物活性肽的制备及其抗皮肤光老化机理研究[D]. 广州：华南理工大学.

张阿强，2017. 混菌固态发酵玉米秸秆产单细胞蛋白饲料的研究[D]. 兰州：兰州交通大学.

Ahsan M，Habib B，Parvin M，2008. A Review on Culture，Production and Use of Spirulina as Food for Humans and Feeds for
　　Domestic Animals and Fish[R]. Food & Agriculture Organization of the United Nations，Fisheries and Aquaculture Circular
　　No.1034.

Anupama，Ravindra P，2000. Value-added food：Single cell protein[J]. Biotechnology Advances，18（6）：459-479.

Bastiaan-Net，Shanna，Amelie，et al，2013. Biochemical and functional characterization of recombinant fungal；immunomodulatory
　　proteins（rFIPs）[J]. International Immunopharmacology，15（1）：167-175.

Cai Y，Gong Y，Liu W，et al，2017. Comparative secretomic analysis of lignocellulose degradation by Lentinula edodes grown on
　　microcrystalline cellulose，lignosulfonate and glucose[J]. Journal of Proteomics，163：92-101.

Chang Y C，Chow Y H，Sun H L，et al，2014. Alleviation of respiratory syncytial virus replication and inflammation by fungal
　　immunomodulatory protein FIP-fve from Flammulina velutipes[J]. Antiviral Research，110：124-131.

Chen L，Zhang B B，Cheung P C K，2012. Comparative proteomic analysis of mushroom cell wall proteins among the different
　　developmental stages of pleurotus tuber-regium[J]. J Agric Food Chem，60（24）：6173-6182.

Ditamo Y，Rupil L L，Sendra V G，et al，2016. In vivo immunomodulatory effect of the lectin from edible mushroom Agaricus
　　bisporus[J]. Food & Function，7（1）：262-269.

Ho J C，Sze S C，Shen W Z，et al，2004. Mitogenic activity of edible mushroom lectins[J]. BBA-General Subjects，1671（1）：9-17.

Jiang S，Chen Y，Wang M，et al，2012. A novel lectin from Agrocybe aegerita shows high binding selectivity for terminal N-
　　acetylglucosamine[J]. Biochemical Journal，443（2）：369-378.

Lam S K，Ng T B，2001. First simultaneous isolation of a ribosome inactivating protein and an antifungal protein from a mushroom
　　（Lyophyllum shimeji）together with evidence for synergism of their antifungal effects[J]. Archives of Biochemistry & Biophysics，
　　393（2）：271-280.

Liu B，Li Y，Song J，et al.，2014. Production of single-cell protein with two-step fermentation for treatment of potato starch processing
　　waste[J]. Cellulose，21（5）：3637-3645.

Liu J Y，Men J L，Chang M C，et al.，2017a. iTRAQ-based quantitative proteome revealed metabolic changes of Flammulina velutipes
　　mycelia in response to cold stress[J]. Journal of Proteomics，156：75-84.

Liu J，Chang M，Meng J，et al.，2017b. Comparative proteome reveals metabolic changes during the fruiting process in Flammulina
　　velutipes[J]. J Agric Food Chem，65（24）：5091-5100.

Rajoka M I，Khan S H，Jabbar M A，et al.，2006. Kinetics of batch single cell protein production from rice polishings with Candida
　　utilis in continuously aerated tank reactors[J]. Bioresource Technology，97（15）：1934-1941.

Sze S C，Ho J C，Liu W K，2004. Volvariella volvacea lectin activates mouse T lymphocytes by a calcium dependent pathway[J].
　　Journal of Cellular Biochemistry，92（6）：1193-1202.

Vadalkar K，Singh H D，Baruah J N，et al.，1969. Utilization of gas oil in the production of single cell protein I，Isolation and
　　characterization of gas oil utilizing yeasts[J]. Journal of General & Applied Microbiology，15（3）：375-381.

Yin-Xia Q I，Cheng J，Liu C H，2009. Research progress of fermentable producing of single cell protein（SCP）using discarded
　　resources[J]. Science & Technology of Food Industry，30（5）：366-369.

Zepka L Q，Jacoblopes E，Goldbeck R，et al.，2010. Nutritional evaluation of single-cell protein produced by Aphanothece microscopica Nageli[J]. Bioresource Technology，101（18）：7107-7111.

Zhu M J，2011. Purification and identification of a phytase from fruity bodies of the winter mushroom，Flammulina velutipes[J]. 10（77）：17845-17852.

Ziegenbein F C，Hanssen H P，König W A，2006. Secondary metabolites from ganoderma lucidum and Spongiporus leucomallellus[J]. Phytochemistry，67（2）：202-211.

第 11 章　生物活性蛋白与活性肽

11.1　生物活性蛋白质

蛋白质是一切生命的物质基础。食物中的蛋白质除能满足人体最基本的氨基酸和能量等营养需求外，还为人体内新陈代谢和生命活动提供着广泛的生物活性调节作用。这些具有调节人体生命活动进程作用的蛋白质，即为生物活性蛋白质。

11.1.1　免疫球蛋白

免疫球蛋白（immunoglobulin，Ig），又称抗体，是一种由 B 淋巴细胞分泌的，具有一定特异性抗原结合能力的糖蛋白（图 11-1）。1967 年 WHO 和 1972 年国际免疫学会先后决定，将具有抗体活性或化学结构与抗体相似的球蛋白统一命名为免疫球蛋白。根据存在形式不同，可将免疫球蛋白分为跨膜型和分泌型两大类，分别存在于脊椎动物的体液和 B 细胞的细胞膜表面。免疫球蛋白具有良好的免疫学功能，在保健食品和特殊医学用途配方食品研究开发等领域应用广泛。

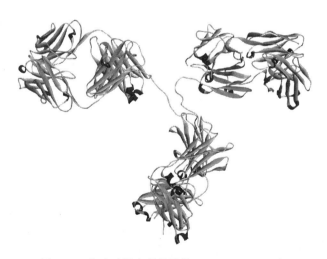

图 11-1　免疫球蛋白晶体结构（PDB ID：1IGT）

1. 免疫球蛋白的基本结构

免疫球蛋白的基本结构是由四条肽链通过二硫键连接构成的"Y"形结构，其中包括两条质量较重的重链（heavy chain，H 链）和两条质量较轻的轻链（light chain，L 链）。一般而言，免疫球蛋白 H 链由 450～550 个氨基酸残基构成，分子量为 50～75kDa，可分为 4～5 个结构域；L 链通常由 210 个左右的氨基酸残基构成，分子量约为 25kDa，可分为两个结构域。每条链都可分为一个 N 端可变域（可变区，variable region，V 区），以及一个或多个恒定域（恒定区，constant region，C 区）。每个可变区或恒定区由 110～130 个氨基酸构成，其二级结构是由多肽链折叠形成的 β 片层，是构成免疫球蛋白的基本单元。部分免疫球蛋白结构中还存在一段长度在 20 个氨基酸左右，富含脯氨酸的结构域，空间结构灵活易伸展/扭曲，通常称之为铰链区（hinge region）。

免疫球蛋白具有丰富的抗体多样性，其肽链的 N 端可变区序列差异最为明显，为抗体的多样性变化提供了极大的可能，可特异性地识别并结合各种抗原。肽链的其余部分氨基酸序列相对保守和稳定，被称为恒定区。其主要功能在于活化补体、结合细胞膜表面受体等，从而起到调节生命活动进程的作用。根据重链恒定区抗原性的差异，可将重链分为 γ、μ、α、ε 和 δ 五类；根据轻链恒定区抗原性的差异，可将轻链分为 κ 和 λ 两型。

2. 免疫球蛋白的分类和功能

利用血清学方法测定和分析免疫球蛋白的结构，并依据重链恒定区抗原性的差异，可将免疫球蛋白分为五类：免疫球蛋白 G（IgG）、免疫球蛋白 A（IgA）、免疫球蛋白 M（IgM）、免疫球蛋白 D（IgD）和免疫球蛋白 E（IgE）。免疫球蛋白是体液免疫中最重要的免疫因子，具有如下生理功能：①与相应抗原特异性结合。能够与细菌、病毒、寄生虫和其他外源异物等抗原特异性地结合，是免疫球蛋白最显著的生物学特点。免疫球蛋白可变区的空间结构决定其抗原特异性，可变区与抗原可在静电力、氢键和范德华力等的共同作用下发生可逆结合。②活化补体。补体活化途径大致可分为第一补体途径（经典途径，classical pathway）和第二补体途径（代替途径，alternate pathway）。免疫球蛋白既可以通过经典途径（IgM、IgG1、IgG2 和 IgG3），也可以通过代替途径（IgA、IgG4 和 IgE）发挥补体活化功能。③结合细胞表面受体产生多种生物学效应。免疫球蛋白与抗原特异性结合后导致的结构变化，促使其 Fc 段更易与具有相应表面 Fc 受体的细胞结合，从而发挥调节吞噬、介导过敏、介导细胞毒性等功能。④通过胎盘传递免疫力。对人类而言，IgG 是唯一可以通过胎盘，从母体进入幼体体内的免疫球蛋白。这一过程可有效提升胎儿和新生儿的被动免疫和抗感染能力。

3. 免疫球蛋白的生产及应用

免疫球蛋白在自然界中分布广泛，目前主要是将牛（初）乳、动物血清和禽蛋蛋黄等作为原料开展生产。免疫球蛋白分子量相对较大，通常由 1000 个左右的氨基酸残基构成，分离方法主要包括膜分离、凝胶柱层析、离子交换层析、亲和层析等。

免疫球蛋白可作为有效的功能因子添加到食品中，自 1977 年起就有将牛乳 IgG 添加到婴儿配方食品中的报道，可使产品具有与母乳类似的免疫特性。1989 年，美国的 Stolle Milk Biologics Inc.公司与新西兰乳品局合作，实现了免疫球蛋白生产的工业化，生产了一系列针对类风湿性关节炎的免疫乳制品（免疫乳粉、免疫乳清蛋白浓缩物）。目前免疫球蛋白主要以中间型食品添加物终端型片剂、胶囊和口服液等形式被广泛应用于食品加工业。

11.1.2　溶菌酶

溶菌酶（lysozyme），又称细胞壁质酶，是一种能水解细胞壁中黏多糖的碱性糖苷水解酶（图 11-2），广泛存在于鸟类和家禽的蛋清、哺乳动物的体液和微生物中。溶菌酶能够水解并破坏细胞壁中 N-乙酰胞壁酸和 N-乙酰葡萄糖胺之间的 β-1,4 糖苷键，从而导致细胞壁破裂，细胞内容物逸出，最终导致细菌溶解。溶菌酶具有良好的细胞壁专一性，是一种天然、安全、高效的杀菌剂和防腐剂，被广泛应用于食品、医药、日化等行业中。

1. 溶菌酶的来源与结构

自 1922 年 Fleming 等发现溶菌酶以来，越来越多的溶菌酶从各种动植物组织、哺乳动物体液和微生物中被发现。目前研究最多的是蛋清中的溶菌酶，已被应用于工业化生产。蛋清中溶菌酶的含量为 2.25～3.27mg/mL，分子质量约为 14.3kDa，其分子由一条含有 129 个氨基酸残基的单肽链构成，是一种碱性单肽链球蛋白。1965 年，Phillips 等利用 X 射线晶体结构分析法，在 0.2nm 的水平上首次阐明了溶菌酶的三维结构。溶菌酶分子形态接近椭圆形，8 个半胱氨酸残基之间形成 4 对二硫键，活性中心包含谷氨酸和天冬酰胺残基，二级结构中 25% 为 α 螺旋，其余部分为 β 片层和无规则卷曲，大小约为 4.5nm×3.0nm×3.0nm。

图 11-2　溶菌酶的晶体结构（PDB ID：2CDS）

2. 溶菌酶的特性与功能

溶菌酶分子内部几乎全是极性基团，分子内存在较强的疏水相互作用，使得溶菌酶分子具有良好的稳定性和耐热性。蛋清溶菌酶等电点为 11.1，最适反应 pH 为 6.0 左右，最适反应温度为 35℃左右，在酸性条件下具有较强的热稳定性，但随着 pH 的升高，其稳定性会有所降低。低浓度 NaCl 环境对溶菌酶的活力具有增强作用，但在高浓度 NaCl 环境中，由于过高的阳离子浓度和电荷对溶菌酶产生竞争性抑制，会对溶菌酶的活力产生抑制作用。金属离子对溶菌酶活力也有一定的影响，如 Cu^{2+}、Zn^{2+} 对溶菌酶活力具有较强的抑制作用，而 Na^+、Ca^{2+}、Mn^{2+} 对溶菌酶活力具有一定的激活作用。

目前普遍认为，溶菌酶主要通过作用于糖苷键或作用于肽及酰胺部分两种途径发挥抗菌活性。如微生物溶菌酶中的 β-N-乙酰己糖胺酶，主要通过水解细胞壁肽聚糖结构中 N-乙酰葡糖胺和 N-乙酰胞壁酸之间的 β-1,4 糖苷键，从而破坏细胞壁的结构，进而杀死细胞；而微生物溶菌酶中的酰胺酶则主要作用于肽聚糖层的多肽部分，使得多肽断裂造成细胞壁结构的破坏，从而杀死细胞。除通过酶学作用直接溶菌的机制之外，近年来一些研究表明溶菌酶在失活的条件下仍能发挥一定的抗菌能力。Klaus 等发现溶菌酶可以通过静电作用与细胞的脂多糖 Re 和磷脂 A 相互作用，从而导致酰基糖链的固化和多层结构的变化。另有一些研究表明溶菌酶分子结构具有一定的阳离子抗菌肽活性，是抗菌肽的良好来源。

3. 溶菌酶的生产及应用

溶菌酶纯品为白色、微黄色晶体或无定形粉末，具有良好的抗菌、消炎、抗病毒、提高机体免疫力等作用，常作为食品保鲜剂、功能因子、抗菌消炎药品应用于食品和医药行业。溶菌酶的工业生产方法主要包括：直接结晶法、离子交换色谱法、亲和色谱法和膜分离法等。

在食品工业中，目前已将溶菌酶作为食品保鲜剂应用于水产、肉类、饮料、乳制品和果蔬保鲜中。日本已经成功地使用蛋清溶菌酶替代水杨酸，用于清酒的保鲜；我国也将溶菌酶复合保鲜剂成功应用于对虾、带鱼段、扇贝柱等水产品的保鲜。溶菌酶也可以作为功能因子添加到食品中，如在婴幼儿配方乳粉中添加溶菌酶，可有效促进婴儿肠道内双歧杆菌的增殖，提高婴幼儿的免疫力和抗感染能力。

11.1.3 乳铁蛋白

乳铁蛋白（lactoferrin, LF），又称乳转铁蛋白，主要存在于哺乳动物乳清中，是一种具有多种生理功能的非血红素铁结合单体糖蛋白（图 11-3）。乳铁蛋白是转铁蛋白家族成员之一，具有调节机体铁离子平衡、抗菌、抗病毒、调节肠道菌群等多种生物学功能，在功能性食品和药品领域具有广阔的应用前景。

1. 乳铁蛋白的基本结构

乳铁蛋白是一种铁结合糖蛋白，主体结构为一条单一的多肽链，约由 700 个氨基酸残基构成，分子质量约为 80kDa。一分子乳铁蛋白中含有两个 Fe^{3+} 结合位点和两条碳水化合物侧链，包括 15～16 个甘露糖、5～6 个半乳糖、10～11 个乙酰葡萄糖胺、1 个唾液酸和 1 个岩藻糖。乳铁蛋白的 N 端和 C 端各自折叠成两个相似的球状结构（N 叶和 C 叶），结构相似度约为 40%，两叶底部缝隙处各有一个 Fe 结合位点，每个位点可结合 1 个 Fe^{3+} 和 2 个 HCO_3^- 或 1 个 CO_3^{2-}。乳铁蛋白的两叶间由一段螺旋肽链链接，形成"二枚银杏叶型"结构。乳铁蛋白与 Fe^{3+} 结合后，其两叶底部缝隙处于闭锁状态，从而稳定乳铁蛋白结构。因此，铁饱和状态的乳铁蛋白比脱铁乳铁蛋白具有更强的稳定性和抗水解能力。

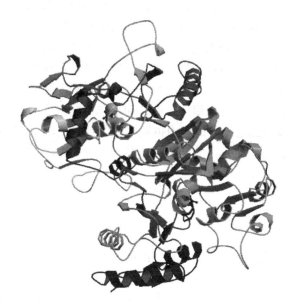

图 11-3　乳铁蛋白的晶体结构（PDB ID：1BIY）

2. 乳铁蛋白的生理功能

乳铁蛋白是一种多功能蛋白质，其生理学功能活性主要包括以下几个方面。

（1）调节机体 Fe^{3+} 平衡。天然乳铁蛋白的铁饱和程度低，具有较强的 Fe^{3+} 亲和能力。其作为良好的铁蛋白载体，能在较广的 pH 范围内高效、可逆地与 Fe^{3+} 结合，从而促进机体内 Fe 的传递和吸收，提高其生物利用率并有效地调节机体内 Fe^{3+} 平衡。

（2）抗菌。乳铁蛋白具有广谱抗菌活性，既能抑制金黄色葡萄球菌等革兰氏阳性菌，又能抑制大肠杆菌、沙门氏菌等革兰氏阴性菌。乳铁蛋白可通过结合并剥夺环境中的 Fe^{3+}，以及通过带阳离子的 N 端与细胞膜之间的直接相互作用两种途径发挥抗菌作用。

（3）抗病毒。乳铁蛋白可通过与病毒或者宿主细胞的直接结合，抑制病毒与宿主细胞之间的相互作用，从而起到抗病毒的效果，其抗病毒能力与自身铁饱和程度无关。研究证实乳铁蛋白具有预防或抵抗 1 型人免疫缺陷病毒、丙型肝炎病毒、脊髓灰质炎病毒、细菌巨化病毒、单纯性疱疹病毒、流感病毒和轮状病毒等多种病毒的能力。

（4）免疫调节。巨噬细胞、淋巴细胞、嗜中性粒细胞等细胞表面存在乳铁蛋白特异性受体，乳铁蛋白可通过此途径发挥促进 T 细胞和 B 细胞前体成熟、调节巨噬细胞活性、促进淋巴细胞增殖、调节免疫球蛋白分泌、活化补体等免疫学功能。

（5）抗肿瘤。乳铁蛋白对胃癌、肝癌、胰腺癌、大肠癌等消化道肿瘤具有一定抑制生长和转移的作用。

（6）调节肠道菌群。乳铁蛋白能有效地促进肠道中双歧杆菌和乳酸杆菌等有益菌的生长，同时抑制有害菌的增殖，是肠道菌群的有效调控因子。

3. 乳铁蛋白的生产及应用

自 1939 年人们发现乳铁蛋白以来，一直致力于其分离纯化的生产和应用研究。早在 1960 年，Groves 等就尝试以牛初乳为原料，利用 DEAE 纤维素阴离子交换树脂分离乳铁蛋白。随着研究的逐步深入，越来越多的分离纯化技术被应用在乳铁蛋白的生产加工中，目前常用的分离纯化方法主要包括盐析、离子交换色谱、尺寸排阻层析和膜分离等。

乳铁蛋白具有丰富的生理功能调节能力，在食品和医药领域具有广阔的应用前景。乳铁蛋白可作为高效补铁剂，广泛应用于婴幼儿和孕产妇配方乳品生产。其抗菌、抗病毒、免疫调节、抗肿瘤和调节肠道菌群的能力也越来越受到关注，目前日本、美国和韩国均允许将乳铁蛋白作为食品添加剂加入普通食品或功能性食品中。乳铁蛋白作为药物的研发也在持续进行。

11.1.4 胶原蛋白

胶原蛋白是动物体内重要的结构蛋白，占蛋白质总量的 25%～30%，是哺乳动物体内含量最高、分布最为广泛的功能性蛋白（图 11-4）。根据胶原蛋白在人体内的分布，可以将其分为间质胶原、基底膜胶原和细胞外周胶原。同时，胶原蛋白具有良好的生物相容性和较弱的抗原性，能参与细胞的迁移、分化和增殖，在烧创伤、组织修复、美容整形等医疗领域应用广泛。

1. 胶原蛋白分类与结构

胶原蛋白是一个庞大的纤维蛋白家族，不同的胶原蛋白在结构上既有相似又有差异。目前已发现超过 28 种由 46 类多肽链构成的不同类型的胶原蛋白，各自具有不同的氨基酸组成和超分子结构，分布在不同组织中发挥相应功能。如 I 型胶原蛋白主要分布在皮肤、骨骼、角膜和肌腱中；II 型胶原蛋白主要分布在软骨和玻璃体中；III 型胶原蛋白主要分布在皮肤、子宫壁和血管壁中；IV 型胶原蛋白主要分布在基底膜和胎盘中；V 型胶原蛋白主要分布在皮肤、胎盘和羊膜中；VI 型胶原蛋白主要分布在子宫壁、皮肤和角膜中。

胶原蛋白主要以胶原纤维的形式存在，基本结构单元是胶原蛋白分子。尽管不同类型的胶原蛋白在分子结构上存在一定差异，但所有的胶原蛋白分子都具有由相互缠绕的三条 α 链，通过范德华力、氢键和共价键相互作用，交联形成的右手三螺旋结构。通常，胶原蛋白肽链是由（G-X-Y）n 特征氨基酸序列重复构成。其中，G 位点代表甘氨酸，X 和 Y 位点通常由脯氨酸和羟脯氨酸占据。

图 11-4　胶原样蛋白肽晶体结构（PDB ID：1CAG）

2. 胶原蛋白功能及生产应用

胶原蛋白可通过与细胞支架相互作用，发挥调节细胞形态、参与细胞迁移和代谢等功能，具有促进成骨细胞生长和坐骨神经再生的能力。胶原蛋白的超分子结构是其发挥凝血作用的基础。此外，胶原蛋白的低抗原性和高生物相容性使其具有良好的免疫学性能，在透皮给药和神经系统疾病的细胞移植治疗方面具有极大的应用潜力。胶原蛋白因其良好的功能特性，在生物医学和食品加工领域应用广泛。

胶原蛋白在动物体内主要与糖蛋白等结合，以不溶性生物大分子的形式存在。在实际生产加工中，根据所采用的提取介质的不同，大致可将胶原蛋白的制备方法分为酸法、碱法、酶法、水热提取及中性盐提取等方法。其中，酸法和酶法提取是目前相对最有效、最温和的胶原蛋白制备方法。

11.1.5　其他生物活性蛋白

除上述几种生物活性蛋白外，自然界中还广泛分布着大量不同类型的生物活性蛋白，下面对其中的金属硫蛋白、超氧化物歧化酶、谷胱甘肽过氧化物酶进行介绍。

1. 金属硫蛋白

金属硫蛋白（metallothionein），是一类普遍存在于生物体内，富含半胱氨酸的金属结合蛋白。金属硫蛋白具有较强的金属结合能力，其分子质量相对较低，为 $6\sim10kDa$。每 $1mol$ 金属硫蛋白含有 $60\sim61$ 个氨基酸残基，其中含有—SH 的氨基酸残基有 18 个，约占总数的 30%。金属硫蛋白的巯基可以有效地结合 Cu^{2+}、Zn^{2+}、Cd^{2+} 等金属离子，每 3 个—SH 可结合 1 个二价的金属离子。金属硫蛋白含有两个富含半胱氨酸残基的金属结合结构域（α-结构域和 β-结构域），分子结构呈现出独特的金属硫四面体构象，赋予其较强的热稳定性和抗酶解能力。

金属硫蛋白按来源的不同可分为三类：哺乳动物金属硫蛋白、高等植物金属硫蛋白和存在于单子叶植物、双子叶植物与裸子植物中的金属螯合多肽。金属硫蛋白具有许多生物学功能，包括对重金属的解毒作用，参与微量元素的贮存、运输和代谢过程，清除自由基，调节免疫，抵抗电离辐射，调节激素和发育过程，调节能量代谢、DNA 复制转录、蛋白质合成分解过程等。

目前对金属硫蛋白的检测分析，主要利用原子吸收光谱法、电感耦合等离子体原子发射光谱法、电感耦合等离子体质谱法、尺寸排阻色谱、离子交换色谱、微分脉冲极谱法、循环伏安法、恒电流库仑分析法等光谱、色谱和电化学方法，可有效应用于金属硫蛋白的生产质量检测过程中。

2. 超氧化物歧化酶

超氧化物歧化酶（superoxide dismutase，SOD）是一类广泛存在于动植物和微生物的器官和组织中的金属酶。1939 年，英国学者 Mann 和 Keilin 首次从牛红细胞中分离出一种蓝色的含 Cu 蛋白质，并将其命名为血球铜蛋白。在后续研究中又陆续发现了含 Fe 和 Cu 的酮类蛋白质，但当时对这类蛋白的功能尚不明确，并没有得到广泛的关注。直到 1969 年，美国学者 McCord 和 Fridovich 从牛红细胞中再次分离出血球铜蛋白，发现其具有清除自由基的能力，并将其定名为超氧化物歧化酶。随着自由基学说的提出和发展，超氧化物歧化酶作为良好的自由基清除剂，受到越来越多的关注。

根据金属辅基的不同，超氧化物歧化酶主要分为四类，包括主要存在于真核细胞的线粒体和细胞质中的 Cu/Zn-SOD；主要存在与原核和真核细胞基质中的 Mn-SOD；主要存在于原核细胞和极少数植物细胞中的 Fe-SOD；以及主要存在于低等生物（土壤链霉菌和藻清菌）中的 Ni-SOD。SOD 主要是通过催化体内超氧阴离子，发挥对机体直接或间接的保护作用，其功能活性主要包括：抵抗 DNA 损伤、保护线粒体、抗脂质过氧化等。

超氧化物歧化酶的检测方法主要包括直接测定和间接测定两类。直接测定法（如磁共振法）所用仪器相对价格昂贵，测定费用和成本高昂，通常仅在实验室科研层面使用。间接测定法主要包括化学法、免疫测定法和凝胶电泳法等。目前我国已批准将超氧化物歧化酶作为功能因子加入保健食品配方，国标推荐的保健食品中超氧化物歧化酶的检测方法有两种，修改的 Marklaund 方法和化学发光测定法。

3. 谷胱甘肽过氧化物酶

谷胱甘肽过氧化物酶（glutathione peroxidase，GPx）是在哺乳动物体内发现的第一种含有 Se 的酶，是生物体内抗氧化酶家族和硒蛋白家族的重要成员，在功能食品和医药领域具有良好的应用潜力。

谷胱甘肽过氧化物酶是一个蛋白质超家族，目前已发现至少四种谷胱甘肽过氧化物酶的同工酶，包括主要存在于组织细胞、线粒体和红细胞中的细胞内谷胱甘肽过氧化物酶；主要存在于胞外和细胞膜上的磷脂氢谷胱甘肽过氧化物酶；主要存在于血液中的血浆谷胱甘肽过氧化物酶；主要存在于消化道黏膜上皮细胞中的胃肠谷胱甘肽过氧化物酶。除了分布的位置不同外，这些同工酶在氨基酸残基序列、结构以及酶学特性等方面均有不同。

在目前已发现的谷胱甘肽过氧化物酶家族中，除磷脂氢谷胱甘肽过氧化物酶为单体蛋白之外，其余类型均为由 4 个 19～25kDa 蛋白亚基构成的四聚体结构。尽管大部分谷胱甘肽过氧化物酶家族成员的一级序列之间同源性不高，但其空间结构域却高度保守，展现出典型的硫氧还蛋白折叠现象。谷胱甘肽过氧化物酶主要通过催化多底物反应发挥生物活性，可通过乒乓机制和顺序机制两条途径，催化包括硫醇和氢过氧化物等在内的底物。

11.2　生物活性肽

生物活性肽（bioactive peptide）是一类由天然氨基酸通过脱水缩合作用，以不同形式排列组合形成的线性或环形的，具有一定生理调节功能的肽。生物活性肽可分为内源性肽和外源性肽两类，通常氨基酸残基数为 2～20 个。当生物活性肽序列被封存在母体蛋白质结构中时，该活性肽不能发挥生理调节功能。因此，食品工业中主要通过酸水解、酶解和发酵等手段，将生物活性肽从母体蛋白质中释放出来。自然界中存在着丰富的食物蛋白质资源，是获取生物活性肽的良好来源。按蛋白来源不同，生物活性肽可分为动物源肽、植物源肽、微生物源肽等；按生理调节功能的不同，可分为 ACE 抑制肽、抗氧化肽、抗凝血肽、抑菌肽、改善记忆肽等。

生物活性肽既能满足人体的营养需求，又能发挥生理调节作用，其在体内吸收效率高于母体蛋白质和相应氨基酸，具有极高的开发价值。下面以生理调节功能为划分依据，对几种重要的生理活性肽进行介绍。

11.2.1　ACE 抑制肽

1. 机体血压调节机制概述

高血压是一种常见疾病，也是导致中风、冠心病、动脉粥样硬化等心脑血管疾病的一个主要风险因子。据 WHO 统计，目前全球高血压患者人数已超过 11.3 亿人，如何有效防治高血压已成为当前亟待解决的一个问题。人体对血压的干预调节，主要在于肾素-血管紧张素-醛固酮系统（renin-angiotensin-aldosterone system，RAAS）和激肽释放酶-激肽系统（kallikrein-kinin system，KKS）的平衡。

其中，肾素-血管紧张素-醛固酮系统一直以来就被认为是在血压调节中最为重要的系统。首先，肾脏分泌的肾素会催化血管紧张素原水解，产生血管紧张素 I（angiotensin I，Ang I）。血管紧张素 I 是一条十肽（Asp-Arg-Val-Tyr-Ile-His-Pro-Phe-His-Leu），基本没有生物学活性，其在血管紧张素转化酶（angiotensin converting enzyme，ACE）的作用下，降解掉 C 端两个氨基酸残基，生成血管紧张素 II（angiotensin II，Ang II）。血管紧张素 II 是目前已知具有最强收缩血管活性的物质之一。血管紧张素 II 可以通过刺激肾上腺皮质分泌醛固酮、促进肾脏对水和 Na^+ 的重吸收、提高交感神经兴奋性、促进毛细血管收缩和抗利尿激素的分泌，继而导致血压升高。

在激肽释放酶-激肽系统中，激肽原在激肽释放酶的作用下转化为不同的激肽，包括舒缓激肽（bradykinin，BK，Arg-Pro-Pro-Gly-Phe-Ser-Pro-Phe-Arg）、赖氨酰缓激肽（Lys-Arg-Pro-Pro-Gly-Phe-Ser-Pro-Phe-Arg）和甲硫氨酰-赖氨酰缓激肽（Met-Lys-Arg-Pro-Pro-Gly-Phe-Ser-Pro-Phe-Arg）。舒缓激肽在三者中表现出最强的降压活性，但 ACE 能够将舒缓激肽降解为无活性的片段。

所以，有效地抑制 ACE 的活性，是机体血压调节的关键所在。图 11-5 展示了 ACE 在 RAAS 和 KKS 两个系统中的血压调节机制。

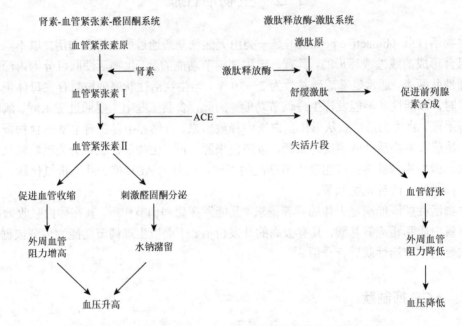

图 11-5　ACE 在 RAAS 和 KKS 两个系统中的血压调节机制

2. ACE 基本结构及 ACE 抑制肽的作用模式

ACE 是一种具有广泛底物特异性的 Zn 金属肽酶，其催化活性中心位于 Zn 原子附近。人类 ACE 基因定位于染色体 17q23，跨越 2.1 万个碱基，包括 23 个外显子。人源 ACE 主要存在体细胞型 ACE（somatic ACE，sACE）和睾丸型 ACE（testis ACE，tACE）两种类型。其中体细胞型 ACE 由 1310 个氨基酸残基构成，分子质量约为 150kDa，包括 N 端和 C 端两个同源结构域。睾丸型 ACE 由 737 个氨基酸残基构成，分子质量约为 84kDa，含有一个与体细胞型 ACE 的 C 端高度类似的同源结构域。体细胞型 ACE 的 C 结构域是其发挥血压调节作用的主导性位点。

ACE 活性中心的 Zn 原子与 His 383、His 387 和 Glu 411 通过配位键形成了一个保守的 Zn 结合模体 HEXXH motif（图 11-6）。该模体的空间构象呈四面体结构，该结构的稳定是维持 ACE 活性的关键。生物活性肽可通过与 ACE 分子之间的相互作用，直接或间接地影响 ACE 活性中心结构的稳定，从而抑制 ACE 活性，发挥降血压作用。

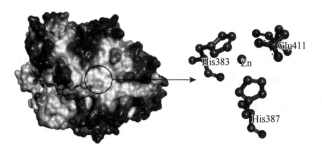

图 11-6　HEXXH motif 在 ACE 分子中的位置及其空间结构

3. ACE 抑制肽的来源和制备

自 1965 年 Ferreira 从巴西箭头毒蛇的毒液中提取出第一条 ACE 抑制活性肽以来，人们从各类动植物资源中获取了大量的 ACE 抑制活性肽，包括鸡蛋、畜禽血液、乳类、肉类、鱼类、大豆、玉米、小麦等，这些常见食物蛋白资源已成为制备 ACE 抑制肽的良好来源，ACE 抑制肽的研究也受到了广泛的关注。

ACE 抑制肽通常被封藏在来源蛋白序列内部，其生物学活性在通常情况下因被封藏而无法体现，必须借助一定技术手段打开来源蛋白序列，制备 ACE 抑制肽。目前主要是通过酸水解法、酶水解法和发酵法等传统方法获取 ACE 抑制肽，其中酶水解法和发酵法应用最为广泛。Ren 等利用胃蛋白酶水解猪血红蛋白，在不同水解条件下获得了 3 条 ACE 抑制活性肽序列（Try-Val-Pro-Ser-Val、Tyr-Thr-Val-Phe 和 Val-Val-Tyr-Pro-Try）。乳品中的 ACE 抑制肽多是通过发酵法制备得到，许多商业化发酵乳饮料都具有一定的 ACE 抑制活性。日本的可尔必思株式会社发现该公司的发酵乳产品中存在着两条 ACE 抑制三肽（Val-Pro-Pro 和 Ile-Pro-Pro），并证实其具有降血压的生理学功能。

11.2.2　抗氧化肽

1. 自由基与氧化应激

自由基是一系列单独存在且性质活泼的，带有一个或多个未成对电子的离子、原子、分子或原子团。自 1956 年 Harman 博士提出"自由基理论"以来，人们对自由基的研究越来越重视。该理论认为引发许多重大疾病的根源在于自由基所引起的氧化应激和氧化损伤。自由基是生命体代谢过程中的中间产物，正常生命体会不断地产生和猝灭自由基并使其处于一个平衡状态，而生命体衰老过程中发生的一系列退行性变化多与自由基的过度累积相关。生命体内的自由基主要由活性氧自由基和活性氮自由基构成。

生命体在正常情况下自由基的产生和清除处于一个动态平衡的状态，一旦生命体受到内外刺激导致自由基产生过多或机体抗氧化系统出现问题，体内的自由基代谢平衡将被打破。生命体内的活性氧自由基和活性氮自由基的过度累积会损伤组织器官，这个过程和状态即为氧化应激。氧化应激状态与细胞的凋亡之间存在密切的联系，细胞内过高的活性氧自由基或活性氮自由基水平会引起多种细胞信号传导途径变化，造成脂质、蛋白质和 DNA 的氧化损伤，进而导致细胞凋亡。

2. 抗氧化肽的来源与制备

抗氧化实际上是抗氧化自由基的简称。抗氧化肽是指具有清除自由基或者抑制氧化应激能力的一部分生物活性肽。自然界中存在少量的天然抗氧化肽,如肌肽和谷胱甘肽,但目前最主要的获取抗氧化肽的方式,仍然是从食物蛋白中获取相应的抗氧化肽。目前已从大豆、玉米、蛋清、火腿、人参等天然食品中获得了一系列分子量大小不一、氨基酸残基组成各异的抗氧化肽。

抗氧化肽的制备方法主要分为三类:直接提取法、蛋白降解法和氨基酸合成法。直接提取法就是从天然的食品资源中直接提取本来就存在的抗氧化肽,如从玉米胚芽和啤酒废酵母中提取谷胱甘肽。蛋白降解法就是利用酸水解或者酶水解的方式,降解食物蛋白获取抗氧化肽,这是目前最为常用的方法。氨基酸合成法主要利用如 Fmoc 固相肽合成技术,以氨基酸为单位定向脱水缩合获得具有特定序列的抗氧化肽,该方法可获得纯度达到 99% 以上的抗氧化肽,通常用于科学研究。

3. 抗氧化肽的评价方法

由于生命体内自由基种类繁多,仅靠单一的检测手段无法满足对物质抗氧化能力的全面评价。因此,通常会采用多种方法联合使用,对特定肽的抗氧化能力进行综合评价。评价方法主要包括体外化学抗氧化评价、细胞抗氧化评价和动物模型抗氧化评价,其中动物抗氧化模型评价方法耗费高、周期长,不适于抗氧化肽的快速筛选。目前根据自由基清除反应机制的差异,将体外化学抗氧化评价方法分为两类:基于氢原子转移的方法和基于电子转移的方法。目前常用的体外化学和细胞抗氧化评价方法如下。

(1)氧自由基吸收能力法(oxygen radical absorbance capacity,ORAC)。ORAC 法主要利用偶氮类化合物 AAPH 产生自由基破坏荧光素钠指示剂,通过加入抗氧化肽抑制反应进程,根据荧光强度(曲线下面积)变化评价其抗氧化能力。ORAC 法是一种基于氢原子转移的抗氧化评价方法。

(2)等效抗氧化能力法(trolox equivalent antioxidant capacity,TEAC)。TEAC 法主要利用联氮类化合物 ABTS 与 $K_2S_2O_8$ 反应生成蓝绿色阳离子自由基 $ABTS^+\cdot$,抗氧化肽清除 $ABTS^+\cdot$ 后导致体系褪色,通过测定吸光度值变化评价其抗氧化能力,并以水溶性维生素 E(Trolox)为标准计算出等效抗氧化能力。TEAC 法是一种基于氢原子转移的抗氧化评价方法。

(3)DPPH 法(2, 2-diphenyt-l-picrylhydrazyl radical scavenging capacity)。DPPH 是一种很稳定的氮中心自由基。该方法利用 DPPH 单电子状态的醇溶液呈紫色并在 517nm 处具有较强吸收光谱的特性,抗氧化肽通过与 DPPH 上单电子配对降低体系在 517nm 处的吸收,通过测定分光光度值的变化评价其抗氧化能力。DPPH 法是一种基于电子转移的抗氧化评价方法。

(4)铁离子还原能力法(ferric ion reducing antioxidant power,FRAP)。FRAP 法主要利用三价铁离子与三吡啶基三嗪(tripyridyltriazine,TPTZ)反应生成的复合物,在抗氧化肽的存在下,该复合物中铁离子被还原为二价从而呈现蓝色,通过测定分光光度值的变化评价抗氧化肽的铁离子还原能力。FRAP 法是一种基于电子转移的抗氧化评价方法。

（5）细胞抗氧化活性评价法（cellular antioxidant activity，CAA）。CAA 法主要利用荧光探针 2′, 7′-二氯荧光黄双乙酸盐（2′, 7′-dichlorodi-hydrofluorescein diacetate，DCFH-DA）处理细胞并在胞内降解生成 DCFH，再利用 2, 2′,-偶氮二异丁基脒二盐酸盐［2, 2′-azobis（2-methylpropionamidine）dihydrochloride，ABAP］处理细胞生成过氧化自由基 ROO·，将 DCFH 进一步氧化为带绿色荧光的 DCF。在抗氧化肽的存在下，上述过程受到抑制，体系荧光强度相对降低。CAA 法是目前使用较为广泛的细胞抗氧化评价方法。

11.2.3 其他生物活性肽

1. 抗菌肽

细菌侵袭机体引起的感染性疾病是一项严重威胁全球公共健康的问题。抗生素的使用虽然可以有效抑制此类问题的发生，但其带来的抗生素耐药问题却是目前威胁人类健康最为突出的问题之一。抗生素主要作用于病原菌细胞内 DNA 或相关蛋白，病原菌极易产生耐药基因，而抗菌肽通常直接作用于病原菌细胞膜，具有快速高效和广谱的抗菌特性，病原菌通常不易对其产生耐药性。早在 1981 年，瑞典学者 Boman 等就从惜古比天蚕蛹（hyatophoracecropia）的血淋巴中分离出了抗菌的生物活性肽。随着越来越多的生物活性肽被发现，其对细胞膜的破坏作用机制研究受到广泛关注。目前生物活性肽的破膜作用机制，主要包括"桶板模型""地毯模型""环孔模型"。

目前发现的抗菌肽通常由 10～50 个氨基酸残基构成，其结构中包含 2～9 个正电荷并含有超过 30%的疏水性氨基酸残基。这一结构特性有利于抗菌肽在细胞膜环境中折叠形成明显的两亲性结构，从而更好地与病原菌细胞膜相互作用，发挥抗菌功能。抗菌肽的制备方法主要包括天然提取、基因表达、化学合成和蛋白酶解等。蛋白酶解法被认为是可大批量低成本生产抗菌肽的有效方法，其蛋白来源主要包括乳源蛋白、蛋源蛋白、血源蛋白、小麦蛋白和海洋生物蛋白等食源性蛋白质。

2. 抗凝血肽

凝血是机体不可或缺的生理防御功能，机体凝血功能异常导致血液成分在血管或心脏内膜表面形成血栓，是心脑血管血栓性疾病的重要风险因素。机体血栓的形成主要来自凝血酶所导致的血液凝固。凝血酶可专一性地水解纤维蛋白原生成纤维蛋白，同时激活凝血因子促进蛋白交联形成血栓。凝血酶是一种由两条多肽链构成的丝氨酸蛋白酶，分子量约为 37kDa，其活性中心是一个包含天冬氨酸残基、组氨酸残基和丝氨酸残基的催化三联体。抗凝血肽可通过与凝血酶分子之间的相互作用抑制其活性，从而发挥抗凝血功能。

人们开始重视抗凝血肽的研究源于水蛭素的发现，这种从水蛭唾液腺中发现的含有 65 或 66 个氨基酸残基的单链环肽能够有效地与凝血酶活性中心结合，展现出强烈的抗凝血活性。随后各国研究学者在钩虫、蜱、蛇毒和蜂毒中陆续分离纯化出抗凝血肽，但由于来源有限而制约了这些天然抗凝血肽的广泛应用。实际上，许多食源性蛋白质序列中存在具有抗凝血活性的肽段，目前已从酪蛋白、蛋清蛋白、菜籽蛋白等食物蛋白资源中制备得到许多抗凝血肽，主要通过酶水解法进行制备。

3. 高 F 值寡肽

F 值是 Fischer 值的简称，是为了纪念 20 世纪 70 年代德国学者 Fischer 等提出的"伪神经递质假说"而命名的。F 值是指氨基酸或寡肽混合物中，支链氨基酸（缬氨酸、异亮氨酸、亮氨酸）与芳香族氨基酸（酪氨酸、苯丙氨酸）的摩尔比值。高 F 值寡肽是含有较多支链氨基酸和较少芳香族氨基酸的，由 2～9 个氨基酸残基所构成的小肽混合物。正常人血液中 F 值为 3.0～3.5，而肝病患者血液中 F 值为 1.0 甚至更低，目前用于肝病患者临床治疗的寡肽其 F 值通常要求大于 20。

高 F 值寡肽除能为机体提供营养之外，还具有辅助治疗肝性脑病、抗疲劳、解醉酒、改善苯丙酮尿症等生理功能。1976 年日本学者 Yamashita 等以鱼蛋白和大豆分离蛋白为原料，利用胃蛋白酶和链霉蛋白酶首次制备了含有较低苯丙氨酸含量的高 F 值寡肽。随后，越来越多的高 F 值寡肽开始从各类食物蛋白资源中制备出来。目前，已从玉米醇溶蛋白、酪蛋白、葵花籽分离蛋白、魔芋飞粉蛋白等食物蛋白资源中制备得到多种高 F 值寡肽。利用酶水解法制备高 F 值寡肽应用最广泛。

参 考 文 献

韩滨岳，2017. 鸟类免疫球蛋白重链基因的进化分析[D]. 北京：中国农业大学.

金艳，2017. 蛋清蛋白肽的制备与鉴定及其生物活性研究[D]. 长春：吉林大学.

李连平，2009. 小球藻类金属硫蛋白结构表征及抗氧化与抗菌活性研究[D]. 厦门：集美大学.

罗磊，2006. 猪血 G 型免疫球蛋白的分离提取研究[D]. 无锡：江南大学.

倪丹，2011. 乳铁蛋白特性评价与研究[D]. 呼和浩特：内蒙古农业大学.

彭涛，2007. 猪乳铁蛋白的分离纯化与生物学特性研究[D]. 重庆：西南大学.

王菲，2012. 蛋清源抗凝血肽分离纯化及活性鉴定[D]. 长春：吉林大学.

张婷，2015. 牛血红蛋白 ACE 抑制活性肽序列的鉴定、预测及其抑制机制研究[D]. 长春：吉林大学.

赵鑫，2016. 温度敏感型胶原蛋白肽[D]. 上海：上海大学.

Adlerova L，Bartoskova A，Faldyna M，2008. Lactoferrin: A review[J]. Veterinární Medicína，53（9）：457-468.

Arthur J R，2001. The glutathione peroxidases[J]. Cellular & Molecular Life Sciences Cmls，57（13-14）：1825-1835.

Cegielskaradziejewska R，Leśnierowski G，Kijowski J，2008. Properties and application of egg white lysozyme and its modified preparations-a review[J]. Polish Journal of Food & Nutrition Sciences，58（1）：5-10.

Karthikeyan S，Yadav S，Paramasivam M，et al.，2000. Structure of buffalo lactoferrin at 3.3Å resolution at 277K[J]. Acta Crystallographica，56（6）：684.

Roux K H，1999. Immunoglobulin structure and function as revealed by electron microscopy[J]. International Archives of Allergy & Immunology，120（2）：85-99.

Shoulders M D，Raines R T，2009. Collagen structure and stability[J]. Annual Review of Biochemistry，78：929-958.

Syed A A，Mehta A，2018. Target specific anticoagulant peptides: A Review[J]. International Journal of Peptide Research & Therapeutics，24（1）：1-12.

Turner A J，Hooper N M，2002. The angiotensin-converting enzyme gene family: genomics and pharmacology[J]. Trends in Pharmacological Sciences，23（4）：177-183.

Wolfe K L，Liu R H，2007. Cellular antioxidant activity（CAA）assay for assessing antioxidants，foods，and dietary supplements[J]. Journal of Agricultural & Food Chemistry，55（22）：8896-8907.

Zakharov L E，Blanchard W，Kaita R，et al.，2014. How to design a potent，specific，and stable angiotensin-converting enzyme inhibitor[J]. Drug Discovery Today，19（11）：1731-1743.

Zhang T H，Wang H B，Wen L，et al.，2006. Physiological function and review of high F ratio oligo-peptide[J]. Food Research & Development，6：50.